有色金属提取
冶金手册

铜 镍

《有色金属提取冶金手册》编辑委员会 编

本卷主编 任鸿九 王立川

北 京
冶 金 工 业 出 版 社
2007

内 容 提 要

本书为《有色金属提取冶金手册》的铜镍卷，主要内容包括铜、镍造锍熔炼的理论基础及现行各工艺的生产实践，重点介绍了闪速熔炼、熔池熔炼、镍铜高锍的分离、精炼和湿法炼铜的浸出-萃取-电积等工艺的主要设备、生产过程的技术经济指标、故障处理、综合利用、环境保护等。全书突出了铜镍冶炼的新技术、新工艺和新的科研成果。

本书每篇末均附有与正文呼应的主要参考文献。

本书适用于从事铜镍钴冶金的科研、生产、设计、教学人员及高校冶金工程专业高年级学生、研究生，也可供生产管理人员参考。

图书在版编目(CIP)数据

有色金属提取冶金手册．铜镍/《有色金属提取冶金手册》编辑委员会编．—北京：冶金工业出版社，2000(2007.7 重印)
ISBN 978-7-5024-2529-6

Ⅰ．有… Ⅱ．有… Ⅲ．①有色金属冶金—提取冶金—手册 ②铜矿物—提取冶金—手册③镍矿物—提取冶金—手册 Ⅳ．TF8－62

中国版本图书馆 CIP 数据核字(2007)第 107747 号

出版人　曹胜利(北京沙滩嵩祝院北巷 39 号，邮编 100009)
责任编辑　刁传仁　美术编辑　李　心
责任校对　王贺兰　责任印制　牛晓波
ISBN 978-7-5024-2529-6
北京百善印刷厂印刷；冶金工业出版社发行；各地新华书店经销
2000 年 7 月第 1 版，2007 年 7 月第 2 次印刷
850mm×1168mm　1/32；23.375 印张；627 千字；730 页；2501-4000 册
65.00 元
冶金工业出版社发行部　电话：(010)64044283　传真：(010)64027893
冶金书店　地址：北京东四西大街 46 号(100711)　电话：(010)65289081
(本社图书如有印装质量问题，本社发行部负责退换)

《有色金属提取冶金手册》
编 辑 委 员 会

总 序 言

《有色金属提取冶金手册》是为有色冶金工作者编写的一套较全面的工具书和参考书。凡从事有色金属提取冶金方面的生产、科研、设计、情报等的科技人员都可从中找到简明扼要的现代资料。这套手册也可作为有色冶金专业教师、研究生及高年级学生的辅助教材,并可供需要了解有色冶金历史、现状及今后发展动向的企业经营管理人员参考。在不大的篇幅内系统介绍各种主要有色金属生产是本手册的特点。

这套手册介绍了10种重金属、2种轻金属、9种稀有高熔点金属、全部稀土金属与金银铂钯等贵金属的发展史略,介绍了与提取冶金有关的物理化学、工业矿物原料、冶炼和精炼方法、工艺技术参数、生产设备、有色金属提取冶金的能源及节能等,内容叙述详略适当,数据翔实可靠。

这套手册的编写人员主要为中南工业大学有色冶金系的教授和副教授,各卷的书名及其主编人如下:

有色金属总论	赵天从　何福煦
铜镍钴	任鸿九　王立川
锌镉铅铋	彭容秋
锡锑汞	汪　键　赵天从
铝	杨重愚　龙远志　杨济民
镁	徐日瑶
锂铍	汪锡孝
钨钼铼　钛锆铪　钽铌钒	李洪桂　莫似浩　林振汉 钟海云　赵秦生
稀土金属	潘叶金
贵金属	卢宜源　宾万达

现代化设备　　　　　　　　　陈文修　梅　炽
能源及节能　　　　　　　　　唐帛铭

在收集素材的过程中还得到校内外不少同志大力支持。在此一并致谢。

《有色金属提取冶金手册》编辑委员会
1999年12月

本卷序言

本卷包括铜、镍提取冶金过程的基本原理、生产工艺及生产数据。由于钴常与镍共生，在镍冶金的相关内容已溶入钴的内容，全书以铜镍为主，故全书名为铜镍卷，其中，铜冶金篇以九章篇幅着重综述了铜的火法冶金流程，包括造锍熔炼物理化学、闪速熔炼、熔池熔炼、传统熔炼、铜锍吹炼、炉渣贫化处理、火法精炼和电解精炼，以一章篇幅系统综述了浸出-萃取-电积的湿法炼铜工艺。镍冶金篇用约一半的篇幅从综述火法炼镍的物理化学入手，着重介绍镍的造锍熔炼及吹炼、镍锍的分离和提取精炼以及镍铁熔炼，用约一半的篇幅着重介绍了硫化镍阳极电解和粗镍电解精炼、高镍锍的湿法提取、硫化镍矿的湿法冶金以及氧化镍矿的湿法冶金。

由于近30年来，硫化矿冶炼取得了长足的进展，闪速熔炼和熔池熔炼新方法纷纷取代传统的造锍熔炼；湿法炼铜不断发展，全世界用溶剂萃取-电积法生产的铜已占全球矿产铜量的20%左右。因此，本卷章节结构，内容详略不一，以适应铜镍冶金的发展。

鉴于本卷原主编因健康原因要求调整分工，本手册编委会主任赵天从调整了本卷主编。王立川老师为实现赵老先生的遗愿，抱重病完成了镍冶金篇的撰稿；彭容秋老师主持制定了铜冶金篇的大纲，并参与了本卷书稿的审稿、定稿工作。

本卷铜冶金篇的编纂得到了多年来从事湿法炼铜的杨佼庸、从事有色冶金设计的徐光清、闪速熔炼生产一线的周俊等校友以及在校长期从事铜冶金教学和科研的校友参与。北京有色冶金设计研究总院的陈知若校友为铜冶金篇的编写提供不少宝贵建议和他本人整理的图表资料。本卷书稿的完成倾注了校友们对母校、对老师的一片深情。

由于本书内容涉及面较宽，作者水平所限，错误和不足之处在所难免，恳请读者批评指正。

参加本卷编写的成员有：

张训鹏：铜冶金篇第一章

任鸿九：铜冶金篇第二章、第五章第二、三节

周　俊：铜冶金篇第三章、第五章第一节、第七章

郭睿倩：铜冶金篇第四章、第七章

胡　军：铜冶金篇第六章

徐光清：铜冶金篇第八章、第九章

杨佼庸：铜冶金篇第十章

王立川：镍冶金篇第一章～第七章

本书可作为冶金院校高年级学生、研究生的教学参考书，也可供从事铜镍钴冶金的科研、生产、设计、教学、生产管理人员参考。

编　者

1999年11月

目　录

第一篇　铜　冶　金

第二篇　镍　冶　金

第一篇　铜　冶　金

第一章　铜冶金概论

第一节　世界铜生产概况

铜是人类最早发现和使用的金属。约一万年前，人们就把自然铜加工成针、珠和锥等，迄今发现人类最早炼制的铜器当推伊朗境内泰佩海亚出土的刮刀、凿子和锥子等，年代约为公元前 3800 年。据考古表明，公元前 3000 年塞浦路斯已经用熔炼方法制取铜。在拉丁文中，铜就是以塞浦路斯（Cyprus）命名的，写成 Cyprium，随后派生出铜的名词有：Copper、Kupfer。

中国是世界上最早使用铜器的国家之一。1978 年在甘肃东乡马家窑遗址中出土的锡青铜小刀，是迄今中国发现的最早青铜器件，其年代约为公元前 2750 年。中国早在公元前 770 年就掌握了竖炉炼铜技术，宋元丰元年（1078 年）铜产量达到 7300t，铜冶金技术已达相当水平。

中世纪铜矿的开采主要是在欧洲的西班牙、日耳曼以及较晚的英国和俄国等国家。18 世纪初期美洲才开始开采铜矿，但一直到 19 世纪后半期还未得到发展。

19 世纪末叶美国开始开采巨大的铜矿，从而炼铜工业很快发展起来，到 1900 年当世界总产量约达 50 万 t 时，美国的铜产量已达 26 万 t，占世界总产量的 52%。

进入 20 世纪，由于新矿床的开发，智利、非洲、加拿大和前苏联都兴起了许多新的炼铜工业中心，一些国家相继进入产铜大国的行列。20 世纪后 50 年，中国的铜工业得到持续发展，并取得了举世瞩目的成就，目前我国的铜产量已居世界第 4 位，仅次于美国、智利和日本。

从世界范围看，铜的生产量和消费量总是不平衡的。表 1-1-1 至表 1-1-3 分别列出了 1987～1997 年世界各国的粗铜产量、精铜产量和精铜消费量。

表 1-1-1 1987～1997 年世界各国粗铜产量[1]（kt）

国别或地区	1987	1988	1989	1990	1991	1992	1993	1994	1995	1996	1997
欧 洲											
奥地利	29.1	34.5	39.1	41.0	44.8	49.0	47.3	49.6	53.4	65.4	65.4
比利时	92.2	93.4	103.0	87.8	106.0	102.8	141.7	147.6	151.9	157.3	142.5
芬 兰	77.4	79.0	79.5	90.2	90.1	110.5	107.2	98.2	88.3	150.3	159.0
法 国	7.0	8.5	10.0	6.6	5.8	5.8	5.9	4.5	4.5	2.3	2.3
德 国	271.7	282.5	317.9	293.5	239.9	234.9	201.3	292.2	304.9	385.4	349.1
挪 威	29.7	31.7	35.0	36.5	38.4	39.3	37.2	39.4	34.3	33.9	32.6
葡萄牙	5.0	4.5									
西班牙	138.7	145.6	152.3	150.4	149.1	150.0	173.0	188.4	160.0	270.9	270.9
瑞 典	105.6	115.9	94.6	108.0	97.6	98.4	99.1	102.7	106.5	125.0	128.4
南斯拉夫	143.5	172.0	150.8	150.0	135.5	127.9	57.4	86.6	87.4	125.2	125.2
阿尔巴尼亚	13.0	14.0	15.6	11.6	4.8	2.3	2.3	1.5	2.9	1.4	
保加利亚	49.8	57.4	59.2	30.3	27.8	50.6	71.9	89.4	74.5	90.0	90.0
捷 克	10.0	9.7	8.0	8.2	8.0	10.0					
斯洛伐克							22.4	22.0	22.0	22.0	21.6
匈牙利					4.9	4.1					
波 兰	367.3	407.6	381.3	341.6	360.0	370.0	411.2	401.0	410.2	414.8	522.0
罗马尼亚	38.0	38.7	39.4	28.3	28.0	27.9	26.2	25.3	25.3	32.6	32.6
前苏联	1140.0	1110.0	1057.0	990.0	920.0						

续表 1-1-1

国别或地区	1987	1988	1989	1990	1991	1992	1993	1994	1995	1996	1997
俄罗斯						690.5	560.2	506.7	540.0	540.0	540.0
非　洲											
纳米比亚	32.9	33.2	28.1	33.2	33.5	37.5	34.4	29.8	29.8	20.4	25.0
南　非	189.8	180.6	184.8	176.0	164.7	158.7	156.6	158.3	154.4	148.4	163.6
刚果（金）	472.4	436.2	425.2	338.2	267.7	118.0	45.9	29.3	28.8	39.0	34.0
赞比亚	523.2	466.8	485.2	461.4	408.4	380.2	337.8	265.2	237.7	262.0	264.2
津巴布韦	30.0	27.5	23.1	24.4	23.8	22.4	18.9	18.2	17.5	18.0	18.0
亚　洲											
印　度	32.9	44.3	42.5	40.7	45.5	47.7	37.4	51.2	39.5	45.3	43.2
伊　朗	40.0	52.0	76.0	54.8	81.1	101.8	85.0	131.8	106.1	99.1	99.0
日　本	980.2	994.0	1005.5	1040.6	1085.4	1174.9	1184.8	1122.0	1168.5	1233.4	1350.4
阿　曼	20.6	20.7	20.0	15.2	15.2	18.7	27.7	31.2	34.2	23.3	22.8
巴基斯坦									2.0	4.8	
菲律宾	164.5	159.2	156.3	153.5	167.5	168.8	212.4	200.3	242.2	201.7	206.2
韩　国	143.8	123.5	159.6	160.5	186.0	174.0	142.0	135.2	151.3	157.1	160.7
土耳其	19.4	12.9	23.8	25.2	32.4	30.3	39.6	30.4	24.4	30.3	35.9
哈萨克斯坦						341.4	318.8	283.9	265.5	268.8	268.8
乌兹别克斯坦						75.0	81.0	80.0	80.0	80.0	106.2
中国①	417.0	425.0	430.3	425.2	430.0	418.0	443.7	482.4	538.0	645.0	657.4
中国台湾	61.5	56.4	61.9	11.4							
美　洲											
加拿大	504.6	524.9	500.2	523.0	546.5	552.4	562.4	560.5	613.7	612.7	626.5

续表 1-1-1

国别或地区	1987	1988	1989	1990	1991	1992	1993	1994	1995	1996	1997
美　国	1248.8	1374.6	1479.5	1463.3	1450.3	1573.9	1679.9	1715.0	1600.6	1639.4	1720.0
巴　西	134.0	132.0	146.5	147.6	145.1	106.0	150.0	150.4	151.2	168.3	224.8
智　利	1106.9	1189.4	1266.6	1328.5	1296.1	1201.5	1219.1	1260.4	1293.8	1355.6	1389.6
墨西哥	127.5	150.4	175.7	174.0	182.5	228.9	281.5	276.9	298.1	300.8	349.0
秘　鲁	311.0	239.2	309.3	261.4	341.9	300.7	285.8	315.0	347.3	346.8	326.4
大洋洲											
澳大利亚	182.8	188.2	213.0	202.0	205.2	314.3	333.1	325.0	216.2	290.0	217.7
其　它											
	30.0	29.0	30.0	25.0	25.0	20.0	28.0	20.0	20.0	20.0	20.0
世界合计	9291.8	9466.0	9803.5	9458.9	9394.5	9692.8	9670.1	9727.5	9726.9	10426.7	10811.0

资料来源：World Metal Statistics 92.5，93.6，97.7，98.6。

①不含台湾省产量。全书同。

表 1-1-2　1987～1997 年世界各国精铜产量[1]（kt）

国别或地区	1987	1988	1989	1990	1991	1992	1993	1994	1995	1996	1997
欧　洲											
奥地利	32.9	38.4	46.3	49.7	52.8	54.7	52.7	52.5	53.5	76.0	76.0
比利时	407.5	354.3	329.2	331.9	297.6	367.3	378.9	375.2	376.0	354.0	391.1
芬　兰	59.5	53.9	55.7	65.1	64.5	70.9	73.4	69.2	73.7	110.7	116.0
法　国	40.2	44.4	49.3	51.9	55.7	56.7	59.3	61.0	64.9	62.0	59.1
德　国	494.8	521.5	568.8	532.9	521.7	581.7	632.1	591.9	616.1	670.8	673.7
意大利	65.0	75.4	83.3	83.0	83.4	76.0	90.3	84.0	98.0	85.8	85.7
挪　威	29.4	31.7	35.0	36.5	38.4	39.3	37.2	39.4	34.3	33.9	32.6
葡萄牙	5.3	5.4		0.1	0.3						

续表 1-1-2

国别或地区	1987	1988	1989	1990	1991	1992	1993	1994	1995	1996	1997
西班牙	151.4	158.8	165.7	170.6	189.9	179.1	179.2	188.3	164.2	264.0	280.2
瑞　典	91.9	90.3	94.6	97.3	96.6	101.6	98.8	103.0	111.1	126.4	117.2
英　国	122.3	124.0	119.0	121.6	70.1	42.1	46.6	46.7	51.9	56.6	60.4
南斯拉夫	138.9	145.4	151.0	151.4	134.2	124.8	51.6	72.1	78.5	104.0	113.5
阿尔巴尼亚	13.0	15.0	15.0	10.9	4.4	2.2	1.9	2.1	3.0	1.5	
保加利亚	52.8	50.0	55.8	24.1	12.6	18.0	23.8	26.5	26.4	36.0	36.0
捷　克	27.2	27.1	26.9	24.6	25.3	25.0					
斯洛伐克							29.2	23.0	23.0	23.0	23.0
匈牙利	10.4	6.9	6.1	6.0	4.4	4.1					
波　兰	390.2	400.6	390.3	346.1	376.8	387.0	404.2	405.1	405.7	424.7	441.0
罗马尼亚	40.0	41.0	33.0	35.0	15.0	26.9	25.2	26.8	26.7	28.3	22.2
前苏联	1410.0	1380.0	1345.0	1260.0	1120.0						
俄罗斯						620.7	537.1	551.8	560.3	577.1	626.9
非　洲											
纳米比亚	4.0	4.0	4.0	4.0	4.0	4.0	4.0	4.0	4.0	4.0	4.0
南　非	146.5	136.7	144.2	133.0	127.0	120.1	127.9	129.6	131.7	116.0	126.5
刚果（金）	210.2	202.8	203.8	173.2	139.7	57.0	36.0	29.0	34.7	39.0	34.0
赞比亚	508.6	447.9	470.1	478.6	423.7	472.0	424.9	369.5	313.8	317.1	327.8
津巴布韦	23.0	27.5	24.0	24.4	23.8	22.4	18.9	18.2	17.5	22.0	22.0
亚　洲											
印　度	30.8	40.1	41.8	38.7	47.2	45.3	36.8	49.0	39.6	39.3	70.0
伊　朗	30.0	32.0	40.0	43.3	81.1	101.8	85.0	90.2	90.4	99.1	103.5

续表 1-1-2

国别或地区	1987	1988	1989	1990	1991	1992	1993	1994	1995	1996	1997
日　本	980.3	955.1	989.6	1008.0	1076.3	1160.9	1188.8	1119.2	1188.0	1251.4	1278.7
阿　曼	15.5	16.3	15.3	12.0	11.4	14.2	20.5	24.2	21.3	23.3	23.6
菲律宾	132.1	132.2	132.2	125.9	115.5	145.7	166.0	154.7	158.1	155.8	146.6
韩　国	157.9	170.4	178.7	187.0	198.4	209.8	219.5	222.0	233.2	244.4	262.6
土耳其	75.6	76.4	84.8	84.2	80.0	104.0	92.4	83.0	100.3	100.7	120.0
哈萨克斯坦						327.8	317.5	278.5	255.6	267.1	302.6
乌兹别克斯坦						75.0	81.0	90.0	80.0	80.0	118.2
中　国	450.0	460.0	470.0	558.0	560.0	659.0	733.0	736.1	1079.7	1119.1	1014.4
中国台湾	47.0	43.3	43.2	16.1							
美　洲											
加拿大	491.1	528.7	515.2	515.8	538.3	539.3	561.6	549.9	572.6	559.2	560.3
美　国	1541.7	1852.5	1953.7	2017.4	1995.1	2143.9	2252.5	2220.0	2279.9	2346.9	2440.0
阿根廷	13.0	12.5	11.0	11.9	12.0	16.0	15.0	16.0	16.0	16.0	16.0
巴　西	147.0	147.2	166.5	156.8	141.4	158.0	161.1	170.0	165.0	172.1	177.1
智　利	970.3	1012.7	1071.0	1191.6	1228.3	1242.3	1268.2	1277.4	1491.5	1748.2	2116.6
墨西哥	130.0	137.3	143.9	151.9	153.9	191.1	171.1	199.5	207.5	246.3	256.1
秘　鲁	224.8	174.7	224.3	181.8	244.1	251.1	261.7	253.0	282.0	342.0	384.1
大洋洲											
澳大利亚	207.8	222.7	255.0	274.0	279.0	303.0	342.2	364.4	290.0	335.4	295.1
其　它											
	40.0	40.0	40.0	30.0	32.0	28.0	29.0	30.0	30.0	30.0	30.0
世界合计	10159.9	10437.1	10792.3	10816.3	10675.9	11169.8	11335.8	11196.0	11849.7	12709.2	13384.4

资料来源：World Metal Statistics 92.5，93.6，97.7 ,98.6。

表 1-1-3　1987～1997 年世界各国精铜消费量[1]（kt）

国别或地区	1987	1988	1989	1990	1991	1992	1993	1994	1995	1996	1997
欧　洲											
奥地利	26.0	26.9	22.3	22.0	24.0	29.6	21.0	23.3	25.0	32.2	18.1
比利时	291.8	317.8	376.0	389.5	372.0	385.9	331.6	407.7	362.4	359.1	347.2
丹　麦		0.1	0.3	0.9	0.1				0.2	0.1	0.1
芬　兰	77.0	73.7	86.0	87.0	87.4	80.0	91.0	82.8	87.4	95.2	87.9
法　国	399.0	408.9	458.8	477.6	481.2	487.9	473.9	513.3	539.5	518.2	557.7
德　国	970.1	967.5	1032.7	1027.8	994.8	1031.6	921.1	999.5	1065.8	960.0	1052.4
希　腊	39.0	44.0	51.0	53.7	45.3	46.2	65.0	73.0	84.0	86.0	86.0
意大利	420.0	445.0	458.4	474.8	470.7	502.4	489.5	480.0	498.0	503.8	530.7
荷　兰	21.9	20.4	17.9	23.1	17.6	18.1	15.4	18.6	31.4	33.6	33.3
挪　威	8.0	10.0	12.0	8.0	8.0	5.2	2.2		0.9	0.8	0.4
葡萄牙	26.0	28.0	21.7	24.5	26.0	21.4	9.7	7.0	0.1	1.6	
西班牙	131.4	135.0	145.9	146.1	156.0	153.4	162.0	178.0	174.5	191.0	203.0
瑞　典	98.3	104.6	109.9	117.2	113.2	123.1	139.0	143.4	142.8	143.6	146.9
瑞　士	9.5	11.0	6.2	3.5	4.3	4.7	3.1	5.2	5.2	6.1	7.5
英　国	327.7	327.7	324.7	317.2	269.4	308.3	325.0	377.3	397.9	396.0	408.5
南斯拉夫	127.1	119.2	118.8	92.9	80.1	70.0	50.0	50.0	50.4	44.3	40.2
阿尔巴尼亚	12.8	14.2	13.9	10.1	3.8	2.0	0.5	0.4	0.3	0.2	0.2
保加利亚	56.0	57.0	56.0	32.1	18.4	23.8	19.6	17.3	22.0	25.2	25.2
前捷克斯洛伐克	92.1	83.6	77.5	76.2	31.7	31.7					
捷克							8.2	9.5	11.6	12.8	12.8
斯洛伐克							20.9	24.6	29.9	25.9	16.8
匈牙利	25.8	23.6	13.8	34.0	17.9	14.6	15.9	15.0	14.2	12.5	12.5
波　兰	246.0	248.8	284.0	170.7	154.1	125.4	137.6	151.0	213.0	225.5	228.0

续表 1-1-3

国别或地区	1987	1988	1989	1990	1991	1992	1993	1994	1995	1996	1997
罗马尼亚	40.0	41.0	33.0	35.0	25.7	26.9	25.2	26.8	26.7	21.9	14.3
前苏联	1270.0	1210.0	1140.0	1000.0	880.0						
俄罗斯						403.1	219.3	191.7	187.0	154.0	127.1
乌克兰						5.0	5.0	6.7	0.9	1.2	1.2
非洲											
埃及	6.3	6.5	6.0	4.2	4.0	4.0	4.6	4.3	4.0	4.0	3.6
南非	72.2	75.5	71.8	67.6	63.0	63.3	66.5	84.0	81.6	75.7	81.8
刚果（金）	2.1	2.0	2.2	2.3	2.0	1.4					
赞比亚	8.0	11.0	9.0	8.0	10.7	16.0	18.0	16.0	13.0	16.0	16.0
津巴布韦	10.0	10.0	10.4	13.7	12.0	17.9	15.9	15.3	15.6	15.4	15.4
其它	1.0	0.1	0.1	0.2	1.1	1.3	1.2	1.9	1.2	1.0	1.0
亚洲											
印度	100.0	113.0	130.0	135.0	157.0	99.7	110.9	137.0	116.4	140.0	140.0
印度尼西亚						51.7	48.3	59.8	85.0	104.9	93.8
伊朗	20.0	34.0	31.0	40.0	52.0	61.0	51.6	43.6	47.5	54.1	56.4
日本	1276.6	1330.7	1446.6	1576.5	1613.2	1411.1	1384.1	1374.9	1414.5	1479.6	1440.9
马来西亚						80.0	91.3	105.8	113.6	143.9	159.6
菲律宾	10.3	10.3	12.6	9.8	11.0	17.8	49.4	44.7	54.6	43.4	71.6
沙特阿拉伯						80.0	93.0	98.7	97.6	120.0	120.0
新加坡						12.0	18.8	20.0	20.0	13.7	14.4
韩国	259.0	266.3	251.6	324.2	343.2	353.5	399.8	476.2	539.6	587.7	618.3
泰国						88.7	118.6	173.0	147.5	154.6	151.9
土耳其	75.3	93.7	101.0	108.9	98.1	116.7	109.3	108.0	139.2	160.0	160.0

续表 1-1-3

国别或地区	1987	1988	1989	1990	1991	1992	1993	1994	1995	1996	1997
哈萨克斯坦						115.0	113.0	72.0	42.0	5.6	15.1
乌兹别克斯坦						33.0	22.0	11.0	10.0	10.0	10.0
中　国	470.0	465.0	528.0	512.0	590.0	882.0	984.6	797.7	1146.6	1161.0	1024.8
中国香港						11.5	14.1	3.4	18.6	36.6	84.6
中国台湾	207.8	214.9	315.3	264.7	399.1	415.6	477.2	547.0	563.2	543.7	587.8
其　它	120.2	137.0	195.6	241.1	276.9	30.0	30.0	25.0	25.2	20.0	20.0
美　洲											
加拿大	232.3	236.3	218.6	184.5	185.1	156.1	185.6	199.3	189.7	218.3	224.6
美　国	2126.7	2205.9	2203.5	2150.4	2057.8	2175.7	2359.4	2678.1	2534.4	2621.4	2770.0
阿根廷	63.9	44.4	26.1	23.0	24.9	56.7	55.1	56.2	47.7	49.6	49.2
巴　西	224.6	176.2	187.5	128.7	170.8	157.2	148.5	180.8	197.6	233.1	251.3
智　利	47.8	42.7	42.9	45.2	47.6	62.8	72.3	86.3	87.7	91.0	79.7
墨西哥	123.6	120.4	133.6	127.2	131.3	127.0	137.2	127.0	127.0	145.0	127.2
秘　鲁	45.7	31.2	33.0	30.3	29.0	29.3	35.8	34.7	30.1	35.0	35.0
其　它	30.7	27.2	12.8	16.0	24.6	17.0	20.0	17.3	20.0	31.3	31.3
大洋洲											
澳大利亚	124.0	128.8	129.7	120.0	101.2	122.0	146.0	141.0	160.0	180.0	155.7
新西兰	1.4	1.8	0.9	4.7	2.6	3.6	4.4	7.0	9.3	9.8	6.3
其　它											
	25.2	27.0	27.5	32.5	34.5	39.5	20.0	21.0	20.9	21.6	21.6
世界合计	10420.2	10530.2	10988.1	10794.3	10724.5	10808.4	10960.0	11560.1	12092.4	12377.8	12606.9

资料来源：World Metal Statistics 92.5，93.6，97.7 ,98.6。

第二节　铜及其主要化合物的性质

一、铜的物理化学性质

铜原子的外电子层构型为$[Ar]3d^{10}4s^1$。铜在形成化合物时可失去 4s 轨道的 1 个电子,也可同时失去 3d 轨道中的 1 个电子,所以铜主要有 +1 和 +2 两种价态。常温下铜的氧化态以 +2 价为主,高温时低价态化合物稳定。

铜有^{63}Cu和^{65}Cu两个稳定的天然同位素,^{63}Cu含有 29 个质子和 34 个中子,^{65}Cu含有 29 个质子和 36 个中子。已知铜有 9 个不稳定的同位素。

铜的晶体结构为面心立方晶格,密度较大,熔点和沸点较高,具有良好的延展性和优良的导电、传热性。

铜的主要性质如下[2]:

原子量	63.54
摩尔体积/$cm^3 \cdot mol^{-1}$	7.11
稳定同位素质量(相应丰度/%)	63(69.1)
	65(30.9)
常见氧化态	1,2
25℃标准电极电位/V	$Cu/Cu^+ = 0.520$ $Cu/Cu^{2+} = 0.337$
电化当量/$g \cdot A^{-1} \cdot h^{-1}$	Cu^+ 2.380　Cu^{2+} 1.185
密度/$t \cdot m^{-3}$	8.96
晶体结构	面心立方
原子半径/nm	0.1276
离子半径(M^+)/nm	0.096
共价半径/nm	0.138
元素电负性	2.43
第一电离能/$kJ \cdot mol^{-1}$	745

第二电离能/$kJ \cdot mol^{-1}$	1950
原子化热/$kJ \cdot mol^{-1}$	339
热导率/$W \cdot (m \cdot K)^{-1}$	394
20℃时电阻率/$\mu\Omega \cdot cm^{-1}$	1.6730
0～100℃时电阻温度系数	0.0068
熔点/℃	1083
熔化潜热/$kJ \cdot kg^{-1}$	212
沸点/℃	2595
气化热/$kJ \cdot kg^{-1}$	7369
20℃时比热容/$J \cdot (kg \cdot ℃)^{-1}$	384
20℃线胀系数/$℃^{-1}$	16.5×10^{-6}
抗拉强度/kPa	23×10^{4}
弹性模量系数/MPa	$(10.2 \sim 12) \times 10^{4}$
刚性模量系数/MPa	44000
18℃时磁化率/$cgs \cdot g^{-1}$	0.086×10^{-6}
100℃未氧化时的辐射系数	0.03
1145℃时粘度/MPa·s	3.41
1150℃时表面张力/$mN \cdot m^{-1}$	1104

铜不能置换酸性水溶液中的氢，也不溶于盐酸和没有溶解氧的硫酸中，但可溶解于具有氧化作用的硝酸或含有氧化剂的其它酸性溶液，如含有硫酸铁(Ⅲ)的硫酸溶液和含有氯化铁(Ⅲ)的盐酸溶液。铜与碱溶液作用很慢，但易与氨反应，形成配合物。

铜的化合物有数百种，但以工业规模生产的不多，其中最重要的是五水硫酸铜，或称胆矾，其次有醋酸铜、氯化亚铜、氯化铜、砷酸铜、溴化铜、铬酸铜、硝酸铜、氧化铜和氧化亚铜等。

二、铜的氧化物和硫化物

铜的氧化物和硫化物都有两种价态，即 Cu_2O、CuO、Cu_2S 和 CuS，其主要性质如表 1-1-4 所示。

表 1-1-4 铜的氧化物和硫化物的性质[3]

性 质	Cu_2O	CuO	Cu_2S	CuS
熔点/℃	1230	熔化前分解	1153	熔化前分解
25℃的熵/J·℃$^{-1}$·mol^{-1}	90.79	40.79	121.13	64.02
固态密度/g·cm^{-3}	6.11	6.3~6.4	5.76	4.68
25℃时摩尔热容/J·g^{-1}·mol^{-1}	64.0	43.1	76.6	49.7
生成热/kJ·mol^{-1}	179.9	138.2	133.2	48.5

在熔融状态下，氧在铜中的溶解度很小，大部分与铜生成 Cu_2O 并溶解于铜液，凝固时氧化亚铜与铜组成粒状共晶分布于晶界（见图 1-1-1、图 1-1-2 的 Cu-O 平衡图）。

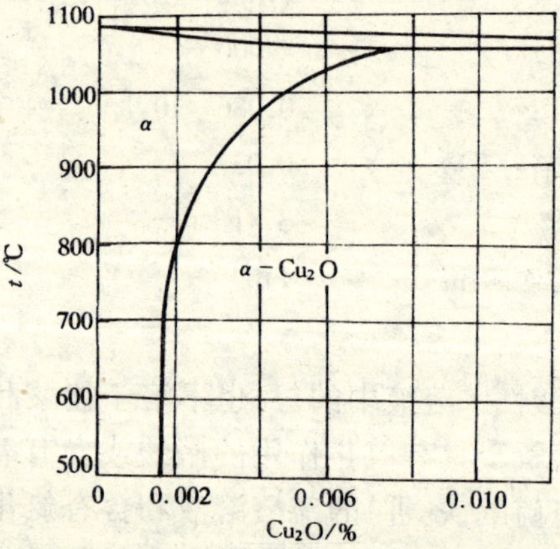

图 1-1-1 铜-氧平衡图铜角部分[4]

硫对铜的作用和氧相似，液态下硫能很好地溶解于铜液，固态下则全不固溶，而与铜生成硫化亚铜化合物，并组成 Cu-Cu_2S 共晶（见图 1-1-3）。但由于硫化亚铜的聚集作用较大，致使硫化亚铜多呈粗大圆滴状，而显不出共晶特征来。

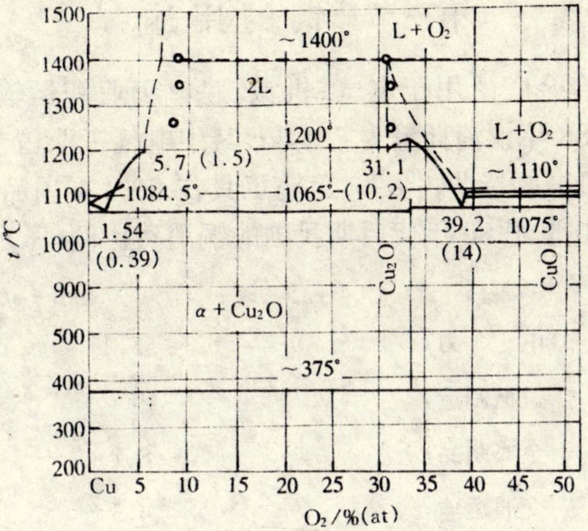

图 1-1-2　铜-氧平衡图[4]

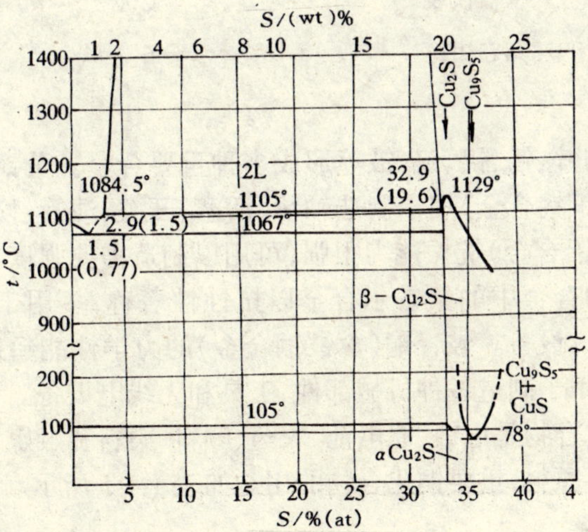

图 1-1-3　铜-硫状态图[4]

第三节 铜的用途

铜和铜合金广泛用于电气、机械、建材工业和运输工具制造等。美国 1988 年铜消耗量为 2214kt,其中电气工业占 70%,建筑业占 17%,机械制造业占 6%,运输工具占 3%,军用品占 1%,其它占 3%。20 世纪 80 年代后期我国的铜消费比例(%)如下[5]:

电　　力	55.2
机械制造	19.6
金属制品	8.1
交通运输	4.3
电　　子	2.2
有色金属	2.3
仪器仪表	2.1
其它用途	6.2

铜能与锌、锡、铝、镍、铍等形成多种重要合金。黄铜(铜锌合金)、青铜(铜锡合金)用于制造轴承、活塞、开关、油管、换热器等。铝青铜(铜铝合金)抗振能力很强,可用以制造需要强度和韧性的铸件。铜镍合金中的蒙奈尔合金以抗蚀性著称,多用于制造阀、泵、高压蒸汽设备。铍青铜(含铍铜合金)的力学性能超过高级优质钢,广泛用于制造各种机械部件、工具和无线电设备。

铜的化合物是电镀、原电池、农药、颜料、染料和触媒等工农业生产的重要原料,重要铜化合物的用途如表 1-1-5 所示。

表 1-1-5　重要铜化合物的用途[6]

化合物	农业（杀虫剂、杀菌剂、除草剂）	分析试剂	防污油漆	触媒	云雨催化剂	抗腐蚀剂	电解和电镀	电子仪器	纺织业	防火剂	燃料油加工添加剂
醋酸亚铜				•							
醋酸铜	•	•		•			•		•	•	
乙酰亚铜				•							
砷酸铜											
溴化亚铜	•			•							
溴化铜				•				•			
碱式碳酸铜	•		•	•		•			•		
氯化亚铜		•		•				•	•		•
氯化铜	•	•		•		•		•	•	•	•
羟基氯化铜	•			•			•				
铬酸铜	•			•			•		•		
铁酸铜				•				•			
氟硼酸铜				•			•	•	•		
葡萄糖酸铜											
氢氧化铜	•	•					•		•		
碘化亚铜		•		•	•		•	•			
硝酸铜	•					•	•	•	•		•
氧化亚铜	•	•	•	•	•		•	•			•
氧化铜	•	•	•	•	•	•		•	•	•	•
脂肪酸铜	•	•	•	•				•	•		•
硫酸铜	•	•				•	•	•	•	•	

续表 1-1-5

化合物	玻璃陶瓷水泥	医疗食品药品	冶金	矿业和金属	尼龙	有机反应	纸张纸制品	颜料染料	控制污染（催化）	印刷照相	烟火火箭	木材防腐
醋酸亚铜					•	•		•		•		
醋酸铜		•			•	•		•		•		
乙酰亚铜						•						
砷酸铜						•						•
溴化亚铜			•		•	•				•		
溴化铜	•		•			•						
碱式碳酸铜						•						
氯化亚铜	•		•	•	•	•				•	•	
氯化铜	•	•	•	•	•	•	•	•	•	•		
羟基氯化铜	•					•						
铬酸铜						•			•		•	•
铁酸铜										•		
氟硼酸铜												•
葡萄糖酸铜		•								•		
氢氧化铜		•			•	•	•					
碘化亚铜					•	•				•		
硝酸铜	•	•	•	•		•	•			•	•	•
氧化亚铜	•		•	•	•	•			•	•	•	
氧化铜	•	•	•	•	•	•	•		•	•	•	•
脂肪酸铜					•	•		•	•	•		•
硫酸铜	•	•	•	•	•	•	•	•	•	•	•	•

第四节　铜冶金原料

一、资源状况

根据美国矿业局1995年发表的“矿产要览”,1994年世界铜金属储量为31000万t,储量基础为59000万t(见表1-1-6)。世界铜储量最多的国家是智利和美国,分别占世界储量基础的23.5%和15.3%。

表1-1-6　1994年世界铜储量和储量基础(金属量)(万t)[7]

国　家	储　量	储量基础	国　家	储　量	储量基础
智　利	8800	14000	澳大利亚	700	2100
美　国	4500	9000	哈萨克斯坦	1400	2000
波　兰	2000	3600	印　尼	1100	1700
赞比亚	1200	3400	菲律宾	700	1100
俄罗斯	2000	3000	中　国	300	800
刚果(金)	1000	3000	其它国家	5500	10000
秘　鲁	700	2500			
加拿大	1100	2300	世界总计	31000	59000

二、铜的矿物

铜的地壳丰度为$68\times10^{-4}\%$,海水含铜约$3\times10^{-7}\%$。自然界发现的铜矿物有165种,除少见的自然铜外,主要有原生硫化铜矿物和次要的次生氧化铜矿物。重要铜矿物见表1-1-7。

三、铜矿床

铜矿床类型有斑岩型、矽卡岩型、层状型、火山沉积型及铜镍硫化物型五大类。我国主要铜矿床类型及典型矿床举例见表1-1-8。

表 1-1-7 重要铜矿物[6]

矿物	组成	Cu/%	颜色	晶系	光泽	莫氏硬度	密度/$g\cdot cm^{-3}$
硫化矿							
斑铜矿	Cu_5FeS_4	63.3	铜红～深黄色	立方	金属	3	5.06～5.08
黄铜矿	$CuFeS_2$	34.5	黄铜色	正方	金属	3.5～4	4.1～4.3
黝铜矿	$Cu_{12}Sb_4S_{13}$	45.8	灰至铁黑色	立方	金属(发亮)	3～4.5	4.6
砷黝铜矿	$Cu_{12}As_4S_{13}$	51.6	铅灰铁黑色	立方	金属	3～4.5	4.37～4.49
辉铜矿	Cu_2S	79.8	铅灰至黑色	斜方	金属	2.5～3	5.5～5.8
铜蓝	CuS	66.4	靛蓝或灰黑色	六方	半金属至树脂状	1.5～2	4.6～4.76
氧化矿							
赤铜矿	Cu_2O	88.8	红色	立方	金刚至土色	3.5～4	6.14
黑铜矿	CuO	79.9	灰黑色	单斜	金属	3.5	5.8～6.4
孔雀石	$CuCO_3\cdot Cu(OH)_2$	57.3	浅绿色	单斜	金刚至土色	3.5～4	3.9～4.03
蓝铜矿	$2CuCO_3\cdot Cu(OH)_3$	55.1	天蓝色	单斜	玻璃状近于金刚	3.5～4	3.77～3.89
水胆矾	$Cu_4SO_4(OH)_6$	56.2	绿色	单斜	玻璃状	3.5～4	3.9
氯铜矿	$Cu_2Cl(OH)_3$	59.5	绿色	斜方	金刚至玻璃状	3～3.5	3.76～3.78
硅孔雀石	$CuSiO_3\cdot 2H_2O$	36.0	绿至蓝色	立方	玻璃至土色	2.4	2.0～2.4
自然铜	Cu	100	铜红色	立方	金属	2.5～3	8.95

表 1-1-8 我国主要铜矿类型及典型矿床举例[8]

类型	储量/%	典型矿床	主要含铜矿物及伴生组分
斑岩型铜矿	41±	江西德兴铜矿、富家坞；山西中条山铜矿峪；西藏江达玉龙，内蒙古乌奴格吐等	黄铜矿、斑铜矿、黝铜矿、辉铜矿；伴生组分有 Mo、Au、Ag、Co、Se、Te、Re 等 特点：贫，但储量大，伴生组分多
矽卡岩型铜矿	27±	长江中下游地区的许多大中型矿山均属此类，如铜录山、封山洞、城门山、武山等	黄铜矿居主，亦见斑铜矿、铜蓝、黝铜矿等；主要伴生组分有 Pb、Zn、Mo、Au、Ag、Se、Te，有时有 Fe、Co，因矿床不同而略有差异；特点是较富，但规模不及前者
层状型铜矿（包括变质岩层状型和含铜砂页岩型）	11±	云南东川、易门、大姚，湖南车江、麻阳，山西篦子沟和内蒙古霍各乞等	以辉铜矿、斑铜矿、孔雀石居主，硅孔雀石及黄铜矿为次，有时见有砷黝铜矿、硫砷铜矿；伴生组分有时有 Co、Ag、Au、Ge；特点是氧化率高，铜的状态及分配较复杂，难选
火山沉积型铜矿	5.5±	甘肃白银；新疆阿舍勒	主要矿物为黄铜矿，亦可见有铜蓝、辉铜矿、斑铜矿、黝铜矿、方铅矿、闪锌矿；伴生元素有 Au、Ag、Cd、Se、Tl、In、Te、Bi 等；特点是多呈大型，品位高
铜镍硫化物型铜矿	6.4±	甘肃金川；吉林盘石；新疆喀拉通克等	主要有价矿物为镍黄铁矿、紫硫镍铁矿、磁黄铁矿、黄铜矿等，有时有墨铜矿；可伴生有铂族元素、Co、Au 等。特点是 Cu－Ni 关系密切，只有靠冶金方法分离

四、铜精矿

铜矿物中以黄铜矿为最多，约占铜矿的 2/3。世界原生铜产量的 90%左右来自硫化矿。硫化矿中铜的含量较低，典型的硫化铜矿含铜由 0.2%（露天开采）到 0.5%～1%（坑下开采）。因此铜矿石必须经过破碎、浮选富集，产出含铜较高的精矿，才能作为冶炼原料。铜矿选矿厂铜精矿品位的实例见表 1-1-9。

表 1-1-8 铜矿选矿厂铜精矿品位实例[8]（%）

国家	选矿厂	原矿类型	品位	精矿品位
哈萨克斯坦	巴尔哈什	斑岩铜矿	0.53	23
中国	德兴	斑岩铜矿	0.56	24.7
赞比亚	卡罗纳	层状铜矿	3.5	23～30
中国	易门	层状铜矿	0.81	24.9
美国	莫伦西	矽卡岩铜矿	1.18	27.7
中国	大冶	矽卡岩铜矿	0.92	25.8

铜矿物常伴生有黄铁矿、闪锌矿、方铅矿、镍黄铁矿及含钴矿物，贵金属和稀散金属也是常见的伴生组分。铜精矿的主要成分实例见表 1-1-10。

表 1-1-10 铜冶炼厂处理的铜精矿成分[9,10]（%）

国家	厂名	Cu	Fe	S	Pb	Zn	As	SiO_2
中国	铜陵	23.3	30.1	29.0				9.1
	云南	21.9	21.1	14.8				18.1
	白银	18.2	29.1	31.4	0.88	2.5		7.44
	贵溪	21～22	28～29	32～33	0.4～0.5	0.6～1.2		6～6.5
芬兰	哈贾瓦尔塔	26	26	30	0.3	1.8		6
日本	东予	30.8	24.3	29.7	0.4	1.1	0.14	3～5
韩国	温山	29.3	26	32	0.3	1.0	0.1	
加拿大	INCO	29	32	34				2
美国	伊达哥	23	27	37	0.1	1.0		6
德国	汉堡	29	23	28	0.3	1.0	0.1	7
西班牙	里奥廷托	25	28	33	0.4	2.0		3.0
波兰	格沃古夫	28.5	2.9	10.4	1.7	0.4		18.5
赞比亚	卢安西亚	29	15	22				11

第五节　炼铜方法

目前世界上原生铜产量中85%用火法冶金方法生产，约15%用湿法生产。湿法炼铜通常适用于处理氧化矿、低品位废矿和复杂难选矿。火法炼铜用于处理各种铜精矿，硫化矿主要用火法冶金处理。火法炼铜和湿法炼铜两种原则工艺流程如图1-1-4、图1-1-5所示。

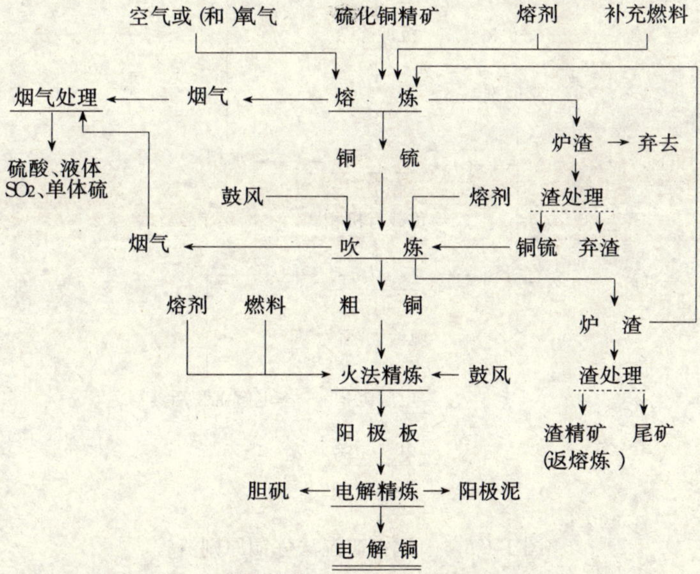

图1-1-4　火法炼铜流程

熔炼是火法炼铜最重要的冶炼过程，近半个世纪以来，铜熔炼(包括吹炼)技术的变革是有色金属火法冶金领域发展中最活跃部分，历年来铜锍熔炼和吹炼方法的工业应用情况如图1-1-6所示。1995年世界上各种火法炼铜方法的生产能力、铜产量如表1-1-11所列。

传统熔炼方法是在鼓风炉、反射炉和电炉内进行，这些方法的主要缺点是:1)不能充分利用硫化物炉料氧化产生的反应热作为能量,矿物燃料量或电能消耗大;2)产出低浓度 SO_2 烟气,不能经济地生产硫酸,对环境造成严重污染。因此,传统熔炼工艺逐渐地为高效、节能和少污染的强化熔炼新工艺代替。

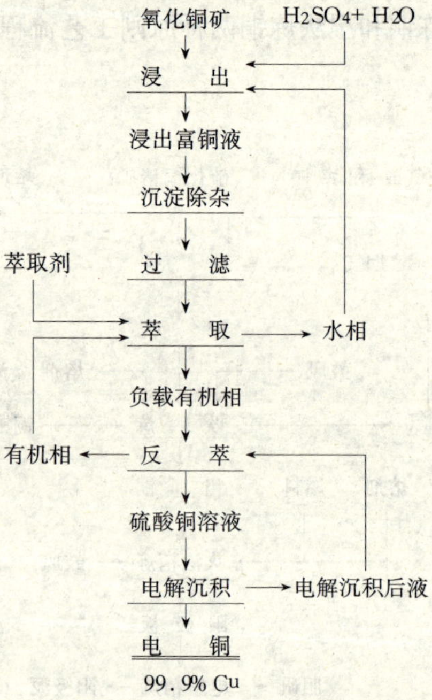

图 1-1-5 氧化铜矿湿法炼铜原则流程

近三四十年来,不少新的强化熔炼工艺已在工业上推广应用,归纳起来有两大类:一是闪速熔炼,如奥托昆普闪速熔炼,INCO 氧气闪速熔炼(国际镍公司法);另一类是熔池熔炼,如诺兰达法、三菱法、瓦纽科夫法、特尼恩特法、艾萨法、康托普法和我国的白银法等。这些方法的共同特点是运用富氧技术,强化熔炼过程,充分利用炉料氧化反应热的能量,在自热或接近自热的条件下进行熔炼,副产出高浓度的 SO_2 烟气,可有效地回收,制造硫酸或其它硫产品,环境保护好,节能和经济效益好。

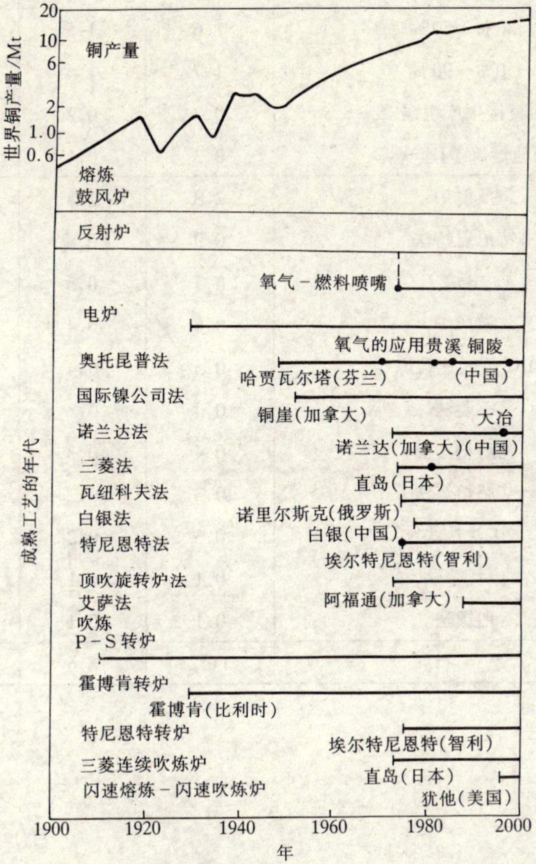

图 1-1-6　各种铜锍熔炼和吹炼方法的历程[11]

表 1-1-11　1995 年用不同熔炼方法火法炼铜的世界生产能力和铜产量[12]

火法炼铜方法	生产能力/Mt	铜产量/Mt	铜厂数目
奥托昆普闪速熔炼			
富氧浓度　<30%	0.3	0.3	5

续表 1-1-11

火法炼铜方法	生产能力/Mt	铜产量/Mt	铜厂数目
30%～50%	1.6	1.5	10
50%～90%	1.7	1.4	8
直接生产粗铜	0.2	0.2	2
闪速熔炼-闪速吹炼	0.3	0.1	1
反射炉	2.8	1.8	27
特尼恩特法	0.9	0.8	7
电炉	0.7	0.5	5
鼓风炉	0.6	0.4	8
INCO 闪速熔炼	0.5	0.4	3
三菱法	0.4	0.3	2
瓦纽科夫法	0.4	0.3	2
艾萨熔炼法	0.3	0.2	2
诺兰达法	0.3	0.2	2
康托普法	0.1	0.1	1
白银法	0.1	0.1	1
总　计	11.2	8.6	82

第二章　造锍熔炼的物理化学

铜的火法冶金仍然是目前世界各国处理原生矿物和二次原料生产铜的主导方法。造锍熔炼将精矿中的FeS部分氧化产生SO_2烟气，氧化得到的FeO则与SiO_2等脉石成分造渣，未被氧化的FeS则在高温下与Cu_2S形成铜锍（冰铜）。铜锍经吹炼进一步氧化才得到粗铜。

硫化矿造锍熔炼的基本反应　包括离解、造渣、造锍、优先氧化等基本反应（见表1-2-1），从反应的ΔG°值可进行热力学评价硫化物氧化反应的难易。例如FeS比Cu_2S还易氧化，当Cu_2S与FeS共存时，FeS优先氧化，而铜的氧化损失甚少，大部分铜可视为硫化物。造锍熔炼实践中不使FeS氧化殆尽，有意保留一定量FeS，可避免铜锍品位过高，也就有可能获得弃渣。

表1-2-1　造锍熔炼基本反应及热力学评价[1]

序号	基本反应	ΔG°/J
1	$2FeS_{2(固)} = 2FeS_{(固)} + S_{2(气)}$	$-362750 - 376.56T$
2	$S_{2(气)} + 2O_{2(气)} = 2SO_{2(气)}$	$-724140 + 146.82T$
3	$2FeS_{(液)} + 3O_{2(气)} = 2FeO_{(液)} + 2SO_{2(气)}$	$-966480 + 176.60T$
4	$2FeO_{(固)} + 2SiO_{2(固)} = 2FeO\cdot SiO_{2(固)}$	$-32260 + 15.27T$
5	$10Fe_2O_{3(固)} + 2FeS_{(液)} = 7Fe_3O_{4(固)} + SO_{2(气)}$	$223870 - 354.25T$
6	$3Fe_3O_{4(固)} + FeS_{(液)} = 10FeO_{(液)} + SO_{2(气)}$	$654720 - 381.95T$
7	$FeS_{(液)} + Cu_2O_{(液)} = FeO_{(液)} + Cu_2S_{(液)}$	$-144750 + 13.05T$
8	$8Cu_2S_{(液)} + 2Cu_2O_{(液)} = 6Cu_{(液)} + SO_{2(气)}$	$14130 - 42.05T$

铜锍氧化除铁与粗铜生成　用转炉氧化除去熔融铜锍中的FeS，铁作为炉渣而除去（称作造渣期），继续氧化熔融Cu_2S造出粗铜（称作造铜期）（表1-2-1中反应7生成的FeO与熔剂中SiO_2结合并造渣，反应8表示了Cu_2S与Cu_2O交互反应生成粗铜）。铜锍脱铁过程生成的氧化铁不仅呈FeO态，还进一步形成Fe_3O_4（$3FeO_{(液)} + 1/2O_{2(气)} = Fe_3O_{4(固)}$），为比较FeO与$Fe_3O_4$的生成

状况需考察 Fe_3O_4 的热力学行为。从 $FeS_{(液)} + 3Fe_3O_{4(固)} = 10FeO_{(液)} + SO_{2(气)}$，$\Delta G^\circ/J = 654720 - 381.95T$ 导出图 1-2-1 所示的 a_{FeS} 与 $a_{Fe_3O_4}$ 的关系。图上边横坐标有铜锍品位 Cu 含量，当 $a_{Fe_3O_4} = 1$ 时，固体 Fe_3O_4 会析出，使熔炼操作困难。由图可知：(1) 温度下降，易生成 Fe_3O_4；(2) FeS 浓度降低，锍品位提高，也易生成 Fe_3O_4；(3) 炉渣中 FeO 越多(SiO_2 添加越少)则 Fe_3O_4 也越多；(4) 一般熔炼条件下，铜品位 40%～60% 时，可得到 Fe_3O_4 较低和低铜的炉渣，而吹炼过程氧势急剧上升，所以炉渣中 Fe_3O_4 和铜损失显著增高。造锍熔炼过程熔融铜锍中 Cu、Fe、S、O 含量与氧势的关系示于图 1-2-2。铜锍中的氧通常以氧化铁形态存在，到只剩下 Cu_2S 之后才可认为是以 Cu_2O 存在。图中点划线表示渣含铜量。在铜锍熔炼阶段，氧势几乎是一定值，在吹炼第一周期(造渣期)仅有某些变化，当处于第二周期(造铜期)，却有显著变化。

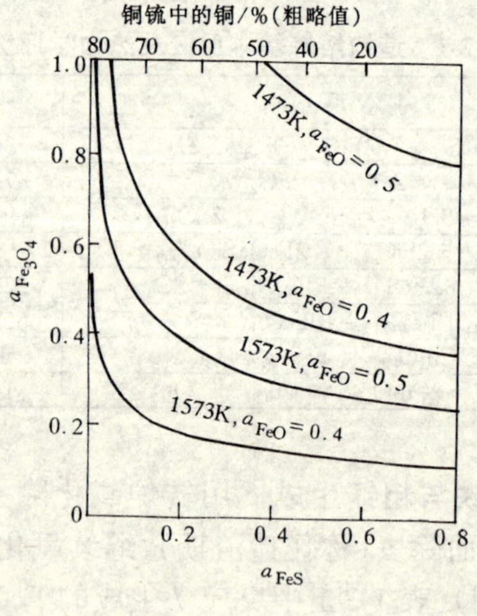

图 1-2-1　铜锍中 a_{FeS} 与炉渣中 $a_{Fe_3O_4}$ 的关系[1]

($p_{SO_2} = 2.0265 \times 10^5$ Pa)

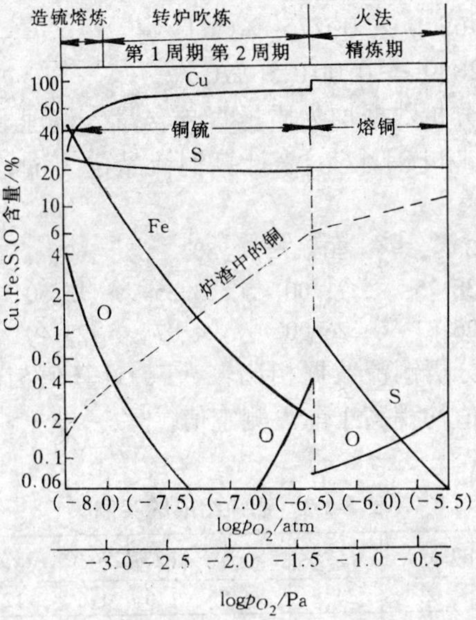

图 1-2-2 铜锍熔体中主要元素的组成与氧势的关系[1]

（1573K, $p_{SO_2}=1.01325\times10^5$Pa）

第一节 锍的形成及其特性

铁的硫化物 FeS 在高温下与许多金属硫化物形成共熔体（简称锍），是铜、镍、硫化矿冶炼过程极重要的中间产物。

一、铜锍的主要组成

锍一般以 Cu_2S、Ni_3S_2、FeS 等为主体，还含有少量的 PbS、ZnS、Au、Ag 等。表 1-2-2 所示为铜锍组成的实例[1]。锍中 Cu + Fe + S + Pb + Zn + Ni 总量通常是 95% ~98%，铜锍中 Fe_3O_4% 与锍品位有关，氧含量常随[Cu]增加而递减，常规法生产的铜锍往往含 10% ± Fe_3O_4（见图 1-2-3）。但铜锍密度亦随铜锍中铜含量增加而递增，故密度为 5.1g/cm^3 的 Fe_3O_4 一旦析出，将影响铜锍的分离。近年来的文献[3]提供了如下关系式，用于确定工业铜锍中铁和硫的含量：

$$[\%Fe]=62.0-0.775[\%Cu]$$

$$[\%S]=28.0-0.00125[\%Cu]^2$$

式中所有分析数据均为质量百分含量。整理上述式子后，便可由[Fe]/[Cu]和[S]/[Cu]来计算铜锍品位[Cu]，其计算结果如下(%)：

[Cu]	30	40	50	60	70
[Fe]	38.75	31.00	23.25	15.50	7.75
[S]	26.87	26.00	24.87	23.49	21.87

与前人的分析铜锍数据相比较，[Fe]计算值与前人测定值相近，而[S]计算值均稍高于前人测定值。

表 1-2-2　铜锍组成的实例

项　目	Cu/%	Fe/%	S/%	Pb/%	Zn/%	$Au/g\cdot t^{-1}$	$Ag/g\cdot t^{-1}$
鼓风炉铜锍[1]	42.4	24.5	24.5	1.6	1.6	12.6	362
反射炉铜锍[1]	43.6	26.7	24.8				
云冶电炉铜锍	42.38	25.91	23.31				
霍恩厂闪速炉铜锍	59.3	16.0	22.8	0.59	0.57	28.4	243
诺兰达炉铜锍	72.4	3.5	21.8	1.8	0.7		
瓦纽科夫炉铜锍	40～52	20～27	23～24				
三菱法铜锍[1]	64.6	10.6	22.0				
白铜锍[1]	75.9	2.18	20.3	0.3	0.2	37	350

二、铜锍有关状态图

FeS 在高温下能与许多金属硫化物如 Cu_2S、PbS、Ni_3S_2、Ag_2S、ZnS 形成共熔体，其简图见图 1-2-4。除 FeS-ZnS 系在 1500 K 下熔融范围很窄，其固态物质易析出外，其余 MS 均较易熔融，FeO 也与 FeS 彼此互溶。图 1-2-5 所示的 Cu-Cu_2S-$FeS_{1.08}$-Fe 系状态图是构成铜锍的基础相图。相图上采用了 $FeS_{1.08}$(磁硫铁矿)的表示，而未采用化学计量的 FeS。实际铜锍与 Cu_2S-$FeS_{1.08}$ 系相比，含硫经常不足，因为锍熔体熔解了氧化物(如 FeO, Fe_2O_3)和金属(如 Cu, Ni, Fe)。图 1-2-6 表示 Cu_2S-FeS 系对 FeO 的溶解

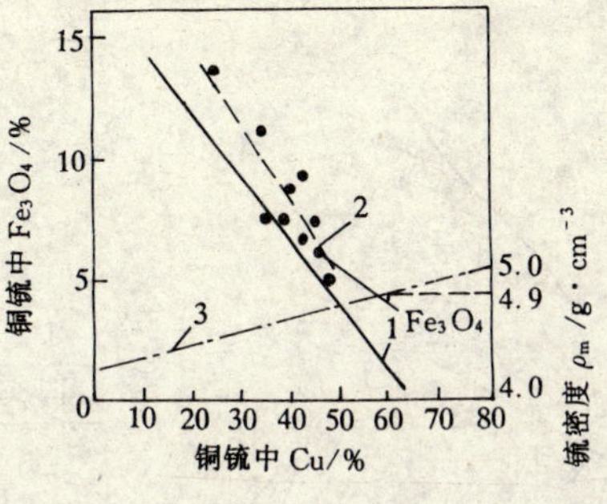

图 1-2-3　铜锍中 Cu%与铜锍中 Fe_3O_4%及锍密度的关系

1—反射炉铜锍;2—电炉铜锍;3—铜锍密度

度,当共存的渣相中 SiO_2 增加时 a_{FeO}降低,于是铜锍中溶解的氧量也相应减少。

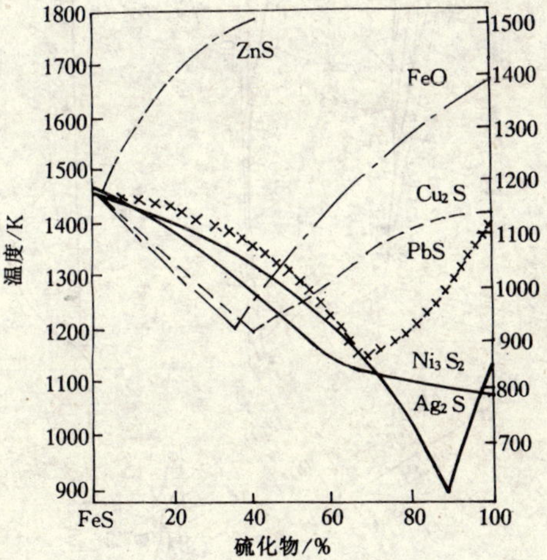

图 1-2-4　FeS-MS 二元系的液相线[1,2]

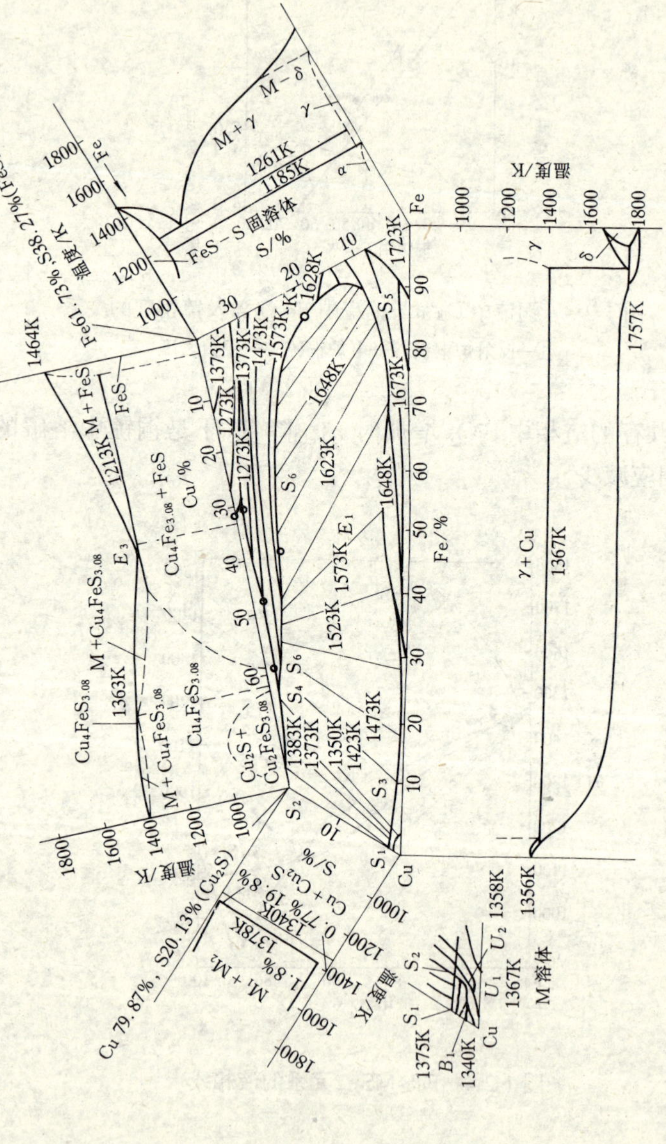

图 1-2-5　Cu-Cu$_2$S-FeS$_{1.08}$-Fe 系状态图

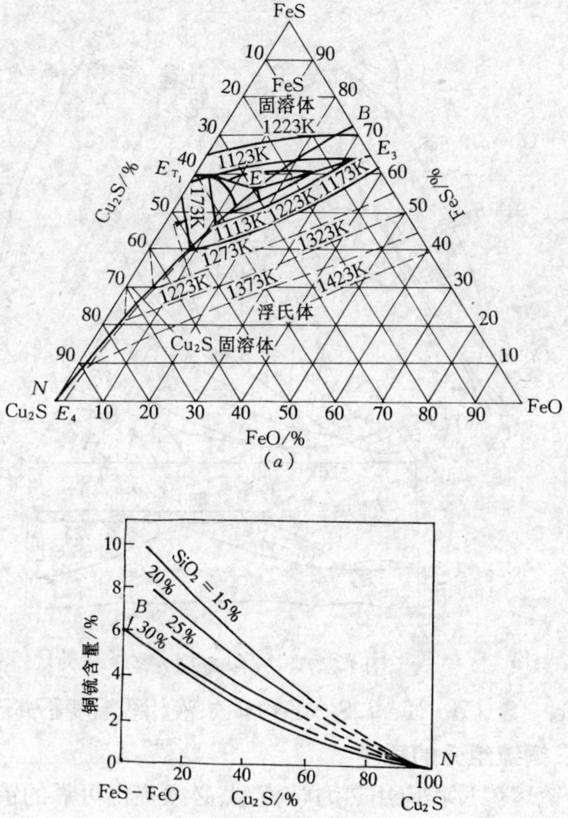

图 1-2-6 FeO 溶入 Cu_2S-FeS 系中

(a)Cu_2S-FeS-FeO 系等熔度图；(b)铜锍中的含氧量与共存的渣相中 SiO_2 含量的关系

BN 线为 SiO_2 饱和的 FeO-SiO_2 炉渣

图 1-2-7 表示 Cu_2S-FeS 系对 Fe 的溶解[4]。在 Cu_2S-Fe 方面 Fe 含量可从约 25% 到 81%，难熔点 K 的组成(%)：30FeS；57Fe；13Cu_2S；温度 1355℃，三元共晶点 E 温度为 915℃。

图 1-2-8 表示 Cu_2S-FeO 系对 Fe 的溶解性能[5]，图 1-2-9 表示 Cu_2S-FeO-Fe 系液相线的投影图，体系中有复杂化合物

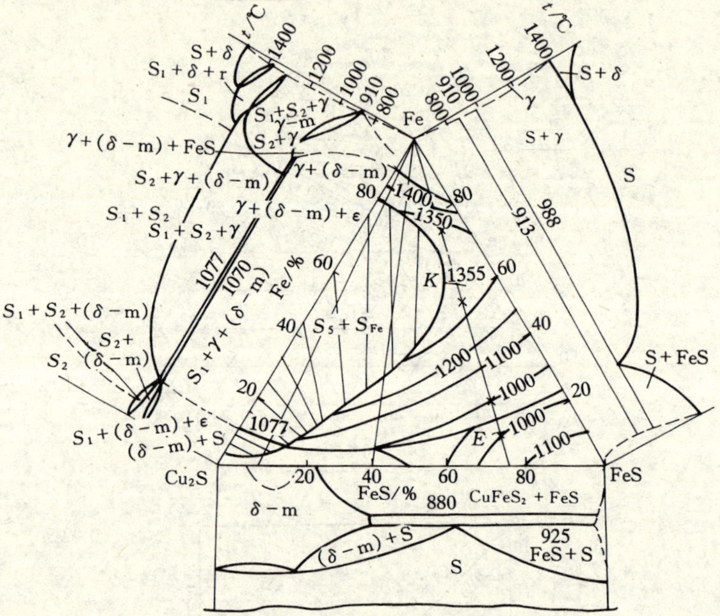

图 1-2-7　Cu_2S-FeS-Fe 系

$Cu_{5\pm x}Fe_{1\pm y}S_4$, $Cu_{5\pm x}Fe_{1\pm y}S_4$ + FeO + Fe,液相线温度不高于 1050℃。

三、铜锍组分的活度

造锍熔炼过程应用热力学模型,必须提供可靠的锍、炉渣系活度的数据,而活度的计算是基于锍或炉渣组分,而且普遍认为基于锍组分计算活度是合理的。近年来文献中,锍组分的活度只有实验数据。

Cu-Fe-S-O 系锍中组分的活度[3]是基于文献中公布的数据,用吉布斯-杜亥姆方程求积,选用含 Cu 45%～65%范围的锍,制作了 Cu-Fe-S-O 系的含氧锍中各组分活度图(示于图 1-2-10 和图 1-2-11),利用这些资料可用于建立铜精矿造锍熔炼或铜锍吹炼的热力学模型。

四、铜锍熔体的物理性质

关于铜锍熔体物理性质测定较少。不同品位铜锍的密度随温

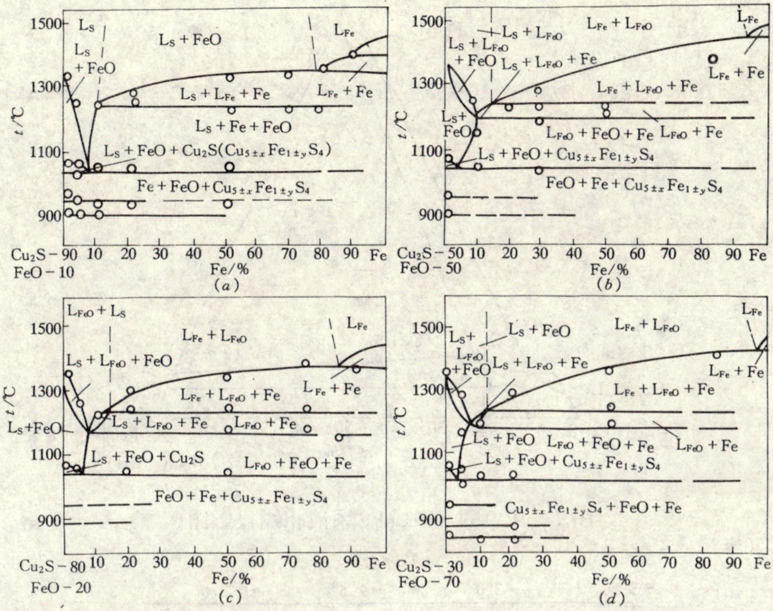

图 1-2-8　Cu_2S-FeO-Fe 系

(*a*),(*b*),(*c*),(*d*)—含 Cu_2S[(90,80,50,30)% -FeO(10,20,50,70)%]-Fe 截面

度的升高而减小，随品位的提高而增大。

铜锍含铜/%		30	40	50	70	80	粗铜(98.3%Cu)
密度/$g \cdot cm^{-3}$	20℃	4.96	4.99	5.05	5.46	5.77	8.61
	1200℃	4.13	4.28	4.44	4.93	5.22	7.87

熔融硫化物粘度远比炉渣为小(对比图 1-2-12 及图 1-2-53,图 1-2-54,大致与熔融金属和熔盐相近(图 1-2-12)[7])。Cu_2S、FeS、Ni_3S_2 等硫化物熔体的表面张力大约 0.3～0.5N/m, FeS-Cu_2S 系 FeS-Ni_3S_2 系熔体与 $2FeO \cdot SiO_2$(铁橄榄石)熔体间的界面张力大约为 0.02～0.06N/m,其值甚小,由此可知锍易悬浮在渣中[1]。金属熔体在熔锍中的自扩散系数 D_{AB}(见表 1-2-3 及图 1-2-13)与 NaCl 在水中或 Fe 在 61%FeO,39%SiO_2 熔渣中 D_{AB}约为同一数量级[7]。锍熔体的自扩散系数在$(2～10) \times 10^{-5} cm^2 \cdot s^{-1}$范围内,

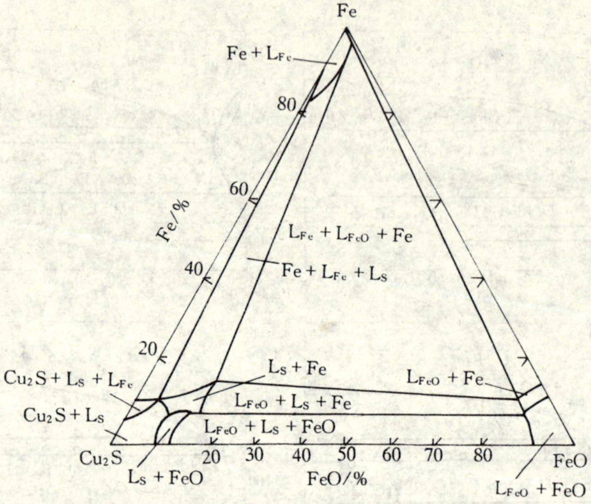

图 1-2-9 Cu_2S-FeO-Fe 系液相线投影图

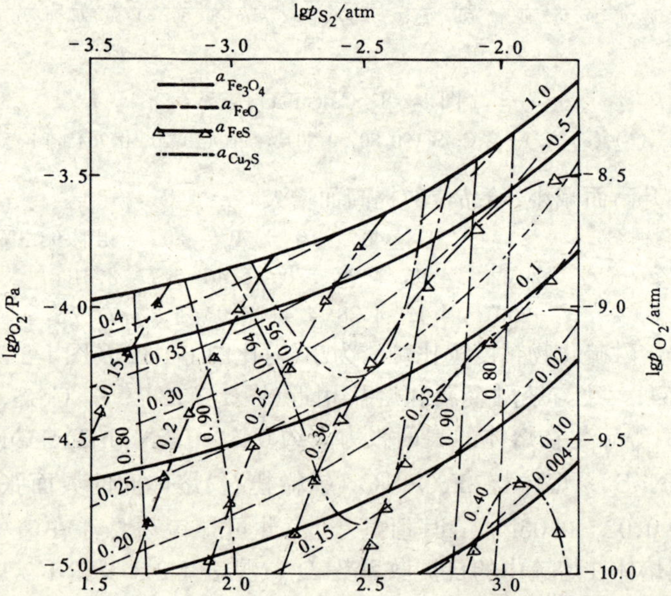

图 1-2-10 $y = 0.2$ 时 Cu-Fe-S-O 系组分活度的计算结果

例如，1160℃时按50/50的质量比组成的FeS和Cu_2S混合物中，铁的自扩散系数为$2.9\times10^{-5}cm^2\cdot s^{-1}$，而铜的自扩散系数为$5.5\times10^{-5}cm^2\cdot s^{-1}$[6]。

表1-2-3 熔体中的自扩散系数

体系	温度/℃	$D_{AB}/cm^2\cdot s^{-1}$
铅在铅锍中	343	2.5×10^{-5}
银在银锍中	1060	3.22×10^{-5}
铜在Cu-S锍中(19.8%S)	1160	7.49×10^{-5}
铜在Cu-S锍中(19.8%S)	1256	10.10×10^{-5}
铁在Fe-S锍中(33.5%S)	1152	5.22×10^{-5}
铁在61%FeO，39%SiO_2中	1275	9.0×10^{-5}
NaCl在水中	25	1.48×10^{-5}

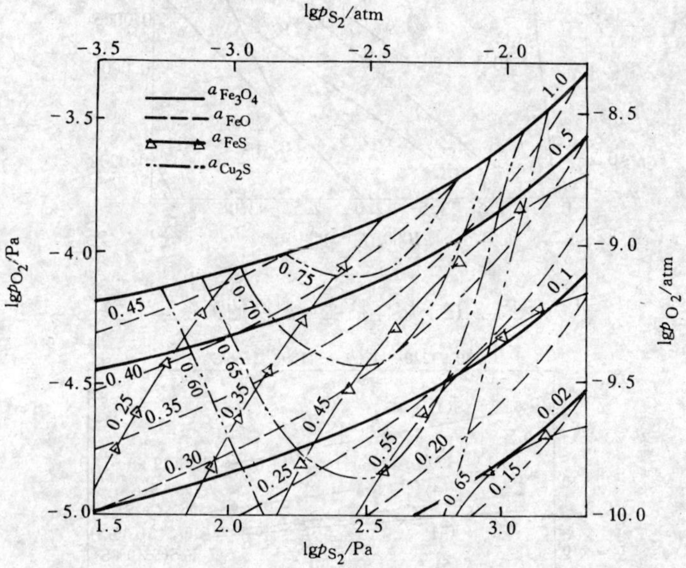

图1-2-11 $y=0.4$时Cu-Fe-S-O系组分活度的计算结果❶

❶ 图中$y=n_{Fe}/(n_{Fe}+n_{Cu})$，取决于锍组成的系数：n_O、n_S、n_{Fe}、n_{Cu}-锍中氧、硫、铁、铜的摩尔分数；p_{O_2}、p_{S_2}-体系中氧、硫的分压；
当$a_{Fe_3O_4}=1$时(即锍与固体Fe_3O_4平衡)；
应用已知p_{O_2}及p_{S_2}和相应化学反应的平衡常数，计算出铜和铁的活度值后，便可确定体系中其它组分的活度。

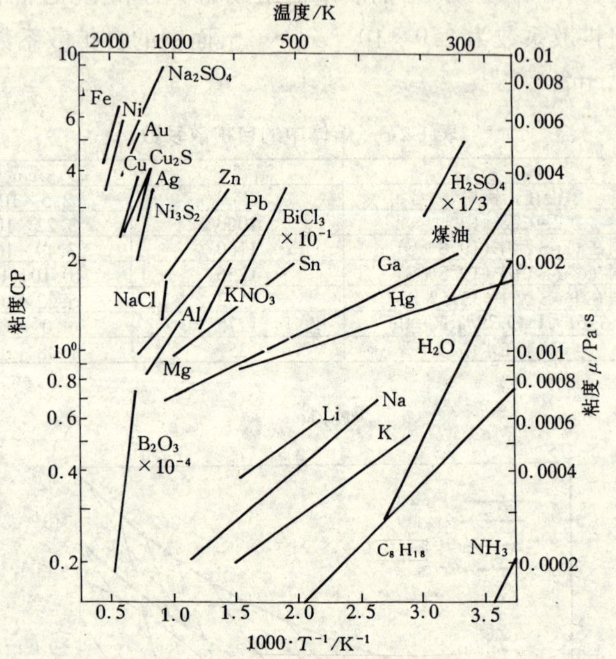

图 1-2-12 熔体粘度与温度的关系

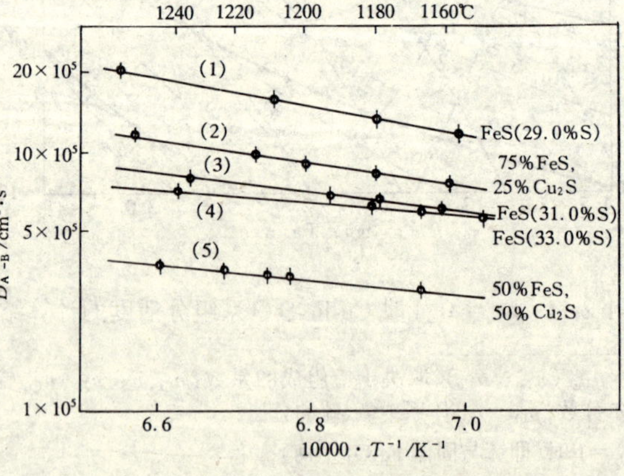

图 1-2-13 铁在熔锍中的自扩散系数

第二节 造锍熔炼炉渣及其特性

造锍熔炼过程中,炉料中的脉石成分－石英、石灰石等,与氧化产生的 FeO 造渣形成复杂的铁硅酸盐炉渣。这种炉渣属于 Fe-O-SiO_2 渣系。

一、炉渣主要组成

表 1-2-4 为各种方法的铜炉渣组成,图 1-2-14 为在 1250℃下氧势和 Fe-O-SiO_2 系的铜冶炼渣型组成分布图[15],图 1-2-15 为在 1250℃下氧势与 Fe-O-SiO_2 系 SiO_2% 的关系[9],在两图中表示了熔炼区和吹炼区渣型的相应组成分布,以及在强氧化条件下或 SiO_2 量不足时将析出 $Fe_3O_{4(s)}$。

表 1-2-4 各种冶炼方法的铜炉渣组成(%)[15]

方法	SiO_2	FeO	Fe_3O_4	CaO	MgO	Al_2O_3	Cu	S
敞开式鼓风炉熔炼	32～45	20～48	3～5	4～20	3～7	5～12	0.2～0.45	
密闭式鼓风炉熔炼	31～39	33～42	3～10	6～19	0.8～7	4～12	0.2～0.45	0.35～2.4
反射炉熔炼	32～40	33～55	3～10	1.5～15	1～5	5～10	0.25～0.50	0.3～2.4
电炉熔炼	36～43	18～44	2～8	3～14	7～18	5～12	0.15～0.50	
转炉吹炼	16～28	48～65	12～29	1～2	0～2	5～10	1.5～7.0	1.1～2.9
诺兰达法	22～25	42～52	19～26				7.9～11.0	
瓦纽科夫法	29～31.5	48～52	8	1.1～2.4	1.2～1.6	1.2～4.5	0.55～0.65	
三菱法熔炼	30～35	51～58		5～8		2～6	0.5～1.53	
三菱法吹炼		51～64		10～20		7～15		
闪速炉熔炼	28～38	38～54	12～15	5～15	1～3	2～12	0.46～0.79	0.17～0.33

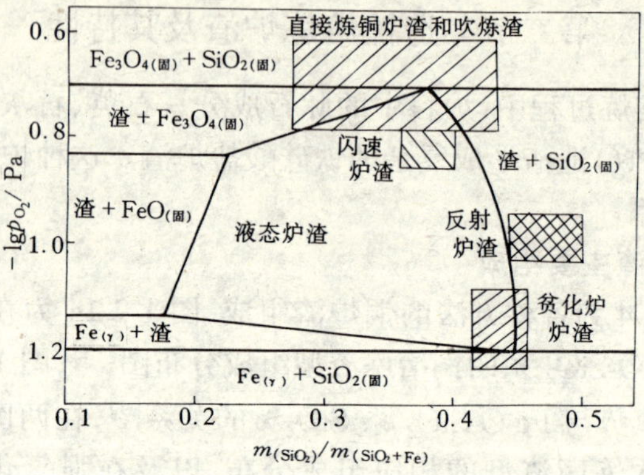

图 1-2-14 在 1250℃下氧势与 Fe-O-SiO_2 系铜冶炼渣型组成分布

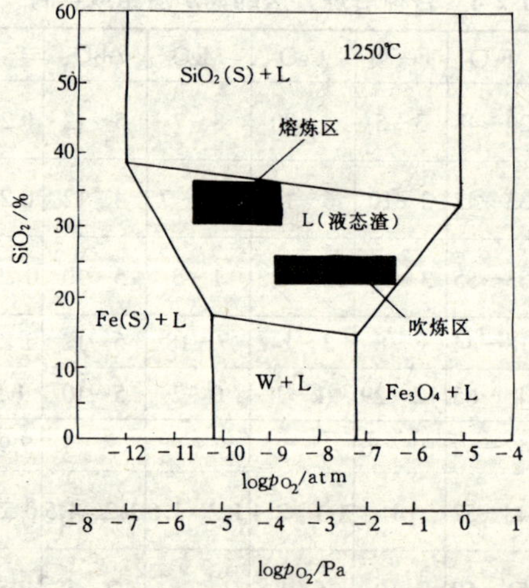

图 1-2-15 在 1250℃氧势与 Fe-O-SiO_2 系 SiO_2 关系

二、炉渣有关状态图、氧势和组成关系

图 1-2-17 和图 1-2-16 为 FeO-SiO_2-CaO 系状态图，在 FeO-SiO_2 系中 Fe_2SiO_4 附近的熔点较低约为 1473K，加入 CaO 后，熔点

有所降低，例如 S-K 点附近为 1373K 左右。由于 CaO-FeO-SiO_2 系是炼钢过程基本渣系，在温度 1723～1823K 下含 $SiO_2$5%、10%、20%和 30%条件下的状态图和金属氧化物的活度均有许多报道。

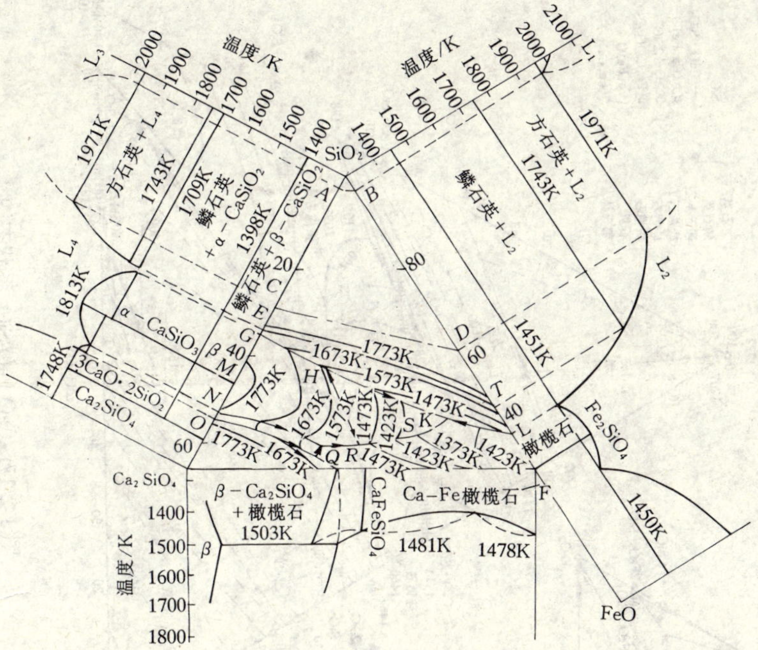

图 1-2-16　FeO-SiO_2-CaO 系状态图

图 1-2-18 为 FeO-Fe_2O_3-SiO_2 系状态图，此渣系有 4 个初晶面，即 Fe_2SiO_4 相、FeO 相、Fe_3O_4 和 SiO_2 相。在一定温度下，FeO-SiO_2 系渣中溶解一定数量的 Fe_3O_4，其熔体区随温度升高而扩大，在熔炼温度 1473～1573K 下，Fe_3O_4 的饱和溶解度为 10%～20%。常规的吹炼渣可认为是一种 Fe_3O_4 饱和了的 FeO-SiO_2 系

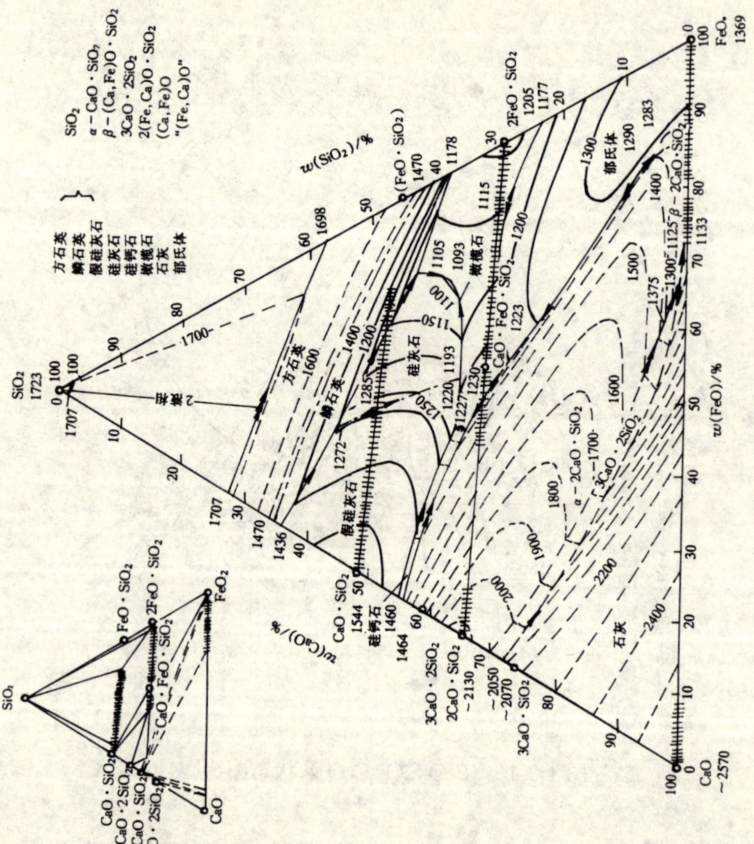

图 1-2-17　CaO-FeO-SiO_2 系状态图

炉渣。三菱法的吹炼渣几乎是不含 SiO_2 的 CaO-Fe_3O_4－Cu_2O 系炉渣，能溶解大量的 Fe_3O_4，并具有良好的流动性，这种炉渣成分的一例为59%Fe_3O_4，15%CaO，17%Cu_2O[2]。渣中 Fe_3O_4 和 Cu_2O 含量的增加导致渣中铜损失量的增加。因此，需要了解造铜期含有高铜和高 Fe_3O_4 的液态炉渣的合理组成，含铁酸钙和铁酸铜的炉渣便成为近年来十分有吸引力的研究开发领域。

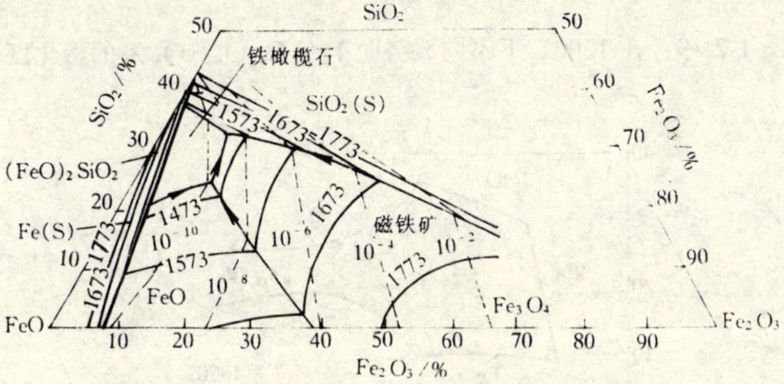

图 1-2-18　FeO-Fe_2O_3-SiO_2 系状态图

图 1-2-19 为在 1300℃、大气压条件下不同氧势时 FeO-Fe_2O_3-SiO_2 系的熔化区，图 1-2-20 为在 1300℃、大气压条件下不同氧势时 FeO-Fe_2O_3-CaO 系的熔化区，铁硅渣和铁钙渣的氧势计算式如下：

$$\lg p_{O_2} = 11.3 + 4.12\lg(Fe^{3+}/Fe^{2+}) + 0.10(\%SiO_2) - 29.500/T$$

$$\lg p_{O_2} = 12.8 + 5.50\lg(Fe^{3+}/Fe^{2+}) - 0.09(\%CaO) - 29.500/T$$

氧势 $\lg p_{O_2}$ 是气氛和温度的函数，图 1-2-21 描述了铜熔炼工业渣（Fe + SiO_2 占 75%和 Fe/SiO_2 = 1～2），在 1250℃时的氧势或表为下式：

$$\lg p_{O_2} = -3.1 + 4.0\lg(Fe^{3+}/Fe^{2+}) - 1.0(\%Fe/\%SiO_2)$$

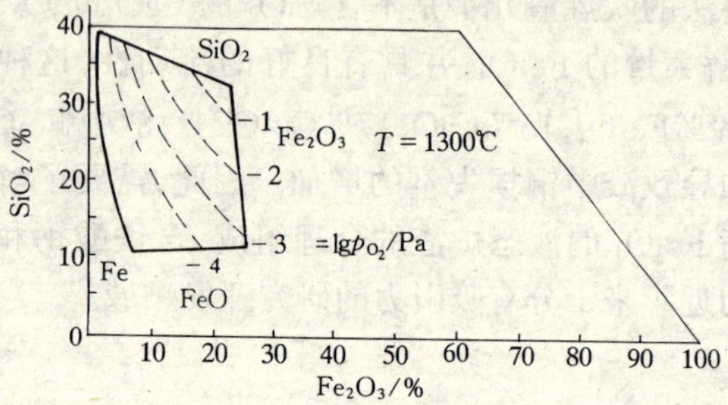

图 1-2-19 在 1300℃ 下不同氧势时 $FeO-Fe_2O_3-SiO_2$ 系的熔化区[10]

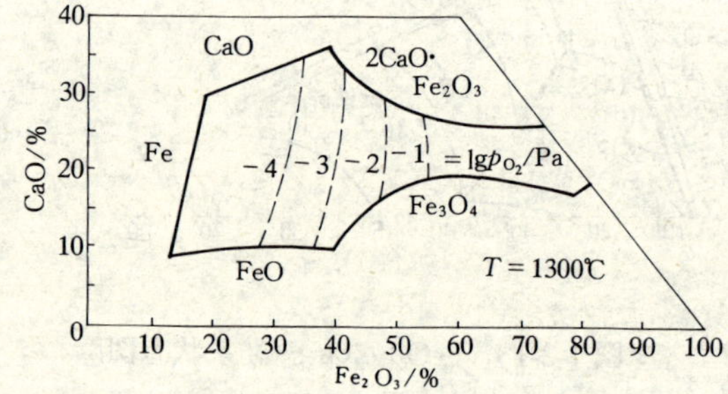

图 1-2-20 在 1300℃ 下不同氧势时 $FeO-Fe_2O_3-CaO$ 系的熔化区[10]

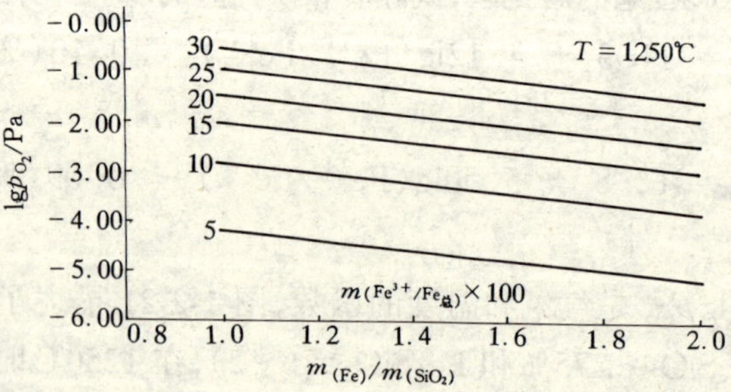

图 1-2-21 在 1250℃ 下铜熔炼工业渣的氧势[10]

图 1-2-22 系综合图 1-2-19 及图 1-2-20 的熔化区和等氧势线，图中虚线所包括的是一窄小的熔化区代表 FeO-Fe_2O_3-SiO_2 系，该区氧势线在 $\lg p_{O_2} = -4.00Pa$ 以内，超过这一范围进行吹炼便会产生 Fe_3O_4 饱和的炉渣，为了比较，FeO-Fe_2O_3-CaO 系（用实线表示）也示于图中。此三元系有较大的液相区，其 $\lg p_{O_2}$ 可由 $A \rightarrow J$ 即 $-4 \rightarrow -0$ 也不致于产生 Fe_3O_4 沉积。所以用石灰代替石英预计能解决 Fe_3O_4 含量高的粘渣问题。

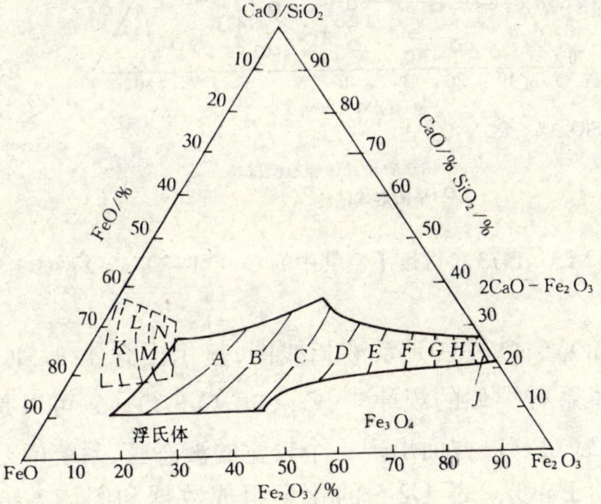

图 1-2-22　1573K 时 FeO-Fe_2O_3-SiO_2 系（虚线）和 FeO-Fe_2O_3-CaO 系（实线）的液相区和等氧势线（Pa）

A—－5；B—－4；C—－3；D—－2；E—－1；F—0；G—1；
H—2；I—3；J—4；K—－5；L—－4；M—－3；N—－2

用热态显微镜试验和平衡试验（在特定温度下维持 5h，然后迅速冷却，用金相检测来判断平衡状态）所得结果示于图 1-2-23[3]。

在不同气氛下的熔炼得到了如图 1-2-24 及图 1-2-25 所示的

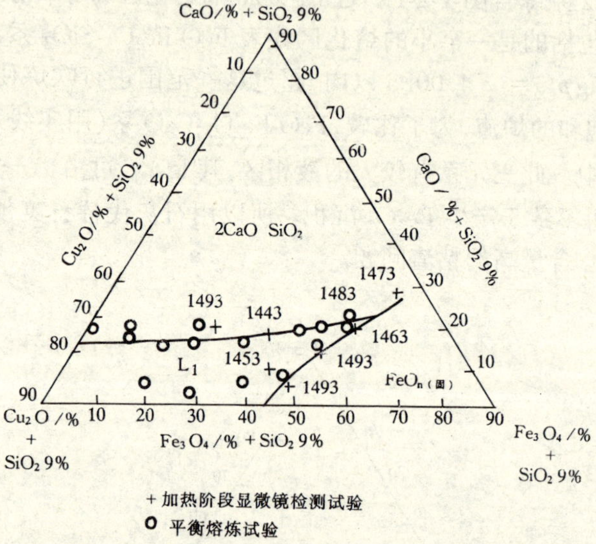

图 1-2-23　1473 K 温度下空气中的 Cu_2O-Fe_3O_4-CaO 系(9% SiO_2)

Cu_2O-Fe_3O_4-CaO 假三元系液相线图，显示出含 12% SiO_2 与 9% SiO_2 的体系有类似的规律[3]，Cu_2O-CaO-FeO_x（x 可以是 1、2 或 3)系在 CaO-FeO_x 方面出现一个较宽的液态区，系统中 CaO 溶解了过剩的 Fe_3O_4。表 1-2-5 的化学组成数据和图 1-2-26 表示的(Cu_2O + CaO)和 SiO_2 质量比与炉渣氧化程度(Fe^{3+}/Fe^{2+})的关系表明当前者比值低于 1.4 时，炉渣的氧化程度可看作是不变的；前者比值高于 1.4 时，其氧化程度平稳降低。另外发现一旦炉渣组成超出图 1-2-26 实线所标出的数值，便会产生“粘渣”。考虑到 Cu_2O 含量低，(Cu_2O + CaO)/SiO_2 可认为相当于 CaO/SiO_2，在图中看到的变化，可用 CaO 在 CaO-SiO_2-FeO_x 系中的溶解度来说明。图 1-2-27 系 Fe/CaO = 2∶1 时的 Cu_2S-FeS-FeO-CaO 系状态图(1573K)[11]。

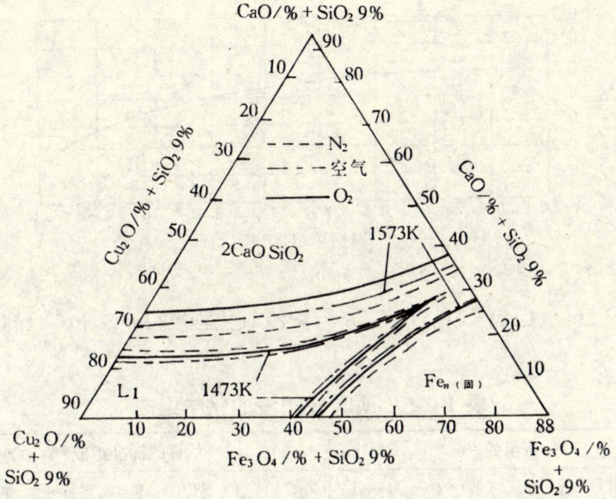

图 1-2-24 $SiO_2$9%条件下 1473K 和 1573K 时的 $Cu_2O-Fe_3O_4$-CaO 系液相线

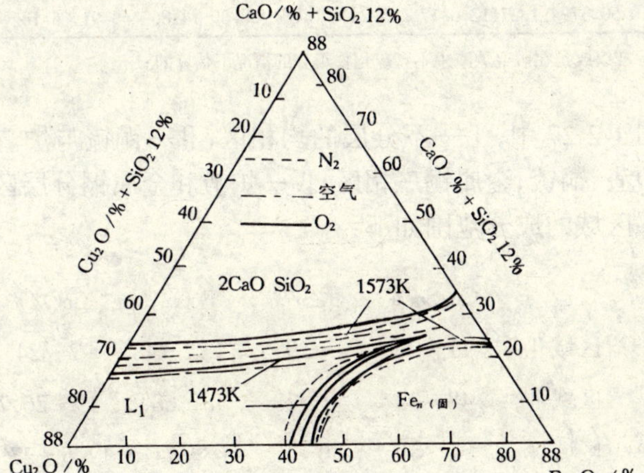

图 1-2-25 $SiO_2$12%条件下 1473K 和 1573K 时 Cu_2O-Fe_3O_4-CaO 系液相线

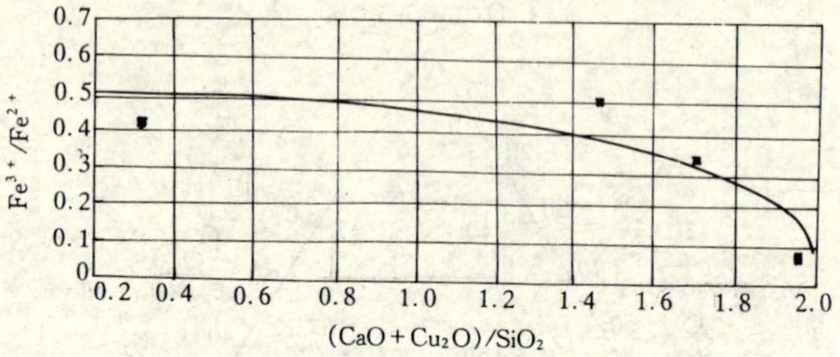

图 1-2-26　$(CaO+Cu_2O)/SiO_2$ 与炉渣氧化程度(Fe^{3+}/Fe^{2+})的关系

表 1-2-5　顶吹转炉渣的化学组成

样品	分析组成/%							估算的标准组成/%					
	Cu_T	CuO	Fe_T	S	SiO_2	Ca	Fe_3O_4	Cu_2O	CaO	SiO_2	FeO	Fe_3O_4	Fe^{3+}/Fe^{2+}
2	3.15	0.52	43.9	0.89	19.4	4.04	26.7	0.71	6.77	23.25	37.27	32.00	0.42
4	3.50	0.35	29.1	1.72	17.4	17.7	18.6	0.49	31.28	21.97	22.78	23.48	0.49
5	7.17	0.31	30.4	2.54	18.3	21.8	14.9	0.40	34.87	20.92	26.78	17.03	0.33
6	3.89	0.50	37.4	1.27	12.6	17.2	5.24	0.66	28.39	14.86	49.91	6.18	0.07

注:标准组成是在假定炉渣中不含硫化物组分的情况下估算的。

图 1-2-27 中,Ⅰ—不分层的均相区;Ⅱ—铜锍与炉渣分层区;Ⅲ—炉渣、铜锍、金属铜三相区;Ⅳ—炉渣和金属铜分层区。

各区域的成分范围如下:

	Cu_2S/%	FeS/%	FeO/%	CaO/%
区域Ⅱ	11～90	0～29.5	2.2～48	3～24
区域Ⅲ	48～33	0～23	48～68.5	19～26.7
区域Ⅳ	1～4	0～8	63～71.5	17.5～27.5

分层时形成的氧化物-硫化物熔体(四元系)中氧化物相是铁-钙渣,其中溶有 2%～16%的 Cu_2S 和不高于 30%的 FeS。铜在铁钙渣和铜锍间的分配与传统的铜生产过程中铁硅渣和铜锍间的分配完全不同。铜锍品位越高,铜随铁钙渣的损失就越小。与铁硅渣

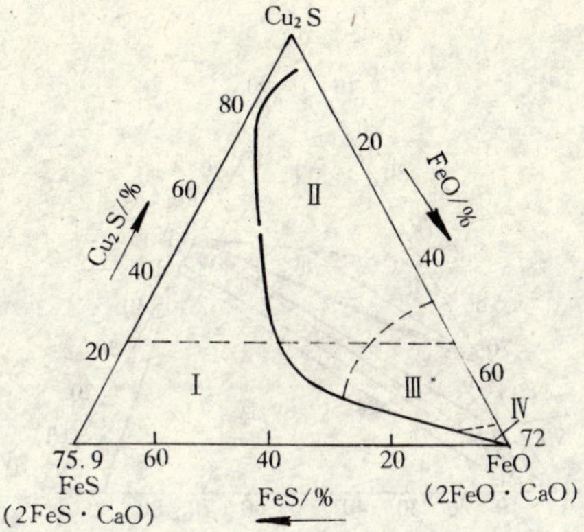

图 1-2-27　Fe/CaO = 2∶1 的 Cu_2S-FeS-FeO-CaO 系(1573K)

不同的是,当有白铜锍和粗铜析出时,铁钙渣中铜的含量大为降低。三菱法采用的铁钙渣,不仅对 Fe_3O_4 的溶解量有所增大,而且渣的流动性也非常好,已为生产实践所证实。

和铜炉渣有关的 Cu-O, Cu-O-SiO_2, Cu-Fe-O 等系近年来均有报道[12]。图 1-2-28 至图 1-2-30 为 Cu-Fe-O 系相图[12]。

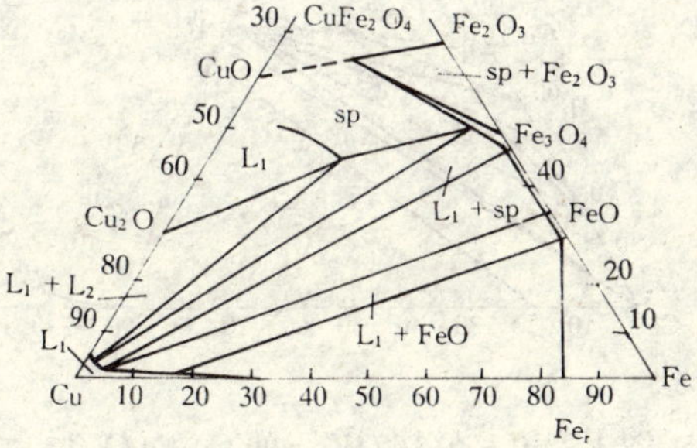

图 1-2-28　在 1573K 下的 Cu-Fe-O 系

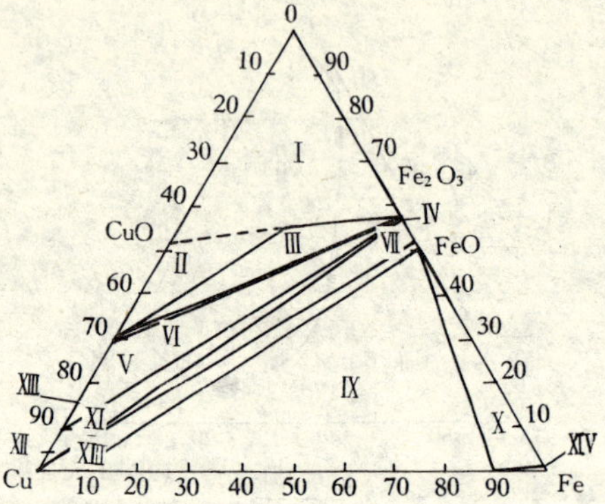

图 1-2-29　在 1523K 下的 Cu-Fe-O 系

相：Ⅰ—$CuFe_2O_4$；Ⅱ—$Cu_2O+CuFe_2O_4$；Ⅲ—$Cu_2O+CuFe_2O_4+\langle Fe_3O_4\rangle$；Ⅳ—$Fe_2O_3$；Ⅴ—$Cu_2O+\langle Fe_3O_4\rangle$；Ⅵ—$Cu+Cu_2O+\langle Fe_3O_4\rangle$；Ⅶ—$Cu+(FeO)+\langle Fe_3O_4\rangle$；Ⅷ—$Cu+\langle Fe_3O_4\rangle$；Ⅸ—$Cu+\langle Fe\rangle+\langle FeO\rangle$；Ⅹ—$\langle Fe\rangle+\langle FeO\rangle$；Ⅺ—$Cu+\langle FeO\rangle$；ⅩⅡ—Cu；ⅩⅢ—$Cu+Cu_2O$；ⅩⅣ—$\langle Fe\rangle$

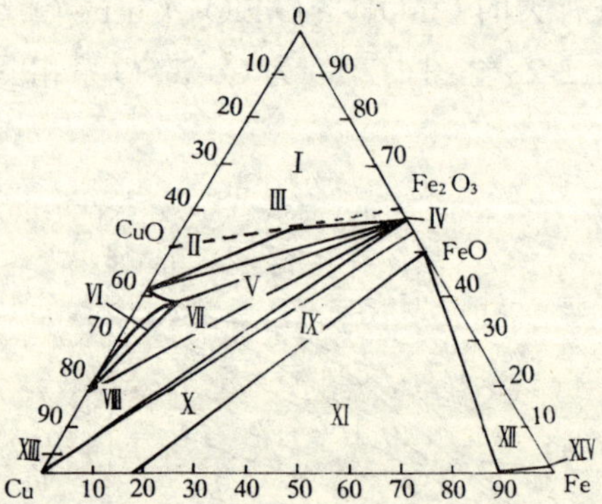

图 1-2-30　在 1673K 下的 Cu-Fe-O 系

相：Ⅰ—$CuFe_2O_4$；Ⅱ—$Cu_2O+CuFe_2O_4$；Ⅲ—$Cu_2O+CuFe_2O_4+sp$；Ⅳ—Fe_3O_4；Ⅴ—Cu_2O+sp；Ⅵ—$(Cu+O)+Cu_2O$；Ⅶ—$(Cu+O)+Cu_2O+sp$；Ⅷ—$Cu+sp$；Ⅸ—$Cu+FeO+sp$；Ⅹ—$Cu+FeO$；Ⅺ—$Cu+\langle Fe\rangle+FeO$；ⅩⅡ—$\langle Fe\rangle+FeO$；ⅩⅢ—Cu；ⅩⅣ—$\langle Fe\rangle$

图 1-2-31～图 1-2-33 为 Cu-O 系状态图和 1623K 下氧的摩尔分数与熔体组成活度的关系[13]。

Cu-O 系有关热力学数据[13]如下：

$Cu_{(固)} = Cu_{(液)}$ $\Delta G = 12391 - 9.138T(J\cdot mol^{-1})$

$Cu_2O_{(固)} = Cu_2O_{(液)}$ $\Delta G = 61137 - 40.758T(J\cdot mol^{-1})$

$2Cu_{(液)} + 1/2O_2 = Cu_2O_{(液)}$ $\Delta G = 112469 - 37.123T(J\cdot mol^{-1})$

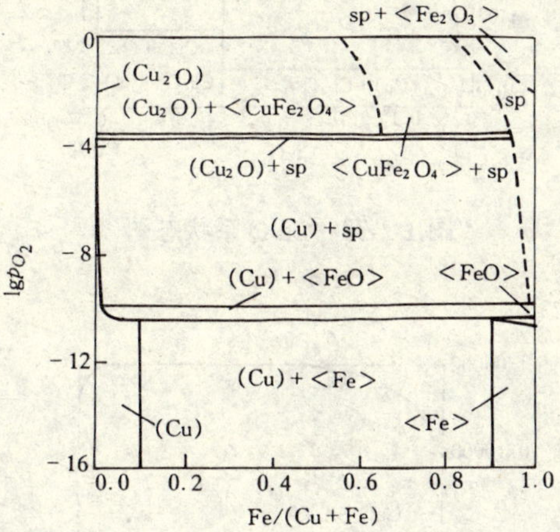

图 1-2-31 在 1523K 下 $\lg p_{O_2} - Cu/(Cu+Fe)$ 坐标的状态图

图 1-2-34，图 1-2-35 和图 1-2-36 系 $Cu-Cu_2O-SiO_2$ 系状态图、等温剖面以及不同温度下铜中含有 SiO_2 时 O_2 在铜中的溶解度[14]。

三、炉渣组分的活度

就二元熔体 $MO-SiO_2$ 中 MO 的活度与成分的关系，对于支链提出了如下表达式：

$$(\chi_{SiO_2})^{-1} = 2 + (1 - a_{MO})^{-1} - 3[1 - a_{MO} + (3a_{MO}/K_1)]^{-1}$$

式中 χ 表示聚合物的摩尔分数，a_{MO}表示金属氧化物的活度，K_1

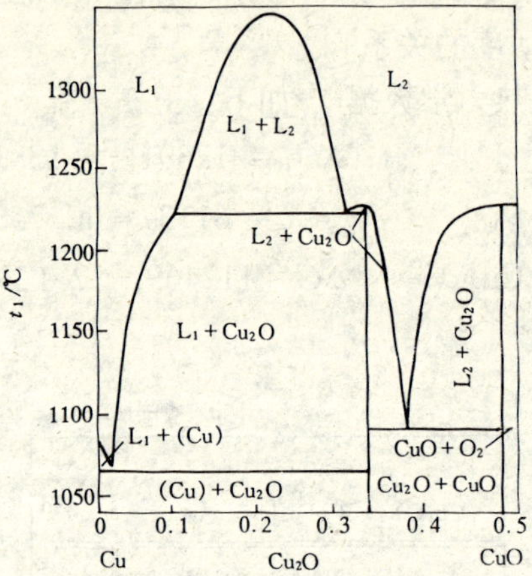

图 1-2-32　Cu-O 系状态图

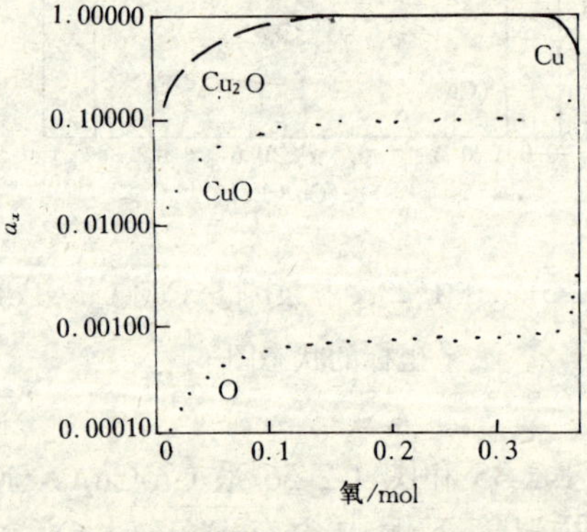

图 1-2-33　在 1623K 下熔体
组成的活度与氧的关系

为平衡常数。对 K_1 的不同假设值,按上式计算得到的 a_{MO}随组分的变化如图 1-2-37 所示。图中 a_{MO}曲线与实测值(图 1-2-38)很相符。

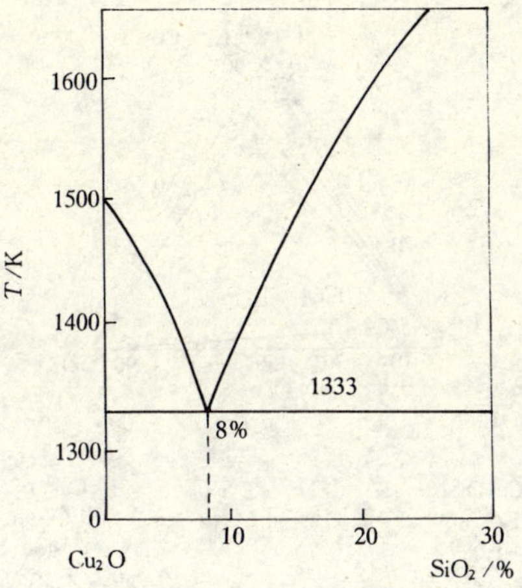

图 1-2-34　Cu_2O-SiO_2 系状态图

K_1	2.55	1.0	0.7	0.25	0.196	0.0016
MO	SnO	FeO	FeO	MnO	PbO	CaO
℃	1100	1600	1300	1600	1000	1000

图 1-2-39 为饱和 Fe(γ－δ)条件下 FeO-SiO_2 系在 1250～1350℃下 a_{FeO}及 a_{SiO_2}与体系中 SiO_2 摩尔分数的关系，从图中看出，a_{FeO}在低 SiO_2($x=0.02\sim0.14$)时具有正偏差，$x(SiO_2)$大于 0.14～饱和 SiO_2 时则具有负偏差。这表明，FeO～SiO_2 并非理想溶液，活度系数由大于 1 转变到小于 1。

为处理熔渣中出现饱和相组分(溶质)作用浓度与实测活度相比的偏差，引入析出溶质的实测活度(通常以饱和态为标准态)与该溶质作用浓度(以纯物质为标准态)之间的比例系数(转换系数 L)。L 值的大小对二元渣系来说，与熔渣的成分无关，仅随温度的改变而变化。图 1-2-40 为 1873K 下 CaO-SiO_2 系计算的作用浓度和实测的 a_{SiO_2} 的比较，从图中看出，理论值与实测结果是接近的[16]。

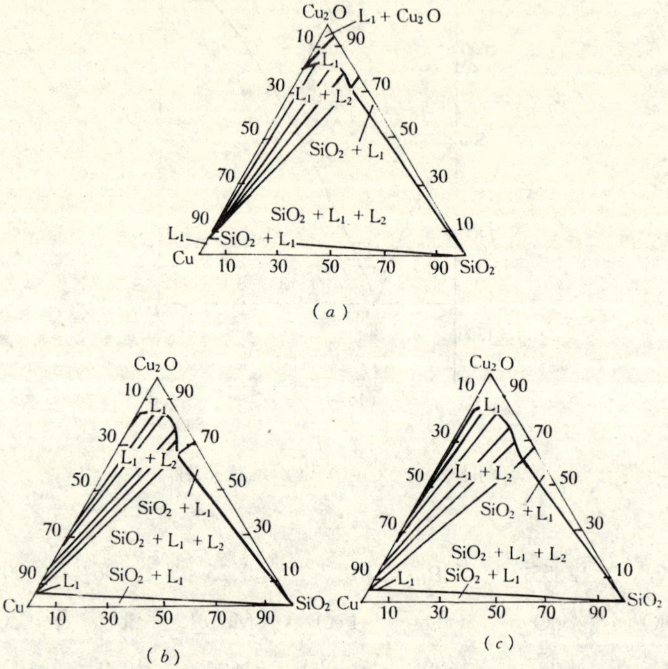

图 1-2-35　不同温度下的 $Cu\text{-}Cu_2O\text{-}SiO_2$ 系等温剖面
(a)1473K;(b)1573K;(c)1673K

$FeO\text{-}Fe_2O_3\text{-}SiO_2$ 系的 $a_{Fe_3O_4}$ 及 a_{FeO} 等活度线 $FeO\text{-}Fe_2O_3\text{-}SiO_2$ 系等活度图见图 1-2-41、1-2-42、1-2-43[15]。从三图比较看出，随温度的升高（1473～1632K）熔融区相界面相应扩大。在熔融区内，随体系氧势增大，熔体中高价铁相应增多，a_{FetO}增大。当 SiO_2 含量减少时，a_{FeO}相应增大。利用炉渣结构的共存理论用 $N_{Fe_tO}=N_{FeO}+6N_{Fe_2O_3}$ 计算出组分作用浓度 N_{Fe_tO}与实测 a_{Fe_tO}比较可以看出，虽然实测数据来源不同，但两者的符合程度相当满意，说明可用来计算炉渣的氧化能力。图 1-2-44 为计算的作用浓度 N_{Fe_tO} 与实测 a_{Fe_tO}的比较。图 1-2-45 为 $FeO\text{-}Fe_2O_3\text{-}SiO_2$ 熔渣的氧化能

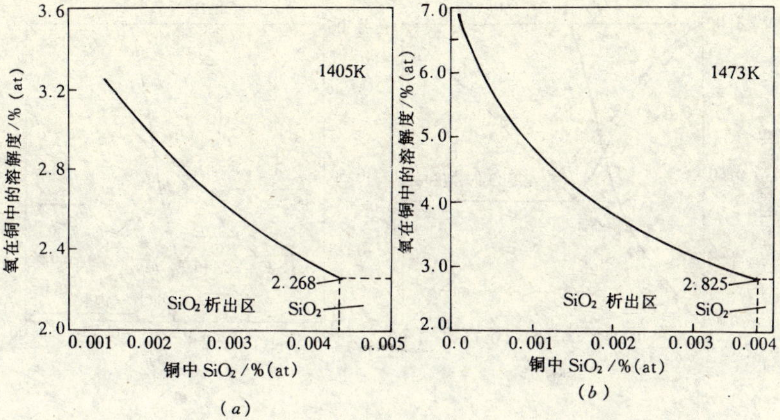

图 1-2-36　不同温度下铜中含有不同 SiO_2 时氧在铜中的溶解度

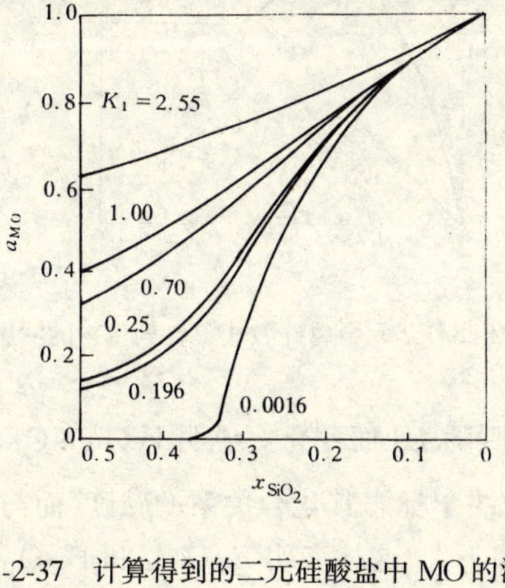

图 1-2-37　计算得到的二元硅酸盐中 MO 的活度[6]

力 N_{Fe_tO}，各组分浓度和平衡总摩尔分数 Σx 随碱度 $B_1 = \Sigma x_{FeO}/\Sigma x_{SiO_2}$ 或 $B_2 = \Sigma x_{FeO}/\Sigma x_{Fe_2O_3}$ 而变化的情况，从图中可以看出 N_{Fe_tO}和 N_{SiO_2}、$N_{Fe_2SiO_4}$和平衡总摩尔分数 Σx 均随 B_1 而变化，而

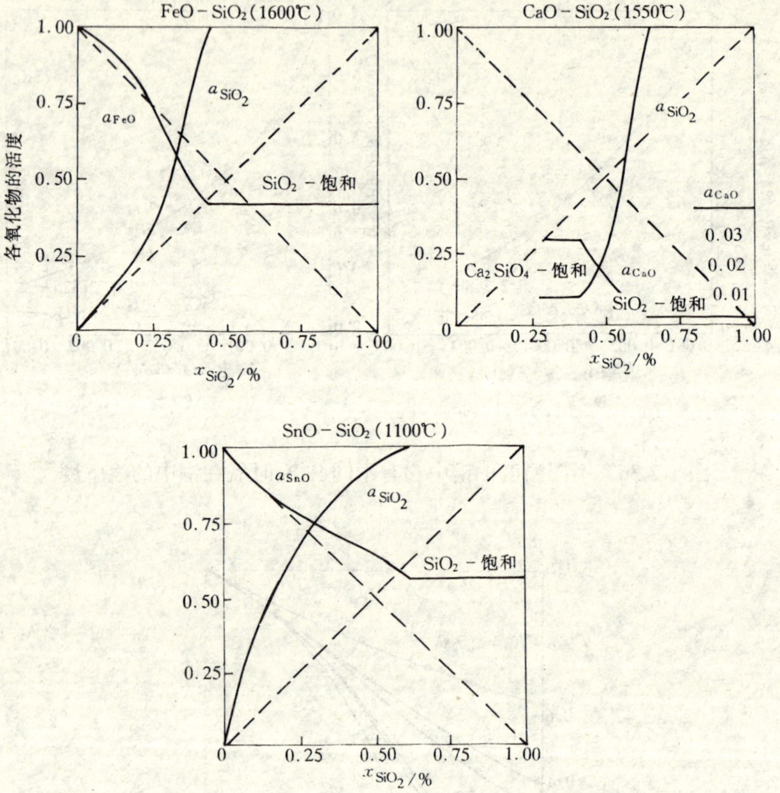

图 1-2-38　二元金属硅酸盐中各氧化物的活度[6]

$N_{Fe_2O_3}$和 $N_{Fe_3O_4}$则随 B_2 而变化。说明 FeO-Fe_2O_3-SiO_2 熔渣各组分的浓度主要取决于标志其化合关系的碱度，而与其化合关系甚少的碱度则影响不大，这就表明 Fe_2SiO_4 和 Fe_3O_4 的混合是理想的，两者相互影响是不大的。而 Σx 随 B_1 改变起作用的是 SiO_2，Fe_2O_3 与之相比含量甚少所致。

同理计算了 CaO-FeO-Fe_2O_3 系在 1673K 下的炉渣氧化能力，并与实测 a_{Fe_tO}值相比较（如图 1-2-46 所示）。从图中看出理论计

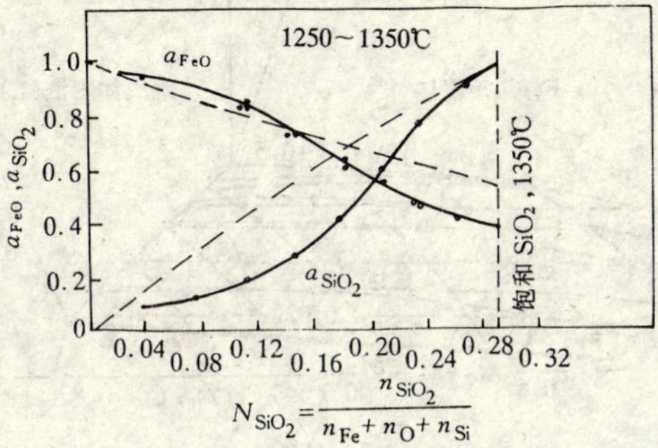

图 1-2-39　饱和 Fe 的 FeO-SiO_2 系 a_{FeO}及 a_{SiO_2}与 N_{SiO_2}的关系[15]

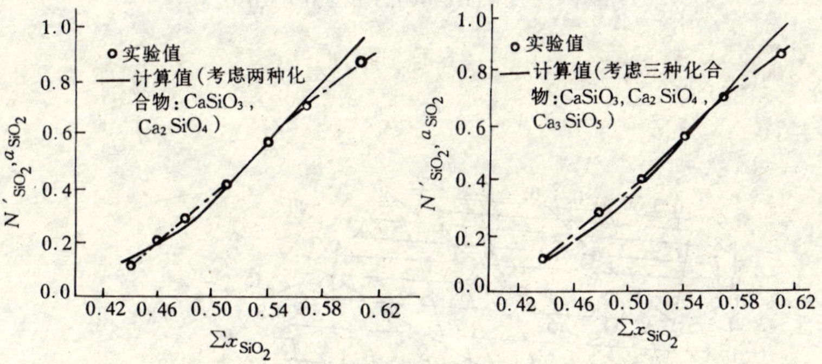

图 1-2-40　1873K 下 CaO-SiO_2 系计算的作用浓度 N_{SiO_2}

与实测的 a_{SiO_2}的比较

算的 N_{Fe_tO}与实测的 a_{Fe_tO}完全符合。这表明计算模型反映了该渣系的实际结构。

在 1258～1370℃ 下 CaO-FeO-Fe_2O_3-SiO_2 系熔渣氧化能力的研究[16]，所得炉渣氧化能力 N_{Fe_tO}与实测的 a_{Fe_tO}(如图 1-2-47 所示)符合甚好。

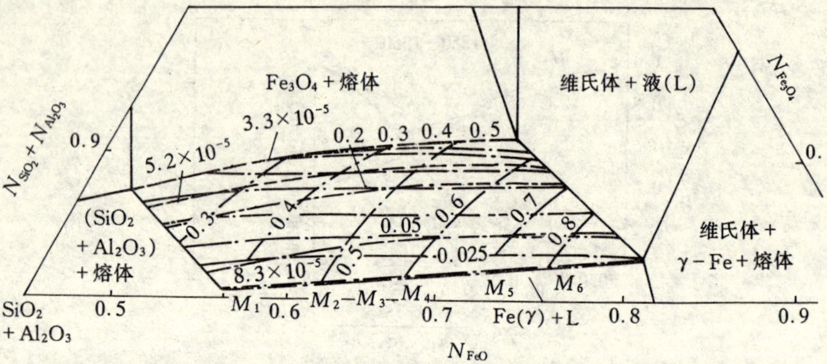

图 1-2-41　在 1473K 时，$FeO\text{-}Fe_2O_3\text{-}SiO_2$ 系的组分等活度线

－－－等氧活度线；$a_{Fe_3O_4}$——线 0.8、0.7、0.6、0.5、0.4、0.3；

$a_{FeO(固)}$——线 0.5、0.4、0.3、0.2、0.05、0.025

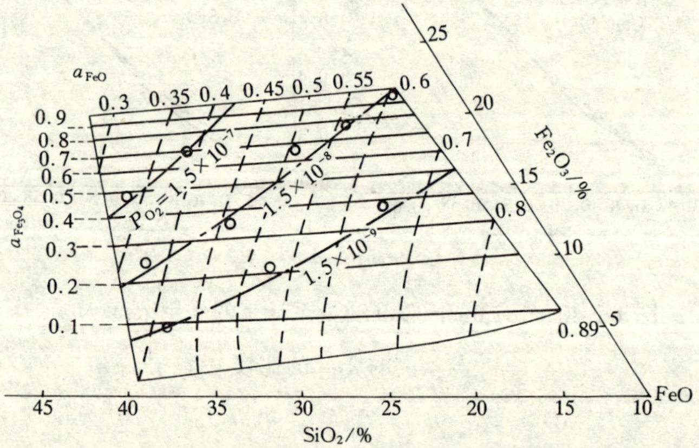

图 1-2-42　在 1573K 时 $FeO\text{-}Fe_2O_3\text{-}SiO_2$ 系的 $a_{Fe_3O_4}$

及 a_{FeO}组分等活度线

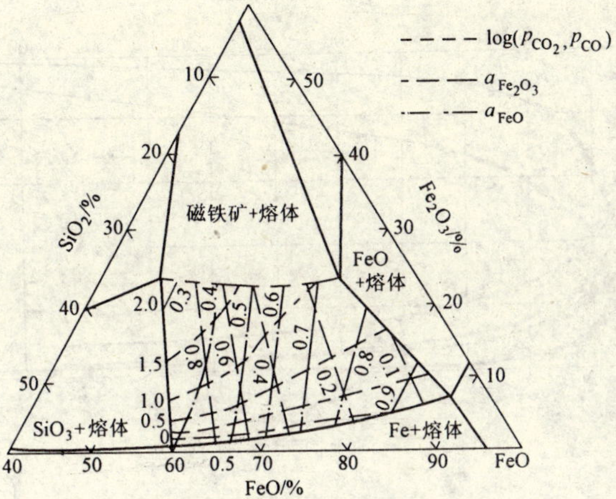

图 1-2-43　在 1623K 时 $FeO-Fe_2O_3-SiO_2$ 组分等活度线

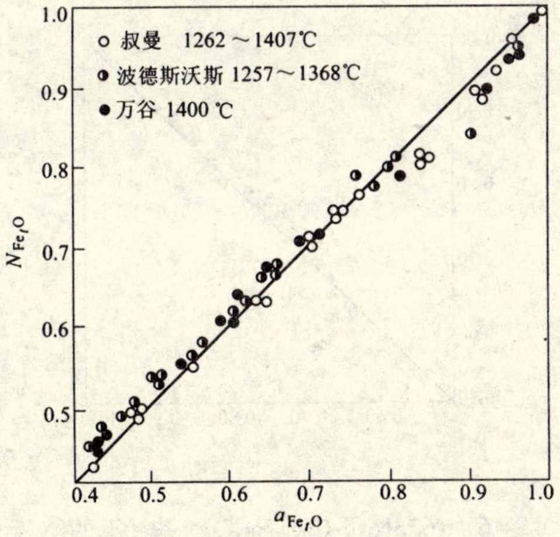

图 1-2-44　计算的 N_{Fe_tO}与实测 a_{Fe_tO}的比较[16]

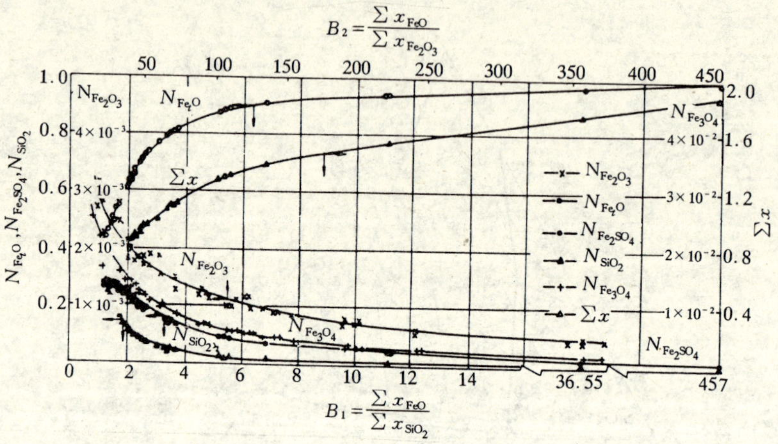

图 1-2-45　FeO-Fe_2O_3-SiO_2 熔渣的氧化能力,各组分作用浓度和平衡总摩尔分数随碱度的变化[16]

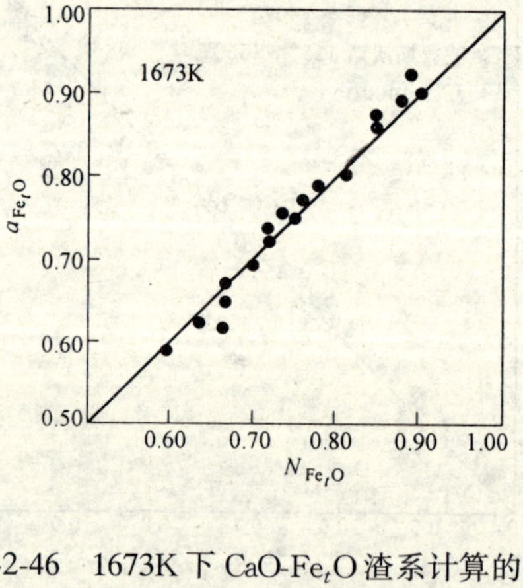

图 1-2-46　1673K 下 CaO-Fe_tO 渣系计算的 N_{Fe_tO} 与实测的 a_{Fe_tO} 的比较

值得指出的是在 1258～1370℃之间,熔渣中有钙铁橄榄石 CaFe-

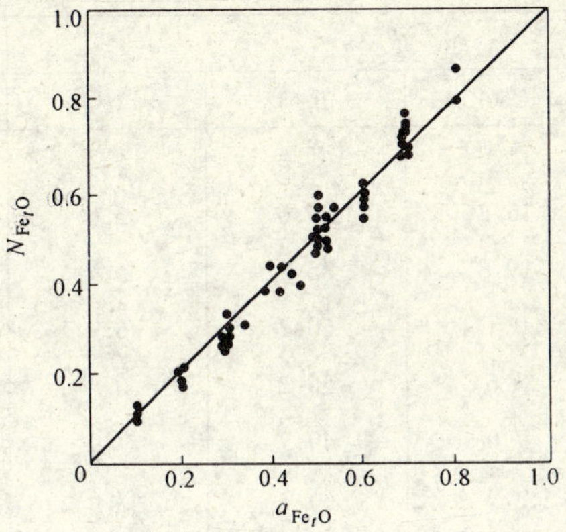

图 1-2-47　CaO-FeO-Fe_2O_3-SiO_2 系渣氧化能力与实测的 a_{Fe_tO}值的比较

SiO_4 生成，其标准生成自由焓为：$\Delta G^{\circ}_{CaFeSiO_4} = -72996.8 - 29.3269T$

四、炉渣熔体物理性质

1. 密度

铁橄榄石($2FeO \cdot SiO_2$)熔体密度随温度的升高递减(如图 1-2-48 所示)。图 1-2-49 为 FeO-SiO_2-CaO 系熔渣密度在 1410℃时的等密度线图，其熔渣密度随 FeO% 增加而递增。表 1-2-6 示出铜熔炼渣在 1200℃时熔体密度值，表 1-2-7 为 1250～1380℃下 SiO_2-Al_2O_3-CaO-FeO-MgO 熔渣的密度值。

表 1-2-6　SiO_2-CaO-FeO-Fe_2O_3 系熔渣在 1200℃时的密度

组　成/%				密度/$g \cdot cm^{-3}$
SiO_2	CaO	FeO	Fe_2O_3	
31.5	0.1	60.2	5.8	3.53
33.9	3.8	54.6	5.2	3.49
34.3	8.0	49.6	5.8	3.43

续表 1-2-6

组　成/%				密度/g·cm^{-3}
SiO_2	CaO	FeO	Fe_2O_3	
35.2	11.3	45.5	5.5	3.38
37.0	16.2	39.6	5.6	3.22
37.3	19.8	35.2	5.4	3.09
31.3	0.1	60.2	6.9	3.62
31.4	3.6	55.2	6.8	3.57
32.7	7.0	49.7	7.9	3.55
34.4	9.9	45.1	7.6	3.41
33.9	15.1	36.4	11.8	3.32
35.5	18.6	32.9	11.2	3.22

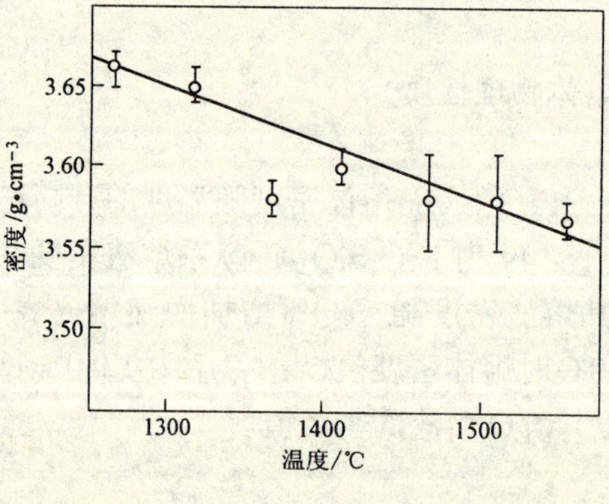

图 1-2-48　2FeO·SiO_2 熔体密度与温度的关系

表 1-2-7　SiO_2-Al_2O_3-CaO-FeO-MgO 系熔渣的密度

摩尔分数/%					密度/g·cm^{-3}			
SiO_2	Al_2O_3	CaO	FeO	MgO	1250℃	1300℃	1350℃	1380℃
53.70	10.10	9.52	18.7	7.98	3.28	2.90	2.64	2.40

续表 1-2-7

摩尔分数/%					密度/g·cm^{-3}			
SiO_2	Al_2O_3	CaO	FeO	MgO	1250℃	1300℃	1350℃	1380℃
49.50	9.10	8.70	17.2	15.50	3.16	2.78	2.54	2.28
45.35	8.30	8.05	15.8	22.50	3.08	2.72	2.40	2.20
41.52	7.61	7.25	14.4	29.20	2.96	2.54	2.25	2.10
44.00	8.05	10.80	15.3	21.85	2.90	2.62	2.32	2.14
43.02	7.85	12.83	15.0	21.30	2.86	2.52	2.30	2.12
41.90	7.67	15.10	14.6	20.73	2.74	2.48	2.24	2.10

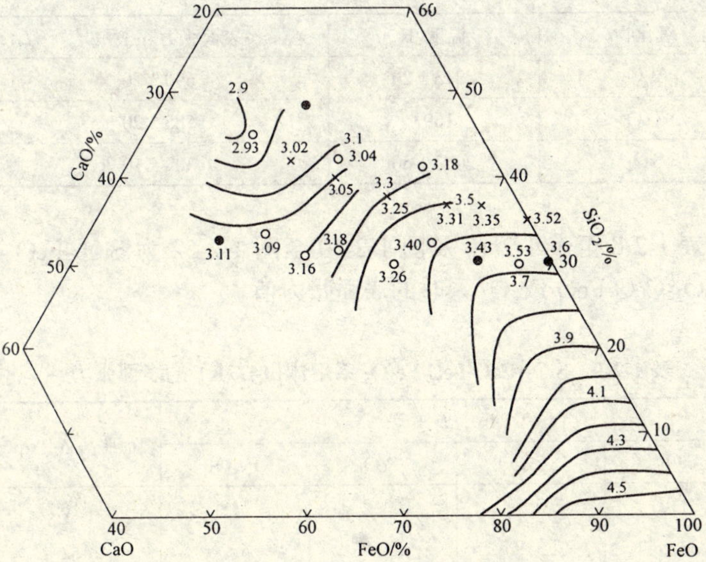

图 1-2-49 FeO-SiO_2-CaO 系熔渣在 1410℃时的等密度线

20℃和1200℃下转炉渣密度($g\cdot cm^{-3}$)如下：

20℃	4.10	4.04	4.02	3.91	3.72
1200℃	3.62	3.57	3.55	3.41	3.22

2．表面张力(界面张力)

造锍熔炼中炉渣和熔锍的界面张力影响渣中金属的夹带损失。界面张力增大有利于锍滴表面积的缩小，分散的锍滴易于汇聚，颗粒半径相应增大，有利于从熔渣中分离沉降。反之，当界面张力减小时，锍滴表面积容易增大，促使其分散，不利于汇聚，难于从渣中沉降。

表 1-2-8　液态氧化物的表面张力

氧化物	温度/K	表面张力/$mJ\cdot m^{-2}$
Al_2O_3	2323±20	690±20
FeO	1693	585±20
SiO_2	2073±50	307±10

表1-2-8至表1-2-10及图1-2-50至图1-2-52为 SiO_2-FeO 等及 SiO_2-CaO-FeO-Fe_2O_3 系时的表面张力值。

表 1-2-9　SiO_2-CaO-FeO-Fe_2O_3 系熔体(1473K)的表面张力

组　成/%				表面张力/$mJ\cdot m^{-2}$
SiO_2	CaO	FeO	Fe_2O_3	
31.5	0.1	60.2	5.8	416
33.9	3.8	54.6	5.2	432
34.3	8.0	49.6	5.8	432
35.2	11.3	45.5	5.5	442
37.0	16.2	39.6	5.6	435
37.3	19.8	35.2	5.4	434

续表 1-2-9

组 成/%				表面张力/$mJ\cdot m^{-2}$
SiO_2	CaO	FeO	Fe_2O_3	
31.3	0.1	60.2	6.9	423
31.4	3.6	55.2	6.8	431
32.7	7.0	49.7	7.9	435
34.4	9.9	45.1	7.6	429
33.9	15.1	36.4	11.8	444
35.5	18.6	32.9	11.2	435

表 1-2-10 SiO_2-FeO-Fe_2O_3 系熔体(1613～1673K)的表面张力

组 成/%			表面张力/$mJ\cdot m^{-2}$
SiO_2	FeO	Fe_2O_3	
14.3	73.0	12.7	430
17.4	74.2	8.5	452
17.7	70.9	11.4	413
21.6	70.7	8.4	452
21.6	69.6	9.9	440
21.7	68.2	10.1	411
23.6	67.0	9.4	442
24.9	67.6	7.4	412
25.0	66.8	8.2	413～424
26.5	65.9	7.6	428
30.5	64.7	4.8	403

表 1-2-11 给出了炉渣成分变化时渣锍间界面张力 γ_{m-s}的变化。实验在 1573K 下进行，锍相成分为 19.42%Cu、31.78%S、48.8%Fe。

表 1-2-11　炉渣成分对 γ_{m-s} 的影响

摩尔分数/%			γ_{m-s}/mJ·m^{-2}
FeO	SiO_2	CaO	
67.0	33.0	0	88.5
60.0	33.0	7.0	45.1
51.0	33.0	16.0	31.0
40.5	33.0	26.5	53.0
43.5	43.0	13.5	90.0
40.0	47.5	12.5	108.5

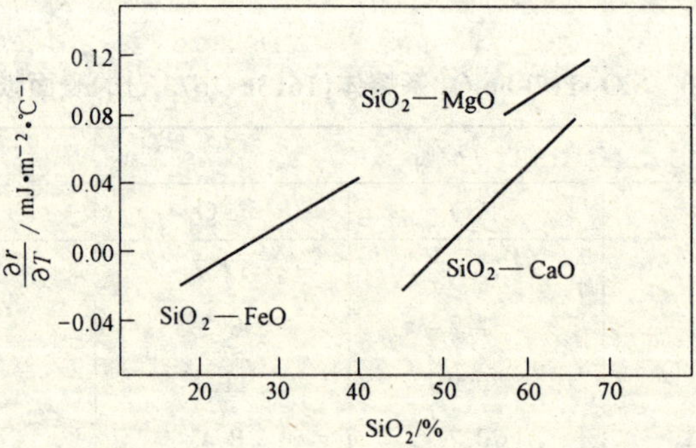

图 1-2-50　硅酸盐体系表面张力温度系数与 SiO_2 含量的关系

由表 1-2-11 看出，当 CaO16%（mol）时，γ_{m-s} 有最低值，而 SiO_2 含量增加，CaO% 降低时，γ_{m-s} 迅速加大。虽然，增加 SiO_2% 会导致熔渣粘度提高，但却有利于锍粒聚集，因此，对合理渣型的选择，需综合各方面因素考虑。

3．粘度

图 1-2-53、图 1-2-54 为 FeO-SiO_2 系随 SiO_2 含量和温度改变的粘度值和 SiO_2-CaO-FeO 系在 1573K 下的等粘度线。图 1-2-55、图 1-2-56 为工业炉渣粘度与 ΣMeO/(Al_2O_3 + SiO_2)比值的关系。表 1-2-12 及相应的图 1-2-57 示出工业铜炉渣（不同工厂、不同成分）粘度与温度的关系。

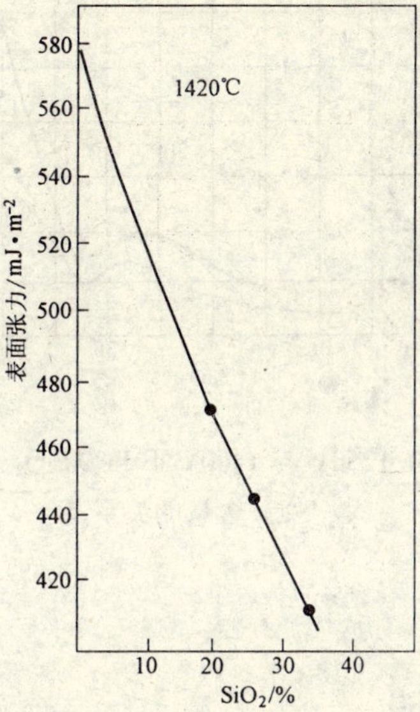

图 1-2-51　SiO_2-FeO 熔体(在 1693K)的表面张力

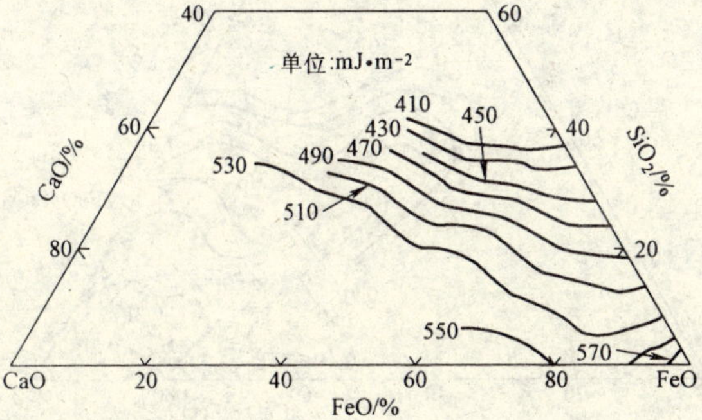

图 1-2-52　SiO_2-CaO-FeO 熔体(在 1673K 下)的等表面张力线

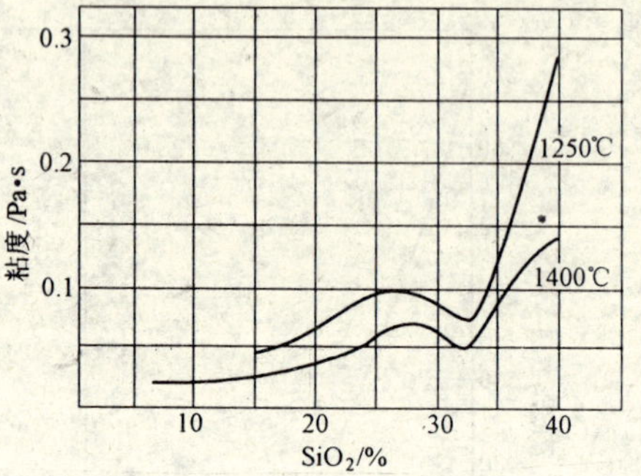

图 1-2-53　在 1250℃与 1400℃下 $FeO\text{-}SiO_2$ 系炉渣粘度与 SiO_2 含量的关系

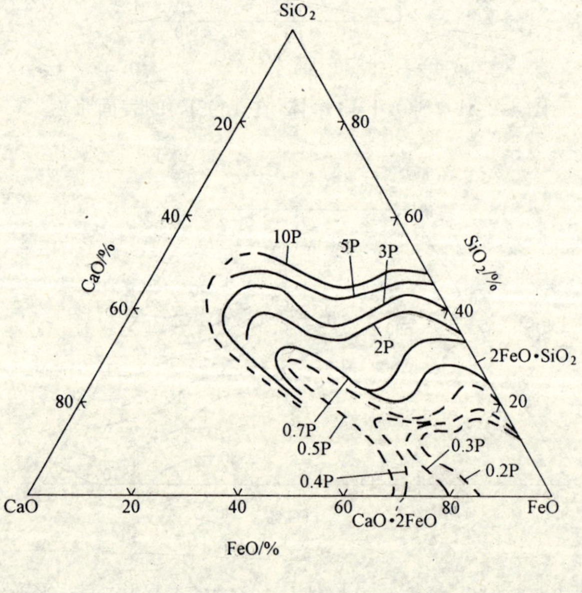

图 1-2-54　$SiO_2\text{-}CaO\text{-}FeO$ 系炉渣在 1573K 下的等粘度线

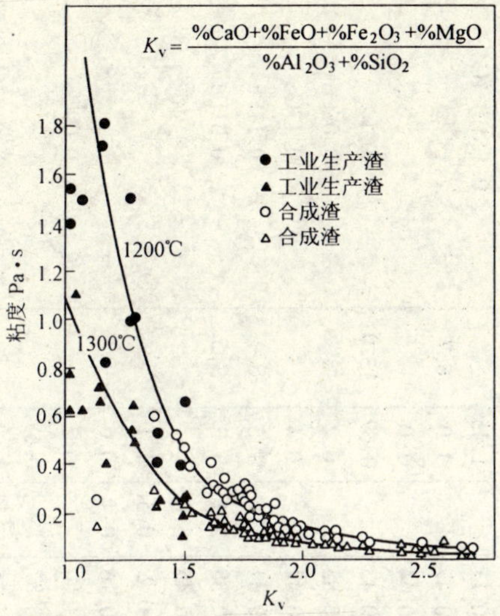

图 1-2-55　不同温度下炉渣粘度与 $\Sigma MeO/(Al_2O_3+SiO_2)$ 的关系[7]

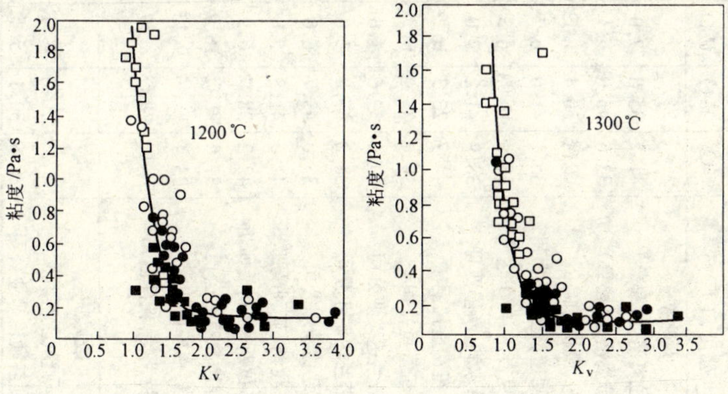

图 1-2-56　不同温度下工业炉渣粘度与 $\Sigma MeO/(Al_2O_3+SiO_2)$ 的关系[7]

表 1-2-12 铜熔炼炉渣组成(%)(其编号与图 1-2-57 相同)

No	公司、工厂	SiO_2	FeO	CaO	Al_2O_3	MgO	Cu	Zn	S	Fe_2O_3	其它物质
	反射炉										
42	拉奥洛亚(秘鲁)	41.2	35.8	7.0	3.8		0.5	3.1	0.6		0.7Pb;0.3As;0.3Sb
43	拉奥洛亚(秘鲁)	33.6	45.0	6.1	4.1		0.3	3.9	1.4		0.7Pb;0.3As;0.5Sb
44	鹰桥(加)	32.06	50.4	3.82	7.4	2.97	0.11		1.45		0.1Ni;0.1Co
45	迈阿密,亚利桑那州	35.1	41.0	6.7	4.9		0.47		1.0	6.7	
46	麦克吉尔,内华达州	38.9	41.04	6.3	9.5		0.44		1.0		
47	赫尔利,新墨西哥	38.9	41.2	7.0	9.5		0.43		0.69	13.0	
48	纽富里拉铜矿	44.7	23.3	16.9	8.6	2.3	0.83		0.2		0.08Co
49	纽富里拉铜矿	39.4	33.9	14.7	6.4	3.1	0.42		0.4		0.17Co
50	诺兰达矿业公司	39.6	39.6	1.6	5.4	0.91	0.34	1.1	1.3	8.1	0.11Pb
51	诺兰达矿业公司	38.2	37.8	2.0	6.2	1.02	0.38	1.1	1.3	9.5	0.01Pb
52	北德精炼公司	35.0	43.7	6.0	4.0	1.0	0.45	3.0			
53	道格拉斯,亚利桑那州	41.6	41.3	5.8	5.2	1.4	0.2	0.5	1.1		
54	道格拉斯,亚利桑那州	42.2	38.9	6.9	5.7	1.8	0.16	0.4	0.6		
55	菲摩拉有限公司	37.0	30.75	18.9	8.4	2.7	0.4		0.2		0.09Co
56	卢安西亚	33.4	39.77	9.43	7.5	2.14	0.87		0.67		
57	卡特戈特,新泽西州	31.07	49.73	2.59	5.9		0.75	1.31	1.04		0.1Pb;0.2As;0.03Sb;0.38Sn;0.3Ni;8.9g/tAg
	鼓风炉										
58	马登(土耳其)	35.57	55.81	4.81			0.55		2.49		0.3Co
59	布利赫勒格矿业公司	30.6	32.1	5.4	6.30	6.64	1.2	10.0	2.2		0.4Ni

续表 1-2-12

No	公司、工厂	SiO_2	FeO	CaO	Al_2O_3	MgO	Cu	Zn	S	Fe_2O_3	其它物质
60	波立顿										
62	诺昂特·莱尔	37.6	40.4	3.6	0.6		0.4				1.3BaO
63	里奥廷托	35.66	46.91	7.06	2.91	0.86	0.16	1.57	2.25	1.09	0.18Pb;0.01As0.01MnO 0.5Na_2O;0.1P_2O_3
64	里奥廷托	33.17	50.3	5.43	2.07	0.77	0.46	1.68	2.02	2.61	0.2Pb;0.02As 0.1MnO;0.37Na_2O;0.27P_2O_3
65	库普佛休伊特凯赛尔	27.3	25.1	12.15	12.5	2.57	0.85	8.0			0.002Pb;0.2Sn;1.16Mn
66	库普佛休伊特凯赛尔	26.0	28.7	7.65	13.45	2.2	0.95	9.8			0.19Pb,0.4Sn,1.04Mn
	转炉										
67	肯涅科特铜公司	27.3	62.7	0.8	6.3		0.91		1.51	23.8	
68	肯涅科特铜公司	25.1	60.46	0.6	6.5		3.01		1.1		
69	穆佛里拉铜矿公司	25.6	62.5	1.8	0.9	1.4	2.63		1.1	38.2	
70	埃莱板克矿业公司	21.21	69.75	1.92			2.79		2.93		0.9Co
	特殊过程										
71	国际镍公司	37.4	48.15	2.80	3.80	5.91	0.46		0.23		0.09Ni
72	奥托昆普公司	30.3	53.5	1.91		3.85	0.64	4.24		9.03	
73	奥托昆普公司	38.0	44.5	7.7		4.2	0.23	2.72		1.97	
74	尤尼矿业公司	37.56	1.4	39.75	10.69	8.15	0.13		0.17		0.34Co;0.01Ni;0.03C;0.24P_2O_3 0.54Sn;0.92Pb
75	菲尔普斯·道奇(纽约)	30.6	40.0	1.9	7.66	2.72	0.79	6.97	0.33		0.024As;0.05Sb 0.13Ni; 0.32Cr_2O_3

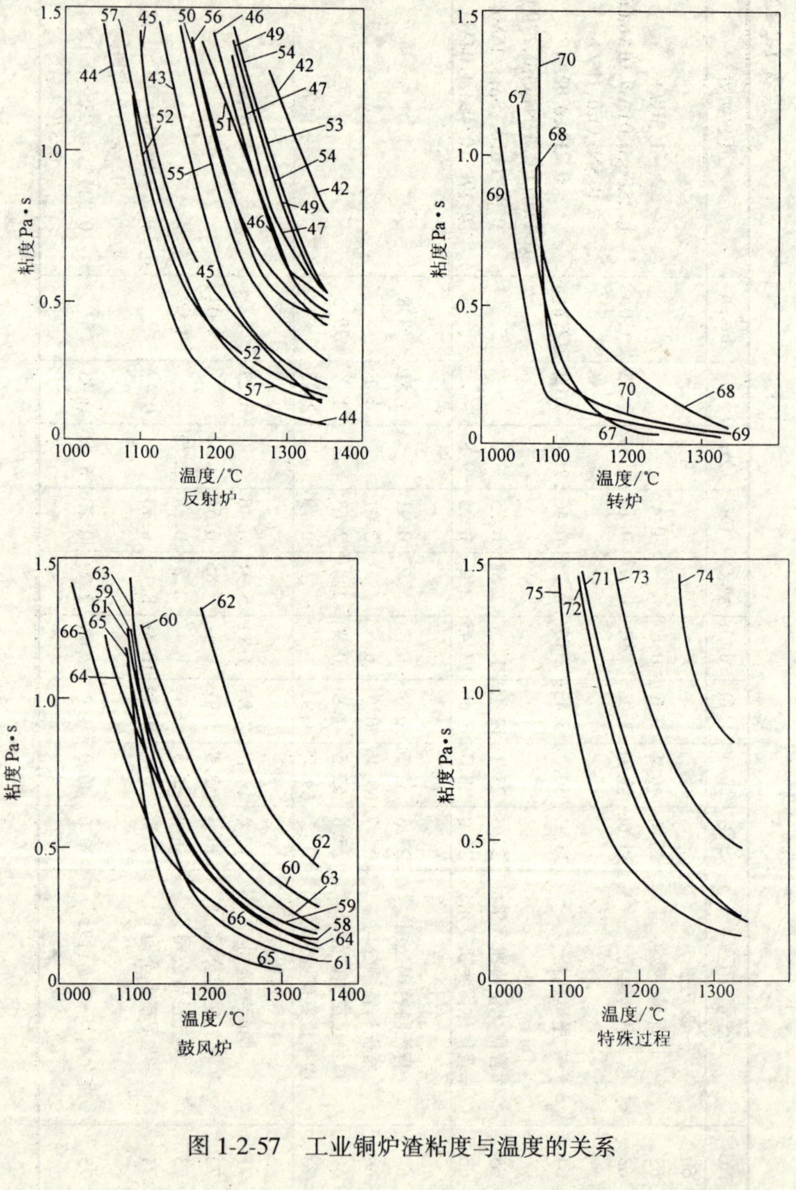

图 1-2-57　工业铜炉渣粘度与温度的关系

表 1-2-13、表 1-2-14 给出了 SiO_2-Al_2O_3-CaO-FeO(-Fe_2O_3)多元体系熔渣在1200℃、1300℃及1400℃下的粘度值。

表 1-2-13 SiO_2-Al_2O_3-CaO-FeO-Fe_2O_3 熔渣的粘度

组 成/%					粘 度/Pa·s		
SiO_2	Al_2O_3	CaO	FeO	Fe_2O_3	1200℃	1300℃	1400℃
32.2	4.7	0.9	58.0	2.0	0.280	0.160	0.095
34.2	4.6	4.5	52.4	2.3	0.390	0.200	0.115
35.2	4.7	3.1	48.2	2.4	0.520	0.245	0.125
30.4	5.0	0.6	58.7	3.1	(0.245)	0.120	0.080
31.0	4.9	4.5	53.7	2.7	0.250	0.140	0.085
31.7	5.2	7.4	49.7	3.2	0.305	0.160	0.105
27.9	4.9	0.8	59.8	3.9	0.150	0.095	0.070
28.6	5.0	3.3	56.6	3.3	0.170	0.100	0.075
29.7	5.1	6.4	52.1	3.6	0.225	0.120	0.085
29.9	5.4	0.1	56.3	6.2	(0.280)	0.125	0.080
31.3	5.3	4.5	49.7	6.3	(0.275)	0.130	0.090
32.7	5.1	7.4	46.7	6.3	0.285	0.140	0.095
28.6	5.6	0.5	54.4	8.6	(0.260)	0.100	0.070
30.8	5.0	3.8	50.8	8.3	(0.310)	0.110	0.080
30.9	5.6	7.0	45.4	8.6	(0.880)	0.130	0.090

表 1-2-14 SiO_2-Al_2O_3-CaO-FeO 熔渣的粘度

No	组 成/%					粘 度/Pa·s		
	SiO_2	Al_2O_3	CaO	FeO	Fe_2O_3	1200℃	1250℃	1300℃
01	35.0	3.2	1.8	55.2	4.7	0.71	0.34	0.18
02	33.5	5.8	3.5	53.5	3.7	0.44	0.32	
03	30.0	7.7	4.3	52.4	5.7	0.87	0.53	0.23
04	25.0	9.0	4.4	57.7	3.9	0.52	0.37	0.23

续表 1-2-14

No	组 成/%					粘 度/Pa·s		
	SiO_2	Al_2O_3	CaO	FeO	Fe_2O_3	1200℃	1250℃	1300℃
05	29.6	3.6	2.0	57.3	7.5	0.10	0.025	0.015
06	28.9	6.9	3.8	56.2	6.3	0.05	0.01	0.01
07	26.2	8.0	4.6	53.5	7.7	0.13	0.115	0.10
08	26.0	9.5	5.3	54.3	5.0	0.15	0.11	0.10
09	26.2	3.6	2.0	66.3	6.3	0.155	0.11	0.07
10	28.8	6.6	3.7	55.8	5.1	0.150	0.06	0.035
11	26.5	8.8	4.3	55.0	5.4	0.185	0.125	0.11
12	37.4	8.9	4.9	43.6	5.3	0.375	0.27	0.23
13	35.5	7.5	27.9	23.9	6.2	1.46	1.22	1.22
14	31.6	8.7	22.5	29.1	8.1	0.99	0.78	0.70
15	25.3	9.0	19.3	39.3	7.2	0.41	0.32	0.30
16	31.8	5.8	26.9	30.0	5.5	0.57	0.46	0.38
17	32.3	7.7	23.9	28.5	7.6	1.85	1.42	1.15
18	24.0	4.2	24.2	39.3	8.4	1.06	0.21	
19	28.7	9.9	21.1	32.6	7.8	1.26	0.85	0.68
20	33.4	7.4	25.1	27.0	7.1	1.70	1.16	1.07
21	35.0	7.2	26.1	25.5	6.2		1.76	1.41
22	30.0	4.8	25.8	33.0	6.4	0.51	0.42	0.35
23	37.4	1.9	27.7	27.8	5.1	0.81	0.38	0.22
24	33.2	3.8	31.8	26.4	4.9		1.62	1.18
25	29.4	0.9	34.4	33.5	1.9	0.36		
26	27.4	6.1	26.2	34.3	6.0		1.54	0.40
27	27.4	2.4	27.8	35.8	6.6	1.65	0.85	0.71
28	25.6	3.0	25.1	38.7	7.6	0.52		
29	25.0	4.1	25.1	38.1	7.6	0.39		
30	24.4	5.1	25.0	37.8	7.7	0.31		
31	24.9	7.5	25.9	34.0	7.6	0.46	0.22	

熔渣的表面张力及粘度对泡沫(渣)和乳胶的形成及相对稳定性有很大的影响,气体喷射或气体析出的速率很大,会引起熔渣发泡和使金属或锍液滴在渣中弥散分布。产生泡沫或乳胶液所需要的能量随液体表面张力增大而增加。泡沫稳定性取决于气泡间液膜排出的速率,粘度愈低,液膜排出的速率愈快,因而具有高的表面张力和低的粘度的液体,例如金属和锍,不起泡。而熔渣具有相对而言较低的表面张力和高得多的粘度,在含有大量气体放出的过程中很易起泡。泡沫是不稳定的,当停止供气时,在界面张力及重力影响下,泡沫即会瓦解。界面张力愈低,粘度愈高,则泡沫瓦解的速率就愈慢。

对于气体射流冲击液体表面,开始发生喷溅的情况,可用液体的临界凹坑深度 n_c,密度 ρ,表面张力 σ 及粘度 η 表示的关系式[6]:

$$n_c(g\rho/\sigma)^{1/2}=0.53\lg[g\eta^4/(\rho\sigma^3)]+11.33$$

4. 扩散系数

$$D=D_o e^{-E_D/RT}$$

式中因子 D_o,$cm^2\cdot s^{-1}$,E_D 为扩散流率的表观活化能,$kJ\cdot mol^{-1}$,用同位素示踪法测量了硅酸盐熔体中的自扩散系数 D 和表观活化能 E_D 如表 1-2-15 所示。

表 1-2-15 熔渣中的扩散系数和表观扩散活化能

示踪剂	体系组分/%	温度/℃	$D/cm^2\cdot s^{-1}$	$E_D/kJ\cdot mol^{-1}$
Ca^{45}	SiO_2/CaO 45/55	1485	7.1×10^{-7}	209±84
		1510	8.7×10^{-7}	209±84
		1530	1.1×10^{-6}	209±84
Ca^{45}	$SiO_2/Al_2O_3/CaO$ 40/21/39	1350	3.5×10^{-7}	293
		1500	2.1×10^{-6}	293
		1540	3.4×10^{-6}	293

续表 1-2-15

示踪剂	体系组分/%	温度/℃	$D/cm^2\cdot s^{-1}$	$E_D/kJ\cdot mol^{-1}$
Cu		1150	7.61×10^{-6}	163±50
		1230	1.64×10^{-5}	163±50
		1320	7.06×10^{-5}	163±50
Fe^{50}	SiO_2/FeO 39/61	1250	7.9×10^{-5}	167
		1275	9.6×10^{-5}	167
		1304	1.2×10^{-4}	167

5. 电导率

在生产过程，炉渣电阻对电炉熔炼操作和设计有重要意义，炉渣层电阻（R）与电导率（K）及电极插入渣层深度（a）存在 $R=\frac{1}{K}\times\frac{2}{a+\frac{F}{H-a}}$ 关系。式中 H 为渣层厚度；F 为电极断面面积。图 1-2-58、图 1-2-59 分别示出 FeO-SiO_2 系、FeO-CaO 系的电导率。

6. 停留时间分布曲线

炉渣在炉内或澄清区内的停留时间分布曲线是了解炉渣在反应器内流动模型的重要手段。图 1-2-60 是铜的放射性同位素作示踪剂测得的炉渣在炼铜反射炉内停留时间分布曲线[7]，图 1-2-61 是以 Li 为示踪剂测得的闪速炉渣在沉淀池的停留时间分布曲线[17]。对于稳态流动，流出的示踪剂浓度记录了该批分子在反应器内存在的寿命，也就是停留时间分布函数，测得的具体示踪剂浓度分布曲线（C 曲线）表示了抽象的停留时间分布曲线（E 曲线）。

用活塞流和全混流相串联再和死区并联的模型来分析，则有 $V_P+V_m+V_d=1$（式中 V_p 为活塞流体积，V_m 为全混流体积，V_d 为死区体积）。由两条 C 曲线求出的各区体积比例如下：

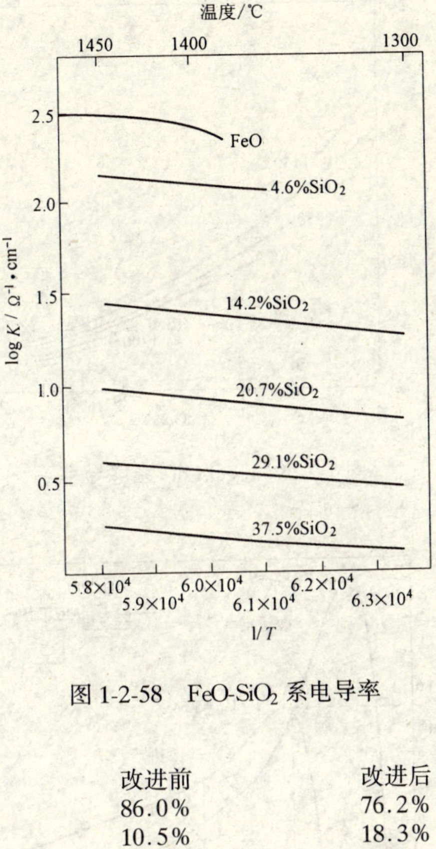

图 1-2-58　FeO-SiO_2 系电导率

	改进前	改进后
死区	86.0%	76.2%
全混流区	10.5%	18.3%
活塞流区	3.5%	5.5%

例如，对曲线 1，其平均停留时间为

$$\tau=\frac{C_1\tau_1+C_2\tau_2+C_3\tau_3+\cdots}{C_1+C_2+C_3+\cdots}=0.14$$

则有　$\frac{V_d}{V}=1-0.14=0.86$

$\frac{V_p}{V}=\tau_p=0.035$（示踪剂出现时间为 τ_p）

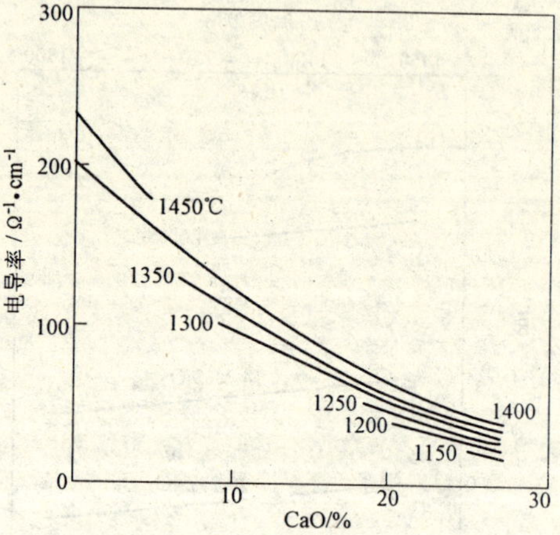

图 1-2-59　FeO-CaO 系电导率

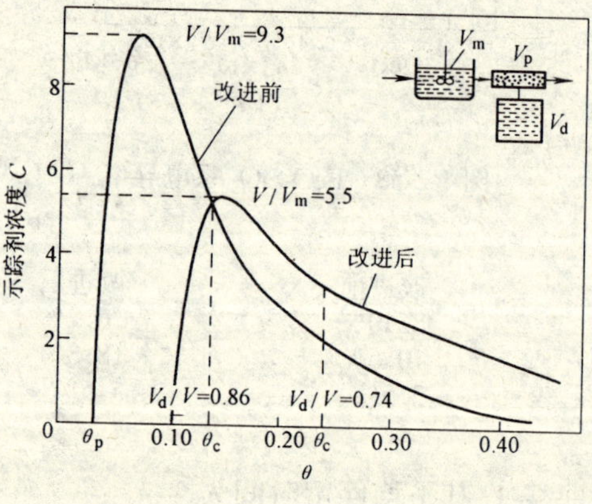

图 1-2-60　炼铜反射炉的 C 曲线

$$\frac{V_m}{V}=1-\frac{V_p}{V}-\frac{V_d}{V}=1-0.035-0.86=0.105$$

曲线 1 有 86% 的炉渣为死区(Fe_3O_4 横隔膜造成,不利于回收返回转炉渣中的铜),采用空气或蒸汽搅拌熔池(或投入 FeS_2 块矿造成搅拌)，可使死区减小，得到图中右边曲线是改进操作后的 C 曲线。C 曲线下的面积 $\sum$ 是示踪剂的全体，取其为 1，则 $E=C/\sum$，可得 E 的分布。此分布如绘入同一图中，用右边纵坐标表示 E 的刻度，即得 E 曲线。

图 1-2-61 中停留时间分布受渣成分影响很大，Fe/SiO_2 为 0.95的渣中 Li 浓度最高点出现在 4h 左右，而 Fe/SiO_2 为 1.09 的渣则出现在 15h 左右范围。沉淀池中渣总容积为 220～240t，而每小时的产渣量为 30～35t，通过沉淀池的表观时间为 6～8h。因此，与表观保有时间相比较，炉渣在较短时间从炉内排出。通过模型计算渣流可划分为三分区所占的分率如下：

活塞流区　10%　逆流全混流区　40%　死区　50%

也就是沉淀池中的炉渣大约有一半是不流动的，因此，有可能利用这个滞留的死区进行其他的熔炼反应，如应用某些喷射技术。

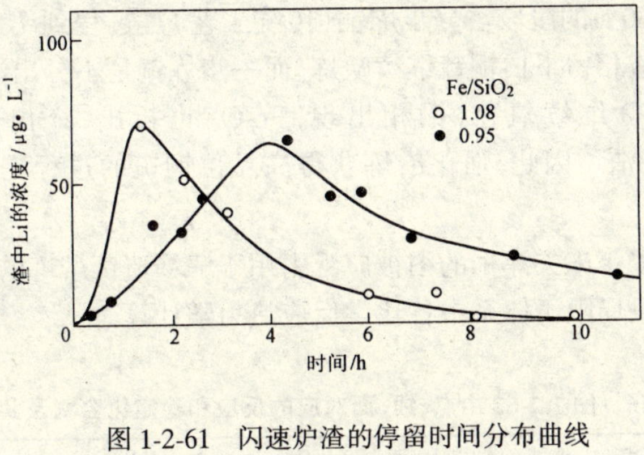

图 1-2-61　闪速炉渣的停留时间分布曲线

第三节　铜熔炼氧硫势状态图

一、矢泽彬的铜熔炼状态图

20 世纪 60 年代矢泽彬提出的铜熔炼硫势—氧势状态图(图

1-2-62)一直是火法炼铜热力学的基本工具。图中线上的平衡反应和区域内稳定的化合物和共存相列于表 1-2-16 。图 1-2-62 中，*St* 线以上，$a_{Fe_3O_4}$等于 1，即 Fe_3O_4 作为单独凝聚相析出。当 $\lg p_{O_2}$ 小于 −0.82Pa 时，炉渣中不会有 Fe_3O_4 析出。

pqrst 是炉气-炉渣-铜锍三相共存区，造锍熔炼过程在此区进行，当作业温度一定时，可由炉气中 SO_2 的分压线与 *pq* 线来定。生产中一般炉气中 SO_2 含量在 10%左右，故 $p_{SO_2}=10$ kPa 而 *pq* 线的位置是按 $2FeS + O_2 + 2SiO_2 = 2FeO\cdot SiO_2 + S_2$ 来计算。

铜精矿造锍熔炼是从 *A* 点开始，*A* 点的铜锍品位为零，随氧化过程的进行，体系氧势增大，硫势减小，体系向 *B* 点移动，铜锍品位提高到 70%，*AB* 段相当于造锍熔炼过程及铜锍吹炼过程的造渣期。在 *BC* 段，品位进一步提高，铜锍吹炼成粗铜阶段。当氧势提高到 *C* 点时，金属铜相出现。实际生产上，气相中 SO_2 分压要比 10kPa 高些(炉气含 SO_2 大于 14%～18%)。事实上已处于 *S* 点状态：$a_{Cu_2O}=0.1$，$a_{Fe_3O_4}=1$，Fe_3O_4 从炉渣中大量析出，恶化了炉渣性质。*BC* 段是 Fe_3O_4 的活度急剧上升的阶段即含 Cu70%～80%的阶段。分步炼铜(传统工艺)是过程到 *B* 点时就分离出炉渣相留下白铜锍继续吹炼，而一步炼铜是不分出渣相，结果渣中 FeO 继续氧化，铜相出现，Fe_3O_4 也析出，产出高铜高 Fe_3O_4 的炉渣。因此，强化冶炼获得高品位铜锍的过程是比较合理的。

三十多年来矢泽彬的图被广泛引用于解释造锍熔炼的有关现象。但它只局限于体系中各化学反应热力学计算。

表 1-2-16 图 1-2-62 中点、线、面对应的反应和稳定化合物及共存相

编号	平衡线	反应式	稳定化合物	共存相
1	*Sr*	$4Cu(l) + S_2 = 2Cu_2S(l)$ $\Delta G^\circ = -213050 + 25.1T$(kJ)		铜锍、渣、气、铜
2	*Ef*	$4Cu(l) + O_2 = 2Cu_2O(l)$ $\Delta G^\circ = -242003 + 69.1T$(kJ)		

续表 1-2-16

编号	平衡线	反应式	稳定化合物	共存相
3	*F*(3)	$2Cu_2S(l) + O_2 = 2Cu_2O(l) + S_2$		
		$\Delta G^\circ = -251877 + 68.6T$(kJ)		
4	*qr*	$2\gamma-Fe + 2SiO_2(s) + O_2 = 2FeO\cdot SiO_2(l)$		γ-Fe，炉气、渣，铜锍、SiO_2
		$\Delta G^\circ = -522582 + 110.9T$(kJ)		
5	*pq*	$2FeS + O_2 + SiO_2 = 2FeO\cdot SiO_2(l) + S_2$		铜锍、渣、气、SiO_2
		$\Delta G^\circ = -270705 + 42.3T$(kJ)		
6	*st*	$2Fe_3O_4(s) + 3SiO_2(s) = 3(2FeO\cdot SiO_2)(l) + O_2$		铜锍、渣、气 Fe_3O_4、SiO_2
		$\Delta G^\circ = 646428 - 300T$(kJ)		
7	*p* 点外	$3FeS(l) + 2O_2 = Fe_3O_4(s) + 3/2S_2$		
		$\Delta G^\circ = -729271 + 213.4T$(kJ)		
8		$1/2S_2 + O_2 = SO_2$		
		$\Delta G^\circ = -360661 + 72.2T$(kJ)		
	EfsrHE		铜，$2FeO\cdot SiO_2$	炉气、渣铜
	Pqrstp		Cu_2S、FeS、$2FeO\cdot SiO_2$	炉气、渣、锍
	Ef 以上		Cu_2O	
	fst 以上		Fe_3O_4	

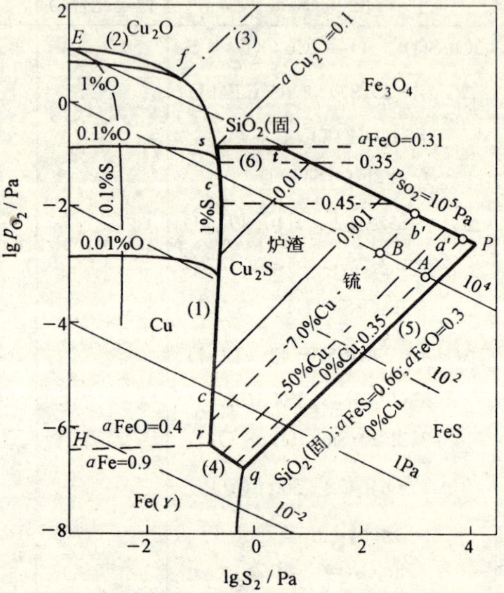

图 1-2-62 矢泽彬的铜熔炼氧势-硫势状态图(1300℃)

二、斯吕德哈、托格里和斯米尔诺夫的铜熔炼状态图[9]

斯吕德哈等综合铜锍中铁含量与硫含量(图 1-2-63)、铁含量与氧势(图 1-2-64)、炉渣中 Fe_3O_4 含量与氧势(图 1-2-65)以及渣含铜与铜锍含铁的关系(图 1-2-66)并给出了一个新的在 1250℃时的铜熔炼氧势－硫势的状态图(图 1-2-67),图中表示了不同厂以铜锍含铁为基础的铜锍品位、渣含铜、渣含 Fe_3O_4 及渣含硫对氧势和硫势的关系。尽管不同冶炼厂生产方法不同,但可用同一个熔炼铜氧势－硫势状态图(图 1-2-67)。斯吕德哈等的铜熔炼状态图体系所处的硫势范围很窄,而氧势变动范围则很大。用这个图可方便地预测和评价熔炼过程。用斯吕德哈等的状态图和实际生产的渣中 Fe_3O_4 含量比较仍存在一定误差,同一氧势下,同一渣样却有不同的 Fe_3O_4 含量。他们认为这是由于采样、冷却方法和分析等方面原因所造成，例如正常冷却的渣样比急冷渣样的 Fe_3O_4 含量高出4倍之多(见图1-2-65)。工业炉渣中的磁性氧化铁的准确定量是个困难的问题。关于 渣中铜的损失形式。他们认为，对于工业炉渣中的夹杂铜损失可用状态图上渣含硫来估计。实际工厂渣含硫减去状态图上的平衡硫量即是夹杂质硫量，夹杂铜锍中的铜硫比应和铜锍中的铜硫比相同。一般说，正常生产炉渣中的夹杂铜损失占渣中总铜量的50%以下，图1-2-67为工厂生产进行理论分析和评估提供了直观简便的工具。其偏差仍在工业应用允许的范围内，其应用举例如表1-2-17所示。

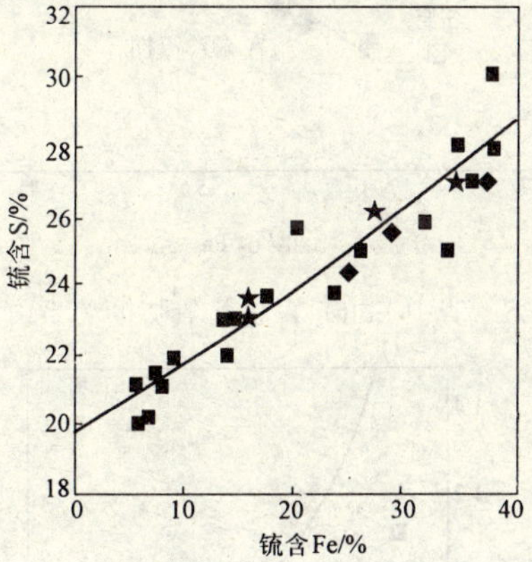

图1-2-63　铜锍中铁含量与硫含量的关系

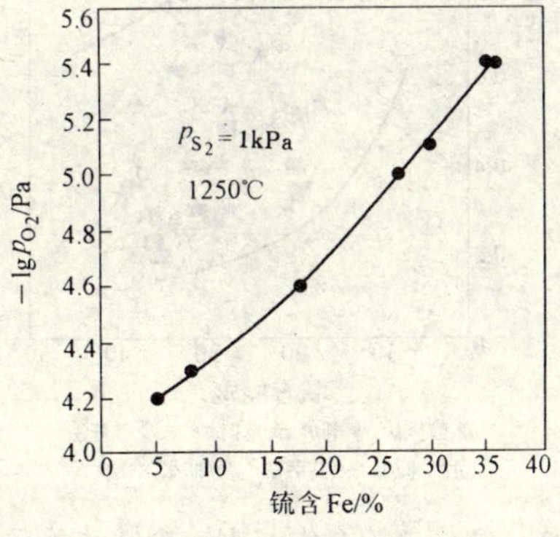

图1-2-64　铜锍中铁含量与氧势的关系(1250℃)

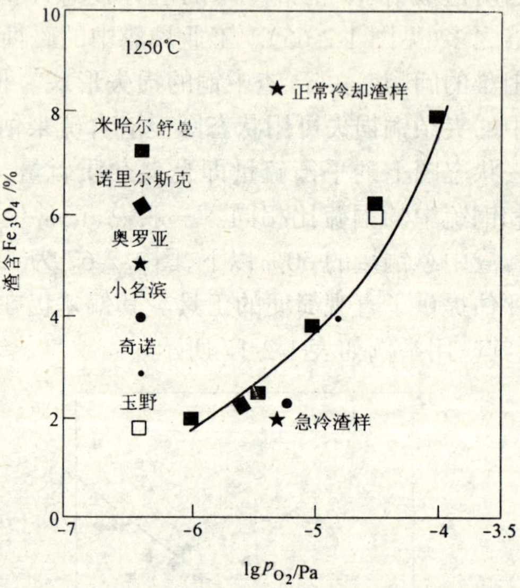

图 1-2-65　渣中 Fe_3O_4 含量与氧势的关系(1250℃)

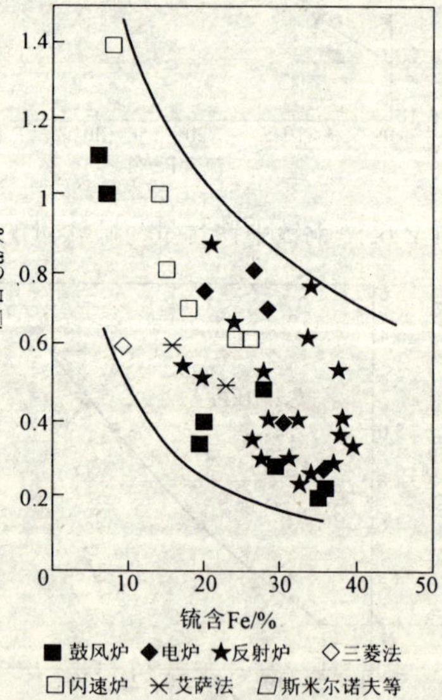

图 1-2-66　渣含铜与铜锍含铁的关系

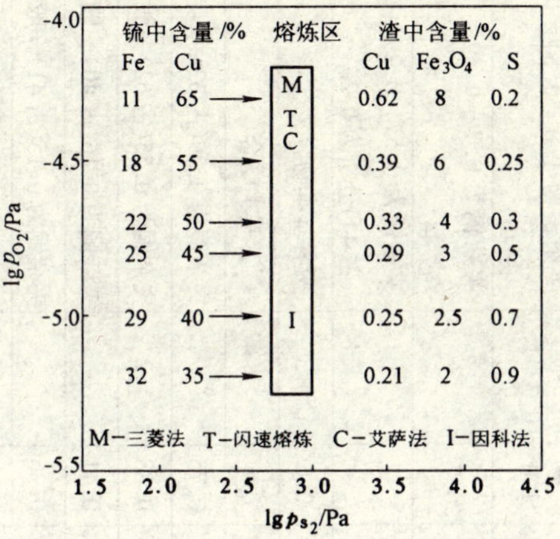

图 1-2-67　斯吕德哈等的铜熔炼氧势－硫势状态图(1250℃)

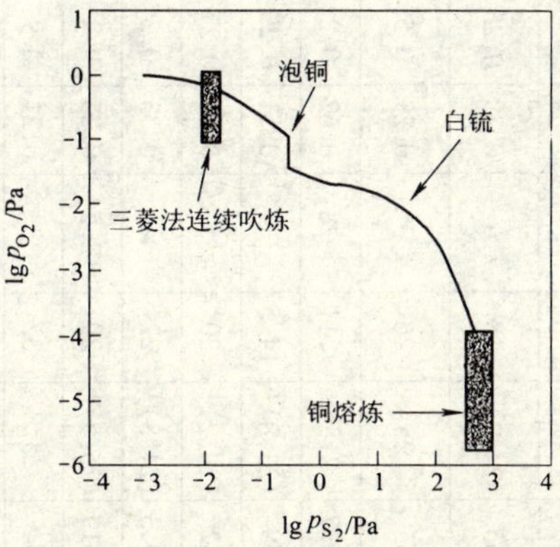

图 1-2-68　火法炼铜状态图

图 1-2-68 中铜熔炼区的硫在 2.5～3.0 之间，与图 1-2-67 中熔炼区的硫势范围是一致的。

表 1-2-17 斯氏状态图的应用与工厂数据的对比(%)

厂名冶炼方法	铜锍品位		查斯氏状态图所得数据				工厂实际数据				讨论
	[Cu]	[S]	[Fe]	(Fe_3O_4)	(Cu)	(S)	[Fe]	(Fe_3O_4)	(Cu)	(S)	
玉野闪速炉	60	23	14.5	7	0.51	0.23	15	6	0.55	0.8	两者基本吻合
菲尔普斯闪速炉	62	24	18.9	7.4	0.54	0.22	14		1.0	(0.33)1.3	夹杂铜为1.0－0.54＝0.46(占46)
奇诺闪速炉	55	(24.2)①	18	6	0.39	0.25	18		0.7		夹杂铜为0.7－0.39＝0.31(占44)
因科闪速炉	45	25	26	3	0.29	0.5	26	8	0.57		夹杂铜为0.57－0.29＝0.28(占44)分析为0.25
直岛三菱炉	65.7	21.9	<11	~8	0.62	0.2	9.2		0.6	0.3	两者基本吻合
塞浦路斯艾萨炉	58	(23.8)①	14.5	~7	0.51	0.23	15.9		0.6		两者基本吻合
安纳康达电炉	52	(24.2)①	20	5	0.36	0.27	20		0.75		夹杂铜为0.39(占52)一般为50
埃尔·特尼恩特反射炉	50.3	(24.8)①	22	4	0.33	0.3	21	0	0.88	1.2	夹杂铜为0.55(占62)一般为25
犹他反射炉	41	(25.9)①	29	2.5	0.25	0.7	28		0.41		夹杂铜为0.16(占40)一般为25
小名滨反射炉	34	25.8	32	2	0.21	0.9	32		0.36		夹杂铜为0.15(占41)一般为25
四坂岛鼓风炉	46	(25.35)①	<25	3	0.30	0.5	24		0.40		夹杂铜为0.10(占25)一般为40
小坂鼓风炉	38.8	(26.1)①	29.6	2.6	0.26	0.74	29		0.47		夹杂铜为0.23(占47)一般为40
日比鼓风炉	39.8	(26)①	29	2.5	0.25	0.7	29		0.39		夹杂铜为0.14(占36)一般为40

①按$(\%S)=28.0-0.00125\times[\%Cu]^2$算得[3]。

第四节　渣含铜问题

造锍熔炼的产渣量是很大的，视精矿成分不同，1t 铜的炉渣量约是 2.5～7t 或更多些。一般熔炼炉渣含铜为 0.2%～0.5%，不经贫化处理而直接废弃。而强化熔炼的炉渣要经过贫化处理。因此，要求尽可能减少随炉渣带走的铜损失量。为减少铜在渣中的损失，应当减少炉渣产出量，同时降低渣含铜。

一、渣中铜的损失量

当考虑烟尘闭路循环时，造锍熔炼过程炉渣带走铜的百分率可用铜分配系数和炉渣与铜锍的产出量比的关系式来表示：

$$\text{炉渣带走铜所占的百分率(\%)} = \left(1 - \frac{P_{Cu}}{P_{Cu} + \dfrac{S}{M}}\right) \times 100\%$$

式中铜分配系数 P_{Cu} = 铜锍中 Cu%/炉渣中 Cu%（见表 1-2-18）；炉渣产出量 S 和铜锍产出量 M。炉渣产出量取决于精矿品位和造渣熔剂的加入量。提高入炉精矿的品位和选择合理的炉渣成分，力求少加或不加熔剂（自熔渣）将显著地降低炉渣产率。

表 1-2-18　铜熔炼过程铜锍和炉渣的组成和铜分配系数

冶炼厂	锍/%			渣/%		铜分配系数	炉　子
	Cu	Fe	S	Cu	S		
卢安西亚	71.8	5.8	21	1.9	0.15	38	反射炉（生精矿）
奥托昆普	70	8	21	1.4	0.5	50	闪速炉
卢邦巴希	73	6	20	1.1		66	鼓风炉
基德·克里尔	68	7.5	21.5	1.0	0.5	68	三菱炉
尤尼米尼尔	63	6.9	20.2	1.0		63	鼓风炉
直岛	65.7	9.2	21.9	0.6	0.3	110	三菱炉
菲尔普斯·道奇	62	14	22	1.0	1.3	62	闪速炉
北德精炼公司	62	14	23	1.0	1.3	62	闪速炉
玉野	60	15	23	0.55	0.8	100	闪速炉

续表 1-2-18

冶炼厂	锍/%			渣/%		铜分配系数	炉 子
	Cu	Fe	S	Cu	S		
塞浦路斯	58	15.9		0.6		97	艾萨法
穆佛里拉	57.6	17.5	23.7	0.56	0.3	103	反射炉(生精矿)
奇诺	55	18		0.7		79	闪速炉
足尾	52.8	19.5		0.34		155	鼓风炉
奥萨卢扎瓦	52.3	20		0.41		128	鼓风炉
安纳康达	52	20		0.75		69	电炉
穆佛里拉	56.6	20.3	25.6	0.52	0.3	107	电炉
埃尔·特尼恩特	50.3	21		0.88	1.2	57	反射炉(生精矿)
芒特·艾萨	48	23		0.5		96	艾萨法
卢安西亚	47	24	23.8	0.66	0.9	71	反射炉(生精矿)
希斯阿吉玛	46	24		0.4		115	鼓风炉
因科	45	26	25	0.63		71	闪速炉
格特塞拉	43	26.5		0.4		108	反射炉(热焙砂)
因科	43	26.5		0.62		69	闪速炉
英斯皮拉松	41	28		0.70		59	电炉
奇诺	41	28		0.56		73	反射炉(生精矿)
犹他	41	28		0.41		100	反射炉(生精矿)
小坂	38.8	29		0.49		79	鼓风炉
日比	39.8	29		0.39		102	鼓风炉
芒特·艾萨	36	31		0.3	0.9	120	反射炉
小名滨	34	32	25.8	0.36		94	反射炉(生精矿)
佐贺关	33.6	33		0.28		120	鼓风炉
奥罗亚	26	34	25	0.23	1.0	113	反射炉(热焙砂)
因科	33	34		0.76		47	反射炉(焙砂)
因科	33	34		0.62		53	反射炉(生精矿)
加斯佩	33	35	28	0.27		122	反射炉(生精矿)

续表 1-2-18

冶炼厂	锍/%			渣/%		铜分配系数	炉　子
	Cu	Fe	S	Cu	S		
奇那穆波	31	35		0.20		155	鼓风炉
诺兰达	29	36	27	0.34		85	反射炉(热焙砂)
小坂	30	36		0.22		136	鼓风炉
莫伦西	31	38	28	0.56		55	反射炉(生精矿)
杉·曼纽尔	32	38	30	0.40		80	反射炉(生精矿)
海登	27	38		0.34		79	反射炉(生精矿)
诺兰达	24	39.5		0.37		85	反射炉(生精矿)

二、渣中铜的损失形式问题

铜在渣中损失通常认为包括机械夹杂和溶解两类形式。但是关于渣中铜的损失形式,近半个世纪以来一直是冶金理论关注的课题。溶解机理各有看法;在硫化物与氧化物的比例上分歧也很大。在 1995 年的铜国际会议上,美国学者[3]认为:对于传统的铜熔炼来说,没有实际证据支持将渣中铜的损失区别为“氧化物”和“硫化物”。文献 9 亦认为,没必要去假定工业炉渣中溶解的铜硫化物的形态。

对于工业炉渣中的夹杂铜损失,可以用状态图(图 1-2-67)中渣含硫来估计。实际工厂渣含硫减去状态图上的平衡硫量(指渣中含硫的最低水平)即是夹杂的硫量。夹杂铜锍中的铜硫比应和铜锍中的铜硫比相同。一般来说正常生产炉渣中的夹杂铜损失占渣中总铜量的 50% 以下(参见表 1-2-17)。图 1-2-69 为铜在渣中的溶解度与锍品位和炉渣组成的关系[3],图中炉渣碱度 B_s = (%FeO) + 0.25(%CaO) − 0.3(%MgO)/(%SiO_2) + 0.4(%Al_2O_3),所有分析数据均为质量百分含量。图表明铜在炉渣(Cu)和锍[Cu]之间的分配系数为(%Cu)/[%Cu]是碱度的直线函数。渣中的硫与碱度的关系也呈直线(参见图 1-2-70),当锍品位一定时,锍的硫含量是一定的。硫在炉渣和锍之间的分配系数也是碱度的直线函数。图 1-2-71 为锍品位[Cu] = 30%时渣含铜与渣含硫的关系。图 1-2-72 为[S]/(S)与渣碱度(%FeO)/(%SiO_2)的关系，铜的存在限制了硫在铁硅酸盐炉渣中的溶解，图中的点是矢泽等人得出的数据。由图 1-2-71 看出所有炉渣中硫和铜之间的比值均为 $m = 2.78$，应用这个比值可以计算出溶于渣中的锍的品位(约10%或为与炉渣接触的锍品位([Cu] = 30%)的三分之一)。应用工业熔炼生产和永森的研究数据，示于图 1-2-73 中。根据对渣中铜和硫的大量分析数据，炉渣中的锍平均品位是炉内锍的二分之一到三分之一。

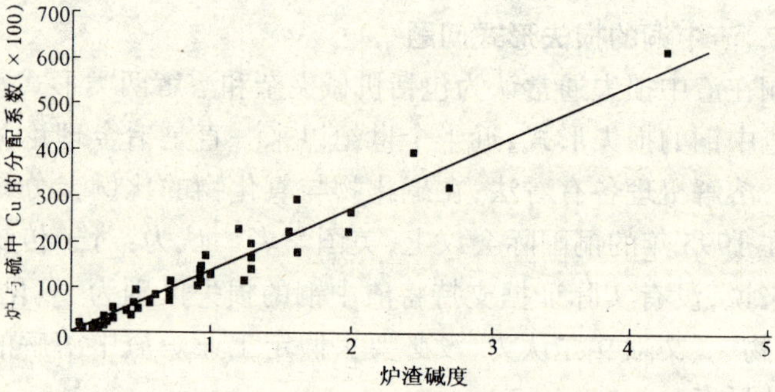

图 1-2-69　铜在炉渣与锍之间的分配与炉渣碱度的关系

$$\left(\text{炉渣碱度}\ B_s = \frac{(\%FeO) + 0.25(\%CaO) - 0.3(\%MgO)}{(\%SiO_2) + 0.4(\%Al_2O_3)}\right)$$

用氯化物-乙醇浸出块矿鼓风炉熔炼炉渣、热焙砂反射炉熔炼渣、生精矿反射炉熔炼渣以及因科法闪速炉熔炼渣，获得数据表明渣中的锍其品位比炉内锍品位低 50%(浸出部分为夹杂或悬浮损失的硫化物、残渣中认为是溶解了的或氧化物部分)。用磨浮法考察了诺兰达炉产出的炉渣，其结果示于表 1-2-19。由表看出，所有产物中有足够的硫来形成锍。计算出来的锍品位{%Cu}弃渣中

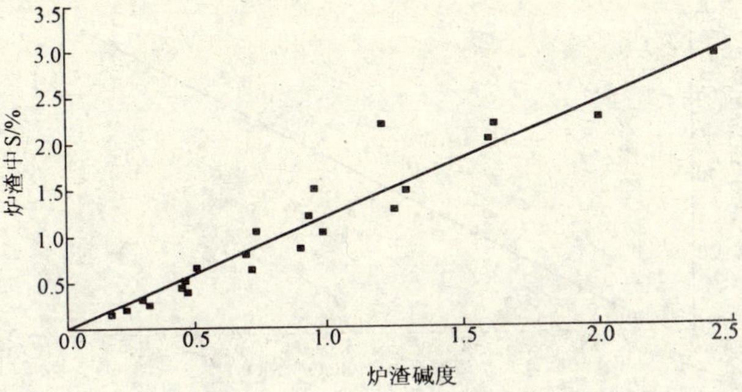

图 1-2-70 渣中硫与炉渣碱度的关系([Cu]=30%)

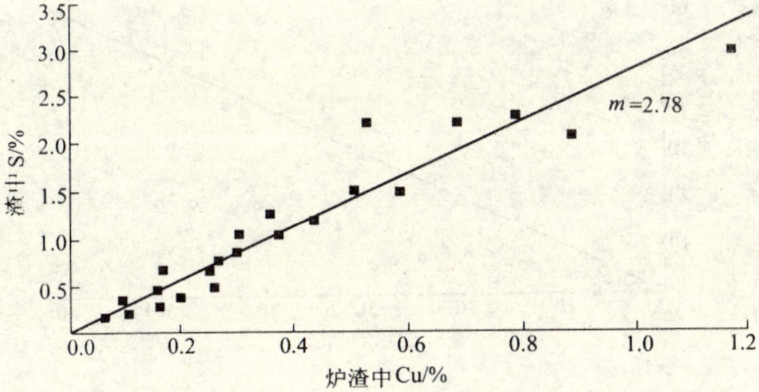

图 1-2-71 炉渣中硫与炉渣中铜的关系([Cu]=30%)

锍品位低于给料(炉渣)和产出的渣精矿的锍品位,可能是弃渣中未回收的锍粒子太小,细磨不能分开,也可能是真实的溶液状态。图 1-2-71 及图 1-2-73 和浸出法及磨浮法的研究结果,均说明渣中锍的视在(计算)品位低于炉内的锍品位,也难于确定铜损失分为"硫化物"和"氧化物",对渣中机械夹杂和溶解损失的有关机理至今尚不清楚。为了更好地了解硫在铜熔炼炉渣中的作用,需要仔细工作,包括:尽可能全面分析混合渣样,收集其背景资料(关于精

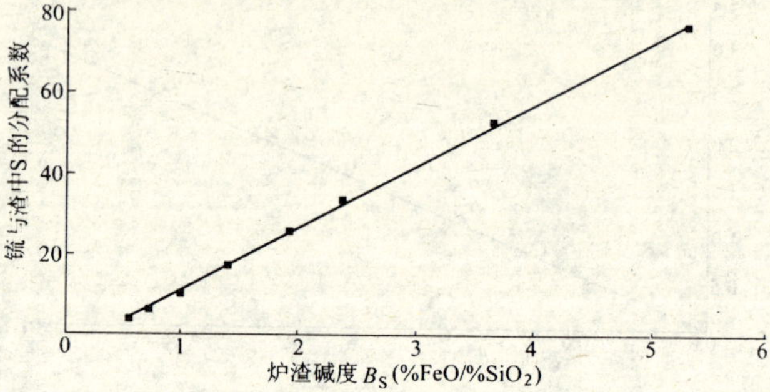

图 1-2-72　在 FeS·FeO—SiO_2 中硫在锍与渣之间的分配

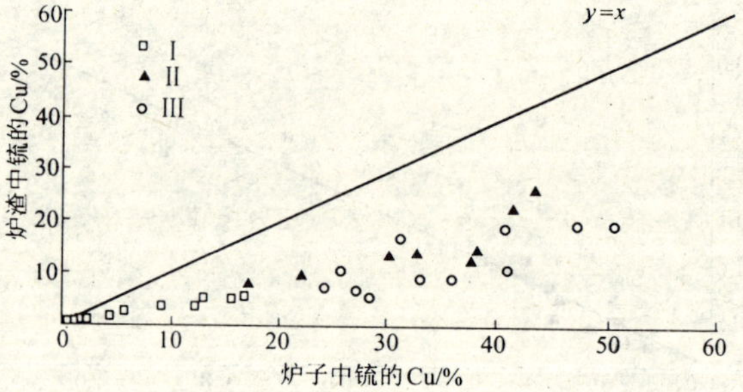

图 1-2-73　渣中的计算锍品位与炉内锍品位的关系

矿组成、熔炼炉型、锍品位（Cu、Fe、S、Fe_3O_4）和温度）、化学分析结果、显微镜观测结果、X 射线衍射结果和电子探针分析结果；然后，采用同样的方法精确地研究处理混合炉渣所得的产物（如磨浮产出的精矿与弃渣，或化学处理的浸出渣）。

一般说来，用炉渣碱度可以描述铜和硫在锍与硅酸盐炉渣间的分配。

表 1-2-19　诺兰达炉渣磨浮产物中的锍品位(%)

项　目	(Cu)	(S)	[Cu]	{Cu}
炉内产出的锍			65～70	
炉内产出的渣	4.7	2.0		56.4
选出的渣精矿	38.0	11.6		71.1
弃　渣	0.30	0.17		45.0

三、影响铜在炉渣中损失的主要因素

主要影响因素是铜锍品位、炉渣成分(Fe/SiO_2、熔渣氧势、CaO%等)、熔炼温度、粘度和界面张力以及澄清时间等。

1. 铜锍品位

由文献、热力学分析和试验可以断定，由于 Cu_2S 和 Cu_2O 在 SiO_2 饱和的铁硅酸盐炉渣中的溶解引起的铜损失，主要是铜锍品位的作用。在整理渣中铜损失和铜锍品位的关系时发现，如果铜锍品位为 30%～50%时，溶解在渣中的铜大约有 80%以 Cu_2S 形态存在；瓦纽科夫法生产品位为 45%～60%的铜锍时，发现渣中铜主要以溶解的硫化物与氧化物形式存在，铜锍颗粒的机械夹带损失是小的。铜锍品位接近 80%时，以 Cu_2S 形式溶于渣中的铜只占渣中溶解铜的 40%，主要是含有溶解的 Cu_2O。当温度一定和 SiO_2 饱和时，Cu_2O 的溶解度只是铜锍品位和渣中 FeO 的活度的函数。由于 Cu_2S 溶解造成的铜在渣中的损失，在给定条件下，Cu_2S 的溶解仅和铜锍品位有关。图 1-2-74 为渣中含铜与铜锍品位的关系，图 1-2-75 为铜分配系数与铜锍品位的关系，此二图可用于评价熔炼过程铜的分配和铜的回收。

2. 炉渣成分(Fe/SiO_2)

前人用锂作示踪剂测量炉渣在闪速炉沉淀区的停留时间分布(见图 1-2-61)发现 Fe/SiO_2 对其流动性即粘度影响很大，炉渣流动性影响铜锍粒子在渣中的机械夹杂损失量。中乌拉尔炼铜厂瓦纽科夫炉生产实践[3]指出，生产 45%～60%品位的铜锍时，控制

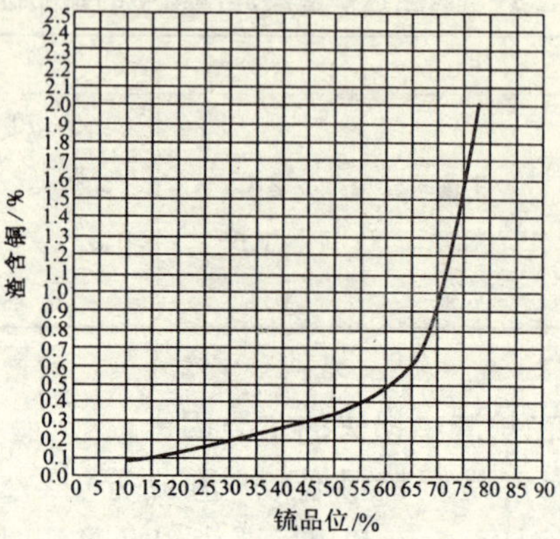

图 1-2-74　渣含铜与铜锍品位的关系[8]

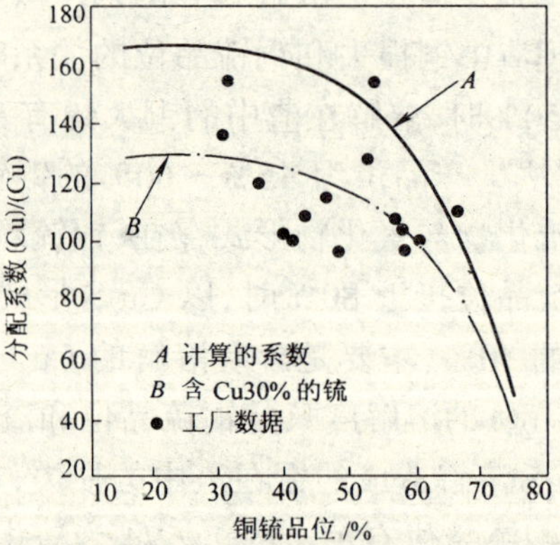

图 1-2-75　铜分配系数与铜锍品位的关系[8]

渣含 SiO_2 为 31%～32% 产出未经贫化的炉渣含铜在 0.5%～0.7%范围内波动，平均为 0.56%，生产过程中的铜锍品位和炉渣组成对渣中铜损失的影响见图 1-2-76 和图 1-2-77。由图 1-2-77 看出，当 SiO_2 含量低于 31%炉渣中铜含量会升高。SiO_2 含量高于 32%时，渣含铜分析数据分散。人们认为是由于酸性炉渣的粘度大,导致在不同熔化温度下,以铜锍粒子形态损失的铜发生波动。

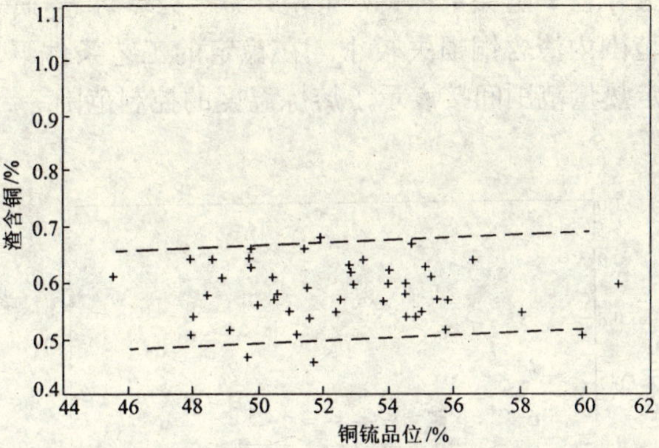

图 1-2-76 铜锍品位与渣含铜的关系

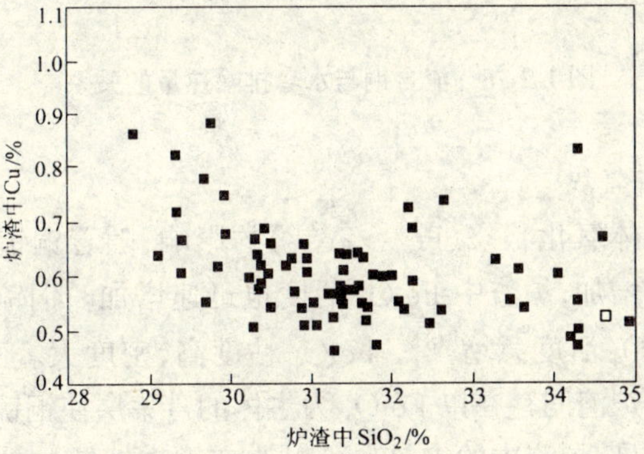

图 1-2-77 渣含 SiO_2% 与渣含铜的关系

3. 熔炼温度

熔炼温度对渣含铜有很大的影响,过热时铜损失应增加;过冷时会使相分离恶化，铜锍粒子的夹杂损失会增加。中乌拉尔炼铜厂未直接测量反应区的熔体温度，但间接根据水套的热损失值来进行控制。图 1-2-78 中渣含铜数据反映了这一关系。渣含铜损失与热损失存在一定关系，渣含 SiO_2 31%～32%时，热损失在 9～10.5MW 范围内渣含铜损失较小。在稳定的工艺条件下，通过冷却水套排走热量范围间接表示了熔炼温度的控制范围。

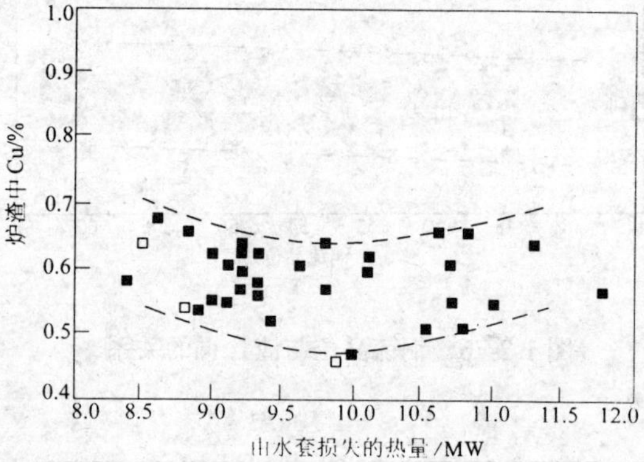

图 1-2-78　渣含铜与水套排除热量的关系

4. 熔渣氧势

炉渣熔体氧化状态（Fe^{3+}/Fe^{2+}）的影响，随着铜锍品位的提高氧势迅速增加，炉渣中 Fe_3O_4 活度也迅速增加。铜锍品位增至 70%后，Fe_3O_4 活度急增[18]。Fe_3O_4 粘度高，密度大。文献 19 报道了铜锍与炉渣间存在以 Fe_3O_4 为主体的富集层使铜锍与炉渣难以分离。可见，炉渣中的 Fe_3O_4 可以改变铜在铜锍与炉渣两相间的分配，渣中含 Fe_3O_4 越多，机械带来损失的铜越多。铜锍吹炼渣含铜较高与炉渣氧势有关，图 1-2-79 便是渣含铜与氧势的关系。文献 20 报道了炉渣中（$CaO+Cu_2O$）/SiO_2 对炉渣氧化状态（指（Fe^{3+}/Fe^{2+}）的影响，发现（$CaO+Cu_2O$）/SiO_2 低于 1.4 时炉渣氧化状态不变，高于 1.4，则氧化状态明显减弱（见图 1-2-26）。一旦炉渣组成超出了图中实线所标出的数值，便会产生“粘渣”。这便是吹炼含铜高达 70%～75% 的铜锍，采用石英熔剂时会出现含 Fe_3O_4 高的粘渣和炉结。而在吹炼温度下，吹炼高品位铜锍，用石灰代替石英可产出易流动的渣，并且渣含铜也会令人满意。

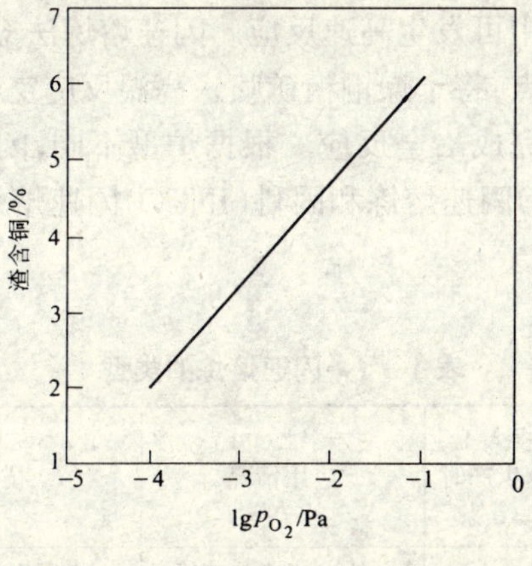

图 1-2-79　渣含铜与氧势的关系[8]

第三章 铜精矿的闪速熔炼

第一节 概 述

一般浮选铜精矿颗粒直径80%小于74μm,有巨大的比表面积,在高温氧化性气流中可发生高速反应。闪速熔炼法充分地利用铜精矿高速反应的特点,将干燥铜精矿喷入高温反应空间,使铜精矿在悬浮状态下迅速完成冶金反应。根据炉型不同,闪速熔炼有奥托昆普(Outokumpu)闪速熔炼和因科(INCO)闪速熔炼两种类型,二者比较见表1-3-1。

表1-3-1 闪速熔炼的类型

类 型	首创公司	投入工业生产时间、冶炼厂	应用情况	技术特点
奥托昆普型	芬兰奥托昆普公司	1949年哈里亚瓦尔塔冶炼厂(Harjavalta)	到1999年上半年已有45座闪速炉购买了许可证,36座熔炼铜精矿,1座用于处理黄铁矿(已关闭),6座用于熔炼镍精矿,2座用于铜锍吹炼(1座在生产),3座闪速炉直接由铜精矿生产粗铜(2座在生产)。目前单炉生产能力已达年产矿产铜30万t以上	1.工艺及设备成熟可靠,自动化程度高 2.烟气SO_2浓度高,有利于回收制酸,硫到硫酸产品的回收率达95.5%以上,能有效地防止冶炼烟气污染大气 3.能充分地利用精矿中铁、硫的反应热,热效率高,能源消耗低 4.可以使用天然气、重油、粉煤、焦粉等多种燃料,送风氧浓度范围大,为21%~95%,铜锍品位可以灵活地调整,可以自热熔炼 5.反应塔寿命达10a,沉淀池一般每年修理一次 6.生产能力大

续表 1-3-1

类　型	首创公司	投入工业生产时间、冶炼厂	应用情况	技术特点
因科型	加拿大国际镍公司	1952 年铜崖冶炼厂（Copper Cliff）	目前仅有 4 座因科炉在生产，处理铜精矿，铜锍品位 50%左右	1.采用氧气鼓风，烟气量小，烟气处理设备小，建设投资低 2.烟气含 $SO_2$70%～80%，可以生产液体 SO_2、元素硫或硫酸 3.过程自热，熔炼的氧气消耗为每吨铜 800～1000m^3 4.炉渣含铜较低，弃去前可以不作处理

第二节　奥托昆普闪速熔炼

奥托昆普闪速炉由反应塔、沉淀池和上升烟道组成。干燥的铜精矿（水分低于 0.3%）、石英熔剂、返料（烟尘、渣精矿等）同富氧（预热）空气一起经过反应塔顶的精矿喷嘴喷入反应塔高温反应空间内（烟气温度达 1350～1450℃），在反应塔中于悬浮状态下完成冶金反应过程；生成的炉渣、铜锍在沉淀池中澄清分离；夹带烟尘的高 SO_2 浓度、高温烟气经上升烟道进入冷却、收尘系统，净化后生产硫酸；含铜 1%～3%的炉渣经电炉贫化后产出弃渣，或者经缓冷后磨浮选矿，产出渣精矿返回闪速炉；铜锍送往吹炼炉吹炼。奥托昆普闪速熔炼典型工艺流程如图 1-3-1 所示。

奥托昆普闪速冶炼厂家见表 1-3-2[1～3,5,6]。

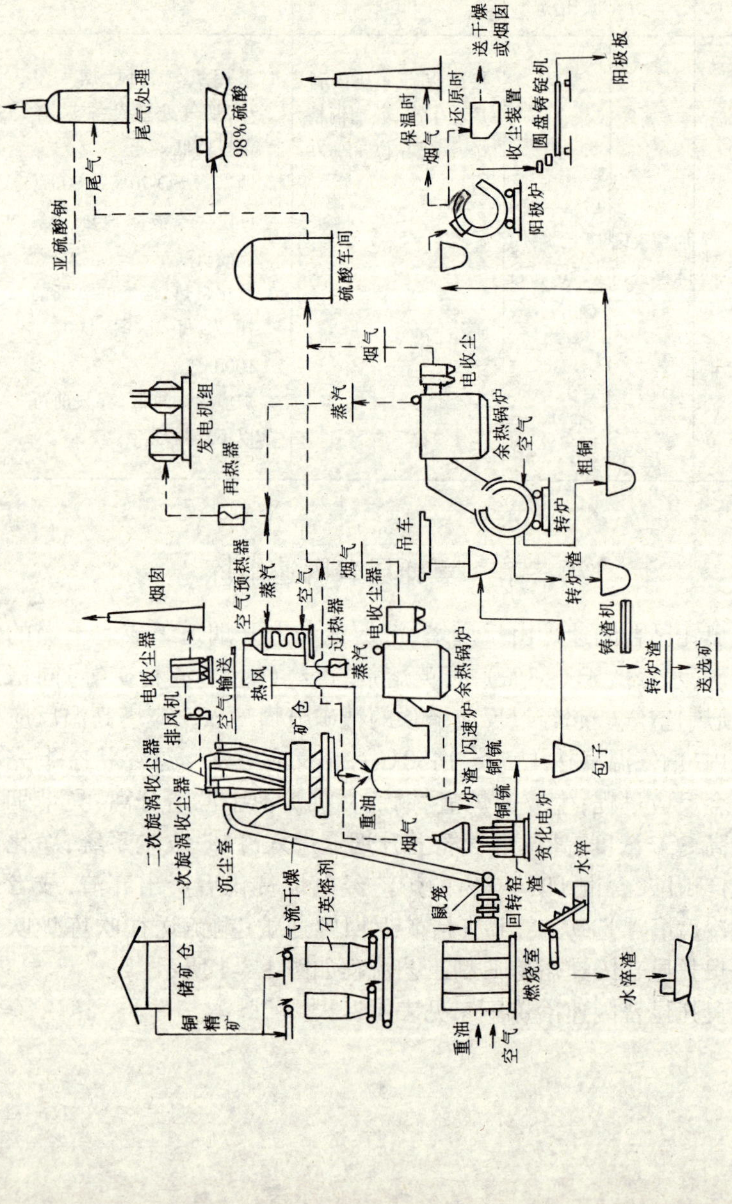

图 1-3-1 奥托昆普闪速熔炼生产流程

表 1-3-2　奥托昆普闪速冶炼厂闪速炉一览表

序号	冶炼厂名称		所属公司	投产年份
1	哈里亚瓦尔塔	Harjavalta	(芬)奥托昆普公司	1949
2	足　尾	Ashio	(日)古河矿业公司	1956
3	哈里亚瓦尔塔	Harjavalta①	(芬)奥托昆普公司	1959
4	科科拉	Kokkola②	(芬)奥托昆普公司	1962
5	巴亚马雷	Baia Mare	(罗)巴亚马雷化学冶金公司	1966
6	小　坂	Kosaka	(日)同和矿业有限公司	1967
7	佐贺关	Saganoseki	日本矿业有限公司 (1996 年 3 月停产)	1970
8	东　予	Toyo	(日)住友金属矿山公司	1971
9	加特西拉	Ghatsila	(印度)欣杜斯坦铜业有限公司	1971
10	芒特·摩根	Mount Morgan	(澳)佩科瓦尔森德金属公司	1972
11	玉　野	Tamano	(日)日比共同熔炼公司	1972
12	汉　堡	Hamburg	(德)北德精炼公司	1972
13	日　立	Hitachi	日本矿业有限公司	1972
14	卡尔古利	Kalgoorlie①	(澳)西部矿业有限公司	1972
15	萨姆松	Samsun	(土)黑海铜公司	1973
16	特南特·克里克	Tennant Creek	(澳)佩科瓦尔森德金属公司	1973
17	佐贺关	Saganoseki	日本矿业有限公司 (1996.3 扩产)	1973
18	勒比希开威	Selebi-Phikwe①	博茨瓦纳巴曼华托矿业 特许有限公司	1973
19	凯特里	Khetri	(印度)欣杜斯坦铜业有限公司	1974
20	韦尔瓦	Huelva	(西)里奥廷托矿业公司	1975
21	希达尔哥	Hidalgo	(美)菲利普道奇公司	1976
22	格沃古夫	Glogow	(波)K.GH 梅季公司	1978
23	卢伊卢	Luilu	(扎)扎伊尔矿业公司	(未建成)

续表 1-3-2

序号	冶炼厂名称		所属公司	投产年份
24	温　山	Onsan	(韩)朝鲜采矿和熔炼公司	1979
25	诺里尔斯克	Norilsk	(俄)诺里尔斯克联合企业	1981
26	诺里尔斯克	Norilsk①	(俄)诺里尔斯克联合企业	1981
27	卡玛卡里	Camacari	(巴西)卡拉伊巴金属公司	1982
28	巴　萨	PASAR	菲律宾熔炼与精炼公司	1983
29	贵　溪	Guixi	(中)江西铜业公司	1985
30	卡里达德	Caridad	墨西哥科伯公司	1986
31	斯列德诺哥里	Srednogorie	(保)MDK. G 达米亚诺夫公司	1987
32	丘基卡马塔	Chuquicamata	智利开发公司	1988
33	圣马纽尔	San Manuel	(美)BHP 铜业公司	1988
34	奥林匹克·达姆	Olympic Dam	(澳)罗克斯比采矿公司 (1999 年 1 月 17 日停产)	1988
35	金　川	Jin Chuan①	(中)金川有色金属公司	1992
36	查格里斯	Chagres	(智)第斯浦他达公司	1995
37	犹　他	Utah	(美)肯尼柯特公司	1995
38	犹　他	Utah③	(美)肯尼柯特公司	1995
39	金隆公司	Jin Long	(中)铜陵有色金属公司和 日本住友公司等	1997
40	比里拉	Birla	(印度)英都-古尔夫有限公司	1998.5.1
41	奥林匹克坝	Olympic Dam	(澳)罗克斯比采矿公司	1999.1.20
42	罗恩斯卡	Ronnskar	(瑞典)波利登矿物 AB 公司	2000
43	埃门埃斯埃福	MSF①	(巴西)MSF 冶金联合企业	1998
44	爱　罗	Ilo	南秘鲁铜业公司	2003
45	爱　罗	Ilo③	南秘鲁铜业公司	2003

①原料为镍精矿；②原料为黄铁矿；③原料为铜锍；其余各厂原料均为铜精矿。

一、奥托昆普闪速熔炼的原料、熔剂、送风制度和辅助燃料

奥托昆普闪速炼铜的主要原料为浮选铜精矿,烟尘、渣精矿、湿法沉淀物等也返回闪速炉处理,以回收其中的铜。

由于富氧的应用,奥托昆普闪速熔炼对铜精矿的适应性大大增强。目前世界闪速炼铜厂处理的铜精矿成分范围如表 1-3-3 所示[7]。

表 1-3-3 闪速炼铜精矿成分范围

项目	最低	平均	最高
Cu/%	12.2	24.7	56.0
S/%	8.5	31.0	40.5
Cu/Fe	0.3	1.2	8.0
铜锍品位/%	45.0	57.0	78.0

几家闪速炼铜厂的典型精矿成分如表 1-3-4 所示。

表 1-3-4 闪速炼铜厂精矿典型成分[1,2,8～12]

冶炼厂	精矿成分/%						
	Cu	Fe	S	SiO_2	As	Pb	Zn
圣马纽尔	28.35	28.46	33.61	5.96			
丘基卡马塔	30	23	34		0.3～1.7		1.3～6.0
斯列德诺哥里	20	29	31	14			
东予	32.34	24.83	30.44	6.59		0.22	0.44
诺里尔斯克	22.5	40.0	34.0				
小坂	21	27	33		0.53	4.3	3.6
温山	29.3	26	32	6	0.1	0.3	1.0
足尾	25.4	27.8	30.4		0.6	1.4	2.6
哈里亚瓦尔塔	23～25	24～29	27～32	6～7		0.2～0.4	1.5～2.5
佐贺关	30	23	28		0.14	0.25	0.6

续表 1-3-4

冶炼厂	精矿成分/%						
	Cu	Fe	S	SiO_2	As	Pb	Zn
汉　堡	26～32	18～28	23～33	6～7	0.1	0.1～0.5	0.5～2
希达尔哥	23	27	37	6		0.1	1.0
卡玛卡里	32.8	30.2	26.3		0.2		0.2
巴　萨	28.6	26.9	30.1		0.09	0.2	0.8
萨姆松	16.7	34.8	39.9	3.5			
贵　冶	21～22	28～29	32～33	6～6.5	0.25	0.4～0.5	0.6～1.2

浮选渣精矿典型成分见表 1-3-5。

表 1-3-5　浮选渣精矿典型成分(%)[1,8]

厂　名	Cu	Fe	S	Pb	Zn	As	SiO_2	备注
贵　冶	36.5	29.6	9.6	1.6	0.9	0.12	11	转炉渣
哈里亚瓦尔塔	35～42	19～25	6～8	0.5～8	1.5～2.0		17～19	闪速炉渣+转炉渣
足　尾	24.7	32.2	4.5	3.0	3.9	0.1	10.5	转炉渣
小　坂	39	22	11					转炉渣
东　予	36.5	26	5.7	1.5	2.1	0.41	12.6	转炉渣
佐贺关	30	30	8			0.35	14.3	转炉渣
玉　野	27	30	7				13	转炉渣
萨姆松	19	39	13	0.2	1.1	0.3	17	闪速炉渣+转炉渣
巴　萨	40	27.8	10.6	0.2	0.2	0.24	11.6	转炉渣
圣马纽尔	33.73	27.11	13.13				14.13	闪速炉渣+转炉渣
凯特里	30	34	15				11	闪速炉渣+转炉渣

闪速炉渣为硅酸铁渣型。为了控制炉渣成分(Fe/SiO_2),配料中一般按一定比例配入石英砂或磨细的石英石,一般要求含$SiO_2$80%以上,含Fe3%以下,As、F等尽可能低。为了在电解精炼厂多回收Au、Ag以提高经济效益,也有冶炼厂(如日本东予冶炼厂)使用含Au、Ag的硅质物料作熔剂。

最初设计的奥托昆普闪速熔炼采用预热空气熔炼,一般分为800℃以上的高温鼓风(如日本佐贺关1000℃的鼓风)、400℃左右的中温鼓风(如贵溪冶炼厂的420℃鼓风)和低温鼓风(200℃以下)。1971年芬兰哈里亚瓦尔塔冶炼厂闪速炉开始采用富氧鼓风,80年代不断完善,富氧浓度逐步提高,越来越多的闪速炉采用常温富氧空气熔炼,富氧浓度高达40%~95%[14,15]。

为维持炉内热平衡,反应塔及沉淀池、上升烟道需燃烧一定的辅助燃料。使用的燃料有重油、天然气、煤、焦炭等。由于干矿装入量、铜锍品位、富氧浓度的提高,越来越多的冶炼厂闪速炉不需任何辅助燃料,实现了自热熔炼。

部分冶炼厂反应塔送风制度及辅助燃料如表1-3-6所示。

表1-3-6 反应塔送风制度和辅助燃料[16~20]

冶炼厂名称	送风温度/℃	送风氧浓度/%	辅助燃料	备注
贵冶	常温	46	重油	1998年前为420℃,32%~33% O_2送风。1998年开始常温送风,下半年开始反应塔完全自热,沉淀池有时烧少量重油
哈里亚瓦尔塔	200~220	45~95	重油	可以自热
东予	450	44	重油、粉煤	
巴萨	200~300	37~48	电、重油	少量的煤
韦尔瓦	常温~200	60		自热

续表 1-3-6

冶炼厂名称	送风温度/℃	送风氧浓度/%	辅助燃料	备注
汉 堡	400	50	天然气	
佐贺关	常温	80～85	焦粉	1996年前为1000℃,25%～30%O_2送风,燃料为焦粉和重油
卡玛卡里	常温	38～42	重油	
玉 野	324	52	焦粉、电极、重油	1987年电极停用,1995年停烧重油,焦粉也很少,可自热
犹 他	常温	75～85	自热	FSF+FCF工艺
圣马纽尔	常温	45～75	天然气	正常时自热运行
查格里斯	常温	60～80	重油	
温 山	200	50	重油	
丘基卡马塔	常温	50	重油	
奥林匹克坝	常温	60～90		2号闪速炉,1999年投产,自热
希达尔哥	200	50	天然气	1998年前为重油
比里拉	常温	60～72	重油	1998年5月1日投料
爱 罗	常温	68.3	重油	将于2003年投产

二、精矿干燥

奥托昆普闪速熔炼要求精矿含水低于0.3%,以保证其在反应塔内迅速完成反应过程。

根据铜精矿的性质和各冶炼厂的不同条件,目前奥托昆普闪速冶炼厂应用的精矿干燥方法有:回转窑干燥法、气流干燥法、喷雾干燥法和蒸汽干燥法。各种干燥方法的工艺流程如图1-3-2、图

1-3-3、图 1-3-4 所示[21]。

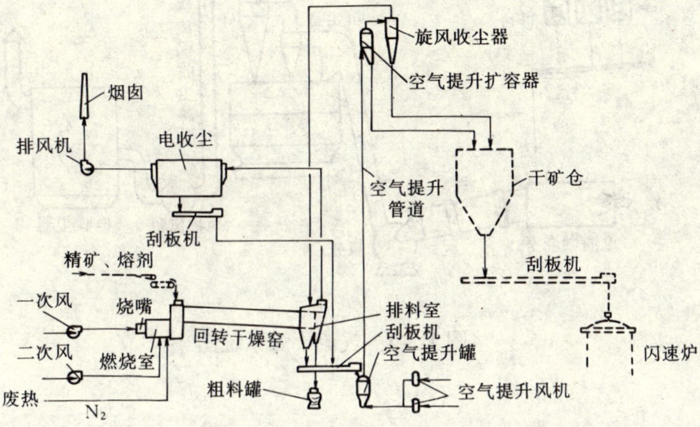

图 1-3-2　回转窑干燥设备流程

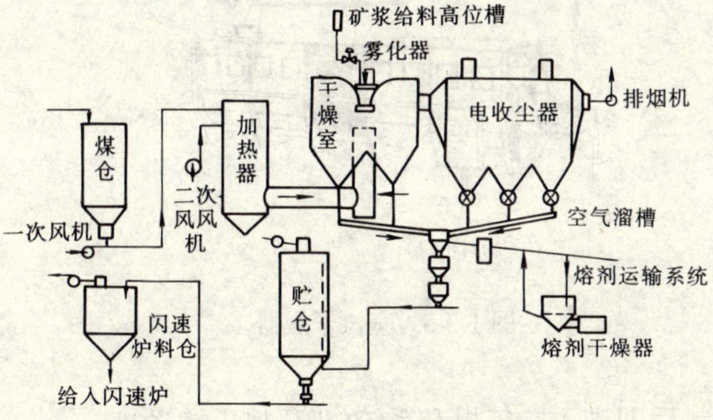

图 1-3-3　喷雾干燥系统图

主要干燥方法比较见表 1-3-7[21,22]。

蒸汽干燥是 1995 年在奥托昆普公司的哈里亚瓦尔塔冶炼厂首先使用的,干燥器如图 1-3-5 所示[22]。干矿由干燥器出来,经筛

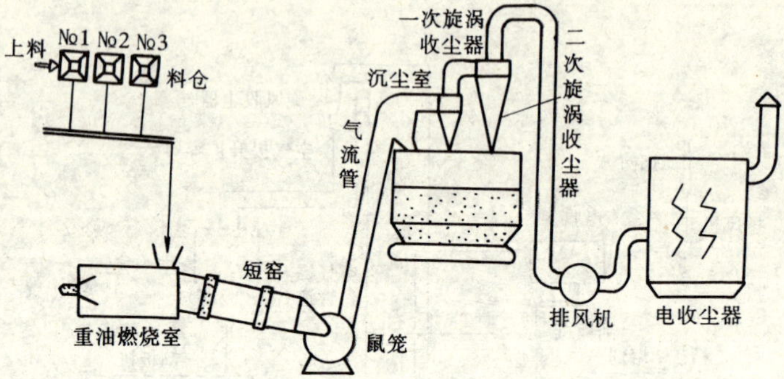

图 1-3-4 气流干燥系统图

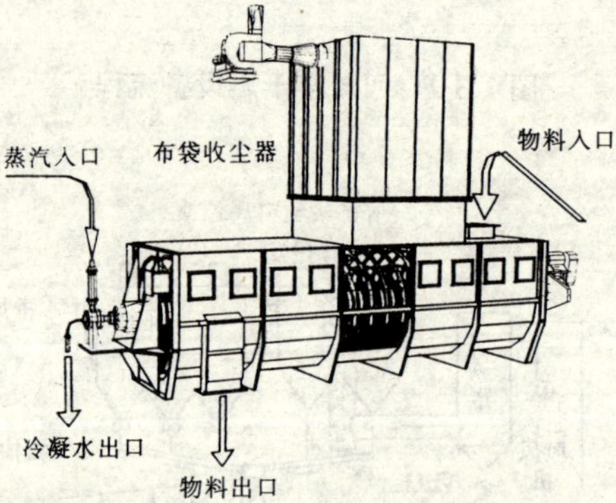

图 1-3-5 蒸汽干燥器

子筛去粗料后即进入空气提升系统(正压风力输送)。

蒸汽干燥器由转子和固定的外壳组成。转子由中心管和绕在其上的一些平行的蛇形管组成。将废热锅炉产出的蒸汽引入蛇管和中心管对精矿进行干燥,无需任何矿物燃料。干燥器上方设一布袋收尘器与其相连,少量的烟气经布袋收尘后直接放空,收下的烟尘直接落入干燥器。由于干燥温度低,不会发生精矿着火。

表 1-3-7　精矿干燥主要方法比较

序号	项　目	气流干燥	回转窑干燥	蒸汽干燥
1	温度控制	由于干燥时间很短，物料分散得好，因而很容易控制	比气流干燥难	自动控制蒸汽流量，容易保持出口温度
2	作业时间	短	几分钟至两小时	
3	受物料水分变化的影响	通过温度调控，很容易调整操作，保证干矿水分	调节操作较困难	通过控制蒸汽量，很容易调整操作保证干矿水分
4	烟气温度	低	高	低
	入口温度	400～650℃	600～1000℃	0.5～2.0MPa 饱和蒸汽，通过蒸汽管与精矿换热
	排烟温度	70～90℃	85～125℃	120～130℃（干矿温度）
5	吨料产生烟气量	大 700～1200m^3	小 300～700m^3	小 100～200m^3
6	精矿着火可能性	小（入口温度高时鼓入 N_2）	大（入口鼓入 N_2）	无
7	吨矿耗重油： 无余热利用 有余热利用	 8～9kg 2～5kg	 8～12kg 2～8kg	0（利用余热锅炉蒸汽）
8	干矿粘结	分散程度很好	可能结团	可能结团
9	吨矿电耗	10～12kW	比气流干燥小，3～5kW	为回转窑干燥法的 40%
10	物料预处理	预干燥，过筛、电磁除铁	可不予干燥，无需过筛	电磁除铁，过筛
11	作业率	高	高	较低
12	湿料水分	＜10%	4%～20%	＜10%

续表 1-3-7

序号	项　目	气流干燥	回转窑干燥	蒸汽干燥
13	干矿水分	<0.3%	0.0%~0.3%	0.1%~0.3%
14	能力范围	$30\sim180t\cdot h^{-1}$	$10\sim200t\cdot h^{-1}$	$50\sim90t\cdot h^{-1}$
15	投资	100%	130%	为回转窑的 70%~80%
16	占地面积	大	小	设备长度仅为回转窑的1/3,收尘简单,占地很小
17	烟气收尘设备	电收尘或布袋收尘	电收尘或布袋收尘	布袋收尘

1995 年后,一些改扩建的冶炼厂(如贵冶、汉堡、韦尔瓦、卡里达德、丘基卡马塔等)及新建冶炼厂(如查格里斯、比里拉等)纷纷采用该技术。

汉堡冶炼厂蒸汽干燥器的技术参数如下[19]:

设备尺寸:　长×宽×高:15.5m×3.3m×3.7m

设备材质:　中心管材质:HII

　　蛇管材质:St35.8/HII/AISI316L

干燥能力:　50t/h(湿料)(蒸汽压力 1.0MPa)

　　60t/h(湿料)(蒸汽压力 1.6MPa)

1t 湿料的蒸汽消耗:　约 180kg

干矿出口温度:　120~130℃

干矿含水:　<0.1%

布袋收尘能力:　$15000m^3/h$

作业率:　约 95%

部分冶炼厂干燥工艺特点如表 1-3-8 所示[1,3,5,11,19,23]。

表 1-3-8 部分冶炼厂精矿干燥工艺及作业参数

冶炼厂名称	干燥方法	干燥器套数	回转窑尺寸 /m($\phi \times L$)	生产能力 /$t \cdot a^{-1}$	脱水量 /$t \cdot h^{-1}$	燃料种类	吨水耗燃料 /$kg \cdot m^{-3}$	入口温度 /℃	烟气量 /$m^3 \cdot h^{-1}$	泥浆浓度/%	用于干燥的烟气	干燥前含水/%	干燥后含水/%
汉　堡	蒸汽干燥	1		50～60$t \cdot h^{-1}$		蒸汽	180（1t 料）						<0.1
哈里亚瓦尔塔	回转窑	1	2.5×24	345000	4～5.5	重油	70～85	800～900			阳极炉烟气	5～10	0.1
足　尾	气流干燥	1	1.3×5	175000	2.4	重油 旧轮胎	63.5 32.7	600	30000				0.2
小　坂	气流干燥	1	2.8×12	236000	6.3	重油	80	700	60000		阳极炉烟气	7	0.2～0.3
佐贺关Ⅰ	气流干燥	1	2.0×11	611000	7.6	重油	11.4	420	84000		阳极炉烟气	7	0.2
东　予	气流干燥	1	2.0×7	499500	4.8	重油	41.2	500	82000		阳极炉及 SH	7～10	0.2
玉　野	气流干燥	1	2.8×8	504700	5.4	重油	29.0	200～400	72000		阳极炉及 SH	7～8	0.2

续表 1-3-8

冶炼厂名称	干燥方法	干燥器套数	回转窑尺寸/m($\phi\times L$)	生产能力/$t\cdot a^{-1}$	脱水量/$t\cdot h^{-1}$	燃料种类	吨水耗燃料/$kg\cdot m^{-3}$	入口温度/℃	烟气量/$m^3\cdot h^{-1}$	泥浆浓度/%	用于干燥的烟气	干燥前含水/%	干燥后含水/%
汉堡	回转窑	1	3.0×30	550000	7.0	天然气	100~120	550~750				7	0.2~0.3
佐贺关Ⅱ	气流干燥	1	1.9×11	134000	8.4	重油	11.1	420	102000		阳极炉	7	0.2
凯特里	回转窑	1	2.8×29	137400	3~3.5	重油	100~110	600~700					
韦尔瓦	回转窑	1	3.0×32	507000	5.2	重油	83	600~650			蒸汽加热炉		
希达尔哥	回转窑	1	3.7×34	740000	8.8	残油	85	650			SH、空气预热器		
格沃古夫	回转窑	1	4.3×49	389000	6.1	天然气	200	700					
卡玛卡里	回转窑	1	3.0×32	286726	2.7	天然气	93.1	600					
温山	回转窑	1	2.5×25	323582	3.7	重油	72.8	650			阳极炉		
巴萨	气流干燥	1	2.2×16	515542	5.8	重油	29	600			阳极炉及SH		
特南特·克里克	喷雾干燥					重油				57500	65~68		<0.2

续表 1-3-8

冶炼厂名称	干燥方法	干燥器套数	回转窑尺寸 /m($\phi\times L$)	生产能力 /$t\cdot a^{-1}$	脱水量 /$t\cdot h^{-1}$	燃料种类	吨水耗燃料 /$kg\cdot m^{-3}$	入口温度 /℃	烟气量 /$m^3\cdot h^{-1}$	泥浆浓度/%	用于干燥的烟气	干燥前含水/%	干燥后含水/%
查格里斯	蒸汽干燥	2			5.2	蒸汽		2MPa					0.1~0.2
比里拉	蒸汽干燥	1		$60t\cdot h^{-1}$		蒸汽	$12t\cdot h^{-1}$	2MPa				8~10	0.2
贵冶	气流干燥	1	1.85×11	$125t\cdot h^{-1}$		重油	20	520	84000		蒸汽过热炉，蒸汽再热炉	8~10	<0.3
金隆公司	气流干燥	1	1.85×12	$70t\cdot h^{-1}$		重油	6.9kg（1t料）	450	84000		电炉	<10	<0.3
诺列尔斯克	喷雾干燥	2		$80t\cdot h^{-1}$台$^{-1}$						1.8~2.0$t\cdot m^{-3}$			
韦尔瓦	蒸汽干燥	2		38~78 $t\cdot h^{-1}$台$^{-1}$		蒸汽		0.45~1.9MPa蒸汽					0.15~0.25

三、奥托昆普闪速熔炼的精矿喷嘴

精矿和(富氧)空气通过精矿喷嘴进入反应塔的反应空间,并由喷嘴分散,使其均衡地完成冶金反应。精矿喷嘴的性能直接影响熔炼指标(烟尘率、温度、渣含 Fe_3O_4、Cu 等)和炉寿命,甚至决定熔炼过程是否能顺利进行,因而它是奥托昆普闪速熔炼最关键的工艺设备。

按工作原理不同,精矿喷嘴有两类:文丘里型和中央喷射扩散型(CJD 型)。文丘里喷嘴适合于低氧浓富氧预热空气熔炼,而 CJD 喷嘴则适合于高氧浓富氧空气熔炼,两种喷嘴比较见表 1-3-9。

80 年代以前应用的主要是文丘里喷嘴。有代表性的文丘里喷嘴的结构如图 1-3-6[8]、图 1-3-7[25]、图 1-3-8 所示[26]。

贵冶喷嘴上部为热风箱,其外壳为普通钢,内衬 30mm 石棉板和 80mm 不定形保温材料,下部为耐热合金钢制的喉口部。喷嘴中央是下料管,其中有重油烧嘴。反应塔顶设 4 个这样的喷嘴。

佐贺关冶炼厂原为高温(1000℃)鼓风,喷嘴结构较为复杂。热风箱内衬一层石棉板和两层耐火泥。为防止精矿在喷嘴内烧结,喷嘴采用水冷结构。

巴亚马雷的精矿喷嘴由两根天然气管、一个精矿溜槽、一个热风室及文丘里喷嘴组成。精矿溜槽可上下移动 100~200mm。

中央喷射扩散型精矿喷嘴是 70 年代后期开始研究应用的,经不断改进,已成为标准化设计的一部分。有代表性的喷嘴结构如图 1-3-9(格沃古夫厂)[71]、图 1-3-10(巴萨厂)[18]、图 1-3-11(金隆公司)、图 1-3-12(玉野厂)[27]、图 1-3-13(卡玛卡里厂)[28]、图 1-3-14(汉堡厂)[29]所示。

格沃古夫厂应用的是最早的 CJD 型喷嘴,该喷嘴设有水平方向喷出的分布风,但无中央氧枪,无风速调节装置。

巴萨厂的 CJD 喷嘴是 1992 年安装的,压缩空气(分布空气)从分散锥下部水平方向喷出打散精矿,在分布空气管中央有中央

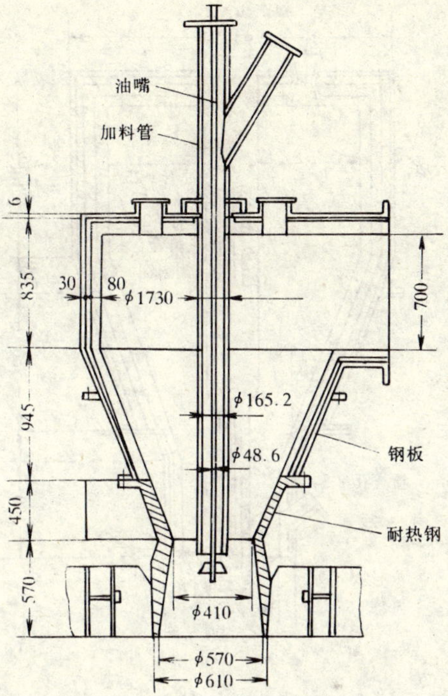

图 1-3-6　贵冶文丘里精矿喷嘴结构

氧管，通工业氧以改善精矿的反应。该喷嘴无风速调节装置，仅一个工艺风通道，通过调节富氧空气量调节出口速度。

金隆公司的精矿喷嘴工艺风有内环和外环 2 个通道，根据工艺风量可以自动或手动选择使用三种通道，即内环、外环、内环 + 外环，保证工艺风出口速度为 80～120m/s。精矿下料管为水套结构。

玉野冶炼厂 1994 年安装的 CJD 喷嘴与金隆公司喷嘴结构相同，但该厂进行了改进，如图 1-3-12 所示。该厂将内环去掉，在外环内壁安装一块固定的衬板，并安装三圈上下移动式的滑块，以调

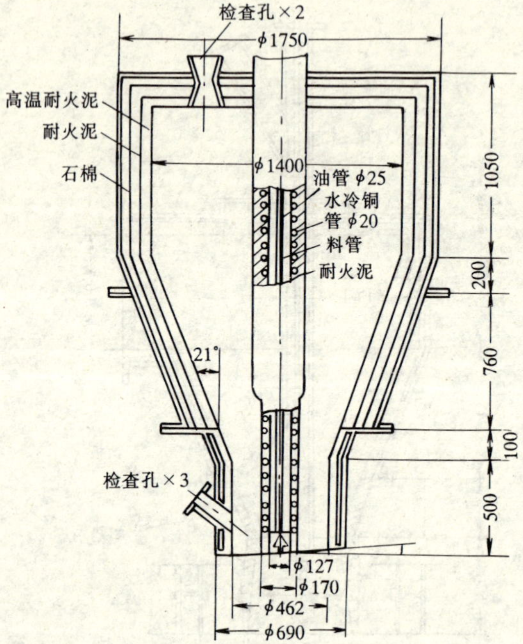

图 1-3-7　佐贺关文丘里精矿喷嘴结构

节工艺风速。这样可以选择 6 级工艺风通道操作，可以根据风量和风温控制风速。

汉堡冶炼厂 1994 年将原 4 个文丘里喷嘴改为单个 CJD 喷嘴，其结构与金隆公司精矿喷嘴类似。但在 1998 年对结构进行了改进，如图 1-3-14 所示。在工艺风出口设置一个特殊形状的滑锥，通过改变出口截面使风速能在约 50～150m/s 的范围内调节。为防止喷嘴出口的粘结，该喷嘴在反应塔顶中的部分为铜水冷件，分散锥底通水冷却。

韦尔瓦冶炼厂 1985 年应用 CJD 喷嘴，1992 年开始开发工艺风速控制系统，1995 年同奥托昆普公司一起申请了该项目专利。

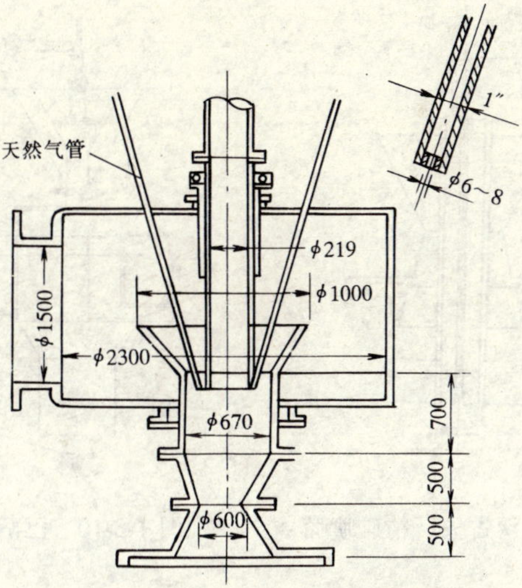

图 1-3-8 巴亚马雷文丘里精矿喷嘴结构

该控制系统能够在线调节工艺风速，即根据风速设定值由喷嘴自动将风速控制在设定值上。应用该系统后，即使作业条件发生变化，烟尘、炉渣含 Fe_3O_4、Cu、铜锍品位、温度、炉子粘结、炉衬腐蚀等均令人满意，作业稳定。为避免喷嘴下部的粘结，在喷嘴下部和速度控制装置上增设了水冷装置，并取消了分布器振打装置[30,31]。

巴西的卡玛卡里冶炼厂 1988 年开始使用 CJD 喷嘴，但该喷嘴工艺风速不可调，而且无中央氧。1998 年 4 月更换的奥托昆普挡板变速型 CJD 喷嘴，其结构如图 1-3-13 所示，调速板片装置结构如图 1-3-13(*b*)，该喷嘴的特点是：(1)工艺风速可调；(2)设有中央氧枪；(3)干矿装入量 $110t \cdot h^{-1}$；(4)中央氧枪中有天然气烧嘴。为避免粘结，采取的措施是：(1)对调速板片基座增设水冷系统；(2)喷嘴周围增设环形铜水套；(3)分布器设水冷装置；(4)取消分布器振打。

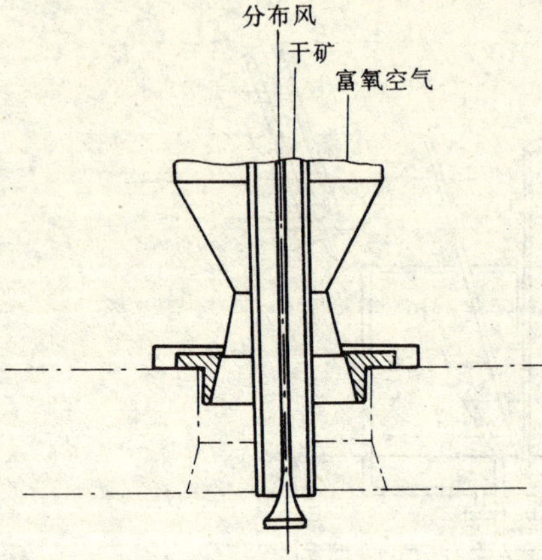

图 1-3-9　格沃古夫厂精矿喷嘴

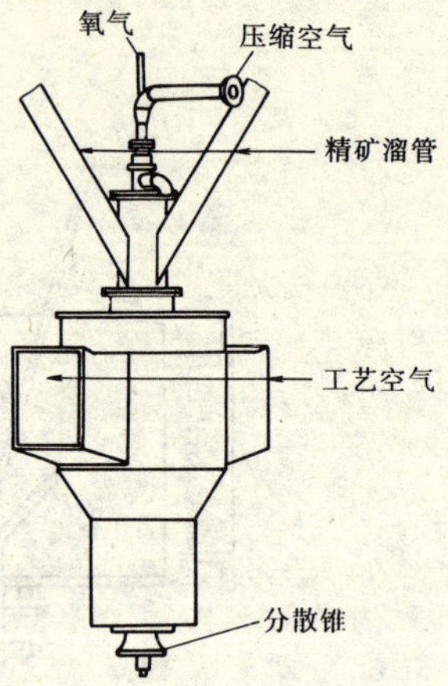

图 1-3-10　巴萨厂精矿喷嘴

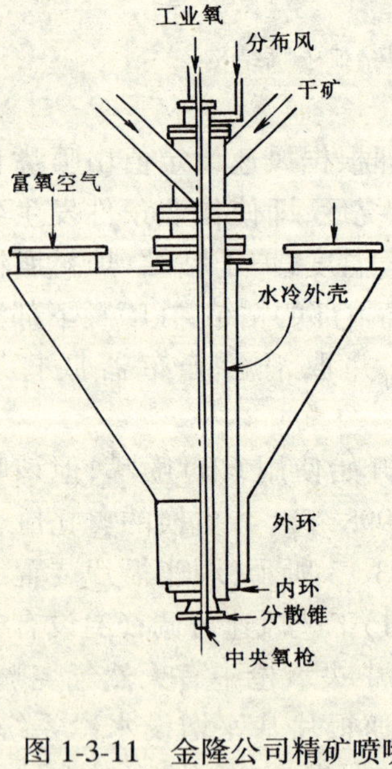

图 1-3-11　金隆公司精矿喷嘴

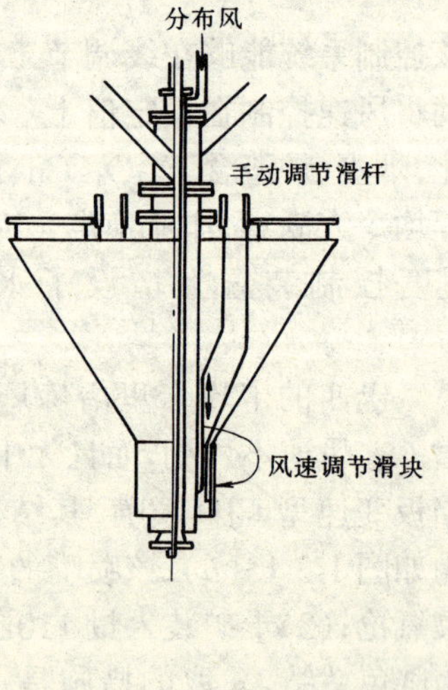

图 1-3-12　玉野厂精矿喷嘴

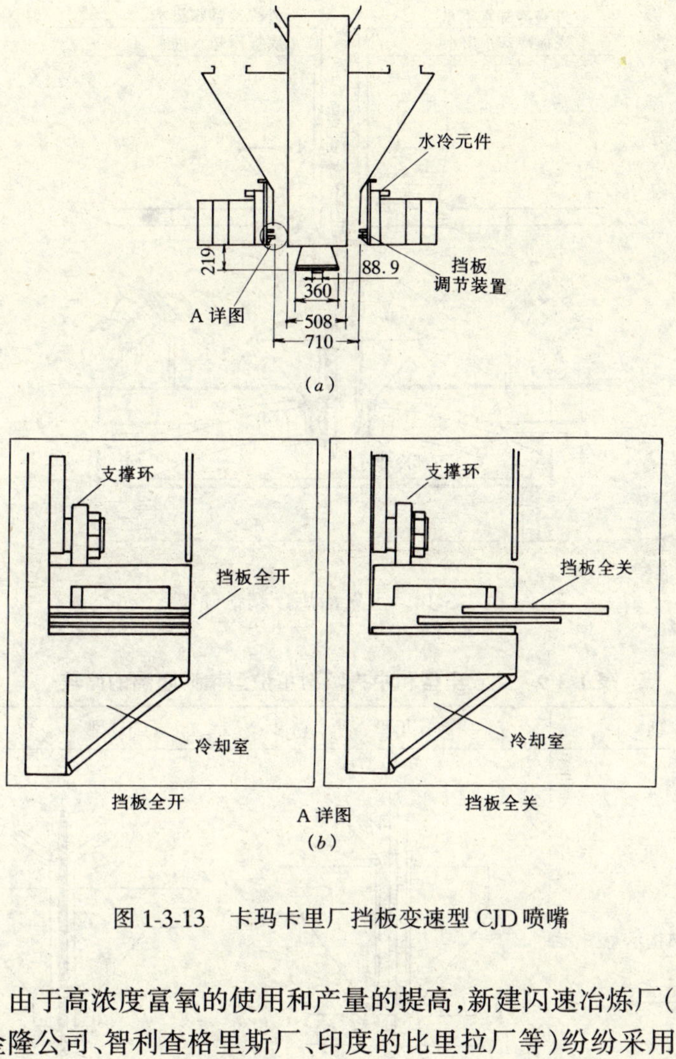

图 1-3-13　卡玛卡里厂挡板变速型 CJD 喷嘴

由于高浓度富氧的使用和产量的提高，新建闪速冶炼厂（如我国金隆公司、智利查格里斯厂、印度的比里拉厂等）纷纷采用 CJD 精矿喷嘴，而一些主要闪速冶炼厂（如玉野厂、佐贺关厂、贵冶厂、巴萨厂等）为扩大能力，也纷纷采用 CJD 喷嘴取代文丘里喷嘴。CJD 型精矿喷嘴的使用情况如表 1-3-10 所示。

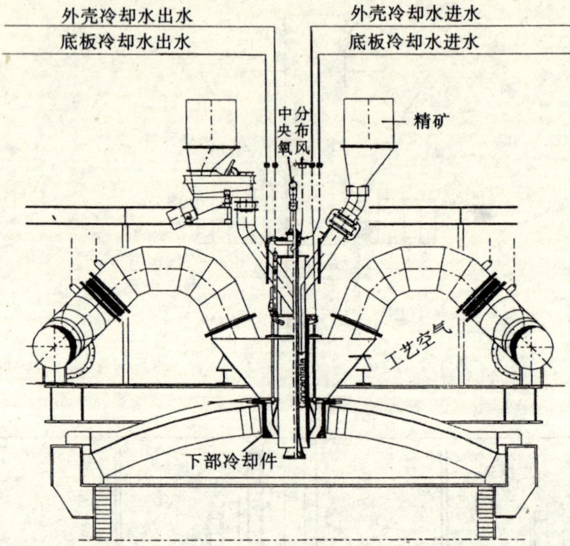

图 1-3-14　汉堡冶炼厂精矿喷嘴

表 1-3-9　文丘里型和中央喷射扩散型精矿喷嘴的比较

项　目	文丘里型	CJD 型
结构示意图	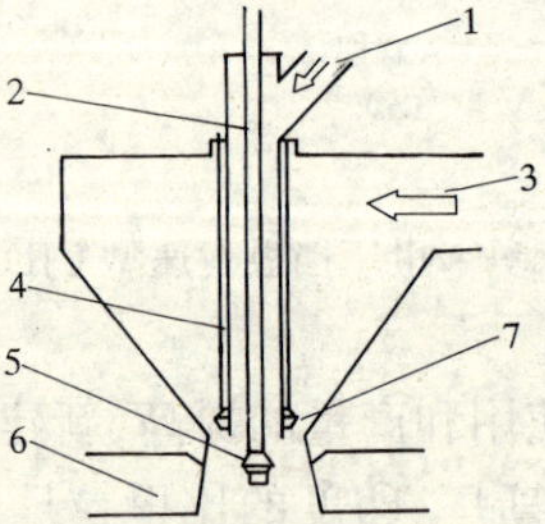 (*a*)文丘里型	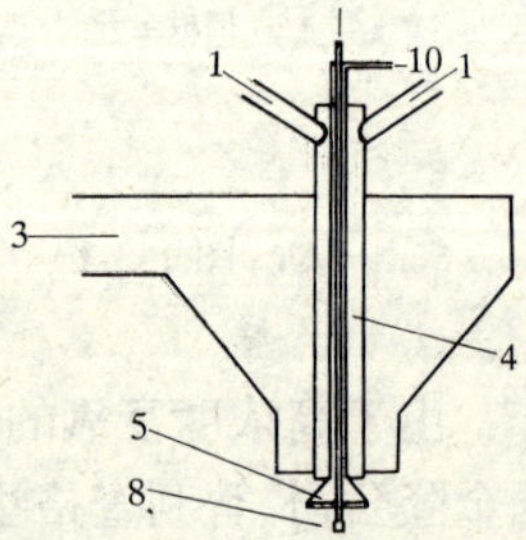 (*b*)CJD 型
	1—干矿;2—油枪;3—工艺(富氧)空气;4—精矿溜管;5—分散锥;6—喷嘴锥;7—调风锥;8—中央氧枪;9—工业氧;10—压缩空气	

续表 1-3-9

项　目	文丘里型	CJD 型
喷嘴个数	3～4	一般设 1 个，最初设 4 个
油烧嘴个数	3～4	2～4
油烧嘴的设置	安装在喷嘴内	与喷嘴分开，也可安装在喷嘴内
精矿分散原理	1. 出口的高速气流； 2. 分散锥	1. 出口的高速气流； 2. 分散锥； 3. 径向分布空气
轴向气流速度	$120m \cdot s^{-1}$以上，最高达 $250m \cdot s^{-1}$	$80 \sim 120m \cdot s^{-1}$
径向气流速度	-	$120 \sim 180m \cdot s^{-1}$
干矿处理能力	$<20t \cdot h^{-1} \cdot$只$^{-1}$	$\sim 200t \cdot h^{-1} \cdot$只$^{-1}$
工艺空气富氧浓度	<45%	～95%
对炉衬的作用	炉衬易被侵蚀，局部易损坏	对炉衬作用小
装料控制	难	易

表 1-3-10　中央喷射扩散型精矿喷嘴应用情况

冶炼厂	投产年.月	开始使用年.月	精矿处理能力$/t \cdot h^{-1}$	送风氧浓度/%	送风温度/℃	反应塔内径/m	备　注
查格里斯	1995.1	1995.1	56 （设计能力）	60～80	常温	3.7	
比里拉	1998.5	1998.5	57 （设计能力）	63～69	常温	3.6	
金隆公司	1997.4	1997.4	72 （设计能力）	56.3	常温	5	

续表 1-3-10

冶炼厂	投产年.月	开始使用年.月	精矿处理能力/$t\cdot h^{-1}$	送风氧浓度/%	送风温度/℃	反应塔内径/m	备　注
韦尔瓦	1975	1985	180（设计能力）	60～65	400	6.5	1995年开发应用工艺风速调节装置
贵冶	1985	1998	160（设计能力）	44～47.5	常温	6.8	1998年扩产改造
汉堡	1972	1994	90（实际能力）	<50	400	6	1998年在工艺风出口设风速调节装置，风速50～150$m\cdot s^{-1}$
佐贺关	1970	1996	160（设计能力）	72	常温	6.2	原为3个文丘里喷嘴，1996年3月1号闪速炉停产，2号闪速炉改造后保持原2台闪速炉的产量
卡玛卡里	1982	1988	110（实际能力）	38～42	常温	6	1998年4月改为变速CJD喷嘴
玉野	1972	1994	90（实际能力）	52	324	6	增设了风速调节装置，取消了内环
犹他	1995.6	1995.6	139（设计能力）	70	常温	7	闪速熔炼炉

续表 1-3-10

冶炼厂	投产年.月	开始使用年.月	精矿处理能力/t·h^{-1}	送风氧浓度/%	送风温度/℃	反应塔内径/m	备注
巴萨	1983	1993	90(实际能力)	48	200～300	6.5	1993年扩产改造
圣马纽尔	1988.7	1988.7	163.4(实际能力)	45～75	常温	5.97	
温山	1979.11	1979.11	60～70(实际能力)	50	200	4.0	
哈里亚瓦尔塔	1949	1976	1300t·d^{-1}(实际能力)	50～80	200	4.2	
希达尔哥	1976	1984	1900t·d^{-1}(实际能力)	50	200	7.9	设有四个CJD喷嘴
凯特里	1974.11	1987	700t·d^{-1}(实际能力)	23～26	350	5.5	
奥林匹克·达姆	1988.7	1988.7	22(实际能力)	70	常温	2.5	1999年1月17日停产
丘基卡马塔	1988.8	1988.8	2150t·d^{-1}(实际能力)	50	常温	6	1994年改造，增设风速调节装置
爱罗	2003(预计)	2003(预计)	158(设计能力)	68.3	常温	6.6	闪速熔炼炉
奥林匹克·达姆	1999.1	1999.1	70(设计能力)	60～90	常温	4.89	
格沃古夫	1978	1978	80～90	70～85	常温	7.5	设有4个喷嘴

在世界闪速冶炼厂纷纷以CJD喷嘴取代文丘里喷嘴的同时，日本东予冶炼厂根据其“两粒子”模型研制了改进型文丘里喷嘴，其结构如图1-3-15所示。

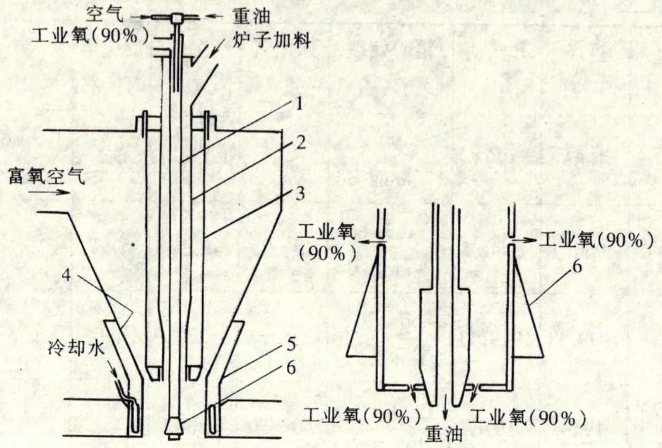

图 1-3-15　东予文丘里型精矿喷嘴结构示意图

1—氧油喷嘴;2—精矿溜槽;3—速度调节器;4—内侧喷射孔;
5—水套外侧喷射孔;6—分散锥

这种喷嘴也适合于中高浓度富氧空气熔炼,单个喷嘴精矿处理能力可达 2000t/d。通过调风锥使工艺空气出口速度达 200～250m/s。这种喷嘴突出特点是对反应塔的侵蚀很小,烟尘发生率可降至 5%以下。

四、奥托昆普闪速炉的炉体结构

奥托昆普闪速炉由反应塔、沉淀池和上升烟道三部分组成,内衬耐火材料。最初的闪速炉耐火材料没有冷却装置,其寿命仅 8 周左右。随着水冷的应用,闪速炉炉期已达 10a 左右。

1. 闪速炉的外形结构尺寸

几种典型的奥托昆普闪速炉的外形结构如图 1-3-16～图 1-3-19 所示[8,33]。

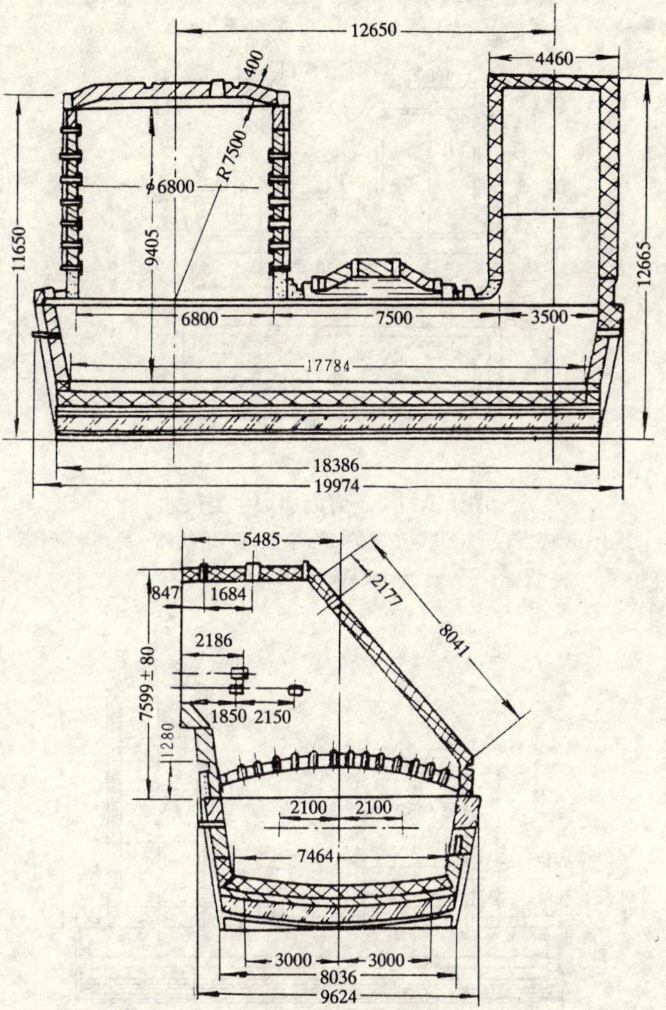

图 1-3-16　贵溪冶炼厂闪速炉主要尺寸

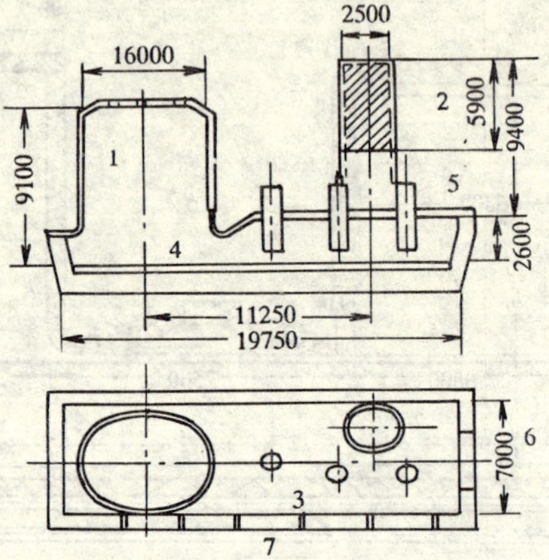

图 1-3-17 玉野闪速炉主要尺寸

1—反应塔;2—上升烟道锅炉;3—电极;4—熔池;5—冷却水套;6—渣口;7—铜锍口

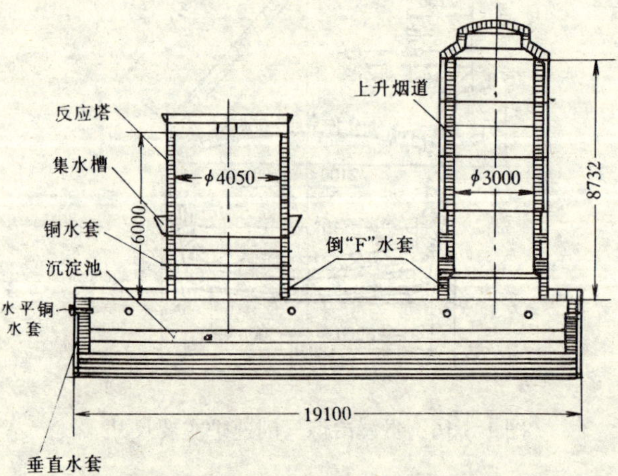

图 1-3-18 巴亚马雷厂闪速炉主要尺寸

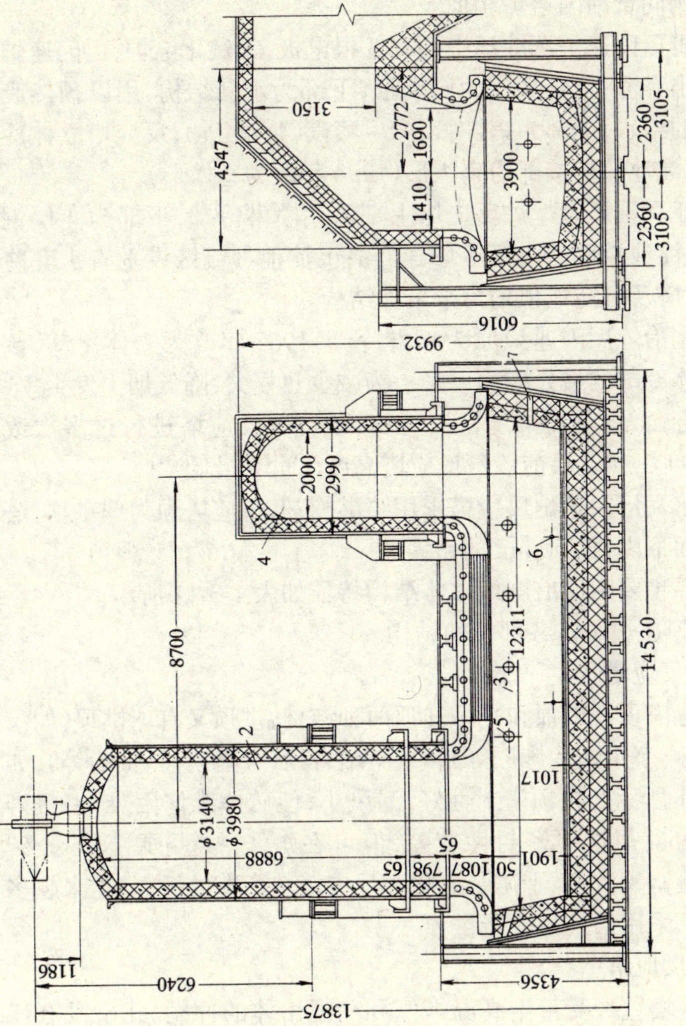

图 1-3-19　足尾冶炼厂闪速炉主要尺寸

1—精矿喷嘴;2—反应塔;3—沉淀池;4—直升烟道;5—烧油孔;6—锍口;7—渣口

贵冶闪速炉的主要结构特点：反应塔顶为平斜结合拱顶，沉淀池为吊挂拱顶，上升烟道为吊挂顶，由平顶和斜顶组成；反应塔壁立体冷却，反应塔与沉淀池的连接部为直筒形。我国金隆公司闪速炉结构同贵冶闪速炉相似。

玉野厂闪速炉沉淀池中插有3根电极，无贫化电炉，由闪速炉直接产出弃渣；上升烟道为圆筒形，下部为水套结构，用以预热废热锅炉的给水，上部为锅炉管，产生蒸汽(4.7MPa)；反应塔立体冷却，与沉淀池的连接部为喇叭形(1994年改为直筒形)。

巴亚马雷厂闪速炉反应塔上部采用喷淋冷却，下部为4层铜水套；沉淀池端墙远离反应塔3.2m；沉淀池气流区设垂直水套冷却；反应塔及沉淀池顶均为平吊挂结构。

足尾冶炼厂闪速炉原为喷淋冷却，1965年改为立体冷却，该厂是立体冷却的最先应用厂家。为减少热损失，降低烟尘发生率，延长炉寿命，适应高浓度富氧熔炼，该厂对反应塔进行过多次改进，见图1-3-20。目前该厂反应塔高度为世界最低[34]。

韦尔瓦厂闪速炉反应塔采用喷淋冷却，反应塔顶为球拱顶，塔壁从上而下内衬250mm的铬镁砖。

世界主要闪速冶炼厂炉体结构特征如表1-3-11所示。

2．闪速炉炉体各部位的结构

(1)反应塔顶

反应塔顶有拱顶和平吊挂顶两种结构，拱顶又有球拱顶(如汉堡冶炼厂、韦尔瓦冶炼厂等)和平斜结合顶(金隆公司、贵冶等)，如表1-3-11所示。拱顶密封性好，漏风小，但砖体维修困难，一般寿命为3～5a；吊挂顶密封性较差，但可在炉子热态下更换部分砖体。随着富氧浓度、干矿装入量和反应塔热负荷的提高，越来越多的冶炼厂采用吊挂顶改造拱顶。

(2)反应塔壁

反应塔壁经受带尘高温烟气和高温熔体的冲刷，几乎没有任何耐火材料能够承受反应塔内的苛刻条件。为提高炉寿命，各冶炼厂不断地改进反应塔的结构，使用优质耐火材料，并采用水冷却

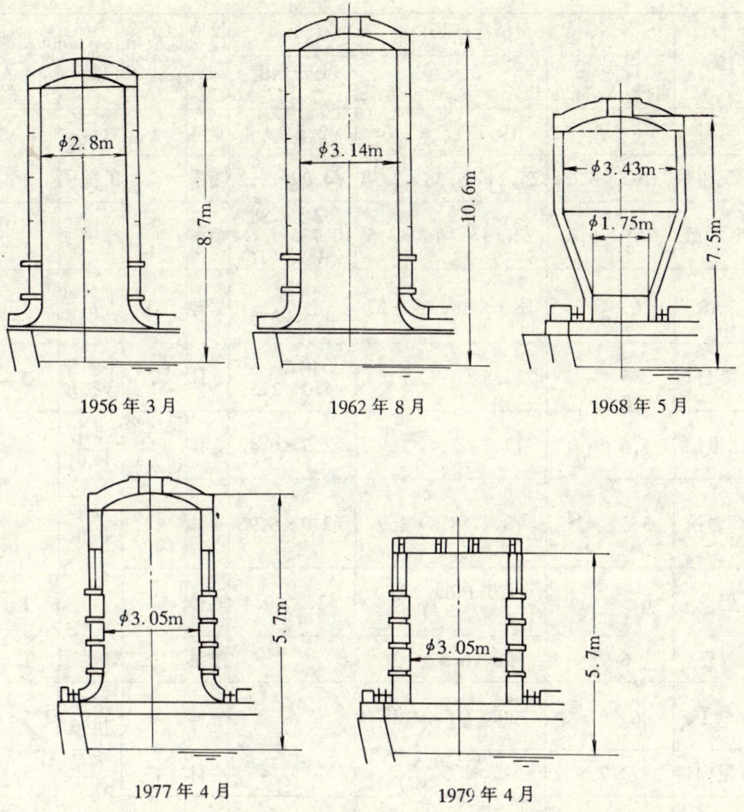

图 1-3-20 足尾冶炼厂闪速炉反应塔结构和尺寸的变化

系统，冷却强度不断提高，形成各自不同的反应塔结构特征。

反应塔冷却装置有喷淋冷却和立体冷却两种，示意如图 1-3-21。

喷淋冷却结构简单，它通过外壁淋水冷却和内侧挂磁铁渣，使炉衬得到保护而不被继续腐蚀。这种结构便于反应塔检修，炉寿命可达 8a 左右。但是，干矿装入量和富氧浓度提高后，喷淋冷却方式冷却强度不够，通过反应塔壁的热损失大，操作费用高[12,43,42]。

表 1-3-11　主要闪速冶炼厂炉体结

冶炼厂	炉体结构尺寸			反应塔冷却方式	反应塔水平水套层数	反应塔顶结构	沉淀池水平水套层数
	反应塔直径/m×高/m	沉淀池长/m×宽/m×高/m	上升烟道/m				
玉野	6×9.1	19.75×7×2.6	ϕ2.5×9.4	立体	5	斜平拱顶	1
圣玛纽尔	5.97×6.68	25.24×8.36×3.38	ϕ4.07×9.2	喷淋		吊挂顶	
韦尔瓦	6.5×6.8	22.13×7.62×3.5	7.62×4.88×10.735(*L*)×(*W*)×(*H*)	喷淋		球拱顶	
贵冶	6.8×7	18.65×8.3×2.37	出口：4.5×3.5	立体	11	平斜结合拱顶	2
金隆公司	5×7	22.35×6.7×2.24	出口：4.0×2.5	立体	7	平斜结合拱顶	2
比里拉	3.6×6.0	17.7×5.4×1.9	ϕ2.7×6.42	立体	反应塔144块水套	平吊挂顶	
萨姆松	5.5×7.5	18.4×8.0×1.7	ϕ2.0×8.96	立体		斜平拱顶	2
巴萨	6.5×9.1	20.146×2.6(*L*)×(*H*)	ϕ2.5×9.4	立体	7		1
汉堡	6×8	20×6.5×3.0		喷淋		球拱顶	1
东予	6×6.6	20×7.5×2.28		立体	9	平斜拱顶	1
肯尼柯特	7×7.5	25×9.5(*L*)×(*W*)		立体	13	平吊挂顶	
温山	4.0×6.0	20.1×4.8×2.1	ϕ3.5×8.3	立体	12	球拱顶	
哈里亚瓦尔塔	4.2×8.0	18.4×5.1×1.71		喷淋			
巴亚马雷	4.05×6.0	17.9×5.88×1.852	ϕ3.0×8.732	喷淋	4	平吊顶	
卡玛卡里				立体	12	平吊挂顶	
奥林匹克·达姆	4.89×5.8	19.872×6.3×1.9		立体	14	平吊挂顶	
佐贺关	6.2×5.9	20.1×6.8×2.4		立体	7	拱顶	2
希达尔哥	8.23×11.59	25.31×10.37×6.71(外尺寸)		喷淋		平吊挂顶	
格沃古夫				喷淋		平吊挂顶	

构特征[2,5,12,17,20,27,29,33,35~46]

沉淀池熔体区冷却	沉淀池顶冷却	沉淀池顶结构	铜口数	渣口数	连接部结构		备 注
					沉淀池与反应塔	沉淀池与上升烟道	
			6	2	垂直水套(24块)+H梁	矩形铜水套	上升烟道上部为锅炉结构,下部为水套结构
		吊挂顶	8	4	“T”形水套	“I”形和“L”形水套	1994年前连接部均为“I”形和“L”形水套
倾斜水套	H形梁	吊挂拱顶	6	4	“L”形水套		
倾斜水套	H形梁	吊挂拱顶	3	2	倒“F”形铜水套	不定形捣打料中预埋水冷铜管	上升烟道为矩形截面由斜顶和平顶组成
倾斜水套	H形梁	吊挂拱顶	4	2	不定形捣打料中预埋水冷铜管,H梁	不定形捣打料中预埋水冷铜管	上升烟道为矩形截面斜顶和平顶组成
	水套	平吊挂顶			倒F形水套		沉淀池145块水套,上升烟道36块水套
铜水套	H形梁	平吊挂顶			不定形捣打料中预埋水冷铜管,H梁	不定形捣打料中预埋水冷铜管	1990年前反应塔为喷淋冷却;上升烟道由水平段和垂直段组成,为水套结构
垂直水套	H形梁				不定形捣打料中预埋水冷铜管,H梁		上升烟道为水套结构反应塔与沉淀池的连接部为喇叭形
垂直水套			4	2	“I”形和“L”形水套		反应塔上部喷淋,下部为48块水套
倾斜水套	H形梁	吊挂拱顶	3	2		不定形捣打料中预埋水冷铜管	
垂直水套	垂直铜水套	平吊挂顶	4	6			
倾斜水套	垂直铜水套+空气	拱吊挂顶	4	4	倒“F”形铜水套		1996年前为喷淋冷却,反应塔与沉淀池连接部为“I”形和“L”形水套
		平吊顶	2	2			反应塔下部为水套
垂直水套		平吊顶			倒“F”形水套	倒“F”形水套	反应塔下部为水套
							1994年前为喷淋冷却
		平吊顶	8	2	倒“F”形铜水套	倒“F”形铜水套	1999年元月20日投产
倾斜水套	H形梁	拱吊挂顶	5	3			2号闪速炉1996年3月改造
		平吊挂顶	5	5			上升烟道为喷淋冷却
金属陶瓷水套	金属陶瓷水套				36块铜金属陶瓷水套		1996年前反应塔为拱顶

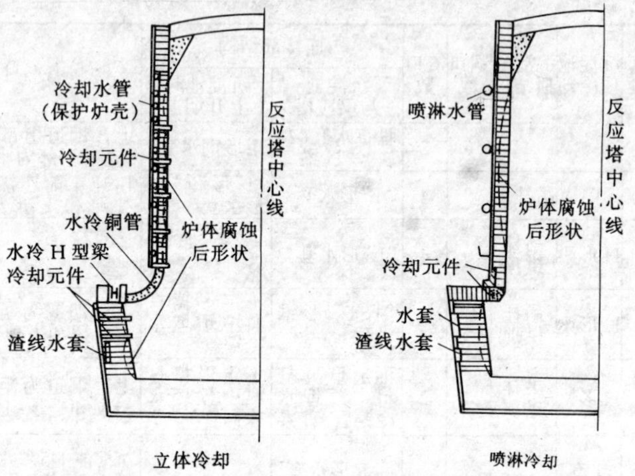

图 1-3-21 闪速炉炉体的立体冷却与喷淋冷却

立体冷却系统由铜水套和水冷铜管组成。反应塔壁被铜水套分成若干段，水套之间砌砖，在砖外侧安装有水冷铜管，形成对耐火材料的三面冷却。这种结构冷却强度大，能适应富氧浓度、熔炼能力和热负荷提高后对反应塔冷却的要求，而且热损失小，操作费用低（反应塔燃油量降低），炉寿命长（可达 10a 左右）。

图 1-3-22、图 1-3-23 和图 1-3-24 为喷淋冷却反应塔结构示意图[29,45,48]。

格沃古夫厂闪速炉反应塔钢壳内无砌砖，钢壳内侧仅由一层 5cm 厚的特殊陶瓷混合物保护，钢壳外壁喷水冷却。钢壳内表面还有一层氧化锆基涂层保护，避免铜渗透，并使之适应于高温操作条件。反应塔下部于沉淀池连接处有 36 块铜金属陶瓷水套，在反应塔外壳上安装有测温装置和水流量检测装置。

汉堡厂闪速炉反应塔下部安装有 48 块铜水套，中部钢壳内侧焊有筋爪，用不定形捣打料捣打，上部砌砖。

希达尔哥厂闪速炉反应塔上部喷淋冷却，下部有 5 层铜水套；反应塔内壁焊抓钉，喷涂厚度仅 125mm 的镁铬质耐火料作为内

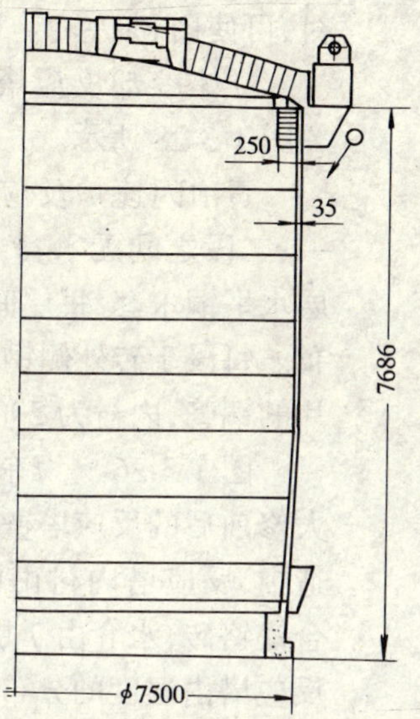

图 1-3-22 格沃古夫闪速炉喷淋冷却结构

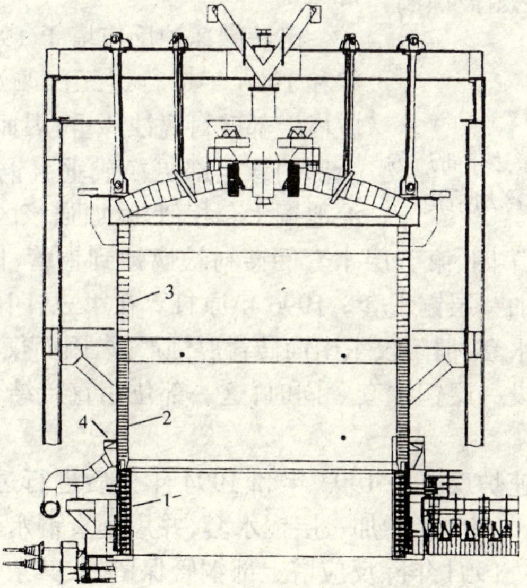

图 1-3-23 汉堡厂闪速炉喷淋冷却结构

1—铜水套;2—不定形捣打料;3—耐火砖;4—集水槽

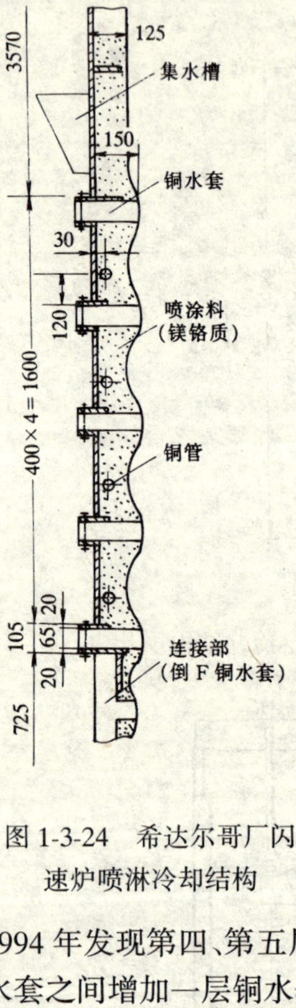

图 1-3-24　希达尔哥厂闪速炉喷淋冷却结构

衬,可使用 8a 左右。

立体冷却反应塔结构如图 1-3-25、~图 1-3-28 所示。

贵冶闪速炉反应塔壁分为 7 段,第一、二段之间无水套,第二段以下共有 6 层水平铜水套,每层间距 775mm 均匀分布。每段于砖外侧钢壳之内有 2 圈带翅片的铜管,内衬为 290mm 的电铸砖。

图 1-3-26　为东予冶炼厂 1990 年大修前后的反应塔壁冷却结构。这次改造中,反应塔内衬由电铸砖改为半再结合镁铬砖,水套由 7 层增加至 9 层;根据反应塔内温度的分布和塔壁腐蚀状况重新布置水套,水套间距不等,上疏下密[17]。

巴萨闪速炉反应塔于 1992 年、1994 年和 1996 年进行过三次改造。由于反应塔上部砖衬腐蚀严重,因而 1992 年将上部铜管全部更换成垂直铜水套(与沉淀池铜水套相似)以加强该区域的冷却。1994 年发现第四、第五层水套间砖衬被腐蚀到铜管,因而在两层水套之间增加一层铜水套。1996 年原打算在第三、四层水套之间安装一层铜水套,但因仅东南面砖衬腐蚀严重,因而仅在这一部位(东南面)增设一层铜水套。同时,这一部位用直接结合镁铬砖代替电铸砖[18]。

玉野闪速炉反应塔 1993 年和 1994 年先后进行过两次改造,见图 1-3-28。1993 年增加一层铜水套,并用垂直铜水套代替部分水套间铜管。1994 年除反应塔上部铜管保留外,其余铜管全部改为垂直铜水套。连接部铜管改为垂直铜水套(24 块)和 H 形梁结构[27]。

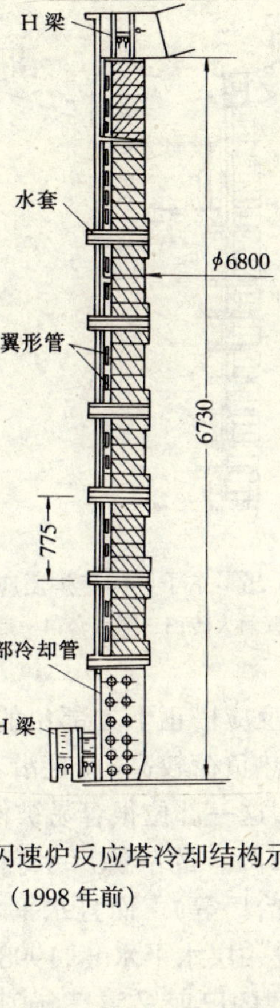

图 1-3-25　贵冶闪速炉反应塔冷却结构示意图
（1998 年前）

(3)沉淀池

铜锍和炉渣在沉淀池中储存并澄清分离；夹带烟尘的高温烟气（达 1420℃左右）经沉淀池进入上升烟道，因此沉淀池的结构必须能够防止熔体渗漏，同时有利于保护炉衬。

沉淀池顶一般为平吊挂顶或拱吊挂顶。沉淀池顶的冷却有 H 梁冷却和垂直水套冷却。日本足尾冶炼厂沉淀池顶的 H 梁冷却结构如图 1-3-29 所示。H 梁安设在砌体中，耐火砖被圈定而不致发生变形，并能防止耐火砖的脱落。为防止漏水，H 梁中的铜管必须是整根的，不得用数根短管焊接起来。

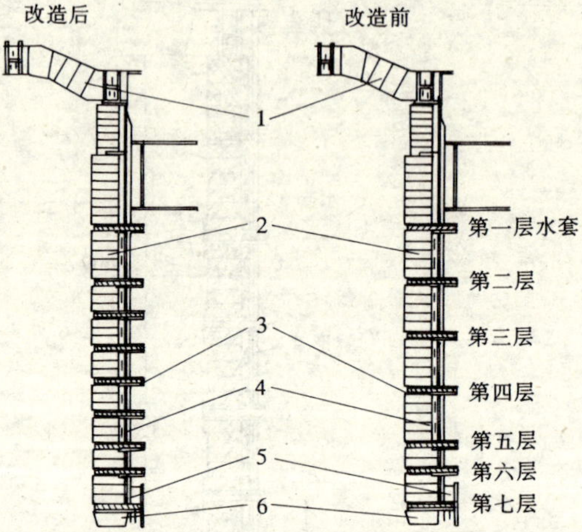

图 1-3-26　东予厂闪速炉反应塔冷却结构示意图

1—反应塔顶；2—塔壁耐火砖；3—铜水套；4—带翅片的铜管；5—H 形梁；6—连接部

沉淀池位于反应塔正下方部位的侧墙，可以看作是反应塔的延长。这一部位热负荷较高，而且沿着砖的表面往下流的高温熔体量很大。因此，这一部位很容易被侵蚀。目前，一般在砖体内插入水平铜水套冷却，有的冶炼厂水套与铜管并用，构成立体冷却（如金隆公司、贵冶厂等）。而且水平水套的层数越来越多，如：贵冶厂 1998 年前设一层水平水套，1998 年后增设一层；金隆公司设二层；1996 年新建的巴亚马雷厂新闪速炉及 1996 年扩产的佐贺关厂 2 号闪速炉在这一部位设垂直水套以强化冷却[20]。

金隆公司沉淀池侧墙（反应塔下部位）冷却元件安装见图 1-3-30。

沉淀池渣线区域易被熔体侵蚀，受熔体冲刷较大。这一区域沿沉淀池一周设垂直铜水套或倾斜水套冷却。1983 年佐贺关冶炼厂为了适应高富氧熔炼，防止由于沉淀池拐角处耐火砖熔损和炉体膨胀变形而引起熔体泄漏，在沉淀池拐角处的耐火砖里安设了“L”形水套（见图1-3-31），强化了以渣线为中心，高度方向约

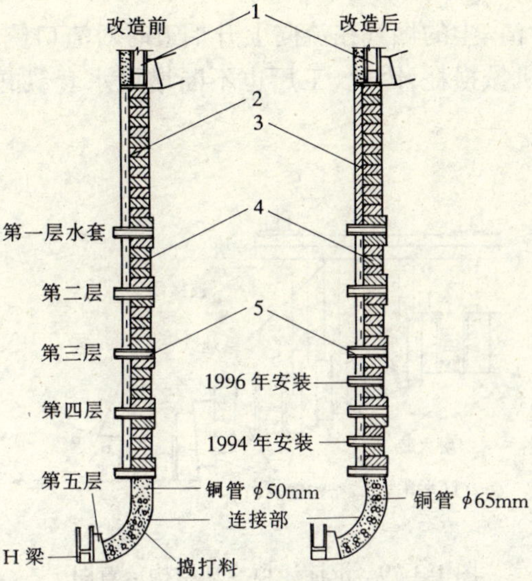

图 1-3-27 巴萨闪速炉反应塔结构示意图

1—水槽;2—铜管;3—垂直水套(1992 年安装);4—塔壁砖;5—铜水套

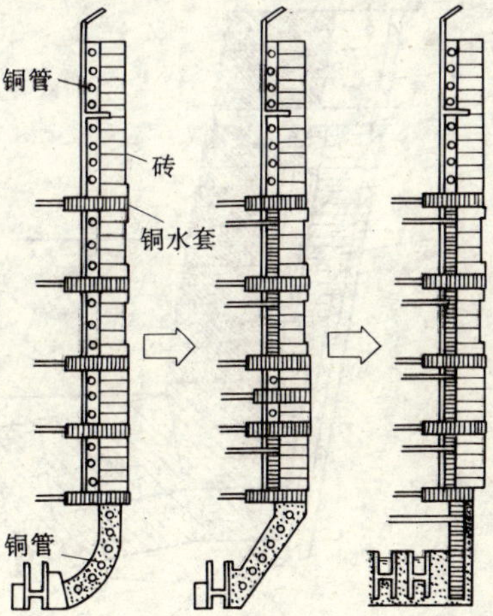

图 1-3-28 玉野闪速炉反应塔冷却结构示意图

600mm 范围内的耐火砖的冷却[25]。

另外,含渣、尘的烟气在流向上升烟道时对渣口侧端墙的冲击使该墙受到机械损耗,因此,工厂也不断增设水套,加强对该部位砌体的冷却。

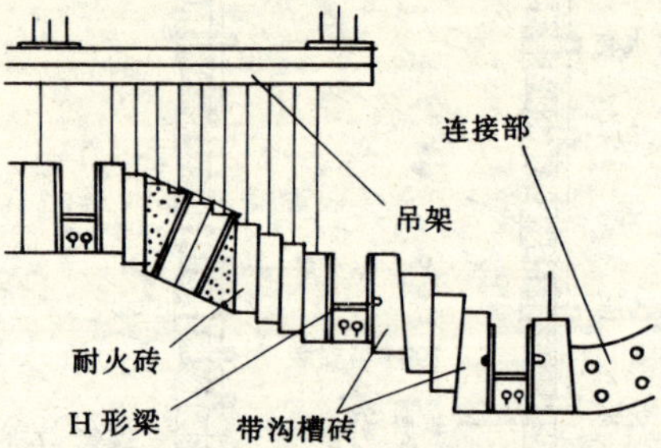

图 1-3-29　沉淀池顶冷却结构示意图

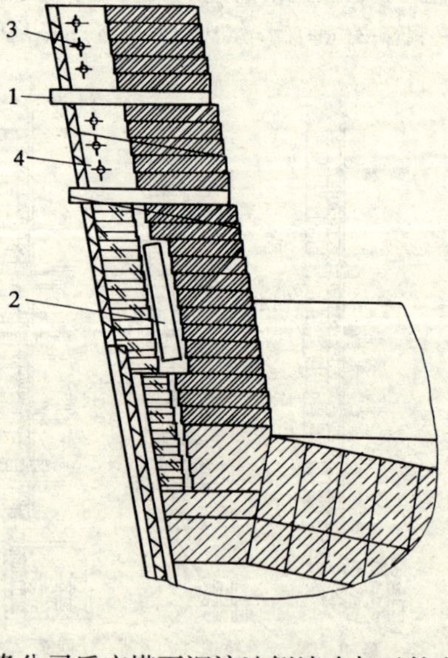

图 1-3-30　金隆公司反应塔下沉淀池侧墙冷却元件安装示意图

1—水平铜水套;2—渣线部位倾斜铜水套;3—带翅片的铜管,4—不定形捣打料

为了防止沉淀池底漏铜，减少散热，人们对沉淀池底部的耐火材料的选择都很认真，而且都筑得很厚，见表 1-3-12。

表 1-3-12 闪速炉沉淀池底厚度(mm)

冶炼厂	炉底总厚度	镁铬砖	粘土砖	保温砖	备 注
萨姆松	1320	725	375		
韦尔瓦	940	375	115	300	
格沃古夫	1435 800				1983 年改造后为 800mm，直接炼铜炉
贵冶	1825	650	230	690	
巴亚马雷	1300	770	230	124	
金隆	1825	805	113	690	

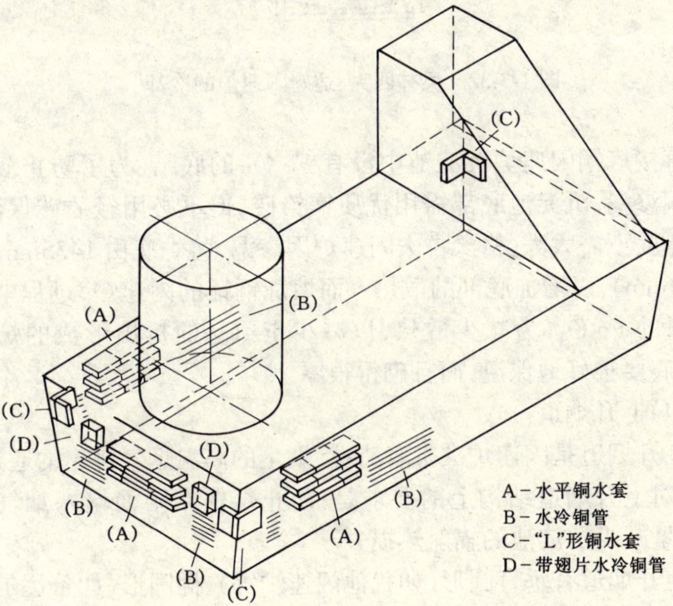

图 1-3-31 佐贺关闪速炉沉淀池侧墙冷却系统

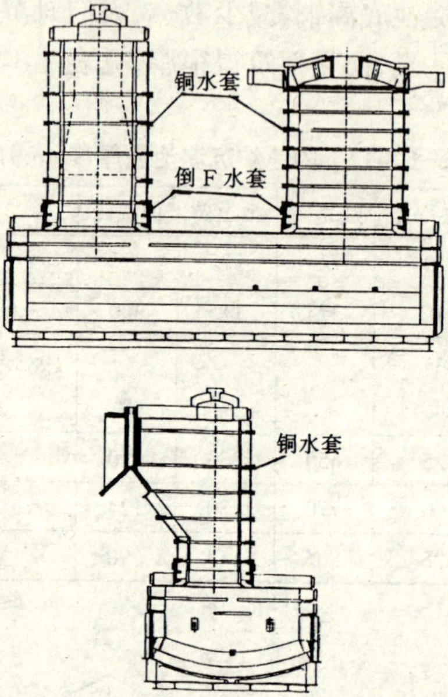

图 1-3-32　奥林匹克·达姆闪速炉的冷却

直接炼铜闪速炉沉淀池中没有 Fe_3O_4 的底结，为了防止液态金属铜渗漏，沉淀池底部需用优质镁铬砖，但不必用轻质砖保温，炉底厚度不需太大（格沃古夫闪速炉因渗漏，将炉底由1435mm改为800mm），以增加底部的散热。而熔炼铜锍的闪速炉，过程中生成大量的 Fe_3O_4，为减少散热，以减少 Fe_3O_4 的析出形成的炉底结，炉底要很好地保温，而且砌得很厚。

（4）上升烟道

上升烟道是闪速炉夹带着渣粒、烟尘的高温烟气排出的通道。因此，对上升烟道结构上的要求是：防止熔体粘附而堵塞烟气通道；尽量减少沉淀池的辐射热损失。

上升烟道有垂直圆形（如犹他闪速炉等）、椭圆形（如希达尔哥闪速炉）和断面为长方形的倾斜形（东予、佐贺关、金隆、贵冶等）。

上升烟道壁一般不设冷却,但也有冶炼厂(如奥林匹克·达姆)在上升烟道砖衬中也插入铜水套(如图 1-3-32)[49],希达尔哥则采用喷淋冷却,以延长内衬寿命[44]。

玉野冶炼厂的上升烟道也为垂直圆形,但无内衬,上部为锅炉管,产生蒸汽,下部为水套,预热锅炉给水。上升烟道结构如图 1-3-33 所示[50]。这一结构使锅炉入口的烟气温度降低 200℃左右,有效地解决了锅炉烟尘粘结问题。上升烟道水冷壁表面的温度降低,粘结的烟尘自行脱落至沉淀池,有效地避免了上升烟道的阻塞。巴萨、小坂、萨姆松等厂上升烟道结构同玉野厂相似[12,41,51]。

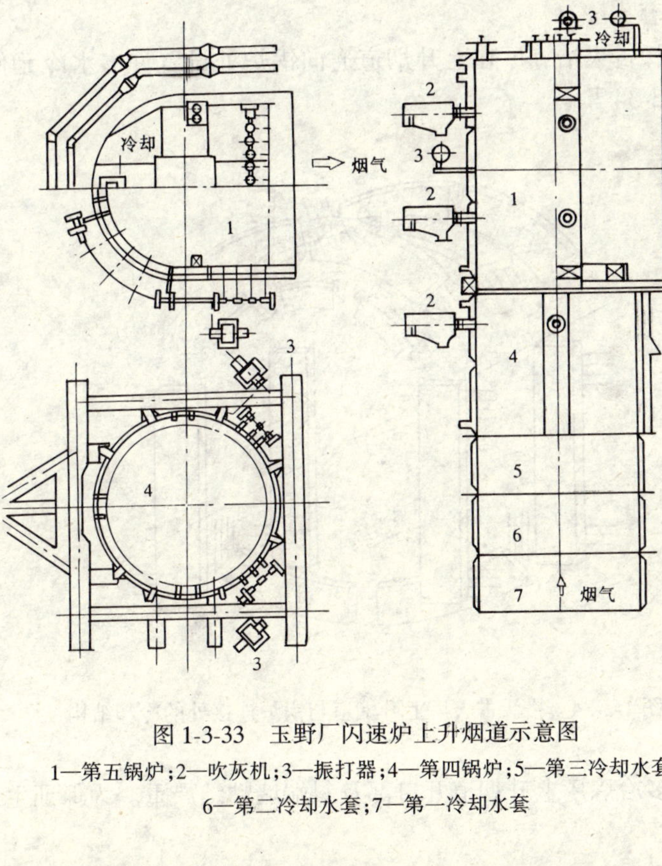

图 1-3-33 玉野厂闪速炉上升烟道示意图

1—第五锅炉;2—吹灰机;3—振打器;4—第四锅炉;5—第三冷却水套;6—第二冷却水套;7—第一冷却水套

倾斜形上升烟道内衬镁铬砖，侧墙是较高的垂直墙，为避免因膨胀而倒塌，在侧墙上每隔500mm设一钢托板，留出膨胀缝，并将整个侧墙分成几段，各段之间留出间隙，使各段钢板可向下部膨胀，钢板接缝要进行密封。

上升烟道的倾斜顶及平顶都采用吊挂结构，平顶设H梁冷却。

上升烟道出口与废热锅炉相连。锅炉入口受高温烟气冲刷，易发生泄漏，而该部位环境差，空间狭小，从外部很难靠近维修。奥托昆普最新设计的结构是：将连接部的锅炉管用连铸铜水套替代，这些水套固定在钢架上，以便在不必进入锅炉的情况下从外部更换水套[22]。

格沃古夫冶炼厂在上升烟道通向锅炉处设置许多水冷元件，见图1-3-34[45]。

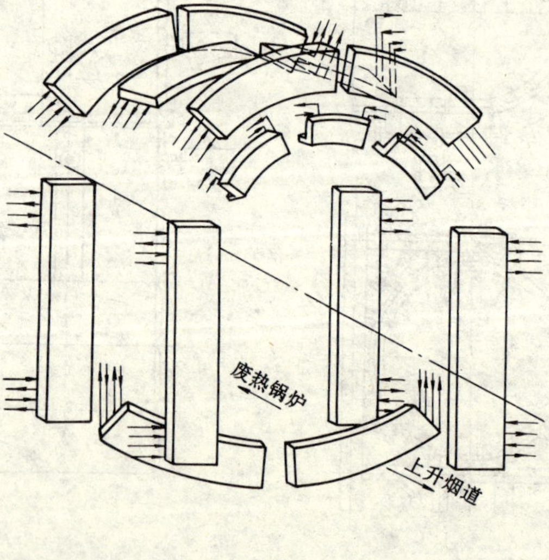

图1-3-34 格沃古夫厂上升烟道与锅炉连接处的冷却结构

很多冶炼厂上升烟道开口部及斜端墙粘结严重。为保证生产的进行，一般在上升烟道设置重油烧嘴，减少粘结。卡里达德冶炼厂定期使用丙烷烧嘴烧熔结块[52]，而佐贺关冶炼厂则用氮气往结块喷吹粒焦来控制结块，保证出口畅通，如图 1-3-35 所示[53]。

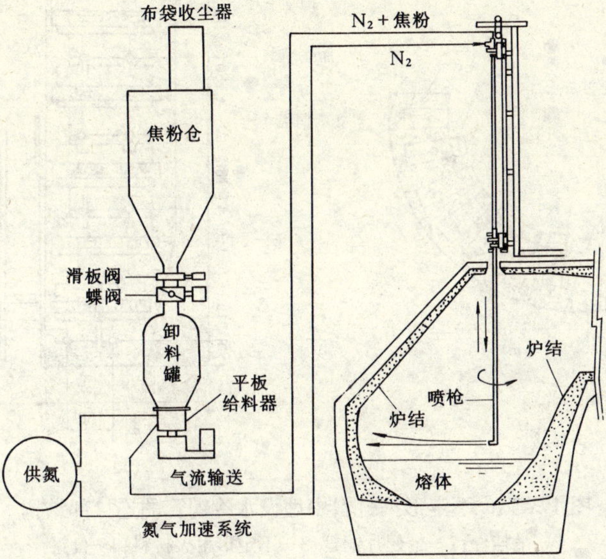

图 1-3-35　佐贺关闪速炉上升烟道喷焦粉装置示意图

(5)连接部

由于高温火焰和含尘烟气的冲刷，闪速炉反应塔与沉淀池及沉淀池与上升烟道的连接部最易遭到破坏。为提高这些部位的寿命，必须提高其冷却强度。

连接部的结构比较复杂，各厂也不尽相同，主要结构有：不定形耐火材料中埋设水冷铜管(图 1-3-36)，"L"形水套结构(如图 1-3-37)，"T"形水套结构(图 1-3-38)，倒"F"形水套结构(图 1-3-39)等。

图 1-3-36 中的(a)为喇叭形连接部，巴萨闪速炉的反应塔、佐贺关闪速炉反应塔及上升烟道连接部、金隆和贵冶闪速炉上升烟

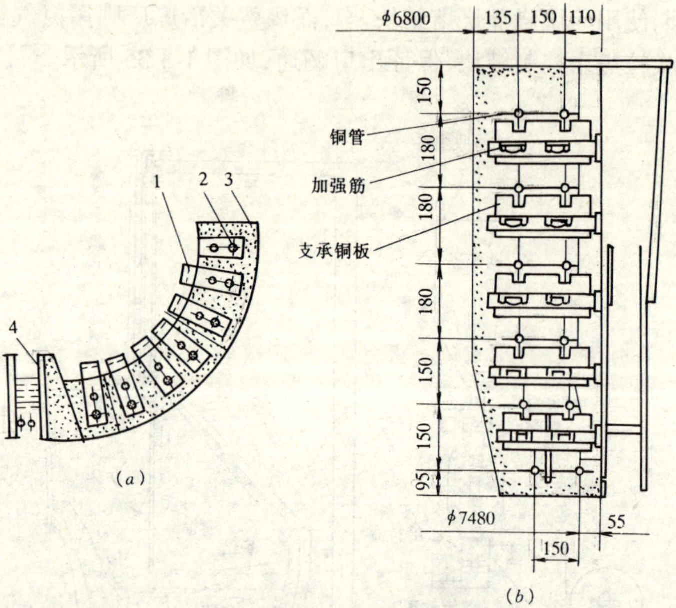

图 1-3-36 不定形捣打料中埋设水冷铜管的连接部结构

1—吊挂件；2—带翅片铜管；3—不定形耐火材料；4—H 梁

道连接部等均为这种结构。(*b*)为直筒形连接部，贵冶和金隆反应塔连接部等均为这种结构。这种连接部结构，冷却强度不够，捣打料易脱落或被冲刷使铜管裸露而出现漏水，而且在生产中无法修复，因此，有些冶炼厂将这种结构改成其它结构(如贵冶 1998 年改为倒“F”形水套)。

使用“L”形水套，提高了连接部的冷却强度，使其寿命提高，减少了漏水的可能。但这种结构很难进行热态修理。汉堡、韦尔瓦、圣玛纽尔冶炼厂等均用这种结构。

圣玛纽尔冶炼厂于 1994 年用“T”形水套取代“L”形和“I”形水套。这种水套将碳钢支撑环铸到水套中，安装中将水套直接焊到反应塔钢壳上，这种结构安装简单，最主要的是，可在炉子热态

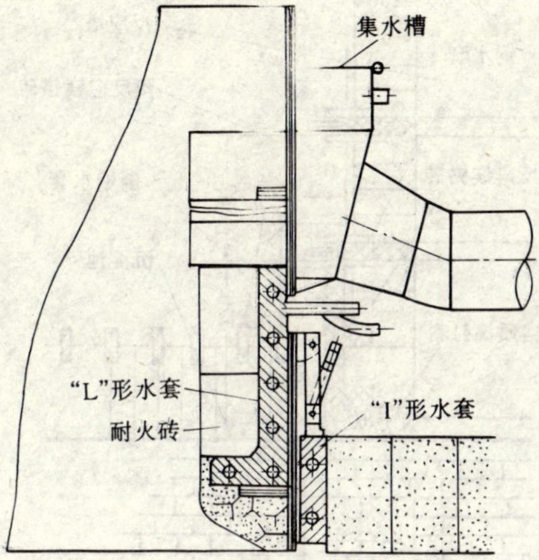

图 1-3-37 "L"形、"I"形水套连接部结构

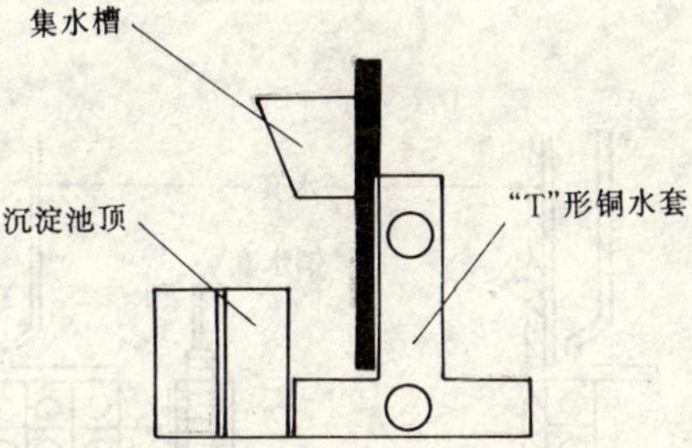

图 1-3-38 "T"形水套连接部结构

下更换水套[38]。

巴亚马雷、贵冶等厂改造后的连接部为倒"F"形水套结构,图 1-3-39 是巴亚马雷闪速炉反应塔与沉淀池连接部的配置图,其沉淀池与上升烟道的连接部也有类似的结构。奥林匹克·达姆厂 1 号闪速炉连接部也为倒"F"形水套结构,如图 1-3-32 所示。

玉野厂上升烟道与沉淀池连接部结构如图 1-3-40 所示。该

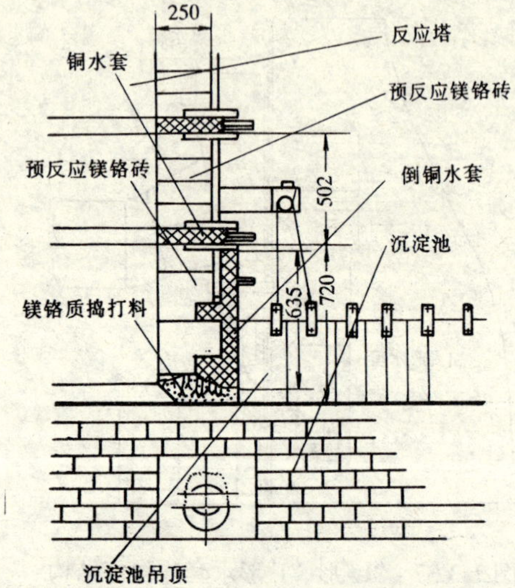

图 1-3-39　倒 F 形水套连接部结构

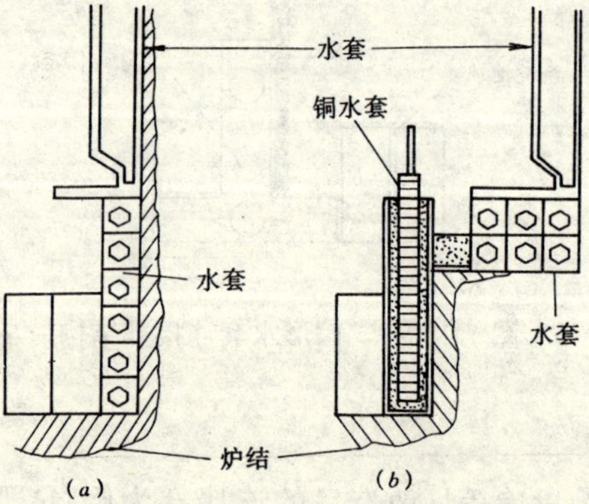

图 1-3-40　玉野上升烟道与沉淀池连接部结构

厂上升烟道为水套结构，1991 年上升烟道连接部由结构(a)改为结构(b)，即将下部水套改为长方形，以更好地冷却结块，使其自然脱落,防止其长大[27]。

3. 炉体结构的发展趋势

随着反应塔热负荷的提高,喷淋冷却将逐步被立体冷却所代替,立体冷却可使耐火材料寿命大大延长。图 1-3-41 为奥托昆普公司 1993 年开发的一种炉体结构。这种设计的闪速炉反应塔及沉淀池均为平吊挂顶。沉淀池顶的中部到反应塔之间的砖里安装有垂直铜冷却排,这使炉顶寿命大大提高。平吊挂顶的优点是:(1)易于建造;(2)维修容易;(3)能减少烟尘发生率。这种结构的闪速炉的冷却系统由连铸铜水套组成,而且只需停料而不需将炉子冷下来就可以更换水冷元件[22]。1995 年投产的犹他冶炼厂闪速炉即为这种结构,反应塔有 13 层铜水套。

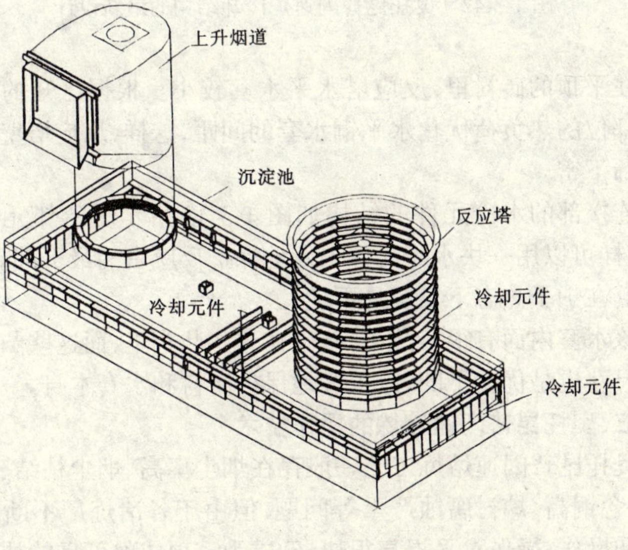

图 1-3-41　新型奥托昆普闪速炉冷却结构

图 1-3-42 为奥托昆普公司最新开发的一种炉体结构[47]。反应塔及沉淀池均为吊挂平顶。精矿喷嘴由四块水套保护,

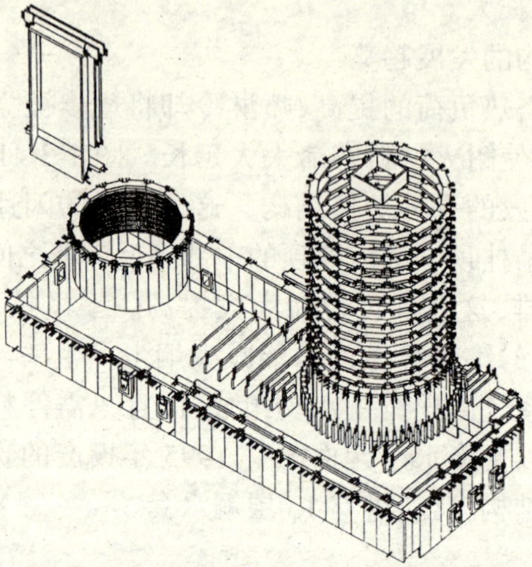

图 1-3-42　奥托昆普闪速炉冷却结构的最新设计

吊挂在平顶的砖衬里，反应塔水平水套较小。根据已知的反应塔不同部位的热负荷优化水平铜水套的间距，这样，反应塔壁水平水套上稀下密。

连接部的水冷元件的结构如图 1-3-43 所示。冷却元件长而窄，这样可以用一块水冷元件很好地保护反应塔的最下部。而且，该水套在炉子热态下很容易更换。

该水套内面有很多凸头，砖砌在这些凸头里，而这些凸头的间距和尺寸也是优化了的，以很好地保护砖衬和水套本身。

五、奥托昆普闪速熔炼的操作技术

奥托昆普闪速熔炼工艺一般存在烟尘率高、烟尘粘结、炉底上升、渣含铜高、炉衬腐蚀严重等问题，但由于各冶炼厂不断地改进设备和操作，操作水平提高很快，已成为一项成熟可靠的技术。由于富氧的应用和炉体冷却的强化，单炉年产量已超过 30 万 t 矿铜，高干矿装入量、高铜锍品位、高热负荷和高富氧浓度已成为该技术的主要发展趋势。

由于各冶炼厂条件的不同，操作技术和工艺控制各有特色。

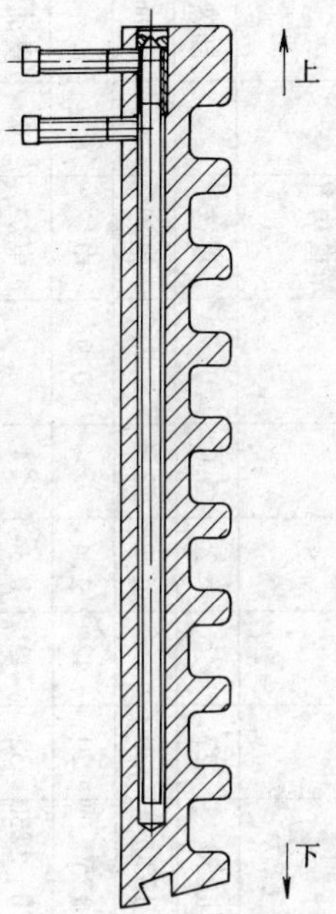

图 1-3-43　反应塔与沉淀池连接部水套

世界主要冶炼厂主要作业参数和操作指标实例见表 1-3-13。

闪速炉渣含铜较高(一般 1%～3%),大多需经过电炉贫化或选矿处理。但日本玉野冶炼厂由闪速炉直接产出含铜 0.7%左右的弃渣,其技术有代表性。最初,该闪速炉在沉淀池上安装有 3 根自焙电极(2000～2500kW),如图 1-3-17 所示。为维持炉内的还原气氛,同时节省重油,1979 年开始在反应塔加焦粉,并逐步用焦粉替代全部重油,而且于 1987 年完全停止了电极运行。1981 年 10 月开始,在反应塔出口安装了一个红外线 CO 分析仪,根据 CO 浓度分析值(0.2%～0.3%)调整焦粉的装入量,即所谓的 CO 控制技术。应用该技术后,在铜锍品位 63%时,仍能由闪速炉直接产出含铜 0.7%～0.8%的弃渣[54,60]。

应用于玉野闪速炉的焦粉消耗及质量要求如表 1-3-14 所示[27]。

表 1-3-13 世界主要闪速熔炼厂主要作业参数和技术指标[16,18~20,27,29~31,36,38,43,46,53~59]

冶炼厂	精矿装入量 /t·h^{-1}	富氧浓度/%	送风温度/℃	铜锍品位/%	铜锍温度/℃	炉渣温度/℃	炉渣成分				弃渣含铜/%	贫化方法	烟尘率/%	燃料
							SiO_2	Fe	Fe/SiO_2	Fe_3O_4				
玉 野	90	42.8	360	63	1170	1180	31~33		1.18	6	0.7~0.8	CO浓度控制，由闪速炉直接产出弃渣	7.4	焦炭
圣玛纽尔	163.4	45~75	常温	63	1220	1250	27		1.25	6.0	0.5	浮选		自热
卡玛卡里	80~93	50~60		63	1230	1330	29		1.2	12.6	0.71	电炉	6	重油
韦尔瓦	125	60~65	400	62	1150	1250	29	42	1.4		0.9	电炉	6.2	
汉 堡	125	<55	400	64	1200~1210	1220~1230	32	43	1.34	<4		电炉	9	重油
佐贺关	158	70~85	常温	65	1200	1230	33	38.2	1.16	7~8	0.8	电炉	4~5	焦粉
奥林匹克·达姆	50~70	60~90	常温	粗铜	1270	1300	15~20	30~35	>2		2~8（电炉渣）	电炉-缓冷-选矿	15	重油
卡里达德	100~125	<65		63	1200±20	1300±20				10	<1	电炉	5.5	重油
肯尼柯特	180~200	80~85	常温	71		1315	30					浮选		自热

续表 1-3-13

冶炼厂	精矿装入量/$t \cdot h^{-1}$	富氧浓度/%	送风温度/℃	铜锍品位/%	铜锍温度/℃	炉渣温度/℃	炉渣成分				弃渣含铜/%	贫化方法	烟尘率/%	燃料
							SiO_2	Fe	Fe/SiO_2	Fe_3O_4				
东　予	$2012t \cdot d^{-1}$	40～50	450	60～64	1220～1225	1225～1230			1.06	12	0.7	电炉	4.8～5.4	重油 粉煤
巴　萨	85～90	37～48	200～300	58～60		1254					0.6	自带电极		重油 粉煤
丘基卡马塔	2000～$2300t \cdot d^{-1}$	50		60		1325～1350						浮选	6～8	
哈里亚瓦尔塔	50～60	45～95	200～220	65～70	1220～1270	1320～1360	27～28	35～45		20～26		浮选		自热
金　隆	56	52～57	常温	58	1210	1240			1.15		<0.6	电炉	6	重油
贵　冶	$2043t \cdot d^{-1}$	46	常温	65	1250	1320			1.2～1.3		<0.8	电炉		重油
温　山	63	60～70	常温	60.3	1220	1250	28			7	0.7～0.8	电炉	7	重油
希达尔哥		30～45		60	1200	1250	30					电炉	18	天然气

表 1-3-14 玉野闪速炉的焦粉消耗及质量要求

项 目	焦 粉	粗 焦	
		A焦	B焦
消耗量/$t \cdot a^{-1}$	8974	5783	3084
组成/%			
水分	0.6～0.9	8.0	24.4
S	0.7	6～7	0.54
挥发分	1～3	9～12	50.9
灰分	13	0.1～0.3	4
固定碳	85	90	45.1
低发热量/$kJ \cdot kg^{-1}$	28424	35581	25535
加入方式	直接由闪速炉顶的料仓加入	在精矿库与精矿混和	
粒度/mm	70%～90%小于0.15mm	87%大于2mm 95%大于1mm	58%大于2mm 72%大于1mm

六、奥托昆普闪速炉熔炼烟气的降温除尘及烟尘的处理

含尘(50～120g/m^3)、高温(1300～1350℃)、高 SO_2 浓度(一般10%～20%,高时达40%)的闪速炉烟气经上升烟道进入废热锅炉冷却、收尘,回收烟气余热产生蒸汽,并经收尘系统收尘后送酸厂生产硫酸或元素硫;烟尘返回闪速炉或开路处理。卡里达德冶炼厂闪速炉排烟系统各段烟气条件如表1-3-15所示[61]。

表 1-3-15 闪速炉烟气条件实例

精矿成分/%	精矿装入量/$t \cdot d^{-1}$	送风条件	部位	烟气成分/%					烟气温度/℃	烟气含尘/$g \cdot m^{-3}$	烟气量/$m^3 \cdot h^{-1}$
				SO_2	H_2O	CO_2	O_2	N_2			
Cu31.7 Fe21.25 S30.57 $SiO_2$10.4	2250	含氧:42.6% 温度:200℃	锅炉入口	25.1	7.0	5.7	1.5	60.7	1350	108.1	50700
			锅炉出口	18.6	6.0	4.2	6.4	64.8	350	48.1	68305
			电收尘出口	16.2	5.6	3.7	8.2	66.3	300	0.18	78355

1.废热锅炉

废热锅炉在工艺中的作用:(1)冷却烟气。即将烟气由1300～1350℃冷却至350～400℃;(2)收尘。烟气中的烟尘大约有一半在锅炉中沉降;(3)回收烟气余热发电或产出蒸汽供工厂利用。

烟气的冷却能力通常是冶炼厂操作的一个限制因素,因而很多冶炼厂在生产能力扩大后都不得不改造锅炉,增大受热面以提高冷却能力。而锅炉故障所造成的停产通常是影响闪速炉作业率的一个决定性因素,如巴萨冶炼厂闪速炉停料时间的16%是由锅炉故障引起的[62]。因此废热锅炉是闪速冶炼厂最关键的工艺设备之一。

闪速炉锅炉出现的主要问题可以归结为三类:(1)由多种原因造成的压力部件的泄漏;(2)锅炉各处的积灰;(3)因锅炉表面积灰,或由于流场的变化,造成烟气冷却效果不佳,出口烟气温度高[62]。

闪速炉锅炉是一种特殊的热工设备,为适应温度高、含尘量大、SO_2浓度高的烟气条件,设计上必须采取一些有效措施,以解决锅炉的粘灰、堵塞、磨损及腐蚀的问题。贵冶厂闪速炉废热锅炉采取的措施有[8]:

(1)采用直通烟道式,锅炉受热面一字形布置,烟尘与管壁粘结性减弱,烟尘粘结量减少。

(2)采用强制循环式,可使受热面管子直径减小(ϕ38.1mm×4mm),锅炉内烟尘可自由沉降,因而避免了烟尘的堵塞和堆积。

(3)采用大的辐射冷却室,利用辐射吸热将烟气中的烟尘冷却固化而沉降下来。

(4)采用整体水冷壁结构,可以防止炉内SO_2逸出或空气漏入,从而防止腐蚀,并保证了高的烟气SO_2浓度和低的烟气量。

(5)采用较高的运行压力,使锅炉水温(250℃以下)保持在烟气露点(220℃)以上,防止管壁结露腐蚀。

(6)采用特别的Ω形翅片管,使内壁呈一个平面,烟尘难于粘结。

(7)装设有51台吹灰器,其中辐射部45台,对流部6台,并装有15组振打器，以清除锅炉水冷壁管的积灰。

(8)采用整体悬吊式，将废热锅炉吊悬起来，有利于振打清灰。

高温烟气中夹带的烟尘中的硫主要为金属硫化物，这种烟尘反应性强，尤其在锅炉内的高温下，对锅炉管壁的粘结性强，造成锅炉冷却能力下降，烟尘堆积堵塞烟道。而硫酸盐的粘结性小，将硫化物转化为硫酸盐可以解决烟尘粘结的问题。因此很多冶炼厂通过提高烟气含氧，降低烟气温度，将硫化物氧化为硫酸盐，主要方法有：(1)将空气(或预热空气)、N_2送入辐射部入口；(2)将锅炉出口或电收尘出口烟气用风机返一部分回辐射部前部；(3)沉淀池烧嘴送入过量的燃烧风等。

部分冶炼厂废热锅炉的特点如表1-3-16所示。

2. 烟气除尘

烟气中的烟尘约有一半以上在锅炉中沉降，其余在后续的收尘系统中沉降收集。闪速冶炼厂的收尘流程大致有4种：

(1)闪速炉→废热锅炉→旋风收尘器→电收尘器→排风机→硫酸厂

(2)闪速炉→废热锅炉→鹅颈烟道→沉尘室→电收尘器→排风机→硫酸厂

(3)闪速炉→废热锅炉→鹅颈烟道→电收尘器→排风机→硫酸厂

(4)闪速炉→废热锅炉→沉尘室→旋风收尘器→电收尘→排风机→硫酸厂

玉野、足尾、小坂等厂采用流程(1)；金隆、贵冶、东予等厂采用流程(2)；比里拉、圣马纽尔等厂采用流程(3)；萨姆松等厂采用流程(4)。送往酸厂的烟气含尘一般低于$0.3g/m^3$，大多生产硫酸，少数工厂(如希达尔哥、诺列尔斯克等厂)生产元素硫。

部分冶炼厂烟气收尘系统作业参数见表1-3-17。

3. 烟尘的处理

闪速炉烟尘成分与原料所含易挥发元素Pb、Zn、As、Sb、Bi、Cd等有密切关系，同时与返回的转炉及闪速炉烟尘，特别是电收尘器烟尘数量有关。由于杂质元素在熔炼过程中依平衡关系分布于烟尘、炉渣及铜锍中，因此原料杂质成分高，最终会造成阳极铜杂质成分高，给电解造成困难，严重影响电铜质量。烟尘含 Pb、Zn 高时，容易发生废热锅炉烟尘粘结的故障（如日本小坂冶炼厂）。部分闪速冶炼厂精矿与烟尘成分实例见表 1-3-18[8]。

大部分冶炼厂因烟尘含杂质元素不高，闪速炉烟尘经风力输送至闪速炉顶的烟尘仓，同精矿一道加入闪速炉，但有些冶炼厂因原料杂质成分高，为保证产品质量，将一部分烟尘开路处理。

智利的丘基卡马塔冶炼厂精矿含 As 为 0.3%～1.7%，主要以硫砷铜矿（Cu_3AsS_4）存在，该厂在大量操作数据的基础上，得出如图 1-3-44 和图 1-3-45 的关系[59]。

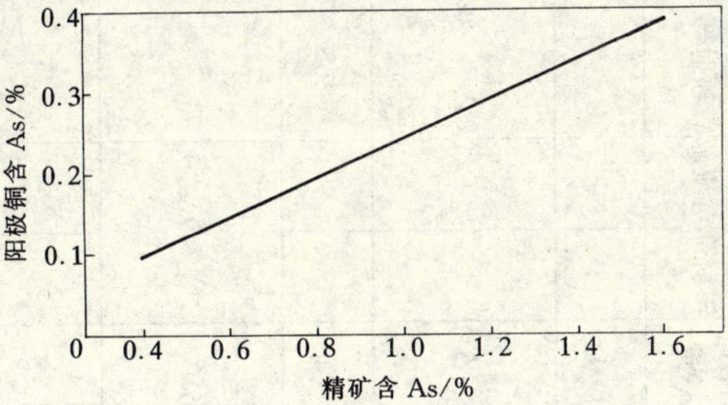

图 1-3-44 精矿含 As 与阳极铜含 As 的关系

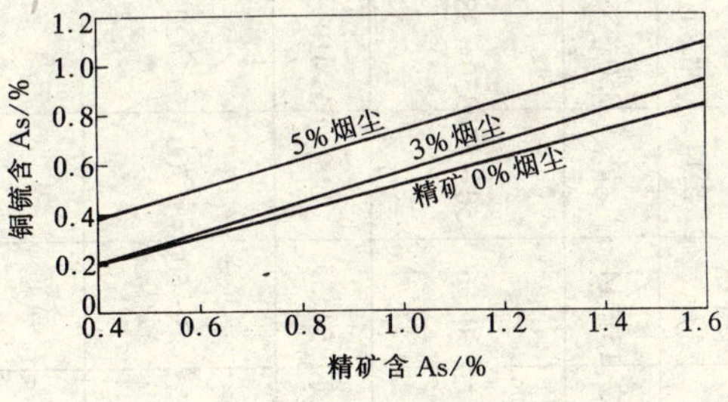

图 1-3-45 精矿含 As 和烟尘返回对闪速炉铜锍的影响

表 1-3-16　闪速炉废热锅炉作业特点[1,2,5,29,31,36,38,53,55,61~63]

冶炼厂	烟气量 /km³·h⁻¹	温度/℃		蒸　汽		吹灰器/个		振打锤数/组		辐射部		备　注
		辐射部出口	对流部出口	流量 /t·h⁻¹	压力 /MPa	辐射部	对流部	辐射部	对流部	返烟量 /km³·h⁻¹	送风量 /km³·h⁻¹	
比里拉	13~14.6		350~380	12	6.0							
玉　野	50~60	450~550	350~380	33~38	4.8~5.1			38				1994 年取消了吹灰器，安装了 38 组弹簧锤振打
圣马纽尔	64.35	600	410	50	6.0			63	27		8.5	弹簧锤振打
汉　堡	40~60	<700	<420	50	6.0	49				30(250℃)		吹灰器 49 台，振打锤 170 个；电收尘出口烟气返回
佐贺关	32	570	310	47	4.3		13	50+168		30 (250~300℃)		1998 年，将辐射部 108 台吹灰器改成 50 组弹簧锤振打，FFB 出口烟气返回

续表 1-3-16

冶炼厂	烟气量 /$km^3 \cdot h^{-1}$	温度/℃		蒸汽		吹灰器/个		振打锤数/组		辐射部		备注
		辐射部出口	对流部出口	流量 /$t \cdot h^{-1}$	压力 /MPa	辐射部	对流部	辐射部	对流部	返烟量 /$km^3 \cdot h^{-1}$	送风量 /$km^3 \cdot h^{-1}$	
韦尔瓦	40～55	750	400	36	4.2	停用	停用			<14		1. 1997 年在辐射部增设垂直挡板，以降低出口烟气温度 2. 共有 102 组振打 3. 1985～1991 年将电收尘出口烟气引入辐射部入口；1979 年以后在辐射部引入 100℃ 空气，1993 年在 FFB 出口安装 O_2、SO_2 在线分析仪，控制 O_2 为 1.5%～4.8%
小坂	60	600	350	12	3.8	44	21	6	3		3	辐射部送风为氮气
巴萨	45～46	<600	<360	23.2	4.8	40	6	9	2		7	1992 年增加了弹簧锤振打
希达尔哥	190	800	400～425	150	6.6	68	18	15	无	6.8～17		将电收尘出口烟气返回辐射部

续表 1-3-16

冶炼厂	烟气量 /$km^3 \cdot h^{-1}$	温度/℃		蒸　汽		吹灰器/个		振打锤数/组		辐射部		备　注
		辐射部出口	对流部出口	流量 /$t \cdot h^{-1}$	压力 /MPa	辐射部	对流部	辐射部	对流部	返烟量 /$km^3 \cdot h^{-1}$	送风量 /$km^3 \cdot h^{-1}$	
东　予	40.3	750	350	49	5.5	64		832个				
卡玛卡里	45	650～750	320～390	38.2	4.0		8	84个	84个			1985年增加返烟系统
温　山	38	635	335	18.5	4.5		12	38	11	4	0.9+1	1. 通过沉淀池烧嘴送入过量风 $900m^3 \cdot h^{-1}$ 2. 烟尘风机返回的空气 $1000m^3 \cdot h^{-1}$ 3. 电收尘出口烟气返回 $4000m^3 \cdot h^{-1}$ 4. 硫酸盐化率达97%
金　隆	32	760	380	27	4.71	26	3	19	3			
贵　冶	76	760	360	57	5.1	45	6	15				
足　尾	13.5	554	329	2.0	4.0	40	20					

续表 1-3-16

冶炼厂	烟气量 /$km^3 \cdot h^{-1}$	温度/℃		蒸　汽		吹灰器/个		振打锤数/组		辐射部		备　注
		辐射部出口	对流部出口	流量 /$t \cdot h^{-1}$	压力 /MPa	辐射部	对流部	辐射部	对流部	返烟量 /$km^3 \cdot h^{-1}$	送风量 /$km^3 \cdot h^{-1}$	
哈里亚瓦尔塔	14～20	600～750	330～350	18～22	40		8	24	9			
萨姆松	43	900	370	24	3.8	13	12	24				
凯特里	50	750～800	350～400	33	4.5	31	12	16	12			1. 沉淀池送过量的风，但因增加油耗而停止 2. 将反应塔 350℃ 的富氧工艺空气引一部分到辐射部入口 3. 拟停止用反应塔风进行硫酸盐化，而将电收尘出口烟气部分返回
格沃古夫	45～55	730～750	390～410	35～38	4.5			92	43			
卡里达德	50.7	650	350	43.8	4.5			143			4500	由燃烧风机向辐射部送预热空气，在上升烟道下部喷射氧气

表 1-3-17 闪速炉烟气除尘工艺特点[1,5,18,38]

冶炼厂	烟气量 /$m^3 \cdot h^{-1}$	旋风收尘器		电收尘器		出口含尘 /$g \cdot m^{-3}$	烟气含 SO_2/%		
		个数	收尘效率 /%	室数/个	每室电场数		闪速炉出口	废热锅炉出口	电收尘出口
哈里亚瓦尔塔	2.5~3.5			1	3	0.2~0.5	25~45	22~32	20~30
足 尾	18	2	70	1	3	1.9	33.1	13.5	10.1
小 坂	54	3	54	3		2			10~12
东 予	71			2	4		14.6		7.9
玉 野	65~70	2	30~40	2	3		15~17	12~14	11~12
汉 堡	70~90			2	3	0.05~0.2			12~20
萨姆松		2		2	3	0.1			8.5
凯特里	61	2	50	2	3	0.25	6~8.5	5.5~7.5	4~6
韦尔瓦	50~65			2	3	0.2		12~20	10~18
希达尔哥	225			3	4	2			
格沃古夫	75~80			2	5	0.1			8~13
卡玛卡里	44.68			2	3				10
温 山	36			2	2	0.4	20~25	15~18	13~17
巴 萨①	72			3	4	0.1			10~12
圣马纽尔	65			2	4		30~35		
比里拉	13~15			1	4		41.3~43.6		

①原有 2 个旋风收尘器，1992 年取消旋风收尘器，改成鹅颈烟道和沉尘室。

表 1-3-18　闪速冶炼厂精矿与烟尘成分实例(%)

试样来源		Cu	Fe	S	Pb	Zn	Sb	Bi	Cd	As
贵　冶	精矿	21～22	28～29	32～33	0.3～0.4	0.5～1.2	0.06	0.07	0.01	0.2～0.26
	闪速炉烟尘				5.83	2.95	0.28	2.25		6.28
	废热锅炉烟尘	23～24		7～8.4	3.0～3.6			0.7～1.0		3.4～5.1
	电收尘烟尘	15.9～18.3	11.2～14.6	4.2～5.4	5～16			1.8～3.1		7～10.9
哈里亚瓦尔塔	废热锅炉烟尘	19.75	25.22	4.35	0.53	12.63				
	电收尘烟尘	15.67	15.89	9.16	0.54	11.46				
小　坂	炉料	21.0			4.5	4.9	0.8	0.09		0.5
	废热锅炉烟尘	15.8			14.2	6.3	1.3	0.23		1.9
	旋风、电收尘烟尘	12.4			19.0	5.9	1.8	0.63		3.7
佐贺关	精矿	25.6	24.8	29.0	1.04	0.62				
	锅炉烟尘	24.3	23.2	10.1	1.3	1.0				
	电收尘烟尘	19.1	13.6	8.3	2.1	4.0				
萨姆松	精矿	13.6	34.7	40.5	0.4	3.5				0.1
	烟尘	9.5	24.1	7.1	7.9	16.7				1.3
圣玛纽尔	精矿	28.35	28.46	33.61						
	烟尘	25.63	20.87	9.77						
丘基卡马塔	精矿	30	23	34						0.3～1.7
	锅炉烟尘	29.7～33.8	16.6～18.5	硫酸盐 12.0～15.6		2.5～4.1	Fe_3O_4 12.0～14.2			3.0～8.1
	电收尘烟尘	27.1～32.0	12.2～14.4	23.6～35.8		3.1～5.4	Fe_3O_4 8.4～11.4			6.2～11.5

因此,为保证阳极铜质量,将锅炉辐射部烟尘(含铜高、含砷较低)返回闪速炉处理,而将对流部和电收尘烟尘开路进行湿法处理。

小坂冶炼厂精矿含 Pb、Zn 很高,为保证阳极板质量,同时保证锅炉的正常运行,将锅炉烟尘返回闪速炉处理,而将电收尘、旋风、转炉烟尘开路进行湿法处理[51]。

1995 年投产的犹他冶炼厂,建有湿法工厂,废热锅炉烟尘全部返回闪速炉,而电收尘烟尘通常返回闪速炉,但当杂质含量高时,开路进行湿法处理。闪速吹炼烟尘全部返回闪速熔炼炉或闪速吹炼炉[56]。

为减少沉淀池底的炉结,同时有效地处理烟尘,日本东予冶炼厂开发了沉淀池喷射技术,如图 1-3-46 所示[17]。

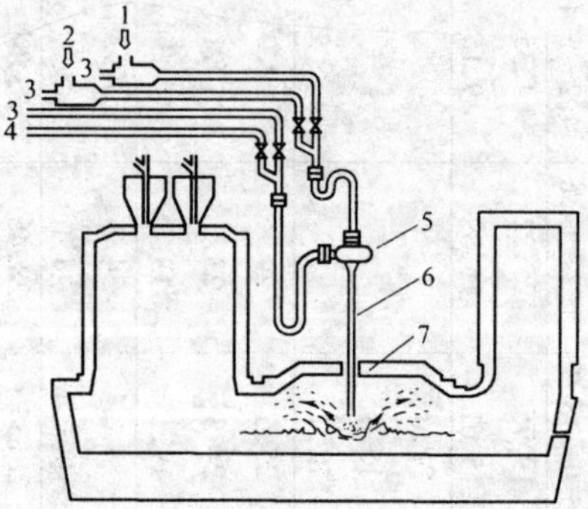

图 1-3-46 东予厂闪速炉沉淀池喷射示意图

1—烟尘;2—干矿;3—压缩空气;4—工业氧;5—混合器;6—喷管;7—沉淀池顶

七、奥托昆普闪速熔炼的计算机控制

闪速熔炼由于反应迅速,操作要求严格,目前国内外工厂的自动化装备水平普遍较高。东予冶炼厂、贵冶厂、金隆公司等闪速炉实现了计算机在线控制铜锍品位、炉渣 Fe/SiO_2 和铜锍温度这三大工艺参数，很多冶炼厂对各系统的操作采用了先进的计算机集散控制系统（DCS），保证了生产的稳定。闪速炉控制系统实例如图 1-3-47 所示。

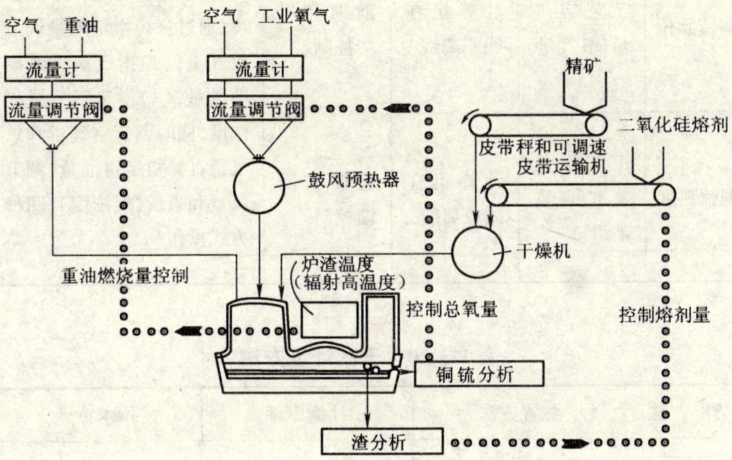

图 1-3-47 奥托昆普闪速炉控制系统实例

三大工艺参数的控制是通过调节操作变量来实现的，操作变量可以通过计算机在线调节控制，控制方式可以分为前馈和反馈控制，见表 1-3-19 所示。

三大参数的控制以干矿装入量的控制为基础，精确的干矿装入量的控制才能保证精确的三大参数的控制。目前应用的干矿计量方法如表 1-3-20 所示。

表 1-3-19 三大参数计算机控制功能举例

控制变量	操作变量	控制方法	控制方式	操作方式
炉渣 Fe/SiO_2	配料熔剂比率	计算机在线或离线	前馈和反馈控制	设定炉渣 Fe/SiO_2

续表 1-3-19

控制变量	操作变量	控制方法	控制方式	操作方式
铜锍品位	工艺空气量、氧气量	计算机在线或离线	前馈和反馈控制	设定铜锍品位、铜锍温度，通过：(1)指定风量调节氧气量；(2)指定氧气量调节风量；(3)指定工艺风氧浓度，同时调节空气量和氧气量；(4)指定重油量，调节风量和氧量(氧浓度)，四种方式操作
铜锍温度	工艺空气氧浓度、重油量	计算机在线或离线	前馈和反馈控制	

表 1-3-20　干矿计量方法

方　法	配置方法	计量原理	技术特点
体积法	风根秤、核子秤、调节干矿装入刮板或螺旋转速等	测定干矿体积，换算成重量	没有考虑干矿密度和流动特性的影响，计量精度低
重量法	冲击式流量计	将干矿下落的动量换算成重量	计量波动大，维护困难，精度低
	减重法（Weight-loss）	配置及计量原理见图 1-3-48	准确、可靠，可达到±1%的精度

减重法干矿计量系统由一个给料阀、安装有称重传感器的计量斗、螺旋运输机、刮板运输机组成。首先给料阀打开由干矿仓向计量斗装料，达到装料高位线后给料阀关闭。螺旋运输机连续地从计量斗排料，使其减重，减重的速度即为干矿装入量。将此装入量与设定装入量进行比较，调节螺旋排料速度以达到控制的目的。当达到装料低位线时，给料阀再次打开，如此往复进行。

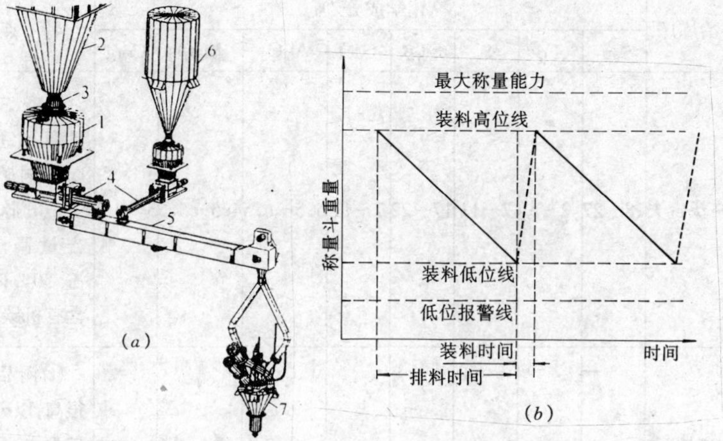

图 1-3-48　减重法干矿计量系统配置及控制原理

1—称量斗;2—干矿仓;3—给料阀;4—螺旋运输机;5—刮板运输机;6—烟尘仓;7—精矿喷嘴

这种计量方法成熟可靠,因而在很多冶炼厂得到了应用[65]。

八、奥托昆普闪速炉直接炼铜

奥托昆普闪速炉反应塔内的反应非常迅速,通过调节氧料比可以控制精矿的氧化程度,因此可以产出任意品位的铜锍,也可以直接生产粗铜。

但用一般的黄铜矿精矿或高 Fe、高 S、低 Cu 的精矿直接生产粗铜,则要受到下列因素的限制:(1)熔炼渣量大,渣含铜高,金属铜回收率低(仅 30%左右);(2)直接炼铜除杂质(As、Sb、Bi 等)能力低,粗铜精炼困难,成本高[70]。

直接炼铜仅对一些特殊的铜精矿适用,目前有三家冶炼厂获得了闪速炉直接炼铜的许可证。三家冶炼厂铜精矿的特点如表 1-3-21 所示。

表 1-3-21 直接炼铜的原料特点[66~68]

冶炼厂	化学成分/%								特点
	Cu	Fe	S	SiO_2	CaO	Al_2O_3	MgO	Corg	
格沃古夫	18~27	2~5	7~11	17~22	7~11	5.5~6.5	4.5~5.5	5~7.5	(1)Fe、S含量低；(2)铜以辉铜矿为主；(3)脉石含量高，约占 50%；(4)含有机碳
奥林匹克·达姆	55	12	23	25					(1)铜品位很高，以斑铜矿为主；(2)含 Fe、SiO_2 高；(3)其它脉石很少
卢伊卢	45~65	1~3	16~20	6~12	~1	~2	1~2		铜品位很高，铁很低

格沃古夫厂闪速炉直接炼铜工艺流程如图 1-3-49[45,69]。

精矿采用回转窑干燥，干燥后过筛、破碎，气流输送至干矿仓。

有 4 台埋刮板运输机分别由干矿仓向反应塔顶的 4 只精矿喷嘴供料，每台刮板机分别装有独立的调节控制装置。

闪速炉产出的粗铜用包子运至回转式阳极炉精炼后浇铸成阳极。闪速炉烟气经废热锅炉和电收尘后送酸厂制酸。烟尘气流输送至烟尘仓返回闪速炉。

闪速炉渣流入 18MV·A 的电炉进行贫化，产出弃渣（Cu<0.6%）和 Cu-Fe-Pb 合金。合金在转炉中吹炼成粗铜。电炉烟气经烧 CO 后放空；转炉烟气也放空。

各工序产物的成分如表 1-3-22、表 1-3-23、表 1-3-24 所示。

表 1-3-22 格沃古夫闪速熔炼产物的化学组成

产物	组成/%								
	Cu	Pb	Fe	S	As	SiO_2	CaO	MgO	Al_2O_3
粗铜	98.64	0.3	0.009	0.047	0.187				
炉渣	14.3	3.38	6.35	0.045	0.180	31.40	14.04	6.15	9.43
烟尘	19.80	4.10	2.95	12.52	0.391	12.53	8.60	3.41	4.80
	体积/%								
烟气	SO_2		O_2		CO_2		H_2O		N_2
	12～16		2～5		38～46		10～12		剩余

表 1-3-23 格沃古夫贫化电炉产物的化学组成

产物	组成/%								
	Cu	Pb	Fe	S	As	SiO_2	CaO	MgO	Al_2O_3
Cu-Pb-Fe 合金	70.46	21.04	3.02	0.28	3.56				
弃 渣	0.59	1.11	6.30	0.01	0.022	37.22	23.65	8.14	10.50
烟 尘	1.2	45.31	0.21		1.22	6.35	1.43	2.1	

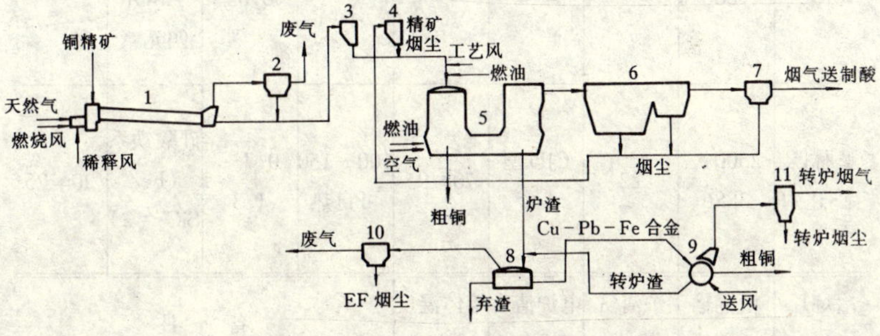

图 1-3-49 格沃古夫直接炼铜工艺流程

1—回转窑干燥机；2—电收尘器；3—干矿仓；4—烟尘仓；5—闪速炉；6—废热锅炉；7—电收尘器；8—贫化电炉；9—转炉；10—收尘器；11—湿法收尘系统

表 1-3-24 格沃古夫转炉产物的化学组成

产物	组成/%								
	Cu	Pb	Fe	S	As	SiO_2	CaO	MgO	Al_2O_3
粗铜	97.22	0.2	0.0014	0.000	0.95				
Ⅰ期炉渣	17.19	32.25	11.99		4.36	10.29	4.81	0.77	0.91
Ⅱ期炉渣	36.85	24.69	2.45		3.59	13.07	4.26	0.41	0.61
烟尘	1.25	63.05			7.01				-

奥林匹克·达姆的直接炼铜工艺与格沃古夫比较见表 1-3-25[45,46,49,67~69,71~73]。

表 1-3-25 两座闪速炉直接炼铜厂工艺的比较

冶炼厂名称	反应塔直径/mm×高/mm	精矿装入量/$t \cdot h^{-1}$	精矿喷嘴类型个数	工艺风氧浓度/%	反应塔油量/$L \cdot h^{-1}$	粗铜含S/%	渣型	渣含铜/%
格沃古夫	7500×7686	80~90	CJD型 4个	70~85	600~700	0.03~0.05	$CaO-SiO_2-MgO-Al_2O_3$ 四元系	12~16
奥林匹克·达姆	2500×3886	22	CJD型 1个	70~95	100~150 可自热	0.7~1.3	硅酸铁系 ($Fe/SiO_2=2$)	20~25

冶炼厂名称	粗铜输送方法	炉渣贫化方法	电炉渣含Cu/%	熔体温度/℃	备注
格沃古夫	包子，吊车	电炉-转炉	0.5~0.6	1280~1320	

续表 1-3-25

冶炼厂名称	粗铜输送方法	炉渣贫化方法	电炉渣含Cu/%	熔体温度/℃	备　注
奥林匹克·达姆	流槽包子	电炉-缓冷-浮选	2～8	>1300	(1)设计精矿装入量为 $12t·h^{-1}$;(2)1994 年后增设电炉,炉渣贫化至含铜 2%～8%后缓冷-浮选;电炉粗铜包子输送

1994 年前奥林匹克·达姆厂闪速炉渣进行缓冷-选矿处理,因而省去了电炉和合金吹炼转炉。1994 年后增设电炉,产出粗铜而不是合金,不需吹炼而直接送阳极精炼。格沃古夫精矿脉石含量高,闪速炉不需熔剂,产出自熔炉渣($CaO-SiO_2-MgO-Al_2O_3$ 系);奥林匹克·达姆厂精矿的脉石成分很少,选用硅酸盐渣系,需配入一定的石英熔剂造渣。

1999 年奥林匹克·达姆厂新建成 2 号闪速炉系统,并于 1999 年 1 月 20 日投料生产。1 号闪速炉系统于 1999 年 1 月 17 日停料,1 月 26 日闪速炉停止保温,系统停运进行维护[46]。

1 号闪速炉与 2 号闪速炉的比较见表 1-3-26。

该闪速炉直接炼铜的工艺特点如下:

⑴工艺对精矿的化学组成、物理性质和装入量的变化很敏感,因而控制要求很高。

⑵产出的粗铜、炉渣温度高。

⑶采用高浓度富氧。

⑷炉内不会有 Fe_3O_4 的析出。炉渣对炉衬的侵蚀性强。

表 1-3-26 奥林匹克·达姆厂两个闪速炉系统的比较

闪速炉	投料时间	炉体结构							精矿干燥法	精矿装入量 /t·h^{-1}	工艺风氧浓度 /%	干矿计量法
		反应塔/mm 直径×高	沉淀池/m 长×宽×高	反应塔水套层数	反应塔油嘴数	上升烟道烧嘴数	沉淀池烧嘴数	熔池深度 /mm				
1号系统	1988年7月31日	2500×3886	10.5×4.1×1.954	11	3	1	4	754		22	70~95	减重法
2号系统	1999年1月20日	4890×5800	19.872×6.3×1.9	14	3	2	10	750	蒸汽干燥法	50~70	60~90	减重法

闪速炉	喷嘴型式	烟尘处理方法	烟尘率 /%	铜口位置	粗铜含硫/%	炉渣贫化方法	炉渣 Fe/SiO$_2$	熔体输送方法	工艺控制方法
1号系统	管式 CJD 型	全部返回闪速炉	23	反应塔下	0.7~1.3 平均 0.98	1994 年前：缓冷－浮选 1994 年后：电炉－缓冷－浮选	2	电炉粗铜用包子； 闪速炉粗铜用流槽	Taylor Mod 300 DCS 系统
2号系统	挡板式 CJD 型	全部返回闪速炉	15	上升烟道侧	0.5~1 平均 0.79	电炉－缓冷－浮选	>2	全部用流槽	PLC/SCADA 系统

第三节 因科闪速熔炼

因科闪速熔炼是由加拿大国际镍公司(International Nickel Co.,Ltd,其简写为INCO)开发的一种熔炼铜精矿的新工艺。它在有色冶金工艺中首次应用氧气进行熔炼。

因科闪速炉通过装于端墙的精矿喷嘴将工业氧气和干燥铜精矿、返料等从水平方向喷入高温炉内,使精矿在水平方向的氧气流中燃烧,生成铜锍、炉渣和烟气。

因科闪速熔炼应用工业氧鼓风、自热熔炼,故又叫氧焰闪速熔炼或氧气自热熔炼;为了区别于奥托昆普闪速炉的直立式反应塔,故又叫卧式闪速炉。(见图1-3-50)。

第一座因科闪速炉投产于1952年,1953年这个炉子被一个较大的炉子所取代,并于1968年扩建至现在的规模。1968年,在前苏联的阿尔马累克建造了一个类似的炉子。1980年,在美国的亚利桑那州的海登和新墨西哥州的赫尔利建造了两台因科闪速炉。在这之后,一直没有新炉子投产。

一、因科闪速熔炼工艺流程

因科闪速熔炼的工艺流程如图1-3-51所示。

精矿和熔剂经过深度干燥至含水0.8%以下后由螺旋运输机送往炉子。常温工业氧气以大约高于环境压力0.1MPa的压力从水平方向鼓入精矿喷嘴,干炉料(精矿、熔剂和烟尘)借助氧气流和重力的作用进入喷嘴,在导流板的作用下,炉料呈悬浮状,以大约30m/s的速度喷入炉内。铜精矿中的硫与氧进行燃烧,所产生的热使熔炼过程得以自热连续进行。

熔炼产物降落到熔池中分离成炉渣和铜锍。因科炉产出的炉渣含铜较低,仅0.6%~0.8%,可直接废弃,只有美国海登冶炼厂的炉渣先经电炉贫化后才弃去。产出的铜锍含铜45%~55%,由吊车送往转炉吹炼,转炉渣多以液态返回闪速炉。

从位于炉子中间的竖烟道(上升烟道)排出的烟气含SO_2浓度极高(70%~80%),通常都经充分除尘降温后制取液态SO_2,然

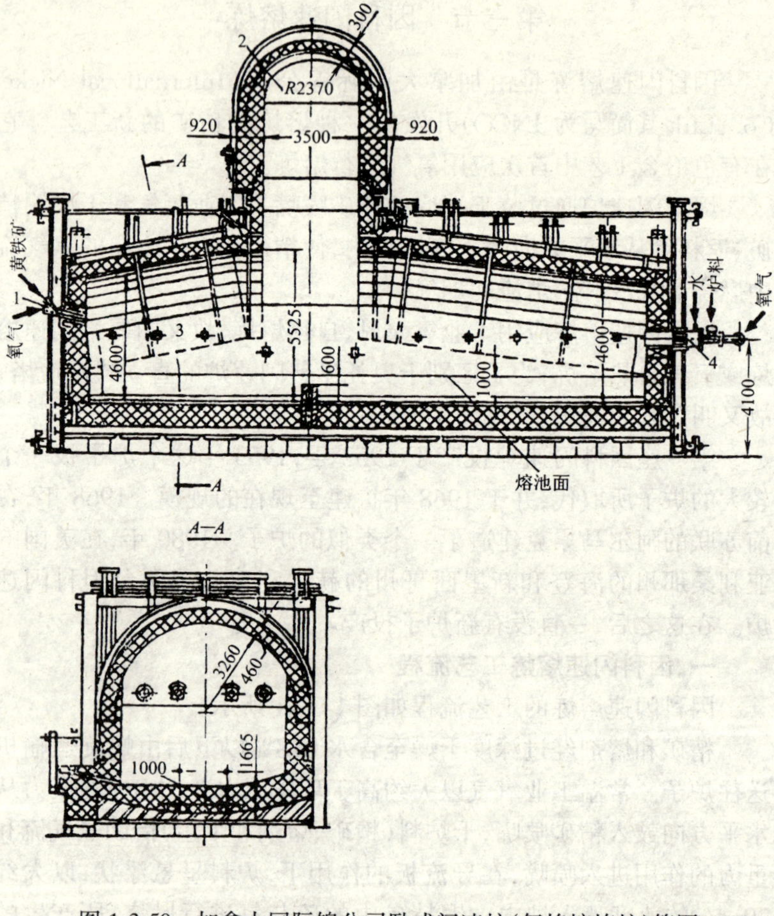

图 1-3-50　加拿大国际镍公司卧式闪速炉(氧焰熔炼炉)简图
1—黄铁矿氧气喷枪;2—上升烟道;3—熔池;4—炉料-氧气喷嘴

后将其尾气送往硫酸车间生产硫酸。

二、因科闪速炉结构[74]

国际镍公司在 1953 年 12 月建成日处理铜精矿 100t 的炉子,炉型结构见图 1-3-50。这座炉子的主要优点是具有较大的燃烧空间,减少了熔融颗粒对炉顶和侧墙的冲刷,并改善了铜锍和炉渣的分

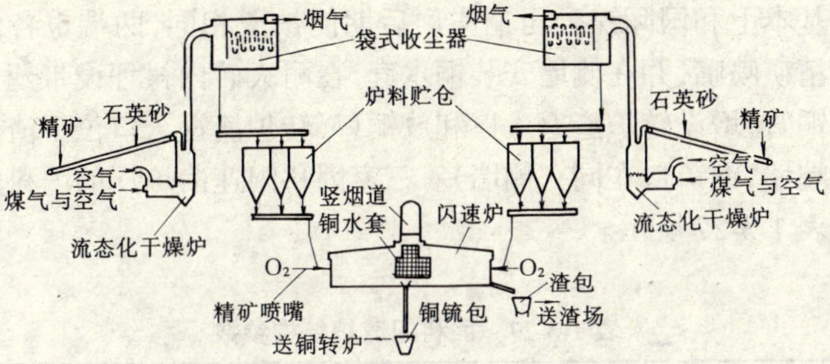

图 1-3-51 因科闪速熔炼工艺流程

离。炉子实际能力为日处理铜精矿 1200t(炉料 1450t),该炉长 20.8m,宽 7.3m,高 5.2m,上升烟道中心线距离出渣端 8.2m,宽度和炉宽一样,长 3.5m,伸出炉顶以上的高度为 6.7m。铜锍口设于距离放渣端约 4m 的炉侧。炉顶和炉墙采用铬镁砖,炉底为镁砖。

炉子的出渣端设有小喷嘴,用来喷入磁黄铁矿精矿以降低渣中的铜镍含量。炉子配置如图 1-3-52 所示。但在 1966 年炉子进行改造时,取消了磁黄铁矿小喷嘴而在炉子两端各设两个精矿喷嘴,并将上升烟道移到中间,工业氧气、干精矿及熔剂同时从两端喷入炉内。改造后的因科炉结构如图 1-3-53 所示。

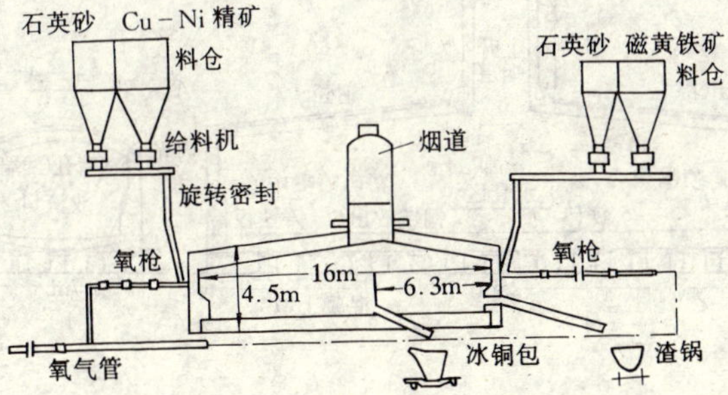

图 1-3-52 因科闪速炉的工艺配置

1983年及1984年先后在美国西南部建成的两座因科炉，其结构基本上和国际镍公司铜崖厂后期的炉子相同，两端也各设有两个精矿喷嘴，并在侧墙安装铜水套，在耐火砖内衬埋设带翅片的冷却铜管，增设转炉渣返入口和放铜口(转炉渣返入口位于渣口对面的端墙，铜锍口在同一侧墙)。三家因科闪速冶炼厂的因科炉结构如表1-3-27所示。

表1-3-27　因科闪速炉结构参数

项　目	国际镍公司	奇诺矿业公司赫尔利冶炼厂	美国熔炼与精炼公司海登冶炼厂
投产时间	1952年建，1966年扩建	1984年	1983年
炉膛，宽/m×长/m×高/m	5.5×22×5	5.5×22×5	5.5×22×5
上升烟道长/m	2.5	3.5	3
沉淀池顶以上高/m	6	10	10
渣层厚度/m	0.6	0.4	
铜锍层厚度/m	0.6	0.8	
渣口数	1	1	1
铜锍口数	2	2	4

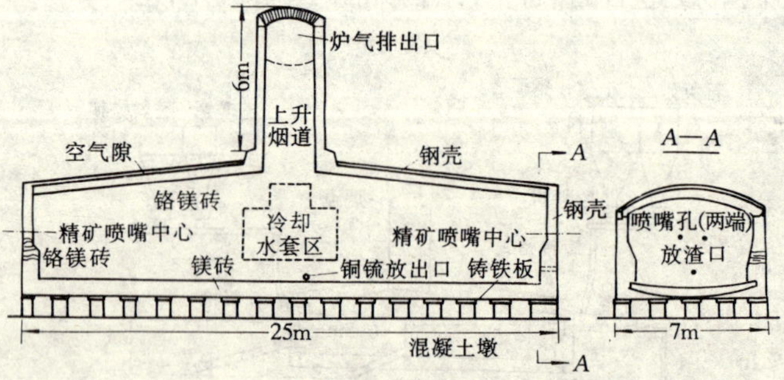

图1-3-53　改造后的因科闪速炉结构

因科闪速炉的精矿喷嘴是水平安装的,其结构见图 1-3-54。整个喷嘴用 10 毫米厚的不锈钢板制成,炉料管和氧气管的外径都是 100mm。在两管间有一导流板,其作用是产生湍流并使气相与固相均匀混合成悬浮状。喷嘴穿过炉子端墙处其外围有环形铜水套保护。

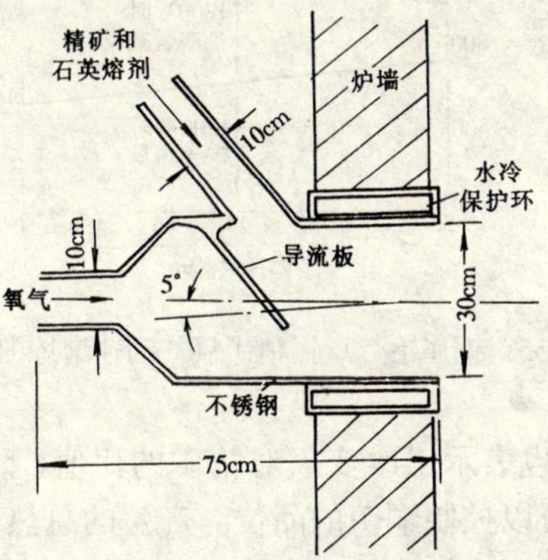

图 1-3-54 因科闪速炉精矿喷嘴

在炉料管上装有自动控制逆止阀,防止氧气向上吹入精矿仓,避免爆炸。

喷嘴安装时稍为伸向炉内(高出渣面)并向下倾斜 5°,使火焰射向渣面。

三、因科闪速炉的热平衡[75]

因科闪速炉采用常温工业氧气进行自热熔炼,根据规定的产物温度,而不是根据规定的铜锍品位来确定精矿的氧化程度。

1. 热平衡与铜锍品位

因科炉熔炼 1t 铜崖冶炼厂的铜精矿生产 38%～50%品位的铜锍和含 $SiO_2$32%的炉渣,其热平衡关系见图 1-3-55(不考虑返料

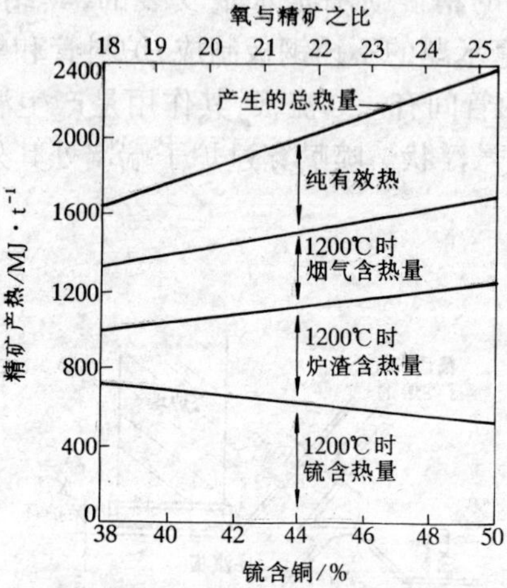

图 1-3-55　铜崖冶炼厂铜精矿氧气闪速熔炼的热平衡

的影响)。此图也表示出改变氧对精矿的比值(下称氧料比)或改变供料速度都可以控制铜锍的品位。产生的总热量和铜锍品位直接随氧料比增加而增加。炉渣含热量的增加和铜锍含热量的减少反映出氧料比增大时这两种产物的量的变化。烟气的含热量随铜锍品位的提高而稍有增加,因为硫的氧化增加了。纯有效热随铜锍品位的增加而增加,并完全用于补偿炉子的热损失。

2. 返料的影响

加入炉料中的冷返料吸收的热量,相当于在熔炼过程中单位精矿所需增加的热量。这就需要有较高的氧料比,以保持炉子的热平衡。

铜崖冶炼厂的冷返料大约是 30～50t/d,其中 3/4 是转炉烟尘,其余是闪速炉沉降室烟尘。每吨烟尘耗热 1400MJ,对炉子的热平衡影响很大,从而也影响铜锍品位,如图 1-3-56 所示。图中曲线为预测结果。$*\sim D$ 为不同烟尘装入量下很多班次生产的实际值,预测结果同实际生产吻合得很好。

其它返料(如磨细的铜锍、渣包壳等)也可以用来控制因科炉

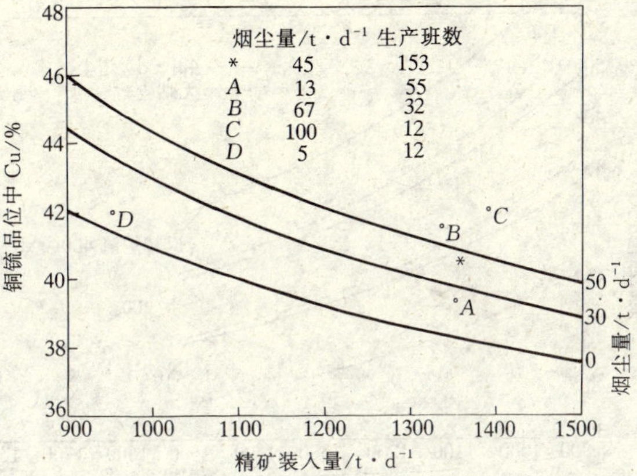

图 1-3-56　铜崖冶炼厂烟尘返回对铜锍品位的影响

的铜锍品位。在一定的范围内变更熔剂量也能起同样的作用。

3. 返回转炉渣的影响

转炉渣含 SiO_2 低,返回闪速炉后,为了调整渣成分,需往炉子里加入更多的熔剂,熔化熔剂需要额外的热量,因此必须提高铜锍品位,使更多的硫化铁氧化产生更多的热量以维持炉子的热平衡。

1978 年铜崖冶炼厂进行过 50 个班次的试验,转炉渣返回量分别为 160t/d 和 270t/d,精矿装入量为 1100～1500t/d。试验结果表明,按 100t/d 计的转炉返渣,使铜锍品位升高 1.5 个百分点,相应的每吨精矿需要的氧气量增加 4.5kg。热平衡、物料平衡的理论计算结果为:每天 100t 的返渣使铜锍品位上升 1.6 个百分点,吨精矿耗氧量增加 5.5kg。

由试验建立的转炉返渣量、铜锍品位和精矿装入量的关系如图 1-3-57 所示。

四、因科闪速熔炼的工艺控制[74]

因科闪速熔炼的工艺控制是由炉子的热平衡决定的。根据规定的产物温度,由炉子的热平衡决定精矿的氧化程度,即铜锍品位。主要的控制参数是氧料比。

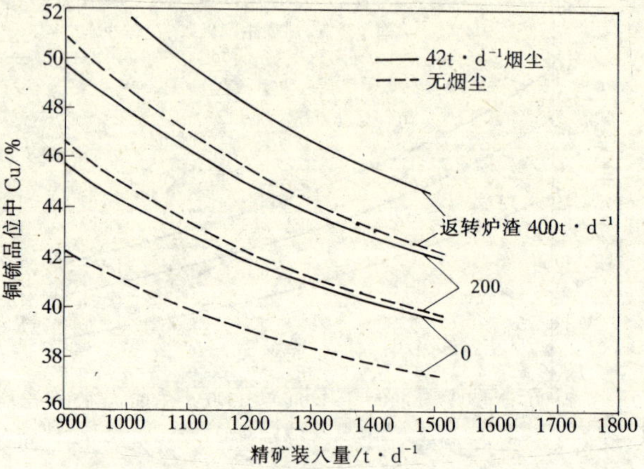

图 1-3-57　铜崖冶炼厂熔融转炉渣返回对铜锍品位的影响

因科闪速熔炼的主要控制项目包括:(1)按规定值设定精矿装入量;(2)调节氧料比控制操作温度和铜锍品位;(3)调节炉料中熔剂与精矿的比率,以产出既定成分的炉渣。因科炉控制系统如图 1-3-58 所示。因科闪速熔炼工艺控制方法如表 1-3-28 所示。

表 1-3-28　因科闪速熔炼的工艺控制方法

控制参数	操作参数	辅助操作参数	控制装置与系统
铜锍品位	氧料比	干矿装入量、返转炉渣量、返尘量、冷铜锍量、冷渣量、黄铁矿或煤加入量等	干矿量:可调速螺旋 氧量:流量计和调节阀 配置有计算机自动调节螺旋转速和调节阀开度
炉膛温度	氧料比	干矿装入量、返转炉渣量、返尘量、冷铜锍量、冷渣量、黄铁矿或煤加入量等	辐射高温计,由计算机控制
炉渣 Fe/SiO_2	熔剂装入量		手动或计算机自动调节熔剂给料螺旋的转速

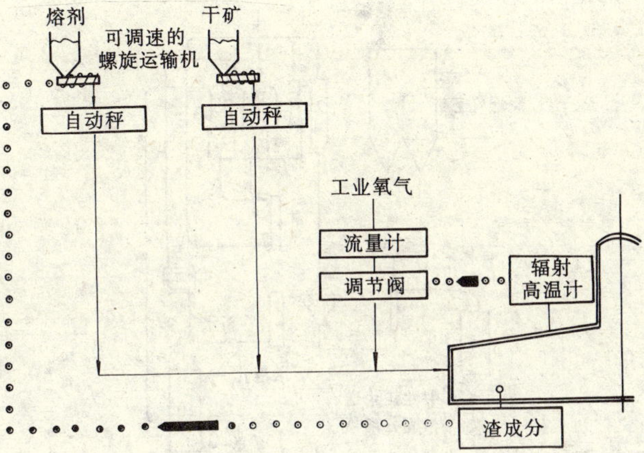

图 1-3-58 因科闪速炉控制系统举例

五、因科闪速炉的主要辅助设备[74]

因科闪速熔炼的主要辅助设备有:(1)炉料干燥设备;(2)制氧站;(3)烟气冷却设备;(4)烟尘回收和返回设备;(5)SO_2 回收设备。

1. 炉料干燥设备

干燥采用流态化床干燥炉或快速干燥炉,以重油和天然气为主要热源。经过干燥的炉料($H_2O<0.8\%$)由位于干燥炉顶部的沉尘室和旋风收尘器捕集,也可用布袋收尘器收集,进入炉顶的干矿仓。熔剂与精矿一起干燥,或者单独干燥。有一家工厂的熔剂不干燥。

2. 烟气冷却除尘及烟尘回收设备

因科炉烟气量很小,带走的热量也小,因此采用废热锅炉以蒸汽形式回收余热就很不经济;另外,因科炉烟气用于制造液态 SO_2,须深度降温除尘,故采用沉尘室→洗涤塔→湿式电收尘器三段净化系统(见图 1-3-59)。

含尘烟气进入沉尘室时温度约为 1260℃,烟气所夹带的烟尘有 1/3~1/2 在此沉降;同时温度降到 650℃ 左右,然后进入洗涤

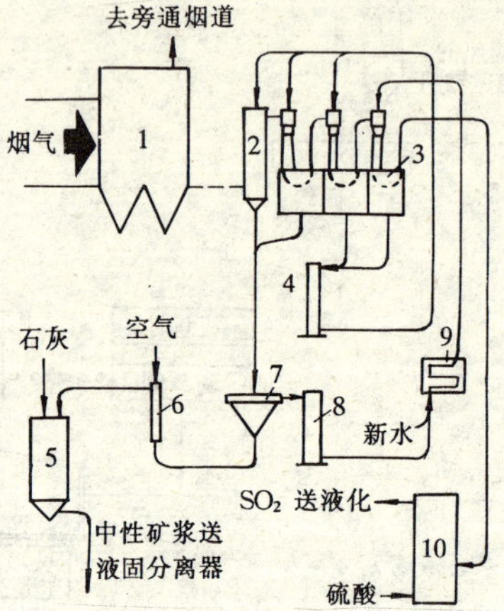

图 1-3-59 因科闪速炉烟气净化系统

1—沉尘室；2—洗涤塔；3—文丘里洗涤器；4—立管；5—中和槽；
6—充气器；7—沉淀锥；8—立管；9—热交换器；10—湿式电收尘器

塔。洗涤塔的泥浆排入圆锥形沉淀槽(即沉淀锥)，沉淀锥的溢流返回洗涤塔，底流泥浆用石灰中和除酸，固体呈滤饼回收。

被水饱和的烟气再通过 3 个串联的文丘里洗涤器，洗水与烟气逆流通过洗涤系统，并在热交换器内冷却。烟气最后在湿式电收尘器内净化以除去 SO_3。

沉尘室烟尘输送至干矿仓返回闪速炉。

3. SO_2 回收设备

净化后烟气用浓硫酸干燥，然后经压缩和冷凝而形成液态 SO_2。液体排入贮罐，气体则进一步压缩，冷凝以制取更多的液态 SO_2。

经二次冷凝后，尾气与转炉烟气混合送往硫酸车间生产硫酸。

赫尔利冶炼厂研究出了一种回收 SO_2 的新方法，即将因科炉烟气部分制成液体 SO_2，作为硫酸厂的中继 SO_2 储备。当进入酸厂的 SO_2 流量低于平均值时，让液态 SO_2 从中继储罐中挥发出来；而当进入酸厂的 SO_2 流量高于平均值时，就制成备用的液态 SO_2。这样可以使进入酸厂的烟气中的 SO_2 浓度保持稳定。

六、因科闪速熔炼的生产实践[76]

三家采用因科闪速熔炼工艺的冶炼厂生产作业数据如表 1-3-29 所示。

表 1-3-29　因科闪速炉作业数据

项　目	加拿大国际镍公司铜崖冶炼厂		美国熔炼与精炼公司海登冶炼厂	美国奇诺矿业公司赫尔利冶炼厂		
	（Ⅰ）	（Ⅱ）	（Ⅰ）	（Ⅰ）	（Ⅱ）	（Ⅲ）
年产铜/万 t		13.6			11.5	
设计精矿处理能力/$t·h^{-1}$		75			80	
精矿处理量/$t·d^{-1}$	1100～1600		1500	1300		54 万吨·a^{-1}
精矿成分/%：Cu	29	29（Ni0.9%）	25～28	20	25	25.1
S	34	34		37	35	33.2
Fe	32	32		37	30	28.8
SiO_2		1.9			5	6.6
熔剂率（占精矿）/%		12			12	
鼓风含氧/%		95～97			98	
鼓风温度/℃	常温	常温	常温	常温	常温	常温
铜锍层厚/m				0.8		
渣层厚/m				0.4		
操作温度/℃		1200～1220			1260	
渣口数/个	1		1	1		
铜锍口数/个	2		4	2		

续表 1-3-29

项　目	加拿大国际镍公司铜崖冶炼厂		美国熔炼与精炼公司海登冶炼厂	美国奇诺矿业公司赫尔利冶炼厂		
	（Ⅰ）	（Ⅱ）	（Ⅰ）	（Ⅰ）	（Ⅱ）	（Ⅲ）
铜锍产量 /$t \cdot d^{-1}$	900～1200	1150		800	800	
铜锍品位/%	45～48	45(Ni1.5)	55	45～55	48	58
铜锍温度/℃	1167	1170		1157	1180	
炉渣产量 /$t \cdot d^{-1}$	260～360	700		1000	1100	
炉渣成分/%:Cu	0.63	0.6 (Ni0.06)	0.5	0.7	0.7	1.09
Fe		40			44	44
SiO_2		33			33	33
CaO					<1.0	0.7
Fe/SiO_2	0.88	1.2		0.83	1.3	1.3
炉渣温度/℃	1237	1220		1227	1235	
炉渣处理	不处理	不处理	电炉贫化	不处理	不处理	不处理
转炉渣处理方法	部分返闪速炉	返回镍反射炉	返回闪速炉	返回闪速炉	返回闪速炉	返回闪速炉
烟气量 /$m^3 \cdot h^{-1}$	13000	13000		17000	14000	
烟气含SO_2/%	70～80	70～80		70	80	80～85
烟气温度/℃		1260			1260	
冷却方式		文丘里洗涤器			空气烟气交换	湿式
入口温度/℃		800			1260	
出口温度/℃		37			45	
固定烟气SO_2方法	先产液态SO_2后制硫酸				生产硫酸	
炉龄/a		3			2	每年大修27d

由于因科炉采用工业纯氧进行熔炼，铜锍品位要受热平衡的限制，不能像奥托昆普闪速炉那样，通过调节送风中的氧浓度和氧量，生产任意品位的铜锍。而且，并不是任何成分的精矿都适合采用因科闪速熔炼，当熔炼硫铜比较高的精矿时，只能生产低品位的铜锍；而含硫低于20%的精矿也不适于在因科炉中处理，否则就要补充燃料。

因科炉内的氧势很低，为氧化烟气中少量的元素硫，通常在上升烟道鼓入少量的氧气。

因科炉内很容易建立铜锍与炉渣之间的平衡，即使在返回吹炼渣的情况下。

由于这两个特点，炉内没有 Fe_3O_4 的析出。如铜崖冶炼厂生产50%～55%品位的铜锍，含 $SiO_2$30%～32%的炉渣时，渣含 Fe_3O_4 仅11%～12%，远低于饱和浓度。该厂几十年的作业中都未出现炉底结的问题。

因科闪速熔炼采用高硅渣型，渣中 Fe/SiO_2 控制在0.8～0.9，渣含铜通常低于0.8%，不需处理即废弃（只有海登冶炼厂增设了电炉，将渣贫化后才弃去）。当返回转炉渣时，弃渣 Fe/SiO_2 升高，如赫尔利冶炼厂返转炉渣后，Fe/SiO_2 达1.3，渣含铜达1.09%。

因科炉烟气量很小，烟气冷却净化设备较小，节省了大量投资。但因科炉采用工业氧鼓风，烟气中 SO_3 含量很高，腐蚀性很大。因此净化烟气的设施以及全部工作管道均用不锈钢制成，大大增加了投资。奥托昆普闪速熔炼通过提高鼓风中氧浓度，使工厂生产大型化，因科炉的投资已无优势，如美国圣马纽尔厂采用奥托昆普闪速炉工艺的投资每万吨铜为600万美元，而5年前建成的海登冶炼厂的投资为754万美元。

两种闪速熔炼能耗对比如下：

	奥托昆普闪速熔炼	因科闪速熔炼
铜锍品位	60	45
吨料总净能耗/GJ	3.97	4.51

由于种种原因,因科闪速熔炼发展缓慢。

第四节 闪速吹炼

典型的黄铜矿精矿的冶炼一般分为两个步骤:精矿熔炼产出铜锍,铜锍吹炼产出粗铜。尽管熔炼技术发展很快,但吹炼技术自本世纪初P.S转炉技术应用以来,几乎没有什么变化。该技术存在很多局限性。美国肯尼柯特(Kennecott)公司出于对环境的考虑和经济的压力,于1979年开始研究取代P.S转炉的工艺方案,提出了固体铜锍氧气吹炼工艺,简称SMOC(Solid Matte Oxygen Converting),应用高浓度富氧空气由固态高品位铜锍连续、自热地生产粗铜。因固体铜锍磨细后在奥托昆普闪速炉内进行吹炼,故称闪速吹炼(Flash Converting)。

闪速吹炼工艺首先在肯尼柯特公司的工艺技术中心进行试验,1984年邀请芬兰奥托昆普公司合作开发,SMOC工艺正式命名为肯尼柯特-奥托昆普闪速吹炼。

闪速吹炼工艺原则流程见图1-3-60。精矿首先在熔炼炉(闪速炉或其它熔炼炉)中熔炼而获得铜锍。放出的铜锍进行高压水碎、磨细、干燥。细粒铜锍在闪速吹炼炉(奥托昆普闪速炉)内用纯氧或富氧空气吹炼成粗铜,产出的少量炉渣返回熔炼炉回收铜,也可以采用选矿或电炉贫化。高浓度SO_2烟气连续通过冷却和收尘工序,然后送到制酸车间生产硫酸或液态SO_2。

1995年6月世界第一座闪速熔炼-闪速吹炼冶炼厂——肯尼科特犹他冶炼厂顺利投产,开始了铜锍吹炼工艺的新时代。南秘鲁的爱罗冶炼厂的闪速熔炼-闪速吹炼工艺也在建设中,计划于2003年投产。

一、闪速吹炼中金属铜的生成[68,77]

闪速吹炼和闪速熔炼不同,进入闪速吹炼炉内的硫几乎全部被氧化,只有少量的硫分散于粗铜和炉渣中。在反应塔内的闪速反应中仅有不到10%的金属铜生成,而大部分金属铜是在沉淀池的渣相反应层中由过氧化粒子与欠氧化的铜的硫化物发生反应而

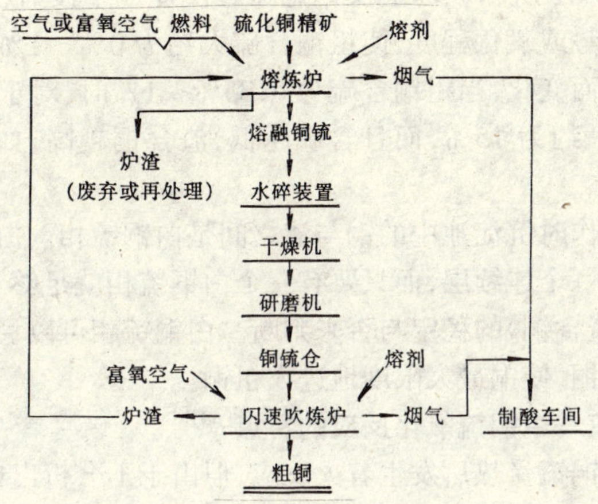

图 1-3-60　闪速吹炼流程图

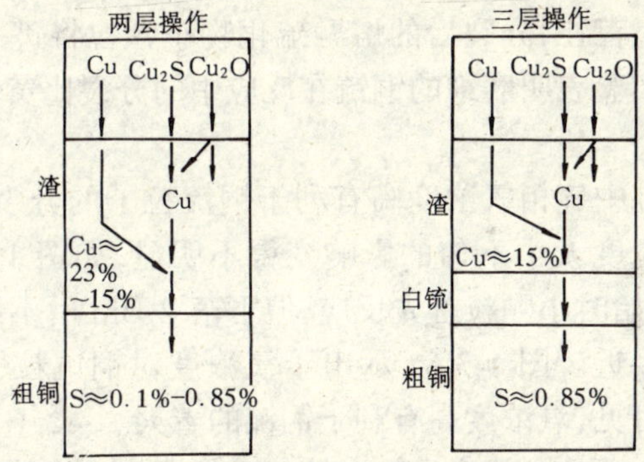

图 1-3-61　两层、三层操作示意图

形成的，同时释放出大量的 SO_2，这些反应可以简单地表示为：

$$Cu_2S + 2(Cu_2O) = 6Cu + SO_2(g)$$

$$Cu_2S + 2(Fe_3O_4) = 2Cu + 6(FeO) + SO_2(g)$$

氧化铁进入渣相，渣相也含一些氧化铜。

闪速吹炼可以有两种不同方式熔炼粗铜：两层操作和三层操

作,如图 1-3-61 所示。两层操作意味着沉淀池中没有白铜锍相。可以改变氧势或氧化程度,使粗铜含硫大约为 0%～1%。炉渣含铜也随氧势而变化,当粗铜含硫为 0.85%～1%时,对于硅酸铁炉渣,渣含铜大约为 15%,而且含硫越低,渣含铜越高,如图 1-3-62 所示。

三层操作时沉淀池中的铜与渣之间是白铜锍相。白铜锍相并不一定要是一个连续层,而只要有一个白铜锍相就足够了,可以通过渣成分(渣含铜)的稳定与否来判断。白铜锍相可以稳定粗铜含硫和炉渣含铜,使铜最大限度地进入粗铜。

二、反应塔中铜锍氧化反应的特点[68]

磨细的铜锍受热后发生着火反应,但由于不会析出单体硫,因而其着火温度比黄铜矿高。实验结果见图 1-3-63。

铜锍粒子着火后,由于氧浓度高,而且反应粒子完全熔化,因而氧化非常激烈。根据分裂机理,大颗粒铜锍将爆裂成小颗粒。如烟气中有氧存在,分裂后的熔融硫化物小颗粒将进一步氧化成铜氧化物。实验表明磨细的铜锍在反应中的分裂比黄铜矿精矿更激烈。

闪速吹炼中气相氧浓度高有利于铜锍粒子的分裂。这样,细磨铜锍粒子粒度大小不匀的影响变得不明显,如图 1-3-64 所示。可见,反应开始时小颗粒首先反应,但下落 2.5m 后不同粒度的铜锍脱硫程度接近。图 1-3-65 示出了氧浓度对铜锍粒子着火和脱硫的影响。可见,氧浓度高有利于铜锍的着火。

悬浮体中颗粒之间会发生碰撞使小粒子变成大粒子。碰撞频率为悬浮体粒子密度的 2 次方。如用 50%的富氧空气,碰撞频率会增加到 5.7 倍,而用 90%富氧空气熔炼,则碰撞频率为 18 倍。

熔剂粒子不会燃烧,因而不会有硫化物粒子一样的高温。因此熔剂的熔化及与 FeO 的造渣反应要到沉淀池的渣面上才发生。但由于燃烧的硫化物粒子中有脉石成分,而且由于粒子间的碰撞,在反应塔的下落中也发生了一些预造渣反应。

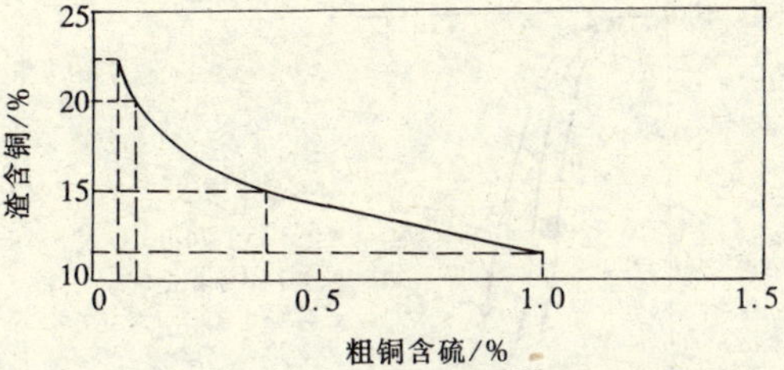

图 1-3-62 粗铜含硫与渣含铜的关系

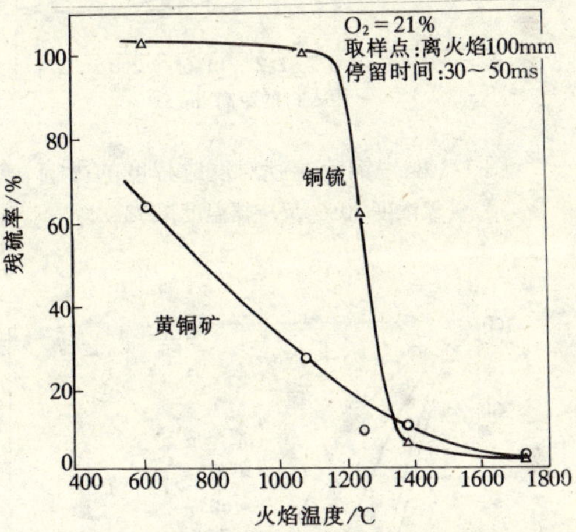

图 1-3-63 铜锍与黄铜矿着火的比较

三、闪速吹炼的热平衡[77]

闪速吹炼工艺将液态铜锍水碎，尽管损失了铜锍的显热，但却使得应用氧气(或高浓度富氧空气)吹炼固态铜锍成为可能。闪速吹炼和 P·S 转炉吹炼的热平衡如图 1-3-66 和图 1-3-67 所示。由图可见，P·S 转炉吹炼中液态铜锍所带入的显热几乎全部消耗于加热氮气，而且由于大量氮气的存在，烟气量大大增加，对排烟系统和酸厂的影响很大。而在闪速吹炼中，高品位铜锍吹炼的反应

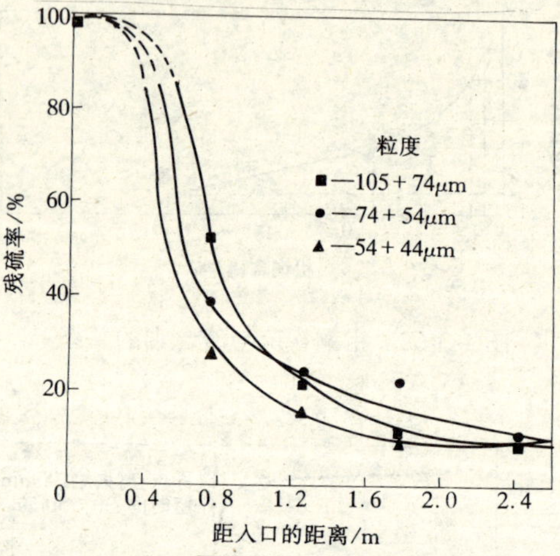

图 1-3-64　铜锍粒度对反应程度的影响

（氧浓度 60%，反应器温度 1273K）

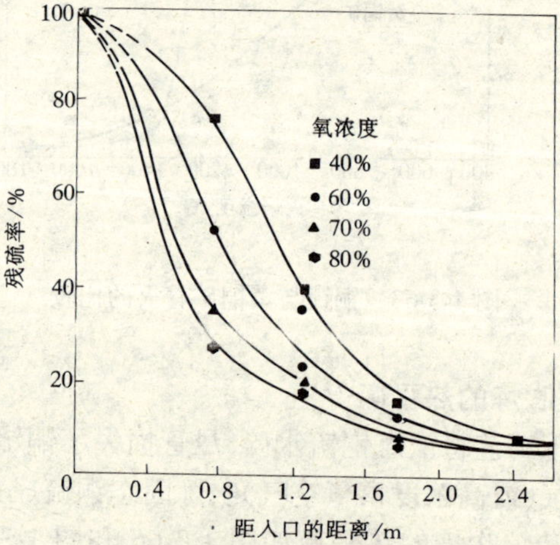

图 1-3-65　氧浓度对铜锍反应程度的影响

（反应器温度 1273K）

热全部用于加热必要的冶炼产物，并补偿炉子的热损失。

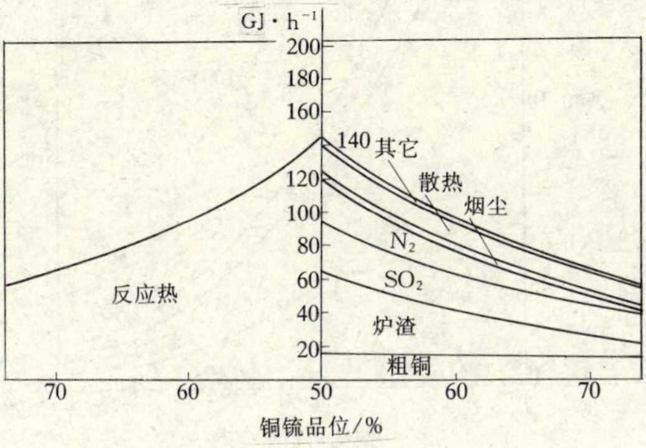

图 1-3-66　闪速吹炼的热平衡

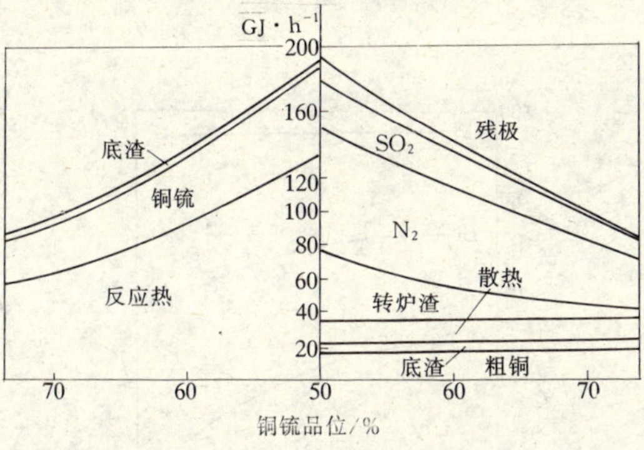

图 1-3-67　P·S 转炉吹炼的热平衡

四、杂质元素的行为[77,78]

1. 铜锍品位对杂质元素行为的影响

铜锍品位对闪速吹炼中除杂质能力的影响，数学模拟结果如图 1-3-68、图 1-3-69 所示。

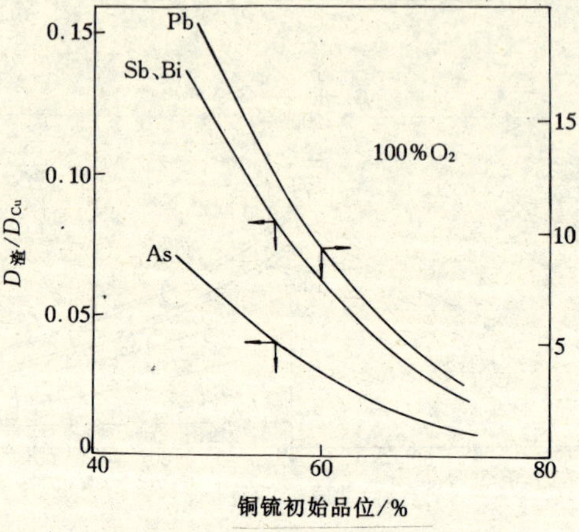

图 1-3-68 闪速吹炼中铜锍品位对沉淀池中杂质分布的影响

（熔体温度 1523K）

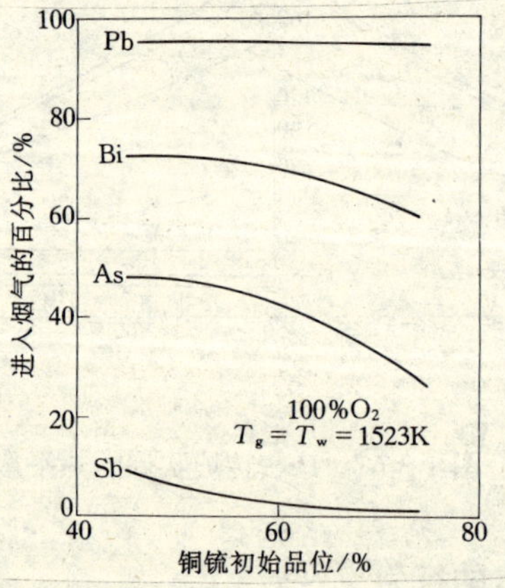

图 1-3-69 闪速吹炼中铜锍品位对气相除杂的影响

（T_g 为气相温度，T_w 为反应器温度）

可见，随着铜锍品位的提高，As、Sb、Bi、Pb 向气相的挥发减少，而入渣的量更少。

2. 工艺空气氧浓度的影响

数学模拟结果如图 1-3-70 所示。可见，As、Pb 的挥发随氧浓度的提高而提高，Bi、Sb 则相反。

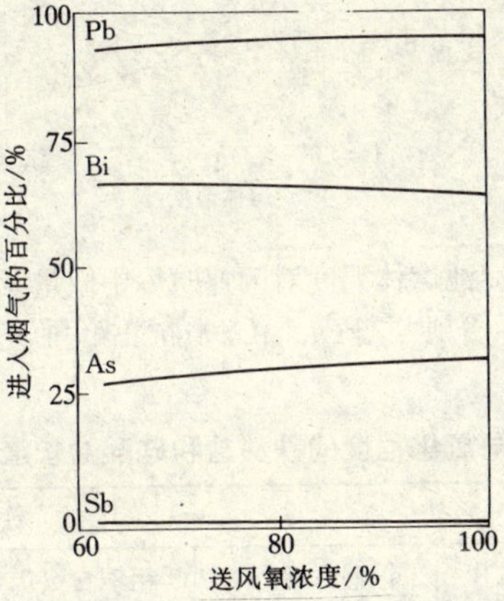

图 1-3-70　送风氧浓度对闪速吹炼中微量元素挥发的影响
（铜锍品位：70%，$T_g = T_w = 1523K$）

3. 沉淀池温度的影响

数学模拟结果见图 1-3-71 所示。可见，降低温度更有利于杂质进入炉渣。

4. 渣型对杂质元素行为的影响

铜锍成分（%）：Cu 70、Fe 5.3、S 21.4、Pb 0.7、As 0.3、Sb 0.035、Bi 0.015。选择两种渣型进行闪速吹炼的半工业试验，渣成分见表 1-3-30，试验结果见表 1-3-31。

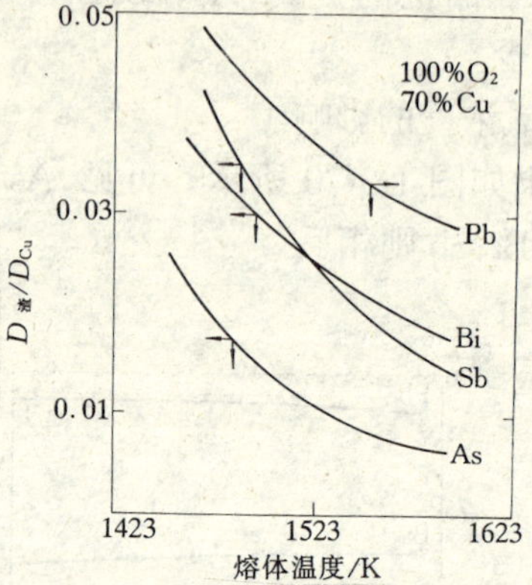

图 1-3-71 沉淀池熔体温度对闪速吹炼中微量元素分布的影响
（$D_{渣}$、D_{Cu}分别为杂质元素在炉渣和粗铜中的分配系数）

表 1-3-30 不同氧化程度的铁酸盐和硅酸盐炉渣成分比较(%)

组成	硅酸盐炉渣		铁酸钙炉渣	
	粗铜含 S 0.8	粗铜含 S 0.1	粗铜含 S 0.8	粗铜含 S 0.1
Cu	15.6	22.5	11.0	18.0
Fe	32.0	26.4	37.5	29.8
S	0.1	0.1	0.1	0.1
SiO_2	25	25	3	3
CaO	1.5	1.5	20	20

表 1-3-31 杂质元素的分布

杂质元素		D_g	D_s/D_{Cu}			
			硅酸盐渣		铁酸钙渣	
			粗铜含 S 0.8	粗铜含 S 0.1	粗铜含 S 0.8	粗铜含 S 0.1
As	试验值	20	0.019	0.119	0.3	1.4
	预测值	31.2	0.02	0.045	0.15	0.35

续表 1-3-31

杂质元素		D_g	D_s/D_{Cu}			
			硅酸盐渣		铁酸钙渣	
			粗铜含 S 0.8	粗铜含 S 0.1	粗铜含 S 0.8	粗铜含 S 0.1
Sb	试验值	2.5	0.036	0.163	0.18	0.6
	预测值	1.2	0.04	0.1	0.26	0.7
Bi	试验值	30	0.034	0.096	0.075	0.107
	预测值	63	0.034	0.088	0.029	0.076
Pb	试验值	0	3	9	0.33	1.13
	预测值	94.5	4.68	9.47	0.39	0.82

注：D_g、D_s、D_{Cu}分别为杂质元素在气相、炉渣相和金属铜相中的分配系数。

由表可见，铁酸钙渣除 As、Sb 比硅酸铁渣更有效，而硅酸铁渣除 Pb 的能力强得多，两种渣除 Bi 的能力相当。

5. 工艺流程对除杂的影响

选择的精矿成分为：Cu 25%、S 32%、Fe 27%、SiO_2 6%、Pb 0.4%、Zn 2.5%、As 0.2%、Sb 0.02%、Bi 0.007%。

假设：铜锍品位为 70%；闪速吹炼粗铜含硫 0.8% 和 0.1%；熔炼炉渣含 $SiO_2$27%；闪速吹炼炉渣含 $SiO_2$25%；P·S 转炉渣含 $SiO_2$27%。

对四种工艺流程进行比较见图 1-3-72 至图 1-3-74。其中流程 3 和流程 4 相同，仅控制流程 3 粗铜含 S0.8%，流程 4 为 0.1%。

杂质元素在各种流程中的行为见图 1-3-75 和表 1-3-32。图 1-3-75 中的炉渣指熔炼经选矿后的尾矿，烟气指进入制酸系统的全部烟气。

表 1-3-32　粗铜成分(%)

流　程	S	As	Sb	Bi	Pb	Zn
1		0.27	0.018	0.015	0.051	0.0110
2	0.8	0.35	0.027	0.016	0.038	0.014
3	0.8	0.26	0.025	0.010	0.016	0.007
3	0.1	0.24	0.023	0.009	0.067	0.004

可见,闪速吹炼对杂质的排除能力与转炉吹炼差不多,有些情况下甚至更好。特别是当控制粗铜含硫量较低时,或使用铁酸盐渣型,则杂质的脱除更为彻底。

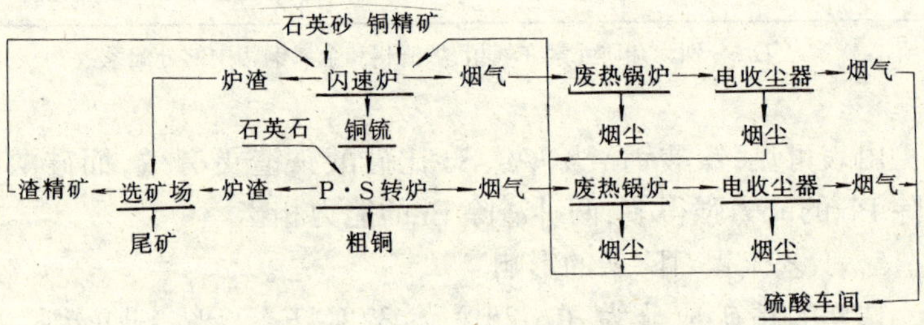

图 1-3-72　闪速熔炼和 P·S 转炉吹炼(流程 1)

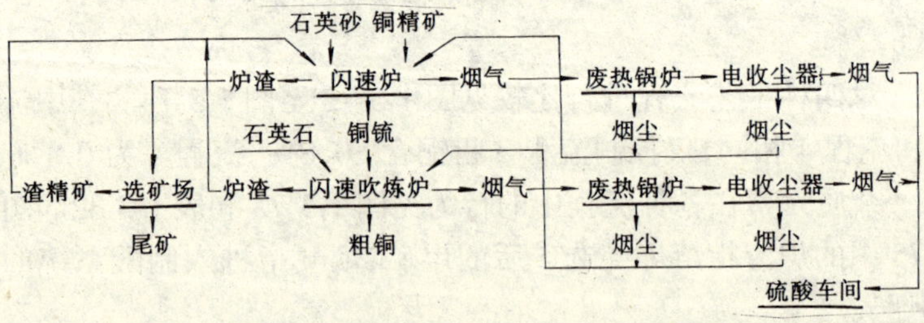

图 1-3-73　闪速熔炼和闪速吹炼(流程 2)

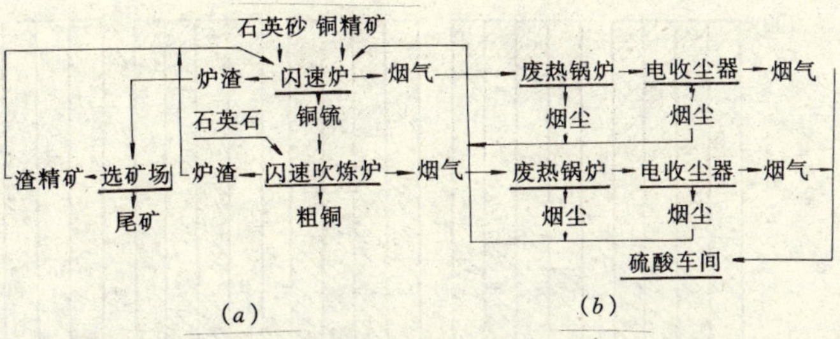

图 1-3-74　闪速熔炼和闪速吹炼(流程 3 和流程 4)

五、闪速吹炼渣型的选择[68]

闪速吹炼中,由于原料是铜锍,不含脉石矿物,因而其成分对 FeO 熔剂的选择没有限制。闪速吹炼可以选择硅酸盐渣系,也可以选择铁酸盐钙质炉渣。

1. 渣含铜

闪速吹炼中粗铜含 S 越低,氧化气氛越强,在稳定的熔炼条件下,铜在渣中的机械损失为 2%左右。闪速吹炼中,粗铜含 S 实际在 0.7%～1.2%之间,一般为 0.85%。半工业试验和数学模型计算表明,在粗铜含硫相同时,铁酸钙炉渣含铜比硅酸铁炉渣含铜低;粗铜含硫越低,渣含铜越高[68]。

渣型对渣含铜及铜的直收率的影响见表 1-3-33 所示。

表 1-3-33　闪速吹炼中铜的分布[15]

锍品位/%	70	70	70	70
粗铜含硫/%	0.8	0.1	0.8	0.1
炉渣成分/%				
Cu	16	23	11	18
Fe	32	26	38	30
S	0.1	0.1	0.1	0.1
CaO	1.5	1.5	20	20
SiO_2	25	25	3	3
粗铜中铜的回收率/%	96	94	98	95

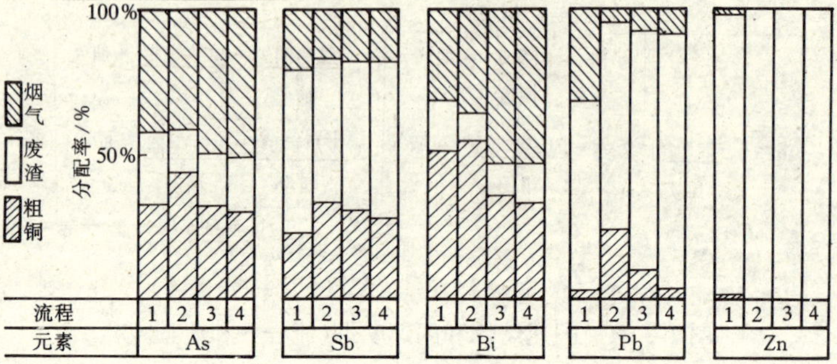

图 1-3-75 工艺流程对杂质分布的影响

（粗铜含硫流程 2 和 3 为 0.8%，流程 4 为 0.1%）

可见，使用铁酸钙渣型，铜的直收率更高。

铜锍品位对铜入粗铜的直收率（R_{Cu}）、闪速吹炼 1t 铜锍所产的渣量（$m_{渣}$）和粗铜量（$m_{粗铜}$）的影响如图 1-3-76 所示。由图可见，当锍品位不低于 70%时，尽管渣含铜 15%～20%，粗铜中铜的直收率仍然很高（94%～97%），这是因为高品位铜锍闪速吹炼的渣量很小。

2. Fe_3O_4 在炉渣中的溶解度

1300℃下熔融 Fe-Fe_2O_3-CaO 和 Fe-Fe_2O_3-SiO_2 系的等温、等氧势线如图 1-3-77 所示。由图可见铁酸钙渣比硅酸铁渣溶解 Fe_3O_4 的能力大得多。

闪速吹炼渣中（铁酸钙渣或硅酸铁渣）有相当数量的 Cu_2O 存在，实际上充当了 Fe_3O_4 的熔剂，阻止 Fe_3O_4 从炉渣中析出。对于硅酸铁渣，只要维持足够高的温度（1300℃以上），将 SiO_2 调到合适的水平上，就不会有 Fe_3O_4 的析出；而对于铁酸钙渣，只要 CaO 含量合适，即使在极度氧化熔炼条件下也不会有 Fe_3O_4 的析出。

3. SiO_2 在铁酸钙渣中的溶解度

铁酸钙渣溶解 SiO_2 的能力很低，如图 1-3-78 所示。熔融 FeO-Fe_2O_3-CaO 渣（1300℃，20% CaO）仅能溶解 5%的 SiO_2，超过

	石英石	石灰	渣型		粗铜成分
			硅酸铁 A	铁酸钙 B	
Cu%	0	0	20	15.5	98.5
Fe%	1.0	0.5			0.02
S%	0	0	0.1	0.1	0.3
SiO_2%	87.5	2.5	19	<2	0
CaO%	0.5	92	0.1	20	0

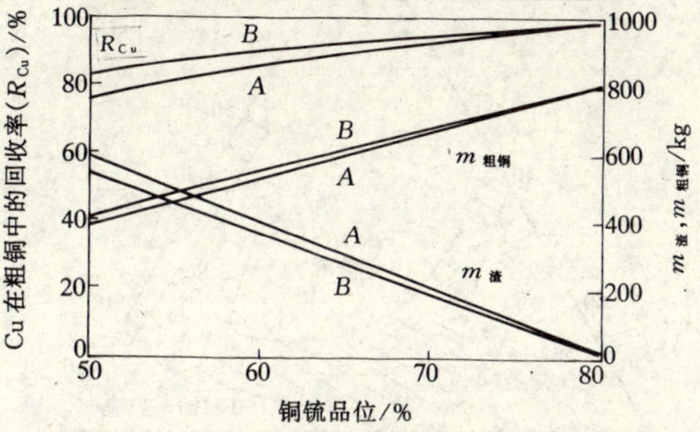

图 1-3-76　铜锍品位对闪速吹炼的影响

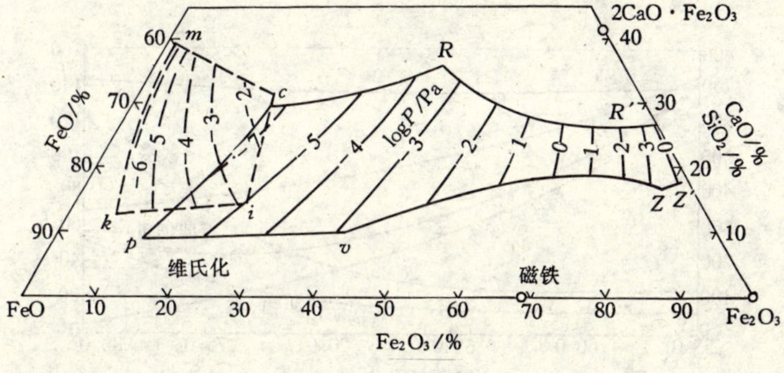

图 1-3-77　1300℃下 $FeO-Fe_2O_3-CaO$ 系和 $FeO-Fe_2O_3-SiO_2$ 系(虚线)的等温等氧势线

此值就有 Ca_2SiO_4 析出(熔点 2130℃),使炉渣粘度大大提高。闪速吹炼中磨细的铜锍炉料不含 SiO_2,所以用石灰石作熔剂不会有

Ca_2SiO_4 的析出。但熔炼排放的铜锍不得夹渣，否则将严重影响闪速吹炼作业。

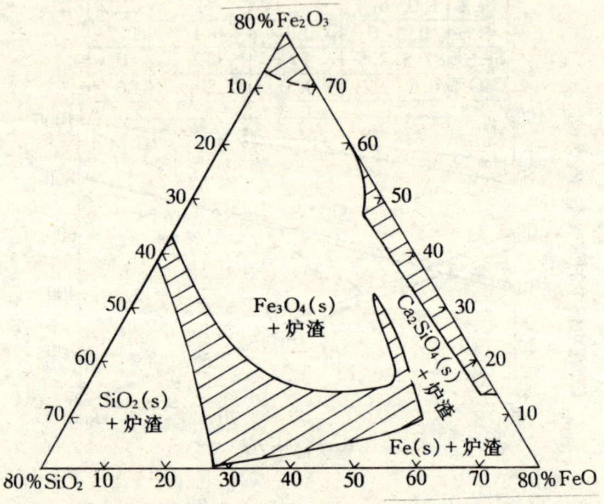

图 1-3-78　1300℃、20%CaO 的 $FeO-Fe_2O_3-SiO_2-CaO$ 系的熔融区

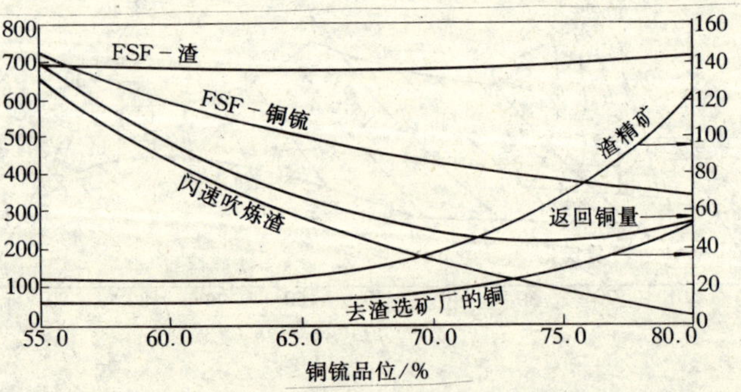

图 1-3-79　铜锍品位对物料返回量的影响

（铜精矿日处理量为 1000t，铜品位 27%，闪速吹炼渣返回闪速熔炼炉 FSF）

4. 闪速吹炼炉渣成分的选择

综上分析,对铁酸钙炉渣和硅酸铁炉渣比较如表 1-3-34 所示。

表 1-3-34 闪速吹炼渣型的比较

项 目	硅酸铁渣	铁酸钙渣
对 Fe_3O_4 的溶解能力	低于 1300℃ 时,Fe_3O_4 溶解度大大下降,有 Fe_3O_4 析出	即使在 1300℃ 以下,也能很容易地溶解 Fe_3O_4
渣含铜	高	比硅酸铁渣低 4～5 个百分点
除杂能力	除 Pb 能力强	除 As、Sb 能力强,是硅酸铁渣的 10 倍
粘度	高	低
排渣作业	难	易
对 SiO_2 的溶解能力	强,可达 30%以上	弱,1300℃,20% CaO 时仅能溶解 5%
粗铜含硫	高	在相同渣含铜时,比硅酸铁渣低得多
对炉衬的腐蚀性	弱	强
熔炼温度	高,>1300℃	低,<1300℃

根据肯尼柯特犹他冶炼厂的生产实践,在强氧化条件下,铁酸钙炉渣对炉衬的腐蚀性很强,因而投产几个月后反应塔下部区域沉淀池侧墙的炉衬只剩下原来厚度的 10%～20%,有些地方冷却元件直接与炉渣接触。通过改进侧墙和炉底水套,加强冷却,可以延长炉衬的寿命。

由图 1-3-76 可见,对于铜锍品位大于 70%的闪速吹炼,采用硅酸盐炉渣和铁酸盐炉渣,铜的直收率、渣量接近。

铁酸钙闪速吹炼渣返回熔炼炉(闪速炉)处理回收铜,不会影响熔炼渣的性质。铁酸钙吹炼渣(铜锍品位 70%)返回闪速熔炼炉(精矿品位 27%)后,熔炼渣含 CaO 只增加 4%。

世界第一台闪速吹炼炉(犹他冶炼厂)采用铁酸盐渣型。在原料杂质含量低的情况下,采用硅酸盐渣型,也是可行的。

六、吹炼铜锍品位的选择

从低品位的反射炉铜锍或电炉铜锍到含铜 80%的白铜锍,闪速吹炼都可以处理,产出粗铜。但是,为了减少渣量,以高品位铜锍为好。所选择的铜锍品位,要使得闪速吹炼能够在自热状态下运行(应用工业氧或高浓度富氧),同时保证粗铜的杂质含量达到要求(铜锍品位升高,As、Sb、Bi、Pb 进入烟气和炉渣的比例大大下降)。

由图 1-3-76 可见,随着铜锍品位的提高,吹炼渣量减少,铜进入粗铜的回收率提高。

闪速熔炼-闪速吹炼工艺铜锍品位的影响计算结果如图 1-3-79 所示[68]。

可见,随着铜锍品位的提高,总返回铜量略有减少,其下限值取决于精矿中 Cu、Fe、SiO_2、脉石的含量。通常铜锍品位为 68%~76%。

七、闪速吹炼的应用

处理一般的黄铜矿精矿最好的方法是在熔炼中产出品位尽可能高的铜锍,而高品位铜锍是奥托昆普闪速熔炼的发展趋势之一。因此,在奥托昆普闪速熔炼-闪速吹炼工艺的应用上有以下几种设想[15]:

1)在一台奥托昆普闪速炉内交替地进行熔炼和吹炼。小型冶炼厂可在同一台闪速炉中交替作业,如每月或每周的三分之二时间进行熔炼,三分之一时间进行吹炼。这种作业,可以不建 P·S 转炉厂房;进入酸厂的烟气量几乎不变,酸厂的设计能力不必放大；能在较小生产能力下保证环保要求等。

2）在一台闪速炉内设分开的两个反应塔，即所谓的三塔闪速炉，以联合进行熔炼和吹炼。示意见图 1-3-80。这种方法除具有分开的闪速熔炼炉和闪速吹炼炉所具有的优点外，最大的好处在于烟气处理和炉渣处理，因为熔炼和吹炼在一个炉子进行，且产生一个连续的烟气流和一种炉渣，有利于制酸和炉渣的贫化处理。

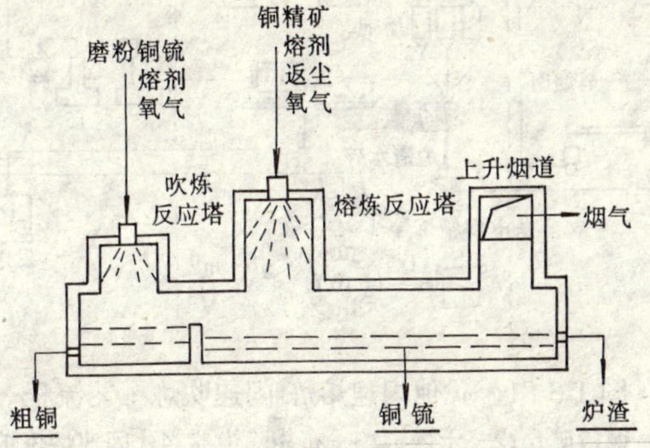

图 1-3-80　带闪速吹炼炉的闪速熔炼炉

3）闪速熔炼炉和闪速吹炼炉彻底分开。

1995 年投产的肯尼柯特犹他冶炼厂和预定 2003 年投产的南秘鲁铜业公司爱罗冶炼厂均采用第(3)方案。

1．肯尼柯特犹他冶炼厂闪速熔炼-闪速吹炼工艺

犹他闪速熔炼-闪速吹炼工艺于 1993 年初开始建设，1995 年 5 月建成，6 月闪速熔炼炉投产，7 月闪速吹炼炉投料。工艺流程如图 1-3-81 所示[4,56,79]。

含水 8%～9% 的铜精矿在精矿库中贮存，运至 2 台 400t 的湿矿仓中。石英砂熔剂用卡车并通过“管式”运输机运至熔剂仓，而返回的粒化闪速吹炼渣（CaO 16%～18%）也运至一个渣仓中。各种料通过皮带秤计量按一定比例从仓中排出加入到干燥系统。

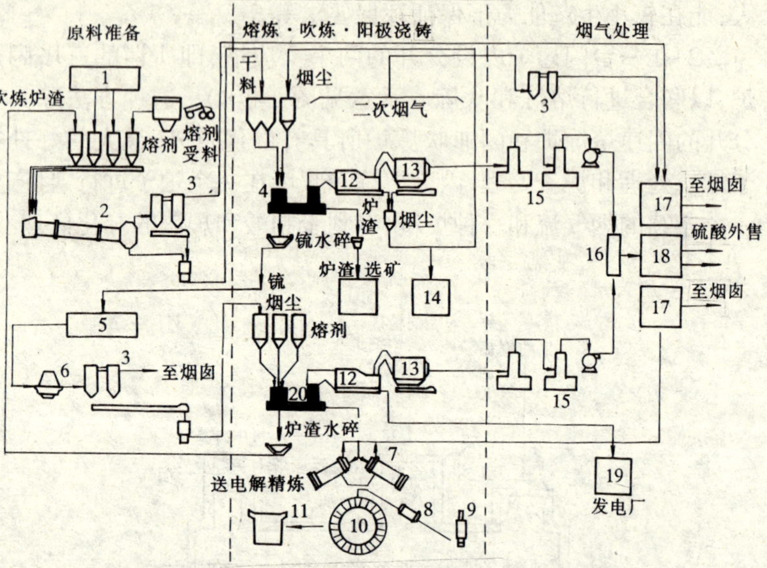

图 1-3-81 犹他闪速熔炼-闪速吹炼工艺流程

1—铜精矿仓;2—干燥窑;3—布袋除尘器;4—闪速熔炼炉;
5—冷铳储仓;6—铳粉碎机;7—阳极精炼炉;8—保温炉;
9—竖炉;10—阳极浇铸圆盘;11—铜阳极板;12—余热锅炉;
13—电除尘器;14—湿法车间;15—湿法除尘器;16—湿式电除尘器;
17—气体除尘器;18—硫酸厂;19—发电厂;20—闪速吹炼炉

采用回转窑干燥,以天然气作燃料,并通入氮气稀释减少精矿着火的可能性。通过控制烟气和干矿温度控制干矿含水小于0.2%。约 30%的干矿进入烟气,干燥烟气在一台 4 室布袋收尘器中收尘后导入动力波洗涤器中用 NaOH 脱硫,然后通过主烟囱排放。干矿采用浓相气流输送技术输送至闪速熔炼炉顶的干矿仓。

干矿和返尘均通过埋刮板机从各自的仓中排出加到反应塔顶的单个 CJD 精矿喷嘴中,采用 65%~70%的富氧空气熔炼,产出高品位铜铳(70%Cu),用高压水粒化(水碎),粒化铜铳(粒度 0.2~2mm)过筛后运至穹形的铜铳库。

熔炼渣排放到 $18m^3$ 的渣罐中运到冷却场。定时撒水缓冷

50h 后倒出进行选矿，产出渣精矿（含 Cu35%）返回闪速熔炼炉备料。

熔炼烟气在锅炉及电收尘中冷却、收尘，然后在 2 级洗涤器中净化后送制酸。锅炉烟尘全部返回熔炼炉，电收尘烟尘通常也返回熔炼炉，但如杂质超标，也可以在湿法工厂处理。

粒化铜锍在棒磨机中同时进行磨矿和干燥。夹带铜锍的棒磨机烟气在布袋中除尘后送到烟囱排空，而收下的干铜锍气流输送至闪速吹炼炉顶的 400t 铜锍仓中。

铜锍、熟石灰和烟尘用埋刮板排出，加到单个 CJD 喷嘴中，用 70% 的富氧空气进行闪速吹炼。产出的粗铜（0.2%～0.4%S）流到阳极炉中精炼，炉渣则水碎返回闪速熔炼炉。

吹炼烟气也在锅炉和电收尘中冷却除尘。所有烟尘全部返回 FSF 或 FCF。除尘后的烟气也在 2 级洗涤器中净化后送制酸。

犹他冶炼厂闪速炉结构及主要作业参数如表 1-3-35 所示[4,56,79～82]。

2．南秘鲁铜业公司闪速熔炼-闪速吹炼

南秘鲁铜业公司爱罗（ILO）冶炼厂现采用反射炉-特尼恩特转炉-P·S 转炉吹炼工艺生产粗铜。为了解决环境问题，1998 年决定进行技术改造，采用奥托昆普-肯尼柯特闪速熔炼-闪速吹炼工艺生产粗铜。

表 1-3-35 犹他冶炼厂闪速炉结构及主要作业参数

项目	设计值	项目	设计值	实际值
熔炼炉尺寸/m	反应塔：$\phi 7\times 7.5$ 沉淀池：$25(l)\times 9.5(w)$ 反应塔设 13 层水套 渣口数：6 铜口数：4	精矿处理量/$t\cdot h^{-1}$	139	＞200
		铜锍品位/%	70	71
		富氧浓度/%		
		FSF	70	80～85
		FCF	70	75～85

续表 1-3-35

项目	设计值	项目	设计值	实际值
吹炼炉尺寸/m	反应塔:ϕ4.25×6.5 沉淀池:18.75×6.5 渣口数:4 铜口数:8	吹炼铜锍处理量/$t\cdot h^{-1}$	60	82
		烟气量/$m^3\cdot h^{-1}$		
		FSF	42000	
		FCF	18700	
精矿处理量/万 $t\cdot a^{-1}$	110	烟气 SO_2 浓度/%	38	35～40
		粗铜产量/$t\cdot d^{-1}$	756	803
		粗铜含硫/%	0.2～0.4	0.3
硫酸产量/万 $t\cdot a^{-1}$	90	熔炼渣含 SiO_2/%	30	
		熔炼渣温度/℃	1315	
发电量/$MW\cdot a^{-1}$	29	吹炼渣温度/℃	1260	
		吹炼渣成分/%	Cu16、CaO18	Cu18、CaO16
		吹炼铜温度/℃	1240	

闪速炉和作业参数的设计见表 1-3-36。

该厂的工艺与犹他冶炼厂工艺的比较见表 1-3-37。

3. 闪速吹炼的应用前景[65,79,84]

越来越严格的环境要求是铜冶金工业面临的严峻的问题。现代熔炼技术对吹炼的要求是:⑴提高吹炼富氧浓度;⑵能处理高品位铜锍;⑶送往酸厂的烟气连续、稳定,SO_2 浓度高;⑷逸散烟气少。传统的 P·S 转炉吹炼技术无法满足这些要求,而闪速吹炼技术很好地解决了这些问题。

表 1-3-36 爱罗闪速熔炼-闪速吹炼工艺参数的设计

项目	熔炼	吹炼
尺寸(耐火砖内)/m		
反应塔($H\times D$)	6.81×6.6	6×4.5
沉淀池($L\times W\times H$)	28.0×8.5×2.16	19.9×6.1×3.2
上升烟道($H\times D$)	12.2×4.8	10.7×3.2
装料/$t\cdot h^{-1}$		
精矿	143.4	70.3(铜锍)
石英熔剂	22	4(石灰石)
吹炼渣	18.25	
熔炼烟尘	12.4	8.3(吹炼烟尘)
焦炭	1.73	
送风氧浓度/%	68.3	68.2
铜锍品位/%	65	
渣含铜/%	<1(不进行贫化处理)	18
锅炉入口烟气 SO_2/%	43.3	43.3
粗铜含 S/%		0.3～0.9

表 1-3-37 2 座闪速熔炼-闪速吹炼工厂工艺的比较

厂名	精矿干燥				熔剂配料	干矿计量	铜锍输送	熔炼渣贫化
	方法	燃料	干燥器尺寸	烟气净化方法				
犹他	回转窑	天然气	ϕ3.8m×40m	布袋收尘、NaOH 溶液洗涤	在干燥前	减重法	流槽	缓冷-浮选
爱罗	回转窑	燃油	ϕ3.8m×39m	布袋收尘	大部分在干燥前，少量在精矿喷嘴前	减重法	流槽包子	喷嘴加焦炭，炉渣直接弃去

续表 1-3-37

厂名	吹炼熔剂	喷嘴	粗铜输送	吹炼渣处理	粗铜处理	烟尘处理
犹他	熟石灰	CJD 型，无油枪，不变速	流槽	水碎、返 FSF	流入阳极炉精炼	熔炼炉锅炉烟尘返熔炼炉，电收尘烟尘或返回熔炼炉，或开路湿法处理；吹炼炉烟尘全部返熔炼炉或吹炼炉
爱罗	石灰石	CJD 变速型，配有中央氧和油枪	流槽	水碎、返 FSF	流入粗铜中间炉，氧化脱硫至含 S 为 300×10^{-6} 以下，进行粗铜浇铸，低硫粗铜送精炼厂	熔炼炉烟尘返熔炼炉；吹炼炉烟尘返回吹炼炉

肯尼柯特原有 3 台诺兰达炉，采用闪速熔炼-闪速吹炼工艺后，新冶炼厂有如下优势：

⑴精矿中硫的回收率达 99.9%，高于任何一个铜冶炼厂。

⑵污染物大大降低，大多远低于最新标准，因而该冶炼厂成为目前世界上最清洁的工厂。

⑶硫酸尾气的 SO_2 浓度仅为 100×10^{-6}。

⑷与老厂相比，新冶炼厂生产 1t 铜的能耗只需原工艺的 1/4，且新厂余热发电量可供全厂总耗电量的 85%。

⑸熔炼、吹炼总烟气量仅为 $60000m^3/h$，比一台 $\phi4m\times9.2m$ 的转炉烟气量还小。制酸设备的烟气处理能力仅需原系统的 50%。

⑹劳动生产率由 300t/(人·a)提高至 1000 t/(人·a)

⑺无包子运输，无需建筑坚固的行车厂房。

⑻闪速吹炼流程有很大的灵活性。熔炼炉与吹炼炉可各自独立操作，不必紧密相联，可以将铜锍贮存起来，两个工序不会相互制约。

肯尼柯特闪速熔炼-闪速吹炼工艺改造前后工厂排放指标的变化如表1-3-38所示。

表1-3-38　冶炼厂排放指标的变化(t/a)

污染物	允许值	改造前	改造后	变　化
SO_2	16850	20050	982	-15868
PM_{10}	1216	728	400	-328
NO_x	131	112	130	0
酸雾	N/A	151	48	-103

据报道，采用FSF+FCF工艺，其投资为FSF+P·S工艺的85%～90%，总作业成本仅为89%。

以闪速熔炼-闪速吹炼工艺为基础的新冶炼厂将为全世界的铜冶炼厂制定新的环境标准。而且高处理量、高铜锍品位是闪速熔炼的主要发展方向，因此，闪速熔炼-闪速吹炼工艺将是闪速冶炼的发展方向。

第四章　铜精矿的熔池熔炼

第一节　概　　述

熔池熔炼是在细小的硫化精矿加入熔体的同时,向熔体鼓入空气或工业氧气进行熔炼。供气方式有顶吹喷枪或通过埋入熔池的风口。由于鼓风向熔池中压入了气泡,当气泡通过熔池上升时,造成“熔体柱”运动,这样便给熔体输入了很大的功能。由于熔池熔炼过程的传热与传质效果好,可大大强化冶金过程,达到了提高设备生产率和降低冶炼过程能耗的目的,因此 20 世纪 70 年代后熔池熔炼得到了迅速发展。工业上已采用的新的熔池熔炼方法有诺兰达法、白银法、瓦纽科夫法、特尼恩特法、三菱法、旋转顶吹法和艾萨法等(见表 1-4-1)。

表 1-4-1　熔池熔炼的供风和加料方式

熔池熔炼方法	工　业 应用年份	供风方式 氧化性气体	加料方式 固体物料
侧吹			
诺兰达法	1973 年	浸没风眼	上部加制粒料
瓦纽科夫法	1976 年	浸没风眼	上部加制粒料
白银法	1980 年	浸没风眼	上部加料
特尼恩特法	1977 年	浸没风眼	从风眼喷吹
顶吹			
三菱法	1974 年	顶吹喷枪	顶吹喷枪
艾萨熔炼法	1992 年	浸没喷枪	上部加制粒料
顶吹旋转转炉法	1976 年	顶吹喷枪	顶吹喷枪

据 1995 年统计熔池熔炼总产量为 $2.0Mt \cdot a^{-1}$,约占世界火法生产铜量的 1/4,采用厂家已达 18 家[1](见表 1-4-2)。

表 1-4-2　世界铜冶炼厂 1995 年生产能力和产量

工艺方法	生产能力 /Mt·a^{-1}	产　量 /Mt·a^{-1}	占火法生产铜量的比例/%	采用厂家数
闪速熔炼工艺				
奥托昆普法	4.1	3.5	40.70	26
因科法	0.5	3.4	4.65	3
小　计	4.6	3.9	45.35	29
传统工艺				
反射炉法	2.8	1.8	20.90	27
电炉法	0.7	0.5	5.80	5
鼓风炉法	0.6	0.4	4.65	8
小　计	4.1	2.7	31.35	40
熔池熔炼工艺				
特尼恩特法	0.9	0.8	9.30	7
三菱法	0.4	0.3	3.49	2
瓦纽科夫法	0.4	0.3	3.49	3
艾萨法	0.3	0.2	2.34	2
诺兰达法	0.3	0.2	2.34	2
旋涡顶吹法	0.1	0.1	1.17	1
白银法	0.1	0.1	1.17	1
小　计	2.5	2.0	23.30	18
总　计	10.8	8.6	100.00	87

第二节　熔池熔炼过程的速率现象

与闪速熔炼相比，熔池熔炼的熔炼强度大，例如瓦纽科夫法采用含氧 60%～70% 的富氧空气鼓风，熔炼床能率可达 60～65t/(m^2·d)，为一般闪速熔炼的 6 倍以上。熔池熔炼大大强化熔炼过程乃是由于：1)鼓入熔池的气体给高温熔体输入了很大的搅拌功，使熔池强烈搅动，强化了气-液-固之间的传质传热过程，加速了冶金反应；2)硫化物或燃料都在熔池中燃烧，放出的热量直接给予熔体，熔体与分散的固体颗粒之间的传热系数大，加速了炉料熔化和反应过程。

一、熔体搅拌功

喷入熔体的气体所作的搅拌功可用式(1-4-1)表示：

$$P_m = 0.74QT\ln(1 + \rho_m Z/P_a) \tag{1-4-1}$$

式中　P_m——单位时间消耗的搅拌功，W；

Q——喷入熔体的气体流量，$L \cdot s^{-1}$(标准状态)；

T——熔体的绝对温度，K；

ρ_m——熔体密度，$g \cdot cm^{-3}$；

Z——气体上升高度，cm；

P_a——大气压力，Pa。

表1-4-3为(1-4-1)式计算结果，比较了熔池熔炼与萃取混合、浮选、球磨、铜转炉及底吹炼钢转炉的搅拌功能耗。

混合能耗 P_m 也可以表达为单位熔体重量的搅拌功率：

$$\varepsilon = P_m/W_m \tag{1-4-2}$$

式中　ε——每吨熔体所接受的混合能，$W \cdot t^{-1}$；

W_m——熔体的质量，t。

设在熔体深度为1m处鼓入的气体总流量为 $21m^3/s$，熔体的平均密度为 $4700kg/m^3$，按(1-4-2)式计算，大型诺兰达炉内的混合能为21kW/t熔体；在铜锍吹炼转炉中为20～30kW/t熔体。可见，诺兰达炉的搅动强度比铜锍吹炼转炉不弱多少。

表1-4-3　各种过程搅拌功能耗的比较

过　程	熔(溶)池混合能耗/$kW \cdot m^{-3}$
溶液的简单混合	0.25
溶剂萃取混合	0.25～2.5
小型浮选槽	2.5～25
球磨、棒磨	25～125
P·S铜转炉	60～120
诺兰达炉	60
底吹炼钢转炉(Q－BOP)	300

图 1-4-1 表示几种钢包和水力学模型的混合时间(t_{mix})测定结果,所有数据可整理成一条直线,用下式表示

$$t_{mix}=800\varepsilon^{-0.40} \tag{1-4-3}$$

可以认为混合时间 t_{mix}是单位质量熔体所导入的搅拌功率 ε 的函数。用式(1-4-3)计算出诺兰达炉内每吨渣、锍熔体的混合能耗为 14kW,而混合时间约 18s。

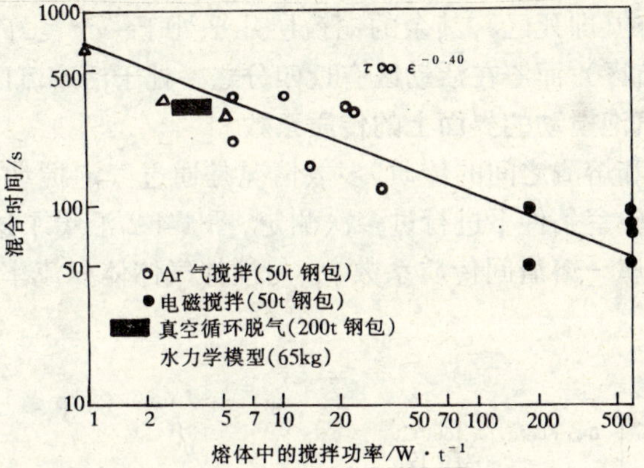

图 1-4-1　混合时间和单位质量熔体搅拌功率的关系

另一个较晚的研究工作指出,约有 15%的喷吹气体的功能也必须计入搅拌功,因此混合时间的关系式为

$$t_{mix}=F[(m/\rho_L)^{2/3}/\varepsilon]^{1/3} \tag{1-4-4}$$

式中 m 为熔体质量;ρ_L 为熔体密度;$\varepsilon=\varepsilon_B+0.15\varepsilon_k$,$\varepsilon_B$ 为气泡体积膨胀功产生的单位质量的搅拌功率,ε_k 为搅拌气体功能产生的单位质量的搅拌功率。

诺兰达炉内的熔体包含着三种流动状况,如表 1-4-4 所示。

表 1-4-4　诺兰达反应炉的流动状况

区　域	体积百分率/%		
	活塞流区	全混流区	“死　区”
铜锍示踪试验	1	45	54
炉渣示踪试验	21	53	26

表 1-4-4 的数据表明，炉内一部分的铜锍层和渣层，相对来说是不活动的(即死区)，其余的铜锍层几乎处于一个良好的搅拌器中(全混流区)；而渣在活动区有近四分之一处于活塞流区。

二、气泡搅动的界面上的传质系数

金属和熔渣之间的传质，多数情况是通过气泡搅动的界面来进行。实验室条件下进行过多次测定，图 1-4-2 汇集了这些结果，示出了金属—熔渣间传质系数 β_m 与搅拌气体体积流率 V_G 的关系。

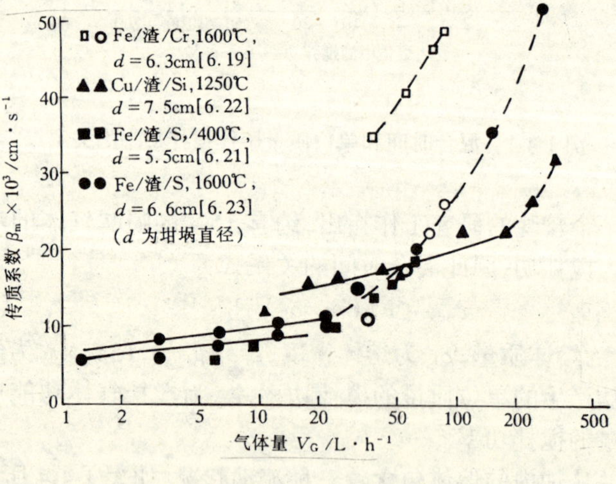

图 1-4-2　金属—熔渣间的传质系数与搅拌气体体积流率的关系

由图 1-4-2 看出，铁液中的试验，传质系数非常一致；铜液中结果略有差别，但曲线类型和斜率几乎相同。铜液中的试验里，当气体体积流率大于 200L·h^{-1}时，传质系数急剧地增加，这是由于金属液滴在渣中乳化所致。

冶金系统中固体颗粒上的湍流传质（颗粒为 0.06～1.1mm 时），取决于带入的搅拌功率，谢伍德数 Sh 与搅拌功率的关系可表示为：

$$Sh = 2 + 0.4\left[\frac{\varepsilon d_p^4}{\nu_m^3}\right]^{1/4} Sc^{1/3} \tag{1-4-5}$$

式中　ε——作用于每单位质量熔体的搅拌功率，W·kg^{-1}；

d_p——颗粒直径，m；

ν_m——熔体运动粘度，$m^2 \cdot s^{-1}$；

Sc——施密特数。

由于熔池中鼓入的气体带进的高混合能，造成了气体－铜锍－炉渣乳化液之间的巨大反应表面积，因而产生非常高的反应速率。假设氧化反应速率等于熔体中硫燃烧产生的二氧化硫数量（不考虑铜锍中铁的氧化，在生产高品位铜锍时这种氧化仅消耗鼓入氧气的 20%），那么，在诺兰达炉中，氧的最大反应速率，可按下式求得：

$$M_O = N_S A = KA\rho_m(\chi_1 - \chi_2) \tag{1-4-6}$$

式中　M_O——单位时间内已经反应了的氧摩尔数，mol·s^{-1}；

N_S——已反应了的硫摩尔数，mol；

A——液-气界面总面积，m^2；

K——在液-气界面上硫的传质系数，m·s^{-1}；

ρ_m——铜锍密度，kg·m^{-3}；

χ_1——整个铜锍中硫的质量浓度分数，%；

χ_2——与氧平衡的铜锍中硫的质量分数，%。

取 K 值为 0.0002m/s，当 A 为 1.9m^2，铜锍密度为 6×10^3kg/m^3，χ_1 为 0.18，χ_2 近似为零时，则可得到 M_O' 为 12.9mol/s，即

$290m^3/s$(标准状态)。可见,过程的质传递是相当快的。

三、固体颗粒与熔体间的传热系数

为了粗略估计,N.J 西梅利斯等提出了用 $N_u = 2 + 0.6(Re^{0.5} \times \rho_r^{0.333})$来计算传热系数。对直径为 1cm 的精矿球团,喷射的空气分散成小气泡,与夹带的液体一起形成一种两相流体以“羽状物”形态浮于熔池表面,“羽状物”的平均速度估计 1m/s,计算得出熔体和颗粒之间的传热系数 h 为 1.55J/(cm²·s·℃),由此大致可计算出颗粒达到 1300℃熔化温度的时间为 5s,完成熔炼的时间约为 10s。

第三节 侧吹熔池熔炼

根据供风和加料方式的不同,目前铜冶金生产中熔池熔炼技术主要分侧吹和顶吹两种类型。在本节中,将介绍几种典型的侧吹熔炼工艺。

一、诺兰达法

世界上第一台连续熔炼与吹炼炉、日处理 726t 铜精矿直接炼成粗铜的诺兰达炉,是 1973 年在加拿大诺兰达矿物公司霍恩炼铜厂投入生产的。目前世界上已有四台 ϕ5m×21m 的诺兰达炉在运转,现在都是生产高品位(70%~75%)铜锍,而不是粗铜。每一台炉子日处理精矿量已超过 2500t。

1. 工艺流程和主要设备

霍恩冶炼厂诺兰达法现工艺流程及设备连接见图 1-4-3。

2. 原料

加拿大诺兰达霍恩冶炼厂的铜精矿来自 25 个不同矿山,包括铜渣共 200 多个供料单位。所以成分波动大,如表 1-4-5 所示。

表 1-4-5 铜精矿成分(%)

项 目	Cu	SiO_2	S	Fe	Pb	Zn
铜精矿	20~40	0~10	20~40	15~35	0~8	0~10

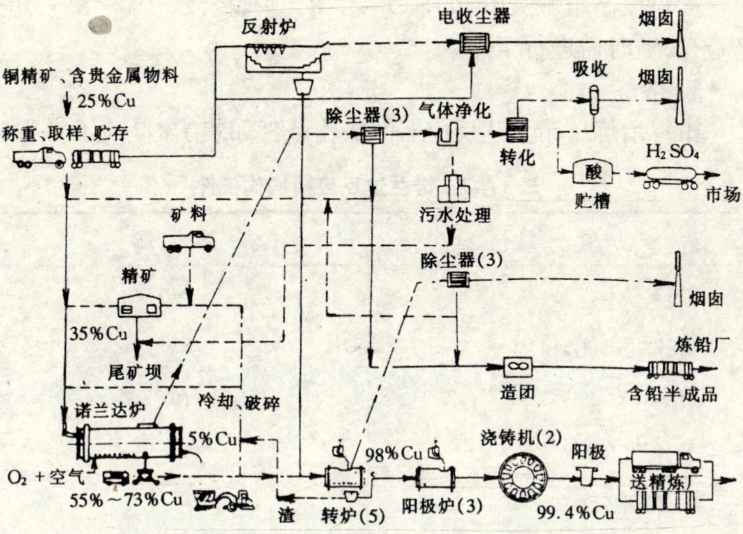

图 1-4-3　霍恩冶炼厂设备连接简图

熔剂:为低品位金矿及选矿尾砂,其成分及粒度分析见表 1-4-6。

表 1-4-6　熔剂成分及粒度分析

项　目	SiO_2/%	Fe/%	S/%	Cu/%	Al_2O_3/%	CaO/%	MgO/%	粒　度
1	67	4			12	1.5	1.5	-12mm
2	66.1	6	5.2		9.4	1.9	1.4	-6mm
3	79	3.3	1.5	0.1	7.8	1.5	1.2	90% -200 目
4	80.4	0.7			10.7	0.7	0.7	20% -48 目
5	85	2.8			6.4	0.6	0.3	

铜渣:经破碎的集成电路板、废电话机、废电线、电缆等含有价金属的硬塑料件。

配料控制熔炼渣中 $Fe/SiO_2=1.8$。炉料含水 7%～8%，超过 8%～12%时需进行干燥。

3. 熔炼

霍恩冶炼厂诺兰达反应器的操作条件如表 1-4-7 所示。

表 1-4-7　诺兰达反应器操作条件

项　目	数　据
加料量/$t\cdot h^{-1}$	90
反应器用氧量/$t\cdot d^{-1}$	350
氧压/kPa	101
炉料配煤/$t\cdot d^{-1}$	36
炉料配塑料/%	2
液面高/m	1
渣层厚/mm	380
渣　　温/℃	1200
铜锍含 Cu/%	65～70

4. 渣浮选

熔炼渣含铜 3%～7%，选矿用浮选法。选矿指标见表 1-4-8。

表 1-4-8　熔炼渣选矿指标

项　目	数量/t	铜品位/%	分布率/%
渣精矿	34500	38.4	94.6
尾　矿	254500	0.3	5.4
熔炼渣	289000	4.84	100

5. 诺兰达反应器

霍恩冶炼厂诺兰达连续熔炼反应炉如图 1-4-4 所示。

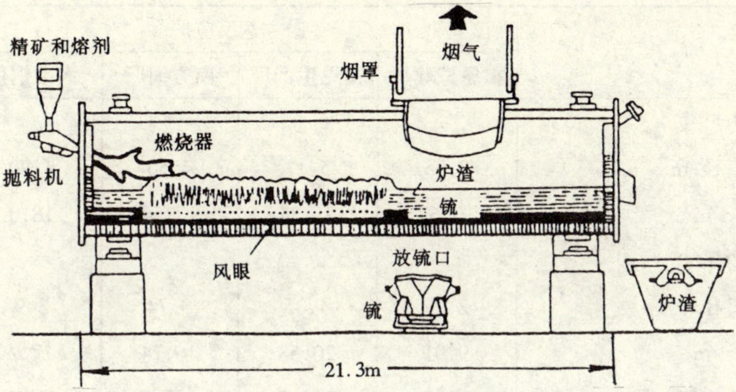

图 1-4-4　诺兰达连续熔炼反应炉

澳大利亚南方铜冶炼厂反应炉结构及尺寸如图 1-4-5 所示。

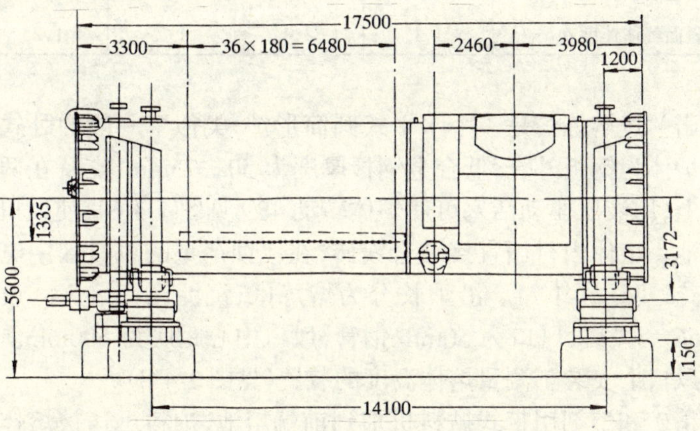

图 1-4-5　南方铜冶炼厂反应炉

霍恩冶炼厂和南方铜厂的反应炉有关尺寸及熔池熔炼工艺有关参数如表 1-4-9 所示。

表 1-4-9　诺兰达反应炉有关尺寸和工艺参数

项　　目	诺兰达反应炉			
	霍恩试验厂	霍恩生产厂	南方铜厂	大冶铜厂
炉壳内尺寸				
直径/m	3.05	5.11	4.50	4.70
长/m	10.67	21.34	17.50	18.0
砖体内尺寸				
直径/m	2.29	4.35	3.74	3.9
长/m	9.91	20.58	16.74	17.2
内容积/m^3	40.7	305.1	183.9	205.5
熔池熔炼部分				
吹炼区容积/m^3	18.3	183.1	110.3	111
吹炼区长/m	4.5	12.3	10.0	9.3
鼓风量/$km^3 \cdot h^{-1}$	7.1	76.5	28.92	
熔池表面积/m^3	10.1	50.3	36.0	35.5
表面气体速度/$m \cdot s^{-1}$	1.1	2.4	1.2	1.25

诺兰达熔炼炉是一个水平式圆筒形炉，类似于一般的卧式转炉。炉体为钢板外壳，低合金钢板厚度为 50～75mm，支持在两对滚轮上，用液压驱动活塞可使炉体转动 48°（见图 1-4-6），使风口露出熔池。熔体内衬用直接结合镁砖，在侵蚀严重的风口区用电铸铬镁砖（见图 1-4-7）。沿炉长分为熔炼区、沉淀区。熔炼区设有 53～56 个风口，风口为 50mm 钢管，风口中心距底为 500mm。在个别风口上安装了测量熔体温度的装置（见图 1-4-8）。

精矿和熔剂用带式抛料机加到前端熔池，炉料迅速被熔体浸没而熔于熔池中，并被气泡中的氧所氧化。氧化放出的热量维持熔体正常的温度。熔体从加料端向炉渣放出的另一端移动，在移动的过程中，熔体中 FeS 继续被氧化并与 SiO_2 造渣。依 FeS 被氧化的程度，便可产出任何高品位的铜锍。当熔体继续向前运动而

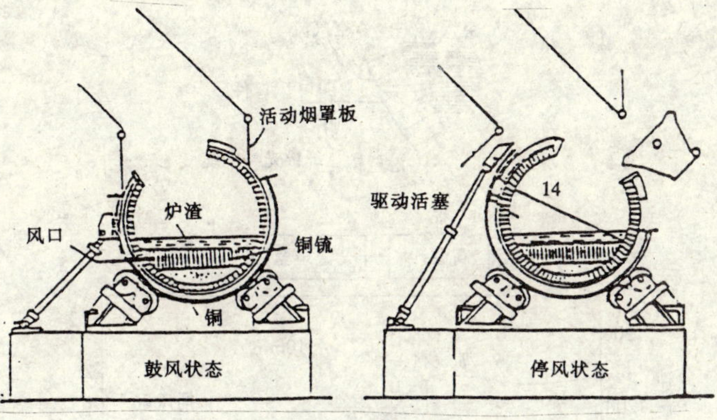

图 1-4-6　诺兰达反应器断面图

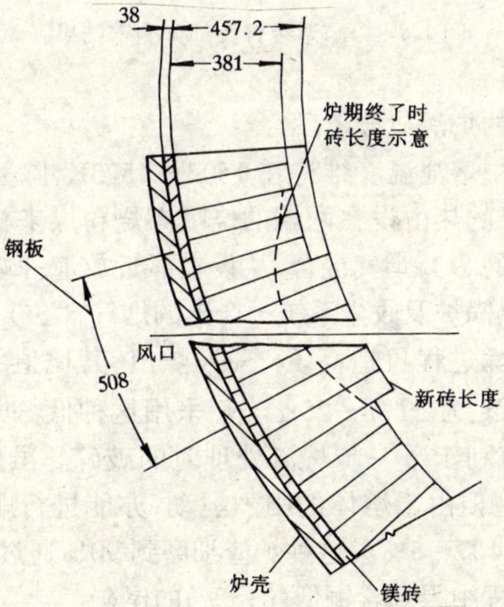

图 1-4-7　风口线处的砖磨损

离开风口区时，便开始澄清分离，铜锍从炉底放锍口放出。炉渣由

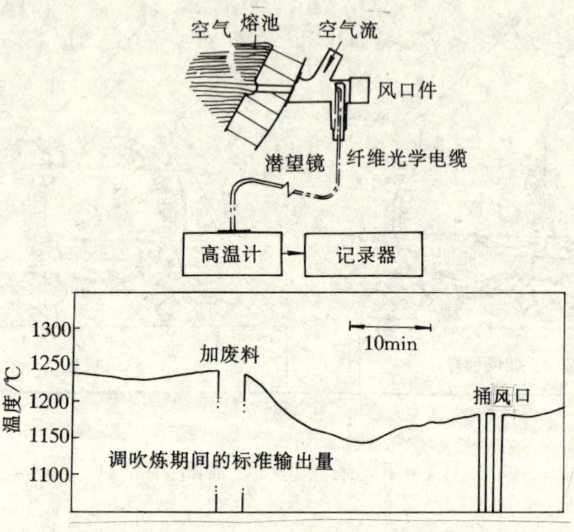

图 1-4-8　测温装置及部分测定结果

尾部稍高一些的炉渣口放出。

熔炼过程中熔池温度维持在 1503～1523K，除氧化反应放出的热以外，不足的热由设在两端的烧嘴燃烧粉煤来补充。燃烧烟气与反应产生的 SO_2 烟气混合，从设在靠近放渣一端的排烟口排出，然后进余热锅炉及收尘系统。产出的烟气含 $SO_2$8%～15%。

诺兰达熔炼过程可造高 Fe/SiO_2 炉渣，其比值为 1.6～1.8，相当于渣含 SiO_2 为 22%～25%[2]。采用这种低 SiO_2 炉渣，是为了减少渣量，有利于下一步炉渣处理时的破碎。虽然渣含 Fe_3O_4 达 25%～30%，但由于熔体的强烈搅动，亦能进行顺利操作。炉渣含铜一般为 4%～5%。这种炉渣细磨到 90%通过 325 目筛，可保证在浮选过程中得到含铜低（0.5%）的尾矿。

初期的诺兰达炉是为直接生产粗铜而设计的，但炉内不能实现不同氧势的要求，所得产品粗铜含硫 1%～2%（转炉粗铜含硫小于 0.1%），而且各种杂质砷、锑、铋也较高，炉渣含铜高达 8%～12%，其中 Fe_3O_4 含量占总铁的 71%，铜直收率仅为 65%[3]。后来，霍恩冶炼厂于1975年改为生产高品位铜锍。美国犹他厂于1978年改建中，也将反射炉改为诺兰达炉生产高品位铜锍。霍恩与犹他两厂的生产数据[2]列于表1-4-10。犹他厂熔炼生产高品位铜锍时，铜的熔炼回收率约为80%。入渣精矿的铜约为原料铜量的20%。

表1-4-10　诺兰达炉的生产数据

生产数据项目	霍　恩 生产粗铜	霍　恩 生产铜锍	犹　他① 生产铜锍
加入精矿量/$t \cdot d^{-1}$	1200	1100	2270
精矿成分/%：			
Cu	25	25	26
Fe	28	28	28.9
S	32	32	32.5
SiO_2	5	5	9.4
加入渣精矿量/$t \cdot d^{-1}$	250	150	292
渣精矿含铜/%	55	38	40.0
加入湿法生产沉淀铜/$t \cdot d^{-1}$			80
加入石英熔剂/$t \cdot d^{-1}$	250	210	165
产出粗铜或冰铜/$t \cdot d^{-1}$	300	370	903
粗铜或冰铜成分/%：			
Cu	98	73	73.0
Fe	0.1	3.1	4.2
S	1.5	20.6	20.8
产出炉渣量/$t \cdot d^{-1}$	1150	910	1740
炉渣成分/%：			
Cu	12	5	7.0
Fe	36	40	42.2
SiO_2	22	22	22.8
鼓风含氧/%	30.5	23.5	34
每吨料燃料消耗/kJ	1.25×10^5	29×10^5	8.43×10^5

①1995年改为闪速熔炼-闪速吹炼工艺。

6. 主要技术指标[4](见表 1-4-11)。

表 1-4-11　诺兰达法主要技术经济指标

项　目	数　据
床能率(精矿处理量)按炉内容积计算/$t \cdot m^{-3} \cdot d^{-1}$	9～10
按熔池面积和计算/$t \cdot m^{-2} \cdot d^{-1}$	30～50
按热强度核算/$MJ \cdot m^{-3} \cdot h^{-1}$	970
冶炼实收率(精矿品位 30%Cu,渣尾矿含 Cu0.4%)/%	98.5
炉寿命/d	400
燃料率/%	2～3
氧利用率/%	95
1t 精矿的耐火材料消耗/kg	0.35～0.55

7. 诺兰达反应炉物料平衡及热平衡

表 1-4-12 列出了反应炉物料平衡表。

过程控制有两个基本的参数:氧/精矿和熔剂/精矿。为达到目标品位需要供给炉料中铁和硫氧化的氧量由氧/精矿比调节控制。熔剂/精矿比用于控制渣中的 Fe/SiO_2 值。

表 1-4-12　熔炼物料平衡

物料名称	数量(干)/$t \cdot d^{-1}$	成分/%					占新料中铜的比例/%	占新料中硫的比例/%
		Cu	Fe	S	SiO_2	H_2O		
加入:铜精矿	1159.4	30.0	22.8	28.9	6.6	8.0	100.0	99.7
熔剂	72.9				90.0	3.5		
渣精矿	94.6	37.0	21.1	11.1	12.0	11.0	10.1	3.1
返尘	45.6	15.0	3.0	10.0	2.0		5.2	3.6
返料	74.5	15.0	3.0	10.0	2.0		5.2	3.6
转炉渣	43.0	10.0	43.8	2.5	24.3		1.2	0.3
煤或焦炭	52.9			1.7		2.5		0.3
合计	1542.9	26.3	19.9	23.3	10.8	7.0		
产出:								
铜锍	479.1	73.0	4.0	21.0			100.5	29.9
炉渣	745.4	5.0	38.1	1.3	22.0		10.7	2.8
烟尘	46.4	15.0	3.0	10.0	2.0		5.2	3.6
返料	74.5	15.0	3.0	10.0	2.0		5.2	3.6
合计	1345.4	30.1	22.8	9.1	12.4			

表 1-4-13 列出了炉子的热平衡表。

表 1-4-13　诺兰达反应炉热平衡

项　目	热量/$GJ \cdot t^{-1}$	比例/%	项　目	热量/$GJ \cdot t^{-1}$	比例/%
热收入项			热支出项		
反应放热	2.43	77.0	烟气带走	1.59	48.9
燃料燃烧	0.711	23.0	铜锍带走	0.29	9.6
			炉渣带走	0.88	27.6
			烟尘带走	0.12	4.1
			炉壁损失	0.29	9.8
合计	3.14	100.0	合计	3.14	100.0

二、白银法

白银有色金属公司铜冶炼厂与有关单位研制成功新的强化炼铜工艺，1979 年正式命名为白银炼铜法。熔池面积为 $103m^2$ 的白银炉于 1980 年正式投入工业生产。1987 年制氧机投产，白银炉由空气熔炼实现了富氧（31.6% O_2）熔炼，使熔炼区的床能率由 $11.45t/(m^2 \cdot d)$ 提高到 $25.45t/(m^2 \cdot d)$，燃料率由 12.31% 降至 8.33%[2]。

1. 白银炉富氧熔炼工业试验流程（见图 1-4-9）。

2. 富氧熔炼炉料、铜锍、炉渣的典型化学成分实例。

原料包括本公司自产、国内外购入，成分变化较大，典型化学成分见表 1-4-14 所示[5]。

白银炉对炉料的要求：含水低于 8%，粒度小于 6mm，转炉渣呈液态返回（渣温 1140～1180℃，Fe_3O_4 含量 15%～20%），炉料中的硫铜比为 1.5～2.0，为满足制酸要求，含硫不低于 24%，炉料中铅锌含量控制在 6% 以下；$Al_2O_3 + MgO$ 含量低于 3%。

粉煤成分及发热值：C（固定碳）58%～59%，V（挥发分）28%～29%，A（灰分）11%～12%，W（水分）1.5%，粉煤灰分：Fe13%，

$SiO_2$43%，CaO12%，Q(发热值)26961kJ/kg。

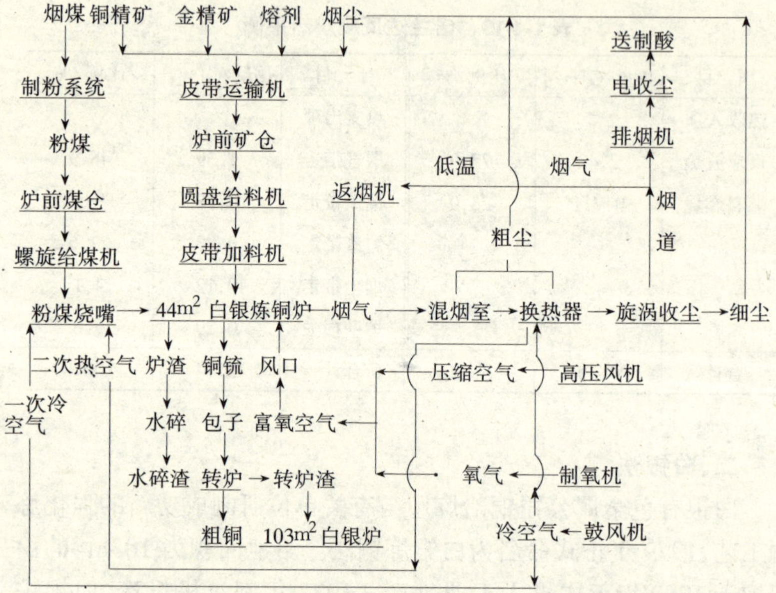

图 1-4-9 44m² 白银炉富氧熔炼工业试验流程

表 1-4-14 炉料、铜锍及炉渣的化学成分实例(%)

编号	原料或产物	Cu	Fe	S	SiO_2	CaO	Zn
1	炉料	12.87	24.03	22.89	10.60	3.17	2.15
10		18.50	28.27	30.90	8.90	1.02	2.88
11		20.62	22.16	24.20	15.12	1.54	2.20
1	铜锍	30.44	36.38	23.22			2.20
10		67.12	7.04	21.34			1.48
1	炉渣	0.45	30.25	0.16	37.40	9.18	1.95
10		0.787	34.10	0.16	37.04	3.86	2.64

3．白银法的富氧熔炼与空气熔炼的主要技术指标

表1-4-15列出了白银法空气熔炼与31.6%富氧熔炼的主要技术指标。

表1-4-15 主要技术指标对比

序号	指标	空气熔炼	富氧熔炼
1	熔炼区床能率(湿炉料)/$t\cdot m^{-2}\cdot d^{-1}$	13.10	20.73
2	标准燃料率/%	12.31	8.33
3	炉料含铜/%	16.30	16.99
4	铜锍品位/%	30.11	35.45
5	炉渣含铜/%	0.43	0.476
6	脱硫率/%	55.27	58.64
7	烟尘率/%	4.75	3.33
8	炉出口烟气含 SO_2 浓度/%	7～7.5	11.26
9	排烟机出口烟气含 SO_2 浓度/%	4.80	7.53
10	吹炼风富氧浓度/%	21	31.61

从表1-4-15可看出：白银熔池富氧熔炼获得了熔炼强度提高、铜锍品位上升、燃料消耗下降及烟气 SO_2 浓度增高等效果。

4. 富氧熔炼的物料平衡及热平衡实例(见表1-4-16和表1-4-17)。

表1-4-16 富氧熔炼物料平衡

物料名称		物料量/kg	元素含量/%						
			Cu	Fe	S	SiO_2	CaO	Zn	其它
加入	炉料	100	16.99	26.37	26.76	12.02	1.92	2.85	13.09
	煤灰	1.06	0	0.077	0.011	0.52	0.121	0	0.331
	合计	101.06	16.99	26.447	26.771	12.54	2.041	2.85	13.421
产出	铜锍	46.12	16.43	13.69	10.85	0	0	1.36	3.79
	炉渣	35.45	0.169	11.42	0.12	12.72	1.83	0.83	8.361
	粗尘	0.856	0.132	0.15	0.07	0.061	0.014	0.042	0.387
	细尘	2.47	0.247	0.377	0.135	0.286	0.085	0.185	1.155
	烟气	15.596	0		15.596				
	误差	+0.568	+0.012	+0.81	0	-0.527	+0.112	+0.433	-0.272
	合计	101.06	16.99	26.447	26.771	12.54	2.041	2.85	13.421

表 1-4-17 富氧熔炼热平衡(以 100kg 干炉料为计算单位)

热收入			热支出		
项目名称	热量/kJ	%	项目名称	热量/kJ	%
物料反应热	191737	39.53	分解吸热	20361	4.20
造渣热	20005	4.13	铜锍带走热	48195	9.95
物料显热	7474	1.54	炉渣带走热	51865	10.70
热风带入热	21452	4.48	水分蒸发热	24545	5.07
粉煤燃烧热	243844	50.32	烟尘带走热	4866	1.00
			烟气带走热	225975	46.64
			水套带走热	30012	6.19
			炉体散热	56221	11.61
			未完全燃烧及误差	22472	4.64
合 计	484512	100.00	合 计	484512	100.00

$44m^2$ 白银炉空气熔炼和富氧熔炼热平衡[6]见表 1-4-18。

由表 1-4-18 可见,$44m^2$ 白银炉应用富氧后热能结构发生了很大变化,热平衡中的总能量、烟气带走热及粉煤燃烧热大量减少,物料反应热显著增加。含氧 36%的富氧熔炼单位炉料总热耗为 421216kJ,比空气熔炼下降了 146281kJ;粉煤燃料热降至 144817kJ,为空气熔炼的 50%;烟气带走热为 191422kJ,比空气熔炼减少 99696kJ,为空气熔炼的 65.75%;炉子热效率由 31%提高到 38.2%。可见,富氧熔炼是节能的主要途径,其热效率随富氧浓度的增高而增加。

由于鼓入的空气含氧量增多,熔池的氧势增高,氧化反应加速,脱硫率和铜锍品位升高,炉料放出的热量增多,有利于提高熔炼能力,相应地减少了炉体散热。$44m^2$ 白银炉熔炼能力提高 150~200t/d;燃料率降低49.2%左右;出炉烟气SO_2浓度由7%~

表 1-4-18 44m² 白银炉空气熔炼和富氧熔炼热平衡对比表(以 100kg 干炉料计算)

热收入						热支出					
序号	项目	空气熔炼		富氧熔炼		序号	项目	空气熔炼		富氧熔炼	
		热值/kJ	%	热值/kJ	%			热值/kJ	%	热值/kJ	%
1	物料反应造渣热	208510	36.74	242044	57.46	1	物料分解热	27401	4.83	28631	6.8
2	热风显热	39614	6.98	11468	2.72	2	铜锍带走热	47124	8.30	33485	7.95
3	物料显热	12552	2.21	5297	1.26	3	炉渣带走热	77642	13.68	91542	21.73
4	转炉渣带入热	17500	3.08	17590	4.18	4	烟尘带走热	2033	0.36	4619	1.10
5	粉煤燃烧热	289320	50.99	144817	34.38	5	水分蒸发热	27188	4.79	20778	4.93
						6	烟气带走热	291119	51.31	191422	45.44
						7	水套带走热	29070	5.12	14008	3.33
						8	炉体散热	60969	10.74	29380	6.97
						9	粉煤不完全燃烧及其它	4950	0.87	7351	1.75
	合计	567496	100.00	421216	100.00		合计	567497	100.00	421216	100.00

8%提高到11%～12%，有利于制酸；每吨综合能耗降低53kg标煤(见表1-4-19)。

5. 白银法的富氧熔炼与空气熔炼的综合能耗比较

富氧熔炼与空气熔炼综合能耗[6]比较列于表1-4-19。

表1-4-19 富氧空气与空气熔炼综合能耗比较(以1t炉料计)

能耗项目	能耗值			
	空气熔炼($290t\cdot d^{-1}$)		富氧空气熔炼($436.89\ t\cdot d^{-1}$)	
		折成标煤		折成标煤
原煤/kg	133.55	116.25	48	41.78
重油/kg	1.32	1.79	0.876	1.19
电耗/kW·h	72.63	29.34	106.8	43.15
水耗/t	43.01	14.53	28.55	9.64
蒸汽/t	0.048	6.10	0.032	4.05
综合能耗/kg		168.01		99.81

6. $44m^2$与$103m^2$白银炉主要技经指标实例

表1-4-20为白银炉($44m^2$与$103m^2$炉)的主要工艺技术经济指标实例。

表1-4-20 白银炉主要工艺技术经济指标实例

指标名称	$44m^2$炉	$103m^2$炉
综合指标：		
炉床面积/m^2	44	103
炉料处理量(干)/$t\cdot d^{-1}$	418	570,(富氧)836
床能率(干)/$t\cdot m^{-2}\cdot d^{-1}$	9.5	5.5,(富氧)8.12
铜回收率/%	>97	>97

续表 1-4-20

指标名称	$44m^2$ 炉	$103m^2$ 炉
铜直收率/%	95	94
硫回收率/%	80	80
脱硫率/%	58.71	54.45
综合能耗标煤/$kg·t^{-1}$	139.07	197
标准燃料率/%	9.00	12
熔炼加工费/元·t^{-1}	55.89	55.10
铜精矿:		
炉料中硫铜比/%	1.58	1.9
精矿含水/%	9	9
混合精矿成分/%:		
Cu	16.99	15.29
Fe	26.37	27.30
S	26.76	27.02
SiO_2	12.02	13.93
CaO	1.92	3.45
铜锍:		
产量/$t·d^{-1}$	192	257
成分/%:		
Cu	35.64	36.65
Fe	29.68	31.20
S	23.53	24.13
白银炉炉渣:		
产量/$t·d^{-1}$	148	445
渣率/%	35.45	78
成分/%:		

续表 1-4-20

指 标 名 称	$44m^2$ 炉	$103m^2$ 炉
Cu	0.476	0.6
Fe	32.22	35.91
SiO_2	35.87	34.78
CaO	5.16	5.59
转炉渣：		
返渣量/$t\cdot d^{-1}$	0	291
返渣率/%	0	160
成分/%：		
Cu		2.5～4
Fe		43.99
SiO_2		24.33
烟气：		
炉出口烟气量/$km^3\cdot h^{-1}$	20	45
烟气温度/℃	1150	1100
烟气含 SO_2/%	11.26	5～6
烟尘：		
烟尘率/%	2.5～3.5	<3.0
烟尘含铜/%	10～15	8～18
温度控制：		
炉膛温度/℃	1380～1400	1380～1420
烟气出口温度/℃	1150～1200	1180
混烟室出口温度/℃	800～900	800～900
换热器出口温度/℃		700～750
锅炉出口温度/℃		340～360
排烟机出口温度/℃	300～350	300～350

续表 1-4-20

指标名称	$44m^2$ 炉	$103m^2$ 炉
返烟烟气温度/℃	300～350	190～210
热风温度/℃	350～450	350～450
粉煤仓温度/℃	<70	<70
熔炼区熔体温度/℃	1050～1150	1050～1150
炉渣排放温度/℃	1200～1250	1200～1250
铜锍排放温度/℃	1080～1150	1080～1120
炉体水套冷却温差/℃	6～10	6～10
混烟室水套冷却温差/℃	8～12	8～12
压力：		
炉膛压力/Pa	0～+19.6	0～+19.6
吹炼风压力/MPa	0.147～0.202	0.186～0.206
送粉煤压力/Pa	1960～3430	1960～3430
冷却水压力/MPa	0.147～0.176	0.147～0.176
粉煤燃烧风压力/kPa	7.84～9.8	7.84～9.8
入炉前热风压力/Pa	1960～2450	1960～2450
炉内熔体：		
熔体深度/mm	900～1100	1000～1150
铜锍深度/mm	700～800	700～850
熔渣厚度/mm	150～300	200～350
熔炼单耗：		
煤/$kg \cdot t^{-1}$	100	120
循环水/$t \cdot t^{-1}$	17.63	30
电/$kW \cdot h \cdot t^{-1}$	112.98	75

7．$103m^2$ 白银炉炉体结构

白银炉主体结构由炉基、炉底、炉槽、炉顶、隔墙和内虹吸池及炉体钢结构等部分组成。$103m^2$ 炉熔体相通的炉型称为双室炉型。白银炉沉降区与熔炼区面积之比为 1.1～1.2；不返转炉渣时取下限值，返转炉渣时取上限值。$103m^2$ 炉宽度 B 为 3.7m，炉长度 L 为 $5.28B$。熔池深度为 1000～1150mm，铜锍层厚度为 700～850mm，渣层厚度为 200～350mm。风眼直径为 40mm，风眼 24 个，备用风口比例大于 50%，采用捅风眼机。$103m^2$ 双室炉结构图如图 1-4-10 所示。

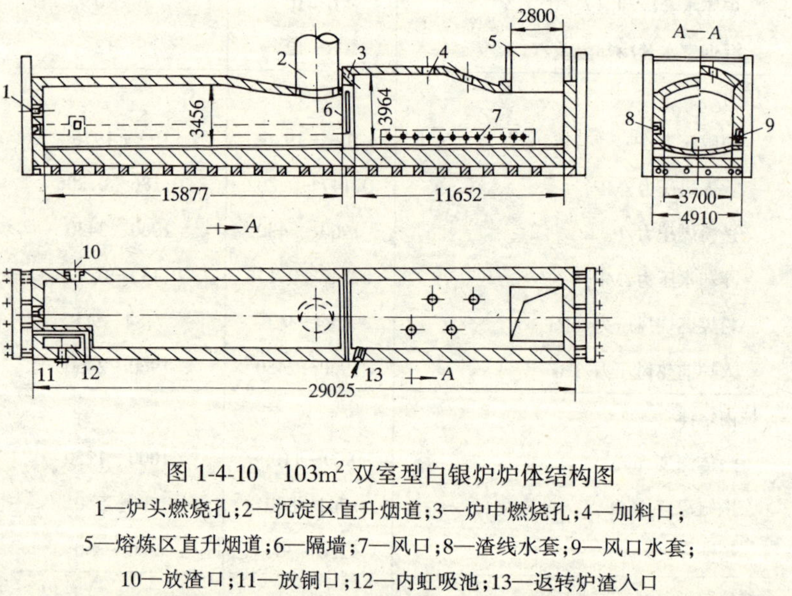

图 1-4-10 $103m^2$ 双室型白银炉炉体结构图

1—炉头燃烧孔；2—沉淀区直升烟道；3—炉中燃烧孔；4—加料口；5—熔炼区直升烟道；6—隔墙；7—风口；8—渣线水套；9—风口水套；10—放渣口；11—放铜口；12—内虹吸池；13—返转炉渣入口

三、瓦纽科夫法

瓦纽科夫法是前苏联发明和发展的一种富氧熔池自热熔炼过程。1976 年在工业上应用，现独联体有三家工厂采用，6 台瓦纽科夫炉在生产运行，最大的炉床面积为 $48m^2$。

瓦纽科夫炉和烟化炉相似（见图 1-4-11），炉壁由铜水套组成，炉缸砌耐火材料。炉料从炉顶加到熔池表面上。通过炉两侧风口往渣层送入含 O_2 60%～80%的富氧空气，风口高度在渣层表面之下 0.5m，风口以上渣层由于鼓入富氧空气强烈搅拌产生泡沫层，使投入的炉料熔化、氧化并进行造渣反应形成铜锍和炉渣。反应热基本能满足自热熔炼的需要。烟气含 SO_2 18%～40%。出炉后经汽化冷却烟道、热回收元件或经废热锅炉冷却、电收尘器净化除尘后送硫酸厂制造硫酸或制取元素硫。铜锍和炉渣在风口以下 1m 深的静止渣层中沉淀分离，到达炉缸后分为铜锍和炉渣两相，分别由放出口连续排出。由于转炉吹炼为间歇作业，因此在瓦纽科夫炉和转炉间需设铜锍保温炉。炉渣如果要求进一步降低渣含铜，排出炉渣可经过一段电炉贫化。瓦纽科夫炉熔炼车间主要设备的配置连接见图 1-4-12 所示。

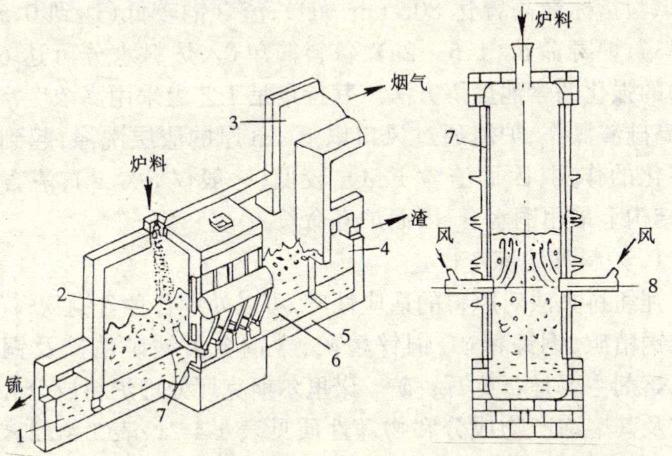

图 1-4-11　瓦纽科夫熔池熔炼炉示意图

1—铜锍虹吸道；2—熔炼室；3—烟道；4—渣虹吸道；5—耐火砖砌体；6—空气-氧气风管；7—水套；8—风口

瓦纽科夫法是一种床能率大（生产工厂指标为 45～50t/(m^2·

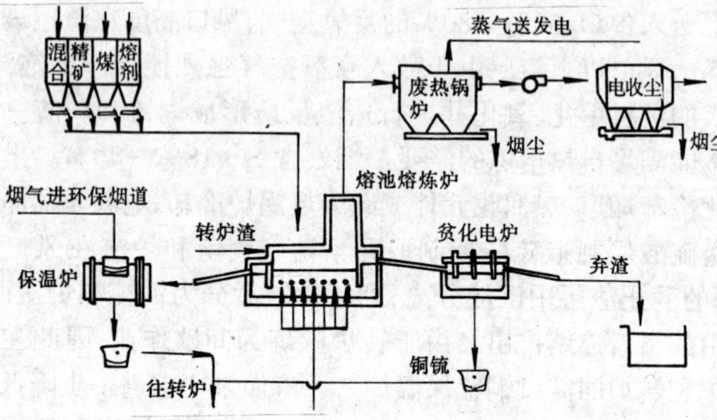

图 1-4-12 瓦纽科夫炉熔炼车间主要设备连接图

d)，试验指标最高曾达 80t/(m²·d))、渣含铜较低(达到 0.5%～0.6%)、炉寿命长(1.5～2a)、备料简单(入炉料水分可达 6%～8%)的强化的熔池熔炼方法。其特点是工艺上采用高浓度富氧鼓风、高硅渣操作、炉渣通过风口以下 1m 厚的渣层洗涤，起到了炉内贫化的作用，因而渣含 Fe_3O_4 较低(一般仅 8% ±)，渣含铜较低；结构上采用铜水套，因而炉寿命长。

1. 炉料和熔炼产物

瓦纽科夫法对原料的适应性广，可以处理各种含铜物料(包括标准铜精矿、铜镍精矿、铜锌精矿、含铜金黄铁矿精矿及铜块矿等)，熔剂主要是石英石块矿。诺里尔斯克厂处理炉料成分和物理性质及其熔炼产物成分和物理性质见表 1-4-21、表 1-4-22。巴尔哈什厂处理炉料成分和产物成分见表 1-4-23。

2. 工艺参数之间的关系及其工艺制度的选择

瓦纽科夫法的各种技术操作条件之间都有相互依赖的关系，在选择工艺制度时，可以从这些关系式中找到平衡值。诺里尔斯克厂的瓦纽科夫炉各参数之间的关系见图 1-4-13 至图 1-4-20[7]。

表 1-4-21 炉料的化学成分和物性实例

项目	成分/%										性质			
	Cu	Ni	Fe	S	SiO_2	CaO	MgO	Al_2O_3	O_2	其它	含水/%	容量/$t\cdot m^{-3}$	安息角/(°)	粒度/mm
铜精矿	20.7~22.3	1.5~1.8	39~40	33~34	0.5~0.9	0.4~0.8	0.4	0.3	0.8	<1.5	7.0~8.0	2.3	60~65	90%<1.25μm
富铜块矿	19~22	2.5~3.0	36~38	28~30	3.2~4.0	1.4~1.6	0.6~1.4	0.9~1.2		<3.5	4.0~6.0	2.6~2.7	60~65	1~50
含铜返料	7.6~16.0	1.0~2.0	41.0~46.0	5.0~8.0	16.0~21.0	0.7	0.7	1.3	12.8		3.0~4.0	3.0~3.2	45~50	1~25
铜精矿焙砂	21.0~23.7	1.6~1.9	35.0~39.0	0.6~1.3	10.0~18.0	0.8	0.6	1.0	17.9	2.2	4.0~6.0	2.6	60	80%~90%<1.25μm
石英石			1.3~2.6		78~80	0.7~1.2	0.3~0.6			1.8~3.5	4.5~6.0	2.3~2.35	55~60	1~100

表 1-4-22 熔炼产物的化学成分和物性实例

项目	成分/%									性质			
	Cu	Ni	Fe	S	SiO_2	CaO	MgO	Al_2O_3	其它	出炉温度/℃	密度/$t\cdot m^{-3}$	粒度/mm	安息角/(°)
铜锍	40~50	4.5~5.5	20~27	23.6~24.3					2.5~3.0	1150~1200			
炉渣	0.55~0.65	0.13~0.22	43.7~45.8	0.9~1.2	29.0~31.5	1.7~2.4	1.2~1.6	4.2~4.5		1250~1300	3.2~3.4(1200℃)		
烟尘	13.66	1.25	40	1.91	18.65						2.6	0.063~0.815	50

表 1-4-23 炉料和产物的化学成分(%)

项目	Cu	Fe	Fe_3O_4	S	SiO_2	CaO	H_2O
炉料	16.13～18	26.5～27.3		31.6～32.15	10.6～12.3	2	5.6
铜锍	45～55						
炉渣	0.5～0.7	36～37	7～7.5		29～34	3～6	

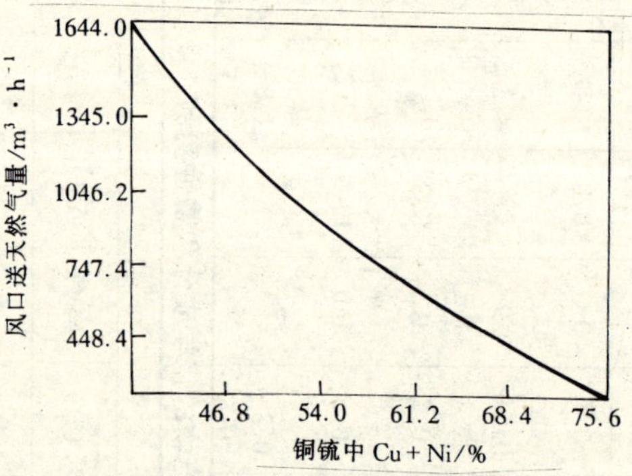

图 1-4-13 风口送天然气量和铜锍品位的关系

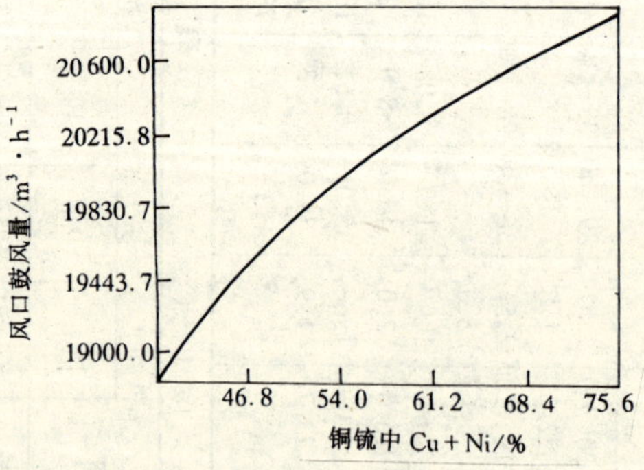

图 1-4-14 风口鼓风量和铜锍品位的关系

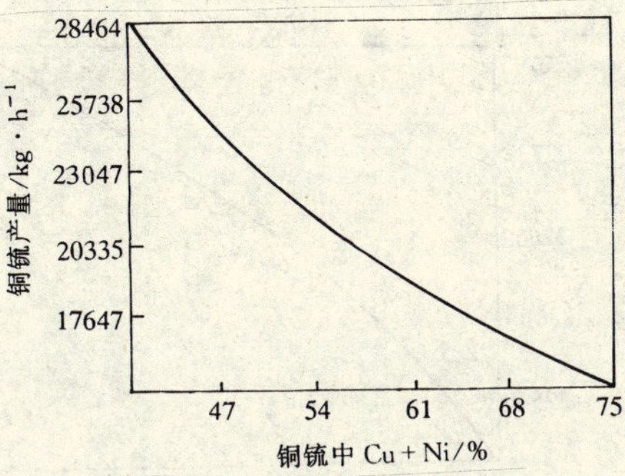

图 1-4-15　铜锍品位和铜锍产量的关系

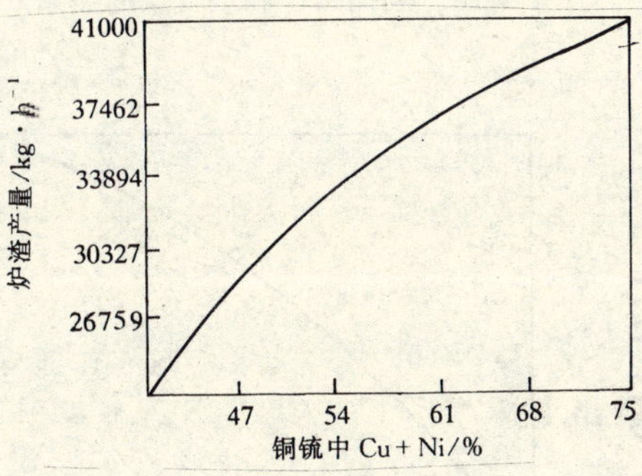

图 1-4-16　铜锍品位和炉渣产量的关系

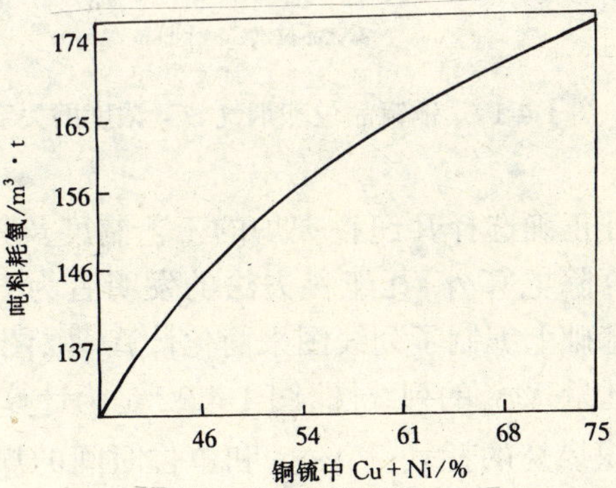

图 1-4-17　铜锍品位和氧气耗量的关系

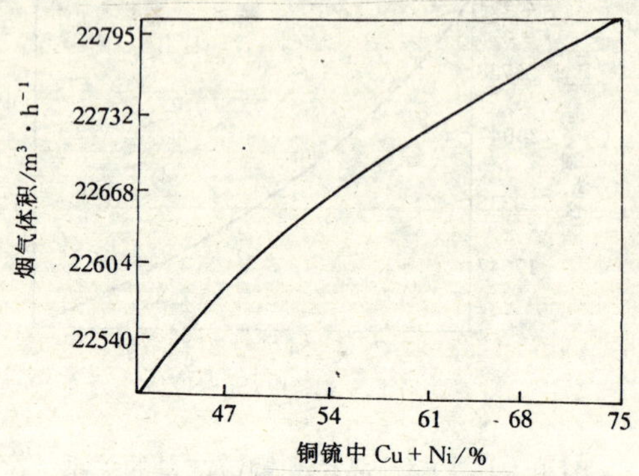

图 1-4-18 铜锍品位和烟气量的关系

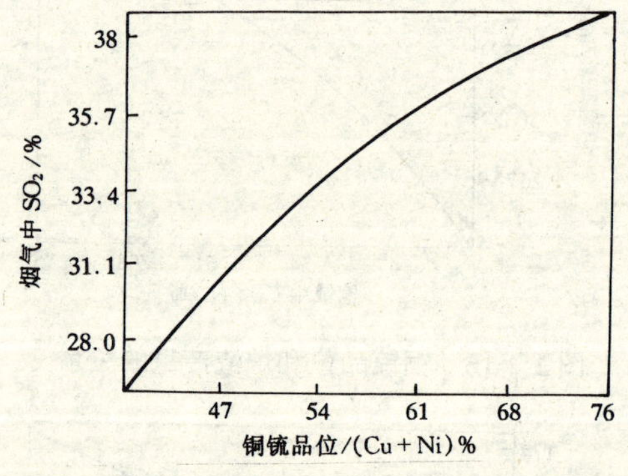

图 1-4-19 铜锍品位和烟气 SO_2 浓度的关系

为了保证正确选择瓦纽科夫炉的工艺制度及其控制方法，需经过大量计算除电算外，瓦纽科夫法的发明者为方便现场计算。在回归方程基础上编制了列线图来简化计算[10]，图 1-4-21 是为计算熔炼氧气耗量 V_{O_2} 的列线图，图 1-4-22 是为计算炉料氧化的耗氧量 $V_{O_2}^{III}$、煤燃烧的耗氧量 $V_{O_2}^{y}$ 和单位时间的煤耗量 Φ_y 及炉料耗量 Φ_{III} 的列线图。例如处理含水 6% 的炉料成分(%)为：

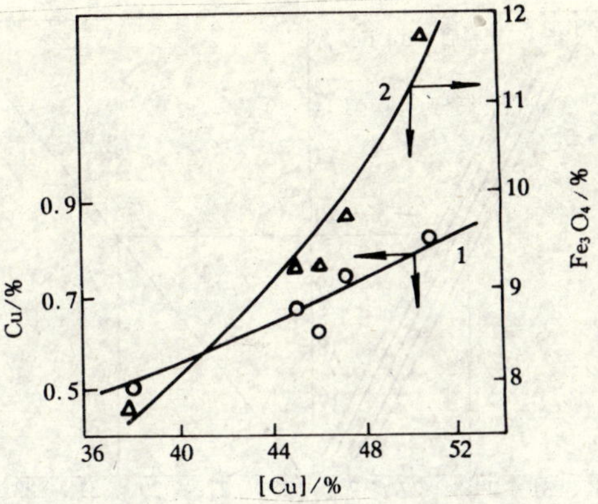

图 1-4-20 炉渣中 Cu(1)和 Fe_3O_4(2)的含量与铜锍含 Cu 量的关系

Cu18、Fe28、S30、$SiO_2$11、CaO_2、其它 11。在图 1-4-21 上找到点 S =30 画一条线至直线相交，然后将它的水平线引至 Cu + Fe = 46%相对应的直线。从交点往下画一条垂直线入象限Ⅲ。指定铜锍含铜量，设期望得到含 Cu45%的铜锍，则从象限Ⅳ中铜锍含[Cu]刻度上的相应点画一条线与炉料含铜 18%的曲线相交。从交点画一水平线入象限Ⅲ至与象限Ⅱ引出的直线相交，在象限Ⅲ的直线网中找到每吨炉料氧气耗量为 $166m^3$。反之，列线图也可由单位炉料耗氧量预测铜锍品位。例如，若每吨炉料的氧气耗量为 $180m^3$，在象限Ⅰ中从对应于 S 含量 30%的点画一条垂直线并从它与象限Ⅰ中的直线的交点，画一条水平线入象限Ⅱ至炉料中 Cu + Fe = 46%的直线相交。从交点往下画一条直线入象限Ⅲ至氧气单耗 $180m^3/t$ 的直线相交。从交点画一水平线入象限Ⅳ至与炉料相应含铜量的曲线相交。从交点画垂直线，并在横坐标上得到铜锍品位为 51.5%。

工业氧、空气、炉料和煤的耗量是相关的，由造锍熔炼的物料平衡计算出的列线图还可推算炉料氧化的耗氧量 $V_{O_2}^{III}$，煤燃烧的耗氧量 $V_{O_2}^{y}$ 和单位时间的煤耗量 Φ_y。例如，假定装料和装煤

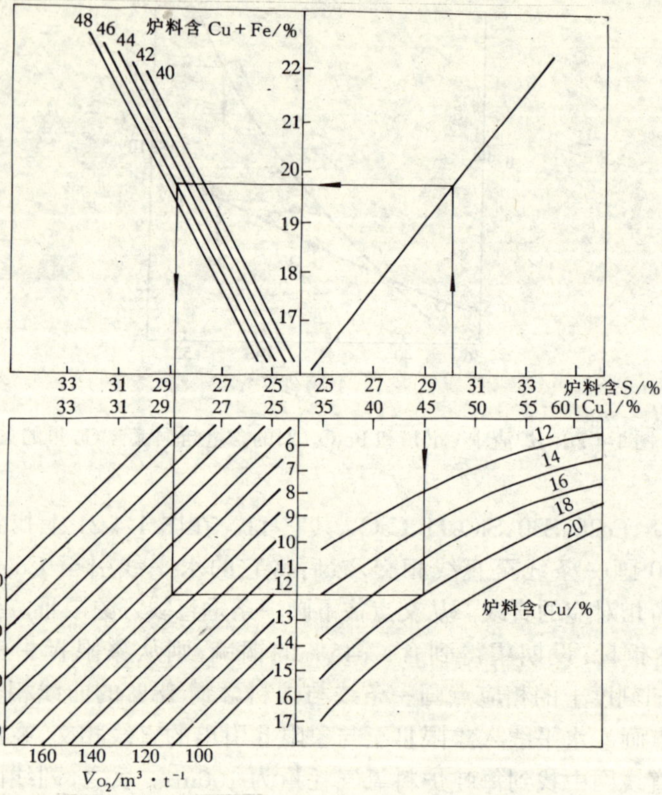

图 1-4-21　计算熔炼氧气耗量 V_{O_2} 的列线图

量分别为 50t/h 和 1.5t/h，熔炼用氧气耗量为 166m^3/t，则从图 1-4-22 横坐标上的 50t/h 画一条垂直线至相应氧气单耗 166m^3/t 的线相交，从交点画一条水平线入象限Ⅱ，在纵坐标上确定给定炉料氧化所需的耗氧量。从象限Ⅳ中纵坐标上给定的煤耗量的点画一条水平线至它与直线相交，从交点画一条垂直线，使之延伸入象限Ⅱ，垂直线与水平线的交点可确定氧气总耗量为 10500m^3/h。

上述列线图可用于在 1523～1623K 下瓦纽科夫法调整工艺参数。

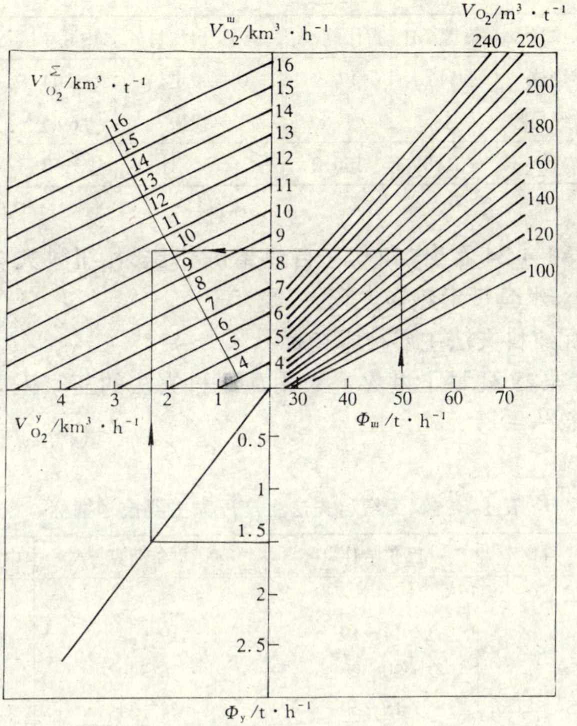

图 1-4-22　计算氧气总耗量 $V_{O_2}{}^{\Sigma}$ 的列线图

$V_{O_2}{}^{y}$—煤燃烧的耗氧量；$V_{O_2}{}^{Ш}$—炉料氧化的耗氧量；

$\Phi_{Ш}$，Φ_y—炉料，煤耗量

3．瓦纽科夫炉的热平衡

对精矿成分（%）为 Cu19.6、Fe23.4、S30.4，富氧浓度为70%，产出铜锍品位44%的熔炼过程热平衡实例见表 1-4-24。

表 1-4-24　瓦纽科夫炉的热平衡（以 1t 精矿计算）

热收入项目	热量/MJ	占比例/%	热支出项目	热量/MJ	占比例/%
反应热	2564	81.2	铜锍和炉渣带走热	1216	38.5

续表 1-4-24

热收入项目	热量/MJ	占比例/%	热支出项目	热量/MJ	占比例/%
燃料燃烧热	546	17.3	烟气带走热	1244	39.4
炉料和鼓风显热	48	1.5	热损失	698	22.1
合　计	3158	100.0	合　计	3158	100.0

由表 1-4-24 看出，和其它自热熔炼相比，瓦纽科夫炉烟气带走热较小，水套带走热损失较大。

4. 瓦纽科夫法主要技术指标

表 1-4-25 列举了世界上采用瓦纽科夫法的三家工厂的主要技术指标[9]。

表 1-4-25　瓦纽科夫法生产厂家主要技术指标

项　目	巴尔哈什厂	诺里尔斯克厂	中乌拉尔厂
精矿成分%			
Cu	14～19	19～23	13～15
Fe	20～28	36～40	20～30
S	18～30	28～34	35～39
铜锍含铜/%	44～47	45～50	45～52
炉渣成分/%			
Fe/SiO_2	1.25～1.30	1.47～1.50	
Cu	0.5～0.7	0.46～0.6	0.55～0.75
Fe	36～37	44～45	
SiO_2	29～34	27～33	26～29
CaO	3～6		4～5
床能率/$t\cdot m^{-2}\cdot d^{-1}$	50～60	55～80	40～60
富氧浓度/O_2%	65～75	60～65	50～70
炉气中 SO_2/%	24～32	20～35	25～37
铜锍中铜回收率/%	97.1(不返回烟尘) 97.8(烟尘返回)	97.3(不返回烟尘) 9.8～98.5(烟尘返回)	96.2 (不返回烟尘)
燃料消耗/%	2～3	2～3	1～2

瓦纽科夫炉的结构见图 1-4-23。

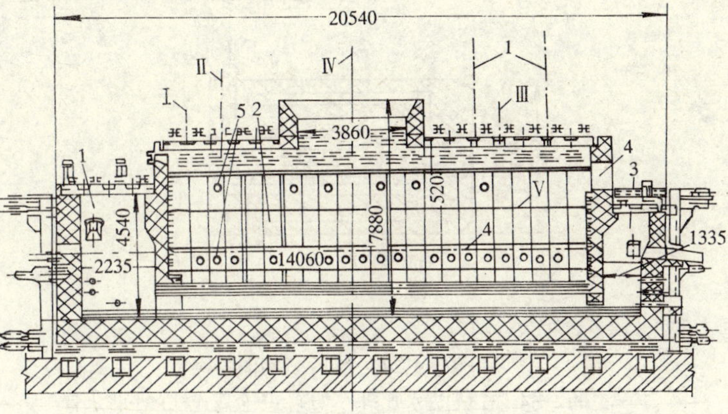

图 1-4-23　巴尔哈什铜厂 35m² 瓦纽科夫炉图

Ⅰ—烧嘴中心线；Ⅱ—加黄铁矿口中心线；Ⅲ—加料中心线；

Ⅳ—烟道出口中心线；Ⅴ—静止时间液面

1—渣虹吸池；2—熔炼带；3—铜锍虹吸池；4—返转炉渣门；5—风口

瓦纽科夫炉为长方形竖炉，炉缸两端设有铜锍和炉渣虹吸池，炉子基础为钢筋混凝土带形基础，炉子骨架为金属构架。炉缸和虹吸池的底及墙由铬镁砖砌成，炉身为三层铜水套，35m² 炉炉身水套高 4.2m，侧墙每块铜水套尺寸为 600mm×1400mm，厚 130mm，水套以上的炉衬由铬镁砖砌筑，风口设在第一层水套上，炉顶是活动的，用不锈钢水套组成。

铜水套四个连接端面都经过刨平打磨，尺寸精确，对接后不会发生熔体渗漏。靠熔体一侧内壁在水平方向刨有宽与深为 10mm、间距约 70mm 的沟形槽，以便挂渣保护。侧墙纵向通常由三块水套组成，下排带风口的水套称风口型水套，上面两排不带风口的水套称排列型水套。

风口为一偏心截头圆锥台，铸铜水冷，内径 40mm 与水平呈 7°～8°的下俯角插入风口型水套内，风口外部有法兰与弹子阀三通连接[8]。风口结构见图 1-4-24。

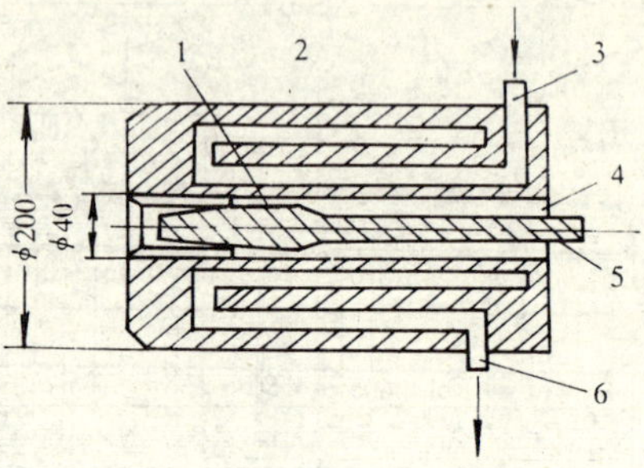

图 1-4-24　风口结构图

1—堵头;2—本体;3—进水管;4—风道;5—金属连杆;6—排水管

四、特尼恩特法

特尼恩特法是铜精矿在由两座反射炉、两台特尼恩特改良转炉(TMC)和四台常规卧式转炉组成的系统中炼成粗铜的铜熔炼方法。其流程图如图 1-4-25 所示。各炉的功能为:在安装有氧气和燃料烧嘴的反射炉内熔炼一部分铜精矿,产出含铜 48%～50%的铜锍和弃渣,铜锍作为下道作业的底料;大致等量的铜锍和铜精矿在富氧鼓风(含 $O_2$30%～34%)的特尼恩特改良转炉中连续、自热地熔炼和吹炼,产出含铜 75%～78%的高品位铜锍和含铜 4%～6%的炉渣,炉渣返回反射炉中处理,高品位铜锍送入富氧鼓风的卧式转炉内吹炼成粗铜。

特尼恩特改良转炉是一台长型的转炉(见图 1-4-26)。其结构尺寸及有关工艺参数见表 1-4-26。反射炉铜锍等速通过排放口加入炉内,精矿和石英熔剂由各自料仓用皮带运输机经石英枪连续喷入炉内。加料操作不需转动炉体和停风。在炉内靠侧面吹入铜锍层中的富氧空气,实现精矿的自热熔炼和完成吹炼的造渣期作业。

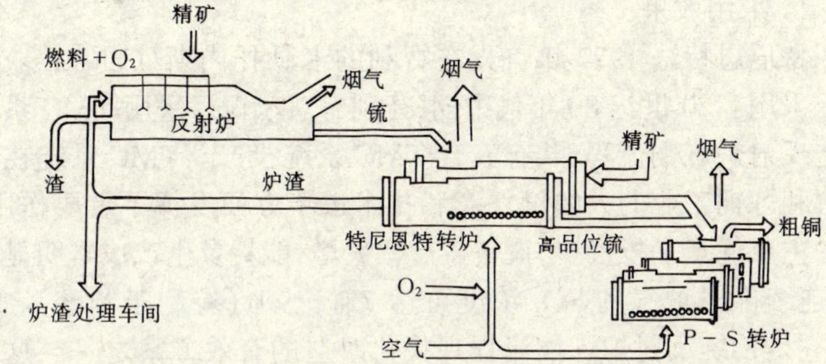

图 1-4-25　卡勒托内斯冶炼厂的特尼恩特法流程图

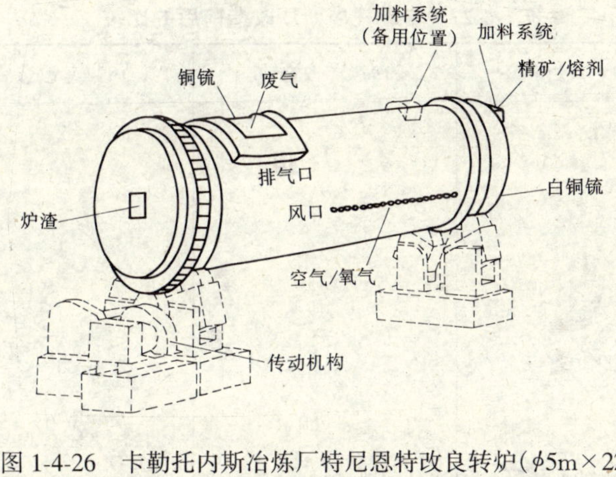

图 1-4-26　卡勒托内斯冶炼厂特尼恩特改良转炉(ϕ5m×22m)

表 1-4-26　特尼恩特改良转炉结构尺寸及有关参数

结构尺寸	数　据	工艺参数	数　据
炉壳内尺寸		熔池熔炼部分	
直径/m	5.00	吹炼区容积/m^3	179.9
长度/m	22.00	吹炼区长度/m	12.7
砖砌体内尺寸		鼓风量/$km^3 \cdot h^{-1}$	62
直径/m	4.24	熔池表面积/m^2	52.2
长度/m	21.24	表面气体速度/$m \cdot s^{-1}$	1.2
内容积/m^3	300.0		

1. 采用效果

特尼恩特法1977年首先在智利的卡勒托内斯(Caletones)冶炼厂采用。20世纪80年代中期,智利有三家铜厂采用TMC系统改造反射炉炼铜流程,共有五套TMC系统投产。TMC系统在促进智利炼铜工业的大幅度增产和技术进步方面发挥了重要作用。它的主要优点是投资少,设备生产率大增,能耗及生产成本明显下降,连续排出炉气的 SO_2 浓度可达7%~9%(有利于制酸)。因此,它是传统反射炉炼铜流程现代化改造的有效方案之一。这可由卡勒托内斯厂改造前后的生产能力增加、能耗下降及设备减少看出(见表1-4-27)。

表1-4-27 卡勒托内斯厂改造前后的比较

项目	1974年改造前	1984年改造后
TMC转炉/台		2
多膛炉/台	9	
反射炉/台	3	1
卧式转炉/台	8	4
TMC渣贫化炉/台		3
处理量/$kt \cdot a^{-1}$	~700	950
精矿燃料消耗/$kg \cdot t^{-1}$	210	70

2. TMC转炉的生产数据

卡勒托内斯和丘基卡马塔两厂的生产数据见表1-4-28;卡勒托内斯厂TMC转炉的物料平衡和热平衡见图1-4-27;精矿成分见表1-4-29;富氧及含水量变化对TMC转炉的影响见图1-4-28、图1-4-29。

表 1-4-28　卡勒托内斯和丘基卡马塔两厂的生产数据

生产数据项目		卡勒托内斯厂	丘基卡马塔厂
鼓风量/$m^3 \cdot min^{-1}$		550	560
富氧程度/%		32.2	29.0
鼓风时率/%		89.4	90.1
炉料湿度/%		7.3	6.1
加入铜锍量/$t \cdot d^{-1}$		834	474
铜锍成分/%：	Cu	50.9	41.1
	Fe	22.0	31.0
	S	23.2	25.7
加入精矿量/$t \cdot d^{-1}$		773	632
精矿成分/%：	Cu	38.8	36.0
	Fe	20.0	20.2
	S	29.9	34.1
	SiO_2	5.8	6.3
加入石英熔剂量/$t \cdot d^{-1}$		136	111
熔剂成分/%：	Fe	1.2	
	SiO_2	94.6	86.8
产出白铜锍量/$t \cdot d^{-1}$		908	570
白铜锍成分/%：	Cu	75.2	70.1
	Fe	3.4	7.6
	S	20.7	21.4
产出炉渣量/$t \cdot d^{-1}$		648	497
炉渣成分/%：	Cu	5.8	4.2
	Fe	45.5	46.0
	S	1.2	1.2
	SiO_2	26.4	25.2
产出烟尘量/$t \cdot d^{-1}$		19	9
烟尘含铜/%		29.0	24.8

图 1-4-27 表示在特尼恩特转炉反应器中处理卡勒托内斯铜锍和铜精矿的物料平衡和热平衡[11]，其中投入物料的平均含水量在 0%～8%之间变化。表 1-4-29 列出了卡勒托内斯厂使用的特尼恩特和安迪纳(Andina)精矿的矿物成分和化学成分。相应的 R 值(精矿与铜锍之比)示于图 1-4-28，为了方便比较，此图也示出了相当于安迪纳精矿(含铜 27.9%)的值。

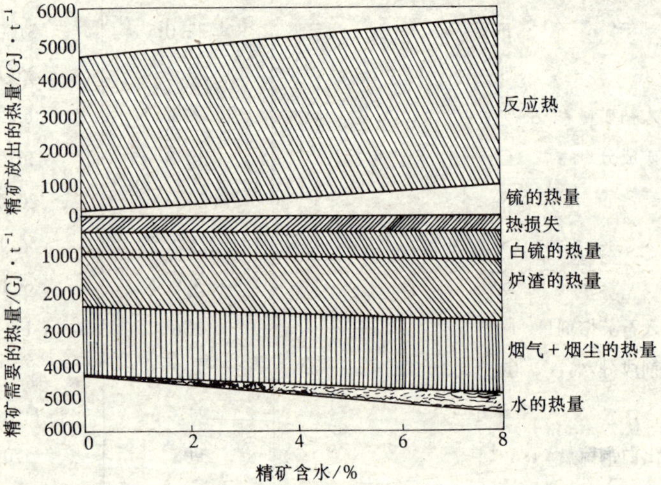

图 1-4-27　特尼恩特转炉熔炼—吹炼过程中的物料平衡及热平衡与精矿含水量之间的关系

(鼓风量：991m³·min⁻¹，富氧：32%)

精矿/t·d⁻¹	1660	1493	1357	1282	1218
熔剂/t·d⁻¹	151	179	202	224	245
铜锍/t·d⁻¹	199	445	647	821	978
白铜锍/t·d⁻¹	761	833	893	960	1023
炉渣/t·d⁻¹	983	1031	1070	1128	1179
烟气量/t·d⁻¹	55570	57150	58370	59600	69620

图 1-4-29 表示根据鼓入的氧气数量(鼓风中的富氧程度)和所处理精矿的平均含水量,计算在反应器(ϕ5m×22m)中可熔炼的精矿和需要的铜锍数量。

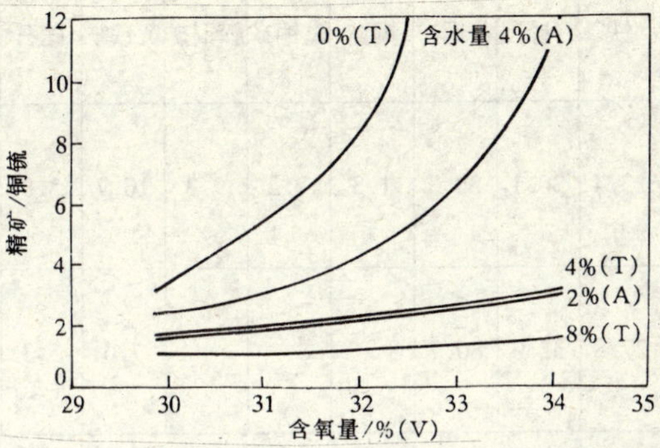

图 1-4-28　特尼恩特转炉中精矿与铜锍之比和鼓风中富氧量及精矿含水量的关系
(T=特尼恩特精矿;A=安迪纳精矿)

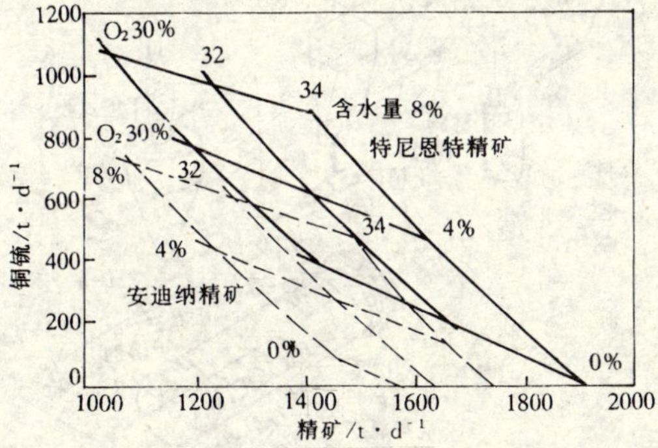

图 1-4-29　在特尼恩特转炉反应器中随精矿含水量及鼓风中富氧程度而变化的精矿计算值和需要的铜锍量
(鼓风量:991$m^3 \cdot min^{-1}$)

表 1-4-29　精矿的矿物成分和化学成分表

精矿名称	化学成分/%			矿物成分/%							
	铜	铁	硫	黄铜矿	铜蓝	斑铜矿	辉铜矿	黄铁矿	硅石	矾土	石灰
特尼恩特精矿	33.0	23.4	30.1	58.0	1.3	7.2	9.3	10.7	5.8	2.7	1.5
安迪纳精矿	27.9	27.8	32.0	80.7				7.0	5.3	3.0	1.5

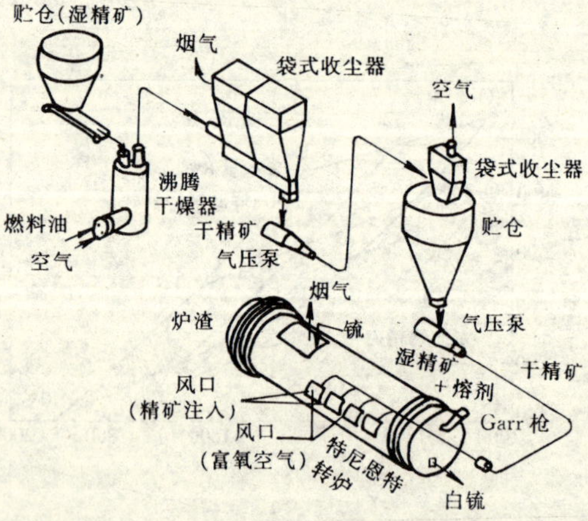

图 1-4-30　精矿浸没熔炼的设备连接图

TMC 技术投产后仍在不断改进，卡勒托内斯厂 1988 年采用的干精矿“浸没熔炼”(见图 1-4-30)，使占加入铜精矿总量 55%以上的干精矿(含水 0.2%～0.5%)通过特殊设计的风嘴送入反应器的熔池，干精矿的自热熔炼使生产能力大幅度增加(精矿与铜锍比随进料平均含水量而变化)。

波特雷里洛斯冶炼厂(国家铜公司萨尔瓦多分公司)应用精矿浸没熔炼技术开始于 1986 年末。图 1-4-31 表示 1987 年以来用反应器处理的精矿年处理量。第一年未使用工业氧，而目前所用的富氧达到 25%。由此图可推断出，大约 45%的精矿是以干精矿投入的，反应器的生产率提高了 55%。

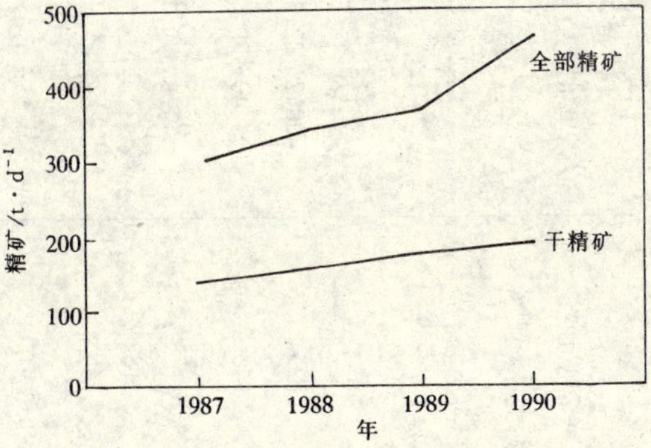

图 1-4-31　采用精矿浸没熔炼技术对特尼恩特转炉处理量的影响

五、四种侧吹熔池熔炼的比较

表 1-4-30 列出了诺兰达法、瓦纽科夫法、特尼恩特法和白银法四种侧吹熔池熔炼方法的生产实例[12]。

表 1-4-30 侧吹熔池熔炼生产实例

指　　标	诺兰达法	瓦纽可夫法	特尼恩特法	白 银 法
最早应用年代	1973 年	1976 年	1977 年	1976 年
应用工厂(台)数	4	3 厂(6 台)	5	1 厂(2 台)
典型工厂	霍恩(加)	诺里尔斯克(俄)	特尼恩特(智)	白银(中)
炉子规格	ϕ5.2m×21.3m	20m^2,35m^2,48m^2(3 台)	ϕ4m×17.7m	44 m^2,103 m^2
粗铜产量/kt·a^{-1}		约 200	345	
精矿处理能力/t·h^{-1}	90	70	410	28(44 m^2)
炉龄/a	1.1	1.5~2	0.6	0.5~0.6
精矿含铜/%	25	20.7~22.3	36.5	17.91(90 炉料)
铜锍品位/%	73	40~50	73~75	49.77
渣含铜/%	5	0.55~0.65	6.5~8.0	0.64
炉渣 Fe/SiO_2	1.82	1.5	2.0	1.2
渣处理方法	浮选	废弃	进反射炉	废弃
弃渣含铜/%	0.3~0.35	0.55~0.65	0.95	0.64
富氧浓度/%	23.5	65~76	30~32	约 50
烟气 SO_2/%	8~15	20~34	9.5~11.5	16.94
烟尘率/%	3~4	0.6~1.0	2~3	3

第四节　顶吹熔池熔炼

顶吹熔池熔炼是利用富氧空气或工业氧气，经过炉顶插入喷枪，喷枪出口距熔池液面一定高度或浸入熔体之中，将干精矿和熔剂直接喷入熔体，在湍动的熔池内完成造锍熔炼和吹炼反应。属于此类的有三菱法、顶吹旋转转炉法和艾萨法等炼铜方法。

一、三菱法

三菱法是利用溜槽相连的熔炼炉、炉渣贫化炉和吹炼炉连续地将铜精矿熔炼成粗铜的铜熔炼方法。各炉的工艺参数可单独控制，易于保持最优的熔炼状态。冶炼中间熔体靠三个炉子的液位差自动通过溜槽在各炉间连续传送，其设备连接系统的侧视图及平面图见图1-4-32。

1. 三菱法生产流程

工艺流程如图1-4-33所示[14]。

2. 三菱法主要生产设备的冶金功能

三菱法熔炼炉(S炉)圆形，维持炉内中等氧势，将精矿熔炼成品位高于65%的铜锍。炉料由干燥至含水分低于1%的铜精矿、细碎石英石熔剂和粒状吹炼渣组成，用含氧33%～35%的富氧空气经喷枪以高速喷入熔池中，迅速完成造锍反应。铜锍和炉渣的混合熔体经保温溜槽流往炉渣贫化炉。烟气含SO_2达12%，净化后送制酸。熔炼炉的热源主要来自反应热，不足部分由外供燃料燃烧补充。S炉结构如图1-4-34所示。

三菱法炉渣贫化炉(SC炉)椭圆形，维持较低氧势。靠电热维持、提高混合熔体的作业温度，以改善炉渣的物理性质，使铜锍与炉渣分离。铜锍经虹吸和溜槽流入最后的吹炼炉中。弃渣含铜0.6%左右，从渣口放出，经水淬后外运。SC炉结构如图1-4-35所示。

三菱法吹炼炉(C炉)圆形，尺寸略小于熔炼炉，维持炉内最高氧势，也用喷枪将富氧空气、熔剂喷入熔池，铜锍吹炼成含铜98.5%、含硫0.05%的粗铜。由于在吹炼炉内炉渣受到强烈的氧

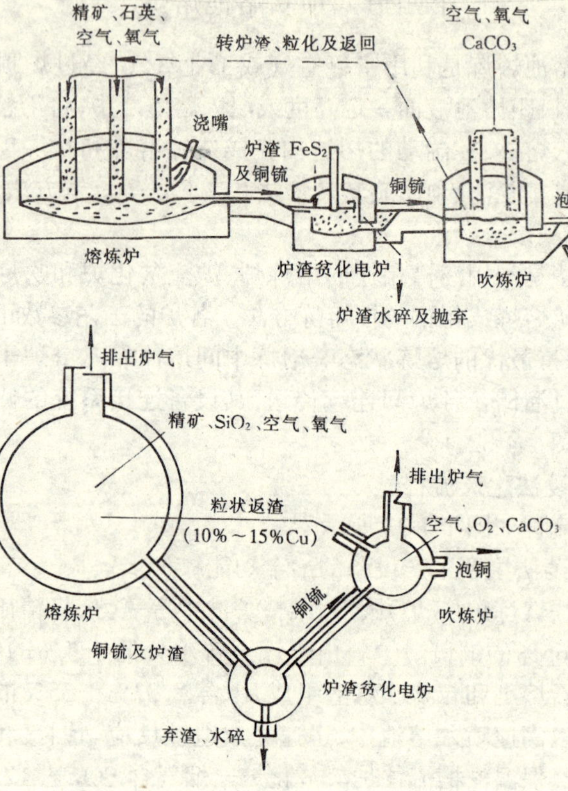

图 1-4-32 三菱法熔炼系统的侧视图及平面图

化作用，Fe_3O_4 含量较高。为了避免 Fe_3O_4 在常规铁橄榄石型渣中的有害影响，三菱法选择造 $Cu_2O-Fe_2O_3-CaO$ 系炉渣，新渣型对 Fe_3O_4 溶解量大，低熔度范围增大，有利于吹炼过程的进行。吹炼渣由放渣口放出，经水淬、干燥后大部分返回熔炼炉中处理，小部分作冷料返回吹炼炉，产出的烟气也供制酸。

三菱法 1974 年首先在直岛冶炼厂得到工业应用（能力为 50kt/a）。1981 年加拿大奇德·克里克公司的梯敏斯冶炼厂引进这项技术建成 75kt/a 粗铜工厂；1985 年提高鼓风中氧浓度使生产

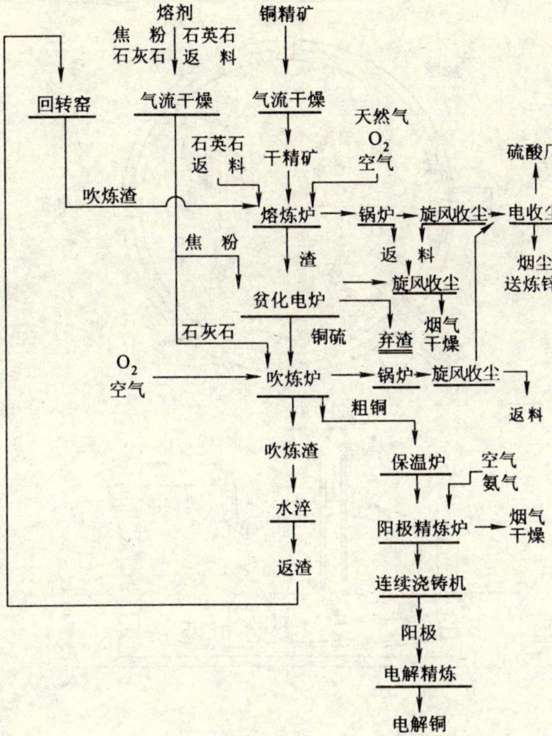

图 1-4-33　三菱法生产工艺流程图

能力增大到 90kt/a。直岛冶炼厂 1983 年新建一套三菱法设备取代原有的三菱法和反射炉生产线，总生产能力达到 230 kt/a 阳极铜。三菱法已成为目前世界上惟一在工业上应用较成熟的连续炼铜方法，与一般炼铜方法比较，有如下优点：1）基建费用下降 30%，阳极的加工费用低 20%～30%；2）可回收原料中 98%～99%的硫，回收费用只需一般炼铜法的 1/5～1/3；3）能耗较一般炼铜法节约 20%～40%；4）操作人员可减少 35%～40%。

三菱法的典型生产数据[12]见表 1-4-31。直岛厂及梯敏斯厂有关的技术资料见表 1-4-32 至表 1-4-36。

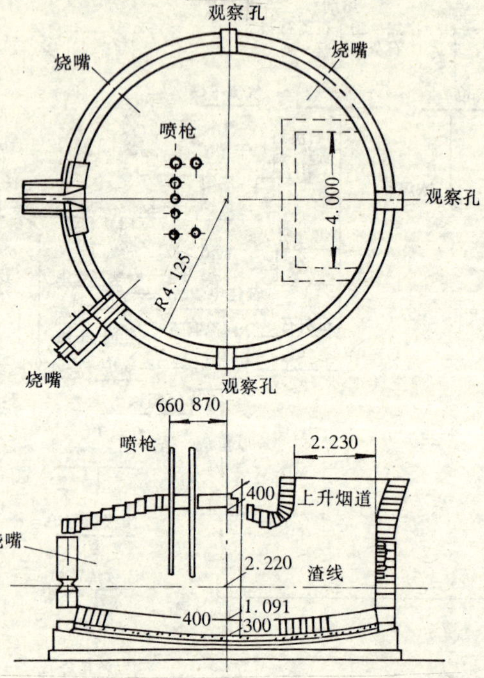

图 1-4-34　直岛冶炼厂熔炼炉

表 1-4-31　三菱法的典型生产数据

项　　目	直岛老设备	直岛新设备	奇德·克里克
投产时间	1974～1989	1991	1991
熔炼炉直径/m	8.25	10.10	10.3
贫化电炉功率/kV·A	1800	3600	3000
吹炼炉直径/m	6.50	8.05	8.2
熔炼炉数据			
精矿/$t\cdot h^{-1}$	40	83	60
精矿品位/%	30	31	25
喷枪数	8	10	10
喷枪直径/cm	7.62	10.16	7.62
鼓风氧浓度/%	42	45	48

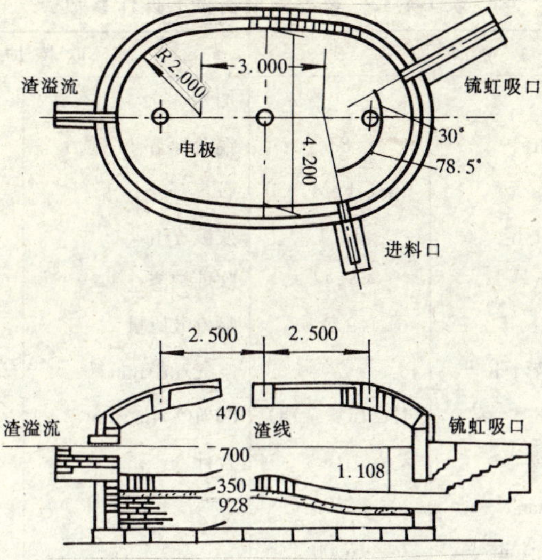

图 1-4-35　直岛冶炼厂渣贫化炉

续表 1-4-31

项　　目	直岛老设备	直岛新设备	奇德·克里克
铜锍产量/$t\cdot h^{-1}$	19	43	26
铜锍品位/%	68	69	68
炉渣量/$t\cdot h^{-1}$	27	57	54
吹炼炉数据			
加铜锍/$t\cdot h^{-1}$	19	43	26
喷枪数	5	8	6
喷枪直径/cm	8.89	10.16	7.62
鼓风氧浓度/%	28	32	33
产粗铜/$t\cdot h^{-1}$	12.1	33	16.5
吹炼渣量/$t\cdot h^{-1}$	3.5	7	6
精矿处理量/$t\cdot m^{-1}$	27700	56000	45000
阳极铜产量/$t\cdot m^{-1}$	8000	20400	112500

表 1-4-32　直岛新设备标准操作参数[15]

熔炼炉		吹炼炉	
加入		加入	
铜精矿/$t\cdot h^{-1}$	83	铜锍/$t\cdot h^{-1}$	43
成分 /%	Cu31,Fe24,S30	石灰石/$t\cdot h^{-1}$	2
石英熔剂/$t\cdot h^{-1}$	13.1	残极/$t\cdot h^{-1}$	5
石灰石/$t\cdot h^{-1}$	1.4	吹炼炉渣/$t\cdot h^{-1}$	2,作冷却剂
煤/$t\cdot h^{-1}$	2.3	喷枪鼓风量	
返回吹炉渣/$t\cdot h^{-1}$	7	空气/$m^3\cdot min^{-1}$	19300
废杂铜/$t\cdot h^{-1}$	4(已压块杂铜)	80%O_2/$m^3\cdot min^{-1}$	4300
喷枪鼓风量		合计/$m^3\cdot min^{-1}$	23600(32%O_2)
空气/$m^3\cdot min^{-1}$	23500		
80%O_2/$m^3\cdot min^{-1}$	16000		
合计/$m^3\cdot min^{-1}$	39500(45%O_2)		
产出		产出	
铜锍/$t\cdot h^{-1}$	43	粗铜/$t\cdot h^{-1}$	33
品位/%	69	吹炼炉渣/$t\cdot h^{-1}$	9
炉渣/$t\cdot h^{-1}$	57	烟气/$m^3\cdot min^{-1}$	390(干基),SO_2 27%
烟气/$m^3\cdot min^{-1}$	620(干基),SO_2 28%		

表 1-4-33　直岛厂原料及主要产品的组成(%)[13]

项　目	Cu	Fe	S	SiO_2	CaO	Pb	Zn	As	Sb	Bi
铜精矿 1	25.9	27.8	31.9	6.9	0.3	0.09	0.31	0.07	0.029	0.003
铜精矿 2	26.4	27	30.6	7.4	0.63	0.45	0.28	0.11	0.04	0.007
铜锍	64.7	10.7	22.8	0.1						
贫化炉渣	0.6	43.6	0.7	30.5	3.2					
粗铜	98.5	0.008								
吹炼渣	13	43.9	0.09	0.2	17.2					

表 1-4-34 梯敏斯厂原料及主要产品的组成(%)[14]

项目	Cu	Fe	S	Pb	Zn
铜精矿	25.4	30.0	31.8	0.8	5.3
铜锍	65.0	10.0	22.0	0.45	1.5
贫化炉渣	0.7	43.0	0.8	0.25	5.1
粗铜	98.5		0.5	0.29	
吹炼渣	18.0	40.0	0.4	1.00	4.0

表 1-4-35 直岛厂富氧浓度对熔炼炉技术指标的影响[13]

项目	富氧浓度/%	
精矿处理量/$t\cdot h^{-1}$	40	27
燃料油耗/$L\cdot h^{-1}$	452	649
煤耗/$kg\cdot h^{-1}$	600	900
离炉烟气量/$m^3\cdot min^{-1}$	440	500
SO_2 浓度/%	24	14
熔体温度/K	1468	1452

表 1-4-36 直岛厂富氧浓度对熔炼炉热平衡的影响

项目			富氧浓度(40%O_2)		富氧浓度(27%O_2)	
			MJ	%	MJ	%
熔炼炉	收入	物料热	23.4	0.18	15.9	0.14
		反应热	9238.3	71.63	6235.0	53.81
		燃料油	3635.9	28.19	5336.3	46.05
		全部	12897.6	100.00	11587.2	100.00
	支出	铜锍	1457.7	11.30	983.7	8.49
		渣	4196.6	32.54	2832.6	24.44
		尘	56.9	0.44	38.5	0.34
		气体	5931.2	45.99	6477.2	55.90
		热损失	1255.2	9.73	1255.2	10.83
		合计	12897.6	100.00	11587.2	100.00

续表 1-4-36

项目			富氧浓度($40\%O_2$)		富氧浓度($27\%O_2$)	
			MJ	%	MJ	%
吹炼炉	收入	铜锍显热	1457.3	27.70	983.7	22.63
		反应热	3406.2	64.76	2299.6	52.90
		燃料燃烧	396.6	7.54	1063.6	24.47
		合计	5260.1	100.00	4348.6	100.00
	支出	粗铜	766.5	14.57	517.5	11.90
		吹渣	733.9	13.96	495.4	11.40
		尘	48.9	0.93	33.1	0.76
		气	2455.6	46.68	2045.6	47.06
		热损失	1255.2	23.86	1255.2	28.88
		合计	5260.1	100.00	4346.8	100.00

二、艾萨法

艾萨法是通过炉顶插入的喷枪将富氧空气和燃料喷入竖炉内熔融炉料中进行造锍熔炼，锍渣混合熔体流入另一贫化炉进行锍渣分离和炉渣贫化处理的一种炼铜方法。此法的关键是使用了用空气冷却的钢制喷枪。这种喷枪内设有螺线时，喷入的旋流空气或燃料强烈搅拌熔融炉料，强化了熔炼反应过程。喷枪插入熔体时，在外壳粘附的一层渣壳可保护喷枪免受铜锍的侵蚀。1987 年 4 月，一座 15t/h 的示范工厂在芒特·艾萨矿业有限公司投产，1991 年 2 月生产能力达到 20 t/h。美国塞浦路斯公司迈阿密冶炼厂用艾萨法改造后于 1992 年正式投产[16]。两厂的生产流程图见图 1-4-36、图 1-4-37。两厂的贫化炉分别利用了原有反射炉和原有电炉。

艾萨炉是一垂直的和内衬耐火材料的圆筒形容器，其工作直径为 3.6m，高 13.7m(迈阿密厂)。内衬有水冷铜水套和铬镁耐火砖。水冷铜水套位于艾萨炉下部的炉壳和耐火砖之间，以延长炉

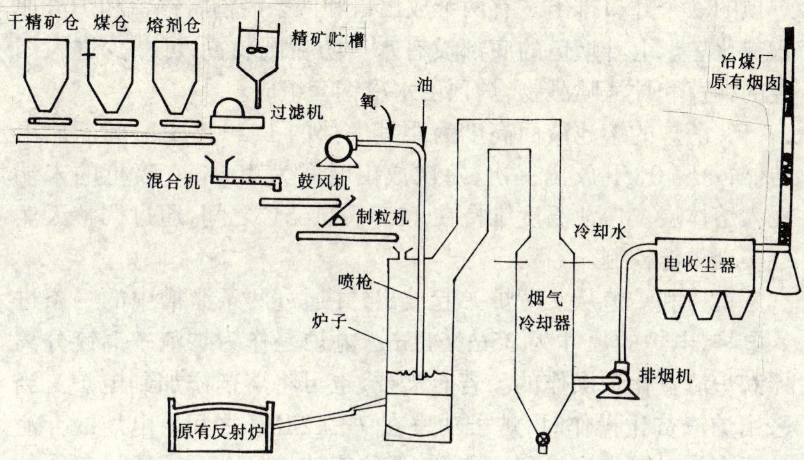

图 1-4-36 芒特·艾萨公司 20t/h 的艾萨法示范工厂

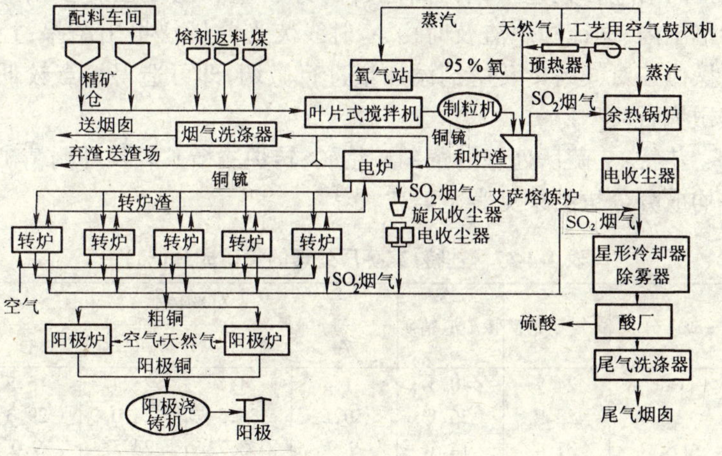

图 1-4-37 塞浦路斯迈阿密厂改造流程图

子腐蚀区的耐火砖寿命。喷枪从炉子顶部和中心插入。烟气通过炉顶的一个开口排出。有两个放出口和两条溜槽将铜锍和炉渣加入贫化炉。上升烟道的底部设有水冷防喷溅装置,可减少进入烟气的铜锍和炉渣喷溅物,炉顶由水冷钢套组成。

艾萨炉的熔池液面高度为距其底部的1.2～2.1m,间断放出熔体,每隔0.5h放出一次,每次放出时间为10min。喷枪的末端浸入熔体层。熔池温度维持在1153～1165℃之间,通过调整天然气实现炉温控制。

铜锍和炉渣从艾萨炉一起放出,并通过两条溜槽中的一条进入电炉,电炉的尺寸为35m×11m。电炉是作为炉渣—铜锍分离器和炉渣贫化炉操作的。若有需要,也可将熔剂添加到电炉。当采用炉渣贫化操作时,炉子功率在7～12MW之间。电炉的弃渣从两个放出口之一放到渣包,并运往弃渣堆场。铜锍通过三个放出口中的一个放到转炉跨间的铜锍包,以运往转炉。

艾萨炉的投产成功和生产运行表明,操作相当简单。只要把关键的冶金参数包括铜锍品位、Fe_3O_4含量和温度控制在预定指标范围内;铜锍和炉渣及时由X射线荧光分析仪报出结果;控制室操作工对鼓风量及熔剂添加量进行微调,即可造得熔点较低的铁橄榄石渣型。

芒特·艾萨厂处理的黄铜矿精矿、转炉渣精矿以及外购精矿的平均成分分析结果见表1-4-37。[17]

表1-4-37　芒特·艾萨厂处理的精矿成分(%)

成　分	黄铜矿精矿	转炉渣精矿	外购精矿			
			A	B	C	D
Cu	24.7	40.5	21.4	24.7	2.24	15.5
Fe	28.9	26.1	10.2	33.5	26.0	29.3
S	31.4	14.7	9.9	33.7	23.5	9.0
SiO_2	8.86	7.42	22.2	1.95	20.3	20.8
MgO	0.88		2.57	0.81	2.33	1.51
Al_2O_3	0.63	0.61	2.64	0.83	6.7	4.9

续表 1-4-37

成 分	黄铜矿精矿	转炉渣精矿	外购精矿			
			A	B	C	D
CaO	0.32	0.20				
As	0.19	0.23	0.82	0.015	0.037	<0.010
Co	0.12	0.16	0.004	0.022	0.010	0.007
Pb	0.10	0.50	1.67	0.06	0.14	<0.01
$Zn/g\cdot t^{-1}$	950	0.32	3.92	<0.01	0.09	<0.01
$Bi/g\cdot t^{-1}$	72		0.09	0.37	0.01	<0.01
$Tl/g\cdot t^{-1}$	37	53	<10	<10	<10	10
$Ni/g\cdot t^{-1}$	30	150		10	50	70
$Ag/g\cdot t^{-1}$	23	34	508	15	69	15
$Sb/g\cdot t^{-1}$	12		240	10	<10	<10
$Cd/g\cdot t^{-1}$	4	6	180	<10	10	10
$Au/g\cdot t^{-1}$			154	7	69	353

产出的铜锍品位变化在 39%～70%。产出的炉渣成分类似于反射炉渣成分，其 Fe/SiO_2 为 1.05～1.18，SiO_2/CaO 为 4.5。表 1-4-38 为炉渣的典型成分。其 Fe/SiO_2 为 1.16，$Fe_3O_4$5.6%。

从艾萨炉取的 765 个渣样中，含铜平均为 6.67%，含硫平均为 3.6%。776 个铜锍样中平均含 SiO_2 和 CaO 分别为 1.09%和 0.29%。

芒特·艾萨厂的操作数据见表 1-4-39。

迈阿密厂的典型操作数据是：铜锍品位为 58%～60%，炉渣中 Fe_3O_4 含量为 4%～6%，炉渣的 Fe/SiO_2 为 1.33。艾萨炉中 Fe_3O_4 含量不继续升高的原因是，熔炼反应是氧的来源之一，即

$$CuFeS_2 + Fe_3O_4 + SiO_2 = (Cu_2S\cdot FeS) + (2FeO\cdot SiO_2) + SO_2 + Q$$

任何情况下，铜锍和炉渣混合熔体中 Fe_3O_4 含量保持在不高于 10%。

迈阿密厂为延长喷枪寿命，注意了喷枪不宜插入熔体太深，穿入熔体气流速度不宜太高（扩大了底部 2m 段的直径），使喷枪寿

命达到了7～9d。耐火材料衬里使用寿命预计可达2a。

表1-4-38　芒特·艾萨厂艾萨法炼铜炉渣的主要成分(%)

成　分	数　据
Fe	37.6
SiO_2	32.5
CaO	7.4
Fe_3O_4	5.6
Al_2O_3	4.3
MgO	1.9
S	1.0
Cu	0.5

表1-4-39　芒特·艾萨厂的艾萨炉的操作数据实例
(1990.9.24～1990.10.22)

项　目	数　据
有效工作时间	94.29%(633.63h)
铜锍品位	51.0%
精矿熔化量	11911t(18.8t/h)
石英石用量	646t(1.02t/h)
石灰用量	495t(0.78t/h)
氧气用量	744381m^3(0.33m^3/s)
空气用量	11256000m^3(4.93m^3/s)
煤用量	1422t(2.24t/h)
油用量	199747 L (315 L/h)

根据铜锍和炉渣的含铜量及其重量,可计算得到铜锍中铜的直收率。当考虑烟尘闭路循环时,铜锍中铜的直收率 η_{Cu}的计算如下式所示:

$$\eta_{Cu(m)}\% = 100PC_{Cu}/(PC_{Cu} + S/M)$$

式中　PC_{Cu}——铜锍含Cu%/炉渣含Cu%;

S——炉渣质量;

M——铜锍质量。

铜锍和炉渣组成、铜分配系数及铜锍中铜的直收率对前述几种熔池熔炼方法比较见表 1-4-40。

表 1-4-40　不同铜熔池熔炼厂的铜锍和炉渣组成、铜分配系数及铜锍中铜的直收率的比较

方法	冶炼厂	铜锍/%			炉渣/%		铜分配系数 $[Cu]_m/(Cu)_s$	$\eta_{Cu(m)}$/%（直收率）
		Cu	Fe	S	Cu	S		
三菱法	直岛（日）	65.7	9.2	21.9	0.6	0.3	110	99.77
	奇德·克里克（加）	68	7.5	21.5	1.0	0.5	68	
瓦纽科夫法	巴尔哈什（哈）	44～47			0.5～0.7		67～88	97.1
	诺里尔斯克（俄）	45～50			0.46～0.6		83～98	97.3
	中乌拉尔（俄）	45～52			0.55～0.75		70～82	96.2
艾萨法	芒特·艾萨（澳）	48	23		0.5		96	
	塞浦路斯（美）	58	15.9		0.6		97	
诺兰达法	霍恩（加）	73	3.1	20.6	5	（Fe40，$SiO_2$22）	14.6	85.58
	犹他（美，95.5 前）	73	4.2	20.8	7	（Fe42.2，$SiO_2$22.8）	10.4	84.35
白银法	白银（中）	50			0.476		105	
		36.65			0.6		61.08	97.25
特尼恩特法	卡勒托内斯（智）	50.9	22.0	23.2				
	（白铜锍）	25.2	3.4	20.7	5.8	1.2	13	94.82
	楚基卡马塔（智）	41.1	31.0	25.7				
	（白铜锍）	70.1	7.6	21.4	4.2	1.2	16.7	95.05

第五章　铜精矿的传统熔炼

按国内同行习惯，本章将鼓风炉熔炼、反射炉熔炼、电炉熔炼三种工艺流程统称为铜精矿的传统造锍熔炼（简称为传统熔炼）。传统熔炼工艺包括造锍熔炼获得品位 30%～50%的铜锍，接着在卧式转炉内吹炼成泡铜。新建铜厂多不采用传统熔炼过程的设备和工艺，吹炼过程除三菱法和闪速吹炼法采用新的吹炼设备外，目前仍继续采用卧式转炉。

尽管美国最后一台铜反射炉于 1995 年 3 月关闭，智利邱基卡马塔冶炼厂最后一台反射炉于 1994 年关闭[1]，但据 1995 年生产资料统计[1]，在美洲（占西方国家铜产量的 50%以上）实际上现代化的闪速熔炼和熔池熔炼与反射炉熔炼技术是并存的，反射炉熔炼仍保持其顽强的生命力；奥托昆普闪速熔炼、特尼恩特转炉和反射炉熔炼分别处理该地区新铜冶炼厂原料的 30%、20%和 18%。

据 1995 年统计数据[1]，在美洲（含美、加及拉丁美洲）有 5 家工厂保留了反射炉熔炼-转炉吹炼生产系统，其铜产量达 406000t/a，有 1 家工厂保留了鼓风炉熔炼-转炉吹炼生产系统，其铜产量为 45000t/a；而拉丁美洲 5 家采用特尼恩特法的铜厂保留了 6 台反射炉，其铜产量竟达 97000t/a。智利有的工厂将增加制氧能力，以自热的特尼恩特转炉来代替反射炉。

奥托昆普公司[2]公布的 1995 年世界铜冶炼厂（年产铜 15000 t 以上的厂家）的生产能力和产量以及采用该项技术的厂家数见表 1-5-1。

估计 1995 年火法炼铜总产量约为 9.6Mt/a，相应地，反射炉熔炼产铜量占 18.75%，电炉熔炼产铜量占 5.2%，鼓风炉熔炼产铜量占 4.2%。

表 1-5-1　1995 年世界上采用传统熔炼技术的铜冶炼厂的产量、产能和厂家数(15000 $t\cdot a^{-1}$以上的厂家)

采用技术	$Mt\cdot a^{-1}$		采用此技术的厂家数	采用单一此技术的厂家数
	产能/$Mt\cdot a^{-1}$	产量/$Mt\cdot a^{-1}$		
反射炉	2.8	1.8	27	16
电　炉	0.7	0.5	5	5
鼓风炉	0.6	0.4	8	7
合　计	4.1	2.7	40	28

注:1. 不含铜镍冶炼厂(因不处理铜精矿);
2. 1995 年世界中、小型铜冶炼厂生产能力 1.0Mt/a。

我国原有反射炉熔炼流程的两家铜厂已分别改用白银法及诺兰达法;采用电炉熔炼的一家铜厂和采用鼓风炉熔炼的 8 家铜厂正面临技术改造(其中两家正在实施艾萨法的技改工程)。基于国内铜厂现状,本章内容偏重密闭鼓风炉熔炼[3,5],对反射炉熔炼[3~6]及电炉熔炼[3~5]则综合简述。

第一节　密闭鼓风炉熔炼

一、概述

鼓风炉熔炼是一种历史悠久的冶炼方法。这种方法适应性强,能处理大多数硫化矿和氧化矿,床能率高,热利用率高。传统的鼓风炉炉顶是敞开的,只能处理块矿或烧结块,所产烟气 SO_2 浓度低,不宜有效回收,造成对大气的严重污染。密闭鼓风炉是一种改良的鼓风炉(见图 1-5-1),可以直接处理细粒铜精矿。该法在国外叫“百田”法。密闭鼓风炉熔炼铜锍,本质上同敞开式鼓风炉相同,均属氧化熔炼。但主要区别在于,密闭鼓风炉炉顶有加料斗,粉状硫化铜精矿不需预先进行烧结焙烧,只要加水混捏后就直接

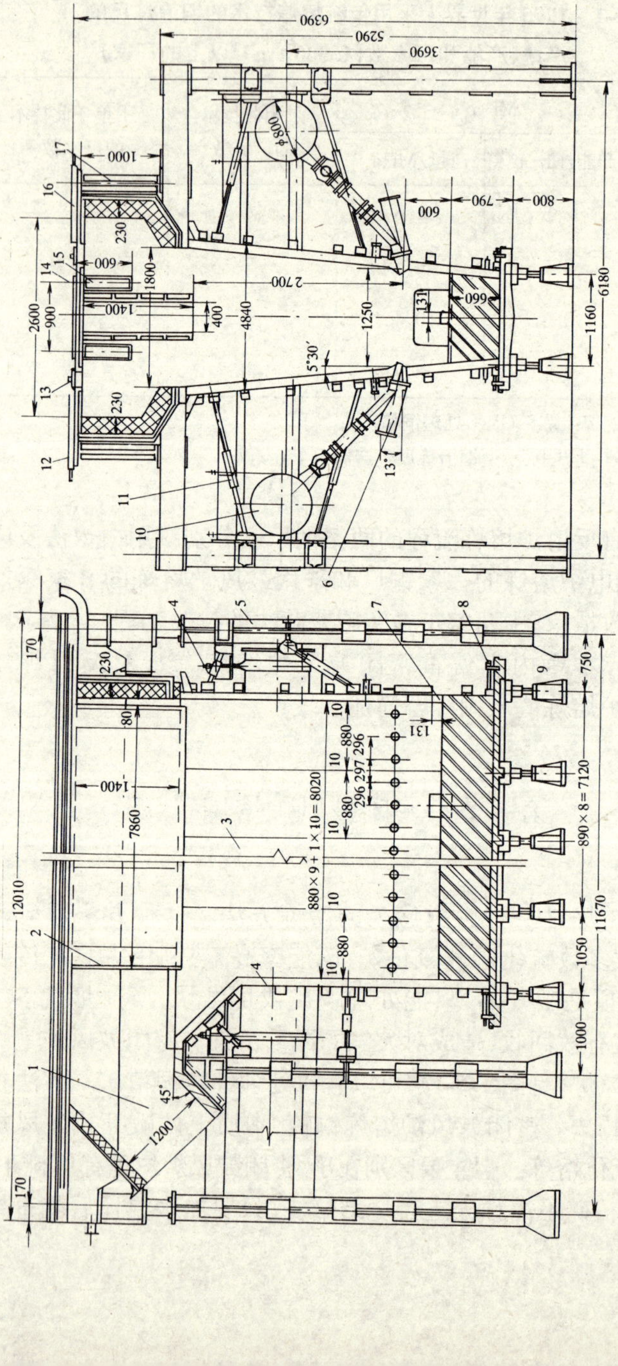

图 1-5-1　10m² 铜密闭鼓风炉

1—烟道；2—加料斗；3—侧水套；4—端水套；5—立柱；6—风口及支风管；7—咽喉口；8—本床底板；9—炉底支座；10—送风围管；11—拉撑螺栓；12—炉顶水套；13—炉顶操作孔；14—加料皮带车轨；15—水套梁；16—炉顶盖板；17—炉顶大梁

从加料斗加到炉内，形成严密的料封；烟气从设于炉口顶盖下的排烟口排出，经净化除尘后生产硫酸。两种鼓风炉工艺流程如图 1-5-2、图 1-5-3 所示。比较两种流程，可以清楚地看到密闭鼓风炉熔炼有以下优点：(1)提高了烟气 SO_2 浓度。敞开式鼓风炉熔炼，烟气 SO_2 浓度仅 0.5%左右；而密闭鼓风炉熔炼，烟气 SO_2 浓度可达 4%～5%，或者更高，这种烟气经净化后可以直接制酸，既有利于综合利用，又有利于环境保护；(2)简化了流程，省去了庞杂的烧结设备。由于直接处理铜精矿，密闭鼓风炉也存在有缺点：(1)床能率低，一般为 40～50t/(m^2·d)，仅为熔炼烧结块的敞开式鼓风炉的一半甚至三分之一；(2)铜锍品位低，一般仅为 22%～30%，而敞开式鼓风炉可达 30%～45%。

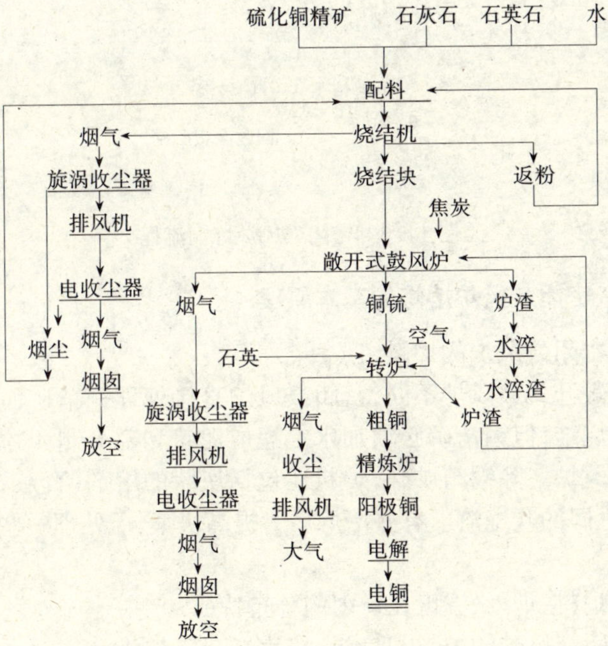

图 1-5-2 敞开式鼓风炉熔炼流程

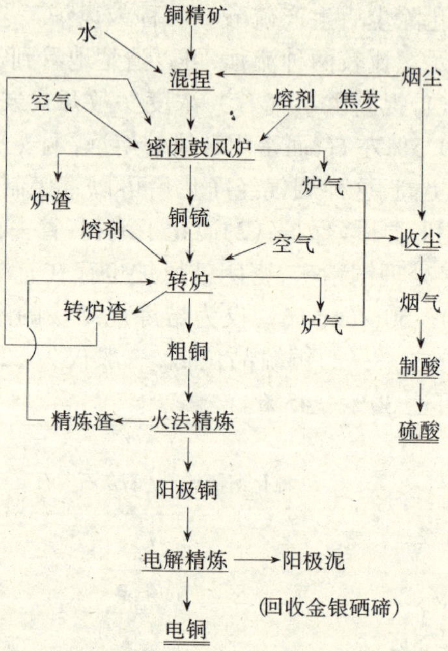

图 1-5-3　密闭鼓风炉炼铜流程

二、密闭鼓风炉熔炼的基本原理

1. 密闭鼓风炉的炉料组成

与敞开式鼓风炉不同,密闭鼓风炉直接处理铜精矿而不需预先进行烧结,但铜精矿必须加水混捏成泥状和部分制团才能加入密闭鼓风炉。除铜精矿外,炉料还包括块状的熔剂(石灰石、石英石)和返回的吹炼渣。有些冶炼厂为提高块率,还处理一些含铜块矿。

2. 炉料、烟气、温度在炉内的分布特征

密闭鼓风炉的炉料和焦炭,按焦炭→转炉渣→熔剂→混捏铜精矿的顺序,从炉顶中央加料漏斗加入炉内。由于炉内各处的熔炼速度不平衡,造成了炉料在炉子水平截面上的不同部位下降速度相应有快有慢。通常，靠近水套两侧的熔炼速度较快，该处料柱的下降速度也快；而炉子中心区熔炼速度较慢，此处料柱的下降速度也慢。这样，在整个料柱下降中，将发生一个炉料从中心往两侧填充的重新分布的过程。转炉渣、熔剂是块状，密度也大，入炉后向炉内两侧滚动；泥糊状的铜精矿具有较大的粘性，入炉后基本停留在炉子中央；而焦炭则介于二者之间。这就形成了炉子两侧以块料和焦炭为主、夹有少量精矿，炉子中央以精矿为主，夹有块料和焦炭的炉料不均匀分布状态，如图1-5-4所示的炉料的“偏析”现象。对密闭鼓风炉熔炼来说，风量是一个很重要的因素。焦炭的燃烧、硫化物的氧化都需要足够的空气。为了强化熔炼过程，力求在单位时间内鼓入较多的空气。在密闭鼓风炉熔炼中，由于炉料的偏析，炉内两侧块料多，孔隙大，透气性好，使从风口鼓入的空气常常沿炉壁上升，形成“周边行程”。这种周边行程，对敞开式鼓风炉熔炼来说是不希望的，但密闭鼓风炉正是利用烟气的这种周边行程，借助于料柱的压力和高温作用，促使混捏矿的干燥、压紧和烧结，为其直接处理粉状铜精矿创造了条件。但是，炉气的周边行程减少了炉子的有效炉床面积，妨碍多相反应的进行，熔炼过程缓慢，脱硫效果不好，导致床能率、铜锍品位都较低。炉料的偏析，炉气的周边行程，使炉内温度分布具有自身的特点，两侧的温度比中心高，尤其是在炉子上部，这种温差更大，越靠近风口水平面，这种温差将逐渐减小。敞开式鼓风炉内温度的焦点在风口区水平面上方的中心，而密闭鼓风炉的高温区分散在炉子风口水平面的两个上侧，见图1-5-5。密闭鼓风炉高温区不仅分散，而且拉长，温度也较低。这不仅影响床能率，且使熔体得不到充分的过热。日本四阪岛冶炼厂（已关闭）曾测定过铜精矿密闭鼓风炉的炉内温度变化，如图1-5-6所示。测定结果也说明了以上性质。在4267mm高的炉子内距风口水平面1200mm以上的区域，炉子两侧的温度总比炉子中心高，但越接近风口水平面，温差越小，最后趋于一致。

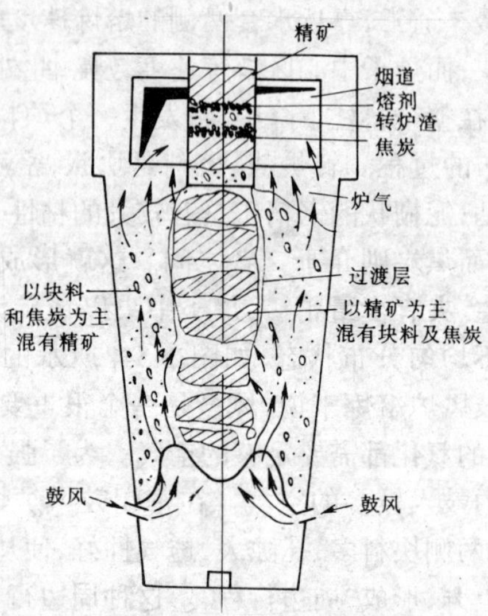

图 1-5-4　密闭鼓风炉熔炼原理示意图

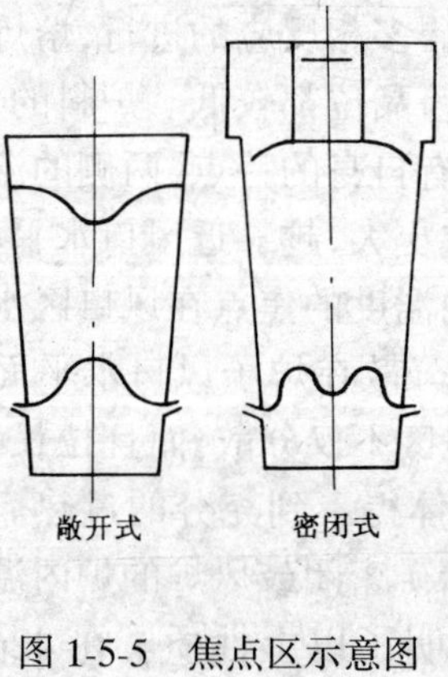

图 1-5-5　焦点区示意图

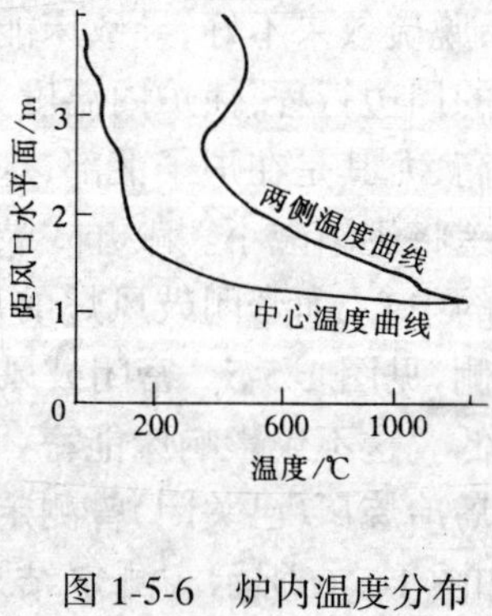

图 1-5-6　炉内温度分布

3. 炉料在熔炼过程中的物理化学变化

炉料进入鼓风炉后，与上升的热气流作逆向运动，经历干燥、分解、氧化、形成铜锍和造渣等过程。根据炉内的温度分布和物料的行为特点，沿炉子高度方向把炉内分为三个区域：预备区、焦点区和本床区。各区的温度、物料的行为示于图 1-5-7 中。焦点区位于风口水平面上部 1m 左右的地方，最高温度可达 1350℃。

三、密闭鼓风炉的热平衡

密闭鼓风炉属氧化半自热熔炼，熔炼过程所需的热量由焦炭燃烧和过程本身的放热反应来供给。某厂混捏精矿密闭鼓风炉熔炼的热平衡图如图 1-5-8 所示。由图看出，焦炭的燃烧热约占全部热收入的 60％以上。

区分	温度区间/℃	主要的物理化学变化
预备区	250～600 1000～1100	1. 预热、干燥、脱水； 2. 高价硫化物解离； 3. 硫化物的氧化； 4. 石灰石分解； 5. 精矿的固结和烧结
焦点区	1250～1300	1. 炉料的熔化、完成造渣造铜锍； 2. 熔体硫化物的氧化； 3. 焦炭的燃烧
本床区	1200～1250	1. 炉渣、铜锍成分的调整； 2. 少量 Cu_2O 的再硫化

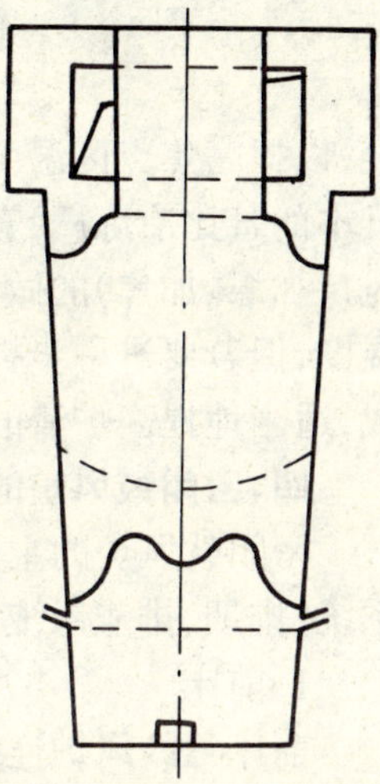

图 1-5-7　密闭鼓风炉内物料反应区域示意图

焦炭在炉内燃烧越集中，焦点区的温度也越高。由于密闭鼓风炉内炉料、炉气的分布特点，焦点区分散且被拉长，当直接处理精矿时，在预备区中心料柱的交界面上发生硫化物及单体硫的氧化反应，使预备区的温度升高，造成部分焦炭没有达到焦点区便开始着火燃烧，使密闭鼓风炉焦点区温度比敞开式鼓风炉低。为克服这一缺点，国内外工厂采取了以下措施：1）国内有些工厂在严格控制焦炭块度的同时，使用向焦炭喷水的措施，使其集中在风口燃

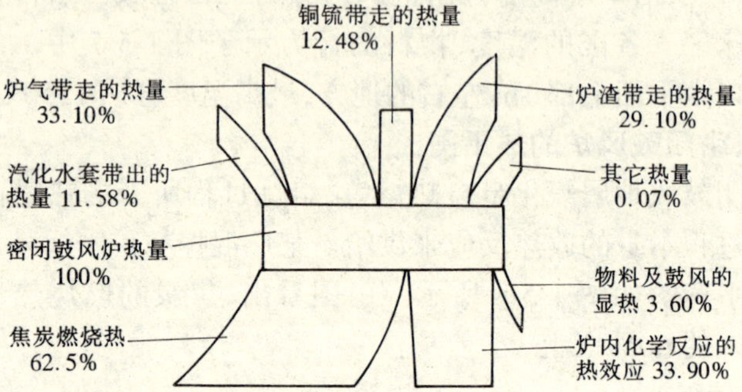

图 1-5-8 密闭鼓风炉生产数据计算的热平衡图解

烧,以提高焦点区温度,这种方法仅在必要时才可采用;2)国外(如日本的日比冶炼厂)有往风口直接投入部分燃料(如热风吹重油及风口加煤、加焦)的做法。强化燃料的燃烧过程可稍提高焦点区的温度,但若要进一步提高焦点区的温度,必须相应地改变炉渣的组成,适当地提高炉渣的熔化温度。

四、密闭鼓风炉的主要附属设备

密闭鼓风炉的主要附属设备包括:前床、加料设备、汽化冷却系统、排烟、排渣系统等。

1.前床

前床是鼓风炉连续放出熔体产物的不可缺少的附属设备。从炉内连续放出的铜锍和炉渣,注入前床后澄清分离。前床还起到暂时储存铜锍的作用。选择前床的形状、容积时必须考虑三点:熔体在前床内有足够的澄清时间;保证熔体具有良好流动性的温度;熔体出口与入口有一定的距离,使熔体有适当的分离空间。前床有圆形、椭圆形和矩形三种,前两种散热面小,利于保温,但施工不便;且圆形的熔体入口与出口相距太近。现在多数工厂都采用矩形前床。如图 1-5-9。前床外壳用钢板围成,用支柱及拉杆拉紧。底、墙均用耐火砖砌筑,内衬用镁砖砌筑。砌体与外壳之间应垫石棉板保温。为了防潮,床底应架空。选择前床容积时,还应考虑炉子生产能力和铜锍品位。密闭鼓风炉每日处理 100t 炉料，相应的前床容积一般为 4.5～6m^3。如铜锍品位高、密度大，易与炉渣分离，则容积可选小些。前床的深度，应是前床中铜锍层厚度、炉渣层厚度和渣口底部到前床面的高度之和。一般铜锍层厚度为 300～450mm，渣层厚度为 350～450mm，渣口底部至前床面的高度为 130mm，这样，前床深度为 1m 左右。

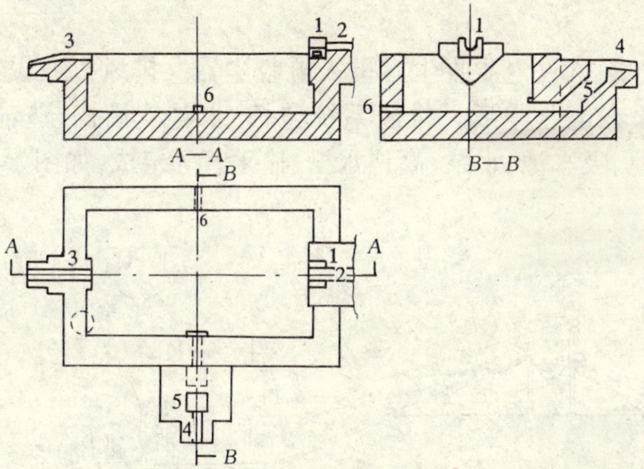

图 1-5-9 矩形前床的砌体简图

1—U 型水箱；2—咽喉溜槽；3—渣溜槽；4—虹吸溜槽；5—虹吸道；6—安全口

2. 加料设备

铜精矿经混捏机混捏后，由皮带给料机加入炉内。块料（如转炉渣、熔剂、团矿、焦炭等）则由电磁振动给料器由料仓送到皮带给料机上，然后加入炉内。皮带给料机即为可移动的梭式皮带运输机；混捏机为单轴或双轴搅拌机，如图 1-5-10 所示。有些冶炼厂（如铜陵一冶、二冶）在混捏机出口安装有螺旋挤泥机，以提高混捏质量。

3. 排烟、排渣设备

鼓风炉排烟收尘设备流程简单。烟气出炉后先在沉降室中除

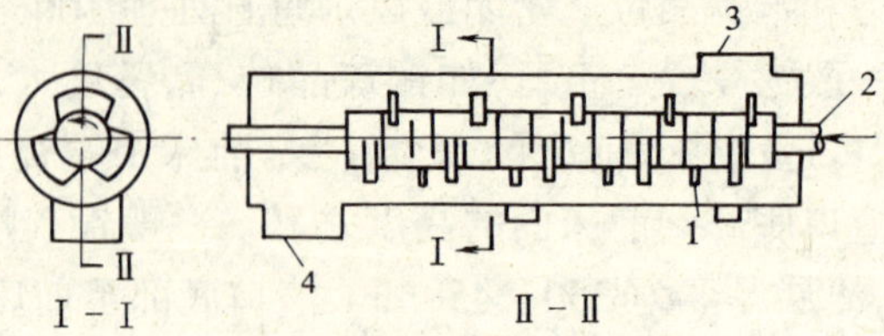

图 1-5-10　单轴混捏机示意图

1—叶片;2—轴;3—进料口;4—排料口

粗尘,再经旋风收尘器收尘后进入电收尘器。排风机或设在电收尘前,或设在电收尘后。排渣系统包括:水碎渣溜槽、渣池、扒渣机、沉淀池、吸水池、水泵、高位水槽、输水管等组成,如图 1-5-11。

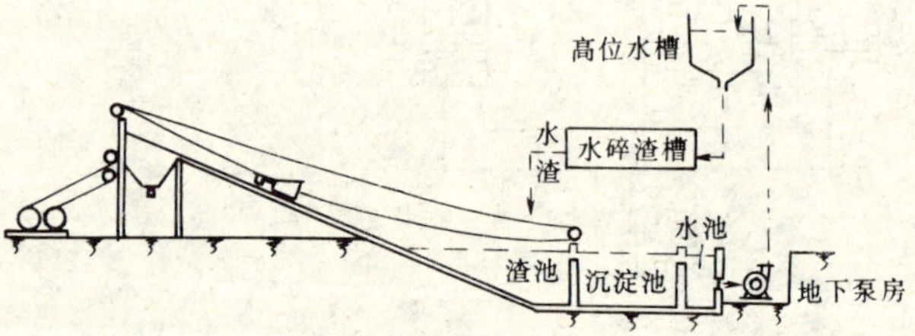

图 1-5-11　排渣系统配置示意图

4. 水套汽化冷却系统

鼓风炉炉身由水套围成。水套一般为矩形,用锅炉钢板焊成。水套中下部有进水口,最上端有出水(汽)口,最下端有排污口。图 1-5-12 为汽化水套简图。离侧水套下端 540～720mm 处设有风口,一般每个水套上设三个风口。汽化系统包括汽化水套、软化水系统和汽包三大部分,如图 1-5-13 所示,经软化后的水,预热至 30～50℃后,送入汽包,加温至 100℃再送入水套。由水套出来的水汽混合物,温度高达 120～130℃,返回汽包后,进行水汽分离。高温的饱和蒸汽送到用汽部门使用;热水再送进水套循环使用。

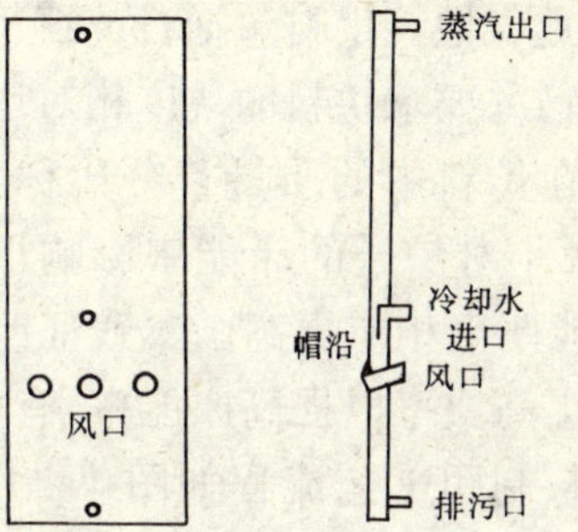

图 1-5-12　汽化水套简图

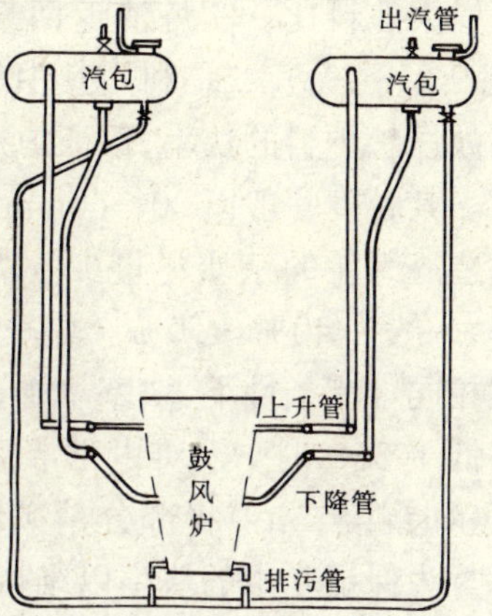

图 1-5-13　汽化冷却系统

五、密闭鼓风炉的炉料和燃料

1. 炉料

密闭鼓风炉的炉料由铜精矿和块料组成。由于熔炼过程脱硫率较低，因此，混合精矿中的硫铜比不宜过高，否则铜锍品位低，吹炼负担加重。但也不宜过低，否则铜锍品位上升，操作困难。一般 S/Cu 以 1.8～2.2 为宜。生产实践表明，精矿中 SiO_2、CaO、MgO 的大量存在会提高精矿本身的难熔程度，不宜于半自热熔炼的强化。精矿的混捏质量是密闭鼓风炉熔炼生产操作的关键之一。精矿在入炉前必须经过水分调整，而且混捏矿水分还必须适当。精矿的粒度越细，其表面积越大，润湿性能越好，亲水性能越好，水分可以控制高一些。反之，水分可以控制得低一些，一般水分范围为 14%～16%。为了提高混捏精矿的粘度，有的厂家在精矿中加入约 5% 的石灰，还有的厂家将石灰与水配成乳浊液从混捏机中加入。精矿的混捏一般先经搅拌机加水搅拌，再经螺旋挤泥机挤出粘度较大的混捏矿。块料有熟料和生料两部分。熟料主要是吹炼渣。生产规模小，采取鼓风炉-转炉-精炼炉流程的厂家，如熟料不平衡，除加吹炼渣外，还加精炼渣。也有厂家加高炉渣代替石灰石以增大熟料比。吹炼渣返回鼓风炉,一是为了回收其中的铜(含 Cu 2%～3%),二是利用其中的铁(Fe 47%～52%)造渣,三是提高鼓风炉炉料的块率,保证炉料的透气性。生料包括石英石、石灰石。其粒度一般以 30～60mm 为宜,并要求块料的块度相对均匀,对造渣无益的杂质尽量少。块料在炉料中的质量百分比称为块率,一般为 40%～50%。块率的大小对炉子的床能率影响很大。在相同熔炼条件下,块率增加,床能率也相应提高。实践证明,块率低于 35%时炉况难以正常。为提高块率以提高床能率,有些工厂(如铜陵二冶)将部分精矿制团,制团工艺流程如图 1-5-14 所示。为保证基本的块率以维持正常生产,有些工厂也不得不处理一些含铜块矿(含 Cu<10%),如铜陵一冶。

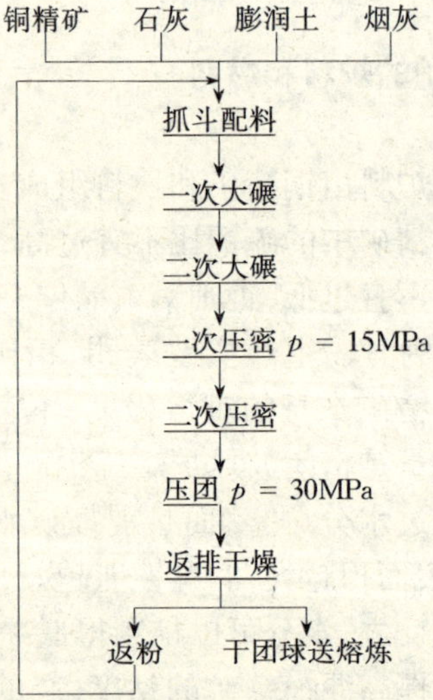

图 1-5-14　铜精矿制团原则流程

鼓风炉熔炼过程的强度除与鼓风量有关外,也取决于炉身全部截面面积上空气与炉气的分配是否均匀,因而也取决于炉料块度是否均匀。工厂实践证明,送去熔炼的块料仅经过挑选就可以使鼓风炉的生产率提高30%。因此为使吹炼渣粒度均匀，很多工厂（如铜陵一冶、二冶）将吹炼渣在铸渣机上浇铸，产出接近圆状的渣块入炉。

块料粒度实例见表1-5-2。熔剂化学成分见表1-5-3。在确定块率时，应考虑以下各点：1)块料来源缺乏的冶炼厂，宜用较低的块率；2)焦炭和块料物理规格较好，块率可以稍低；3)块料中熟料较多时，可以采用低块率；4)混捏矿粘性较大时，块率可以低；5)铜精矿的化学成分中难熔组分较多时块率宜高；6)炉况恶化时应适当提高块率。

表1-5-2 块料粒度实例

矿物名称	厂别			备注
	1	2	3	
转炉渣/mm	30～60	80～100	20～100	包括吹炼渣、富块矿、返铜锍等
石英石/mm	30～60	20～40	20～40	
石灰石/mm	30～60	30～50	30～50	

表1-5-3 常用熔剂化学成分(%)

矿物名称	Fe	SiO_2	CaO	MgO
石灰石	0.86	1.33～2.89	53.13	1.7
石灰石		0.2～1	40～45	10～15
石　英	2.24	94.62	0.37	0.13

2.燃料

密闭鼓风炉使用的燃料主要为焦炭。由于焦炭是一种昂贵的燃料，因此，在冶炼中要力求用最低的焦率来维持正常生产。对焦炭的要求是：1)强度要大，能经得起炉内高温、高压的作用而不致于粉碎；抗压强度应大于 $100kg/cm^2$；2）块度要适当，以 40～70mm 为好；3）着火温度要高，一般要大于 700℃。常用冶金焦具有的物理化学性质见表 1-5-4。

表 1-5-4　冶金焦物理化学性质要求

灰分 /%	挥发分 /%	固定碳 /%	S /%	发热量 $/kJ\cdot kg^{-1}$	假密度 $/g\cdot cm^{-3}$	真密度 $/g\cdot cm^{-3}$	气孔率 /%
10～18	<2	80～85	<0.8	27215～29309	1.0～1.1	1.8～1.9	40～50

铜精矿密闭鼓风炉的焦率一般为 9%～11%，富氧熔炼焦率 8%左右，最低 6.4%（试验数据）。

六、密闭鼓风炉的熔炼产物

1. 铜锍

铜锍是密闭鼓风炉熔炼的重要产物之一。铜锍量决定于物料组成和熔炼的性质，变动范围很大，为熔炼炉料质量的 5%～40%。密闭鼓风炉熔炼精矿的脱硫率低于烧结-敞开鼓风炉熔炼的总脱硫率，因而获得的铜锍品位一般低于 40%（通常为 22%～30%）。密闭鼓风炉熔炼的铜锍含硫大体为 22%～24%。在鼓风炉中鼓入的空气首先是满足焦炭的燃烧，然后才参与硫化物的氧化。因此熔融硫化物在熔炼区被氧化的程度，在较大范围内决定于存在于此处的焦炭量，即决定于焦率，所以，为获得 SO_2 浓度较高的烟气和品位较高的铜锍，在熔炼热平衡允许的条件下，应力求降低焦率。

2. 炉渣

密闭鼓风炉炉渣为 FeO-SiO_2-CaO 三元系，三者之和约占渣量的 85%。炉渣的性质由 FeO、SiO_2、CaO 决定。鼓风炉熔炼的炉渣硅酸度在 1.1～1.4 之间。典型的鼓风炉渣组成见表 1-5-5。鼓风炉炉渣的熔化温度一般在 1050～1200℃。这种炉渣过热后可达 1250℃左右。其粘度在 0.3～0.5Pa·s。

表 1-5-5　炉渣成分实例

项　目		厂别				
		1	2	3	日比	宫古
炉渣成分/%	Cu	0.2～0.3	0.19～0.22	0.2～0.25	0.43	0.43
	Fe	28～31	27～31	28～33	30.3	35.7
	CaO	7～11	13～15	11～13	8.4	6.35
	SiO_2	36～38	34～36	30～34	35.9	34.65
	Al_2O_3	1	5～8	2～6	4.1	4.4
	MgO	2～4	1	2～4	0.89	1.33
炉渣硅酸度		1.3～1.65	1.24～1.35	1.19～1.27	1.4	1.3
熔剂率/%		15.92	10～13	5～6.5	约 16.43	约 12.59
渣产出率/%		约 62	45～50	45～50	48.8	49.1
渣铜比/%		0.8～0.97	0.6～0.63	0.7～0.8	1.01	1.24

3.烟气和烟尘

某厂在焦率为 8%～9%，炉料的 S/Cu＝1.6～2.0，脱硫率为 50%，床能率为 45～50t/(m^2·d)的条件下，烟气组成见表 1-5-6。为保证烟气能够有效地生产硫酸，必须设法提高烟气中的 SO_2 浓度。熔炼中硫的平衡示意见图 1-5-14。为提高烟气 SO_2 浓度，可采取下列措施：1)提高炉料的含硫量及 S/Cu。在焦率不变的情况下，提高炉料的硫含量及 S/Cu，对提高烟气 SO_2 浓度作用较大。但同时往往使铜锍品位降低；2)在炉料 S/Cu 相近的情况下，降低焦率。降低焦率，可提高铜锍品位，因而可以提高硫入烟气率，即提高烟气中 SO_2 浓度。在正常生产情况下，受热平衡限制焦率的可调幅度不大。因而对烟气 SO_2 浓度的调节作用不大，采用强化熔炼措施，如采用热风、富氧鼓风等能够大幅度地降低焦率；3)在保证混捏质量的前提下，力求降低混捏精矿的水分；4)加强操作管理，减少漏风，及时调节风压、风量、负压。

表 1-5-6 烟气组成(%)

组 分	含 量	组 分	含 量	组 分	含 量
SO_2	2.5～4.5	CO	0.06	H_2O	10～140mg·m^{-3}
O_2	0.6～6.4	SO_3	0.001～0.03	F	1～3
CO_2	8～11	N_2	70	As	1～3

虽然密闭鼓风炉为处理粉状铜精矿创造了条件，但是烟尘率比敞开式鼓风炉高。密闭鼓风炉烟尘主要是被烟气带走的混捏铜精矿，同时，炉料的挥发性成分如Pb、Zn、As、Sb等也随烟气排出进入烟尘。密闭鼓风炉的烟尘率一般为炉料量的5%～7%。为降低烟尘率，一般采取下列措施：1)提高铜精矿的混捏质量；2)严格控制炉结的长大。因为炉结长大烟尘率升高；3)加强作业管理，均匀加料，防止中心料柱的坍塌，及时处理窜火、跑空风等故障，稳定风压，按计划送风等是降低烟尘率的关键；4)适当提高块率，也能降低烟尘率。

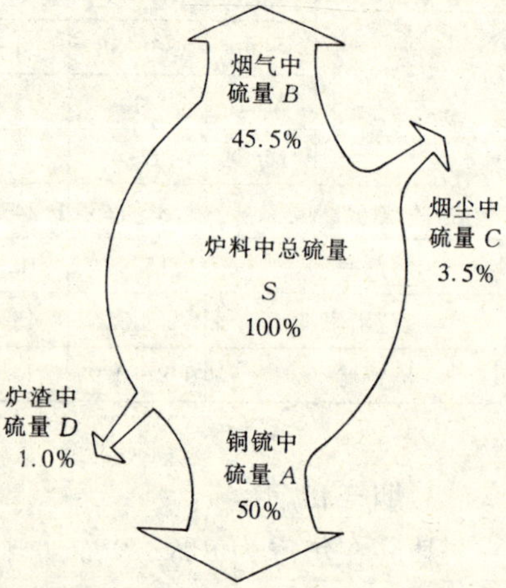

图 1-5-15 硫的平衡图

七、密闭鼓风炉的技术条件和技术经济指标

1.批料量

密闭鼓风炉的炉料是分批入炉的。每批炉料(除焦炭外)的质量即为批料量。在确定批料量时，应考虑以下三点：1)有利于各组成在加料时均匀分布。均匀布料是保证密闭鼓风炉正常运行的关键。批料量过少，在布料时难于达到均匀的要求，特别是对于大炉子和使用梭式皮带车布料时，由于皮带车行走的速度较快，如果批

料量太小，很难沿整个加料斗均匀布料。2)有利于中心料柱的形成。若批料量较小，则各种炉料的厚度也薄，各种炉料在料斗和炉内运行中，容易相互混杂，破坏中心料柱的形成，引起故障频繁发生。相反，若批料量过大，由于炉内各处熔炼速度不平衡，以致等到混捏精矿层完全通过料斗而进入炉内时，炉子两侧的块料已过快降落，此时容易引起穿风、喷火等故障，甚至可能导致中心料柱向两侧坍塌。3)精矿的混捏性质对于粘性较差的粗粒精矿，宜选小批料量，反之应选大批料量。

表1-5-7列出了几个工厂的批料量及其相应的厚度。由表1-5-7可知，各厂的批料量相差甚远，但每批炉料的厚度多在500～600mm之间，尤其是精矿的厚度十分接近，约为310～340mm，这样在1400mm高的料斗中，应最少停留1～1.5批料，即在任何时候，料斗里存有一层310～340mm以上的精矿层，以保证料斗的良好密封，防止大量冷风吸入炉内，冲淡烟气SO_2浓度，降低炉顶温度。

表1-5-7　几个工厂的批料量及其相应的厚度

厂名	各批炉料的质量组成/kg				批料量/kg	焦炭量/kg
	混捏精矿(湿)	转炉渣	石英石	石灰石		
一厂	2060	1350	300	350	4060	340
二厂	350	155		20	525	48
三厂	700	200		70	970	160

厂名	各种炉料在料斗中的厚度 /mm				每批炉料在料斗中的厚度/mm	焦炭的厚度/mm	总厚度/mm
	混捏精矿(湿)	转炉渣	石英石	石灰石			
一厂	307	167	68	80	622	187	809
二厂	340	160		40	540	180	720
三厂	346	82		52	480	293	773

2. 鼓风压力与鼓风量

密闭鼓风炉的鼓风量，主要取决于硫化物投入量与焦炭消耗量。鼓风量的提高与否与炉料的性质、料柱组成、布料情况、炉结生成情况等因素有关。鼓风量很大程度上取决于风口操作情况。理论空气量可通过冶金计算确定。实际鼓风量应考虑10%～20%的过剩空气。目前国内风口区截面鼓风强度一般为32～40$m^3/(m^2\cdot min)$。密闭鼓风炉的鼓风压力主要取决于炉内的阻力，而此阻力又与鼓风量、风口面积、料柱高度、炉料的物理性质(块率、孔隙度等)、炉况、焦率等有关，在一定范围内增加风压对熔炼过程有利，但风压太高会增加烟尘率，破坏料层的稳定性，造成穿孔跑空风。目前密闭鼓风炉的鼓风压力一般控制在8～10kPa。

鼓风量及鼓风压力实例如表1-5-8、表1-5-9所示。

表1-5-8　鼓风量实例

项　目	厂　别			
	1	2	3	四阪岛厂
鼓风炉风口区截面积/m^2	10	3.5	2	约9
床能率/$t\cdot m^{-2}\cdot d^{-1}$	45～55	40～45	48～52	46.3
鼓风量/$m^3\cdot min^{-1}$	300～350	110～140	75～80	284
风口区截面积鼓风强度/$m^3\cdot m^{-2}\cdot min^{-1}$	34～39	32～40	38～40	31.5
处理量:风量(kg:m^3)	1:1.06	1:1.1	1:1.12	1:0.98

表1-5-9　鼓风压力实例

项　目	厂　别						
	1	2	3	四阪岛厂	发盛厂	日比厂	
风压/kPa	8.0～9.5	9.5～11.5	8.0～10.0	8.0～9.5	8.0	10.0	9.5
料柱高度/m	2.65	3.37	2.665	3.386	2.8	2.89	2.59
风口区宽度/m	1.22	1.13	1.10	1.219	1.20	1.11	1.22
咽喉口液封高度/m	0.26	0.14～0.16	0.18～0.20				

3. 焦率

焦率=焦炭质量/干炉料总量

密闭鼓风炉熔炼属于半自热熔炼，燃料的燃烧对冶金过程及其指标影响甚大，因此在满足过程的热平衡的前提下，应力求降低焦率。焦率对铜锍品位的影响见表 1-5-10。

表 1-5-10　焦率与铜锍品位的关系

精矿中 S/Cu	焦率/%	铜锍品位/%	风量/$m^3 \cdot h^{-1}$
1.51	9.5	30.58	4400
1.51	8	33.10	4400
1.51	7.5	36.00	4400

4. 床能率

床能率是密闭鼓风炉生产能力的指标，其含义为每平方米炉子风口区截面上每昼夜熔炼的炉料量（$t/(m^2 \cdot d)$）。床能率与炉料粒度的均匀程度、混捏矿的粘度、炉料化学成分、渣型、技术操作条件、焦率等很多因素有关。生产实践证明，密闭鼓风炉的床能率在 40～50$t/(m^2 \cdot d)$之间。国内外几个工厂的主要技术条件及技术经济指标如表 1-5-11 所示。

表 1-5-11　密闭鼓风炉主要技术条件及技术经济指标

项　目	1　厂	2　厂	3　厂	四阪岛厂（1967 年）
精矿含铜/%	14.7～15.5	11.41～14.18	14～17	28
精矿含硫/%	29.1～31.3	20.0～24.7	24～30	29
精矿的 S/Cu	1.99～2.09	1.54～2.08	1.6～1.8	1.03
混捏精矿含水/%	14～16	15.2～17.1	14～16	13

续表 1-5-11

项　目	1　厂	2　厂	3　厂	四阪岛厂（1967 年）
块　率/%	约 50	35～40	35～40	
单位风口水平截面面积的鼓风量/$m^3 \cdot h^{-1}$	1800～2000	2050～2350	1710～1890	1200
鼓风压力/kPa	8～9.5	6～9	8～11	8～9.5
炉顶温度/℃	450～600	230～560		
铜锍品位/%	25.0～27.3	27.6～35.8	30～35	40.7
渣含铜/%	0.225～0.249	0.175～0.29	0.18～0.22	0.39
烟气 SO_2 浓度/%	2.5～4.5	2～3	1～3	
铜分配系数	约 114	105～129	161～200	约 118
床能率/$t \cdot m^{-2} \cdot d^{-1}$	51.67～54.34	45.81～52.00	40～50	41.5
脱硫率/%	约 52	43～50	40～50	35～40
焦率/%	8.8～9.0	7.38～9.86	10.1～13.4	焦 5.5，油 3.5
富集比	1.57～1.80	2.18～2.67		
渣率/%		45.30～52.20	42～45	
烟尘率/%	3.2	2.1～7.83	12～15	
铜的直收率/%	96.5（估）	95～96	97.5～98.6（含吹炼）	97.4

八、密闭鼓风炉熔炼的强化

1. 热风的采用

由于炉顶密闭和单体硫燃烧，密闭鼓风炉烟气温度比敞开式鼓风炉高得多，烟道中烟气温度可达 600～700℃，有时更高。有必要利用这部分余热加热鼓风，以达到强化熔炼的目的。我国某厂采用辐射式热风套，内套（烟道）用 12mm 的锅炉钢板做成，外套为 10mm 的普通钢板。热风套由卧式和直立式两部分构成。当鼓风量为 23000～25000m^3/h,烟气量为 30000～32000m^3/h,热风温度达 100～120℃。进行热风熔炼的效果如下:1)床能率提高 3～5$t/(m^2 \cdot d)$;2)焦率降低 1%～1.5%;3)风口操作显著改善。风口温度稳定,挂渣现象减少,送风良好,处理风口劳动强度减轻,炉况顺行;4)由于烟气得到冷却,排烟系统负荷减轻。

2. 高炉渣代替熔剂

高炉渣是一种价廉的熟料,用高炉渣代替石灰石和石英石熔剂,不仅可以降低成本,而且可以使炉况顺行,减少炉结的生成,多项技术经济指标有所改善,即渣含铜降低、床能率、脱硫率有所提高。采用高炉渣代替熔剂以后,发生下列变化:1)炉况的变化。由于高炉渣组成稳定,熔化前无显著的组成改变,且其块度规整,因而料层均匀稳定,使透气性得到改善,风量增加。同时因下料不均而出现的料面凸凹不平现象显著减少;炉子预热区下部无石灰石分解的吸热反应,因此,该处炉温显著上升而炉结减少;2)焦率的变化。高炉渣代替石灰石可以降低焦率 0.5%,其原因可能是:消除了石灰石分解的吸热反应;高炉渣中的 CaO 调整渣组成至 CaO <20%时,渣熔化温度有所降低;3)渣含铜的变化。在炉渣中 SiO_2 和 CaO 相同的情况下,用高炉渣作熔剂比用石灰石加石英石作熔剂的渣含铜要低;4)脱硫率的变化。加入高炉渣后,提高了风量,强化了熔炼过程,降低了焦率。因而脱硫率提高(试验中脱硫率提高 3%)。

3. 富氧熔炼

提高鼓风中的氧浓度,可以加剧铜精矿和焦炭的氧化反应,使焦点区更集中,且温度高;由于氧浓度提高,出炉烟气量减少,热损失降低。生产实践表明,富氧熔炼可以降低鼓风炉焦率,提高精矿的脱硫率和铜锍品位,提高床能率和烟气 SO_2 浓度,进而可以提高粗铜和硫酸产量。因此富氧是鼓风炉熔炼的主要强化手段。国内铜陵一冶、二冶、烟台等冶炼厂采用了这种强化熔炼方式。铜陵二冶 10.5m^2 密闭鼓风炉富氧熔炼试生产的主要技术指标见表 1-5-12～表 1-5-17。

表 1-5-12　铜精矿的平均化学成分(%)

Cu	S	Fe	SiO_2	CaO	Al_2O_3	MgO
22.28	32.5	26.16	9.11	2.77	1.79	1.28

表 1-5-13　入炉空气量和氧气总量

项　目	空气量 /$m^3 \cdot h^{-1}$	氧气量 /$m^3 \cdot h^{-1}$	富氧空气量 /$m^3 \cdot h^{-1}$	总氧量 /$m^3 \cdot h^{-1}$	平均氧浓度 /%
波动范围	16467～19325	1465～2825	17986～21778	5065～6628	27.2～31.9
平均值	18200	2487	20687	6309	30.5

表 1-5-14　配料中物料质量和块度

物料名称	配料量 /kg	＜12mm		12～40mm		＞40mm	
		%	kg	%	kg	%	kg
转炉渣	500	30.41	152.05	47.36	236.8	22.23	111.15
石英石	240	33.83	81.19	46.95	112.68	19.22	46.13
石灰石	160	29.68	47.49	32.06	51.30	38.26	61.22
富　矿	350					100	350
团　矿	600	49.33	295.98	31.86	191.16	18.81	112.86
铜精矿	1650	100	1650				
合计	3500		2226.71		591.94		681.35
%	100		63.52		16.90		19.58
焦　炭	240	5.46	13.10	24.36	58.46	70.18	168.43

表 1-5-15　鼓风炉烟气和熔体温度(℃)

测　点	炉顶出口	咽喉口	铜　锍	炉　渣	备　注
温度	500～600	1140～1180	1050～1110	1120～1150	用光学高温计测定

表 1-5-16　空气熔炼与富氧熔炼的指标对比

项　目	床能率 /$t\cdot(m^2\cdot d)^{-1}$	焦　率 /%	烟气 SO_2 /%	粗铜 /$g\cdot d^{-1}$	硫酸 /$t\cdot d^{-1}$
空气熔炼	42.775	10.2	3.79	46.77	166
富氧熔炼	62.4	6.46	6.42	77.61	206
升高百分数/%	+45.88	-36.7	+69.39	+30.84	+40

表 1-5-17　鼓风炉富氧熔炼渣成分(%)

Cu	Fe	SiO_2	CaO	Al_2O_3	MgO	S
0.296~0.396	31.75~36.95	32.63~37.62	10.29~12.73	3.1~4.1	1.27~1.39	0.42~0.72

炉料中的块率是密闭鼓风炉主要的技术条件。铜陵二冶富氧熔炼的上述指标是在块率仅36.48%的条件下取得的。如果块率提高,床能率、焦率等还可进一步地改善;富氧熔炼脱硫率可以达到50%以上,铜锍品位可以达到40%以上。在前床容积相同的情况下,铜分配系数分别为:空气熔炼时为100,富氧熔炼时为119。富氧熔炼可改善鼓风炉的操作:通入富氧空气后只需10min,风口见亮,以后全部风口一直保持明亮。鼓风炉咽喉口和前床内熔体温度明显升高,前床渣壳积层被逐步熔化;虹吸口放铜锍时不需要再烧氧气,放铜时间减少一半;炉顶温度仍在500℃左右;料降速度明显加快。

富氧熔炼时,总氧量不低于同一条件下的空气熔炼入炉总氧量时,才能显示出富氧熔炼的优势。

生产1t粗铜节约的能源如表1-5-18所示。

表 1-5-18　富氧熔炼节能情况

节能项目							制氧耗电	
焦炭		电		硫酸预热炉节煤		合计		
质量/t	折标煤/t	电能/kW·h	折标煤/t	质量/t	折标煤/t	标煤/t	电能/kW·h	折标煤/t
0.26	0.25	20	0.0081	0.069	0.049	0.3074	317	0.129

邵武冶炼厂在 1.5m² 密闭鼓风炉进行的富氧熔炼工业试验获得较好的指标：1）床能率达 64.91t/(m²·d)，比空气熔炼提高了 27%（参见图 1-5-16）；2）焦率平均为 6.8%，降低了 30.9%；3）提高了熔体温度（参见图 1-5-17）；4）烟气中二氧化硫浓度达 5.4%，提高了 42.74%（参见图 1-5-18）。表 1-5-19 为邵武厂富氧熔炼与空气鼓风熔炼的主要指标比较表。

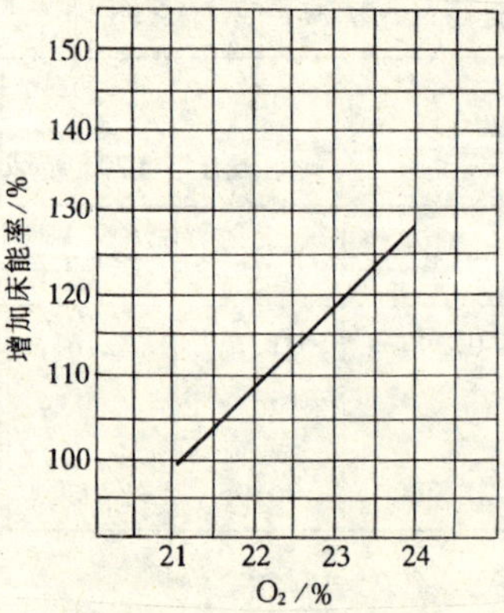

图 1-5-16　富氧浓度与床能率增加百分比的关系

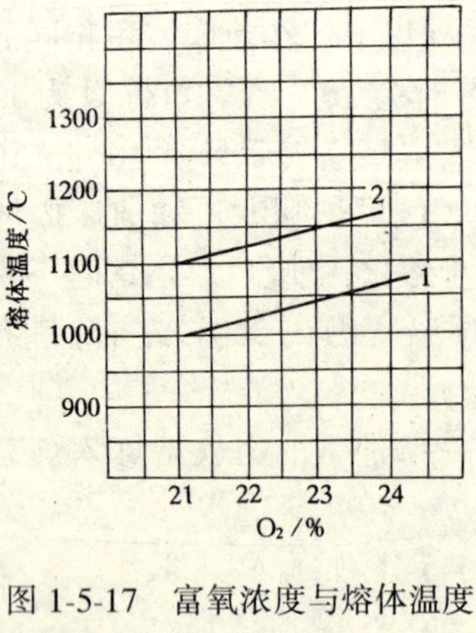

图 1-5-17　富氧浓度与熔体温度
1—铜锍；2—炉渣

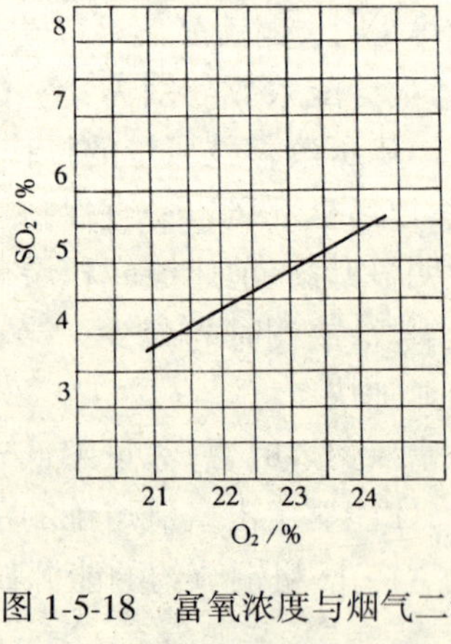

图 1-5-18　富氧浓度与烟气二氧化硫浓度的关系

表 1-5-19　邵武厂富氧鼓风熔炼与空气鼓风熔炼比较表

项　目	富氧熔炼	空气熔炼	项　目	富氧熔炼	空气熔炼
原料成分			鼓入氧量/$m^3 \cdot h^{-1}$	121.6	
Cu/%	16～22	16～22	含氧浓度/%	24	21
S/%	25～28	25～28	风口区鼓风强度/$m^3 \cdot m^{-2} \cdot h^{-1}$	2018.7	2025.3
Fe/%	23～25	24～25	氧气压力/kPa	30～35	
SiO_2/%	10～16	11～16	炉顶负压/Pa	20	56
CaO/%	0.4～0.6	0.1～0.4	主要技术指标		
MgO/%	0.25～0.35	0.3～0.4	床能率/$t \cdot m^{-2} \cdot d^{-1}$	64.94	50.47
Al_2O_3/%	6～7	6～8	脱硫率/%	46.08	43.49
As/%	0.8～1.9	0.2～2.2	焦率/%	6.8	9.85
炉料成分			炉料空气消耗/$m^3 \cdot t^{-1}$	716	963
Cu/%	12.9	12.98	炉料氧气消耗/$m^3 \cdot t^{-1}$	30	
S/%	17.87	17.18	烟尘率/%	7.11	5.14
Fe/%	26.0	25.24	烟气量/%	4154	4041
SiO_2/%	17.45	17.86	烟气成分		
CaO/%	6.36	6.43	SO_2/%	5.41	3.79
MgO/%	0.35	0.34	CO_2/%	14.17	13.66
Al_2O_3/%	4.46	4.84	CO/%	0.88	1.60
As/%	0.66	0.75	O_2/%	2.69	1.94
块料率/%	42.16	44.17	铜锍品位/%	33	30
技术操作条件			渣含铜/%	0.25	0.25
鼓入空气量/$m^3 \cdot h^{-1}$	2906.4	3038			

第二节　反射炉熔炼

一、概述

铜精矿的反射炉熔炼曾经是世界铜工业的标准工艺，近 30 年来逐渐被强化的闪速熔炼和熔池熔炼所取代。正如，凯洛格(H.H.Kellogg)用相同的铜精矿比较了铜的造锍熔炼过程的不同工艺的数据(见表 1-5-20)所指出，强化过程的效率系数($t/(m^3 \cdot d)$)是反射炉的 3～8 倍(奥托昆普是 4.32 倍，三菱法是 5.31 倍，诺兰达法是 8 倍)。在给定的熔炼速度下，可减小炉子的尺寸，因而炉子的投资少，熔炼 1t 精矿的热损失也小，熔炼和吹炼产生的烟气总量也减少(因科法是反射炉法的 21%，三菱法是反射炉法的 29%)，处理烟气制酸的费用也相应降低。过程等值燃料新过程也相应比反射炉降低(因科法是反射炉法的 54%，三菱法是反射炉法的 75%)。统计的 1995 年美洲铜冶炼厂生产数据表明(见表 1-5-21)当年只有五家铜厂保留了反射炉熔炼工艺，其铜产量达 40.6 万 t/a，但原料中硫捕集率非常低，有两厂利用了转炉烟气也只有 69% 和 32%(其中 2%～3% 是指进入渣中的硫)，反射炉熔炼工艺的淘汰已成定局。故本节仅作简要综述。

表 1-5-20　比较铜的造锍熔炼过程的数据[6]

项　　目	生精矿反射炉熔炼	奥托昆普富氧闪速炉熔炼	因科氧气闪速炉熔炼	诺兰达法富氧熔炼	三菱法连续熔炼
吨铜的燃料消耗/GJ	19.2	3.5	0.0	3.4	4.8
铜锍品位/%	35	61.4	54.3	75	65.5
吨铜的氧气(98%O_2)消耗/kg	0	480	790	760	390
烟气 SO_2 浓度/%	1.8	18	77	10	14
吨铜的烟气量/m^3	11600	2700	570	5500	2900
(精矿)比容量/ $t \cdot d^{-1} \cdot m^{-3}$	0.81	3.5	2.3	6.4	4.3
转炉烟气 SO_2 浓度/%	7.6	8.6	9.3	9.4	14
吨铜的转炉烟气量/$m^3$①	6100	2600	3200	1800	2200
吨铜的总烟量/$m^3$②	17700	5300	3770	7300	5100

续表 1-5-20

项　　目	生精矿反射炉熔炼	奥托昆普富氧闪速炉熔炼	因科氧气闪速炉熔炼	诺兰达法富氧熔炼	三菱法连续熔炼
总的过程等值燃料（以吨阳极铜计）/GJ③	21.5	14.2	11.6	14.3	16.2

① 假设转炉排气罩和废热锅炉之间接合严密，美国一般工艺得到含 4%～5% SO_2 烟气；

②总烟气量为熔炼＋吹炼的烟气量；

③ 总的过程等值燃料包括所有的燃料以及干燥、熔炼、吹炼、阳极精炼、制氧、制酸所需电能的等值燃料，扣除副产品热烟气所具有的少量等值燃料。不包括控制跑气所需能量。

表 1-5-21　美洲五家铜厂 1995 年生产数据[1]

冶炼厂	工艺技术设备	铜产量/$t\cdot a^{-1}$	硫酸产量/$t\cdot a^{-1}$	原料中硫捕集率/%
加斯佩	1 台反射炉，2 台转炉	100000	165000	69
弗林弗隆	1 台反射炉，3 台转炉	90000		3
里菲梅特	1 台反射炉，3 台转炉	100000	55000	32
奥罗亚	1 台反射炉，6 台转炉	70000		3
卡纳内阿	1 台反射炉，4 台转炉	46000		2

二、反射炉熔炼过程

向炉内连续供热，高温火焰将料坡上的固体炉料及熔池加热，在料坡和熔池中发生一系列造锍反应，连续产出锍和炉渣，经沉清分层后分别从炉内间断放出，锍送吹炼处理，炉渣经水淬后可作建筑材料。

用于反射加热的燃料有重油、天然气和粉煤，其中粉煤是最经济的。燃料燃烧沿炉长创造一个高温带，约离烧嘴 7～8 m 处，烟气温度可高达 1773K 左右，大部分炉料在此带熔化，烟气离炉温度为 1523～1573 K，进入余热锅炉生产蒸汽，约可回收 50%～

60%的热能,再进入换热器将燃烧用空气预热到473～773K,可再回收10%～15%的热能。反射炉熔炼的热利用率低是能耗高的主要原因。

加入反射炉的主要物料有精矿或焙砂和石英熔剂、转炉渣及返回的烟尘,其一般成分见表1-5-22。产出的锍与炉渣的成分见表1-5-23。产出的烟气含 SO_2 较低(0.5%～2%),难于利用,是造成环境污染的主要根源。

表1-5-22　反射炉熔炼的物料成分(%)[3]

物料名称	Cu	Fe	S	SiO_2	CaO	其它
铜精矿	20～30	20～30	25～35	0～10	0～10	0～10
返回烟尘	15～40	10～25	10～20	0～10	0～10	0～10
石英熔剂		0～15		60～80	0～15	0～15
铜焙砂、熔剂	15～25	20～30	10～20	10～20	0～10	0～10
置换泥铜	80～90	0～5	0～2	0～2		0～12

表1-5-23　部分工厂的铜锍和炉渣的成分[3,5]

工厂	种类	原料成分/%			铜锍成分/%		
		Cu	Fe	S	Cu	Fe	S
芒特·艾萨	焙砂	24	29	32	36	32	24
卢安西亚	精矿	39	15	22	45～55	18～24	24～26
加斯佩	精矿	29	28	29	29	38	28
大冶炼铜厂	精矿	16.44	32.04	39.10	19～28	43～49	25～25.5
白银炼铜厂	精矿	15.48	30.32	33.97	25～32	35.30	23～25

工厂	种类	炉渣成分/%				备注
		Cu	SiO_2	$Fe_{总}$	CaO	
芒特·艾萨	焙砂	0.38	36	37	8	
卢安西亚	精矿	0.4～0.8	35～45	25～29	5～9	
加斯佩	精矿	0.24	40	33	7.9	
大冶炼铜厂	精矿	0.25～0.45	35～42	30～40	9～10	已改为诺兰达法
白银炼铜厂	精矿	0.2～0.4	26.6	30～35	5～10	已改为白银法

三、反射炉的构造

熔炼反射炉的结构如图1-5-19所示。

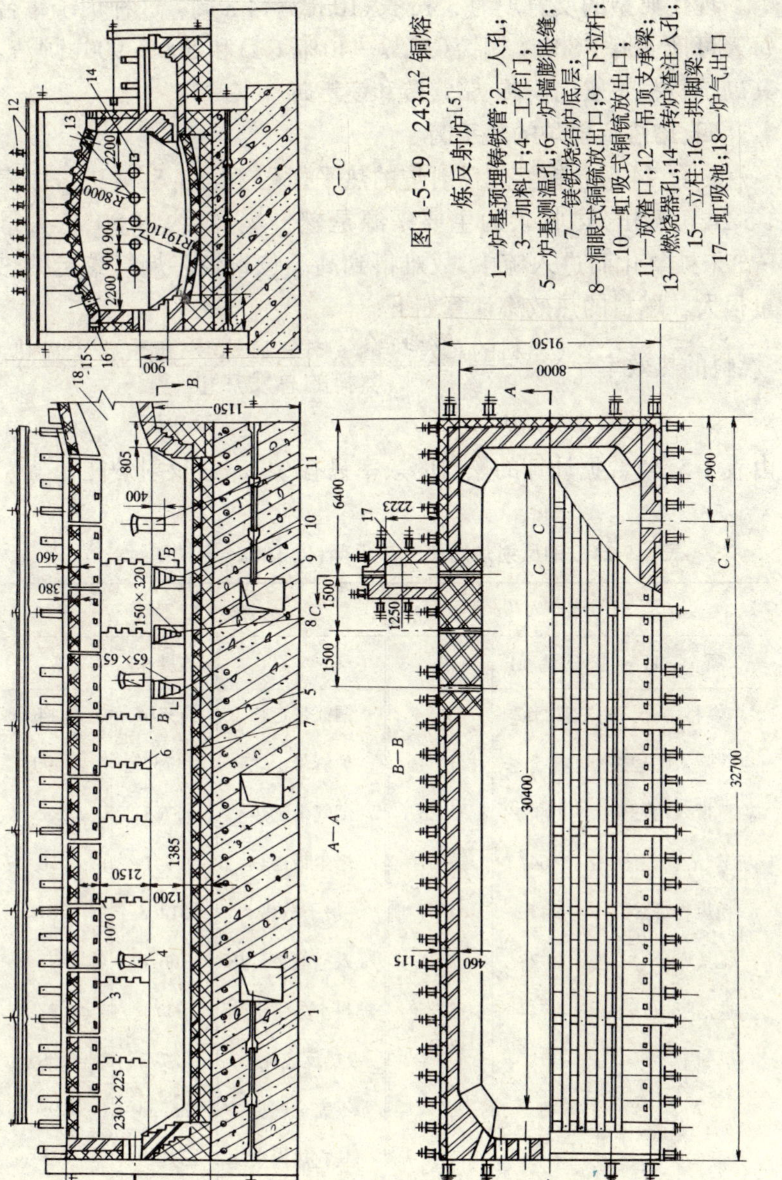

图 1-5-19　243m² 铜熔炼反射炉[5]

1—炉基预埋铸铁管；2—人孔；
3—加料口；4—工作门；
5—炉基测温孔；6—炉墙膨胀缝；
7—镁铁烧结炉底层；
8—洞眼式铜锍放出口；9—下拉杆；
10—虹吸式铜锍放出口；
11—放渣口；12—吊顶支承梁；
13—燃烧器孔；14—转炉渣注入孔；
15—立柱；16—拱脚梁；
17—虹吸池；18—炉气出口

现代典型的反射炉为33m长、10m宽、4m高。这种炉子每台每天可产500～800 t铜锍(35%～40% Cu)和500～900t炉渣。其砌筑材料一般用镁砖、铬镁砖和镁铝砖。

四、熔炼反射炉的热平衡

一台243 m^2 铜熔炼反射炉的热平衡列于表1-5-24中。由表1-5-24可看出,热收入的主要来源是燃料燃烧,约占80%,大量FeS未被氧化而进入锍中,故难得到高品位铜锍。烟气带走的热量很大。燃料的热效率计算如下:

$$燃料的热效率 = \frac{(燃料的总发热量+空气显热)-烟气带走显热}{燃料的总发热量} \times 100\%$$

由表1-5-24数据计算的燃料的效率只有31%,故反射炉能耗高。

表1-5-24 铜反射炉熔炼的热平衡(以100kg干精矿计)[3]

热收入			热支出		
项目	热量/kJ	%	项目	热量/kJ	%
燃料燃烧	671532	79.34	铜锍带走热	43514	5.14
空气带入物理热	5356	0.64	炉渣带走热	117570	13.90
炉料带入物理热	2008	0.26	烟气带走热	467631	55.25
转炉渣物理热	55647	6.57	烟尘带走热	5941	0.70
粉煤物理热	745	0.09	炉子散热	51463	6.07
离解 $S \rightarrow SO_3$	61923	7.35	吸入空气带走热	16610	1.97
造渣反应热	48744	5.75	炉料水分带走热	3177	3.77
			吸热反应耗热	38773	4.58
			不完全燃烧	33556	3.97
			其它热损失	39120	4.65
合计	845955	100.00	合计	845955	100.00

五、反射炉熔炼的生产数据

反射炉熔炼的生产数据见表 1-5-25。

表 1-5-25　铜反射炉熔炼的生产数据[3,5]

生产数据项　目	加斯佩（加）	小名滨（日）	卡纳内阿（墨）	芒特·艾萨（澳）	国内 1 厂	国内 2 厂
炉子长×宽×高/m	32×9×4	34×11×4	33.5×9.14×4	33×10×4		
炉子熔池面积/m^2	290	340	306	330		
燃料种类	重油	重油	天然气	粉煤	粉煤	粉煤
燃料用量/$t \cdot d^{-1}$	90	115	$1.3\times Mm^3 \cdot d^{-1}$	115	180～190	160
装料类别	焙砂（23%Cu）	湿精矿（20%Cu）	湿精矿（22.5%Cu）	焙砂（21%Cu）	精矿	精矿
装料量/$t \cdot d^{-1}$	940	820	720	1300	900～950	950～1050
其中焙砂或精矿/$t \cdot d^{-1}$	880	780	720	1100		
装料平均含铜/%	20			19	10～18	12
装转炉渣量/$t \cdot d^{-1}$	340	450		400		
产铜锍量/$t \cdot d^{-1}$	470	650	1400	650	500	600
铜锍品位/%	40	34	32～35	36	23.36	22.58
产渣量/$t \cdot d^{-1}$	730	550	225	750	700	650～690
渣含铜/%	0.6	0.36	0.6	0.38	0.37	0.495

续表 1-5-25

生产数据 项　目	加斯佩 （加）	小名滨 （日）	卡纳内阿 （墨）	芒特·艾萨 （澳）	国内 1厂	国内 2厂
生产率 $/t·m^{-2}·d^{-1}$	3.2	2.2	2.4	3.6	4.15～4.37	4.5～4.75
吨料能量消耗 /GJ	46	$(23\%O_2)$54 （空气）67		35＋4.3 （含焙烧）	54	47

六、反射炉熔炼的发展

莫伦西厂利用强化熔炼过程的气-固反应的氧气喷撒熔炼于1983年实现连续操作，1984年该厂关闭。

利用强化气-液反应的100 m^2 白银炉于1980年正式投产，熔炼强度比反射炉高出1倍，能耗比反射炉节约60%，烟气 SO_2 达5%以上。1987年实现富氧(31% O_2)熔炼后，熔炼区的床能率达到20 $t/(m^2·d)$，炉子出口烟气中 SO_2 提高12%，标准燃料率达到7.6%。

智利的埃纳米将以自热的特尼恩特转炉来替代反射炉。

第三节　电炉熔炼

电炉熔炼是一种灵活性大的过程，特别适合处理高熔点物料。加入熔剂量少，渣量也少；产出烟气量小，带走烟尘量少。故电炉熔炼的回收率高约98.5%，烟气中 SO_2 浓度高4%～8%，有利于制酸与控制环境污染。能耗仅为反射炉熔炼的40%～50%，当电价低于碳氢燃料价格一半时，采用电炉熔炼是经济的。故在近年造锍熔炼新方法的发展中，电炉只有电力特别丰富的地区才占有一定的地位。故本节仅作简要介绍。

电炉熔炼的生产数据列于表1-5-26。

表 1-5-26 电炉造锍熔炼的生产数据

生产指标	亚利桑娜	云冶	迈阿密	安那康达	金川
电炉长×宽×高/m	11×35×4	5.8×22.5×4.5	10×35×5	9×31×5	5.5×21.5×4.0
熔池面积/m^2	390	128	360	270	118
总功率/kV·A	51000	30000	50000	36000	16500
电极数目/个	6	6	6	6	6
电极直径/m	1.8	1.2	1.8	1.65	1.0
电流密度/$A \cdot cm^{-2}$	1.2	1.8			
吨料电极消耗/kg	3.6			1.9	5.7～5.8
装料类型	干铜精矿	干铜精矿	干铜精矿	铜热焙砂	Ni-Cu 精矿
处理料量/$t \cdot d^{-1}$	1300		精矿 1500 沉淀铜 150		
料平均含铜/%	29			30	
加入转炉渣量/$t \cdot d^{-1}$	540			330	
产出率/$t \cdot d^{-1}$	900		1100	800～1100	
铜锍品位/%	41	45～55	40	52	12～15Ni 6～8Cu
产渣量/$t \cdot d^{-1}$	1100			800～1400	
渣含金属/%	0.7	0.4		0.75	<0.2Ni 0.12Cu
床能率/$t \cdot m^{-2} \cdot d^{-1}$	3.5	7.05	3.7	6～8	
每吨料电能耗/kW·h	390	460		250	600～650

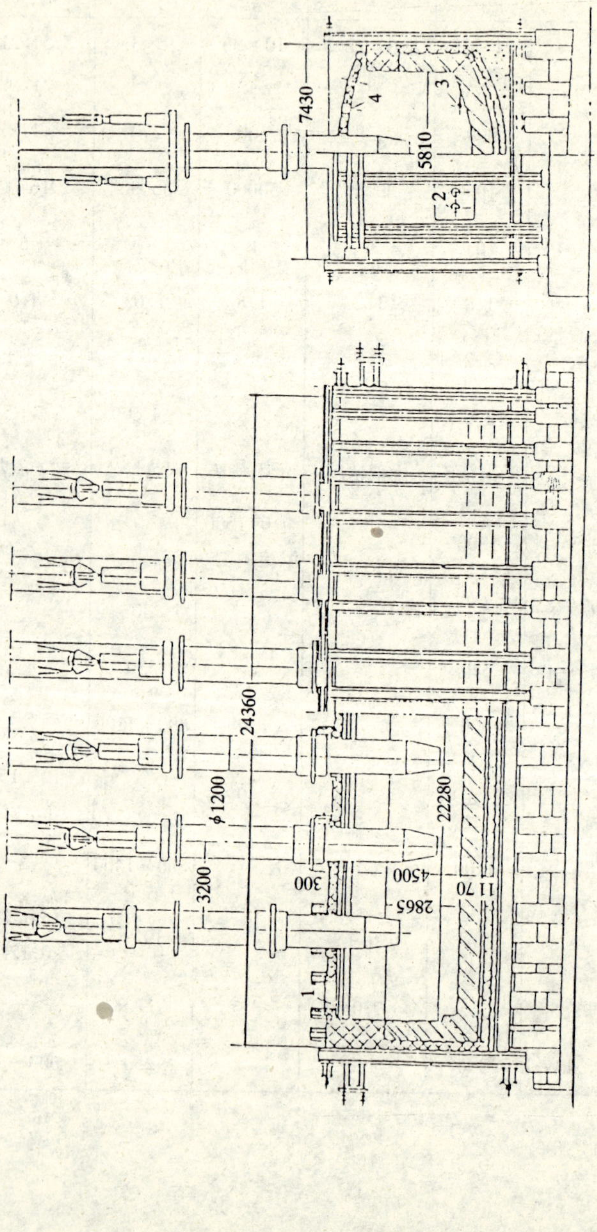

图 1-5-20　30000kV·A 铜熔炼电炉[5]

1—排烟口;2—出渣口;3—放铜锍口;4—加料口

第六章　铜锍的吹炼

第一节　概　述

铜精矿熔炼获得的铜锍是一种中间产品，其组分主要是 Cu_2S、FeS、Fe_3O_4，并含少量 Pb、Zn、Ni、Co、As、Bi、Sb 等元素的硫化物以及金、银和铂族金属。吹炼时通过向铜锍中鼓入空气将其中的铁、硫及其它有害杂质氧化除去以获得粗铜，并将贵金属富集到粗铜中。

FeS、Cu_2S 氧化热力学性质的差异使得吹炼时铜锍中的 FeS 优先氧化，生成 FeO 并与加入的石英熔剂反应生成炉渣，由于铜锍与炉渣密度不同而且相互溶解有限，因此熔体分为两层。随吹炼的进行，炉渣定期倒出，而铜锍逐渐为铜所富集，当铜锍中 FeS 氧化殆尽时，Cu_2S 开始氧化生成 Cu_2O 并进而与未氧化的 Cu_2S 发生交互反应产出金属铜。因此吹炼过程由造渣期、造铜期两个阶段组成，产出的烟气含 SO_2 达 5%～15%，经收尘后送制酸。表 1-6-1～表 1-6-3 是吹炼过程进料、产物的典型分析。加入的铜锍温度一般约 1100℃，由于吹炼时发生的主要是铁、硫及其它杂质的氧化反应和 FeO 与熔剂的造渣反应，放出的热足以抵偿操作过程中的热损耗并可使体系温度升至 1150～1300℃，因此整个吹炼过程是自热进行的。

表 1-6-1　铜锍成分(%)

Cu	Fe	S	O	Pb	Zn	As	Sb	Bi
30～65	22～42	22～25	0.2～4	0～5	1～5	0～0.5	0～1	0～0.1

表 1-6-2 粗铜、烟尘成分(%)

物料	Cu	Fe	S	O	Pb
粗铜	98.5～99.65	0.01～0.1	0.01～0.4	0.5～0.8	0.1～0.2
烟尘	5～40	2～10	10～14		0～40
物料	Zn	As	Sb	Bi	Ni
粗铜	0～0.005	0～0.0015	0～0.3	0～0.01	<0.2
烟尘	0～15	0～10	0～1	0～6	

表 1-6-3 转炉渣成分(%)

Cu	总 Fe	S	SiO_2	Fe_3O_4	Al_2O_3	MgO	CaO
1.5～4.5	35～50	0.5～2.5	20～28	15～30	0～5	0～5	0～10

实际铜锍成分与理论计算的铜锍成分有一些偏差，如图 1-6-1 所示。当品位相同时，实际铜锍的含硫比理论计算值偏低，含铁接近。铜锍的化学组成可以通过一些回归方程来估算[1]。例如，铜锍品位为 40%～70%时，其主要成分为：

$$[FeO]=18.915-0.257[Cu]$$

$$[FeS]=81.095-0.995[Cu]$$

$$[O]=4.149-0.05636[Cu]$$

$$[S]=29.575-0.11[Cu]$$

$$[Fe]=66.0-0.829[Cu]$$

吹炼作业大都在卧式转炉中进行。正常作业时，转炉风口埋入熔体 200～700mm，高压空气(0.08～0.15MPa)由风口鼓入熔融铜锍，入口风速达 120～160m/s。由于受到熔体的阻力，气流喷入后分散为大量气泡，气液相接触面积大，反应速度快，所以虽然空气在熔池内停留的时间仅为 0.1～0.13s，但氧利用率却达 90%～95%。而且气流的喷入、热膨胀、分散以及上浮，使熔体受到强烈搅动，传热传质条件好，熔池温度均匀，图 1-6-2 是吹炼过程示意图。

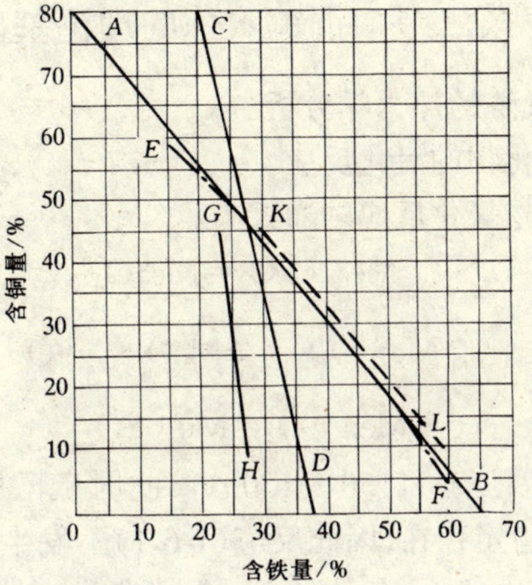

图 1-6-1　实际铜锍中铁硫含量与理论铜锍成分的比较

AB—铁的理论含量；*CD*—硫理论含量；

EF—按铜锍分析的铁量；*GH*—按铜锍分析的硫量；

KL—与理论含铁量之间的偏差曲线铁量

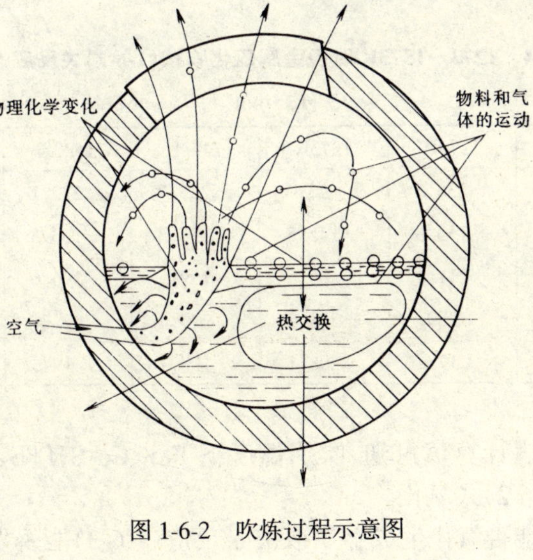

图 1-6-2　吹炼过程示意图

第二节 铜锍吹炼的理论基础

一、铜锍吹炼的热力学分析

1. 金属硫化物的氧化反应

金属硫化物氧化反应的通式为：

$$MeS + 2O_2 = MeSO_4 \tag{1-6-1}$$

$$\frac{2}{3}MeS + O_2 = \frac{2}{3}MeO + \frac{2}{3}SO_2 \tag{1-6-2}$$

$$MeS + O_2 = Me + SO_2 \tag{1-6-3}$$

由于吹炼温度达 1150～1300℃，此时硫酸盐的离解压超过 0.1MPa，不能稳定存在，因此反应(1-6-1)不发生。MeS 能否氧化生成 MeO，取决于反应(1-6-2)的标准吉布斯自由焓变化值 $\Delta G^\circ_{(2)}$：

$$\Delta G^\circ_{(2)} = \frac{2}{3}(\Delta G^\circ_{SO_2} + \Delta G^\circ_{MeO} - \Delta G^\circ_{MeS})$$

式中 $\Delta G^\circ_{SO_2}$、ΔG°_{MeO}、ΔG°_{MeS}分别是 SO_2、MeO、MeS 的标准生成吉布斯自由焓。各金属硫化物按(1-6-2)式反应的 $\Delta G^\circ_{(2)}$值如下：

表 1-6-4 1273～1573K 时各金属硫化物按(1-6-2)式反应的 $\Delta G^\circ_{(2)}$ ($kJ \cdot mol^{-1}$)

MeS	1273K	1373K	1473K	1523K	1573K
FeS	−236.3	−231	−225.7	−223.1	−220.5
Cu_2S	−153.6	−145.5	−137.3	−133.3	−129.2
PbS	−211.4	−205.5	−199.5	−196.6	−193.6
ZnS	−239	−234.2	−229.4	−227	−224.6
Ni_3S_2	−217.5	−208.1	−198.7	−194	−189.3

由上表计算值可知，吹炼温度下 FeS、Cu_2S、PbS、ZnS、Ni_3S_2 均可按(1-6-2)式氧化。

MeS 能否氧化生成金属取决于反应(1-6-3)能否发生。实际上，只有那些硫化物、氧化物离解压都较大的金属（例如 Hg 等）才会按（1-6-3）式氧化直接得到金属，而且在较低的温度下就能反应。对于与氧、硫亲和力都较大的金属，其氧化过程是分步进行的：

$$MeS + \frac{3}{2}O_2 = MeO + SO_2 \quad (1\text{-}6\text{-}4)$$

$$MeS + 2MeO = 3Me + SO_2 \quad (1\text{-}6\text{-}5)$$

因此 MeS 氧化能否得到金属，取决于操作条件下交互反应（1-6-5）能否进行。（1-6-5）式的 $\Delta G^\circ_{(5)}$ 值为：

$$\Delta G^\circ_{(5)} = \Delta G^\circ_{SO_2} - 2\Delta G^\circ_{MeO} - \Delta G^\circ_{MeS}$$

$$= -RT\ln K_p = -RT\ln p_{SO_2,平衡}$$

式中 K_p 是反应平衡常数，$p_{SO_2,平衡}$ 是 SO_2 的平衡分压。各温度下，几种金属硫化物按（1-6-5）式反应的 $\Delta G^\circ_{(5)}$ 和 K_p 值列于下表。

表 1-6-5　1473～1573K 时按（1-6-5）式反应的 K_p 和 $\Delta G^\circ_{(5)}$

（$kJ\cdot mol^{-1}$）

MeS	1473K		1523K		1573K	
	ΔG°	K_p	ΔG°	K_p	ΔG°	K_p
FeS	156.7	2.76×10^{-6}	153.3	5.53×10^{-6}	149.8	1.06×10^{-5}
Cu_2S	−50.73	62.97	−53.68	69.35	−56.62	75.9
PbS	−5.63	1.58	−17.7	4.03	−29.7	9.68
ZnS	162.4	1.74×10^{-6}	136.3	2.11×10^{-5}	110.2	2.19×10^{-4}
Ni_3S_2	48.56	1.9×10^{-2}	40.23	4.17×10^{-2}	31.91	8.72×10^{-2}

吹炼作业时炉气中 SO_2 的分压一般约为 0.005～0.014MPa，所以由表 1-6-5 可知：吹炼时 FeS、Ni_3S_2 不能产出相应的金属，而只能得到 FeO、NiO 并与熔剂造渣；Cu_2S 氧化得到金属铜，并将贵金属富集入铜液中；由于 Pb、Zn 的挥发性较强，所以一部分 PbS、ZnS 氧化成 PbO、ZnO 参与造渣，另一部分生成金属蒸气进入烟

尘，少量 Pb 进入粗铜。利用各金属硫化物的氧化热力学性质的差异，可以将铜锍中的杂质元素通过氧化造渣或进入烟尘的方式除去，达到提取有价金属的目的。

2. 铜锍中硫化物氧化次序

由表 1-6-4 中 MeS 氧化反应的 $\Delta G^{\circ}_{(2)}$ 值可知：

$$\Delta G_{FeS} \approx \Delta G_{ZnS} < \Delta G_{Ni_3S_2} < \Delta G_{PbS} < \Delta G_{Cu_2S}$$

因此铜锍吹炼时，如果各物质浓度相近，则 FeS 优先氧化。随吹炼过程的进行，铜锍中 FeS 含量逐渐降低，当反应(1-6-6)的吉布斯自由能变化值 $\Delta G_{(6)}=0$ 时，Cu_2S 开始氧化。

$$[Cu_2S]+(FeO)=(Cu_2O)+[FeS] \qquad (1\text{-}6\text{-}6)$$

$$\Delta G_{(6)}=[(\Delta G^{\circ}_{Cu_2O}+\Delta G^{\circ}_{FeS})-(\Delta G^{\circ}_{Cu_2S}+\Delta G^{\circ}_{FeO})]$$

$$+RT\ln\frac{a_{FeS,锍}\,a_{Cu_2O,渣}}{a_{FeO,渣}\,a_{Cu_2S,锍}}=0$$

式中 $a_{FeS,锍}$、$a_{Cu_2S,锍}$ 分别表示 FeS、Cu_2S 在铜锍中的活度，$a_{FeO,渣}$、$a_{Cu_2O,渣}$ 分别表示 FeO、Cu_2O 在渣中的活度。可以近似认为铜锍中 Cu_2S、FeS 活度系数为 1；由于氧化物形成独立的渣相，可认为 $a_{FeO,渣}=a_{Cu_2O,渣}=1$，所以

$$RT\ln\frac{n_{FeS,锍}}{n_{Cu_2S,锍}}$$

$$=(\Delta G^{\circ}_{FeO}+\Delta G^{\circ}_{Cu_2S})-(\Delta G^{\circ}_{FeS}+\Delta G^{\circ}_{Cu_2O})$$

将各物质的标准生成自由焓值代入上式，得

$$\lg\frac{n_{Cu_2S,锍}}{n_{FeS,锍}}=1.72+3416/T$$

因此不同温度下铜锍中 Cu_2S 与 FeS 摩尔分数的比值见表 1-6-6。

表 1-6-6　1273～1573K 时铜锍中 Cu_2S 与 FeS 摩尔分数的比值

温度/K	1273	1373	1473	1573
比值	25317	16142	10941	7791

由计算结果可知，吹炼时只有当铜锍中 Cu_2S 浓度与 FeS 浓度比值约为 10^4 时，Cu_2S 才被氧化。所以 Cu_2S、FeS 这种氧化次序使铜锍吹炼作业分为两个周期：第一周期，FeS 氧化为 FeO，并与加入的石英熔剂造渣除去；第二周期 Cu_2S 氧化为 Cu_2O，并进而发生交互反应，产出粗铜。

用同样的方法计算可得：

$$\lg\frac{n_{\text{PbS,锍}}}{n_{\text{FeS,锍}}}=0.43+1512/T$$

$$\lg\frac{n_{\text{ZnS,锍}}}{n_{\text{FeS,锍}}}=2.29-3338/T$$

1473K 下，几种硫化物共氧化浓度比值为：

$$[\text{FeS}]:[\text{ZnS}]:[\text{PbS}]:[\text{Cu}_2\text{S}]=1:1:28.6:10^4$$

二、铜锍各组分在吹炼过程中的变化

1. 造渣期

(1)FeS 的变化

吹炼时 FeS 优先与氧反应，生成的 FeO 与石英熔剂造渣生成铁橄榄石 $2FeO\cdot SiO_2$。由于 FeO 溶解于铜锍中，而石英熔剂以固体形式漂浮在熔体表面，所以两者之间的接触条件不好，一部分未来得及造渣的 FeO 继续氧化生成 Fe_3O_4，在风口附近这一反应进行得更为迅速。Fe_3O_4 的大量生成使炉渣性能恶化，而且 Fe_3O_4 过量析出时将减小熔池面积，因此应控制炉渣中 Fe_3O_4 的含量小于 25%。

(2)Ni_3S_2 的变化

FeS 氧化殆尽后，Ni_3S_2 开始氧化生成 NiO。在吹炼温度下 Ni_3S_2 与 NiO 交互反应的 SO_2 平衡压力小，因此不能产出金属镍。由于 Ni_3S_2 氧化速度较慢，不能完全入渣，所以仍有一部分镍进入粗铜，含量可高达 0.5%～0.7%。

(3)CoS 的变化

在造渣末期，CoS 开始与氧结合生成 CoO 并进而与熔剂反应进入熔渣。因此吹炼第一阶段的末期炉渣中，含 Co 量可达 0.4%

~0.6%,可作为提取 Co 的原料。

(4)ZnS 的变化

在吹炼温度下,ZnS 与 FeS 氧化反应的标准自由焓变化值相近,反应速度也相近,但因为 ZnS 的浓度低,所以直到造渣期末才开始氧化,一部分氧化成 ZnO 并与熔剂反应生成硅酸盐或含锌铁橄榄石,因此末期渣含 Zn 可高达 20%;另一部分氧化成金属锌,由于金属锌的沸点低,而且 ZnS 也有一定的挥发性(见表 1-6-7),所以 Zn 以硫化物和金属锌蒸气的形式进入烟尘。

表 1-6-7 各温度下几种物质的饱和蒸气压(Pa)

蒸气压	1273K	1373 K	1473 K	1523 K
p_{ZnS}	1.32	8.37	41.1	84.26
p_{PbS}	2916	14327	55728	
p_{Pb}	185	655	1936	3152

(5)PbS 的变化

铜锍中的 PbS 在 FeS 去除殆尽后氧化,生成的 PbO 易与 SiO_2 结合入渣,PbO 也可与 PbS 进行交互反应生成金属铅。由于金属铅、PbS 有一定挥发性(见表 1-6-7),所以一部分 Pb 以 PbS 和金属铅蒸气的形式进入烟尘,少量的 Pb 溶解于粗铜中,含量 0.1%~0.3%。

(6)Bi_2S_3 的变化

吹炼过程中 Bi_2S_3 氧化生成 Bi_2O_3,然后进行交互反应生成金属铋。由于金属铋具有较好的挥发性,因此大部分 Bi 进入烟尘,少量残留于粗铜中。

(7)As、Sb 化合物的变化

铜锍中的 As、Sb 主要以金属化合物的形式存在。吹炼时一部分氧化为 As_2O_3、Sb_2O_3 进入烟尘;一部分氧化成不挥发的 As_2O_5、Sb_2O_5 进入炉渣;另外 As、Sb 还能与铜形成化合物进入粗铜。

(8)各种元素在吹炼产物中的分配

各元素在吹炼产物的分配情况见表 1-6-8。表中数据表明，As、Bi、Cd、Ge、Hg、Sb 和 Sn 在吹炼过程中大部分以蒸气形态除去；Zn 与绝大部分 Fe 入渣除去，绝大部分 Se、Te、Ni、Co 和贵金属进入粗铜，可在电解精炼过程中回收。

表 1-6-8　各元素在吹炼产物中的分配(%)

元素	Au、Ag、Pt 族		As	Bi	Cd	Co	Fe	Ge
粗铜	90		15	5	0	80	0	0
烟气			75	95	80	0	0	100
炉渣	10		10	0	20	20	100	0
元素	Hg	Ni	Pb	Sb	Se	Sn	Te	Zn
粗铜	10	75	5	20	60	10	60	0
烟气	90	0	45～55	60	10	65	10	20～30
炉渣	0	25	40～50	20	30	25	30	70～80

2. 造铜期

当铜锍中的 FeS＜1%时，倒出第一期末渣，吹炼就进入造铜期即第二期，此时 Cu_2S 开始氧化产出粗铜。由图 1-6-3 可知[2,3]，造铜期分为三个阶段。第一阶段：由于白铜锍可溶解一定量的金属铜，所以随空气的鼓入，体系的组成由白铜锍 A(含硫约 20%)变为 B(含硫约 19.4%，含金属铜约 10%，总铜约 82%)，仍呈单一相；第二阶段，体系含硫逐渐减少，熔体开始分层。上层是含金属铜饱和的白铜锍 B 相，下层是溶解一定 Cu_2S(含硫约 1.2%)的粗铜 C 相。随吹炼的进行，白铜锍相逐渐减少，粗铜相增加，但两相的组成不变。第三阶段，体系含硫低于 C 点含硫，此时白铜锍相消失，只有单一的粗铜相，鼓入的氧将与溶解于粗铜中的 Cu_2S 反应。此阶段的吹炼需谨慎操作，否则熔体很容易过氧化进入 E-

D 区，产出 Cu_2O 稀渣。一般当粗铜中含硫至 0.5% 时，就应停止吹炼。

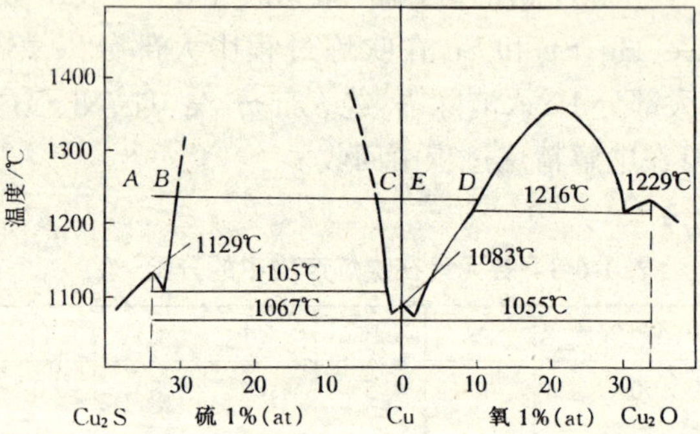

图 1-6-3 Cu-S-O 系 Cu_2S 氧化途径

三、铜锍吹炼过程热化学

主要硫化物的氧化反应放热值如下：

造渣期，1473K $2FeS + 3O_2 + SiO_2 = 2FeO \cdot SiO_2 + 2SO_2 + 1008kJ$

造铜期，1473K $2Cu_2S + 3O_2 = 2Cu_2O + 2SO_2 + 805.29kJ$

1473K $Cu_2S + 2Cu_2O = 6Cu + SO_2 - 149.2kJ$

合计 $Cu_2S + O_2 = 2Cu + SO_2 + 218.7kJ$

由此可见，以单位氧量计算，造渣阶段比造铜阶段多放热 53%。所以在造渣期，炉温上升速度为 0.9～3℃/min，而造铜期只有 0.5～1.2℃/min。由于造渣期炉内的熔体多，热容大，而造铜期的熔体导热性好，所以造渣期停风降温的速度低于造铜期。生产中，造渣期停风一分钟炉温下降 1～4℃，造铜期停风一分钟炉温下降 3～8℃。因此造渣末期炉内温度约 1250℃，造铜末期炉温约 1200℃。为了强化生产，通常增加鼓风强度，甚至采用富氧操作，这使得热强度增大，升温快，炉温高，耐火材料损耗快，为了平衡剩余热量，稳定操作温度，必须加入冷料如固体铜锍、残极、紫杂铜等，有些厂家在吹炼过程中还加入精矿。

四、造渣期 Fe_3O_4 的控制

在1300℃下，FeO 氧化为 Fe_3O_4 的反应的标准吉布斯自由能变化值为 -135kJ，所以生成 Fe_3O_4 是不可避免的。Fe_3O_4 可以被 FeS 和 SiO_2 破坏：

$$3Fe_3O_4 + FeS + 5SiO_2 = 5Fe_2SiO_4 + SiO_2 - 381.4kJ$$

该反应是吸热反应，因此提高温度有利于 Fe_3O_4 分解。生产中可采取以下措施控制渣中 Fe_3O_4 的含量：

1) 提高吹炼温度，促使 Fe_3O_4 的分解，但温度不可超过1300℃，否则炉衬将很快被蚀损。

2) 控制渣中 SiO_2 含量。生产实践表明炉渣中 SiO_2 = 20% ~ 24%时，Fe_3O_4 含量较低，而且炉渣对炉衬的腐蚀也较轻。

3) 石英熔剂的粒度应适中，适宜的粒度一般为 5～25mm，并应将细粉筛去。

4) 薄渣层操作，炉渣造好后应立即放出，以免过吹。

吹炼时铜锍中 FeS 的含量逐渐降低，使 Fe_3O_4 的分解减弱。图 1-6-4 为渣-锍体系中，炉渣 Fe_3O_4 含量与铜锍中 Cu/Fe 比值的关系，图 1-6-5 是 FeO-SiO_2-Fe_3O_4 中 Fe_3O_4 的溶解度与温度的关系[3]。由两图可知，当铜锍成分接近白铜锍时，渣中Fe_3O_4大增，

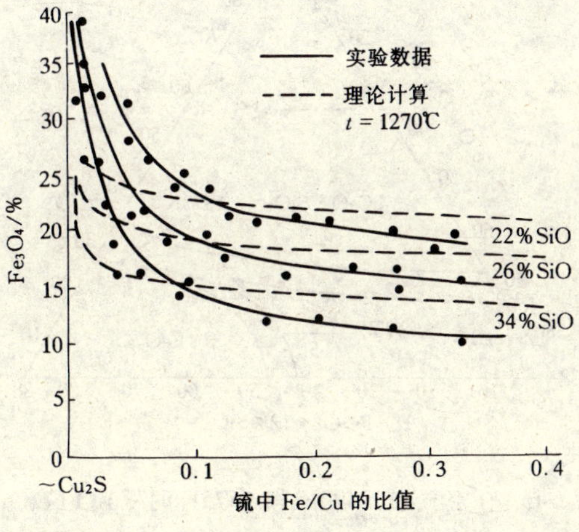

图 1-6-4　铜锍中 Fe/Cu 比值与相平衡中 Fe_3O_4 含量关系

含量甚至大于30%，导致析出。研究表明，吹炼含铜70%～75%的铜锍时，用CaO作为熔剂替代一部分SiO_2，可以增加吹炼渣对Fe_3O_4的溶解度。图1-6-6是12% SiO_2时CaO-Fe_3O_4-Cu_2O的熔融区域图[4]。由图可知，即使渣含Fe_3O_4大于40%也不会析出。因此国外一些炼铜厂家在吹炼时添加CaO以减少炉结的生成，例如日本直岛冶炼厂采用CaO为熔剂，吹炼渣成分为：SiO_2约0.1%，CaO约17%，Cu约13%。

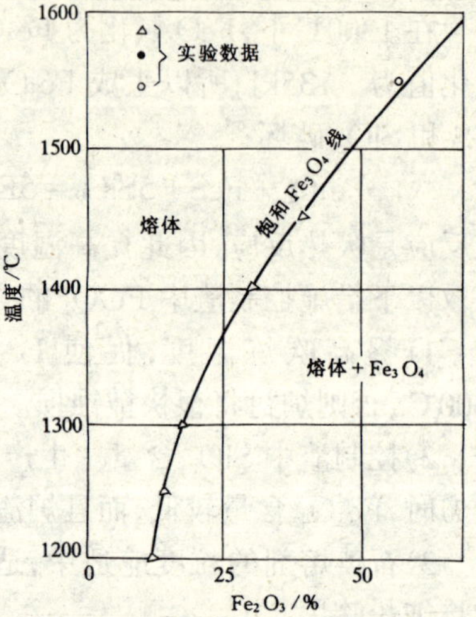

图1-6-5 在FeO-Fe_2O_3-SiO_2体系中Fe_3O_4在渣中的溶解度与温度的关系

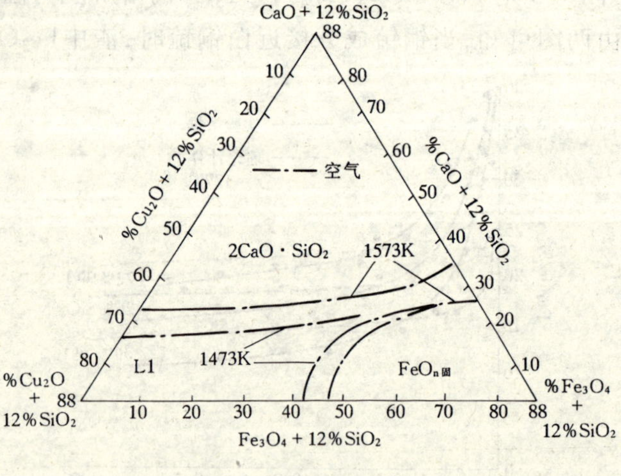

图1-6-6 在空气中，1473K和1573K时Cu_2O-Fe_3O_4-CaO假三元系（12% SiO_2液态区）

第三节 铜锍转炉吹炼实践

一、转炉基本结构

转炉按构造分为立式和卧式；按炉衬材料分为酸性和碱性两种。炼铜转炉一般采用卧式碱性转炉，也称P·S转炉，第一台P·S转炉出现在1910年末。转炉容量可从5t到220t，基本结构如图1-6-7所示。其形状为圆筒形，外壳用20～50mm厚的锅炉钢板铆接或焊接而成，内衬铬镁砖，在风口区附近砖体厚度一般为400～520mm。转炉中间有一长方形炉口，一侧下部有一排进风口。炉子两端各有一个大托圈，整个炉子的重量就通过这两个大托圈支承在固定于摇动支座的四个托轮上。在一端托圈旁有一个大齿圈，它与一个传动小齿轮相啮合。小齿轮通过减速装置与马达相连。利用这套驱动装置可使转炉前后转动，转速为0.4～0.6r/min。转炉系统的主要部分为炉口、风口、熔剂加入装置、烟罩、传动系统、送风系统、余热回收及排烟系统。

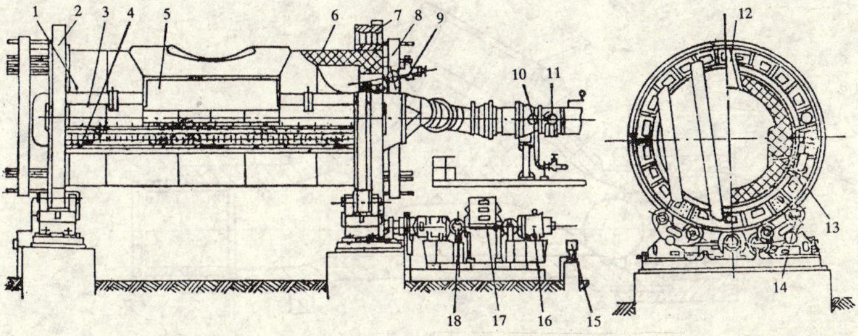

图1-6-7 ϕ3.96m×9.14m卧式转炉结构图

1—转炉炉壳；2—轮箍；3—U形配风管；4—集风管；5—挡板；6—衬砖；7—冠状齿轮；8—活动盖；9—石英喷枪；10—填料盒；11—闸板；12—炉口；13—风嘴；14—托轮；15—油槽；16—电动机；17—变速箱；18—电磁制动器

1. 炉口

炉口呈长方形，在转炉的正中上方，正常操作时向炉后倾斜18°～30°。生产实践表明，炉口面积应为熔池面积的20%～35%；也可以根据炉气通过炉口的速度来确定，正常吹炼时炉气速度不大于8～10m/s；或取炉口面积与风口总面积比在48～52之间。三种确定方式可以相互校核。炉口面积确定之后，其长宽尺寸之比为1.15～1.35，从而确定炉口尺寸。由于受到熔体和炉气的高温作用以及清理时的机械冲击，炉口较易损坏，为了延长炉口寿命，炉口区应采用优质耐火材料，如直接结合铬镁砖或熔铸铬镁砖。

2. 风口

风口用弯管与配风管相连，为了保证风压均衡，配风管做成U形。风口结构如图1-6-8所示，直径一般为30～55mm，容量大的炉子风口直径较大。转炉安装风口个数达30～56个，吹炼时风口中心线与水平面的倾斜角为－3°～7.5°。通常风口埋入铜锍层200～700mm时，吹炼效果较好。

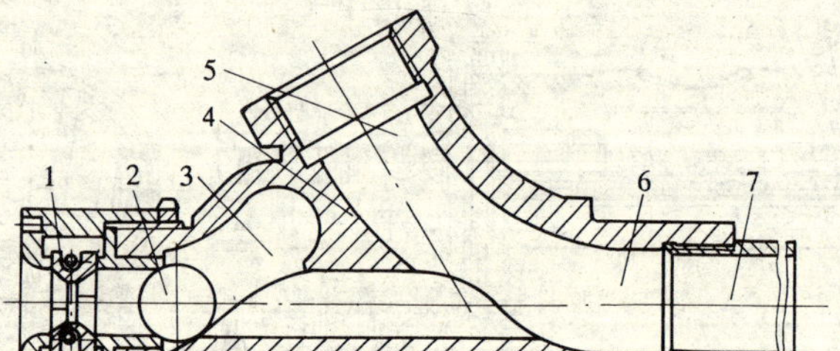

图1-6-8 环状阀风口图

1—环形阀；2—钢球；3—空腔；4—开口外壳；5—上部进风端；6—联结端；7—风口管

3. 熔剂加入装置

国内工厂大多在转炉一侧上方安装一个下料溜槽，熔剂由圆盘给料机、皮带运输机送到溜槽，然后加入炉内。熔剂也可通过端墙处的石英枪加入，石英枪如图1-6-9所示，适于加入粒度为6～15mm的石英熔剂，它包括石英的接收漏斗、三通管和空气压缩管。因为压缩空气是转炉吹炼用风，所以加石英时转炉的供风量会下降。

4. 烟罩

烟罩呈矩形断面，用来导出炉气和烟尘，为了防止烟气被稀释和便于收尘，一般采用密封烟罩。常用的烟罩有水套烟罩和铸铁板烟罩两种，水套烟罩用多块水套组成，其冷却剂除用软化水外还可以用湿蒸汽进行汽化冷却。

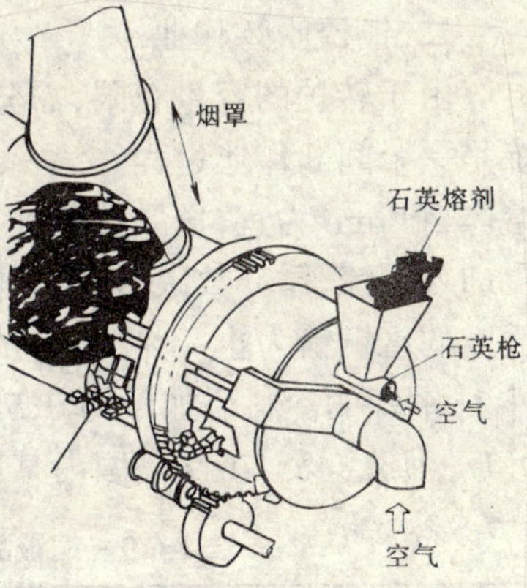

图1-6-9　石英枪加入石英

5. 传动系统

转炉由电动机和变速箱等组成的传动机构来带动，可做正反两个方向旋转。转炉一般使用两台电动机，一台为正常生产时所用的交流电机，另一台为蓄电池供电的直流事故电机，一旦交流电机因故停止转动，事故电机就立即自动启动，使转炉风口升出熔体表面。

6. 送风系统

转炉送风系统有两种形式：一种是每台炉子配有单独的鼓风机和风管；另一种是多台风机向总风管送风，转炉所需用风由总风管供给。大多数厂家采用后一种送风方式。转炉大都采用蜗轮式鼓风机送风，这种风机能够满足吹炼时所需的压力，并能保证恒压、恒量地将风送入熔池。

7. 余热回收系统

余热回收系统的入口与转炉固定烟罩的出口相连，用于回收烟气的余热、降低烟气的温度并除去部分烟尘。国内一些厂家的新型余热锅炉采取了防止烟尘粘接、高低温腐蚀、热负荷变化等一系列措施，取得了良好的效果。

8.排烟系统

烟气通过余热回收系统或通过汽化冷却水套组成的沉降室使粗烟尘沉降，然后进入旋涡收尘器或电收尘器以收集较细的烟尘，经过净化后的烟气送制酸系统。

二、铜锍吹炼作业

由于转炉的容量有限，需分批加入铜锍，所以卧式转炉铜锍吹炼是一个间断作业过程。第一批铜锍的加入量一般应使风口浸入熔体200mm为宜，送风数分钟升温后加入熔剂。炉渣造好后倒出再加入铜锍，循环数次这样的操作直到炉内注满了与转炉容量相适应的富铜锍为止。为了防止熔体温度过高，通常需加入冷料，国外1t铜镍的冷料添加量约0.55～0.62t，国内因冷料品质差，仅为0.1～0.3t。表1-6-9是国内某厂铜锍品位与冷料率的关系。

表1-6-9 铜锍品位与冷料率的关系

铜锍品位/%	进料量/t	冷料量/t	冷料率/%
40～45	100	25～30	25～30
45～50	100	15～25	20～25
50～60	80～100	10～15	10～20

筛炉是将富铜锍中的残余铁除去以获得含铜78%～79%的白铜锍，此时不可避免生成大量Fe_3O_4，为此在筛炉时加入稍过量的石英熔剂以破坏Fe_3O_4，并将炉温提高到1270～1300℃，以防止Fe_3O_4析出。因为炉渣中过量的SiO_2会与MgO反应生成镁橄榄石；高温作业又使炉衬的化学腐蚀和物理溶解（如图1-6-10所示）加剧，炉衬抵抗熔体的冲击能力也减弱，这都加快了耐火材料的蚀损。贵溪冶炼厂吹炼时不筛炉，而是在造渣期末严格控制白铜锍品位不超过75%，残留一部分FeS到造铜期并将其氧化为Fe_3O_4，一部分Fe_3O_4被均匀喷挂到炉壁上，形成保护层，其余的形成底渣，在出铜时通过压渣作业将其留在炉内，进入下一次吹炼作业。

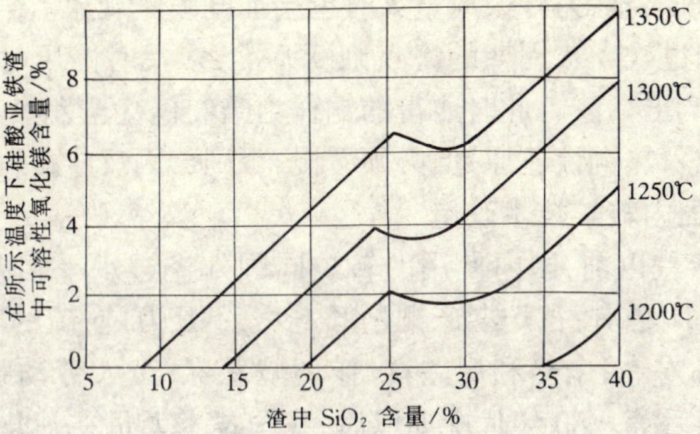

图 1-6-10　在不同温度下氧化镁在硅酸亚铁中的溶解度

二周期作业时熔体出现分层，上层为白铜锍，下层为粗铜。随着吹炼的进行，上层熔体越来越少，所以应将炉体逐渐向后转动，使风鼓入白铜锍层。在吹炼终点时烟气中的 SO_2 会突然减少，所以可通过火焰颜色、测定炉气中 SO_2 的浓度变化或从风口取钎样进行判断。在终点时熔体温度会突降，国内某厂研制了风口高温计，可以将温度突变信号反馈给控制室，从而判断造铜终点。

三、吹炼过程故障及处理

吹炼作业中通常出现的故障有：

1）炉子过冷　当炉火颜色呈暗红色、炉内熔体粘稠、锍渣分离不好时，表明炉温偏低。冷料或熔剂加入过多、鼓风不足或停风过久等易出现这种情况。可以及时加入热铜锍、加强鼓风来处理这一故障，但如果情况严重，则必须全部倒出熔体，重新加入铜锍吹炼。

2）炉子过热　此时的火焰颜色呈亮白色，炉壁明显暴露，砖缝清晰可见。当鼓风过于强烈、冷料加入不及时或量不足时，会导致炉子过热。吹炼低品位铜锍时易出现过热现象。可以加入足量的冷料或熔剂进行调整，一般应控制吹炼温度不高于 1250℃。

3）熔体喷溅　喷溅会降低直收率、危及人员安全。当一周期石英加入过多或不足、筛炉时石英过多、放渣不及时、渣粘度过大时，易导致喷溅，另外鼓风量大时也会加剧喷溅现象。

4)铜过吹 二周期的终点判断不准，未及时停风时会造成粗铜过吹，产出稀渣。此时取得的铜样为暗红色甚至发黑，表面不平整。可加入热铜锍还原，但必须缓慢，否则会因反应过剧而爆炸。

四、国内转炉技术改造

80年代以前，国内使用的转炉同国外先进水平相差较远，表现的主要问题有：每炉期产铜量低，多数不足万吨；硫的回收率低，只有70%左右；余热利用差；操作环境恶劣；工人劳动强度大；检测技术落后等。80年代中期以后，我国技术人员在消化引进转炉技术的基础上，结合我国的实际情况，进行大量的技术改造和创新，使转炉在炉体结构、筑炉材料和砌筑、环境保护、机械化操作、检测控制技术等方面有很大的进步。

1.炉体结构

改造后或新建的转炉长径比接近国际常用的长径比；转炉的大齿轮、辊圈和筒体采用键连接方式，筒体能够自由膨胀，避免了热应力对炉体的损坏；风箱和供风管道采用双球面活接头连接，密封性更好；采用大面积炉口护板，减少漏风并便于烟罩的安装和防止喷溅物外漏等。为了减少压缩空气的泄漏，降低能耗，稳定送风和降低噪音，一些转炉上安装了风口消音器，取得了较好的效果。安装风口消音器前后的情况见图1-6-11、图1-6-12。

2.筑炉材料和砌筑技术

80年代后期以来，国内研制并生产出直接结合镁铬砖、半再结合镁铬砖、熔粒再结合镁铬砖、熔铸镁铬砖等优质耐火材料。通过在转炉的易损部位采用优质国产耐火材料，并改进用砖的规格尺寸，减少砖缝，增强砖体结构强度，大大提高了炉衬的使用寿命。贵溪冶炼厂选用以上国产耐火砖替代进口砖，并改进筑炉技术，严格操作制度，加强生产管理，使耐火材料平均单耗为吨铜2.20kg，居世界领先水平。

3.环境保护技术

改造后的转炉和新转炉大都采用双层烟罩结构，内层固定密

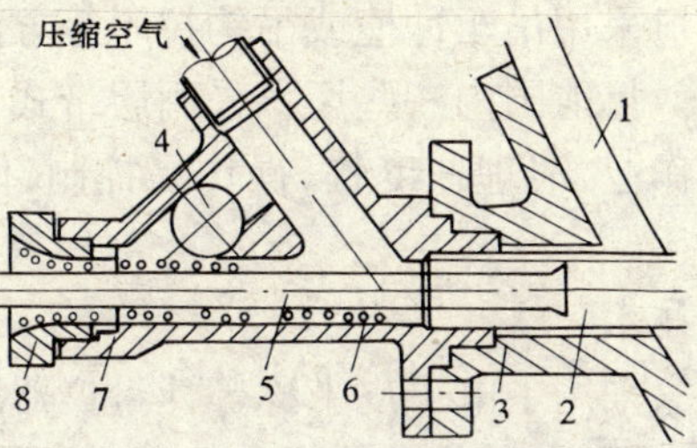

图 1-6-11　未安装风口消音器时清捅风口的情况
1—炉体；2—风管；3—风口；4—弹子；5—钢钎；6—熔融物；
7—弹子口；8—风口端盖

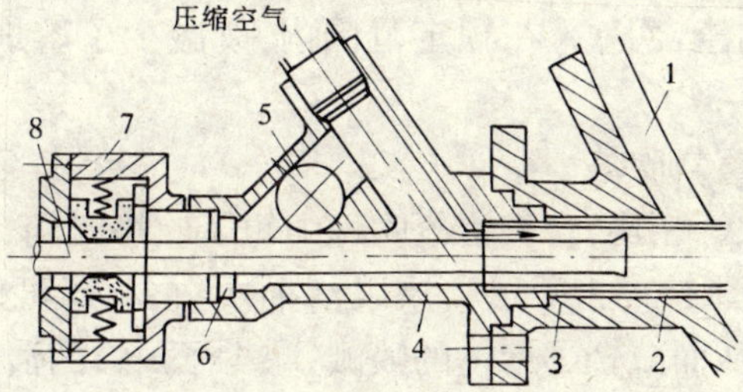

图 1-6-12　安装风口消音器后清捅风口的情况
1—炉体；2—风管；3—风口；4—风口座；5—弹子；6—弹子口；
7—消音器；8—风口端盖

封烟罩用于将烟气收集到废热锅炉，密封烟罩两侧与转炉之间采用迷宫式密封，后部设有气动式密封装置以减少漏风并改善作业环境；外层环保烟罩由固定部分和旋转部分组成，固定部分用于捕集转炉进料、出料和吹炼时漏出的烟气和粉尘，旋转部分可在放铜或放渣时将包子罩住以捕集散发的烟气，消除车间的低空污染。为了减轻噪音污染，转炉上安装了风口消音器，使噪音由 115dB 降低到约 103dB。

4. 机械化操作

过去清理炉口采用吊车冲撞或吊钩拉脱等方法，易损坏炉口，而且作业时间长。目前国内一些厂家采用履带式地面行走的专用炉口清理机进行作业，清理速度快，操作易控制，保证了转炉的正常作业。

5. 检测控制技术

国内一些厂家采用了电子皮带称等计量仪器以及自动程序控制仪表，可按设定的程序和数量准确地加入冷料，确保了吹炼温度正常，波动小；包子吊车采用传感型电子吊车秤，计量结果准确而且传送速度快；铜锍采用 X 荧光分析仪测定组成，速度快，精度高，可使操作人员及时获得准确的入炉物料量和物料成分，从而确定相应的操作方式。一些厂家采用默里克称进行熔剂的计量，从而能严格控制渣含 SiO_2 在预定范围内，既减少了熔剂消耗，又延长了炉寿。

五、铜锍富氧吹炼

与空气吹炼相比，转炉富氧吹炼缩短了吹炼时间，烟气中 SO_2 的浓度高（如图 1-6-13 所示），风眼清捅次数少，还可以减少鼓入炉的空气量，从而减轻了熔体的喷溅，减少了炉口的清理工作。表 1-6-10 为日本东予冶炼厂富氧吹炼前后的生产情况[5]，由表可见，采用富氧吹炼使转炉的生产能力提高 20.6%，冷料处理量增加近 1 倍。1988 年全世界铜冶炼厂的调查表明[6]，41 个炼铜厂共有 134 台转炉，其中有 15 台使用了富氧鼓风，富氧浓度最高达 28%。

转炉富氧作业时，随着富氧浓度的提高，炉内的高温区逐渐向风口处靠近，加剧了风口砖的损耗。生产实践表明，富氧浓度应在 27%～30%以下。为了突破这一限制，比利时联合矿业协会在霍勃肯转炉上采用了一种同心套管喷射器[6]（见图 1-6-14），它由两根同心管组成，内管喷氧和空气，压力为 0.35～0.5MPa，外管喷入用于屏蔽的氮气，压力达 0.45～0.6MPa，屏蔽气体的喷入使喷射器周围形成了熔体结块，从而保护了邻近的耐火材料。采用这种喷射器后富氧浓度可高达 50%以上，而且不需清捅风口，喷射器不受熔体的侵蚀，对风口带耐火材料的寿命也没有损害。

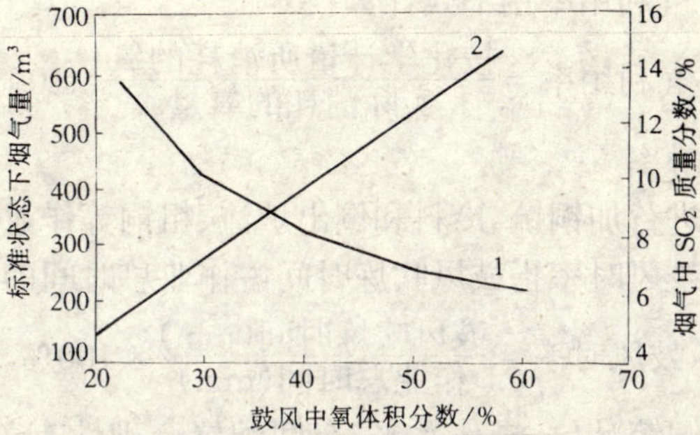

图 1-6-13　铜吹炼中 O_2 对烟气量及对烟气中 SO_2 含量的影响

1—烟气量；2—烟气中 SO_2 质量分数

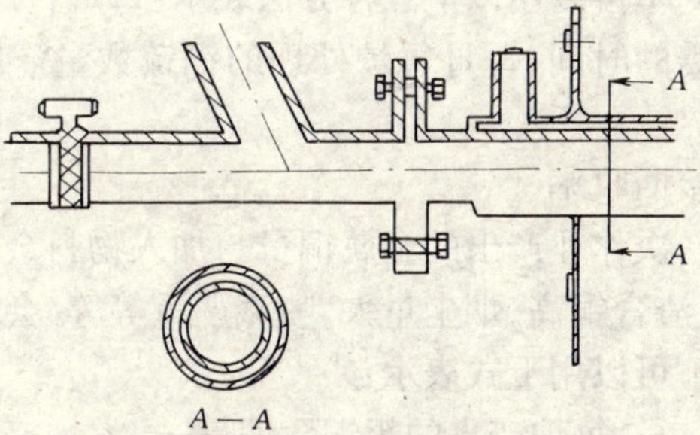

图 1-6-14　同心套管喷射器

表 1-6-10　东予冶炼厂富氧吹炼前后的生产情况

项　目	21%O_2	26%O_2
每天铜锍处理量/t	192.4	212.5
每炉粗铜产量/t	128.2	179.0
日产炉数	3.16	3.45
铜锍品位/%	52.94	54.18
冷料率/%	25.8	46.2

六、吹炼的技术经济指标

1. 空气利用率

一般进入熔体的空气利用率为 90%～95%。由于清捅风眼以及供风管路的漏风占送风量的 20%～35%，所以总空气利用率约65%。空气利用率用下式计算：

$$空气利用率=\frac{按化学计量所消耗的氧}{实际消耗的氧量}\times 100\%$$

2.送风时率

转炉在进行加铜锍、冷料和倒出炉渣、粗铜等作业时都造成技术性停风。鼓风时率指鼓风吹炼时间占作业总时间的比值，即

$$鼓风时率=\frac{鼓风吹炼时间(\mathrm{min})}{作业总时间(\mathrm{min})}\times 100\%$$

鼓风时率与铜锍品位、操作水平、车间配置合理性有关，一般不应低于75%。

3.转炉生产率

转炉的生产率可以用以下三种方法表示：每炉日产粗铜量；生产每吨粗铜所需的时间；每日每炉处理的铜锍数量。国内常用前两种表示方法。

4.铜的直接回收率

直收率是一次作业产出的金属铜量与加入物料金属铜量的比值。当渣量大，渣含铜高，烟尘量大，喷溅严重等等，会降低铜的直接回收率。计算可以用下式表示：

$$\eta_{铜}=\frac{每炉产出的粗铜含铜量}{每炉加入的炉料含铜量}\times 100\%$$

5.炉寿与耐火材料消耗

炉寿与耐火材料消耗是衡量转炉生产水平的重要指标。炉寿可用转炉每炉役的天数、每炉役吹炼作业的次数或产出的粗铜量来表示；耐火材料消耗可用生产每吨粗铜消耗的耐火材料来表示。国外耐火材料单耗为2.25～4.5 kg/t。耐火材料单耗比较如下：

地区	日本	非洲	加拿大	智利	欧洲	美国
单耗/$kg\cdot t^{-1}$	2.25	2.6	4.5	3.6	3.75～4.4	3.75

七、国内外转炉生产实践

国内外生产厂家的转炉作业情况分别列于表1-6-11[7～11]和表1-6-12[12～15]。

表 1-6-11　国内铜锍转炉生产实践

项　目	贵　冶	金　川	铜陵二冶	大　冶	白　银	云　冶
转炉规格/m	φ4.0×10.7	φ3.66×7.7	φ3.2×6.6	φ3.6×8.1	φ3.66×7.1	φ3.66×7.7
每炉产量/t	120	50	38	50	30	50
铜锍品位/%	60	Cu7~8,Ni13~15	36~40	26~32	23~26	47~50
风口:直径/mm	50	48	48	56.5	47	46
数量/个	48	34	28	24	30	30
中心距/mm	152	152	152	225	152	152
倾角/(°)	0	-3	0	0	-3	0
面积/cm^2	942	615	506	604	542	498
风口压力/MPa	0.1~0.115	0.08~0.12	0.05~0.055	0.09~0.10	0.12~0.135	0.12~0.138
送风量/$m^3 \cdot min^{-1}$	650	300~330	210	320~420	450	370
送风强度/$m^3 \cdot min^{-1} \cdot cm^{-2}$	0.6~0.7	0.49	0.5	0.7~0.8	0.8~0.85	0.7~0.75
容积送风量/$m^3 \cdot min^{-1} \cdot cm^{-3}$	7.2~8.5	8.58	10~11	7.7~9.4	13~14	10.1
炉衬厚/mm 风口/炉腹/端墙	380/380/345	520/380/460	380/380/345	520/345/460	520/340/345	520/380/460
炉龄/炉次	246	60~80	350~380	75~80	80~120	252
镁砖单耗/$kg \cdot t^{-1}$	1.93	81.99/t高冰镍	<9.4	60~70	50~53	15~16
烟气中SO_2浓度/%	6~10	3~3.5	6~11	5~8	5~8	5~8

表 1-6-12 国外铜锍转炉生产实践

项目	卢安夏	穆富利拉	帕拉波拉冶炼厂	PARAS冶炼厂	小名滨冶炼厂	温山冶炼厂	佐贺关冶炼厂
类型	P·S	P·S	P·S	P·S	P·S	P·S	P·S
总数 /台	3	6	3	4	5	3	6
热态 /台	1	3	2	2	3	1	2
同时吹炼(最多) /台	2	3	2	2	3	2	2
规格 /m	$\phi4.0\times9.0$	$\phi3.95\times9.14$	$\phi3.96\times10.0$	$\phi3.96\times11.1$	1台 $\phi4\times11.0$ 4台 $\phi4\times9.0$	$\phi3.9\times11.0$	$\phi4.2\times11.5$
风口数 /个	48	50	52	52	51/48	50	46
风口直径 /mm	50.8	51/52		50	49.5	60	55.4
炉口长 /m	3.28	2.74	2.78	2.47	2.86	3.05	2.6
炉口宽 /m	2.75	2.59	2.08	2.32	2.60	2.15	2.1
造渣期风口埋入深度 /mm	1010	940	800	609.6	900	700~750	600~800
造渣期风眼角度 /(°)	7	7.5		0			
造渣期平均风量 /$m^3\cdot min^{-1}$	764	500	630		520	580	620
造渣期富氧浓度 /%	21	21	<22.8	25~27	22.4	24	25
造渣期吹炼时间 /min	300	129	300	85	317	105	125
造渣期到酸厂的 SO_2/%			4	4.9	7.5		7
造铜期风口埋入深度 /mm	988	940	700	406.4	450	600~700	550~650
造铜期风眼角度 /(°)	7.5	7.5		0			−2

续表 1-6-12

项　　目	卢安夏	穆富利拉	帕拉波拉冶炼厂	PARAS冶炼厂	小名滨冶炼厂	温山冶炼厂	佐贺关冶炼厂
造铜期平均风量 /$m^3 \cdot min^{-1}$	821	750	700		517	640	610
造铜期富氧浓度 /%	21	21	<22.8	21	21	21	21
造铜期吹炼时间 /min	210	160	240	200	187	225	260
造铜期到酸厂的 SO_2/%			6	4.9	8.5	6	10
熔剂成分							
SiO_2/%	75.4	65	70	95	83.6	95	75～80
Al_2O_3/%	9.2	9	2.5	<4	4.7	3	2
粒度 /mm	10～20	19～20	<1 占 52%	10～3025	40	10～40	
风压 /MPa	0.1	0.12	0.11	0.10		0.09	0.09
喷入精矿	不喷	不喷	不喷	不喷	不喷	喷	不喷
入炉铜锍成分/%							
Cu	46	55	45.6	57.6	37.1	63	60
Fe	25.9	17	23.2	18	29.6	12	14.5
S	25.2	23	25.1	23	25.6	21.5	22.5
每周期加入/t							
铜锍	162	150	230～260	187.5	192	170	227
熔剂	42	25	30	15～16	46	12	18
冷料	40	38	30	22～25	33	85	64

续表 1-6-12

项　目	卢安夏	穆富利拉	帕拉波拉冶炼厂	PARAS冶炼厂	小名滨冶炼厂	温山冶炼厂	佐贺关冶炼厂
废料	20	18	30	5AF	58		13
每炉产粗铜 /t	80	92	120	122.3	135	175	185
炉渣成分/%							
SiO_2	25.4	24.1		31.18	26.9	26	20.5
Fe	46.4	36.6	26.8	53.61	43.3	45.5	46
Fe_3O_4	22.5	26.8	48.4		13.2	30	33
Cu	3.2	3.5	19	10.44	4.3	6	5.5
CaO	0.6	3.1	1.43		0.34	0.04	0.9
吨铜/炉龄	28800	118709	13560	40000	19000	30000	39900
炉寿 /d	270	612	480		85		210
仪表							
温度在线测量仪	有	有	有	无	无	无	有
空气流量表	有	有	有	有	有	有	有
空气压力表	有	有	有	有	有	有	有
烟气分析仪	无	无	无	无	有	无	有
转炉计算机	无	有	无	无	无	无	有
温度 /℃							
铜锍加入	1050	1140	1150	1150	1050	1200	1200
造渣期终点	1280	1235	1250	1250	1270		1300
炉渣放出	1240	1235	1250	1300	1250	1230	1250

续表 1-6-12

项　　目	玉野冶炼厂	东予冶炼厂	南方铜公司	埃蒂班克公司	格沃古夫第一冶炼厂	北德精炼公司	奥托昆普冶炼厂
类型	P·S	P·S	P·S	P·S	霍勃肯	P·S	P·S
总数 /台	3	3	2	2	5	2	3
热态 /台	2	2	1	1	2	1	2
同时吹炼(最多) /台	1	1	2	2	4	2	2
规格 /m	ϕ4.0×13.0	ϕ4.2×11.9	ϕ3.60×8.1	ϕ3.96×7.31	ϕ4.2×8.8	ϕ4.25×12.2	ϕ3.7×7.9
风口数 /个	58	56	34	40/38	44/36	60	40
风口直径 /mm	49.5	42.9	50	55	38	50.8	43
炉口长 /m	2.9	2.40	1.87	2.5	ϕ2.5	2.0	2.0
炉口宽 /m	2.2	1.90	1.47	2.0		2.4	1.8
造渣期风口埋入深度 /mm	550～580	900	500	80	1100	800～1100	400
造渣期风眼角度 /(°)	4	0	53	75		0	30
造渣期平均风量 /$m^3 \cdot min^{-1}$	660	580	330	280	420	717	400
造渣期富氧浓度 /%	28～29	25	26	21	21	23.5	25
造渣期吹炼时间 /min	70	91	30		120	95	60
造渣期到酸厂的 SO_2/%	6～7	8		6.1	7.5	5	7
造铜期风口埋入深度 /mm	550～580	850	300	65	500	1000～800	660
造铜期风眼角度 /(°)	2～4	0	60	70		0	30
造铜期平均风量 /$m^3 \cdot min^{-1}$	640	620	350	300	330	833	400

续表 1-6-12

项　目	玉野冶炼厂	东予冶炼厂	南方铜公司	埃蒂班克公司	格沃古夫第一冶炼厂	北德精炼公司	奥托昆普冶炼厂
造铜期富氧浓度 /%	21	22	21.4	21	21	23.5	23
造铜期吹炼时间 /min	220	227	170	174	300	195	180
造铜期到酸厂的 SO_2/%	9～10	11		6.8	11	9.5	12
熔剂成分							
SiO_2/%	90	77	>98	80	85	95	90
Al_2O_3/%	0.4			1.21	3	0.5	3
粒度 /mm	<35						
风压 /MPa	0.08～0.10						
喷入精矿	不喷						
入炉铜锍成分/%							
Cu	60.4	62	70	56	58	63	70
Fe	13.2	11.9	6.6	18	11.5	12.1	5
S	21.8	23.1	21.8	19.35	21	22.7	20
每周期加入/t							
铜锍	208	237	90	105	138	245	125
熔剂	11	14	3.8	12	9	25	8
冷料	39	36	32	16	10	22	11
废料	24	28	6	4	5	60	17

续表 1-6-12

项　目	玉野冶炼厂	东予冶炼厂	南方铜公司	埃蒂班克公司	格沃古夫第一冶炼厂	北德精炼公司	奥托昆普冶炼厂
每炉产粗铜 /t	170	191	84	55	80	235	93
炉渣成分/%							
SiO_2	19.8	20.2	27.7	19.6	27	25	27
Fe	52.8	43.5	45	45.33	35	46	43
Fe_3O_4		35	13	27.5	0	16	27
Cu	3.2	5.1	2.7	6	6.5	3	10
CaO			0.28				1.5
吨铜/炉龄	40000	45500	18300	20000	25000	44000	12000
炉寿 /d	100		135			60	
仪表							
温度在线测量仪	无	有	有	有	无	有	无
空气流量表	有	有	有	有	有	有	有
空气压力表	有	有	有	有	有	有	有
烟气分析仪	有	有	无	有	有	有	有
转炉计算机	有	有	有	无	无	有	无
温度/℃							
铜锍加入	1180	1150	1200	1150	1220	1200	1260
造渣期终点	1280	1300		1200		1230	
炉渣放出	1280	1300	1250	1250		1230	

续表 1-6-12

项　目	韦尔瓦冶炼厂	隆斯卡尔冶炼厂	霍恩冶炼厂	迈阿密冶炼厂	鹰桥冶炼厂	卡拉伊巴冶炼厂	埃尔帕索冶炼厂
类型	P·S	P·S	P·S	霍勃肯	P·S	霍勃肯	P·S
总数 /台	3	3	5	4	3	3	3
热态 /台	2	2	3	3	2	2	3
同时吹炼(最多) /台	1	1	4	2	2	2	2
规格 /m	φ4.0×10.0	φ3.96×10.7	φ4.06×9.14	φ4.27×10.6	φ3.96×9.14	φ4.16×10.5	φ3.96×9.10 φ3.96×10.0
风口数 /个	50	46	42	52	48	42	φ52/45
风口直径 /mm	55	50	49.2	44.5	50.8	50.8	41.3
炉口长 /m	2.5	2.4	2.62	2.13		1.74	2.29
炉口宽 /m	2.3	2.1	2.31	2.13		1.34	2.29
造渣期风口埋入深度 /mm	800	1050	1473.2	762	762	500	457.2
造渣期风眼角度 /(°)	5	20	4.5		0	24	10
造渣期平均风量 /$m^3 \cdot min^{-1}$	600	520	481	509	509	375	509
造渣期富氧浓度 /%	23	22	25.5	23	24	24	21
造渣期吹炼时间 /min	150	180	90	360	200	120	315
造渣期到酸厂的 SO_2/%	5~6	7		5			2~3
造铜期风口埋入深度 /mm	700	950	889	762	1016	500	609
造铜期风眼角度 /(°)	5	20	4.5		10	24	20

续表 1-6-12

项　　目	韦尔瓦冶炼厂	隆斯卡尔冶炼厂	霍恩冶炼厂	迈阿密冶炼厂	鹰桥冶炼厂	卡拉伊巴冶炼厂	埃尔帕索冶炼厂
造铜期平均风量 /$m^3 \cdot min^{-1}$	635	540	566	509	509	375	566
造铜期富氧浓度 /%	21	21.5	21	23	21	24	21
造铜期吹炼时间 /min	240	210	160	360	100	220	220
造铜期到酸厂的 SO_2/%	10~12	11		7		11.5	5~6
熔剂成分							
SiO_2/%	96	99.6	75	91	74	99	80
Al_2O_3/%	0.5		11	1.8			5.2
粒度 /mm	8~25		0.21	12~25	<50	13~38	25.4
风压 /MPa	0.11	0.10	0.10	0.14	0.08	0.10	0.10
喷入精矿	不喷	不喷	喷	不喷	不喷	不喷	不喷
入炉铜锍成分/%							
Cu	62	50	71	57.8	13	60	41.5
Fe	12	15	3.9	18	39	13	26.3
S	22	22.5	19.9	22	24	20	26.3
每周期加入/t							
铜锍	240	210	108.84		175	162	181.4
熔剂	25	25	5.442	23.582	60	12	27.21
冷料	35	35	45.35	39	40	14	63.49

续表 1-6-12

项目	韦尔瓦冶炼厂	隆斯卡尔冶炼厂	霍恩冶炼厂	迈阿密冶炼厂	鹰桥冶炼厂	卡拉伊巴冶炼厂	埃尔帕索冶炼厂
废料	35	7		36.28	10	26	20.861
每炉产粗铜 /t	185	150	90.7	136.05	90Ni 锍	126	76.118
炉渣成分/%							
SiO_2	28	26	25.1	22～25	25	25.5	30
Fe	48	26	33.1	50	44	50.2	40
Fe_3O_4	12	15	10	20		28.2	18
Cu	3	3	8.5	3～5	0.8	2.16	5
CaO	0.15	0.3	1	1	1.4	0.12	0.73
吨铜/炉龄	11000	15000	14500		15000	36257	30000
炉寿 /d		70	75	93	120～150		
仪表							
温度在线测量仪	无	无	有	有	有	有	无
空气流量表	有	有	有	有	有	有	有
空气压力表	有	有	有	有	有	有	有
烟气分析仪	无	有	无	无	无	无	有
转炉计算机	有	有	无	无	有	无	有
温度/℃							
铜锍加入	1190	1190	1204	1149	1200	1200	
造渣期终点		1260	1232	1238	1250		

续表 1-6-12

项　目	埃尔塔霍冶炼厂	弗林弗伦冶炼厂	加斯佩冶炼厂	海登冶炼厂	伊戈尔达冶炼厂	查格雷斯冶炼厂	奥罗亚冶炼厂
类型	P·S	P·S	P·S	P·S	P·S	P·S	P·S
总数 /台	3	3	2	5	3	3	5+1 大容量
热态 /台	2	2	2	4	2	2	4
同时吹炼(最多) /台	2	1	2	1	2	1	4
规格 /m	ϕ4.57×10.7	ϕ3.96×9.14	ϕ3.96×9.14	ϕ3.96×10.1	ϕ3.96×9.14	ϕ3.0×6.1	ϕ4.0×6.1 ϕ3.7×9.1
风口数 /个	60/52	42	50/48	44/40	52/40	32	30/43
风口直径 /mm	57	47.6	50.8	44.5	50.8	50.8	50.8
炉口长 /m	3.35	2.7	2.6	3.05	3.11	2.00	
炉口宽 /m	2.44	2.2	2.3	2.44	2.53	2.00	
造渣期风口埋入深度 /mm		914.4	609.6	508	984.25	837	457.2
造渣期风眼角度 /(°)		6.5		0	40	58	24/32
造渣期平均风量 /$m^3 \cdot min^{-1}$	616	495	594	481	453	275	170
造渣期富氧浓度 /%	23.2	21	24	26	24	21	<21
造渣期吹炼时间 /min	127	350	510	120	100	140	370
造渣期到酸厂的 SO_2/%	15.6		5		4~5	4	
造铜期风口埋入深度 /mm	400~600	762	381	508	984.25	837	457.2
造铜期风眼角度 /(°)		6.5		0	40		24/32

续表 1-6-12

项目	埃尔塔霍冶炼厂	弗林弗伦冶炼厂	加斯佩冶炼厂	海登冶炼厂	伊戈尔达冶炼厂	查格雷斯冶炼厂	奥罗亚冶炼厂
造铜期平均风量 /$m^3 \cdot min^{-1}$	700	566	453	566	509	310	170
造铜期富氧浓度 /%	23.2	21	21	21	24	21	<21
造铜期吹炼时间 /min	280	190	150	210	210	130	90
造铜期到酸厂的 SO_2/%	22		6.5		6～8	7	
熔剂成分							
SiO_2/%	78.5	77	70	93	70～90	96	78.3
Al_2O_3/%	6.36	9	2.5	2	4～5	1～1.5	
粒度 /mm	6.35～19.1	砂	25.4	12.7	6～19	6～32	20～25
风压 /MPa	0.12	0.13	0.11	0.08	0.10	0.07	0.10
喷入精矿	不喷	不喷	不喷	不喷	不喷	喷	不喷
入炉铜锍成分/%							
Cu	63	40	29	60	61	50～55	32
Fe	14.8	24	36	13	14	19～24	33
S	21	28	27	22	22	24～26	24
每周期加入/t							
铜锍	310	190.47	360	136.05	163.26	60	195
熔剂	25	54.42	180	9.977	15～23	8	50
冷料	20	22.675	20	32.652	45.35	15	55

续表 1-6-12

项目	埃尔塔霍冶炼厂	弗林弗伦冶炼厂	加斯佩冶炼厂	海登冶炼厂	伊戈尔达冶炼厂	查格雷斯冶炼厂	奥罗亚冶炼厂
废料	44	13.605	20	9.07	9.07	5	28
每炉产粗铜 /t	226	81.63	140	101.584	72～90	33	88
炉渣成分/%							
SiO_2	27.6	29	30	28	26	27	25.9
Fe	45.9	34	39	44	49	49	42.2
Fe_3O_4	21.4	<22	15	25	20	27	17
Cu	3.6	4	2.5	4	4～10	3	2.9
CaO	0.39	2	6	0.3	2	0.7	0.8
吨铜/炉龄	250000	8500	12000	21000	50000	5000	5500
炉寿 /d	1120		105				360
仪表							
温度在线测量仪	无	有	有	有	有	有	有
空气流量表	有	有	有	有	有	有	
空气压力表	有	有	有	有	有	有	有
烟气分析仪	无	无	有	无	无	有	
转炉计算机	无	无	有	有	无	无	
温度/℃							
铜锍加入	1221	1070	1116	1138	1149	1100	1100
造渣期终点		1210	1232	1193	1232	1200	1250
炉渣放出		1210	1232	1193	1232	1200	1150

续表 1-6-12

项　目	玛格玛冶炼厂	奇诺冶炼厂	国际镍汤普逊冶炼厂	国际镍铜崖冶炼厂	文塔纳斯冶炼厂	帕伊波特冶炼厂	波特罗斯冶炼厂
类型	P·S	P·S	P·S	P·S	P·S	P·S/霍勃肯/特尼恩特	P·S
总数 /台	4	4	6	4	3	1/2/11	4
热态 /台	3	3	4	3	2.5	3/1	3
同时吹炼(最多) /台	2	2	5	3	2	3/1	2
规格 /m	ϕ4.57×10.7	ϕ3.96×9.1	ϕ3.96×10.7	ϕ3.96×10.7	ϕ2.15×7.2	ϕ3.0×6.0	ϕ1.8×9.0
风口数 /个	60	48	38	42/52	28	30/2	30
风口直径 /mm	50.8	49.27	50.8	51	50.8	38/45	
炉口长 /m	3.05	2.59	2.74(直径)	2.6	2.18	1.40	3.6
炉口宽 /m	2.74	2.21		2.6	1.97	1.40	1.39
造渣期风口埋入深度 /mm	1016	984	414	305		595	920
造渣期风眼角度 /(°)	0	−6	5	80		14	
造渣期平均风量 /$m^3 \cdot min^{-1}$	679	537.7	500	588		230/190	470
造渣期富氧浓度 /%	26	21~23	21	21		21	21
造渣期吹炼时间 /min	145	196		150		200	102
造渣期到酸厂的 SO_2/%	4~5	5.5				7	
造铜期风口埋入深度 /mm	1066.8	984		152	300	918	760
造铜期风眼角度 /(°)	0	−6		90	75	26	

续表 1-6-12

项　目	玛格玛冶炼厂	奇诺冶炼厂	国际镍汤普逊冶炼厂	国际镍铜崖冶炼厂	文塔纳斯冶炼厂	帕伊波特冶炼厂	波特罗斯冶炼厂
造铜期平均风量 /$m^3 \cdot min^{-1}$	736	538		441	350	210/160	450
造铜期富氧浓度 /%	21	21		21		21	21
造铜期吹炼时间 /min	300	230		180	145	150	180~140
造铜期到酸厂的 SO_2/%	6~7	6.5				11	
熔剂成分							
SiO_2/%	96	87		95	91	68	95
Al_2O_3/%	0.12	4			0.5	2.6	2.76
粒度 /mm		19.05		19.1	<25.4	<25.4	6.35~25.4
风压 /MPa	0.11	0.10	0.1	0.1	0.09	0.09	0.11
喷入精矿	不喷	不喷	不喷	不喷	不喷	不喷	不喷
入炉铜锍成分/%							
Cu	62	58.2		43	75.4	48.4	50~70
Fe	10	17.5		26	2.5	23.6	22~7
S	22	22.8		25	19.8	23.9	25~20
每周期加入/t							
铜锍	339.2	204		243	58.5	57	80~100
熔剂	35.4	21.8		36		5	0~19
冷料	45.4	10.9		18	7	8.6	15~30

续表 1-6-12

项　目	玛格玛冶炼厂	奇诺冶炼厂	国际镍汤普逊冶炼厂	国际镍铜崖冶炼厂	文塔纳斯冶炼厂	帕伊波特冶炼厂	波特罗斯冶炼厂
废料	35.4	3.6		18		1	
每炉产粗铜 /t	253.1	99.8		81	40	25	61
炉渣成分/%							
SiO_2	30	27	22	24.1	5～7	18.5	23～25
Fe	50	51.7	41.4	35	26.6～35.5	55	18～50
Fe_3O_4	7	20	22	25	20～50	33	15
Cu	3	6	0.2	8	25～35	2.6	4
CaO			0.04		1.2～2	0.8	
吨铜/炉龄	40620	14000	32500	19440	72900	4400	125121
炉寿 /d	106	142	550	180	200	60	665
仪表							
温度在线测量仪	有	有	有	有	无	有	无
空气流量表	有	有	有	有	有	有	有
空气压力表	有	有	有	有	有	有	有
烟气分析仪	无	无	无	无	无	有	无
转炉计算机	无	无	有	无	无	有	无
温度/℃							
铜锍加入	1121	1177	1180	1204		1200	1150
造渣期终点	1232	1232	1250	1260		1230	
炉渣放出	1177	1232	1250	1204		1310	180

第四节　铜锍吹炼的其它方法

P·S转炉吹炼工艺有如下缺点：1)间歇操作，作业率低；2)炉口密封不严，吸入的大量冷空气稀释了烟气，导致制酸成本高，烟气处理量加大；3)由于铜锍、炉渣、冷料等的运转，设备投资和操作费用高；4)频繁的停风倾转使得风口区耐火材料受热应力大，损耗快；5)富氧率受限制；6)转炉进出料时，造成熔体喷溅，而且烟气逸散，污染环境；7)间歇式作业引起烟气量不稳定，不利于制酸。为了克服P·S转炉的缺陷，各国纷纷研制了新的吹炼设备，以强化铜锍的吹炼过程，减少操作费用，降低投资或生产成本，并更好地保护环境。

一、虹吸式(霍勃肯 Hobken)转炉[6,16]

虹吸式转炉如图1-6-15所示，采用了特殊的虹吸烟道。它的炉体是一个圆筒形，与普通转炉相似，但在一端有一个倒U形的烟道，称虹吸烟道，烟气由此虹吸排出。由于虹吸烟道能与炉体一起转动，所以无论炉子转到哪一位置，转炉与烟道都能直接连通。虹吸烟道前端为水平的圆筒烟道，烟气通过圆筒烟道进入固定的竖烟道，再经变速排烟机、余热锅炉后送往除尘和制酸系统。圆筒烟道和虹吸烟道之间有一个特殊结构的密封接头，可防止炉子转动时吸入冷风。霍勃肯冶炼厂、塞浦路斯迈阿密冶炼厂、帕伊波特冶炼厂、卡拉伊巴冶炼厂等炼铜厂选用了虹吸式转炉。霍勃肯冶炼厂虹吸式转炉炉体尺寸为$\phi 3.05m\times 7.1m$，内衬铬镁砖，圆形炉口，直径为600mm，有直径为38mm的风口21个。

虹吸式转炉的主要优点有：

1)吹炼时将炉口关闭后转炉就可完全密封，因而烟气不被稀释，SO_2的浓度达11%。

2)由于炉口处没有烟罩和烟道的阻碍，不需停风就可加入固体或液体物料，因此送风时率高，烟气量稳定，而且不会因停风倾转造成烟气外溢，污染环境。

3)吹炼时喷溅少，不需清理炉口。

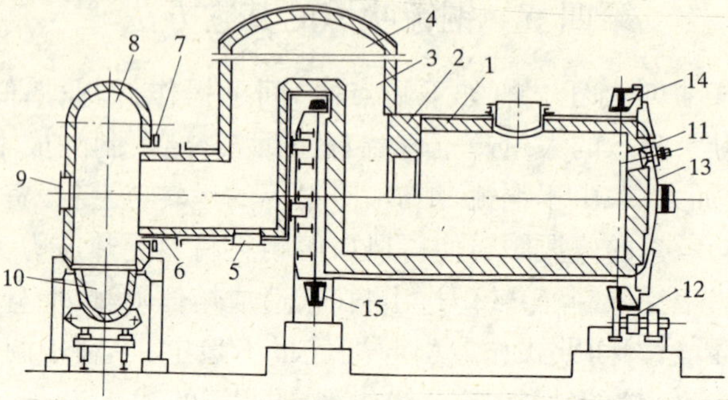

图 1-6-15　霍勃肯虹吸式转炉结构示意图

1—圆筒形炉体;2—炉拱;3—虹吸烟道;4—烟道盖;5—人孔;6—圆筒形烟道;7—密封圈;8—固定烟道;9—人孔;10—收集烟灰小车;11—油喷嘴;12—传动齿轮;13—转炉端盖;14—齿轮箍;15—拖轮

4)由于炉口处没有烟罩和烟道,因此可以无阻碍地从炉口处用勺取得熔体试样。

虹吸式转炉主要缺点是:结构复杂,设备投资大,占地面积约比普通转炉多30%,消耗耐火材料较多。

二、顶吹转炉

顶吹转炉通过顶部插入的喷枪向熔体喷入干精矿、熔剂、富氧空气或氧气进行吹炼作业。顶吹转炉有两种炉型:一种是可旋转的顶吹浸没式,喷枪垂直插入固定的炉身,如奥斯炉;另一种是非浸没式,喷枪斜插入可转动的炉身,如卡尔多转炉。

奥斯炉[17~20]是一种垂直的内衬高质量铬镁耐火砖的圆筒形容器,如图1-6-16所示,其炉壳材质为低碳钢,壳体和砖体之间用传导性好的石墨混合物夯实,通过从水槽中流下的水膜冷却壳体。奥斯炉下部的炉壳和耐火砖之间嵌有水冷铜水套,用来延长炉子磨损区域的耐火砖的寿命。作业时从加料口加入水碎的铜锍,不锈钢浸没式喷枪从炉顶中心处的喷枪口插入熔池,其尖端恰好停留在熔池静态液面以下,喷入含氧40%～50%的富氧空气,由于喷枪内部有螺旋叶片,使烟气产生涡流运动,增加了喷枪表面与烟气的传热速度,因此形成了冷凝渣层,可以保护喷枪的外表面。喷入的富氧空气使熔体强烈搅动,化学反应进行得非常迅速,因此小规格的炉子就能获得高的生产能力,烟气中 SO_2 浓度高达10%。

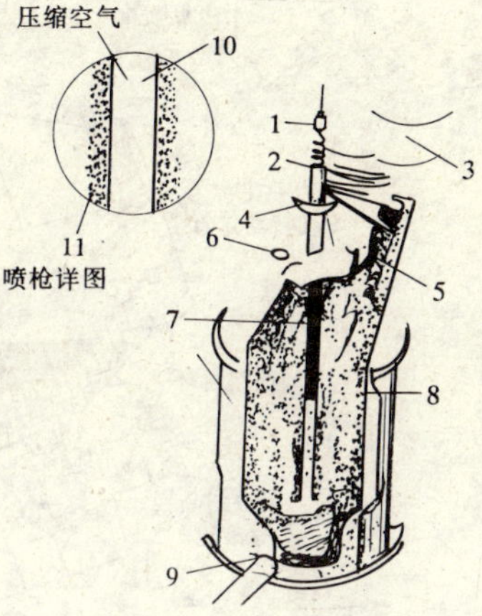

图 1-6-16 奥斯炉示意图

1—喷枪操作;2—空气和氧气管;3—烟道;4—喷枪口;5—观察和取样孔;6—加料口;7—特制喷枪;8—耐火砖;9—熔体放出口;10—燃料管;11—炉渣保护管

卡尔多转炉结构如图 1-6-17 所示[16,21,22,24],采用了非浸没式喷枪,它的炉身不仅可以上下转动,而且还可以围绕中心轴转动(作业时转速 5~15r/min)。当采用纯氧吹炼镍铜锍时,熔体温度可升至 1650℃,因此可以直接吹炼得到金属镍。这种转炉首先在加拿大的克利夫冶炼厂被采用,瑞典的隆斯卡尔冶炼厂采用卡尔多转炉处理硫化铜精矿,作业时干精矿由喷枪的内管供入,富氧空气由喷枪的外管供给,通过调节氧料比来维持自热反应。加拿大国际镍公司采用的顶吹转炉炉体为钢板外壳,直径 4.2m,高 6.7m,内衬高温烧成铬镁砖,并加砌电铸铬镁砖或直接结合镁铬砖作为工作炉衬,炉体及装料总重约140t,用两台 56kW 直流电动机转动,正常作业时炉子倾转18°[34]。

三菱法的吹炼炉采用的也是顶吹转炉[21~24],它的喷枪由夹层钢管组成,内层给入石灰石熔剂,夹层中间喷入 26%~32% O_2 的富氧空气。作业时从贫化电炉连续流入的高品位熔融铜锍被连续吹炼成粗铜。以下是采用三菱法的日本直岛冶炼厂生产情况:

炉子尺寸:炉壳内径(含耐火衬里)ϕ9250mm,耐火衬里内径

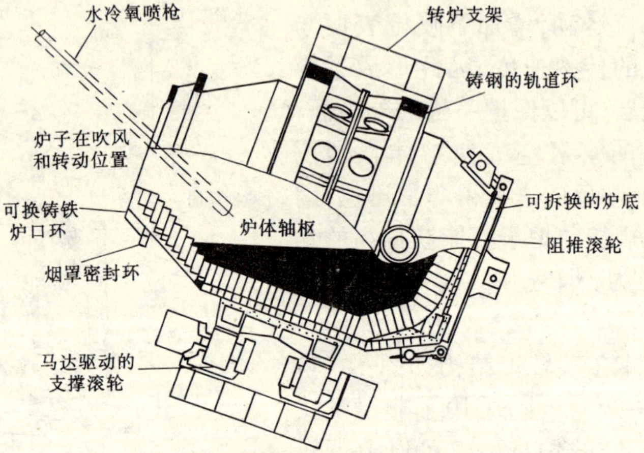

图 1-6-17　吹炼铜锍的顶吹旋转转炉
（长 5m，内径 3m，装 60t 熔体）

ϕ8050mm，耐火衬里高 3600mm；

耐火衬里：材质为 MgO-Cr_2O_3 砖，吨铜单耗约 0.4kg，炉顶、气相区和熔池区的耐火衬里每 3 年更换一次，炉膛内的耐火衬里每 6 年更换一次；

典型操作数据：残极加入速率 5.2t/h，石灰石加入速率 2.8t/h，风量 20200m^3/h，氧量（纯度 80%）5800 m^3/h，炉子氧利用率 80%；

喷枪：ϕ3.5″4 个，ϕ4.0″4 个；喷枪材质为 SUS304（日本工业标准牌号，不锈钢管，含 Ni8%～11%，Cr18%～22%，抗拉强度大于 520N/mm^2）；

产出：粗铜 34.9t/h（98.5% Cu）；炉渣 8.7t/h（含 13% Cu，0.1% SiO_2，17% CaO）；烟气 25800 m^3/h（24% SO_2）。

三、闪速吹炼技术[25～28]

目前控制硫的泄漏已成为全世界关注的问题，肯尼科特-奥托昆普闪速吹炼工艺从技术上解决了这一问题。闪速吹炼工艺的特点是:熔炼炉产出高品位铜锍通过高压水淬使其粒化,铜锍颗粒经脱水、细磨干燥,在闪速吹炼炉中用纯氧或高富氧空气吹炼成粗铜;产出的高浓度 SO_2(含量可达 43.6%)的烟气连续地通过冷却和净化工序后,送入制酸系统;产出的炉渣返回熔炼系统。为了满足完全燃烧的要求,-100 目粒度的铜锍细粉量不得少于 80%。如果铜锍品位适中,则可以进行自热吹炼。虽然闪速吹炼系统需要铜锍水淬、干燥、细磨等附属设施,但由于取消了转炉、吊运系统、钢包等设备,另外基本上消除了烟气逸散,烟气量少而且稳定,SO_2 浓度高,与之配套的烟气冷却、净化以及制酸系统的规模要小得多,因此基建投资较转炉工艺可减少 35%。该工艺是一连续工艺,生产过程易控制,所需的操作人员少,生产费用比转炉吹炼低 10%~20%,因此具有显著的经济效益。

1995 年肯尼科特公司在犹他铜生产基地投资建立年处理铜精矿 100 万 t 的新冶炼厂,采用了闪速熔炼-闪速吹炼新工艺。闪速熔炼炉产出的品位达 68%~70% 的铜锍经过水淬、干燥、细磨后送入闪速吹炼炉进行吹炼,富氧浓度达 70% O_2;熔剂采用 CaO;产出的粗铜含硫 0.2%~0.4%;炉渣含铜约 16%,含 CaO 约 18%。采用新工艺后一台闪速吹炼炉就可以取代原有的四台 P·S 转炉,而且产量为原来的两倍,吨铜能耗只有现有工艺的 25%,耗水量减少了 3/4,硫回收率达到 99%,尾气 SO_2 浓度仅为 100×10^{-12},远低于新污染源标准所规定的 600×10^{-12}。

四、特尼恩特转炉

特尼恩特转炉设备连接如图 1-6-18 所示[30],该技术旨在反应器中同时进行铜锍的吹炼和铜精矿的自热熔炼[29],产出高浓度 SO_2(10%~12%)的烟气、高品位铜锍或白铜锍。它的操作程序为:

1)由反应器的排气口间断加入底铜锍;

2)通过位于白铜锍端上的加尔(garr)枪系统连续地加入含水 7%~8% 的湿精矿和硅质熔剂;

3)经位于反应器外壳上的特殊设计的风口连续地注入干精矿

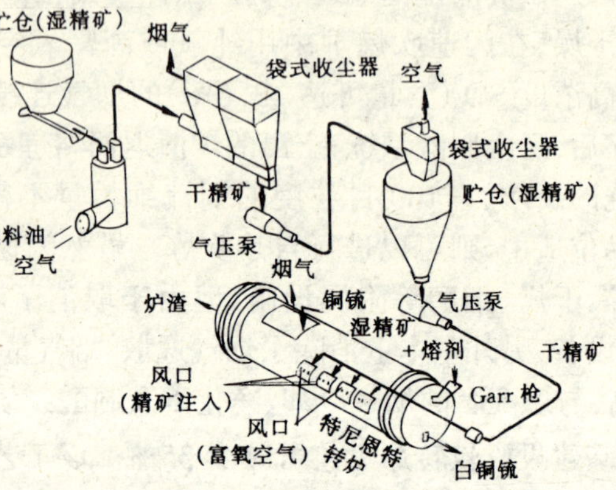

图 1-6-18 特尼恩特转炉的设备连接图

(含水 0.2%～0.5%);

4)由常规的风口连续地鼓入富氧空气(28%～33%O_2);

5)白铜锍(含 Cu73%～76%)和渣(含 Cu6%～8%)通过各自的水冷排放口间断地放出。

特尼恩特转炉作业实际上是利用吹炼反应产生的热来熔炼精矿。与传统的冶炼方法比较,特尼恩特法处理每吨精矿能耗由 7990MJ 降低到 3620MJ。

五、瓦纽科夫吹炼技术[31]

俄罗斯镍冶金设计研究院、莫斯科钢铁与合金学院、诺里尔斯克矿冶联合企业的专家在两区式瓦纽科夫模型炉上进行了固体铜锍的连续吹炼研究。两区式瓦纽科夫示范炉如图 1-6-19 所示,外形尺寸为 3200mm×1550mm×2830mm。第一区为熔炼、吹炼区,0.45m^2;第二区为炉渣贫化区,0.75 m^2,两区之间用隔墙隔开;虹吸池 0.21 m^2,炉渣经贫化后由贫化区的虹吸口放出。吹炼区炉衬为陶瓷材料,用铜管铸成的水套进行冷却;贫化区实际上是一个三极电炉,含固体还原剂的还原火焰(天然气)从炉体上部或侧部向熔体中喷入,炉衬由炭素石墨质材料构成。为了保证安全,隔墙、风口在负压条件下进行水冷。由于两区是隔开的，因此吹炼时可以在很宽的范围内调整氧势，从而即可以在两相（渣-粗铜）又能在三相（渣-白铜锍-粗铜）下进行吹炼作业。两区的炉气可以分别利用，贫化区的只利用其余热，吹炼区要利用其余热并需收集 SO_2。这种吹炼方法可以进行连续作业，对原料的适应能力强，允许的富氧浓度高，烟气稳定，SO_2 含量高，单位生产率高，即可采用石英造渣，又可采用石灰作为熔剂，而且在电炉中贫化炉渣时，炉渣的成分可以调整，产出适合建筑行业所用的弃渣。

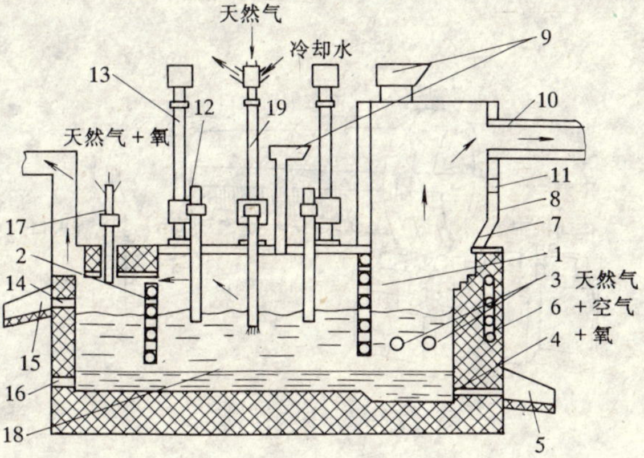

图 1-6-19　瓦纽科夫炉（双区型结构）

1—熔炼区与贫化区隔墙；2—贫化区与虹吸池隔墙；3—风口；4—放出口；5—溜槽；6—埋入式水冷元件；7—炉膛锥形水套；8—炉膛柱形水套；9—加料装置；10—烟道；11—操作口；12—电极；13—电极把持装置；14—炉渣放出口；15—溜槽；16—事故放出口；17—开炉烧嘴；18—熔池；19—电极-风口

六、诺兰达转炉

80 年代加拿大诺兰达研究中心开始研究将熔池熔炼技术应用于连续吹炼工艺，从而开发出了诺兰达转炉（如图 1-6-20 所示）[32]。它的生产特点是炉内三相共存，即在整个作业期间炉内都保留有炉渣、白铜锍和含硫较高的粗铜(简称半粗铜)。由于氧化程度受白锍/半粗铜平衡的限制,因此炉渣不会过氧化。操作时,高品位液态锍、返料、固体锍、熔剂从炉口加入,炉渣从渣口放出,半粗铜从铜口放出,因此除了炉子转出撇渣外,风眼总是连续鼓风。炉温可通过焦炭量、煤量和富氧浓度来调节。吹炼时熔体总液面的目标值(从炉子底部衬砖算起)应小于 1400mm ,锍液面保持在 1000～1250mm 之间,铜液面为 300～450mm,转炉的风眼中心线在底部衬砖以上 600mm 处,通常风眼浸没深度为 800mm。从而避免了风眼区浸没在对炉衬有强烈损害的半粗铜层中,因此观察到的诺兰达转炉的炉衬损坏程度比 P·S 转炉要低。

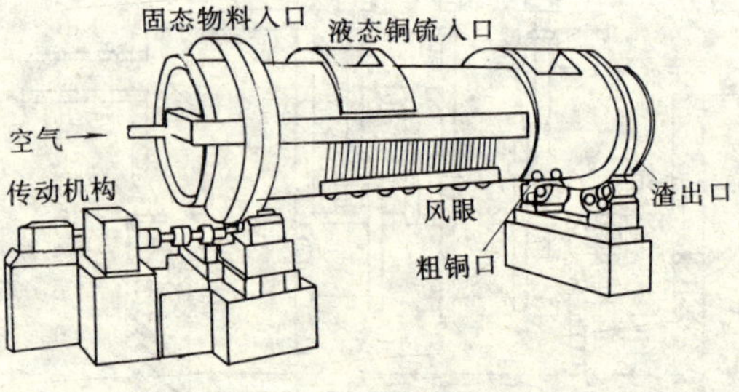

图 1-6-20　诺兰达转炉

诺兰达转炉操作的关键在于需对熔炼产出的铜锍品位能够很好的控制,其中的含铁量需小于 4%,这样转炉渣率低,可以减少对渣流动性的关注。在撇渣时为了降低渣中 Fe_3O_4 的含量,需要将加焦率提高到 3～4t/h。

由于诺兰达转炉风眼区前的锍成分变化小,因此在给定总风管压力时,每个风眼的气体流率高,传统的 P·S 转炉每个风眼鼓风量一般为 725～875m^3/h,而诺兰达转炉达 1100～1200 m^3/h,因此清捅风眼次数少,炉产量高。按相同的产量比较,诺兰达转炉每小时的鼓风量比传统的 P·S 转炉低,因此喷溅少,炉口处的炉结少,从而可采用更严密的烟罩来减少漏风,产出的烟气中 SO_2

浓度达 9.8%。表 1-6-13、表 1-6-14 分别是诺兰达转炉的吹炼结果和元素分配情况[33]。

表 1-6-13 典型诺兰达转炉吹炼结果

给料或产物	成分分析 /%											
	Cu	Fe	S	SiO_2	Pb	Zn	Bi	As	Sb	Ni	Se	Te
加入												
熔体锍	71.9	3.4	22.0	0.1	1.9	1.0	0.02	0.09	0.05	0.6	0.06	0.02
固体锍	50.3	8.9	9.1	16.5	1.3	2.0	0.02	0.12	0.07	0.4	0.03	0.02
熔　剂	0.6	7.6	1.0	66.1								
产出												
半粗铜	96.1	0.0	1.1	0.0	0.7		0.02	0.17	0.08	0.5	0.02	0.02
炉　渣	12.1	31.5	1.0	24.6	4.7	5.0		0.01	0.05	1.1	0.02	0.01

表 1-6-14 典型诺兰达转炉吹炼微量元素分配

元　素	分配比例 /%		
	半粗铜	炉渣	烟气
Cu	94.7	3.90	1.40
S	4.00	1.60	94.4
Pb	22.2	66.1	11.7
Ni	55.1	42.6	1.40
Bi	64.5	1.60	33.9
Sb	83.7	15.4	1.40
Se	27.1	4.90	68.0
Te	47.2	6.30	46.5
As	99.0	0.90	0.10
Zn	0.16	97.0	2.40

第七章　铜炉渣的贫化处理

随着强氧化熔炼的出现,现代火法炼铜过程中又出现了一个必须的工序——炉渣的贫化处理。炉渣的贫化处理方法有熔炼法和缓冷选矿法。选择何种方法,要根据渣中金属存在形态和经济效果的对比来决定。一般地说,在炉渣中铜绝大部分以机械夹杂的硫化物形式存在时,多用选矿法。当铜、镍、钴有价金属主要以氧化物的化学溶解存在于渣中时,用电炉贫化法效果更好。

第一节　电炉贫化法

一、电炉贫化的基本原理

电炉贫化实质上是通过电炉自焙电极及添加渣量0.3%~0.6%的块煤使渣中Fe_3O_4还原,并用低品位铜锍洗涤已还原的炉渣,达到降低渣含铜的目的。此法为多数闪速熔炼工厂所采用。

闪速炉渣中Fe/SiO_2一般为1.1~1.2,含Fe_3O_4 10%~13%,SiO_2 30%~33%,Cu 1%~3%。闪速炉渣成分实例见表1-7-1。

表1-7-1　闪速炉渣成分实例

厂　别	Fe/SiO_2	成　分　/%					
		Cu	Fe	S	SiO_2	CaO	Fe_3O_4
贵冶	1.15	0.9	38.6	1.0	33.6		
东予	1.13	0.8	35		31		
玉野	1.18	0.6	39	0.8	33		
足尾	1.15	1~3	35~40	1~2	31~34	约1	15~18
佐贺关	1.18	2.6	38.2	1.5	33		
汉堡	1.34	1~2	43	1.3	32		
韦尔瓦	1.4	2	42	1.2	30		

工业贫化炉渣中 Fe_3O_4 含量可降到2%以下。

对铜镍熔炼和吹炼炉渣的贫化，除 Fe_3O_4 还原外，铜、镍、钴氧化物的硫化是非常重要的。为了提高铜、镍、钴在贫化过程中的回收率，通常采用金属化锍还原贫化法。金属化锍是随着炉内还原气氛的增强，渣中一部分铁氧化物被还原成金属 Fe^0 之后所得的产物（金属化锍中的 Fe^0 可达30%～56%），溶于锍相中的 Fe^0 又与大部分的铜、镍、钴氧化物 MeO 进行下列反应：

$$(MeO) + [Fe^0] = [Me] + (FeO) \qquad (1\text{-}7\text{-}1)$$

还原出的有价金属[Me]再被 FeS 硫化进入锍相：

$$[Me] + [FeS] = [MeS] + [Fe^0] \qquad (1\text{-}7\text{-}2)$$

式中 [ ]为锍相；( )为渣相。

反应(1-7-1)决定了应回收的有价金属在贫化过程中的回收率。

反应(1-7-1)的平衡常数如下：

$$K = \frac{a_{FeO} \times a_{Me}}{a_{Fe} \times a_{MeO}} \qquad (1\text{-}7\text{-}3)$$

式中 a_{FeO}，a_{MeO}分别为铁与有价金属的氧化物在渣中的活度；a_{Fe}，a_{Me}分别为锍中铁与有价金属的活度。令 $a_{Me}/a_{MeO} = D_M$，D_M 称为有价金属在贫化过程中的分配系数，于是式(1-7-3)改写为：

$$D_M = Ka_{Fe}/a_{FeO} \qquad (1\text{-}7\text{-}4)$$

从式(1-7-4)看出，欲使有价金属尽可能富集于锍相中，应该提高作为捕集回收相的铜锍中的金属铁的活度，即提高金属化程度。因此，炉料中要配入足够的还原剂量。对含钴转炉渣的贫化，加入的块煤量（含固定炭为67%）为转炉渣的4%～6%；对镍闪速炉渣为3%～4%。

使炉渣中的 SiO_2 处于饱和状态有利于渣中 a_{FeO}的降低，从而提高分配系数。但当渣中 SiO_2 含量进一步提高，则渣量增大，且电耗和渣带走的金属量也随之增加。一般贫化炉渣含 SiO_2 为30%～36%。

渣中 a_{FeO}与锍品位有关。从 Cu_2S-FeO-FeS 体系的等活度曲线图(图 1-7-1)可看出,当体系处于低品位铜锍区时(FeS 活度 $a_{FeS}>0.8$),a_{FeO}活度较小。

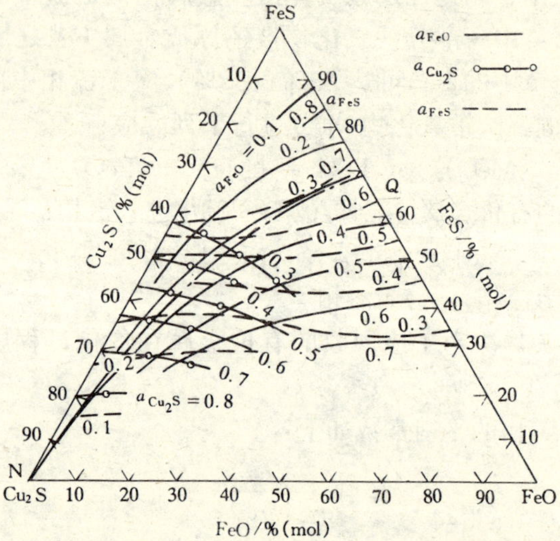

图 1-7-1 Cu_2S-FeO-FeS 体系的等活度曲线

降低贫化铜锍的品位,能显著提高有价金属的分配系数。但是,锍品位降低后,锍量要增加,给下一步的锍处理增加负担。于是,出现了二段贫化法,第一段在高品位锍条件下贫化,第二段再在低品位锍条件下贫化,最后产出弃渣。

温度对铜、镍和钴的分配系数的影响各不相同。表 1-7-2 列出了重要贫化反应的平衡常数。

表 1-7-2 在电炉贫化中重要反应的平衡常数

平衡反应	平衡常数	
	1200℃	1300℃
(NiO)+[Fe]=[Ni]+(FeO)	227	196
(CoO)+[Fe]=[Co]+(FeO)	35	31
(Cu_2O)+[Fe]=2[Cu]+(FeO)	625	3448

从表 1-7-2 可以看出，对铜来说，温度升高，平衡常数增大，分配系数提高，有利于铜在锍相中的回收。镍和钴的情况相反，提高温度不利于它们在锍相中的回收；不过，温度对平衡常数的影响程度不大。另外，温度的提高，还有利于 Fe_3O_4 还原和改善炉渣的沉清分离条件，尤其能加速在炉渣和铜锍之间界面上的传质过程。

二、电炉贫化过程

电炉贫化有两种形式：一种是处理闪速炉渣时，直接将电极插到沉淀池内；另一种是用单独的电炉进行贫化。

日本玉野冶炼厂和菲律宾的巴萨冶炼厂闪速炉不设单独的贫化电炉，而是在沉淀池中插入电极，即所谓的自带电极闪速炉(FSFE)或称闪速电炉。此炉可直接产出弃渣。自带电极闪速炉如图 1-7-2 所示。

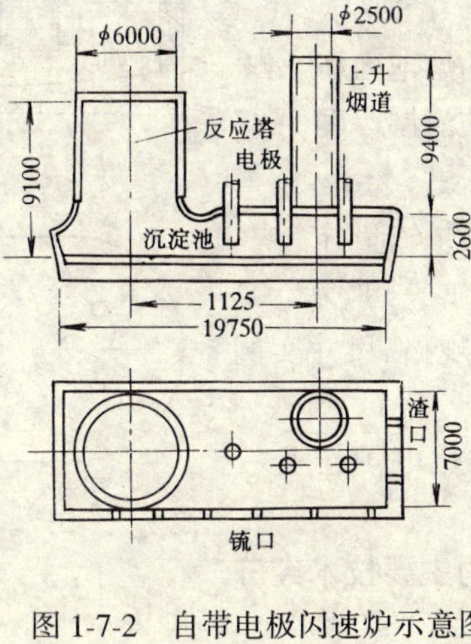

图 1-7-2　自带电极闪速炉示意图

在闪速炉沉淀池内插电极的贫化过程有如下的优点：1）可防止沉淀池内某些部位（取决于电极插入位置）生成炉结；2）设备集中紧凑；3）电耗、燃料消耗均降低；4）利用反应塔产出的铜锍进行洗涤，电炉部分可不加或少加硫化剂。这种方式的缺点是电极孔周围由于密封困难，会漏入空气，降低了炉气中 SO_2 浓度。

贫化电炉与矿热电炉在结构、操作方法方面完全相同。贫化炉可以为圆形或矩形。一般认为，若产出金属化程度高的锍时，锍的熔点高，圆形电炉更利于放锍操作。

铜在渣中的溶解损失主要是氧化溶解。在电炉中采用硫化、还原或两种方法同时用，可以减少氧化铜在渣中的溶解。

目前多数冶炼厂贫化炉渣时，大多不加硫化物料和熔剂，只加少量块煤或焦炭以保持炉内还原气氛，同时维持热平衡。

炉渣在贫化电炉中的停留时间可按(1-7-5)式计算：

$$\tau = \frac{24ksH\rho_s}{G} \tag{1-7-5}$$

式中　τ——炉渣停留时间，h；

k——熔池有效容积系数，一般为 0.8；

s——选用的熔池面积，m^2；

H——选用的渣层厚度，m；

ρ_s——炉渣密度，t/m^3；

G——日加入炉渣量，t。

贫化电炉如图 1-7-3 所示。

炉渣贫化电炉规格、尺寸实例如表 1-7-3 所示。

部分冶炼厂贫化电炉作业数据如表 1-7-4 所示。

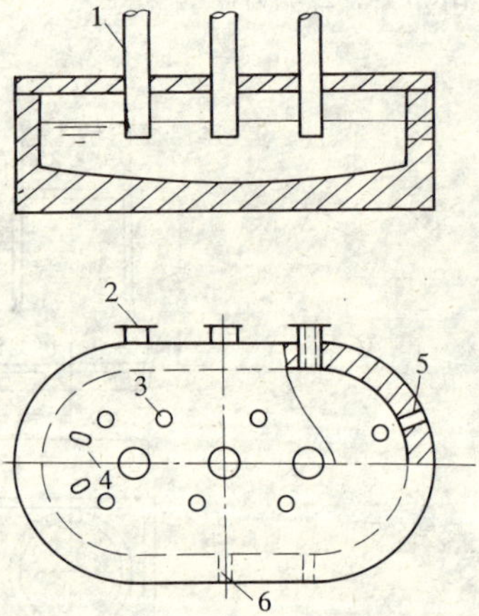

图 1-7-3　贫化电炉简图

1—电极；2—排烟孔；3—加料口；4—闪速炉渣入口；5—排渣口；6—放锍口

三、电炉贫化的主要技术经济指标

1. 铜回收率

主要取决于弃渣产出率和弃渣含铜量。当采用连续作业时，闪速炉渣在贫化炉内停留时间较短，铜回收率一般为 60%～75%；当采用间断作业时，贫化闪速炉渣的铜回收率一般为75%～85%。表

表 1-7-3　炉渣贫化电炉规格、尺寸实例

项　目	贵　冶	奥托昆普	足尾 1 号	足尾 2 号	铜　陵
电炉炉型	椭圆形	椭圆形	椭圆形	圆形	长圆形
电炉内部/mm 长×宽×高①	11960×6120×2644	8430×3200×2110	7700×2800×2500	ϕ4990×1977	13000×6400×2644
电炉熔池深度/mm	1350		1000	1200	1350
变压器功率/kV·A	4500	2400	2000	3000	3500
变压器台数/台	1	3+1	1	1	1
常用电力负荷/kW	3117	2100	1500	2000	2000～3000
一次侧操作电压/V	6000	10000	22000	22000	6000
二次侧操作电压/V 额定/最低～最高	130/100～190	70/60～80	100/80～110	100/80～180	100/70～160
电压级数/级	7	3	4	9	7
电极排列方式	直线	直线	直线	三角形	直线
电极种类	自焙	自焙	自焙	自焙	自焙
电极直径/mm	800	780	457	560	800
电极电流密度②/$A\cdot cm^{-2}$	3.6	3.9	4.5	3.9	3.5
电极中心距离/mm	2620	2450	1850	1560	3500

续表 1-7-3

项　目	贵　冶	奥托昆普	足尾1号	足尾2号	铜　陵
电极中心至炉侧墙距离③/mm	3060	1820	1600	1595	3200
电极中心距 = KD	3.28D	3.14D	4.05D	2.79D	4.38D
电极中心至侧墙距 = KD	3.825D	2.34D	3.5D	2.85D	4D
熔池底部炉床面积/m^2	65	24.7	18.7	20.4	75
单位炉床面积电力负荷④/$kW \cdot m^{-2}$	48	85	83.5	102	46.6
处理炉渣种类	闪速炉渣	闪速炉渣与转炉渣	闪速炉渣	闪速炉渣与转炉渣	闪速炉渣

①长、宽为电炉熔池底部的尺寸；

②常用电极负荷时，在操作电压下的电流密度；

③电极中心至上部炉墙的距离；

④单位炉床面积电力负荷 = 常用电力负荷/熔池底部炉床面积。

1-7-5 为闪速炉渣电炉贫化处理铜回收率实例。

2.电耗

贫化液态炉渣的电炉电耗与固体物料的添加量及其水分含量、操作温度、炉渣停留时间及贫化电炉热损失有关。连续作业时，电耗较低，平均每吨渣耗电 60～80kW·h；间断作业时，电耗较高，平均为 150～350 kW·h。表 1-7-6 为一般估算电力消耗的经验数据。表 1-7-7 为炉渣贫化电炉电耗实例。贫化电炉每吨渣的电极消耗一般为 2～5kg，当采用连续作业时，可低至 1kg。

表 1-7-4　部分冶炼厂贫化电炉作业数据

冶炼厂名称	贫化渣电炉						日产热渣/t	其它入炉物料/t·d^{-1}					铜锍品位①/%	弃渣成分/%			每吨渣单耗		
	闪速炉渣	转炉渣	闪速炉转炉渣	台数	炉子尺寸	变压器容量/MVA		返料	烟尘	石灰	熔剂	焦炭		Cu	Ni	二氧化硅	动力/kW·h	电极糊/kg	焦炭/kg
哈里亚瓦尔塔			·	1	ϕ8.4	8	370～460	70～90	0.75	0～10块		10～12	②	0.3～0.4	0.1～0.2	31.5	225	2.25	29.5
足尾	·			1	4.5×9.1	2	232	0.1	0.3	5	10	1.0	50	0.5		33.5	109	0.34	4.3
小坂	·			1	6.4×12.2	2.8	290						55	0.65		32	85	0.7	
佐贺关Ⅰ	·			1	4.7×15	3.5	750						60	0.6		33	37	0.18	
东予	·			1	5.1×11	3.5	504	59.9					56.8	0.6		31.4	83	0.42	
玉野	·			电极插入闪速炉			650～750										3～7	0.5	
汉堡			·	1	ϕ10	9	700～950					5～6	64～66	0.65		31	70	0.7	5～8

续表 1-7-4

冶炼厂名称	贫化渣电炉 闪速炉渣	转炉渣	闪速炉转炉渣	台数	炉子尺寸	变压器容量/MVA	日产热渣/t	其它入炉物料/t·d^{-1} 返料	烟尘	石灰	熔剂	焦炭	铜锍品位①/%	弃渣成分/% Cu	Ni	二氧化硅	每吨渣单耗 动力/kW·h	电极糊/kg	焦炭/kg
卡尔古利			·	电极插入闪速炉		10	1300								0.25	31.5	118	2.0	30
佐贺关Ⅱ	·			2	φ8，φ3	3，0.5	800						60	0.6		33	37	0.18	
勒比希开威			·	2	φ7.7	9	2813	21.1				23.5	34.4	0.36	0.18	29.6	22.1	0.57	8.4
韦尔瓦			·	1	φ11.4	11	850～1050	60～100			11	10	65	0.65～0.7		30	75～90	0.7	8～10
希达尔哥			·	1	φ9	11	1500	50					65	1		30	50	1.0	
格沃古夫			·	1	φ14	18	900	合计70～80				36	75～80	0.6		35	230	4.0	40
卡拉伊巴			·	1	φ11	9	636	2.8				8.3	63.4	0.8～1.2		28～30	100	1.14	18.2
温山			·	1	φ8.1	6	512					6.7	66.4	0.73		27	71	0.7	13
巴萨	·			电极插入闪速炉													98	2.4	

①铜锍品位为 Cu + Ni 的含量/%；

②47%～52%Ni；16%～21%Cu。

表 1-7-5 电炉贫化闪速炉渣铜回收率实例

厂 别	作业制度	铜回收率/%	炉渣在贫化炉停留时间/h
贵冶	连续	60～70	
铜陵	连续	62	9.1
足尾	间断	83	>3.0
奥托昆普	间断	77～79	
佐贺关	连续	55～65	
东予	连续	60～70	

表 1-7-6 估算电耗的经验数据

项 目	电耗/kW·h
每吨水分的蒸发与过热	1500
每吨干矿的熔化	500～520
每吨石英石的熔化	300～360
每吨石灰石的熔化	825～950
每吨液态渣升温 50℃	25～30
1000$m^3$500℃烟气带走热	204
1m^2 炉体面积每小时散热	1.25

表 1-7-7 闪速炉炉渣电炉贫化电耗实例

厂 别	作业	变压器功率/kV·A	添加物/%	吨渣电耗/kW·h
贵冶	连续	4500	黄铁矿 3,石灰石 2.8	75
铜陵	连续	3500	固体铜锍 1,块煤 0.8	61
足尾	间断	2000	土硫磺 22～25①	210～250
奥托昆普	间断	2400	铜精矿 10	150～170②
佐贺关	连续	3000＋800	黄铁矿 3	60～80
东予	连续	3500	少量黄铁矿	75
小坂	连续	2800	黄铁矿 1～2	144

①有时加石灰石 10%;

②处理闪速炉渣及转炉渣。

由于贫化电炉渣线采用铜水套、电熔铸砖或炉壳外淋水冷却，炉衬寿命可在一年以上，故年工作日与其它工序相配合。贵冶贫化电炉为342d。表1-7-8为国内闪速炉渣贫化电炉综合技术经济设计指标。

表1-7-8　闪速炉渣贫化电炉综合技术经济设计指标

指标名称	贵冶	铜陵
处理炉渣量/$t \cdot d^{-1}$	535.8	543.6
添加黄铁矿/$t \cdot d^{-1}$	16.1	
添加石灰石/$t \cdot d^{-1}$	3.7	块煤4
添加铜锍量/$t \cdot d^{-1}$	31	5
添加渣壳/$t \cdot d^{-1}$	9.3	
产出铜锍量/$t \cdot d^{-1}$	35.4	10.28
产出贫化炉渣量/$t \cdot d^{-1}$	554.1	538.92
铜锍品位/%	50	52
铜锍温度/℃	1210	1210
贫化渣含铜/%	0.55	0.60
贫化渣温度/℃	1240	1240
出炉烟气量/$m^3 \cdot h^{-1}$	6000	6000
出炉烟气SO_2浓度/%	3.1	$<3\times10^{-4}$
出炉烟气温度/℃	400	350
电耗/$kW \cdot h \cdot t^{-1}$	120	61
炉渣停留时间/h	7.9	9.1
炉体热损失/$MJ \cdot h^{-1}$	2940	3400

第二节　磨浮贫化法

磨浮法是基于炉渣中的硫化物在充分缓慢的冷却过程中，析出硫化物结晶和金属铜颗粒，再经破碎、细磨后浮选，产出渣精矿返回熔炼。

吹炼渣采用磨浮贫化法的较多。吹炼渣一般含 Cu4%～6%，其中 8%～17%为金属铜，80%为硫化铜，Fe50%左右。吹炼渣中铜物相组成见表 1-7-9。

表 1-7-9　转炉渣铜物相组成实例(%)

厂　别	硫化铜	金属铜	氧化铜	硅酸盐	其它	合计
贵冶	64.27	20.36	7.58	7.79		100.00
大冶	96.15		1.54		2.31	100.00
常冶	84.86		4.38	10.56		100.00
云冶	73.19	14.47	7.23	5.11		100.00
四阪岛厂	91.50	8.50				100.00
小坂厂	78.30		21.50			99.80
日立厂	86.50	11.10	2.40			100.00
佐贺关厂	91.83	6.98		1.19		100.00
足尾厂	63.00	37.00				100.00
直岛厂	90.00	8.00			2	100

实践表明：炉渣的缓慢冷却(在相变温度 1080℃以内的冷却)对炉渣中铜颗粒的长大程度至关重要。水淬骤冷大部分铜粒子小于 5μm，不易回收。在 1000℃以上缓冷，冷却速度以不大于 3℃/min 为准。在 1000℃以下可喷水加速冷却。从表 1-7-10 可看出炉渣在不同冷却速度下铜颗粒的粒度组成。

表 1-7-10　炉渣在不同冷却速度下铜颗粒的粒度组成

炉渣冷却速度	产率/%	粒度组成/μm					
		70～100	50～70	30～50	10～30	5～10	<5
在 1150～1050℃内以 0.5℃·min^{-1} 冷却，以后空气冷却	r	72.39	1.81	2.82	17.90	4.85	0.23
	Σr	72.39	74.20	77.02	94.92	99.77	100.00

续表 1-7-10

炉渣冷却速度	产率/%	粒度组成/μm					
		70～100	50～70	30～50	10～30	5～10	<5
在 1250～1000℃内以 1℃·min^{-1}冷却，以后空气冷却	r	62.79	2.70	3.40	24.45	5.60	0.86
	Σr	62.79	65.49	68.89	93.54	99.14	100.00
在 1250～1000℃内以 3℃·min^{-1}冷却，以后空气冷却	r	58.91	5.22	6.97	19.09	8.44	1.36
	Σr	58.91	64.13	71.10	90.19	98.63	100.00
在 1250～1000℃内以 5℃·min^{-1}冷却，以后空气冷却	r	58.00	6.91	12.19	15.79	4.76	2.35
	Σr	58.00	64.91	77.10	92.89	97.65	100.00
在 1250～1000℃内以 10℃·min^{-1}冷却，以后空气冷却	r	40.75	6.04	7.97	23.90	10.90	10.44
	Σr	40.75	46.79	54.76	78.66	89.56	100.00
1250℃熔渣水淬骤冷	r				5.15	14.71	80.14
	Σr				5.15	19.86	100.00

细磨可使硫化物及金属与其它结晶相互分离。一般需要磨至颗粒中－0.048mm 占 95%，才能充分解离。表 1-7-11 示出国内外有关工厂炉渣的磨矿细度。表 1-7-12 示出炉渣中二氧化硅含量对磨浮法的影响。转炉渣中二氧化硅含量以不超过 18%～20%为宜。

表 1-7-11　磨浮法贫化处理炉渣磨矿细度实例

厂　别	磨矿细度/μm
贵　冶	－43μm 占 96.75%
大　冶	－43μm 占 98%
四阪岛厂	－43μm 占 95%
小坂厂	－53μm 占 99.1%
日立厂	－43μm 占 90%
佐贺关厂	－43μm 占 80%
足尾厂	－43μm 占 94.8%
奥托昆普厂	－53μm 占 90%
诺兰达	－43μm 占 90%

表 1-7-12　炉渣中二氧化硅含量对浮选指标的影响

序号	炉渣主要成分/%			铜浮选指标/%			
	Cu	Fe	SiO_2	产品	产率	品位	回收率
1	2.58	55.47	18.40	精矿	21.55	12.30	95.47
				尾矿	78.45	0.16	4.53
2	2.33	53.15	21.61	精矿	10.43	19.26	92.19
				尾矿	89.57	0.19	7.81
3	1.48	53.07	22.42	精矿	11.48	10.57	90.14
				尾矿	88.52	0.15	9.86
4	1.47	52.71	24.72	精矿	16.97	6.01	87.84
				尾矿	83.03	0.17	12.16
5	2.37	49.96	27.96	精矿	6.89	16.31	88.16
				尾矿	93.13	0.16	11.84
6	1.57	45.36	31.32	精矿	5.99	26.91	81.10
				尾矿	94.01	0.40	18.90

部分冶炼厂炉渣磨浮贫化的技术参数如表 1-7-13 所示。

表 1-7-13　炉渣磨浮贫化有关技术参数

厂　别	浮选的渣		渣的冷却		铜回收率/%	吨渣能耗/kW·h	渣精矿成分/%							
	转炉渣	闪速和转炉炉渣	地上	冷却机			Cu	Ni	Fe	S	SiO_2	Zn	Pb	As
哈里亚瓦尔塔		•	•		95～96	40～50	35～42	0.5～1	19～25	6～8	17～19	1.5～2	0.5～0.8	
足尾	•		•		95.5	27	24.7	0.35	32.2	4.5	10.5	3.9	3	0.1
小坂	•		•		95	62	39		22	11				
佐贺关 Ⅰ	•			•	94	61	30		30	8	14.3			0.35
东予	•			•	95.3	61.4	36.5		26	5.7	12.6	2.1	1.5	0.41

续表 1-7-13

厂别	浮选的渣		渣的冷却		铜回收率/%	吨渣能耗/kW·h	渣精矿成分/%							
	转炉渣	闪速炉渣和转炉渣	地上	冷却机			Cu	Ni	Fe	S	SiO_2	Zn	Pb	As
玉野	•		•		94～96	54～58	27		30	7	13			
萨姆松		•	•		90	28	19		39	13	17	1.1	0.2	0.3
佐贺关Ⅱ	•			•	94	61	30		30	8	14.3			0.35
凯特里		•	•		85～90	50	30		34	15	11			
巴萨	•		•		90.3	53.1	40		27.8	10.6	11.6	0.2	0.2	0.24

如果闪速冶炼厂或其附近的选矿厂有富余的选矿能力可利用，浮选贫化要容易得多，而且成本低。

浮选法一般缓冷时间约 8h，后再洒水以加快冷却。采用三段破碎：颚式破碎机粗碎，圆锥破碎机中碎和砾磨机细磨，粒度 90%为 −270 目。最后入浮选槽中选别，产出精矿含 Cu18%～20%，尾矿含 Cu0.26%～0.34%，回收率为 90%（有关工厂炉渣选矿铜回收率实例见表 1-7-14），每吨渣耗电约 20～50kW·h（炉渣磨矿电耗实例见表 1-7-15）。

表 1-7-14　炉渣选矿铜回收率实例

厂别	炉渣主要成分/%			磨矿细度/mm	精矿品位/%	精矿产率/%	尾矿品位/%	铜回收率/%	备注
	Cu	SiO_2	Fe						
贵冶	5.77	22.58	49.18	95% −0.043	31.27	17.04	0.360	94.61	1990 年生产指标
大冶	2.50	17.16	50.00	98% −0.043	18.00	12.00	0.369	86.63	试生产指标

续表 1-7-14

厂　别	炉渣主要成分/%			磨矿细度/mm	精矿品位/%	精矿产率/%	尾矿品位/%	铜回收率/%	备　注
	Cu	SiO_2	Fe						
四阪岛厂	3.70	21.54	59.70	95% -0.043	35.00	9.64	0.360	91.20	
小坂厂	6.00	15.82	46.11	99.1% -0.053	25.00	22.20	0.570	92.60	
日立厂	3.23	18.96	44.54	90% -0.043	24.44	12.04	0.330	91.02	
佐贺关厂	4.45	24.20	46.60	80% -0.043	32.50	12.80	0.350	93.10	
足尾厂	6.73	15.38	49.35	94.8% -0.043	25.57	25.00	0.450	95.00	
直岛厂	3.77		50.06	80%~93% -0.043	24.63	14.32	0.290	93.46	
日比厂	5.10	17.88	49.31	90% -0.043	磁选 40.00 浮选 12.00	5.67 20.50	0.500	44.50 48.30	磨矿前干式磁选
宫古厂	0.42	33.90	32.82	粗选 -0.052 精选 -0.147	20.40	1.0	0.200	48.70	鼓风炉水淬渣
奥托昆普 其中： 闪速炉渣 转炉渣	3.01 1~1.5 4.00	 29.00 23.00	 44.00 38.50	91% -0.053	18.20	15.04	0.300	90.10	混合渣浮选
诺兰达	11.70	20~24	Fe_3O_4/26	90% -0.043	52.10	21.60	0.530	96.30	连续炼铜炉渣

表 1-7-15　炉渣磨矿电耗实例

厂　别	磨矿细度	电耗/$kW\cdot h\cdot t^{-1}$
贵　冶	-43μm 占 96.75%	46.9
四阪岛厂	-44μm 占 99%，-20μm 占 59%	21.1
小坂厂	-74μm 占 100%，-20μm 占 41%	20.0
佐贺关厂	-100μm 占 100%，-43μm 占 88%	21.0
日立厂	-43μm 占 89%	21.0~22.0

续表 1-7-15

厂　别	磨矿细度	电耗/$kW·h·t^{-1}$
足尾厂	−25μm 占 80%	18.3
日比厂	−30μm 占 80%	31.8
直岛厂	−37μm 占 90%，−16μm 占 50%	15.8
宫古厂	−100μm 占 85%，−50μm 占 70%	22.6
奥托昆普	−53μm 占 91%	30.6

炉渣选矿的加工成本比普通矿石略高，主要是磨矿费用较高，一般磨矿电耗在 20～30kW·h/t；整个选矿过程的电耗约为 70～80 kW·h/t 渣。表 1-7-16 为炉渣选矿厂主要单耗指标。

表 1-7-16　炉渣选矿厂主要单耗指标

厂　别	电耗/$kW·h·t^{-1}$	浮选药剂/$g·t^{-1}$	钢球/$kg·t^{-1}$
贵　冶	67	178	3.04
四阪岛厂	81.6	370	2.0
日立厂	72.7	564.5	1.6
直岛厂	75	400	2.0
佐贺关厂	61	635	1.7
奥托昆普	60.3		380

注：奥托昆普为砾磨。

第八章　粗铜的火法精炼

由铜锍吹炼得到的粗铜化学成分举例见表 1-8-1。

表 1-8-1　粗铜化学成分

编号	Cu/%	Pb/%	Ni/%	Bi/%	As/%
1	99～99.4	0.012～0.0127	0.15～0.3	0.0067	0.009～0.04
2	99.5～99.67	0.0127	0.046	0.0083	0.132
3	98.32	>0.12	0.25	0.037	0.085
4	98.5～99.5	0～0.1		0～0.01	0～0.3

编号	Sb/%	Fe/%	S/%	O/%	Au /g·t^{-1}	Ag /g·t^{-1}
1	0.004～0.011	0.001～0.0047	0.036～0.0322	0.076～0.1	20～25	300～2000
2	0.0051			0.086	56	757
3	0.20	0.002	0.046		30～130	1300～2400
4	0～0.3	0.1	0.02～0.1	0.5～0.8	100	1000

这种粗铜含杂质多，既不能直接应用，也不能直接浇铸出平整的阳极板供电解精炼用，必须进行火法精炼。火法精炼的目的有两个：一是通过氧化和还原两步骤除去其中的杂质；二是将除杂质后的熔体浇铸成具有一定形状能满足电解要求的阳极板。

火法精炼除了处理精矿熔炼得到的粗铜外，还常处理再生铜资源，如黑铜、次粗铜、紫杂铜等。精炼过程原理基本一致，都是先氧化后还原，只是处理的物料所含的杂质不同其氧化除杂措施不同。所采用的精炼炉主要有反射炉、回转炉、倾动炉等。精炼炉又称为阳极炉。

第一节　反射炉火法精炼

反射炉是传统火法精炼设备，具有结构简单，易操作，常用于处理矿粗铜、次粗铜、黑铜、紫杂铜等物料。表 1-8-2 为国内外使用反射精炼炉及作业实例。

表 1-8-2　国内外使用反射精炼炉及作业实例

厂名	炉容量 /t	铜料状态	精炼阶段 /h						
			准备	加料	熔化	氧化	还原	浇铸	炉时
上冶	98	固态		4	4	0.75	1.5	4.25	14.5
沈冶	100	液态		3		2	2	6	13
白银	120	液 75%		2	2.5	1.5	1.5	4	12
云冶	150	液 84%		4.6		2	0.7	5.2	13
重冶	26	固态		5.5		1	0.8	2.5	9.8
株冶	55	固态	0.5	2.3	5.5	1.3	1.7	3.7	15
武冶	40	固态		8.5	3	3.5	0.75	5	20~24
余姚	40	固态		5	3	3	2	3	16
广冶	15	固态		8~10		4	4~6	2	24
新居滨	200	固态		2.5	12.15	1.15	4	3.5	24
竹原厂	120	固态		3	12.5		2	4.5	24

一、反射炉精炼工艺过程

精炼工艺主要包括:准备→加料→ 熔化→氧化→扒渣→还原→浇铸→下一作业。其中氧化、还原及浇铸是精炼的关键过程。

1. 氧化过程

将待精炼的矿粗铜或再生铜由加料设备加入 1250～1360℃的反射炉,靠燃料燃烧将物料融化,物料完全熔化后开始进行氧化。根据处理的原料采取相应的氧化精炼方法。

(1) 矿粗铜的氧化精炼

矿粗铜由精矿经熔炼、吹炼而成。由于经过了熔炼、吹炼,粗铜中其它杂质大部分已被除去,硫、氧是粗铜中的主要杂质。因此,氧化精炼主要目的是脱硫,同时脱除其它杂质。反应如下:

$$O_2 \rightarrow 2[O]$$

$$[S]+2[O]=SO_2\uparrow$$

$$[S]+O_2=SO_2\uparrow$$

$$2[Cu]+[O]=[Cu_2O]$$

熔体中的硫和氧反应平衡常数 K 为：

$$K=p_{SO_2}/[\%S][\%O]^2$$

在 1373K 时，平衡常数 $K=90$。在氧化末期，熔体中硫含量降至 0.001%～0.003%，相应氧含量为 0.6%～1.0%，此时气相中 SO_2 分压约为 0.003MPa。

从 Cu-O 系相图（图 1-8-1）看出，反应产生的 Cu_2O 熔于铜熔体中，其溶解度随温度的变化见表 1-8-3。随即熔体中的杂质 M 和熔体中的 Cu_2O 发生以下反应：

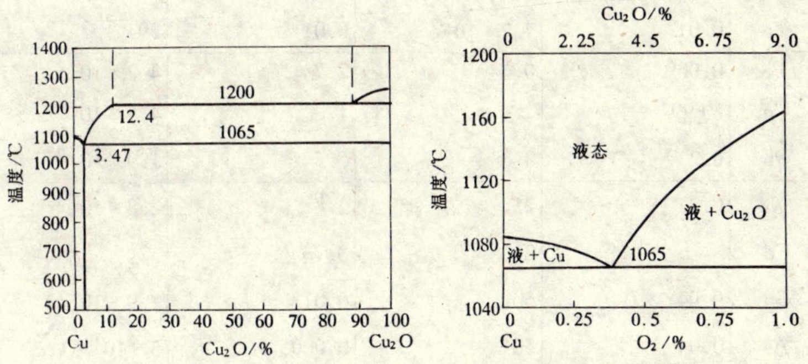

图 1-8-1　Cu-O 系相图

$$[Cu_2O]+[M]=2[Cu]+[MO]$$

杂质 M 被氧化形成单独的渣相[MO]，由于其密度比熔铜小，浮在熔铜表面被捞去。

表 1-8-3　Cu_2O 溶解度-温度关系表

温度 /K	1373	1423	1473	1523
溶解的 Cu_2O /%	5	8.3	12.4	13.1
相应的 O_2/%	0.56	0.92	1.38	1.53

上述反应平衡常数 K 表示为

$$K=\frac{a_{Cu}^2\times a_{MO}}{a_{Cu_2O}\times a_M}$$

1473K 时各种杂质的 K 值见表 1-8-4。

表 1-8-4　1473K 时从熔铜中除去杂质的热力学数据

元素	粗铜中含量 /%	K	γ_M°	p_M°
Au	0.003	1.2×10^{-7}	0.34	4.9×10^{-7}
Ag	0.1	3.5×10^{-5}	4.8	3.2×10^{-4}
Pt		5.2×10^{-5}	0.03	6.4×10^{-13}
Pd		6.2×10^{-4}	0.06	8.5×10^{-7}
Se	0.04	5.6×10^{-4}	≪1	66
Te	0.01	7.7×10^{-2}	0.01	39
Bi	0.009	0.64	2.7	4.2×10^{-2}
Cu	约 99		1	4.5×10^{-6}
Pb	0.2	3.8	5.7	1.9×10^{-2}
Ni	0.2	25	2.8	2.8×10^{-8}
Cd		31	0.73	32
Sb	0.04	50	0.013	7.9×10^{-2}
As	0.04	50	0.0005	5×10^{2}(?)
Co	0.001	1.4×10^{2}	10(?)	3.2×10^{-8}
Ge		3.2×10^{2}		4.2×10^{-7}
Sn	0.005	4.4×10^{2}	0.11	6.5×10^{-6}
In		8.2×10^{2}	0.32	8.1×10^{-4}
Fe	0.01	4.5×10^{3}	15	7.8×10^{-8}
Zn	0.007	4.7×10^{4}	0.11	10
Si	0.002	5.6×10^{8}	0.1	1×10^{-6}
Al	0.005	8.8×10^{11}	0.08	1.3×10^{-5}

注：表中 γ_M° 为活度系数，p_M° 为蒸气压。

从表 1-8-4 看出：从 Fe～Al 这几个元素的 K 值很大，表明其容易被氧化除去；元素 Au～Te 的 K 很小，表明反应难于进行，难于将其从熔铜中除去（事实上，这些贵金属元素几乎全部留在熔铜中，随铜一起浇铸成阳极板）；介于其中的元素可部分除去。

(2) 黑铜的氧化精炼

黑铜化学成分见表 1-8-5。

表 1-8-5　黑铜化学成分(%)

元素	Cu	Pb	Ni	Zn	As	Sb	Sn	Fe
成分	85～90	1～4	0.3～8	2～6	0.07～0.1	0.4～0.6	0.5～3	0.5～0.6

从表 1-8-5 看出，黑铜含铜为 85%～90%，锌、铅、锡、砷、锑、铋等杂质含量高。根据杂质成分其氧化精炼阶段采用蒸锌→除铅、锡→精炼工艺。

A　蒸锌过程

根据拉乌尔定律，$p = p_M^{\circ} \times a_M = p_M^{\circ} \times \gamma_M^{\circ} \times N_M$，从表 1-8-3 表中看出，锌、镉两元素的 $p_M^{\circ} \times \gamma_M^{\circ}$ 值较大，表明其蒸气压较大，易于挥发，可采用蒸发法将锌除去。

除锌时，炉膛温度必须控制在 1300～1350℃，以保证铜液温度高于 1150℃。熔体表面铺一层厚 30mm、粒度 25mm 左右的焦炭，使铜液表面保持还原气氛防止产生氧化锌渣壳阻碍蒸锌过程的进行。当熔体内绝大部分锌挥发除去之后，向炉内加入占炉料锌量 15%左右的石英熔剂进行造渣，未挥发的锌和石英熔剂形成 $2ZnO \cdot SiO_2$ 和 $ZnO \cdot Fe_2O_3$ 进入炉渣。

B　除铅、锡过程

在氧化精炼过程中，向铜熔体不断鼓入空气，可以认为熔铜中已被 Cu_2O 所饱和，则 $a_{Cu_2O} \approx 1$ 。由于杂质含量少，当它们氧化时铜的浓度不会发生多大变化，可以认为 $a_{Cu} \approx 1$。则熔体中的杂质 M 和熔体中的 Cu_2O 反应平衡常数 K：

$$K=\frac{a_{Cu}^{2}\times a_{MO}}{a_{Cu_2O}\times a_{M}}=\frac{a_{MO}}{a_{M}}=\frac{\gamma_{MO}\times N_{MO}}{\gamma_{M}^{o}\times N_{M}}$$

即残留在铜中的杂质 M 的极限浓度 N_M 为：

$$N_{M}=\frac{\gamma_{MO}\times N_{MO}}{\gamma_{M}^{o}\times K}$$

从上式看出，要想降低熔铜中杂质 M 浓度 N_M，必须降低 $\gamma_{MO}\times N_{MO}$值。常加石英石或苏打等溶剂，使铅、锡氧化物和溶剂生成不溶于熔铜中的 $PbO\cdot SiO_2$、$SnO\cdot SiO_2$ 或 $Na_2O\cdot SnO_2$，以降低 γ_{MO}，反应如下：

$$[PbO]+SiO_2=[PbO\cdot SiO_2]$$

$$[SnO]+SiO_2=[SnO\cdot SiO_2]$$

或

$$[SnO_2]+Na_2CO_3=[Na_2O\cdot SnO_2]+CO_2$$

除铅、锡时先鼓风氧化，使铅、锡氧化。氧化完成后，往炉内加入石英石熔剂进行造渣，形成 $PbO\cdot SiO_2$ 和 $SnO\cdot SiO_2$ 渣从而将铅、锡除去。

C 精炼过程

该阶段主要是除去锡、砷、锑等难以除去的杂质。

砷、锑与铜在液态完全互溶。砷、锑的氧化按下述反应进行：

$$3[Cu_2O]+2[Cu_3As]=As_2O_3\uparrow+12[Cu]$$

$$[Cu_2O]+m[As_2O_3]=[Cu_2O\cdot mAs_2O_3]$$

$$2[Cu_2O]+[As_2O_3]=[As_2O_5]+4[Cu]$$

$$[Cu_2O]+m[As_2O_5]=[Cu_2O\cdot mAs_2O_5]$$

$$3[Cu_2O]+2[Cu_3Sb]=Sb_2O_3\uparrow+12[Cu]$$

$$[Cu_2O]+[Sb_2O_3]=[Cu_2O\cdot Sb_2O_3]$$

$$2[Cu_2O]+[Sb_2O_3]=[Sb_2O_5]+4[Cu]$$

$$[Cu_2O]+[Sb_2O_5]=[Cu_2O\cdot Sb_2O_5]$$

从以上反应看出，氧化过程中砷、锑一部分被氧化成三价氧化物挥发进入气相，另一部分被氧化成五价氧化物进入熔体和氧化亚铜结合。加入石英熔剂进行造渣，氧化亚铜与石英熔剂形成硅酸铜炉渣，从而将部分 As_2O_5 及 Sb_2O_5 一起除去。由于较多的氧化亚铜直接混入渣中，导致渣含铜升高。因此，待炉渣形成后要加焦炭进行中还原，使炉渣中的氧化亚铜还原为金属铜重新进入铜液。同时还可使砷、锑的五价氧化物还原为三价氧化物而被挥发除去一部分。但过量焦炭的加入又会使其它杂质的氧化物还原进入铜液，引起铜的杂质含量升高。

(3) 次粗铜的氧化精炼

次粗铜化学成分见表 1-8-6。

表 1-8-6 次粗铜化学成分（%）

元素	Cu	Zn	Sn	Ni	As	Sb
成分	88～92	0.02～0.18	0.05～3.0	0.8～3.0	0.3～2	0.08～3.0

次粗铜的主要杂质是砷、锑，锌、铅、锡较少。因此，蒸锌、除铅、锡方法和黑铜一样，但除砷、锑采用以下办法：

A 酸碱性熔剂交替造渣法

先用碱性熔剂如苏打或石灰石造渣，除去部分砷 锑，然后加石英石造渣，如此反复循环 2～3 次。碱性熔剂造渣反应如下：

$$[Cu_2O \cdot As_2O_5] + Na_2CO_3 = [Na_2O \cdot As_2O_5] + Cu_2O + CO_2$$

$$[Cu_2O \cdot As_2O_5] + CaO = [CaO \cdot As_2O_5] + Cu_2O$$

$$[Cu_2O \cdot Sb_2O_5] + Na_2CO_3 = [Na_2O \cdot Sb_2O_5] + Cu_2O + CO_2$$

$$[Cu_2O \cdot Sb_2O_5] + CaO = [CaO \cdot Sb_2O_5] + Cu_2O$$

B 反复氧化还原法

先用碱性熔剂如苏打或石灰石造渣，除去部分砷、锑，然后向熔体通重油或其它的还原剂，使砷、锑的五价氧化物还原为易挥发的三价氧化物。然后，再吹风氧化。如此反复循环 2～3 次，可将砷、锑除去。

(4) 紫杂铜的氧化精炼

紫杂铜的主要杂质是铅和锡，一般为 0.5% 左右。氧化过程主要是除铅、锡。加石英熔剂造渣 1～2 次即可。

2.还原过程

矿粗铜、黑铜、次粗铜、紫杂铜等到了氧化末期，虽然熔体中硫及其它的杂质含量下降，但氧含量上升为0.6%～1.0%，相当于5%～10%的Cu_2O，必须进行还原将氧降至合适的范围内。用碳氢物质作还原剂的反应如下：

$$C+[O]=CO\uparrow$$

$$CO+[O]=CO_2\uparrow$$

$$H_2+[O]=H_2O\uparrow$$

$$2[H]+[O]=H_2O\uparrow$$

溶于熔体中的氢和溶于熔体中的氧之间的平衡关系如下：

$$K=\frac{p_{H_2O}}{[\%H]^2[\%O]}$$

在1423K与1356K下的K值分别为5×10^9和15×10^9。若在1150℃下还原，将氧浓度降到0.1%，维持气相中水分压为0.01MPa，则熔体还原终点氢浓度为$1.4\times10^{-5}\%$。

当熔体含$[H]=2\times10^{-5}\%$、$[O]=0.1\%$，固体含$[H]=10^{-6}\%$、$[O]=0.05\%$时，$1cm^3$铜产生的水蒸气体积（1000℃）约为$0.1\ cm^3$，扣除逸入大气的汽量，$1cm^3$铜1083℃时熔铜凝固时的体积收缩量$0.05cm^3$相近，两者相抵消，可得到平整的极板表面。如果还原过程出现“过还原”，使熔体中残留过多的氢；或者浇铸温度过高，使熔体中氢的溶解度急剧上升，都将得不到平整的极板表面。因此，铜火法精炼的最终含氧一般控制为0.05%～0.2%，铸成的铜阳极板含氧量为0.03%～0.05%。

还原剂除采用碳氢化合物（如树木、木炭粉、重油、液化石油气等）外，还用液氨。液氨还原反应如下：

$$[Cu_2O]+2NH_3=6[Cu]+N_2\uparrow+3H_2O$$

液氨还原可避免碳氢化合物（特别是重油）还原产生黑烟现象，环保效果好。但是由于铜易与氨形成铜氨络合物进入烟气，造成铜的损失。

二、反射炉精炼实践

表1-8-7为国内处理矿粗铜的精炼作业技术操作条件实例。

表1-8-7　国内处理矿粗铜的精炼作业技术操作条件实例

项　目	上冶	沈冶	白银一冶	云冶	重冶	株冶	广冶
炉容量/t	98	100	120	150	26	55	15
炉　型	反射炉	反射炉	反射炉	反射炉	反射炉	反射炉	反射炉
铜料性质	固态	固态	固态	固态	固态	固态	固态
燃料种类	重油	重油	重油	粉煤	天然气	重油	重油
最大用量/$kg \cdot h^{-1}$	1000	500	700	1200	400$m^3 \cdot h^{-1}$	400	104
炉膛最高温度/℃	1500	1400	1400	1450	1500	1450	1300
铜液最高温度/℃	1280	1250	1200	1180	1300	1300	1200
还原剂种类	重油	重油	重油			重油	重油
还原压力/MPa	0.6～0.8	0.2	0.3～0.4	0.2			
浇铸温度/℃	1150～1170		1100～1130	1180～1100	1180～1200	1200	1150
浇铸机型式	圆盘	直线	圆盘	圆盘	列车式	圆盘	
能力/$t \cdot h^{-1}$	20～25	15	25～30	22～26		15	
浇铸方式	自动定量	人工手动	人工手动	人工手动	人工手动	人工手动	
极板尺寸/mm	735×695×40	700×620×(38~42)	760×810×45	830×850×(34~40)	900×600×(30~34)	760×740×35	

表1-8-8为国内处理矿粗铜的精炼综合技术经济指标实例。

表1-8-8　矿粗铜精炼综合技术经济指标实例

项　目	上冶	沈冶	白银一冶	云冶	重冶	株冶	广冶
铜回收率/%	99.91		99.6	99.8	99.6	99.7	98.02

续表 1-8-8

项目	上冶	沈冶	白银一冶	云冶	重冶	株冶	广冶
铜直收率 /%	99.2		95	98.7	98.5	97	96.8
床能率 $/t\cdot m^{-2}\cdot d^{-1}$	8.28	10	8～12	4	4.36		3.1
燃料及单耗 $/kg\cdot t^{-1}$	重油 80～90	重油 80～100	重油 70～90	煤粉 87	天然气 $167m^3\cdot t^{-1}$	重油 90～110	重油 180
还原剂及单耗 $/kg\cdot t^{-1}$	重油,6	重油，约10	重油,8	木炭,13	柴油,11	重油，10～20	重油,6
余热利用率 /%	62			23			
渣率 /%	0.5～0.6	1	3.5	4～5		0.5～1.	2.5
渣含铜 /%	10～30	<25	25～35	30～35		20～25	25～30
电耗 $/kW\cdot h\cdot t^{-1}$	30		59			34	
水耗 $/t\cdot t^{-1}$	1.8			5.5		12	2
铸模消耗 $/t\cdot 个^{-1}$	铸铁,120		铜,100	铜,126	铸铁 40～70	铸铁,80	铸铁 18～20

表 1-8-9 为上海冶炼厂反射炉精炼黑铜、次粗铜及紫杂铜技术操作条件。

表 1-8-9 反射炉精炼技术操作条件

项目	黑铜	次粗铜	紫杂铜
原料量 $/t\cdot 炉^{-1}$	95～98	100	95～98
原料配比	黑铜 75,废线 15,残极 5～8	次粗铜 90,废线 10	紫杂铜 90,残极 5～8
加料时间 /h	4.0	4.5	5.75
加料耗油 /L	3600	4500	5750
熔化时间 /h	3	4	3
熔化耗油 /L	2850～3450	3800～4000	2850～3450

续表 1-8-9

项　目	黑　铜	次粗铜	紫杂铜
氧化 /h	16.5	34	4.75
第一次氧化时间 /h	9	10	
加焦炭 /kg	500	500	400
加石英石 /kg	500	500～600	300
耗油 /L	7200～9000	8000～10000	4275～4750
结束样	Cu96.6～97	Cu93～96	
第二次氧化时间 /h	4	9	
加石英石 /kg	400(加焦炭 400kg)	300～400	
耗油 /L	7200～9000	7200～9000	
结束样	Cu97.5～98	Cu96～97.5	
第三次氧化时间 /h	3.5	6	
加石英石 /kg	200	400	
耗油 /L	2800	4800～6000	
结束样	Cu98～98.5	Cu96.6～97	
第四次氧化时间 /h		5	
加石英石 /kg		300	
耗油 /L		4000～5000	
结束样		Cu97～97.4	
第五次氧化时间 /h		4	
加石英石 /kg		300	
耗油 /L		3200～4000	
结束样		Cu97.4～98	
还原 /h	3.25	5	2.5
耗油 /L	975～1462	2000～2250	750～1125
油压 /kPa	800～1000	800～1000	800～1000
焦炭 /kg	400	400	400
结束样			
出铜时间 /h	4.25	4.5	4.5
铜液温度 /℃	1140～1170	1140～1170	1150～1170
耗油 /L	2550～3825	2700～3150	2700～3150
总冶炼时间 /h	31	52	20.5

三、精炼产物

反射炉精炼产物有：阳极铜、精炼渣、烟气和烟尘。根据处理的原料为矿粗铜、一号黑铜、二号黑铜、次粗铜、紫杂铜分别产出矿铜阳极、黄铜阳极、白铜阳极、次粗铜阳极、紫铜阳极。其成分见表1-8-10。

表 1-8-10 阳极铜的化学成分实例

阳极名称	Cu/%	As/%	Sb/%	Bi/%	Pb/%	Sn/%	Ni/%	Fe/%	Zn/%	Au /g·t^{-1}	Ag /g·t^{-1}
矿铜阳极	99.15	0.23	0.025	0.002	0.06	0.015	0.25	0.005	0.008	30	410
黄铜阳极	>98.8	<0.2	<0.2	约0.008	<0.2	<0.06	0.1~0.25	<0.006	约0.015	4~14	400~450
白铜阳极	>94	<0.2	<0.2	约0.008	<0.2	<0.06	4~6	<0.005	约0.015	7~8	400~450
次粗铜阳极	>98.8	<0.2	<0.2	约0.015	<0.2	<0.2	<0.3	<0.003	约0.01	7~8	1100~1160
紫铜阳极	>99	0.003~0.15	<0.02	<0.002	0.04~0.1	<0.02	<0.05	<0.005	<0.015	3~4	140~170

表1-8-11中，精炼矿粗铜时的渣为氧化渣，蒸锌期产出的渣为蒸锌渣，加石英溶剂产出的渣为石英渣，加碱性溶剂产出的渣为碱粉渣，将其破碎后返回熔炼。

表 1-8-11 精炼渣的化学成分实例(%)

渣名称	Cu	Pb	Sn	SiO_2	CaO	FeO	Al_2O_3	MgO
矿粗铜渣	15～25			30～35	3～7	6～12	8～12	7～19
蒸锌渣	15～18	1～4	2～5	14～20	1～2	20～25	3～8	1～3
石英渣	25～35	0.5～1	1～2	12～22	0.5～1	5～8	4～5	1～2
碱粉渣	30～40			10～12	约10	3～5	1～2	

四、火法精炼反射炉

反射炉规格较多，小的15t/炉，大的有200t/炉。图1-8-2为

120t 铜精炼反射炉结构图。

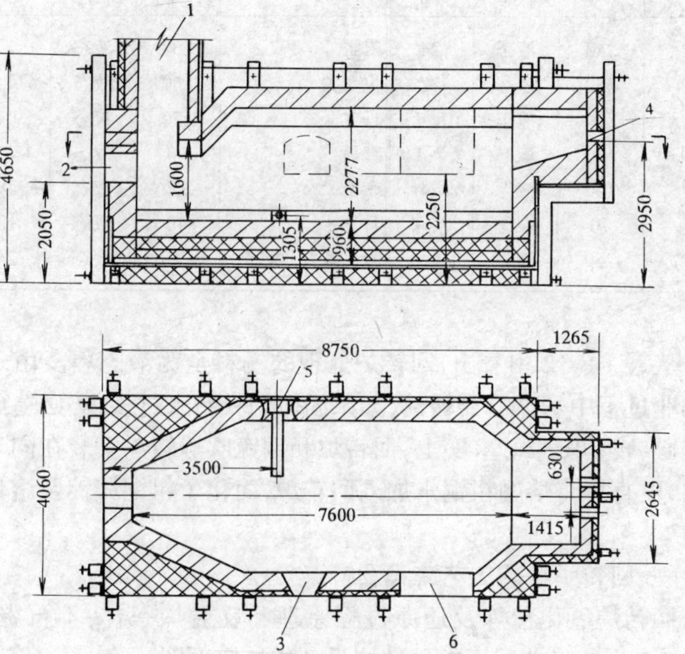

图 1-8-2　120t 铜精炼反射炉

1—排烟口；2—扒渣口；3—操作炉门；4—燃油口；5—出铜口；6—加料炉门

第二节　回转炉火法精炼

反射炉能处理复杂的固体物料，但其单台设备处理能力小、自动化水平低、环保条件差。回转式精炼炉（简称回转炉）采用机械传动，单台能力可达 550t 以上。氧化、还原、扒渣无需手工作业，自动化水平高。整个精炼过程在相对密封的设备内进行，很少有烟气外泄，环保条件好。据不完全统计，目前世界上有 40 多家采用回转炉，每年精炼铜量达 4000kt。表 1-8-12 为使用回转炉的部分生产厂家及生产实例。

表 1-8-12　回转炉的部分生产厂家及生产实例

厂　名	炉容量/t	铜料状态	炉周期/h	厂　名	炉容量/t	铜料状态	炉周期/h
贵冶	240	液态	24	玉野	100	液态	
贵冶	350	液态	12	佐贺关	250	液态	9.5
金隆	300	液态	15.75	日立	150	液态	9.3
大冶	100	液态	7.1	直岛	90	液态	13.15
大冶	140	液态	24	东予	350	液态	48
小坂	70	液态	25.6	日比	40	液态	12
小名滨	250	液态		哈里亚瓦尔塔	240	液态	24

从表 1-8-12 中看出，回转炉处理的铜料全为液态料。由于它在作业过程中炉体需要转动，如果固体炉料装入过多，势必造成炉体偏心，转动困难。事实上，回转炉和铜锍吹炼转炉安装在同一厂房内，可直接将熔融粗铜水加入回转炉，简化了粗铜铸锭及熔化过程。

一、回转炉精炼工艺流程及特点

回转炉氧化精炼及还原过程原理和反射炉一样，不再赘述。图 1-8-3 为金隆公司回转炉精炼设备连接实例图。

由于采用液态炉料，回转炉的生产能力必须和吹炼转炉相匹配。金隆公司有 3 台转炉，为两用一备，精炼配备两台回转炉，一台生产，另一台保温。作业周期见图 1-8-4。

来自转炉的第一批粗铜水首先加入第一台回转炉，加完第一批料后，电机驱动炉体旋转，从两个氧化还原口通压缩空气入熔体进行氧化，压缩空气压力为 0.2～0.4MPa。氧化完后将氧化还原口转至铜液面上停止鼓风，保温等待第二次加料。第二次料加入后，进行第二次氧化，直至氧化终点。然后，旋转炉体将渣从炉口倒出。倒完渣后，炉体旋转至原氧化位置，但这次通入的不是压缩空气，而是作还原的液化石油气(或重油、氨等)。还原完后，炉体旋转使铜水从浇灌口连续均匀放出，通过溜槽进入浇铸机进行浇

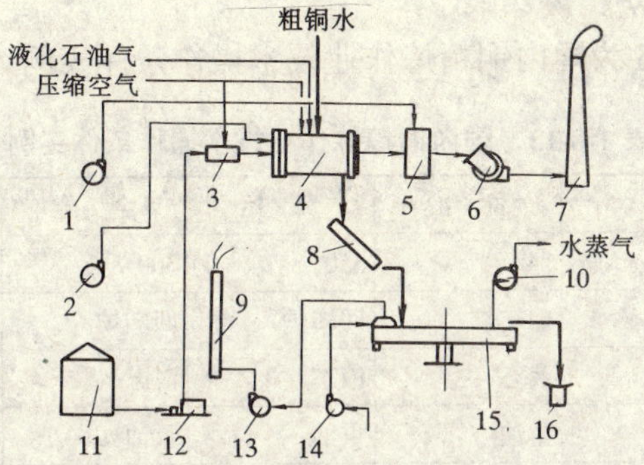

图 1-8-3 金隆公司回转炉精炼设备连接实例

1—稀释风机;2—燃烧风机;3—油烧嘴;4—回转炉;5—二次燃烧室;6—排烟风机;7—烟囱;8—溜槽;9—烟囱;10—排汽风机;11—油罐;12—重油加热机组;13—喷涂风机;14—泵;15—圆盘浇铸机;16—阳极板

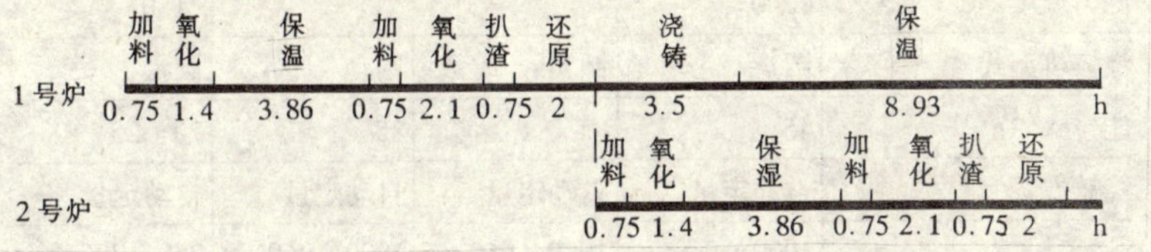

图 1-8-4 两台回转炉作业周期图

铸。浇铸完后,炉体继续保温,等待转炉第五批料的加入。第三批、第四批料在第一台回转炉进行还原或浇铸时,已加入了第二台回转炉。至此,回转炉完成了一个作业循环。

由于铜水氧化还原产生的热量不足,必须外加燃料燃烧供热。氧化时靠重油(或粉煤、天然气等),还原时一部分还原剂供还原,一部分供燃烧。

回转炉最大的优点是:氧化、还原、倒渣、浇铸都不需要人工操作,只要旋转炉体,实现了自动化作业。同时,出铜时一旦停电,可旋转炉体,避免了反射炉所必须的堵铜口作业,安全性强。

二、回转炉精炼实践

表 1-8-13 为国内铜精炼作业技术操作条件实例。

表 1-8-13　国内铜精炼作业技术操作条件实例

项　目	贵　冶	贵　冶	金　隆	大　冶
炉容量法 /t	240	350	300	100
炉　型	回转炉	回转炉	回转炉	回转炉
铜料性质	液态	液态	液态	液态
燃料种类	重油	重油	重油	重油
最大用量 /$kg \cdot h^{-1}$	600			400
炉膛最高温度 /℃	1450	1450	1450	1450
铜液最高温度 /℃	1300			1280
还原剂种类	液化石油气	液化石油气	液化石油气	重油
还原压力 /MPa	0.4～0.5	0.4～0.5	0.4～0.5	0.2～0.3
浇铸温度 /℃	1200			1150
浇铸机型式	圆盘	圆盘	圆盘	圆盘
能　力 /$t \cdot h^{-1}$	45	85	85	20～25
浇铸方式	自动定量	自动定量	自动定量	自动定量
极板尺寸/mm	1000×960×45	1000×960×45	1000×960×45	750×705×40

表 1-8-14 为国内回转炉精炼综合技术经济指标实例。

表 1-8-14　国内回转炉精炼综合技术经济指标实例

项　目	贵冶	贵冶	金隆	大冶
炉容量 /t	240	350	300	100
铜回收率 /%	99	>99	99	>98
燃料及单耗 /$kg \cdot t^{-1}$	重油 50～60	重油 45	重油 45	重油 42
还原剂及单耗 /$kg \cdot t^{-1}$	液化石油气 4～6	液化石油气 4～6	液化石油气 5.8	重油 5～6
余热利用率 /%				65
渣率 /%	3.5	5.8	4.15	3～4

续表 1-8-14

项　目	贵冶	贵冶	金隆	大冶
渣含铜 /%	31	45	65	30～40
电耗 $/kW \cdot h \cdot t^{-1}$	45	44		53
水耗 $/t \cdot t^{-1}$	11			18
铸模消耗 $/t \cdot 个^{-1}$	铜 390～470	铜	铜	铸铁约 35

三、回转炉设备

回转炉设备示意见图 1-8-5。

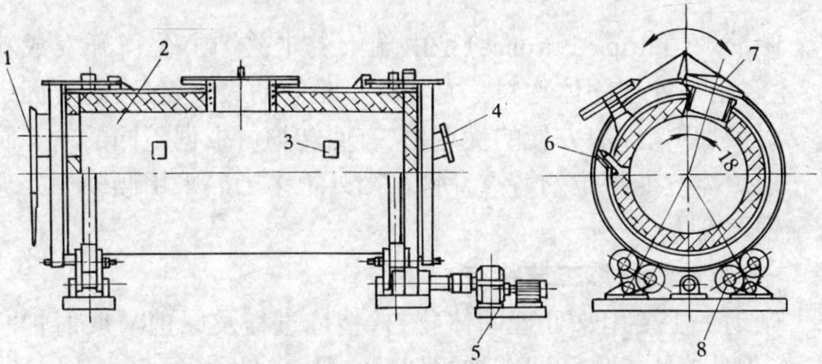

图 1-8-5　回转炉设备示意图

1—排烟口；2—炉体；3—氧化还原口；4—烧嘴；
5—驱动装置；6—浇铸口；7—炉盖；8—托轮

回转炉可正转、反转，有快速、慢速驱动装置。正反转各有一极限位置：正转极限位置为倒渣位置，反转极限位置为铜水浇铸完位置。为了操作方便，还设置有氧化、还原位置、保温位置、进料位置等。图中位置为保温位置。当炉进料、倒渣、氧化、还原时，采用快速驱动；当进行浇铸时，采用慢速驱动。同时，为避免回转炉当处于非保温位置时突然停电而引起事故，还设置了事故驱动马达以保证回转炉安全回转到保温位置。

国内使用回转炉具体尺寸见表 1-8-15。

表 1-8-15 国内使用回转炉具体尺寸表

厂 名	能力 /t·炉$^{-1}$	炉外尺寸 /m
贵冶	240	$\phi3.9\times9.2$
贵冶	350	$\phi4.57\times10.668$
金隆	300	$\phi4.3\times10.4$
大冶	100	$\phi3.4\times7.5$
大冶	140	$\phi3.6\times8$

第三节 倾动炉精炼

倾动炉(Tilting Furnace)是由瑞士麦尔兹炉窑公司开发成功的,主要用来处理固体物料。它实际上是倾动式反射炉,既有固定式反射炉加料、扒渣方便的优点,又有回转炉可根据不同的精炼阶段转动炉体改变炉位的特点,所以,国外很多工厂采用倾动炉处理废杂铜原料。

一、倾动炉精炼工艺特点

倾动炉主要用来处理固体物料,精炼过程及原理与反射炉一样,作业时炉体操作和回转炉相似。它具有以下特征:

1. 加料方便,布料均匀,熔化速度快

倾动炉专为处理固体铜料设计,在接近熔池的侧墙上开设较大炉门,物料入炉后不会有较大的落差,不易损坏炉衬。大炉子可开设两个炉门,使布料更加均匀,不致于出现炉门口堆料现象。

倾动炉和固定式反射炉不同,它的熔池上部两侧炉墙与炉顶拱形组成一个圆滑的弧面,对燃烧气体形成一个朝着熔池中心的热的反射面,消除了固定式反射炉拱角处的气流旋涡区。所以,倾动炉传热条件好,熔化速度快。

2. 氧化还原方式和回转炉一样

物料熔化后,转动炉体,氧化风(或还原剂)通过炉体上的固定管道进入熔体。不需人工持管,自动化程度高。

3. 有利于杂质高的铜料反复氧化作业

倾动炉在侧面有炉门和出渣口，加熔剂方便，扒渣时炉体可向出渣口倾斜，人工扒渣方便快捷。

4. 可避免跑铜事故，安全性强

倾动炉与回转炉一样，在浇铸期可向浇铸口方向倾转，将铜倒出，一旦浇铸系统故障或有其它原因需立即停止浇铸时，倾动炉可马上转回水平位置，不像固定式反射炉出铜口难堵而发生跑铜事故。在浇铸期万一发生停电事故，控制炉体倾动的液压系统不能动作时，炉体可依靠自重自动恢复水平位置。

5. 炉子密封操作，环保条件好

在炉子整个操作周期内，除加料期炉门打开、还原期炉内为正压外，其余时间炉子均为负压操作，炉门密封，所以烟气外逸机会少，环保条件好。

6. 炉子寿命长，维修方便

倾动炉炉顶和侧墙均为装配件，可预先制作备件，一旦炉子有部位损坏，便可依靠炉顶检修吊车快速更换上新的备件，这样缩短了修炉时间，提高了炉子的作业率。倾动炉一般每年集中检修两次，每次检修时间两个星期，检修部位主要是氧化还原口及熔池渣线部位的砌砖、加料门附近的砌砖等，炉子各部位使用的耐火砖寿命大致如下：

炉体部位	寿命/月
氧化还原口及熔池渣线	6～12
炉门及烧嘴部位	12～18
炉顶	12～30
炉底及侧墙	24～36
炉膛绝热材料	36～60

耐火砖的材质为铬镁砖，但在炉子不同的部位铬镁的含量不同，砖的加工方法也有所不同，有直接浇铸、电熔铸和预浇铸几种方式。

二、倾动炉设备

倾动炉结构示意见图 1-8-6。

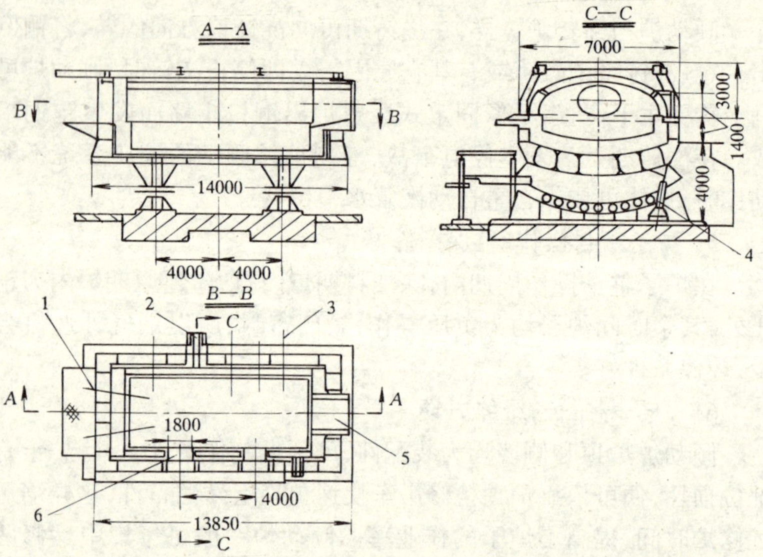

图 1-8-6　倾动炉结构示意图

1—烧嘴；2—出铜口；3—氧化还原口；4—倾动液压缸；5—排烟口；6—炉门

第四节　阳极板浇铸

精炼除杂后的铜水由放铜口放出，经浇铸机浇铸出符合电解要求的阳极板。电解对阳极板要求如下：

1）每块阳极板厚薄均匀，重量误差有一定范围；

2）板面突出物高度及面积、气孔大小及面积、飞边毛刺高度等受限制；

3）要求板面一定的平直度；

4）板面无夹渣，极板耳部无夹层。

常用的浇铸机有：直线浇铸机、圆盘浇铸机、带式浇铸机等。各种浇铸机的部分使用厂家见表 1-8-7 及表 1-8-13。

一般浇铸技术操作条件见表 1-8-16。

表 1-8-16　阳极板浇铸技术操作条件

项　目	技术条件	项　目	技术条件	项　目	技术条件
铜液温度 /℃ 铸模温度 /℃ 模锭重量比 浇铸时间 /s·块$^{-1}$	1150～1200 140～200 (3～10):1 12～22	涂模料	粒度<0.147mm S<0.1%;25%～50% 石墨或 Al_2O_3 浆;白云石+瓷土粉;骨灰或硫酸钡浆液	浇完至开始喷水/s 喷水冷却 /min 模子材料 浇铸重量控制	50～100 1～3.5 紫铜铸铁或铸钢 人工或自动定量

目前先进的浇铸机主要有自动定量圆盘浇铸机和带式浇铸机,现简要介绍如下:

一、自动定量圆盘浇铸机

从精炼炉流出的铜水通过铜水溜槽进入浇铸机中间包,由中间包进入浇铸包。自动定量浇铸机对中间包倒入浇铸包的铜水进行自动控制,使其重量正好浇一块预定重量的阳极。然后,倾斜浇铸包,使铜水倒入正好移动到浇铸包出口处的阳极模上。一台浇铸机配一个浇铸包,每次只能浇一块阳极的浇铸机称单包浇铸机;同样,一台浇铸机配两个浇铸包,每次能浇两块阳极的浇铸机称双包浇铸机。装满了预定重量的铜水后,阳极模离开浇铸位置进入喷水冷却区进行强制喷水冷却。强制喷水冷却后将有残缺的阳极剔除,合格阳极板则被送入冷却水槽,冷却水槽内阳极积累到一定块数后再由叉车将阳极取走。空出的阳极模继续运行到喷涂区,在其表面喷涂上一层脱模剂(见表 1-8-16),再移动到浇铸位置进行下一轮浇铸。该过程循环进行,直到浇完精炼炉内铜水。该类型浇铸机示意图见图 1-8-7。

二、哈兹列特连续带式浇铸机

哈兹列特连续带式浇铸机不同于以上所介绍的浇铸设备,它将铜水浇铸在两条同向运动的夹层空隙中,形成连续的阳极铜条。

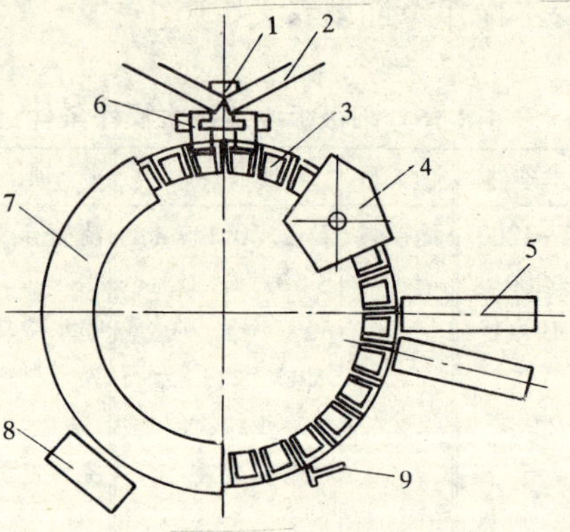

图 1-8-7 浇铸机示意图

1—中间包；2—溜槽；3—阳极模；4—涂模区；5—冷却水槽；
6—浇铸包；7—喷水冷却区；8—控诉室；9—废阳极剔除区

将其剪断，在边上切口，用预制的挂杆钩住这些切口而将阳极挂起来。奇得克里克（Kidd Creek）铜精炼厂采用该类型浇铸机，直接将厚 18.4mm 的钢带剪成成型阳极（155kg）和普通阳极（167kg），阳极周期为 9d，工厂规模年产电解铜 95kt。国内尚无该类型浇铸机。

第九章 铜的电解精炼

纯铜具有高电导性，广泛用于电缆和各种电气设备的制作。但少量杂质元素的存在，会降低其电导率（见图 1-9-1）。因此，粗铜火法精炼后还必须进行电解精炼，进一步除去其中的杂质，使铜的纯度达到 99.95%以上。同时，在电解精炼过程中，电解槽底泥状沉积物——阳极泥富集了炼铜原料中的贵金属，为回收贵金属提供了高品位的原料。

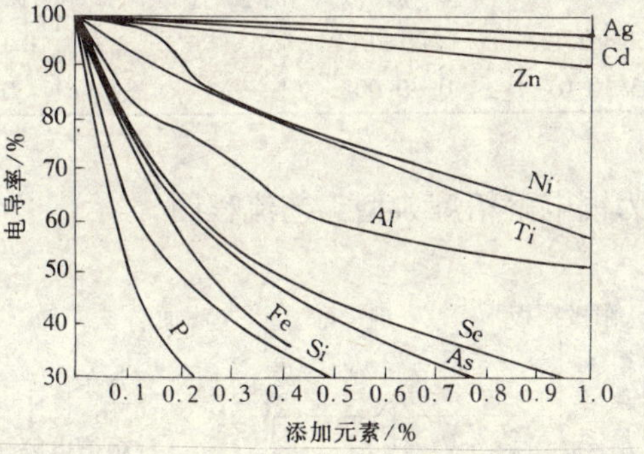

图 1-9-1 添加元素对铜电导率的影响

电解前，待精炼的铜浇铸成一定形状的极板，和电源的正（阳）极相接，称之为阳极板；阴极则为种板电解槽生产的始极片或不锈钢板，和电源的负（阴）极相接，称之为阴极板。电解精炼时，在外部电源的作用下，阳极溶解，溶解的铜离子在电解液中迁移至阴极在阴极沉积，当沉积到一定厚度时，将其取出，即为阴极铜。阳极板和阴极铜的成分波动范围列于表 1-9-1。

表 1-9-1　电解精炼厂的阳极和阴极成分(%)

元素	阳　极		阴　极	
	国　内	国　外	国　内	国　外
Cu	99.2～99.7	99.4～99.8	99.95	99.99
S	0.0024～0.015	0.001～0.003	0.00	0.0004～0.0007
O	0.04～0.2	0.1～0.3	0.002	
Ni	0.09～0.15	0～0.5	0.002	微量～0.0007
Fe	0.001	0.002～0.003	0.005	0.0002～0.0006
Pb	0.01～0.04	0～0.1	0.005	0.0005
As	0.02～0.05	0～0.3	0.002	0.0001
Sb	0.018～0.3	0～0.3	0.002	0.0002
Bi	0.0026	0～0.01	0.002	微量～0.0003
Se	0.017～0.025	0～0.02		0.0001
Te		0～0.001		微量～0.0001
Ag	0.058～0.1	微量～0.1		0.0005～0.001
Au	0.003～0.07	0～0.005		0～0.00001

图 1-9-1 为铜电解精炼典型工艺流程图。

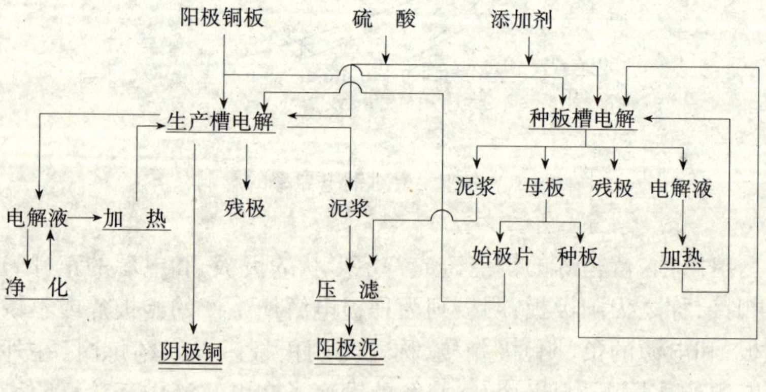

图 1-9-2　铜电解精炼典型工艺流程图

表 1-9-2 所示为铜电解精炼的阳极铜、阴极铜、电解液及阳极

泥的化学成分,亦说明电解精炼的杂质分布情况 。表1-9-3则示出阳极中各元素走向的分配。

表1-9-2　铜电解精炼中杂质的化学成分

元　素	阳极铜 /%	电解液 /kg·m^3	阳极泥 /%	阴极铜 /%
Cu	99.4	·45	23	99.994
Au	0.004		0.7	<0.00001
Ag	0.05		8.7	0.0007
Pb	0.06		11	0.0002
Ni	0.15	12	0.5	<0.0001
S	0.008		6.5	0.0006
As	0.05	4.0	1.8	<0.0001
Sb	0.005	0.3	0.4	<0.0001
Bi	0.015	0.1	0.7	<0.0001
Se	0.04		7.0	<0.0001
Te	0.02		3.5	<0.0001
Fe	0.005	1.0	0.000	0.0001
Zn	0.001	0.05	0.000	<0.0001
O	0.20			
Cl		0.03		0.0001
H_2SO_4		200		

表1-9-3　铜电解精炼时阳极中各元素走向的分配(%)

元　素	进入电解液	进入阳极泥	进入阴极
Cu	1~2	0.03~0.1	98~99
Ag	2	97~98	<1.0
Au	1	99	<0.5
铂族		约100	0.05
Se,Te	2	约98	1
Pb,Sn	2	约98	1
Ni	75~100	0~25	<0.5
Fe	100		
Zn	100		
Al	约75	约25	5
As	60~80	20~40	<1.0
Sb	10~60	40~90	<1.5
Bi	20~40	60~80	5
S		95~97	3~5
SiO_2		100	

第一节 铜电解精炼的基本原理

铜的电解精炼是利用阳极铜的电解溶解，借助于电解液，铜再沉积在阴极上，即：

$$Cu_{(铜阳极)} = Cu_{(铜阴极)}$$

基于有电流通过时的电势值的不同(亦即平衡电势和极化的不同)，在阳极溶解时，较正电势的元素(Au，Ag，Pt 等)不致溶出而进入阳极泥而分离出去；而在阴极析出时，较负电势的元素(Zn，Co，Ni 等)不析出，在电解液中借助净液过程而分离出去。同时还利用在所使用的电解液中杂质离子生成难溶盐(如 $PbSO_4$、BiOCl、AgCl)进入阳极泥，从而提高了沉积在阴极上铜的纯度。

一、电极反应

铜电解精炼时，在阳极和阴极之间施加电压，则可能发生如表 1-9-4 的阳极反应和阴极反应。表中 M′表示 Fe、Ni、Pb、As、Sb 等负电性金属，在阳极上优先溶解，但其含量少，在阳极上主反应是按(1)式进行，反应(3)、(4)的 $\varepsilon°$远比铜的电势为正，通常情况不可能进行。至于正电性金属如 Au、Ag、铂族元素，因 ε 远比铜的正，不能进行阳极溶解而以金属形态落入电解槽底部。

表 1-9-4 铜电解精炼过程可能发生的电极反应

阳极反应	阴极反应
(1) $Cu-2e=Cu^{2+}$ $\varepsilon^{o}_{Cu/Cu^{2+}}=0.34V$	(5) $Cu^{2+}+2e=Cu$ $\varepsilon^{o}_{Cu/Cu^{2+}}=0.34V$
(2) $M'-2e=M'^{2+}$ $\varepsilon^{o}_{M'/M'^{2+}}<0.34V$	(6) $2H^{+}+2e=H_2$ $\varepsilon^{o}_{H_2/H^{+}}=0.0V$
(3) $H_2O-2e=2H^{+}+0.5O_2$ $\varepsilon^{o}_{H_2O/O_2}=1.229V$	(7) $M'^{2+}+2e=M'$ $\varepsilon^{o}_{M'/M'^{2+}}<0.34V$
(4) $SO_4^{2-}-2e=SO_2+0.5O_2$ $\varepsilon^{o}_{SO_4^{2-}/O_2}=2.42V$	
(8) $Cu-e=Cu^{+}$ $\varepsilon^{o}_{Cu/Cu^{+}}=0.51V$	
(9) $Cu^{+}-e=Cu^{2+}$ $\varepsilon^{o}_{Cu^{+}/Cu^{2+}}=0.17V$	

反应 $M^{2+}+2e=M$ 的平衡电势可根据电解质组成用能斯脱公式求得。

$$\varepsilon=\varepsilon^{\circ}+(RT/ZF)\ln(a_{M^{2+}}/a_M)$$
$$=\varepsilon^{\circ}+(0.059/Z)\ln(a_{M^{2+}}/a_M)\ (25℃)$$

式中 a_M 是以纯金属为标准状态时电极金属的活度(以 $a_M=1$),$a_{M^{2+}}$ 则是电解液中金属离子的活度。以 $a_M=1$ 的电极插入 $a_{M^{2+}}=1$ 的溶液中,而在该状态下的平衡电势即是 ε°,称为标准电极电势(或标准电极电位)。

在正常情况下阴极只进行反应(5),反应(6),(7)不能进行。但当 Cu^{2+} 浓度降到一定数值后,如 10g/L,此时铜的 ε 降到接近氢的 ε,H_2 和 Cu 将以一定比例同时析出。同样,当 Cu^{2+} 浓度降到 10g/L 以下时,ε°与铜相近的杂质如 As、Sb、Bi 将以一定比例与铜一起还原。

在阳极上,除形成 Cu^{2+} 外,也按一定比例形成 Cu^+。其反应见表 1-9-4 中的(8),(9)。在平衡状态下,(5)、(8)、(9)三种反应在同一电势下同时进行,总反应为:

$$2Cu^+ = Cu^{2+} + Cu$$

式(9-3)的平衡常数为:$K=C_{Cu^{2+}}/C^2_{Cu^+}$

不同温度下 $2Cu^+ = Cu^{2+} + Cu$ 的平衡数据如表 1-9-5 所示。

表 1-9-5 不同温度下反应 $2Cu^+ = Cu^{2+} + Cu$ 的平衡数据

温度 /℃	ε /V (0.5mol $CuSO_4$)	$C_{Cu^{2+}}$ /mol·L^{-1}	C_{Cu^+} /10^{-3}mol·L^{-1}	$C_{Cu^{2+}}$ / C_{Cu^+}	K
25	0.316	1.037	3	342	25×10^{-4}
55	0.335	1.004	3.7	270	7.3×10^{-4}
100	0.353	1.00	89	11.2	0.021×10^{-4}

由表 1-9-5 知,平衡的 C_{Cu^+}很小,且随温度升高而增大。虽然 C_{Cu^+}不大,但其存在将引起以下副反应:

(1) Cu^+ 的氧化反应

Cu^+很易氧化成 Cu^{2+},破坏了反应(9-3)的平衡:$Cu_2SO_4 + 0.5O_2 + H_2SO_4 = 2CuSO_4 + H_2O$ 降低了 H_2SO_4 的浓度和增大 Cu^{2+} 浓度。

⑵ Cu^{2+}的歧化反应

Cu^+浓度增大,促进 $Cu_2SO_4 = CuSO_4 + Cu$($2Cu^+ = Cu^{2+} + Cu$),结果增大 Cu^{2+} 并形成铜粉。铜粉进入阳极泥,降低贵金属品位,不利于阳极泥的进一步处理。

此外,除上述电化学反应外,在电极与电解液的界面上还进行铜的化学溶解:

$$Cu + 0.5O_2 + H_2SO_4 = CuSO_4 + H_2O$$

因此,铜阳极与电解液表面接触处容易断裂,并使电解液中的 Cu^{2+} 浓度不断增大。

二、阳极杂质在电解过程中的行为

阳极中含 0.3%~0.8%,这些杂质按其在电解时的行为可分为四类,其行为特征和影响见表 1-9-6。

表 1-9-6 阳极杂质电解时的行为

分　类	杂质元素	行为特征和影响
正电性金属以及化合物形态存在的元素	Au,Ag,铂族及与O,S,Se,Te 的化合物	以极细的分散状态从阳极落入槽底,Ag_2SO_4 形态溶解与 Cl^- 形成 AgCl 沉淀,形成稳定的化合物如 Cu_2Te, Cu_2Se, Cu_2S, Cu_2O, Ag_2Se 和 Ag_2Te 不溶解落入槽底
在溶液中形成不溶性化合物的金属	Pb, Sn ($PbSO_4$, $Sn(OH)_2SO_4$)	Pb 阳极溶解时形成不溶性 $PbSO_4$ 沉淀,并可氧化成 PbO_2 于阳极表面,使槽电压升高 Sn 溶解后氧化成四价的 $Sn(SO_4)_2$,且易水解成溶解度很小的碱式盐 $Sn(OH)_2SO_4$ 进入阳极泥,沉降时吸附 As 和 Sb 化合物,也能粘附在阴极上降低阴极质量
负电性金属	Ni,Fe,Zn	铁、锌在阳极溶解时几乎全部进入电解液,镍溶解进入电解液,一些不溶性的化合物如氧化镍、镍云母在阳极表面上形成不溶性薄膜引起阳极钝化和槽电压升高

续表 1-9-6

分　　类	杂质元素	行为特征和影响
与铜电位相近的元素	As,Sb,Bi	电位与 Cu 相近,如 $BiO^+ + 2H^+ + 3e = Bi + H_2O,\ \varepsilon^\circ = 0.32V$ $HAsO_2 + 3H^+ + 3e = As + 2H_2O,\ \varepsilon^\circ = 0.25V$ $SbO^+ + 2H^+ + 3e = Sb + H_2O,\ \varepsilon^\circ = 0.21V$ 可能在阴极析出,也易形成漂浮阳极泥,粘附在阴极上

三、铜电解精炼的槽电压

槽电压 $E_{槽}$ 可按下式求得:

$$E_{槽} = E_{理} + E_{液} + E_{接} + \Delta E_{超}$$

(1) 理论分解电压 $E_{理}$

$$E_{理} = \varepsilon_{阳} - \varepsilon_{阴} = (RT/ZF)\ln(a_{阴}/a_{阳})$$

式中　$a_{阴}$——析出的阴极铜的活度,由于是纯铜,故 $a_{阴}=1$;

$a_{阳}$——阳极粗铜的活度,当认为阳极粗铜 $a_{阳}\approx1$ 时,则 $E_{理}\approx0$。

(2) 极化超电压 $\Delta E_{超}$

求出极化超电压不易,通常由实测当无电流通过状态下的电势与电流通过状态下的电势之差来确定。铜电解时的电化学极化很小,因此通电后的极化主要表现为浓差极化。例如面积电流为 $200A/m^2$ 时,$\Delta E_{超}=0.037V$。

(3) 电解质溶液的电压降 $E_{液}$

因电解液的电导计算较困难,故引入“百分比电阻”概念来确定其电导。所谓百分比电阻,是指以某电解质溶液在一定温度下的电阻为 100%,而其它温度下的电阻与之比较所得的数值(如表 1-9-7 所示)。或是指以某温度时一定浓度的电解质溶液的电阻为 100%,而其它浓度的电阻与之比较所得的数值(如表 1-9-8 所示)。

由表 1-9-7 知,其它温度的百分比电阻几乎与硫酸浓度无关,而表 1-9-8 则是其它酸度下的百分比电阻几乎与温度无关。

表 1-9-7　温度变化的百分比电阻

硫酸浓度/g·L^{-1}	在不同温度下的百分比电阻						
	40	45	50	55	60	65	70
100	111.2	107.2	103.4	100	97.1	94.4	92.2
150	112.3	107.5	103.5	100	96.8	94.1	91.6
175	112.2	108.1	103.8	100	96.6	94.0	91.4
200	113.9	108.2	103.8	100	96.7	93.6	90.9
250	114.2	108.8	104.2	100	96.9	93.2	90.3

表 1-9-8　酸度变化的百分比电阻

硫酸浓度/g·L^{-1}	在不同温度下的百分比电阻						
	40	45	50	55	60	65	70
100	137.8	138.7	138.9	139.1	139.5	139.9	140
150	100	100	100	100	100	100	100
175	89.6	89.6	89.4	89.1	89.2	89.1	88.9
200	82.2	82.2	81.7	81.5	81.4	81.1	80.9
250	72.9	72.5	72.2	72.7	71.5	71.1	70.8

由表 1-9-7 及表 1-9-8，根据公式：$\gamma=\rho\rho_1\rho_2/(100\times100)$

式中　γ——欲求溶液的比电阻，Ω·cm；

ρ——在 55℃ 时含 150g/L 硫酸溶液的比电阻，等于 1.364Ω·cm；

ρ_1——欲求酸度的溶液的百分比电阻—酸度校正值；

ρ_2——欲求温度的溶液的百分比电阻—温度校正值。

为简化计算，将 55℃时百分比电阻与酸度变化的关系列成表 1-9-9。

实验证明，在硫酸溶液中加入同量的硫酸铜、硫酸镍、硫酸铁以及砷酸等，它们能改变在不同温度及不同酸度时的比电阻，但却不改变溶液的百分比电阻，故上述表中的百分比电阻还可应用。

实验也表明，由于溶液中加入 30g/L 以下的 Cu，Ni，Fe 或 As，由此引起的电阻增大与所加盐类的数量成正比，其增长率为：

1g/L Cu 增 0.657%；1g/L Ni 增 0.766%；1g/L Fe 增 0.818%；1g/L As 增 0.0725%。

表 1-9-9　55℃时酸度变化的百分比电阻

$H_2SO_4/g \cdot L^{-1}$	比电阻 /Ω·cm	百分比电阻	$1g \cdot L^{-1}$ H_2SO_4 百分比电阻
100	1.903	139.98	1.082
110	1.755	128.66	0.950
120	1.625	119.16	0.742
130	1.524	111.74	0.669
140	1.433	105.05	0.505
150	1.364	100.00	0.495
160	1.296	95.05	0.403
170	1.240	91.02	0.362
180	1.191	87.40	0.317
190	1.148	84.23	0.276
200	1.111	81.47	0.246
210	1.077	79.01	0.218
220	1.047	96.83	0.194
230	1.024	74.89	0.172
240	1.000	73.17	0.153
250	0.978	71.64	0.137
260	0.959	70.27	0.124
270	0.942	69.03	

则工业用电解液的比电阻可按下式求得：

$$\gamma = \rho \times \rho_1/100 \times \rho_2/100 \times (100 + 0.657 \times Cu)/100 \times (100 + 0.766 \times Ni)/100 \times (100 + 0.818 \times Fe)/100 \times (100 + 0.0725 \times As)/100$$

式中　Cu、Ni、Fe、As——分别表示电解液中含 Cu、Ni、Fe、As 量，g/L；

γ——比电阻，Ω·cm

例　求 60℃ 时含 H_2SO_4 205g/L，Cu 41g/L，Ni 12g/L，Fe 1.5g/L，As 4g/L 的电解液的比电阻。

解　利用表 1-9-9 求得 H_2SO_4 205g/L 的硫酸的百分比电阻（55℃）为：

$$\rho_1 = 81.47 - 5 \times 0.246 = 80.24\%$$

利用表 1-9-7 求 60℃时 H_2SO_4 205g/L 的百分比电阻：

$$\rho_2 = 96.7 - (96.7 - 96.5)/50 \times 5 = 96.68\%$$

铜的百分比电阻：$100+0.657\times41=126.94\%$

镍的百分比电阻：$100+0.766\times12=109.19\%$

铁的百分比电阻：$100+0.818\times15=101.23\%$

砷的百分比电阻：$100+0.0725\times4=100.29\%$

则得：$\gamma=1.488\Omega\cdot cm$

由此，可近似地求得上述电解质溶液在阴阳极间距 l 为 3.8cm，面积电流 i 为 $200A/m^2$（即 $0.02A/cm^2$）时的电压降为：

$$E_{液}=i\times\gamma\times l=0.02\times1.488\times3.8=0.11\ V$$

(4) 接触点和导体上的电压损失 $E_{接}$

一般认为，在较好的线路连接系统中，接触点（包括导体）的电压降约占槽中总电压降的10%～15%。

阳极泥电阻的计算比较困难，阳极泥的电阻可大约作为电解槽全部电阻的6%～9%。

从以上分析可知，槽电压主要消耗在电解质溶液的电压降上。由此，提高电解质溶液的电导、缩短极间距离、改善导体接触是降低槽电压的主要方法。

沉积1t铜所需的直流电耗由下式计算：

$$W=1000E_{槽}/(1.186\eta)$$

式中　W——直流电耗，kW·h/t；

$E_{槽}$——槽电压，V；

η——电流效率，%，通常为95±3%；

1.186——铜的电化当量，g/(A·h)。

此式表明，提高电流效率和在较低电压条件下进行操作，能够减少直流电耗。须指出的是，在电解槽内耗用的电能大部分供给电解液维持其温度（60℃），所以并非完全虚耗。

第二节　铜电解精炼的工艺方法

一、典型生产数据表

铜电解典型生产数据见表1-9-10及表1-9-11。

表 1-9-10 铜电解典型生产数据表

项目	上冶	沈冶	白银一冶	贵冶	东予(日)	汤斯维尔(澳)
产量/$kt \cdot a^{-1}$		60		150	84	208
阳极尺寸 /mm	740×700×(35~40)	720×160×(38~42)	760×810×(40~45)	1000×960×45	1015×1015×38	919×911×44
始极片尺寸 /mm	770×740×0.4~0.6	740×670×0.45~0.5	840×870×0.5	1020×1000×0.6	1050×1070×0.7	955×955×3.25(不锈钢)
电解槽尺寸 /mm	3400×850×1130	3350×790×1000	4150×1100×1100	5650×1160×1400~1600	5600×1250×1400~1600	4350×1160×1143
电解槽数量 /个	280	602	400	720	256	1024
其中:种板槽	40	56	40	40	80(脱铜槽)	ISA法电解
生产槽	240	546	360	680		
面积电流 /$A \cdot m^{-2}$	322~330	270~300	230	220	270	295
槽电压 /V	0.3~0.35	0.32	0.24~0.26	0.25	0.31	0.25~0.33
电流效率 /%	97	97	97	97.83	98	94.5
同极中心距 /mm	75	70~80	90~100	105	105	95
阳极周期 /d	12~14	15	24	24	19	21
阴极周期 /d	4	4~6	4~6	12	9~10	7
残极率 /%	17	<17	24	18.56	15.6	17.5

续表 1-9-10

项　目	上　冶	沈　冶	白银一冶	贵　冶	东予(日)	汤斯维尔(澳)
电解液循环量 /L·槽$^{-1}$·min^{-1}	30～40	15～30	20～25	30	25	21
电解液温度 /℃	62～67	60～80	58～62	60～65	62	63
电解液成分 /g·L^{-1}						
Cu^{2+}	45～55	40～48	35～45	42	53	46
H_2SO_4	165～185	175～210	160～190	188	196	170
Ni	<10	>15	<10	4.5	19	13
As	<10	≯3.5	<1.5	2.9	2.5	13
Sb	<0.5	≯0.6	<0.3	0.58	0.5	0.7
Bi	<0.5		<0.2	1.03	0.3	0.4
Cl^-	<0.075	0.06～0.08		0.06	0.03	0.004
1t 铜的添加剂耗量 /g						
硫脲	≤40	50～70	45～50	30～40	70	77
骨胶	≤80	50～100	30～40	100	80	41
干络素	≤40	30～70		20～30		
阿维通					20	4.6

表 1-9-11 铜电解技术经济指标实例

项 目	上冶	沈冶	白银一冶	贵冶	东予(日)	汤斯维尔(澳)
电解总回收率 / %	99.9	99.93	99.55	99.6		
电解直收率 / %	81~82.5		76	78.88		
1t 铜的直流电单耗 /kW·h	260~280	260	259	236	289(交流电耗)	300(交流电耗)
1t 铜的蒸汽单耗 / t	1	<0.85	1.2	0.596	0.2~0.3	
1t 铜的硫酸单耗 / t	3	1.96	6.8	9.9		

二、电解槽、阳极和阴极

铜电解车间由成百上千个电解槽组成。根据每天出装电解槽数量将其分为若干个组,组与组之间按矩阵方式排列;组内电解槽相邻两槽按长边紧挨在一起,槽内装一定数量的阳极及阴极。图 1-9-3 为电解槽安装关系图。图中示出了相邻两槽、槽内阳极与阴极、进液与出液等之间的安装关系。

金隆公司电解 18 个槽组成一组,组与组采用 4 行 6 列排列。每槽内阴阳极平行间隔排列,即阳极间隔一块阴极,阴极间隔一块阳极。同一槽内阳极处于同一电位,阴极也一样。所有电解槽之间采用串联方式供电。

电解槽常用钢筋混凝土槽体加内衬制成。由于电解液含酸,普通钢筋混凝土不耐酸,易腐蚀,因此需在混凝土槽体内加内衬。表 1-9-12 为常见的电解槽内衬及材质比较。

表 1-9-12 常见电解槽内衬及材质比较表

衬里材质	优 点	缺 点
铅板	制作简单,耐酸耐温性好	价格昂贵,机械性能和电绝缘性能差,易漏电
旋转浇铸交联聚乙烯	有优良的绝热和电绝缘性能,强度高,冲击韧性好	制作较困难,和槽尺寸配合要求高.安装用不锈钢螺栓

续表 1-9-12

衬里材质	优　点	缺　点
软聚氯乙烯板(PVC)	制作简单,价格低廉有优良的绝热和电绝缘性能	耐热性能较差,机械性能随温度上升而降低,易老化
玻璃钢(FRP)	绝热绝缘性能好,耐腐蚀,价格介于铅和PVC之间	树脂要求严,施工技术要求高

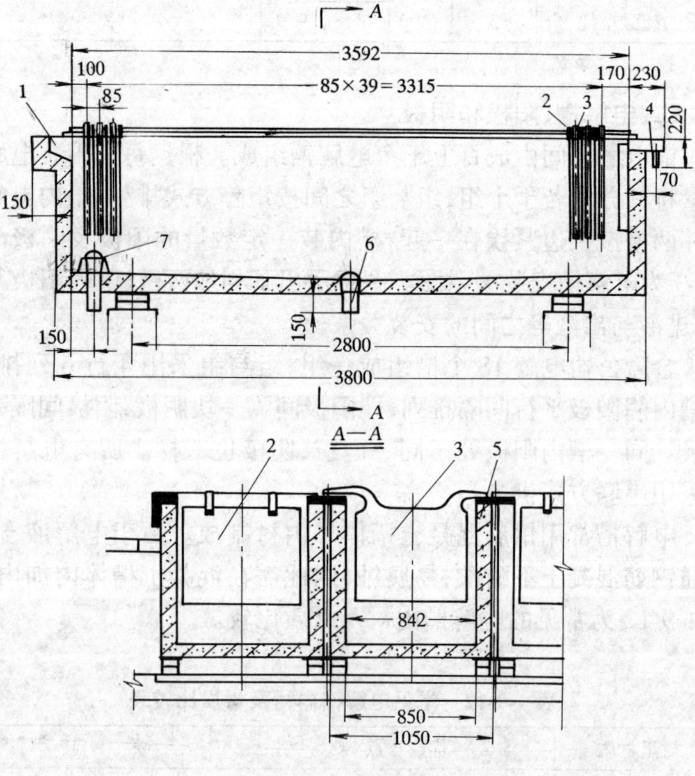

图 1-9-3　铜电解槽安装关系图

1—进液口；2—阴极；3—阳极；4—出液口；5—电解槽；

6—放泥口；7—上清液出口

电解槽内阳极为火法精炼浇铸后的阳极板(见第八章),含铜一般在99%以上,其成分要求见表1-9-13。

表1-9-13 阳极板一般成分要求(%)

元素	Cu	As	Sb	Bi	Ni	O	Sn	Fe	Pb
含量	>99	<0.2	<0.03	<0.03	<0.3	<0.2	<0.075	<0.01	<0.2

外形尺寸举例见图1-9-4。

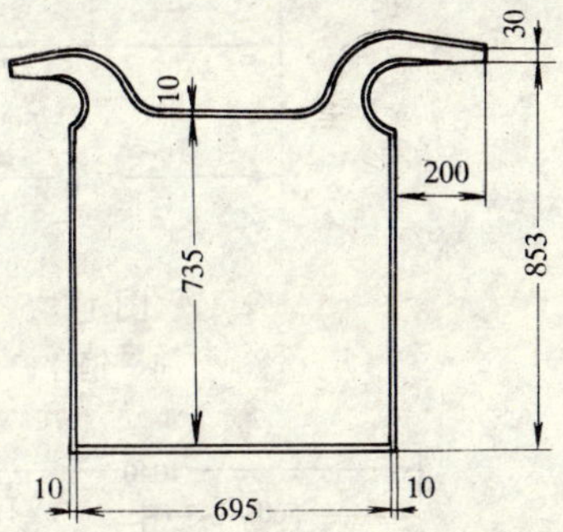

图1-9-4 阳极板外形图

阴极有两种:一为由种板槽生产出的铜薄片(厚约0.3~0.7mm)经加工安装吊耳后制成的铜始极片,外形尺寸举例见图1-9-5;另一为由不锈钢制作,可循环使用的不锈钢阴极(使用该阴极进行生产的工艺又称为ISA法),外形尺寸举例见图1-9-13。

采用始极片作阴极进行电解时,电解车间还需要配备种板槽。种板槽是专门生产供应始极片的专用电解槽,所用的阳极和电解槽用阳极一样;阴极板又称为母板,材质有三种:轧制铜板、不锈钢板、钛板。当阴极上电解沉积到合适的厚度的铜后,将其从种板槽吊出,将沉积层剥下即送去制作始极片。母板送回种板槽循环使用。母板外形尺寸举例见图1-9-6。

三、铜电解液、添加剂、温度控制及循环

阳极板的成分确定后,铜电解能否产出合乎要求的阴极铜,主要取决于电解技术条件。它包括:电解液、添加剂、温度和电解液循环等。

1. 电解液

铜电解液采用硫酸盐体系,其成分范围如下:

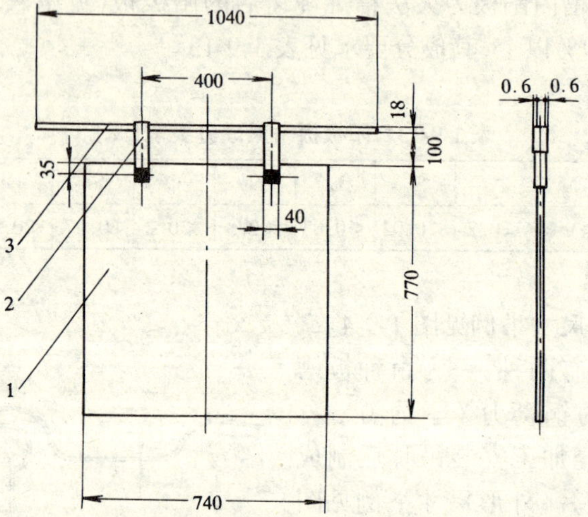

图 1-9-5 始极片尺寸图

1—铜片;2—吊耳;3—导电棒

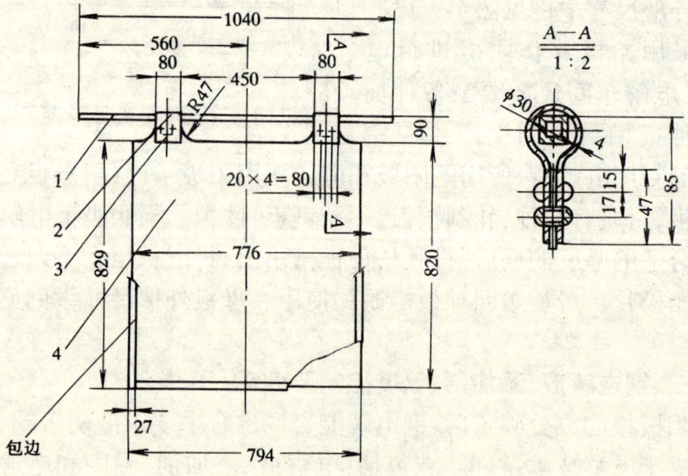

图 1-9-6 母板外形尺寸图

1—导电棒；2—铆钉；3—导电环；4—钛板或铜板

Cu^{2+}	40～55g/L	一般 50g/L 左右
游离硫酸	150～220g/L	一般 200g/L 左右

电解液中硫酸铜溶解度随酸度的上升而下降，随酸度的下降而上升；同样，由于铜离子迁移速度比氢离子慢，电解液电导率随酸度的上升而下降，随酸度的下降而上升。

电解液中铜离子浓度高，阴极沉积物光滑而结实，可防止夹带阳极泥和电解液，阴极铜纯度高。然而，由于电导率下降，电耗增加。增加酸度，电导率上升，但影响铜离子的迁移，阳极极化危险增加。因此，一般控制电解液含铜 50g/L、游离酸 200g/L 左右，既满足电解液含铜要求，又保证了一定的电导率。

2. 添加剂

电解精炼不加添加剂，阴极上沉积的铜是软的，且结晶粗糙，这种表面易于夹带杂质，并且在下部长出疙瘩，无法得到合格的阴极铜。

电解过程使用添加剂主要有胶、硫脲、干络素、阿维通及盐酸等。在电解过程中它们各自起着不同的作用。

(1) 胶

胶溶解于水加入电解液后，吸附在阴极晶粒表面上。当阴极上部分晶粒优先长大时，由于其表面吸附有一层不导电的胶膜，使得该突出的表面导电性比其余地方差，阻止了该突出晶粒的生长，引起了更多晶核形成，最终使阴极表面平滑且坚硬。但同时，由于胶稍微引起阴极极化，使得槽电压增加了 0.03～0.05V，引起电耗增加。通常胶的添加量为每吨铜 30～100g。在种板槽内，为了得到更加光滑及有韧性的、适合切割及冲孔的始极片，添加剂用量甚至高达生产槽的 7 倍。

(2) 硫脲、干络素、阿维通

该类添加剂称为补充添加剂。补充添加剂起作缓冲剂的作用，它不会使结晶颗粒变细，从而改善胶的作用，减少胶的极化性能，轻微降低槽电压，避免胶加入过量引起的阴极过硬及长芽现象。硫脲对阴极沉积物的粗糙度影响很大，当硫脲或胶不足时，阴极上会出现条痕。但硫脲过多，其中的硫将带入到阴极铜中。一般按每吨铜 20～70g 加入。干络素一般按每吨铜 20～70g 加入。阿维通允许电解液中胶含量降低，通常按每吨铜 30g 加入。

(3) 盐酸

盐酸的加入，可将电解液中的 Ag^{+}、部分 Bi^{3+} 及 Sb^{3+} 等离子形成 AgCl、BiOCl、SbOCl 沉淀下来，并改善阴极铜的物理特性。和胶对槽电压的影响相反，氯离子降低槽电压。一般按每吨铜 25g 加入。加入过多，铜会成为 $CuCl_2$，而且会使得阴极结瘤和芽孢的产出率增加。

部分电解工厂的添加剂用量见表 1-9-10。

3. 温度控制及循环

电解过程中，一般控制电解液温度为 50～65℃。

温度影响电解电耗及阴极沉积物的结构和纯度。

温度升高，电解液粘度下降，离子迁移速度加快，电导率上升。据测定，电解液在 55℃时的电导率几乎为 25℃时的 2.5 倍。电导率上升，槽电压下降，从而降低了电解电耗。同时，温度升高后，离子迁移速度加快，使阴极附近 Cu^{2+} 浓度上升，有助于晶体的生长；另一方面，电解液温度提高后，降低了电解液的电阻，使阴极上的突出物点的面积电流降低，降低了不规则物的形成速度，改善了铜沉积物的结构和纯度。

由于硫酸铜在稀硫酸中的溶解度随温度的上升而上升，因此，温度升高，允许电解液中可以有更高的铜浓度及更高的酸度。

但过高的温度消耗过多的蒸汽，同时电解槽液面蒸发加强，操作环境恶化，厂房及设备腐蚀加剧。

随着电解的进行，电解槽中电解液成分、添加剂、温度等将会发生变化。为了稳定电解条件，必须将一部分旧电解液从电解槽放出，同时补充等量的新电解液，实现电解液的循环。

电解液循环量必须充足以保持槽内所需的温度，并防止阴极表面附近电解液呈层流和铜离子浓度过低,否则氢将与铜一起析出。国内部分电解工厂电解液循环量见表 1-9-10。

电解槽内电解液循环方式有两类：一为槽底部进液，槽顶出液；二为槽顶进液，槽底出液。两种方式各有优缺点。方式一底部进液可使槽内温度及溶液成分更均匀，但却有可能影响阳极泥的沉降；方式二正好相反。贵冶及金隆公司采用大极板大电解槽，槽内循环为电解液槽底部沿阴极板面平行流入，从槽顶部开口溢出。经测定，槽内铜离子浓度差小于 3g/L，温度差小于 3℃。

四、铜电解液净化

电解精炼时,阳极中氧化亚铜的化学溶解和从阳极泥中铜的溶解,使得溶液中的铜离子浓度逐渐升高;比铜更负电性的镍,虽然不会在阴极上沉积,但会增加溶液电阻,增加电耗;电位介于铜氢之间的砷、锑、铋等杂质,当浓度高到一定值时,会从阴极析出。表 1-9-14 为电解液控制的杂质极限浓度。

表 1-9-14　电解液控制的杂质极限浓度($g \cdot L^{-1}$)

元素	Ni	As	Sb	Bi	Fe
含量	<15	<7	<0.6	<0.5	<3

为了保证电解出合格的阴极铜,必须根据阳极板的杂质成分,结合电解液杂质极限浓度,抽取一定量的电解液进行净化。金隆公司的电解液净化流程见图 1-9-7。

该电解液的净化包含三个过程：

1. 以硫酸铜形式脱除电解液中的铜

在 80～90℃ 温度下,往中和槽的电解液中加入碎铜屑或铜粉,电解液在蒸发浓缩的同时,发生以下反应：

$$Cu + H_2SO_4 + 1/2O_2 \rightarrow CuSO_4 + H_2O$$

反应完后，将溶液放出冷却，硫酸铜便结晶出来，该法称为中和法；或者将电解液直接在真空蒸发器中先真空蒸发浓缩，再冷却，使硫酸铜结晶出来，该法称为高酸结晶法。所用的设备中和槽结构见图 1-9-8，真空蒸发器结构见图 1-9-9。

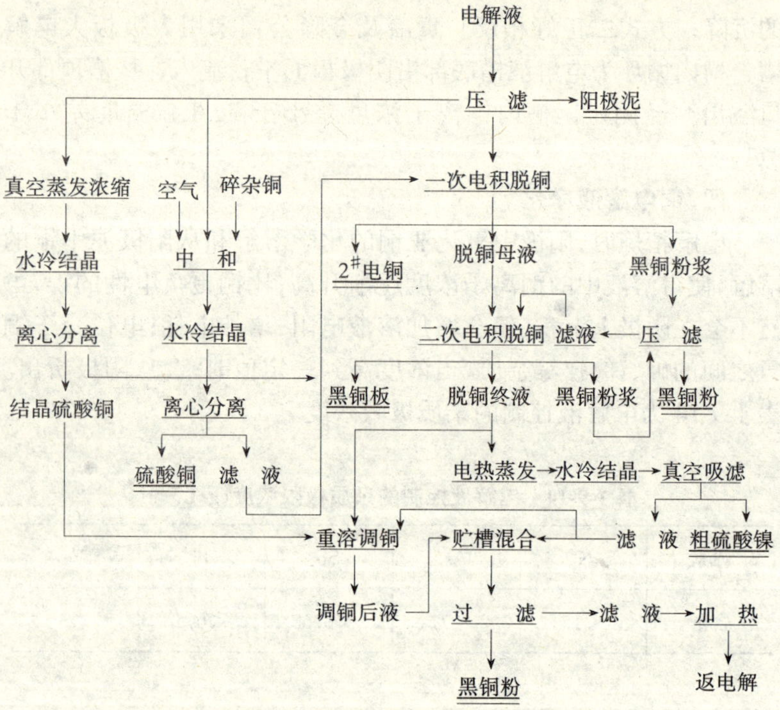

图 1-9-7　金隆公司电解液净化流程

表 1-9-15 及表 1-9-16 为中和槽和真空蒸发器操作条件实例及技经指标实例。

生产出的硫酸铜作为电解副产品外售或将其再溶解返回电解生产。

2. 脱除砷、锑、铋等杂质

砷、锑、铋是影响阴极铜质量的最有害元素，必须将其脱除至

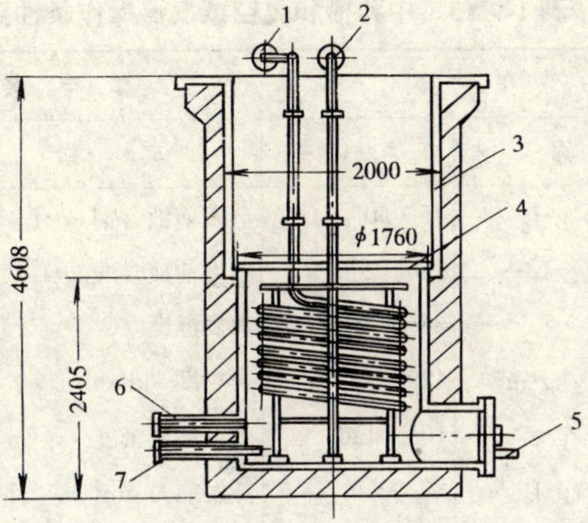

图 1-9-8　中和槽结构图

1—蒸汽管;2—压缩空气管;3—内衬;4—假底;5—排渣口;6—出液口;7—冷凝水

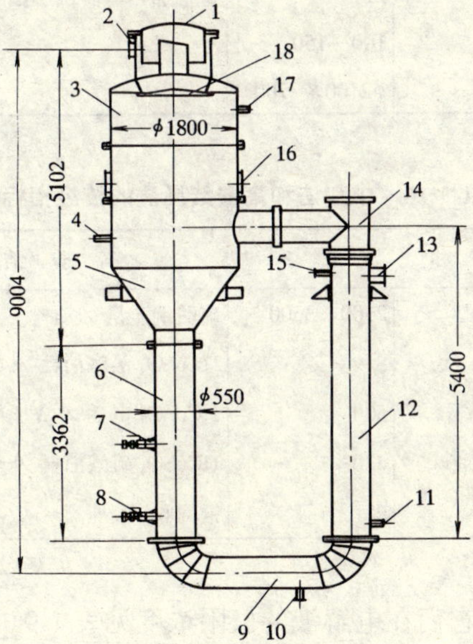

图 1-9-9　真空蒸发器结构图

1—盖板;2—汽体出口;3—上筒体;4—进液口;5—下桶体;6—竖管;7—重度测量口;8—球阀; 9—弯管; 10—出液口; 11—冷凝水出口;12—钛管换热器;13 —蒸汽入口;14—T 形管;15—放汽口;16—视镜; 17—测压口; 18—捕沫器

表 1-9-15　中和槽和真空蒸发器操作条件实例

中和槽		真空蒸发器	
名称	指标	名称	指标
中和前液含铜 /$g \cdot L^{-1}$	45～50	蒸发前液含铜 /$g \cdot L^{-1}$	48
中和前液含酸/$g \cdot L^{-1}$	180～200	蒸发前液含酸/$g \cdot L^{-1}$	180～200
反应温度 /℃	85～90	蒸发温度 /℃	70～90
中和前液密度 /$kg \cdot m^{-3}$	1200～1230	真空度 /kPa	80～86
中和后液含铜 /$g \cdot L^{-1}$	105～120	蒸发终液密度 /$kg \cdot m^{-3}$	1390
中和后液含酸 /$g \cdot L^{-1}$	＜200	蒸发能力 /$m^3 \cdot m^{-2} \cdot h^{-1}$	0.03
中和后液密度/$kg \cdot m^{-3}$	1380～1420	蒸发周期 /h^{-1}	5
压缩空气压力 /$m^3 \cdot m^{-2} \cdot h^{-1}$	50～100	蒸汽压力 /kPa	＜150
反应时间 /h	22	每台加热器面积 /m^2	40
蒸汽压力 /kPa	100～150		
中和槽规格 /mm	ϕ2100×3700		

表 1-9-16　中和法和高酸结晶法的技经指标实例

中和法		高酸结晶法	
硫酸铜产量 /$t \cdot a^{-1}$	2500～3000	硫酸铜产量 /$t \cdot a^{-1}$	1000
1t$CuSO_4$ 蒸汽消耗 /t	8	1t$CuSO_4$ 蒸汽消耗 /t	10
1t$CuSO_4$ 电耗 /$kW \cdot h$	500	1t$CuSO_4$ 电耗 /$kW \cdot h$	400
1t$CuSO_4$ 硫酸消耗 /kg	420	1t$CuSO_4$ 硫酸消耗 /kg	410
铜回收率 /%	98	铜回收率 /%	98

极限浓度内。它们在电解液的极限浓度见表 1-9-14。

脱除电解液中的砷、锑、铋主要有：萃取脱砷；电沉积脱砷、锑、铋；共沉淀法除砷、锑、铋；离子交换等方法。

(1) 萃取脱砷

采用有机溶剂，如磷酸三丁酯（TBP），三辛基膦氧化物（TOPO），醇类（2-乙基己醇）等，选择性萃取电解液中的砷，从而达到砷与铜、镍和其它金属分离目的。比利时 MHO 公司 Olen 厂，采用 TBP 从电解液中萃取脱砷，砷脱除率达 99%，并消除了原工艺中的 AsH_3 危害，硫酸可直接返回使用。

（2）电沉积脱砷、锑、铋

在电沉积槽中，采用不溶阳极，使电解液中砷、锑、铋和铜一起部分在阴极析出，部分沉降到槽底。该法会在电解后期产生剧毒的 AsH_3，为此，在脱铜电解时采用诱导法脱砷技术。根据为：不管砷的浓度，通常铜的浓度在 0.3～10g/L 的范围内，砷的脱除效果最好，比其铜浓度超过或低于上述范围要好得多。这时的砷与铜成诱导型合金电沉积。这时的电位比发生 AsH_3 时的电位要高，因此几乎不发生 AsH_3。另外，槽电压也要低许多。其操作条件及技经指标实例分别见表 1-9-17，表 1-9-18。

表 1-9-17　诱导法脱砷技术操作条件实例表

名　称	操作条件		名　称	操作条件	
	1厂	2厂		1厂	2厂
脱铜前液 /$g \cdot L^{-1}$			主给液量 /$L \cdot min^{-1} \cdot 列^{-1}$	19.5	5.18
Cu^{2+}	<38	20	辅助给液量 /$L \cdot min^{-1} \cdot 列^{-1}$	1.45	1.56
H_2SO_4	<220	300	同极中心距 /mm	130	130
As	7	8.5	脱铜终液 /$g \cdot L^{-1}$		
Sb	0.5		Cu^{2+}	<0.5	<0.5
Bi	0.5		fH_2SO_4	>300	330
Ni	19	14.8	As	<0.5	
槽电压 /V	2.2～2.3	2.2～2.3	Sb	<0.05	
面积电流 /$A \cdot m^{-2}$	260	180	Bi	<0.05	
温度 /℃	60～65	60～65	Ni	19	14.8

表 1-9-18 诱导法脱砷技术经济指标实例

名 称	指 标
1t 铜直流电单耗 /kW·h	2800
铜回收率 /%	>95
砷脱除率 /%	≥90
锑脱除率 /%	≥90
铋脱除率 /%	≥90

(3) 共沉淀法除砷、锑、铋

往电解液中加入 Sb_2O_3 或 Bi_2O_3 或两者混合物，在 60～90℃下，砷、锑、铋与之共沉淀产生一种白色的沉淀物，分离沉淀物即可除去溶液中大部分的砷、锑、铋。

奥托昆普向电积后的电解液中添加碳酸钡除过量的铋及部分锑。利用了在电解液中，碳酸钡产生硫酸钡沉淀，使铋及部分锑共沉淀。过滤后，滤液返回到电解液循环系统。

根据美国阿玛里洛(Amarillo)铜精炼厂经验，当电解液中砷低而锑、铋高时，砷酸锑和砷酸铋的沉淀受到抑制，可加适量的砷促使沉淀的生成而带动锑、铋的脱除。玛格玛特意在转炉吹炼末期加入铅黄渣使 80% 的砷回收进入阳极，使阳极板含砷在 300×10^{-6}以上，减少了飘浮的阳极泥量，既提高了阴极铜的质量，又保证了高面积电流生产。

(4) 离子交换法

美国阿玛里洛采用离子交换法脱除富含锑、铋的电解液，流程见图 1-9-10。

含锑高于 500×10^{-6}，铋 100×10^{-6}的电解液采用该方法处理后，不但使电解产出了高质量的铜，而且使电解面积电流由 199A/m^2 增加到 247 A/m^2。

3. 脱除镍

经过脱铜、砷、锑、铋后，溶液中剩下的主要有镍，硫酸。从硫酸镍的溶解度与溶液温度及酸度的关系图 1-9-11 中看出，酸度越高，硫酸镍的溶解度越小；温度越低，硫酸镍的溶解度也越小。根据这一原理，采用蒸发溶液，使其酸度升高，再水冷结晶；或者采用冷冻结晶法，将脱铜后液深冷至-25℃，使镍从溶液中呈硫酸镍结晶析出，达到脱镍的目的。贵冶使用的电热蒸发槽结构见图1-9-12。

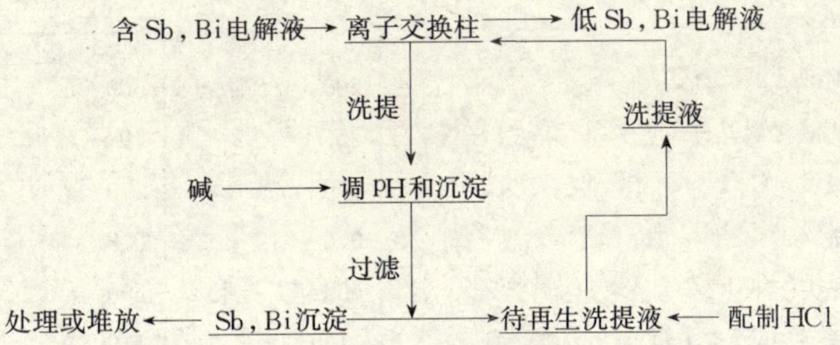

图1-9-10　离子交换脱锑铋流程图

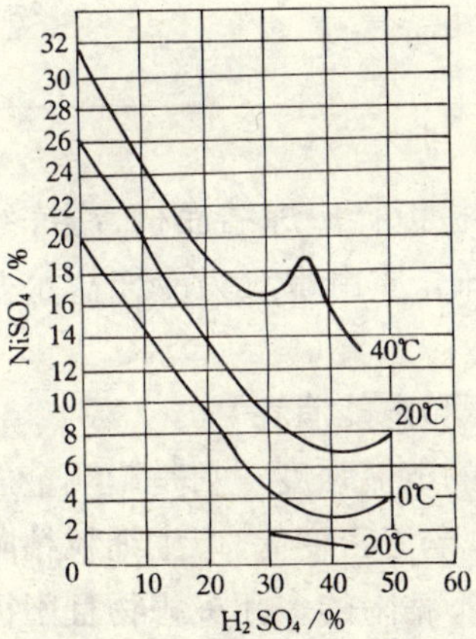

图1-9-11　硫酸镍的溶解度与溶液温度及酸度关系图

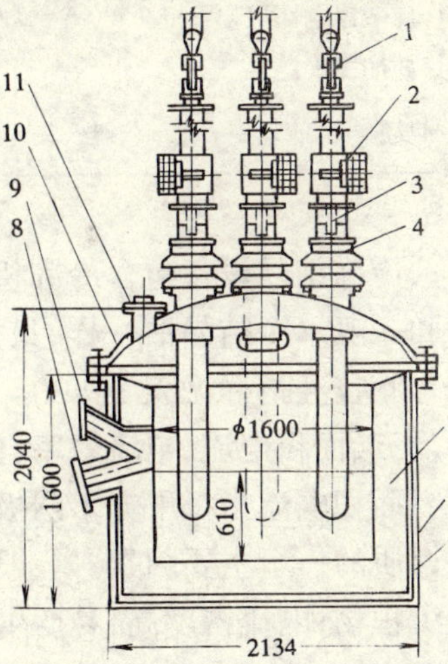

图1-9-12　电热蒸发槽结构图

1—吊挂装置；2—接线板；3—电极；4—绝缘瓷瓶；5—砌体；6—钢壳；7—隔离层；8—出液口；9—视镜；10—顶盖；11—出气口

电热蒸发技经指标见表1-9-19。

表1-9-19 电热蒸发技经指标

名称	指标	
	1	2
蒸发前液含酸 /$g\cdot L^{-1}$	500	300
蒸发前液含镍/$g\cdot L^{-1}$	25	19
蒸发温度 /℃	170	170
给液量 /$m^3\cdot h^{-1}$	0.6	0.8
蒸发能力 /$kg\cdot h^{-1}$	600	600
蒸发后液含酸 /$g\cdot L^{-1}$	1100	1100
蒸发后液含镍 /$g\cdot L^{-1}$	46～56	65
1t硫酸镍电耗 / kW·h	5000	13500
1t硫酸镍水耗 /t	100	362
镍直收率 /%	90	90

冷冻结晶设备包含冷冻机和机械搅拌冷冻结晶槽,冷冻结晶槽和一般水冷结晶槽一样,只是冷却介质由水改为冷冻盐水并保温。其技经指标见表1-9-20。

五、面积电流、电流效率、槽电压和电能消耗

面积电流指每平方米阴极面积的电流强度。它是影响金属沉积性质的一个主要因素。一般说来,电流密度低,产生细粒粘附阴极沉积物;电流密度高,易产生粗粒不粘附的多孔沉积物且阳极易钝化(阳极钝化原因较多,除面积电流高引起外,还有 $PbSO_4$、NiO、Cu_2O、Ag 的沉积和各种硒化物等附着在阳极表面引起)。同时,面积电流决定了电解槽的生产能力。面积电流的提高主要受:阳极板的尺寸及成分、电解液成分及温度、极间距、溶液循环等因素影响。铜电解面积电流常为 220～240A/m^2,个别达到 300～

335A/m², 如采用小极板的上海冶炼厂及采用大极板的美国玛格玛金属铜精炼厂(均为非周期反向电解)。

表 1-9-20 冷冻结晶技经指标

名 称	指 标
冷冻前液含酸/$g\cdot L^{-1}$	350~400
冷冻前液含镍/$g\cdot L^{-1}$	35~60
冷冻液温度/℃	-25~-30
冷冻后液含酸/$g\cdot L^{-1}$	400
冷冻后液含镍/$g\cdot L^{-1}$	<10
1 t 硫酸镍氨消耗/kg	3
1 t 硫酸镍盐水耗/kg	4
镍直收率/%	60~80

电流效率是铜的实际析出量除以根据法拉第定律计算的理论析出量。由于阴阳极间短路、其它金属的析出、阴极的化学溶解、电流通过槽壁、管道等其它通路损失,造成电流效率低于 100%。一般铜电解电流效率为 88%~99%。

槽电压一般范围为 0.2~0.25V。大致由以下几部分构成:

电解液中的电压降: 0.11~0.13V

由有机物和极化引起的阴极超电压 0.04~0.08V

阳极和阴极连接处电压 0.03~0.06V

导电铜排和导电杆损失电压 0.01~0.02V

阳极极化电压 0~0.01V

一般情况下,面积电流升高,电流效率下降,槽电压升高,电耗增加。图 1-9-13 为不同电极面积的电解槽面积电流与电能消耗的关系。

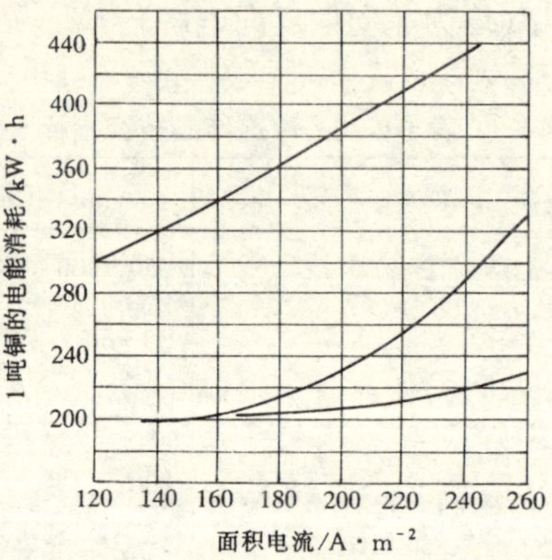

图 1-9-13　不同电极面积的电解槽面积电流与电能消耗的关系

第三节　铜电解精炼技术的主要进展

一、设备的大型化和自动化

贵溪冶炼厂 80 年代从芬兰引进了国内第一台大阳极板浇铸设备,使单块阳极板重量由 200kg 增加到 380kg。为了同该规格阳极板相配套,选用了大尺寸电解槽,并从日本引进了先进的五条极板加工设备及电解专用吊车。五条极板加工设备具有以下功能:

阳极整型机组:将阳极板面压平,铣平吊耳与导电排接触平面,按槽间同极距排列并储存阳极板。该机组压平,铣耳能力为 300 块/h,排板 500 块/h。

始极片加工机组:将始极片压纹、钉耳、穿棒,按槽间同极距排列并储存已制作好的始极片。该机组能力为 500 块/h。

电铜洗涤堆垛机组:将阴极铜放到机组受料链上,机组自动用热水冲洗板面、耳部、然后将电铜按要求堆垛、捆扎、取样。该机组能力为 500 块/h。

导电棒储运机组:该机组和电铜洗涤堆垛机组、始极片加工机组一起工作。它自动将洗涤后的电铜上的导电棒抽出，通过它输送到始极片加工机组的穿棒部，将导电棒穿入钉耳后的始极片上。除此之外，它还能储存一定量的导电棒。

残极洗涤堆垛机组：将残极放到机组受料链上，机组自动用热水冲洗，然后将其按要求堆垛、捆扎。该机组能力为 500 块/h。

电解专用吊车实现机组和电解槽之间极板的搬运。它具有整槽、半槽、整槽阳极和阴极等一起搬运的功能。规格为：跨距 31.5m，提升重量 22t。

90 年代建设的金隆铜业公司铜电解车间，除采用了贵冶类似的机组外，还采用了分散控制(DCS)方式，建立了中央控制室。所有设备既能就地控制，也能在控制室操作；部分设备还实现了计算机在线控制。除此之外，车间内还安装了闭路监视系统，生产人员在控制室随时可监视生产过程中的各个环节，使生产自动化水平及劳动生产率大幅度提高，生产人员大量减少。金隆公司 100kt 电解车间生产人员只有 45 人。

二、应用新工艺新技术

1.周期反向电流电解生产

目前，世界上现用周期反向电流电解工艺生产的阴极铜占铜总产量的 16%以上。

在铜的电解精炼中，提高面积电流可降低电解槽的数量，减少厂房占地面积，减少积压于生产过程中的铜量。然而，由于面积电流高到一定程度后，阳极大量溶解，阳极附近 Cu^{2+} 来不及迁移到阴极，产生 $CuSO_4\cdot5H_2O$ 在阳极析出，阻止阳极的溶解，结果引起阳极钝化。

1962 年保加利亚采用周期反向电流成功地解决了这一问题。周期反向电流基本原理为：当正向通电一定时间后改变电流方向，阳极表面附近的 Cu^{2+} 会重新在阴极上沉积，使 Cu^{2+} 浓度下降，短暂地消除了阳极表面硫酸铜饱和条件，扭转了固体 $CuSO_4\cdot5H_2O$ 沉淀的倾向。甚至当电流保持其正向时，固体 $CuSO_4\cdot5H_2O$ 的形成似乎也受到阻碍,这可能是由于硫酸铜形成的速度很慢的缘故。

由于采用了高面积电流,阴极上瘤状或树枝状结晶析出趋势增大。当电解槽反向通电时,阴极溶解。这种溶解优先发生在阴极最接近阳极的区域,即瘤状或树枝状结晶处,因此,仍可得到表面平整、光滑的阴极。

据介绍,周期反向电流最佳的操作条件是:200s 正向,10s 反向。西班牙韦尔瓦(Huelva)铜精炼厂则采用 35∶1 的正反向电流,面积电流为 345A/m^2。

表 1-9-21 为国外一些采用周期反向电流生产的厂家生产实例。

周期反向电流电解电耗比常规电解高 30%左右,同时,贵金属进入阴极量增加,导致贵金属回收率低。

2. ISA 法电解

ISA 法电解是澳大利亚汤斯维尔铜精炼有限公司于 1979 年开发的铜电解精炼新工艺。同常规电解相比,它使用不锈钢代替铜始极片作阴极,可采用高面积电流进行生产。因此,它具有常规电解及周期反向电流电解不可比拟的优点,是一项值得推广的先进工艺。

图 1-9-14 为不锈钢阴极示意图。

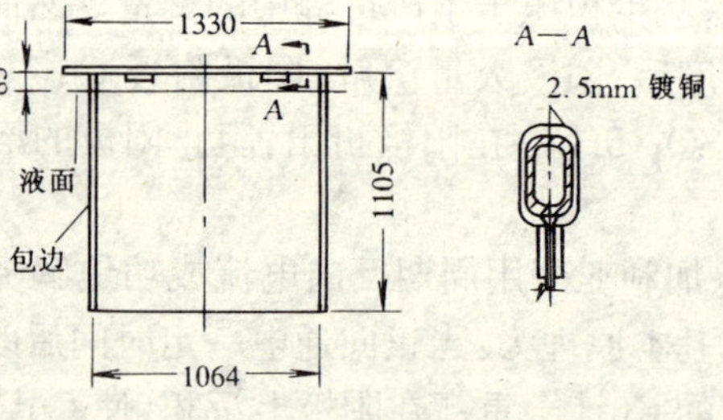

图 1-9-14 不锈钢阴极示意图

表 1-9-21 国外一些采用周期反向电流生产的厂家生产实例

项　　目	智利文塔纳斯	西班牙伊斯卡亚	日本玉野	芬兰波里	美国卡罗尔登	奥地利布利赫勒格
精炼能力 /$kt \cdot a^{-1}$	21	40	161	75	123	55
阳极尺寸 /mm	920×915×41	925×825×64	990×970×45	925×900×40	902×904×48	940×940×40
阳极距 /mm	115	120	100	112	114	100
阳极周期 /d	16	28	19	14	21	14
残极率 /%	20～22	16.7	15.5	23	16	16
阴极尺寸 /mm	950×965×0.8	970×880×0.8	1022×1022×0.6	950×960×0.7	927×952×0.66	1000×1000×3.75(ISA)
阴极周期/d	8	7	9	7	7	7
阴极面积电流/$A \cdot m^{-2}$	335	276	294～305	330	305	328
槽电压 /V	0.4～0.6	0.3	0.3	0.5～0.6	0.4	0.4
阴极电流效率 /%	95～97	90	96～99	95.3	92	96
1t 铜交流电耗/kW·h	500	400	324～333	480(加交流电)	360	440
生产槽数 /个	1245	264	539	392	624	156
生产槽尺寸 /mm	4100×1080×1280	4500×1200×1300	4850×1200×1250～1350 5550×1230×1340～1450	3600×1100×1200	3810×1067×1219	6000×1400×1400

续表 1-9-21

项　目	智利文塔纳斯	西班牙伊斯卡亚	日本玉野	芬兰波里	美国卡罗尔登	奥地利布利赫勒格
电解液成分/$g \cdot L^{-1}$						
Cu	45～50	45	47	60	47	50
H_2SO_4	170～190	180	194	140	165	170
As	9	2	5.3	11	2.5	2
Sb	0.6	0.4		0.4	0.5	0.4
Bi	0.03	0.1	0.1	0.1		
Ni	10	20	13.1	10	16	20
Cl	0.03	0.06	<0.1	0.05	0.04	0.035
电解液温度 /℃	65	64	66	68	66	68
电解液流量 /$L \cdot 槽^{-1} \cdot min^{-1}$	18～22	18	30	17	18	25
1 tCu 添加剂用量/g						
胶	34	120	144	110	54	60
硫脲	34	58	77	80	70	60
阿维通 A	12					10
HCl,NaCl		250(mL)Cl	30	40	30	

其技术参数见表1-9-22。

表1-9-22 不锈钢阴极技术参数

材质	厚度	表面光洁度	表面粗糙度	平直误差	悬垂度
316L	3.25mm	2B	0.25～0.6μm	±2.0mm	±4.0mm

目前世界上大约有30多家工厂采用ISA法电解，表1-9-23为1994/1995年调查时，用ISA法电解生产的部分厂家实例。

表1-9-23 ISA法电解生产厂家实例

项目	澳大利亚汤斯维尔	澳大利亚奥林匹克坝	英国沃尔索耳	德国汉堡	美国怀特派恩	美国塞浦路斯迈阿密
阴极铜生产能力 /kt·a⁻¹	208	84	49	365	70	190
阳极尺寸 /mm	919×911×44	1004×890×41	1040×825×42	950×905×54	1019×938×42	
极距 /mm	95	100	108	95	99	95
阳极周期 /d	21	21	21	22	21	21
残极率 /%	17.5	16.3	14	12	13.5	20
不锈钢阴极/mm	955×955×3.25	947×954×3.25	1065×885×3.25	965×975×3.25	1085×1000×3.25	1107×1036×3.25
阴极周期 /d	7	7	7	6～8	7	7
阴极面积电流 /A·m⁻²	305	270	270	333	273	280～320
槽电压 /mV	250～330	270～310	400		300	260～310
阴极电流效率 /%	96	96.5	97	97	90	95
1t铜的交流电耗 /kW·h	300	270～280	385		340	280
生产槽数 /个	1024	320	288	1080	278	504

续表 1-9-23

项　　目	澳大利亚汤斯维尔	澳大利亚奥林匹克坝	英国沃尔索耳	德国汉堡	美国怀特派恩	美国塞浦路斯迈阿密
生产槽尺寸/mm	4350×1160×1143	5723×1160×(1300～1500)	4260×1020×1370	3300×1060×1250	5867×1168×1422	
电解液成分/$g \cdot L^{-1}$						
Cu	46	40～45	45	42	46	40～45
游离酸	170	180～190	150～170	175	180	175～200
As	13	1.2	10		23	0.061
Sb	0.7	0.02～0.05	0.5		0.14	0.157
Bi	0.4	0.4	0.07		0.009	0.008
Ni	13	0.1	20		10	1.44
电解液温度/℃	63	62	65	62	63	64
电解液流量/$L \cdot min^{-1}$	21	30	18		25	40
1 tCu 添加剂用量/g						
胶	41	4.	50		72	50
硫脲	77	80	70		65	65
阿维通 A	4.6	7			10	7
HCl, NaCl		≤0.03	≤0.03		125	

三、广泛使用新材料

铜电解液既有一定的酸度（含硫酸 14%～16%），又有一定的温度（60～70℃），使铜电解车间腐蚀相当严重。除了同电解液接触的设备腐蚀外，整个车间还存在严重的气相腐蚀及液相腐蚀。因此，采用新材料解决防腐蚀问题，一直是生产厂家追求的目标。

电解槽的材质，现在用得最普遍的是钢筋混凝土内衬 PVC 或 FRP，而 FRP 又比 PVC 槽耐用、寿命长。然而，由于电解过程中阳极断耳或是内衬制作技术不过关，常常导致电解槽损坏。为此，出现了一种无内衬的电解槽—YJ 呋喃树脂电解槽。它机械强度高、耐腐蚀、耐热性能好、遇机械损伤而开裂时,维修方便。但造价高,比钢筋混凝土内衬 FRP 槽几乎贵一培。

钛作为优秀的防腐材料,一直受到人们的重视。电解车间的关键材料及设备,如:种板、泵、加热器等,大都用钛制造。然而,由于钛价昂贵,或者使用效果不理想,有些设备或场合,已慢慢用其它材料代替。如 ISA 法已取消钛种板,阴极全用不锈钢制造;钛泵大部分用不锈钢材料制造或者非金属材料如陶瓷泵取代;加热器有些厂家改用更适合电解液条件且易除垢的 SMO 材料或石墨板式加热器代替。

新型防腐材料的应用,已大大改变了电解车间的面貌。新建成的金隆电解车间采用了众多的高效防腐材料及设备,如:PF-01 及氯磺化涂料、X_{42} 地坪、KP-1 胶泥、钛种板、PVC/FRP 管道、PVC/PO 管道、钢衬 PO 管道、F_4 补偿器、F_4 蝶阀、石墨加热器、不锈钢泵、FRP 储槽等等,有效解决了设备及车间的各种腐蚀。

四、电解槽的覆盖方法

电解液含一定的酸,又具有一定的温度,加上电解槽敞开总面积很大,因此,电解车间水分及酸雾蒸发很严重。如槽面不加以覆盖,既造成车间作业环境差,污染环境,影响工人身体健康,又多消耗大量的蒸汽及硫酸。表 1-9-24 为 1 m^2 电解槽面积(包括电极面积在内)上的水分蒸发量。

表 1-9-24　1 m^2 电解槽面的水分蒸发量

室温/℃	空气相对湿度/%	不同温度下的蒸发量 / $kg \cdot h^{-1}$							
		48.5℃	50℃	51.5℃	53.5℃	55℃	57℃	60℃	65℃
22	80	0.76	0.835	0.84	0.895	1.09	1.15	1.33	1.74
24	70	0.74	0.84	0.855	0.9	1.10	1.165	1.35	1.76
26	65	0.755	0.83	0.84	0.89	1.08	1.14	1.32	1.73

目前电解槽的覆盖常采用耐酸布、空心球两种方式。其中空心球覆盖在电积工厂用得多。耐酸布的覆盖有以槽为单位覆盖,

也有以组为单位进行覆盖，视各厂习惯采用。

第四节 阴极铜的竖炉熔铸

电解产出的阴极铜需要熔化，浇铸成线锭或连续棒材供下一步加工处理。目前世界上用得最多的熔化炉为美国熔炼和精炼公司的Asarco竖炉，共有128台。其中约95台投入运行，能力为2358.72t/h，占世界铜产量的一半以上。

一、熔化工艺过程

一般来说，Asarco竖炉只是一种熔化设备，其熔化后的铜锍成分与阴极铜成分完全相同。在炉料储存区和液态炉料出口处分别取样，它们的成分极少不一致，也正说明了这一点。图1-9-15为Asarco竖炉示意图。

阴极铜由炉顶的加料门加入(每批3t或4t)，在炉料下降过程中被加热和熔化，其表面上的硫酸铜和油类都会挥发和除掉。炉子由位于炉身下部的几排烧嘴喷出的上升燃烧气体供给热量。炉底不容纳铜，熔化后的铜液(温度约1125℃，在该温度下铜液含氧约0.005%、氢$3\times10^{-4}\sim4\times10^{-4}$、硫低于$3\times10^{-4}$)立即从Asarco竖炉排出，流入一个分开的、燃气的或电感应加热的保温炉。然后从保温炉送往中间包或浇铸包。

如果要生产含磷的铜，则含磷的粒子将在液态铜通过流槽进入保温炉的过程中加入铜中。

竖炉通常采用燃烧器工作，这些燃烧器按两层或更多的层进行布置。燃烧器的使用数量及燃烧速率由操作人员控制，以便使炉料达到一定的形状或把炉子带入正常生产。熔铜竖炉组能够迅速停炉而无需清理，而且能够从冷态条件下开炉在1h内达到满负荷生产能力。竖炉之所以效率高，有下列两个主要原因：首先，在竖炉中，在铜的下落过程中物料吸收了来自烟气的热量，即实现了热量交换；其次，瓦型管燃烧器产生了一种高速度高强度的预混合火焰。据报道，Asarco竖炉熔化1t铜能耗只有1.27GJ。其生产能力及炉型特征见表1-9-25。

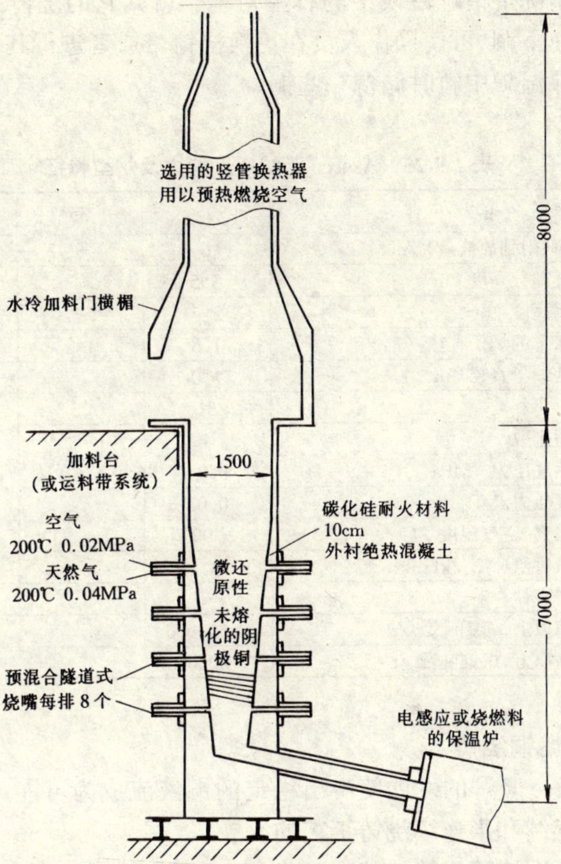

图 1-9-15　Asarco 竖炉示意图

由于烟气和铜料接触，烟气中的硫会进入铜，因此，含硫的燃料通常不用于熔化铜，常用的燃料主要有：石化厂的废气、焦炉煤气、发生炉煤气、石脑油、天然气、液化气、丙烷和丁烷。

Asarco 竖炉最重要的特点之一是，其铜产量可以减至正常操作条件下最大能力的 40% 以下。就某些连续棒材浇铸系统而言，这种高速下调，可使操作人员能够降低铸模中的铜坯厚度，并在不停炉的情况下清理铸模中的石墨衬里。就其它的浇铸系统而言，这种高速下调，可使操作人员在更换浇铸带或者进行其它调整时，能够在保温炉中暂时储备一些铜。

表 1-9-25　Asarco 竖炉生产能力及炉型特征

最大生产率 /$t\cdot h^{-1}$	75	35	5
高度(加料门到放液口) /m	6	8	1.2
垂直部分高度 /m	3.5		0.9
斜墙高度 /m	2.5		0.6
加料台水平的炉子直径 /m	1.5	1.8	1.5
放液口处炉子直径 /m	1.0		0.6
烧嘴数目 /个	31	23	6
烧嘴排数	4	3	1
天然气压力 /MPa	0.04		
空气压力 /MPa	0.02		
天然气、空气温度 /℃	200		
能量供给速率 /$kJ\cdot h^{-1}$	1.24×10^{8}		
耐火材料寿命			
烧嘴以上，熔铜吨数 /t	>500000		
烧嘴以上，熔铜吨数 /t	>200000		

二、熔铜浇铸

Asarco 竖炉的发展使产出稳定的铜液流成为可能，从而促进了铜的连续和半连续浇铸工艺的发展。

用于铜连续浇铸的基本形式有：

直接冷铸(DC)成矩形扁铜和圆柱形铜坯；

南方电线和卜罗拍惹(Properzi)圆盘及钢带浇铸机铸成连续铜棒；

哈兹雷特(Hazelett)双带浇铸机铸成连续圆铜坯或铜棒；

通用电气公司的浸渍成形法制成连续铜条。

其中南方电线公司的圆盘钢带浇铸法使用得最广泛，但哈兹雷特(Hazelett)双带浇铸法和通用电气公司的浸渍成形法(用于无氧铜)也广泛使用。

第十章 浸出-萃取-电积

第一节 湿法炼铜发展

一、概述

中国湿法炼铜的历史可以追溯到宋朝。最早从矿石浸出液用铁屑置换生产金属铜的工厂是在18世纪西班牙南部的胡尔瓦(Huelva)。而采用电积法从浸出液中直接生产电解铜则是1912年在智利的丘基卡马塔(Chuguicamata)开始。1915年美国亚利桑那的英斯皮雷申(Inspiration)联合铜业公司建了同样工厂,此后在美国有多家这样的工厂出现。它们都是从氧化铜矿槽浸,然后直接电积回收铜。为了使浸出液铜的浓度提高到适合电积要求,往往要经过两段或多段浸出。这项技术的缺点是显而易见的,由于溶液中的杂质,不能生产高品位的阴极铜,如电解液中铁浓度较高,导致电流效率降低。这种方法设备投资也很高。

铜精矿流态化焙烧半工业试验是1957年在美国亚利桑那州巴格达(Bagdad)矿进行的。美国第一个铜精矿焙烧-浸出-电积工厂1957年建于亚利桑那州的湖岸矿(Lakeshore)。该方法在非洲扎伊尔和赞比亚至今还在应用。在中国这种方法称"马坝流程"是马坝冶炼厂首先发展起来的。60年代末70年代初曾风行一时,最大的工厂能力2000t/a电解铜。该工艺中的焙烧是保证这种方法回收率的关键,通过焙烧使铜精矿中的硫化铜转化为水溶性的硫酸铜或酸溶性的氧化铜,避免生成不溶性铁酸铜。一般而言,由于铜精矿含铜品位高,可以直接产出适合电积需要的浸出液,但是电积之前,通常都需要经过化学沉淀净化除铁及其他杂质。在溶剂萃取出现之前,这是湿法炼铜的主要方法。这种方法的缺点是损失在除铁渣、洗水和废酸带走的铜难以回收,造成铜的总回收率低。目前用这种方法生产的工厂,除了扎伊尔、赞比亚以及中国新泰冶炼厂以外,其他的工厂由于经济原因均已关闭。而上述工厂处理的原料中含有可回收的钴。

1968年世界上第一个商业规模铜萃取工厂在美国亚利桑那州兰彻斯公司的兰鸟矿(Ranchers Bluebird)投产,生产能力为6000t/a阴极铜。虽然这种工厂最终的电积与上述工艺的电积技术没有本质上的区别。由于引进了溶剂萃取的技术,由此所形成的浸出-萃取-电积工艺才真正成为可与传统的炼铜技术浮选-熔炼-精炼相竞争。现在全世界用溶剂萃取-电积法生产的铜已占全球矿产铜量20%左右,而且仍在不断发展中。目前世界上最大的溶剂萃取电积工厂,1996年在智利El Abra建成。该厂年生产能力为225000 t/a,其产品达到伦敦金属交易所A级阴极铜标准。1997年为止,表1-10-1列出全球50个主要生产运营工厂产能状况,年产铜超过200万t[1,2,11]。

由图1-10-1看出,智利是世界上最大湿法炼铜生产国,其产量遥遥领先。中国也有很大发展,现在全国的铜萃取工厂产能已超过15kt。

二、工艺过程

工艺过程见图1-10-2。

该工艺流程主要由三个单元作业组成。浸出是用酸性或氨性溶液将矿石或其它物料的铜从固体溶解到溶液之中。可以采用堆浸、槽浸和搅拌浸出等方式。溶剂萃取是该工艺的核心,它是通过特效的铜萃取剂与浸出溶液的接触实现铜从溶液中分离和富集,获得适宜电积要求的纯硫酸铜溶液。最后用不溶阳极电积生产高纯度电解铜,这是比较古老的技术。但自本工艺获得快速发展以来,电积技术本身也取得了很大发展。[5,20]

表1-10-2列出世界各国一些浸出-萃取-电积工厂生产数据。

表 1-10-1 1997 年运营的浸出-溶剂萃取-电积工厂

美国	生产能力/t·a^{-1}
阿里梅特科 耶尔林顿 内华达州 Arimetco yerrington nev	5840
阿里梅特科 约翰逊 坎普亚利桑那州 Arimetco johnson camp ariz	4000
阿萨尔科 雷 亚利桑那州 Asarco ray ariz	40000
塞浦路斯 巴格达德亚利桑那州 Cyprus bagdad ariz	13400
塞浦路斯 托霍诺 亚利桑那州 Cyprus tohono ariz	12400
塞浦路斯 迈阿密 亚利桑那州 Cyprus miami ariz	62000
塞浦路斯 西尔瑞塔 亚利桑那州 Cyprus sierrita ariz	29000
BHP 有限公司 平托 瓦利依 亚利桑那州 BHP pinto valley ariz	8800
BHP 有限公司 迈阿密 亚利桑那州 BHP miami ariz	12500
BHP 有限公司 圣马纽尔 亚利桑那州 BHP san manuel ariz	25800
菲利普斯 道奇 伯尔诺奇夫 蒂龙 新墨西哥州 Phelps dodge burro chief tyrone nm	71500
菲利普斯 道奇 奇诺新墨西哥州 Phelps dodge chino nm	61000
菲利普斯 道奇 莫伦西 亚利桑那州 Phelps dodge motenci ariz	284400
美国合计	630640
智利	
科德尔科 丘基卡马塔 Codelco chquicamata	150000
科德尔科 田林特 Codelco el teniente	8000
埃尔 索尔达多 EL soldado	4500
米奇尔那 Michilla	47000
S.M.P 洛阿吉雷 S.M.P.LO aguirre	15000
托科皮尔那 Tocopilla	1500
庞塔蒂尔科布蒂 Punta del cobte	7000
瑟罗 科罗塔多 Cerro colotado	40000
魁北塔达 布兰卡 Quebtada blanca	75000

续表 1-10-1

智利	生产能力/$t \cdot a^{-1}$
埃斯康戴德 Escondida	80000
科德尔科 丘奎尔格索 Codelco chuqui lgso	16000
科德尔科 魁布塔萨姆 Codelco quebtasa m	24000
曼托斯 布兰斯科 Mantos blancos	
—萨布塔 巴尔巴拉 —Sabta barbara	45000
—曼蒂 维尔蒂 —Manti verde	42000
米纳伊凡 Mina ivan	11000
扎尔戴维尔 Zaldivar	125000
埃尔 艾布拉 El abra	225000
拉多米托 托米卡 Radomito tomic	150000
林西 Lince	50000
智利合计	1116000
秘鲁	
秘鲁 塞洛维德矿业公司 Minero peru cerro verde	33000
南秘鲁铜公司 Southern peru copper	22000
秘鲁合计	55000
非洲	
赞比亚 Zccm 钦戈拉 Zccm chingola zambia	100000
津巴布韦 芒亚梯 Munyati zimbabwe	8000
非洲合计	108000
墨西哥	
卡纳内阿 1 Cananea 1	12000
卡纳内阿 2 Cananea 2	30000
墨西卡纳 德 科布雷 Mexicana de cobre	20900
墨西哥合计	62900

续表 1-10-1

加拿大	生产能力/$t \cdot a^{-1}$
吉布拉尔 塔尔　Gibral tar	6000
加拿大合计	6000
澳大利亚	
布哈斯 南澳　Bhas sa	4000
吉里安博恩 新南威尔士州　Giriambone nsw	18000
冈鲍德尔 昆土兰州　Gunpowder qld	9000
奥利姆皮克达姆 南澳　Olympic dam sa	8000
尼夫泰 西澳　Nifty wa	16500
克朗克赖 昆土兰州　Cloncrry qld	5000
缪奇尔森　Murchison	5500
澳大利亚合计	66000
伊朗	
萨尔切希门　Sar cheshmeh	12000(1999 年建成)
伊朗合计	12000
塞浦路斯	
赫勒尼克 米宁　Hellenic mining	8000
塞浦路斯合计	8000
蒙古	
额尔德明　Erdmin	3600
蒙古合计	3600
总计	2013140

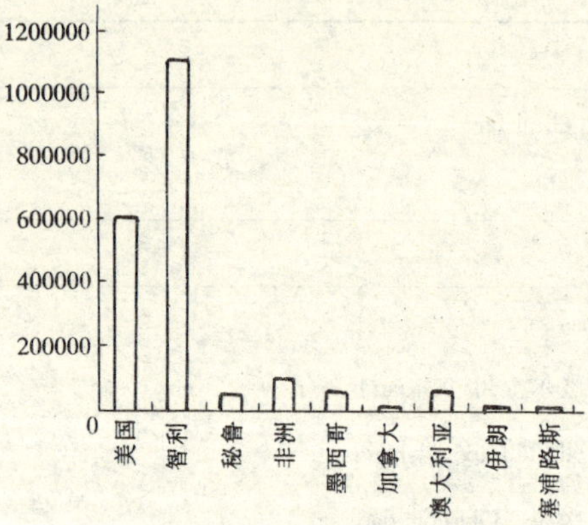

图 1-10-1 1997 年世界各国溶剂萃取法生产铜产量

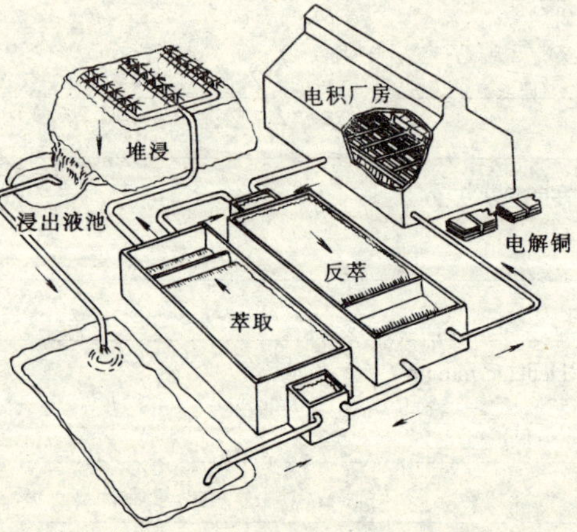

图 1-10-2 浸出-萃取-电积工艺配置图

表 1-10-2 世界部分湿法冶炼工厂实例[5]

公司名称	投产年份	浸出方法	矿石品位/%	产量/t·a^{-1}	料液成分		萃取系列	每列料液流量/m^3·h^{-1}	萃取剂	每列级配		
					Cu/g·L^{-1}	pH				萃取	反萃	洗涤
兰彻斯 布鲁伯德 亚利桑那州 Ranchers Bluebird Arizona(美)	1968	堆浸		6000	2.0	1.9	1	460	Lix64N	3	2	
ZCCM-恩昌加 ZCCM-Nchanga(赞)	1974	尾矿搅拌浸出 1991 年改为串并联	0.85	82000	5.0	1.9	4	750	PT5050	3	2	
麦格玛铜公司 迈阿密 亚利桑那州 Magma Copper Co Miami, Arizona(美)	1976	就地浸出 尾矿搅拌浸出		4200	0.8	2.0	2	320	Lix984	3	2	
塞浦路斯 迈阿密 亚利桑那州 Cyprus Miami Arizona(美)	1979	硫酸高铁熟化处理	0.47	60000	2.8	1.8	2	2020	M5640	2	2	
美国熔炼及精炼公司 雷矿 亚利桑那州 Asarco Ray Mine Arizona(美)	1980	废石堆浸 分层堆浸	0.7	45000	5.0 0.96	1.8 2.2	1 2	680 680	M5397	2 1	2 2	
普达霍尔矿业公司 Soc. Min. Pudahuel(智)	1980	薄层浸出	1.9	16500	3.0	1.9	3	200	Lix984	2	2	
西埃矿业公司 卡纳内阿 Cia Minera de Cananea(墨)	1980	堆浸		12700	2.5	2.0	1	730	M5640	2	2	

续表 1-10-2

公司名称	投产年份	浸出方法	矿石品位/%	产量/$t \cdot a^{-1}$	料液成分		萃取系列	每列料液流量/$m^3 \cdot h^{-1}$	萃取剂	每列级配		
					Cu/$g \cdot L^{-1}$	pH				萃取	反萃	洗涤
圣特洛帕斯科 Centromin, cerro de Pasco (秘)	1980	矿山水		6000	1.0	2.0	2	360	M5640	3	2	
麦格玛铜公司 平托 瓦利 Magma Copper Co. Pinto Valley(美)	1981	废石堆浸	0.27	7000	0.6	2.1	2	700	Lix984	2	2	
塞浦路斯 卡萨格兰德 Cyprus Casa Grande(美)	1981	就地浸出 焙烧浸出		6000 7000	1.5 9.0	1.6 1.9	1 1	450 500	1991 年改用 M5850	1 2	2 2	
菲利普斯 道奇 蒂龙 Phelps Dodge, Tyrone(美)	1984	废石堆浸	0.35	39000	2.6	2.6	2	910	Lix984 91 年改 M5640	2	2	
BHAS 皮里港 BHAS. Port Pire(澳)	1984	$Cl/H_2SO_4/O_2$ 搅拌浸出		3500	35	1.5	1	20	M5640	2	2	
苏夏尼矿业公司 Sushine Mining(美)	1985	搅拌浸出		2800	8.0	2.0	1	46	M5640	3	2	
麦格玛铜公司 圣马纽尔 Magma Copper Co. San Manual(美)	1985	堆浸 就地浸出	0.36	46000	1.7	2.0	4	820	Lix984 M5640	2	1	
吉布拉尔塔尔矿业公司 Gibraltar Mines(加)	1986	废石细菌浸出 冬季液温 5℃ 串并联	0.14 ~0.15	6000	1.0	2.0	1	690	PT5038	2 1	1 1	

续表 1-10-2

公司名称	投产年份	浸出方法	矿石品位/%	产量/$t \cdot a^{-1}$	料液成分		萃取系列	每列料液流量/$m^3 \cdot h^{-1}$	萃取剂	每列级配		
					Cu/$g \cdot L^{-1}$	pH				萃取	反萃	洗涤
菲利普斯 道奇 莫伦西 Phelps Dodge Morenci(美)	1987	废石堆浸 串并联	0.35	43000 21000 9000	1.9 0.9 1.4	2.0 2.0 2.5	2 1 1	1360 1360 2720	Lix984 Lix984 M5640	2 2 3	1 1 1	
托可派拉 Tocopilla(智)	1987	低品位矿石堆浸		1500	8.0	1.5	1	24	PT5050	2	1	1
科德尔科 丘基卡马塔 Codelco Chuguicamata(智)	1988	尾矿就地堆浸氧化矿	0.3	15000	6.0	2.5	1	1600	PT-5050	2	2	
菲利普斯 道奇 奇诺 Phelps DodgeChino(美)	1988	废石堆浸（用M5640后能力增加35%）	0.71	41000	1.8	2.0	2	1360	M5640	2	1	
卡纳内阿 Cananea(墨)	1989	废石堆浸		34500	2.2	1.9	3	4000	Lix622	2	2	
冈鲍德尔铜公司 Gunpowder Copper[4](澳)	1990	硫化矿细菌浸出	0.54	7500	5.1	2.0	1	200	M5640	2	2	
萨尔瓦多尔 科德科 Salvador Codeco[9](智)	1991	硅孔雀石和辉铜矿制团堆浸	0.65	12500	6.0		2	300		2	1	1
西方矿业公司 尼夫泰铜厂 Western Mining Nifty Coppr(澳)	1993			16500					M5640			
托格帕拉/卡阿杰纳 Toguepala/Cuajone[14](秘)	1994	氧化矿 硫化矿细菌浸出	1.0 0.18	35000	1.62		3	900	M5640	2	1	

续表 1-10-2

公司名称	投产年份	浸出方法	矿石品位/%	产量/$t \cdot a^{-1}$	料液成分		萃取系列	每列料液流量/$m^3 \cdot h^{-1}$	萃取剂	每列级配		
					$Cu/g \cdot L^{-1}$	pH				萃取	反萃	洗涤
魁北那塔 布拉姆卡 Quebrada Blamca(智)	1994	硫化铜矿细菌浸出	0.5	75000	3.5	2.0	3	2770		2	1	
曼托斯 布兰科斯 斯坦塔巴尔伯 Mantos Blancos Stanta Barb(智)	1995			45000	7.0	1.4	1	800	M5640	2	2	1
曼托斯 布兰科斯 曼托维蒂 Mantos Blancos Manto Verde	1995		0.7	42000	5.5	1.4	1	1000	M5640	2	2	1
扎尔戴瓦尔 Zaldivar[11]	1995	辉铜矿浸出(每层6m) 氧化矿堆浸(每层8~12m) 表外矿堆浸	1.4 1.02 0.41	125000	3.8	2.4	4	1000~1200	Lix984N	2	1	
楚雄选冶厂(中)	1996	铜精矿焙烧浸出	25	2500	12	1.5	1	62	M5640	2	1	
宝坪铜业公司(中)	1996	氧化矿堆	1.0	1000	1.5	1.6	1	80	M5640	2	1	
埃尔 艾布拉 El Abra(智)	1997	氧化矿	0.71	225000	5.46	1.6	4	1200~1450	PT5050	2	2	1
雷多米诺 托米克 Radomiro To Tomic(智)	1997	氧化矿、辉铜矿	0.59	150000	5.5~8.0	2.0	3	1200~1500	M5640	2	1	1
埃斯康迪戴 Escondida(智)	1995	铜精矿氨浸	30	80000	30	8.0	1		Lix54	2	1	1
额尔德明 Erdmin[29](蒙)	1997	堆浸	废石堆	3600	1.6	1.5	1	230	M5640	2	1	

第二节 浸 出

一、主要铜矿物及其溶解性

主要铜矿物及其基本性质列于表 1-10-3。

表 1-10-3 主要铜矿物基本性质

矿石矿物	矿物	组成	铜含量/%	密度/g·cm^{-3}
蓝铜矿	氧化铜矿物	$2CuCO_3 \cdot Cu(OH)_2$	55.3	3.7
孔雀石		$CuCO_3 \cdot Cu(OH)$	57.6	3.6~4.1
硅孔雀石		$CuSiO_3 \cdot 2H_2O$	36.2	2~2.4
黑铜矿		CuO	79.7	
赤铜矿		Cu_2O	88.8	6.1
绿铜矿		$CuSiO_3 \cdot H_2O$	40.3	3.2
水胆矾		$CuSO_4 \cdot 3Cu(OH)_2$	56.2	4.0
绿铜矿		$CuCl_2 \cdot 3Cu(OH)_2$	59.5	3.8
假孔雀石		$Cu_5(PO)(OH)_4 \cdot H_2O$	53.5	4.3
自然铜		Cu	100	8.93
辉铜矿	硫化铜矿物	Cu_2S	79.8	5.5~5.8
铜蓝		CuS	66.4	4.7
斑铜矿		Cu_5FeS_4	63.3	5.1
黄铜矿		$CuFeS_2$	34.6	4.1~4.3
硫砷铜矿		Cu_5AsS_4	48.4	4.4

在这些铜矿物中，氧化铜矿更容易溶于稀硫酸。蓝铜矿、孔雀石、黑铜矿将会很快溶解，硅孔雀石溶解得比较慢。赤铜矿和自然铜，只有在有硫酸高铁的存在下才会溶解。至于水胆矾和绿铜矿甚至可以溶于水。硫化铜矿一般都属原生矿，占铜储量多数。这些铜矿物都比较稳定，不溶于稀硫酸，次生硫化矿如辉铜矿、蓝铜矿可以在有硫酸高铁的稀硫酸溶液中溶解。斑铜矿的浸出速度次之，最难浸的是黄铜矿，浸出动力速度非常慢。硫化铜矿堆浸通常

要借助细菌的作用，包括浸出液中硫酸高铁的再生。关于各种铜矿物的可浸性结果列于表 1-10-4。

表 1-10-4 纯铜矿物溶解性

铜矿物	粒 度	溶 液	温度	时间	溶解率/%
蓝铜矿	-100+200 目	1%～5% H_2SO_4	常温	1h	100
孔雀石	-100+200 目	1%～5% H_2SO_4	常温	1h	100
硅孔雀石	-1.3mm+3 目	5% H_2SO_4	常温	30h	100
	-10+28 目	5% H_2SO_4	常温	6h	97
黑铜矿	-100+200 目	1% H_2SO_4	常温	1h	95
赤铜矿	-10+28 目	酸性 $Fe_2(SO_4)_3$	常温	3d	99
	-10+100 目	酸性 $Fe_2(SO_4)_3$	常温	1h	100
绿铜矿	-10+28 目	1% H_2SO_4	常温	60d	79
	-10+28 目	1% H_2SO_4	常温	60d	98
	-10+28 目	5% H_2SO_4	常温	37d	100
辉铜矿	-100+200 目	酸性 $Fe_2(SO_4)_3$	35℃	24h	50
	-100+200 目	酸性 $Fe_2(SO_4)_3$	23℃	8d	50
	-100+200 目	酸性 $Fe_2(SO_4)_3$	50℃	8d	95
	-100+200 目	酸性 $Fe_2(SO_4)_3$	35℃	21d	100
斑铜矿	-100+200 目	酸性 $Fe_2(SO_4)_3$	常温	14d	95
	-100+200 目	酸性 $Fe_2(SO_4)_3$	23℃	5d	45
	-100+200 目	酸性 $Fe_2(SO_4)_3$	50℃	3d	85
铜蓝	-100+200 目	酸性 $Fe_2(SO_4)_3$	35℃	11d	35
	-100+200 目	酸性 $Fe_2(SO_4)_3$	50℃	50d	70
黄铜矿	-100+200 目	酸性 $Fe_2(SO_4)_3$	常温	43d	2
	-350	酸性 $Fe_2(SO_4)_3$	常温	57d	39
	-350	酸性 $Fe_2(SO_4)_3$	50℃	14d	44
硫砷铜矿	-100+200 目	酸性 $Fe_2(SO_4)_3$	35℃	60d	2
	-200 目	酸性 $Fe_2(SO_4)_3$	35℃	60d	5

二、脉石矿物的影响

铜矿物浸出过程中，除去自身的溶解外，脉石矿物的种类和性质对浸出的成功与否起着极其关键作用。它将决定酸的消耗、矿堆的渗透性和浸出液中杂质的含量。脉石矿物溶解的主要元素是铁、铝、硅、镁、钙、锰。这些杂质在浸出循环中积累，增加溶液黏度，影响后续萃取过程分相。一些杂质过饱和沉淀析出，还会导致萃取絮凝物增加，乃至对电解液的污染。碳酸盐如石灰石、白云石、菱镁矿、菱铁矿物高的铜矿石，显然不适宜酸浸，将会导致酸耗增加。硅铝酸盐复杂的矿物如水化黏土（绿泥石）除增加酸耗外，对堆场渗透性也有不利影响。赤铁矿和其他铁的氧化物与酸的反应取决于酸的浓度。料液中铁的浓度太高是不好的，当 pH 值高到 2.5，铁盐会沉淀，堵塞矿堆。脉石中锰、钼、硅、氯化物、氟化物等杂质不应进入溶液，因为它们会在萃取、电积中产生不良乃至加速萃取剂降解。黏土矿物和铁矿物的混合物有时还会使铜以不规则形态进入其结构中，影响铜的浸出。

三、浸出方法

1. 就地浸出

就地浸出就是将特定的浸出剂注入矿体，溶解矿床中或接近原地质层位矿体的有价金属过程。其优缺点列于表 1-10-5。

表 1-10-5 就地浸出优缺点

优 点	缺 点
1. 投资及生产费用比常规采矿和选矿低	1. 受物理和化学条件制约，可能限制金属回收
2. 需要的能源及劳动力较少	2. 实验室和扩大试验困难
3. 投产时间短	3. 地下水和含水层可能受污染
4. 减轻对环境污染压力	
5. 适于小和浅矿床提取金属，特别是低品位矿石	
6. 增加矿物资源利用	

就地浸出有两种形式：

1)未开发的矿床,通常是储量不大,难以用常规方法开采的矿床,或者因采矿环境恶劣,以及可能对人类活动产生环境影响的矿床。对这些矿体溶浸是采取钻孔方式来建立注液井和收集井。图1-10-3是美国卡萨格兰德(Casa Grande)就地浸出模式[1]。为了提高溶浸矿床渗透率,有时候对矿床进行某种程度的爆破松动。岩石节理发育与否,地下水文地质状况都要深入了解。

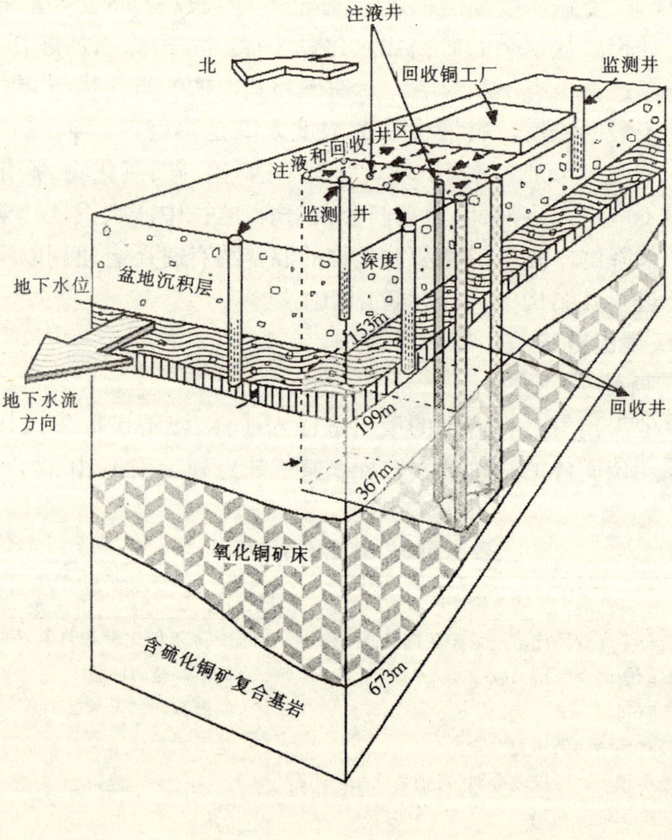

图1-10-3　卡萨格兰德就地浸出模式

如遇到硫化铜矿还要建立细菌循环系统，认真控制供氧、溶液 pH 和温度等。

2）矿山陷落区矿体的就地浸出[25]。这种情况工业应用较多。一般是地下采矿采用矿块崩落法采矿结束后的矿区用以回收上部陷落氧化矿体。注液井就在陷落区布置钻孔，集液沟利用地下采矿老运输巷道。在老矿坑道内建集液池，在此用泵将浸出液泵往地面萃取料液池。泵液管道沿旧竖井配置。生产过程见第 4 节圣曼纽尔工厂工艺流程图。

表 1-10-6 列出美国一些商业应用的就地浸出工厂。

表 1-10-6　美国商业应用的就地浸出工厂[16]

项　目	主要铜矿物	平均品位/%	备　注
兰彻斯公司大迈克矿　内华达州	赤铜矿、黑铜矿、黄铜矿	1.18	爆破后的矿井和底板（筑成台阶状）
兰彻斯公司奥利埃布米矿　亚利桑那州	辉铜矿、黄铜矿、孔雀石、硅孔雀石	0.84	爆破后的老地下采矿工作面（筑成台阶状）
麦格利斯特富尔公司佐尼奥矿　亚利桑那州	硅孔雀石	0.20	爆破后矿井和底板
菲利普斯道奇公司铜昆分公司　亚利桑那州	辉铜矿	0.29	露天矿地下坑道内作业
茵斯皮雷申联合公司茵斯皮雷申矿　亚利桑那州	蓝铜矿、孔雀石和硅孔雀石	0.50	矿块崩落区
诺兰达公司湖岸矿　亚利桑那州	硅孔雀石、水胆矾和赤铜矿	0.45	矿块崩落区
麦格马公司迈阿密矿　亚利桑那州	辉铜矿	未分析	矿块崩落区上部地表处理
麦格马公司圣马纽尔矿　亚利桑那州	硅孔雀石	未分析	矿块崩落区

2. 废石堆浸

废石堆浸主要是指硫化铜矿开采时排放堆积的大量表外矿和露天矿山剥离的氧化矿和混合矿铁帽。这些废石堆一般都有很大废石量,数十万吨到数千万吨不等,铜矿物含铜0.2%以下。为了提高废石中铜的回收率在70年代以后建的矿山,废石堆场底部都用粘土等作防渗处理,甚至有些还铺垫了高密度聚乙烯防渗层。

3. 矿石堆浸

世界各地许多新建的铜矿山选用浸出-萃取-电积工艺,而堆场浸出已为大多数人接受的选择方案。建设堆浸场按其垫层结构分为永久堆场垫层和多次重复使用堆场垫层。

建设永久堆场首先要清除堆场底部植被,并修整成3%~12%地形坡度,然后修筑不渗漏的粘土地基,或者在筑堆之前铺设高密度聚乙烯衬垫。有些工厂还要在防渗垫层上面铺设输液管。特别在该垫底层上进行多层堆浸时,它可以减少浸出液从堆底沿坡度纵向外流阻力,有利于矿堆浸出液排出。第一层矿石堆高一般6m,在堆场表面布管、喷淋浸出。一定周期后将喷淋管拆除,必要时将喷淋过矿堆表面耙松,新矿石再在上面筑堆,如此反复。一个永久堆场底垫通常堆多层,最终堆高最高达120m。这种堆浸周期长有利于下部矿石铜浸出,其浸出率达60%~90%。这与矿石性质、粒度和堆高有关。矿石熟化处理、添加表面活性剂增加矿石润湿性等都可望提高矿石铜的浸出回收率。图1-10-4为墨西哥桑切斯矿堆底部输液管及溶液池配置平面示意图。

大多数铜厂用旋转喷头喷淋浸出。但是在蒸发量大和寒冷地区,最好用滴浸器,滴浸器的溶液蒸发和夹带损失较低(约5%~10%,喷淋10%~20%)。寒冷天气还可将滴浸管埋在矿石内避免结冰。旋转喷头在高风速地区还会使空气夹带酸雾,对环境造成不良影响,

溶液池最少要有两个,一个料液池,另一个是萃余液池。目前许多工厂都倾向设置一个中间溶液池,用作循环浸出,提高最终料液铜浓度。溶液池的容积设计,必须考虑当地的最大降雨量,使其

在大暴雨时能接纳堆场面积的降水。当然，堆场周围必须有畅通的排洪沟以及堆场自身的过量降雨外排渠道。

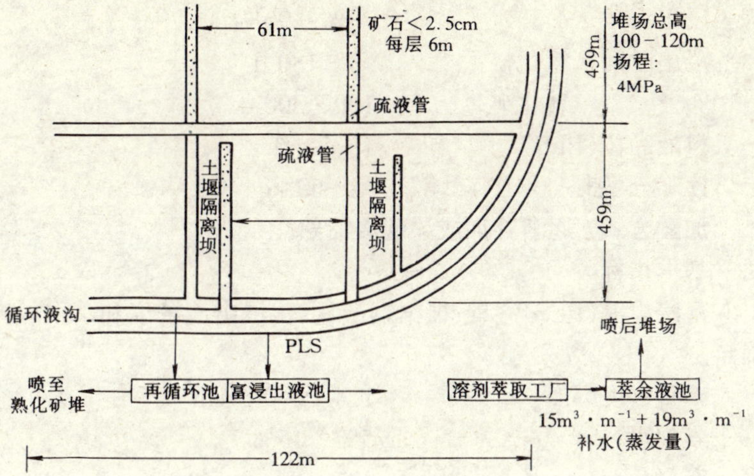

图 1-10-4　兰彻斯矿堆底部结构

堆浸技术已从过去废石回收的粗放作业向铜矿石原矿堆浸方向发展。为了获得较高的回收率，近年来作了一些改进工作：降低矿堆层厚(包括薄层浸出技术)提高矿堆渗透速率、添加聚合物粘结剂和硫酸制团改善渗透性，特别适合粘土矿石和粉矿较多的矿石。减少矿石破碎粒度增加浸出液接触面积。矿石用酸或硫酸高铁熟化处理，改善浸出剂与矿石接触；高品位硫化矿石浸出，强化供气和休闲；添加表面活性剂，改善矿石润湿性，所有这些措施都有助于提高浸出率。使用海水及矿化程度较高的水作浸出补充水，对智利等缺乏淡水地区尤为重要。高海拔寒冷地区堆浸作业的进展，对一些自然条件较差地区的铜矿资源开发有很大现实意义。大型筑堆机械应用如智利雷多米诺 托米克(RADOMID TOMIC)矿使用卫星定位的自动推进移动式筑堆和卸料联合筑堆机，使大型薄层浸出工厂作业顺利进行[26]。堆浸厂典型设计指标如下：

各工厂需通过试验获得的指标

原矿破碎粒度	10mm
浸出率	70%～90%
浸出时间　氧化矿	50～180 d
硫化矿	100～300 d
料液品位(PLS)	1～5 $g \cdot L^{-1}$
1t 矿石酸耗	5～50 kg

加酸方式：逐渐补加或浓酸浸渍熟化

基本指标

富浸出液(PLS)流量：根据铜产量、富浸出液浓度和萃取效率确定。

矿石密度	1.4～2.0 $g \cdot cm^{-3}$
渣含水	5%～15%
安息角	30°～45°

其他指标

层高	3～10m
最终高度	3～100m
层数	1～多层
浸出级数	1～2

堆场底层材料厚度：

高密度聚乙烯	0.75～1mm
超低密度聚乙烯	0.75～1.5mm
聚氯乙烯	0.50～1.0mm
底衬数	1～2

基底衬保护层材料：破碎的岩石或矿石

最大粒度	25～50mm
最大细度	10%～15% −150μm
厚度	0.5m
底部最小斜度	0.5%

底部排水高密度聚乙烯管 ϕ100～200mm

灌浸方式:滴液器

小型喷淋器—旋转喷头

大型喷淋器—鸟雨式喷头

堆场布液管:聚氯乙烯、高密度聚乙烯管

矿石运输方式:卡车、皮带输送机、前端式装载机

筑堆方法:堆积机、卡车、前端式装载机、电铲、可移动桥式吊车

溶液池衬:与堆场底衬相同。

水补充:与气候条件、灌浸方法、灌浸速率、是否逆流浸出等有关。水补充量:

滴浸 5%～15%,喷淋 10%～20%

溶液泵:卧式离心泵、立式涡轮泵、潜水泵

泵材料型号:316～316L 不锈钢或耐氯腐蚀合金

年利用率:破碎/堆积 75%～85%

溶液循环 90%～95%

4. 搅拌浸出

氧化矿、精矿或含氧化铜的浮选尾矿搅拌浸出已有多年。最初两个很大的搅拌浸出/萃取/电积工厂分别为赞比亚的恩昌加和美国亚利桑那州的阿马克斯。前者是处理尾矿,后者浸出氧化矿(该厂是混合矿磨矿后浸出,浸出渣浮选生产硫化铜精矿)。一般而言,搅拌浸出用于处理铜精矿或不需要磨矿的尾矿较合适。前者可以获得较高的铜浓度溶液,后者可省去破碎与磨矿费用。搅拌浸出的优缺点见表 1-10-7。

搅拌浸出设备有机械搅拌与空气搅拌(巴秋喀槽)两种方式。美国阿马克斯氧化矿浸出与 BHP 有限公司迈阿密的尾矿浸出工厂均用机械搅拌槽。赞比亚恩昌加工厂则采用大型巴秋喀槽。无论采用何种浸出设备,都需要大型浓密机来实现洗涤与液固分离。浓密机底流通常都用带式过滤机过滤,获得的滤渣中和后排入最终尾矿坝。

搅拌浸出形式除酸浸外，还有氨浸、三氯化铁浸出、对此不一一叙述。

表 1-10-7　搅拌浸出优缺点

优　点	缺　点
1. 浸出时间短，一般 2～4h； 2. 浸出率高，可达 85%～98%； 3. 浸出液铜浓度可以控制，含铜比堆浸高； 4. 试验室试验结果的放大可靠性好； 5. 投产后全流程完成需时间短； 6. 浸出渣排放可以起到杂质开路作用	1. 需磨矿，耗水、电、酸、劳动力都比堆浸大，生产费用高； 2. 浸出矿浆需浓密－过滤，进入萃取前料液还需澄清设备； 3. 酸耗及溶液杂质含量比堆浸高； 4. 需要较大浸出渣堆放场地； 5. 必须使用适合的絮凝剂

第三节　溶剂萃取

溶剂萃取是现代湿法冶金工艺的关键技术，萃取工序可以将矿石的浸出与电积两个工序连接成一个完整的三个闭路循环过程。如图 1-10-5 所示，通过萃取与反萃可以源源不断地将浸出液中的铜运往电积生产阴极铜，而萃取铜后萃余液再生的硫酸又可以返回堆场浸出（每萃取 1kg 铜约放出 1.54kg 硫酸）。从理论而言，该工艺从矿石中溶解铜直到产出阴极铜是不消耗硫酸，过程的酸耗主要是脉石及矿石其他杂质的溶解造成。良好的萃取工艺必须具备三个要素：萃取剂、稀释剂、萃取设备。

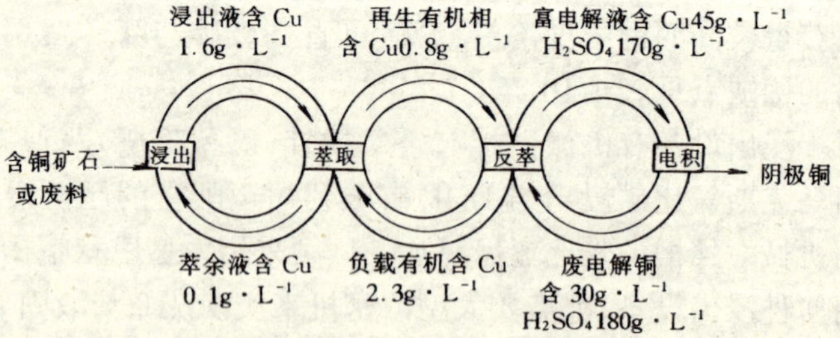

图 1-10-5　浸出-萃取-电积流程图

1. 萃取剂

优良的萃取剂应该是：铜的负载容量大，动力学速度快，选择性好，容易反萃，分相快，萃合物溶于煤油稀释剂，化学稳定性好，不易降解，水溶性小。

常用铜萃取剂见表 1-10-8。

表 1-10-8 常用铜萃取剂性能[9,28]

名称	Acorga P-5100	Acorga PT-5050	Acorga M5615	Acorga M5639	Acorga M5640	Lix 84	Lix 984	Lix 622
类别	醛肟	醛肟	醛肟	醛肟	醛肟	酮肟	醛肟 + Lix84	醛肟
外观	琥珀色	琥珀色	琥珀色	琥珀色	琥珀色	琥珀色	琥珀色	琥珀色
(25℃) 密度/$g\cdot cm^{-3}$	0.97～0.98	0.91～0.93	0.91～0.93	1.91～0.93	0.95～0.97	0.90～0.91	0.91～0.92	0.92～0.93
粘度/$MPa\cdot s$ (25℃)	＜200	＜200	＜200	＜200	＜200			＜200
闪点/℃	＞60	＞62	＞62	＞62	＞62			90
饱和容量/$g\cdot L^{-1}$(1%V)	0.55～0.58	0.55～0.58	0.55～0.58	0.54～0.58	0.55～0.59	0.47～0.48	0.52	0.55～0.57
萃取平衡时间 15s	85	＞85	＞80	＞85	＞85			
25℃ 30s	95	＞95	＞95	＞95	＞95	(60s)93	(60s)95	(60s)95
反萃平衡(25℃)	(15s),95	95	95	95	95			
萃取等温点有机相含铜/$g\cdot L^{-1}$	＞4.5	＞4.2	＞4.4	＞4.4	＞4.4	＞3.9	＞4.29	＞5.0
25℃水相含铜/$g\cdot L^{-1}$	＜1.5	＜1.8	＜1.6	＜1.6	＜1.7			
反萃等温点有机相含铜/$g\cdot L^{-1}$	＜2.5	＜2.2	＜2.6	＜2.4	＜2.3			
(25℃)水相含铜/$g\cdot L^{-1}$	＞32.5	＞32.7	＞32	＞32	＞32			

续表 1-10-8

名称	Acorga P-5100	Acorga PT-5050	Acorga M5615	Acorga M5639	Acorga M5640	Lix 84	Lix 984	Lix 622
铜/铁选择性	＞500	＞2000	＞1000	＞1000	＞2000		＞2000	＞2000
相分离时间/s	＜60	＜60	＜60	＜60	＜60	＜60	＜90	＜90
	＜60	＜60	＜60	＜60	＜60		＜90	
生产公司	捷利康公司					汉高公司		

商业用铜萃取剂有两大类,第一类是铜肟类。最早由美国吉格若·米尔斯(General Mills)公司开发,其基本试剂为 Lix65N(2-羟基-5 壬基二苯甲酮肟)。后来荷兰壳牌公司加以改进,推出 SME529(2-羟基-5 壬基-乙酰苯甲酮肟)。该萃取剂后为德国汉高公司收购并改名为 Lix84。酮肟类萃取剂是能力较弱的萃取剂,需要在料液 pH 值 2 以上的条件下萃取,Cu/Fe 选择性较差,所以早期萃取工厂大都要三级或四级萃取,二级以上反萃。第二类萃取剂醛肟类萃取剂,是 70 年代英国 ICI 公司即现在的捷利康(Zeneca)公司的专利,基本试剂是 AcorgaP50(5-壬基水杨酸醛肟)。后来汉高公司也推出 Lix860(5-十二烷基水杨酸醛肟)。醛肟萃取剂具有很强的萃铜能力,甚至可以达到化学计量的负载能力。Cu/Fe 选择性好,可以在较高的酸度(低 pH 值)下萃取铜,但反萃困难。两类萃取剂的分子结构式见图 1-10-6。

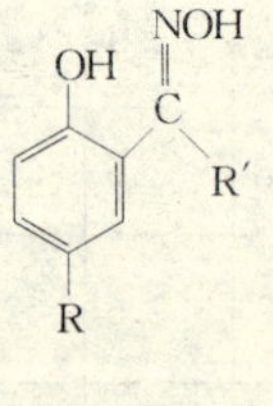

图 1-10-6　铜萃取剂的分子结构式

萃取剂名称	R	R′
Lix65N	C_9H_{19}	C_6H_6
Lix84(原 SME529)	C_9H_{19}	CH_3
AcorgaP50	C_9H_{19}	H
Lix860	$C_{12}H_{25}$	H

为了使醛肟类萃取剂获得更好的萃取/反萃性能，商业应用的醛肟萃取剂均需经过改质剂改性处理。改质剂可以是酮肟类萃取剂、十三醇、壬基酚或其它醇类和酯类。改质剂对反萃性的影响可以从图 1-10-7 看出。酮肟的负载能力较低，一般只有 50%左右，因此反萃比较容易，铜的反萃迁移量也能达到 50%。而醛肟负载能力达 96%，但用 $30g\cdot L^{-1}Cu$，$150g\cdot L^{-1}$ H_2SO_4 反萃只能反萃其负载量的 60%，也就是说铜的迁移量只有 35%。添加壬基酚改质剂的 Acorga P5100 净迁移量就可以增加到 60%。改质剂加入量对萃取剂强度稍有影响。通常随加入量增加萃取等温线向右偏移。改质剂对萃取剂性能影响列于表 1-10-9。

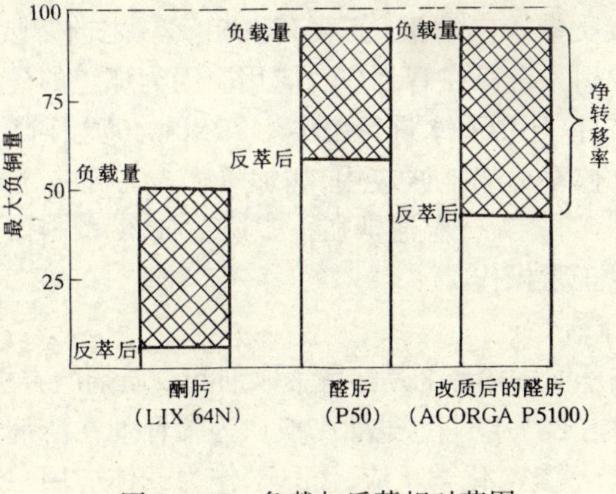

图 1-10-7 负载与反萃相对范围

(料液 $3.0g\cdot L^{-1}$ Cu^{2+}，pH 2.0，反萃液 $30g\cdot L^{-1}$ Cu^{2+}，$50g\cdot L^{-1}$ H_2SO_4)

表 1-10-9　改质剂对商业萃取剂性能影响

肟	改质剂	商业名称	Cu/Fe 选择性		有机相在水相夹带		半衰期 /a
			A 料液	B 料液	有机相连续	水相连续	
P-50	壬基酚	P－5100	1859	386			
P-50	十三烷基醇	PT－5050	5384	515	313	50	3.82
P-50	异十八烷基醇	M5615	6024	976	73	120	4.57
P-50	酯(TXIB)	M5640	7435	1210	53	94	10.96
Lix860	十三醇	Lix622	1444	208			3.59
Lix860	Lix 84	Lix984	1370	120			3.05
Lix84		Lix 84					2.66

注：A: 3 $g \cdot L^{-1}$ Fe^{3+}，3 $g \cdot L^{-1}Cu^{2+}$ pH2.0；B: 30 $g \cdot L^{-1}$ Fe^{3+}，3 $g \cdot L^{-1}Cu^{2+}$ pH2.0。

近几年来南美，特别是智利建了许多规模很大的工厂，这些工厂都用高品位矿石，溶液浓度比较高，pH 值变化很大。因此需要采用诸如 Acorga M5640 类萃取剂，以确保生产最佳化。曼托维尔第厂于 1995 年 11 月投产。浸出液主要来自氧化矿，如水胆矾〔$CuSO_4 \cdot 3Cu(OH)_2$〕的堆浸。送往萃取工厂料液含铜 5 g/L，pH1.8～2.0，有机相浓度 18％M5640，二级萃取、一级洗涤、二级反萃。由于有选择性高、适应性广泛的萃取剂出现，使萃取工艺可以在含有诸如氯、氟、锰、钼、铁、硅等有害杂质溶液中应用。不过为了减少杂质带入电解液，负载有机相反萃之前都要进行洗涤。萃取级配中引入洗涤在智利广泛应用。因为那里的矿山除含有较多的氯铜矿外，还用海水进行浸出。象 M5640 这样高效能萃取剂还可以在气候寒冷的地区应用，如加拿大吉布拉尔塔尔矿和蒙古的额尔德明矿，冬天气温通常在－37℃左右，萃取料液通常维持在 6℃，就可以正常操作。

2. 稀释剂

在溶剂萃取中稀释剂是溶解萃取剂和改质剂的有机溶剂，通常在有机相中占 80％以上。虽然一般认为稀释剂在溶剂萃取中是一种惰性溶剂，不参与化学反应，而只是作为载体应用。但事实上稀释剂在萃取过程的协同效应是不能忽视的。对稀释剂要有严格要求，它必须能与萃取剂或改质剂很好互溶，对萃合物有很高的溶解度。不会产生第三相,挥发性低,闪点高,不溶于水,表面张力低,密度和粘度小。铜溶剂萃取常用的稀释剂性能列于表1-10-10。

表1-10-10 铜溶萃取常用稀释剂的性能

指标	稀释剂				
	Escaid100	Shel 140	260	工业煤油	DSR3
芳烃含量/%	20	6.0	13.9		7.78
烯烃含量/10^{-6}			204.9		1.7
硫含量/10^{-6}			153		0.42
闪点(20℃)	76.2	61.0	70.5	>40	47
密度/$g\cdot cm^{-3}$	0.79	0.785	0.79	0.84	0.79
沸点/℃	192.6	185.9	195	140	179
粘度 Pa·s(52℃)	0.00178		0.0015	0.00252	0.00135
生产厂家	埃克索	壳牌	上海炼油厂	各炼油厂	

稀释剂在溶剂萃取过程的作用远非只是溶解萃取剂、降低有机相粘度、改善有机相的分散与聚结,而且对萃取剂的最大负荷能力、操作容量、动力速度、金属离子的选择性及相分离都有影响。在表1-10-11中列出M5640和Lix984与不同稀释剂组成的有机相最大负载容量、萃取及反萃动力速度、Cu/Fe选择性和相分离的影响。

表1-10-11 不同稀释剂对铜萃取性能影响

稀释剂	最大负载/$g\cdot L^{-1}$		30S萃取平衡速度/%		30S反萃平衡速度/%		Cu/Fe选择性		萃取分相时间/s		反萃分相时间/s	
	M5640	LIX984	M5640	LIX984	M5640	LIX984	M5640	LIX984	M5640	LIX984	M5640	LIX984
DSK1	5.58	4.84	91.3	95.4	95.5	95.4	1486	1083	71	27.1	26.1	16
DRPT	5.61	5.12	96.1	86.2	96.7	96.8	2477	2506	175	199.1	52.5	34.1
DRPF	5.41	5.06	94.4	82.2	95.9	66	2694	2565	42	34.5	19.9	22.5
DSR3	5.63	5.18	94.1	96.4	98.4	98.6	3315	3169	20	39	16.2	20.8
DSR5	5.72	5.17	91.3	89.5	99.1	84.4	3265	2873	29	32.5	21	11.9
工业煤油	5.44	4.85		76		77.8	1476	1031	117	110.6	40.9	38.7
260煤油	5.66	5.11	95.6	89.5	96.5	66.4	2400	2414	18	19.7	16	21.6
Escaid 100	5.5~5.9	5.1~5.4	95	93	95	93	≥2000	≥2000	≤60	≤70	≤60	≤80

注:有机相按10%(V)配置水相料液6 $g\cdot L^{-1}Cu^{2+}$,3 $g\cdot L^{-1}Fe^{3+}$,pH2.0。

由表1-10-11看出，同一种萃取剂与不同稀释剂组成的有机相的萃取与反萃结果是有差别的，但是M5640萃取剂对不同稀释剂的适应性较Lix984要好些。关于稀释剂对萃取剂性能的协同效应机理，目前尚未获得满意的解答。

3. 萃取设备

萃取设备必须保证在不相溶的两相充分混合接触，而又可以实现两相的彻底分离，萃取设备种类很多，铜溶剂萃取常用的设备仍然是混合澄清萃取箱，这种设备结构简单，易于操作。惟一缺点是占地面积较大，由于铜萃取工厂大多建在矿山，因而占地是不成问题。

大多数大型混合澄清室的传统设计是用内衬316L不锈钢的混凝土或全部用316L不锈钢结构。如果在浸出液有氯化物存在，就要选用耐氯离子腐蚀的不锈钢，而这种不锈钢都比较贵。最近在智利许多工厂由于有氯铜矿用海水浸出，为了节省投资现在都用高密度聚乙烯（HDPE）或玻璃钢（FRP）衬里的混凝土结构。这种结构的萃取箱造价都比不锈钢便宜。中国的小规模工厂（2000t/a阴极铜以下）一般用硬PVC焊制。

混合室通常全部用不锈钢或有内衬（不锈钢、HDPE或FRP）混凝土。每一级混合器通常有2～3个混合室。第一个混合室内部有假底，隔板将有机相和水相进口分隔开，装有搅拌涡轮，它的作用是两相混合和溶液泵送。第二个混合室结构简单，只有四周安装障流板即可，通常装有桨叶搅拌，混合强度较小。为了减少有机溶剂（萃取剂和稀释剂）一次投入量，常用的混合澄清萃取箱都是浅池式，即大面积的澄清室都比较浅。美国莫伦西萃取工厂一级混合澄清萃取箱的混合室为三个串联室组成，每室尺寸3.06m×3.06m×3.06m，澄清室23m×26m×0.9m。为了加速混合相的聚结分相，一般的澄清室都设有栅栏，常用混合澄清器在有机相浓度10%～20%范围，澄清速率为3.6～5$m^3/(m^2\cdot h)$。如冬天料液温度较低或有机相中萃取剂浓度超过25%，必须降低澄清速率，甚至考虑给料液加温。

萃取设备的变化是渐进的,早期的混合室建在地面,澄清室就不得不用柱子支撑,这样对萃取箱的泄漏容易发现,但却增加了工厂投资。70年代末,有了新的变化,即将澄清室建在地面,混合室建在低于地面的地沟里。所有溢流堰都设在澄清室远端。为了减少管道级与级的配置只能交错排列。90年代法国克莱布斯(Krebs)公司将其在铀萃取工厂的克莱布斯萃取箱用于铜萃取,1994年在智利伊万矿应用。该矿能力为28000$t \cdot a^{-1}$阴极铜。现在已推广到美国和澳大利亚铜萃取工厂。克莱布斯萃取箱(图1-10-8)特点是比流量更大,一般可以达到9$m^3/(m^2 \cdot h)$。这是因为它的混合室有一个锥形泵将有机相和水相进行混合分散,而溶液的泵送则由位于锥形泵下部的涡轮完成。这样就可以避免两相混合与泵送时混合相液滴过粉碎。分散相提升到上部溜槽,该溜槽沿澄清室长度布置,分散相到达澄清室远端溜槽时发生初步相分离,分离的两相进入澄清室的相应位置,最后通过排液溢流堰进入相邻混合室。由于出口的溶液在靠近混合室,故无需循环管,避免地下配管,因此减少了用于沟槽等混凝土工程量。

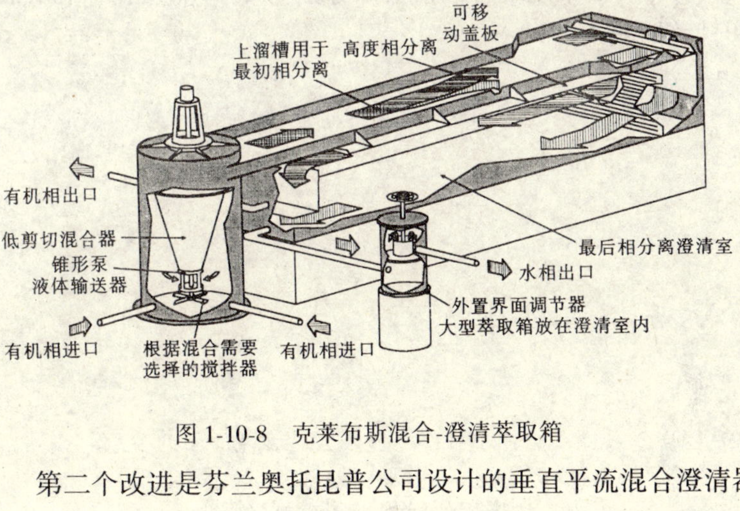

图1-10-8 克莱布斯混合-澄清萃取箱

第二个改进是芬兰奥托昆普公司设计的垂直平流混合澄清器

(VSF)[20]。这种设备的搅拌器是由两条对称的螺旋管固定在转轴上组成,(图1-10-9)。双螺旋搅拌器装在混合室上半部。它的搅动能使中心液体向下流动,周围向上流动,两相垂直进行液-液接触,分散相获得大小均匀的液滴。这种垂直流分散模型,即使混合室内有机相与水相的比少于1.0时仍能保持有机相连续作业。下部装有特殊的分散溢流泵,它起着泵送与维持分散液流混合度的作用。内循环率可以达到新鲜料液20%,以此控制整个级效率。这种泵是垂直驱动,有机相和水相液流通过导流管进入,并在涡轮下直接排出。泵有盖板隔开,所以偶尔吸入空气也不会影响混合性能。另一优点,这种泵是低强度泵送,因此,没有空气夹带,防止溶剂降解并减少絮凝物形成。维持平流作业的第三个因素是栏栅。它在预澄清器中使分散相紧密的压缩,这种紧密的分散相层提前通过变换截面的区域,由此引起缓慢的垂直和水平移动,减少夹带量增加设备级效率,大多数相分离都是在预澄清室中发生。VSF萃取箱目前已在美国莫伦西矿、澳大利亚奥林匹坝等矿山应用,其处理能力已达$2700m^3/h$。由于它的独特设计,有机相在水相中的夹带量降至$5\sim10\times10^{-6}$。水相在负载有机相的夹带少于100×10^{-6},而常规混合澄清器却分别为$40\sim80\times10^{-6}$和800×10^{-6},级效率达97%~99%。

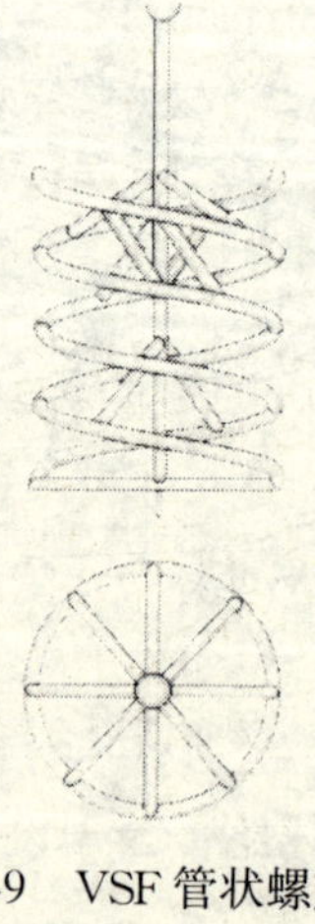

图1-10-9 VSF管状螺旋搅拌器

目前一些新的工厂应用反向液流混合澄清器(见图 1-10-10)。这是芬兰鹰桥公司的克里斯蒂恩桑德(Kristiansand)厂设计的,它的分散相离开传统的混合室后进入澄清室是沿槽边溜槽纵向流至澄清室的远端,然后反方向回流到澄清室的另一边,分离后的两相通过调节堰排出。这种结构可以减少循环配管,而且混合室可以在同一侧呈直线布置。从而可以用低剪切力的泵实现级间溶液泵送。

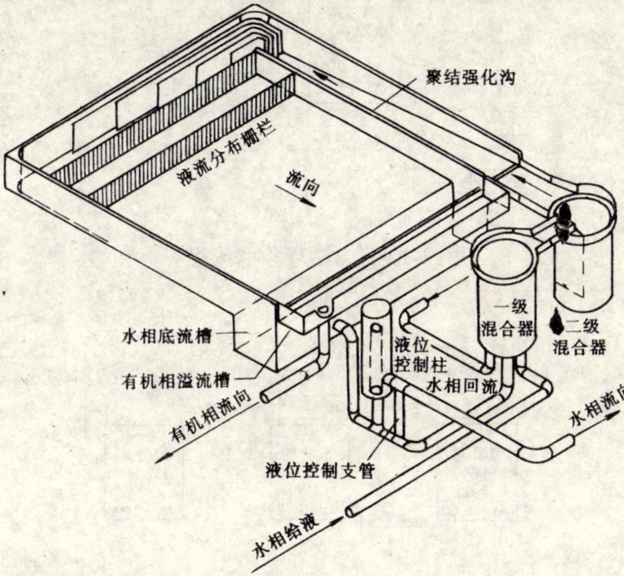

图 1-10-10 贝特曼(BateMan)返流—强化聚结澄清器示意图

4. 萃取流程组合

90 年代以来,普遍使用以醛肟为主的高效萃取剂,其萃取级配大多是二级萃取一级反萃,(见图 1-10-11)。然而,围绕扩大生产能力,最大限度减少投资,用较低的生产成本产出质量更好的阴极铜做了许多改进。

(1)用串并联配置提高处理能力

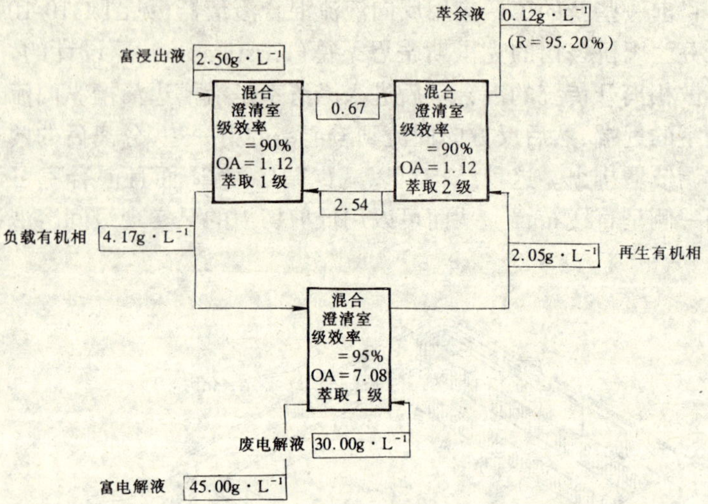

图 1-10-11 常规萃取流程

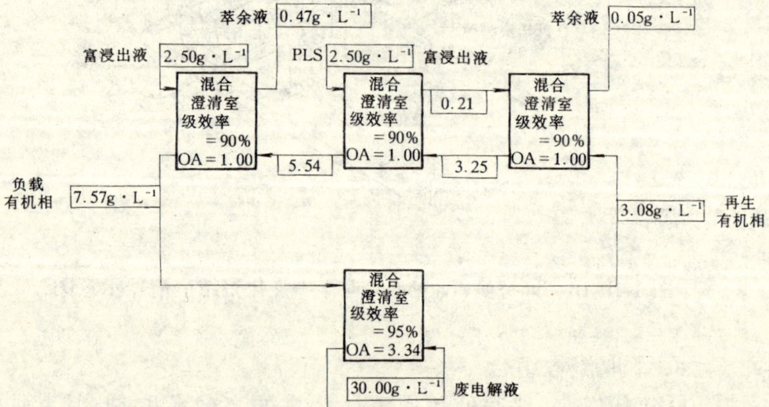

图 1-10-12 串并联流程图

第一批采用串并联作业的是阿利桑那州菲利浦道奇公司蒂龙工厂。该厂是 1984 年投产，当时生产能力 39000t/a 阴极铜。1988 年能够生产 49000t/a 阴极铜，就是在原来两个萃取系列中各增加一级萃取箱，这样就使原来每列处理浸出液流量从 $1820m^3/h$ 增加至 $3640m^3/h$。尽管增加流量导致堆浸溶液中铜浓度下降，但是最终的铜产量还是增加 26%，而所需的费用都很低。这种级配方式已为许多矿山接受，如玛格玛公司的迈阿密、菲利浦道奇公司的莫伦西等。当然串并联方式可以在低投资即可增加产量，但萃取回收率会有些下降，产量会增加，萃取剂浓度需要提高，萃取剂的损耗可能会增加，如图 1-10-12，是将图 1-10-11 的流程改为串并联组合流程提高产量的例子。

设定萃取 1 级(E-1)PLS 流量 $500m^3/h$，而进入萃取 2 级(E-2)流量 $500m^3/h$，因此增加的产量就超过原流程 $500m^3/h$。从以下计算就明显地看出：

串并联产铜量 $= 500(2.5 - 0.47) + 500(2.5 - 0.05)$

$= 2240kg/h$

常规流程 $= 500(2.5 - 0.12) = 1189kg/h$

增加产量 $= 2240/1189 = 188\%$

这个例子是以料液浓度不变情况下作出，事实上增加料液处理量往往会伴随料液浓度有某些降低。

(2)增加洗涤级

电解液的杂质来源主要是 E1 负载有机相夹带的料液水相，特别是当料液杂质含量非常高的时候，如氯超过 100mg/L，铁超过 5 g/L，或锰、钼等金属离子浓度很高的情况下，即使维持水相连续作业，也控制不了这些杂质被夹带转移。在这种情况下，最通用的办法是萃取与反萃之间增加一个洗涤级。在洗涤级中负载有机相是与酸化清水混合，它可以将有机相夹带的水相料液洗涤下来，并大大地稀释至 10～1000 倍。智利许多工厂的萃取流程中都有洗涤级，因为他们处理的矿石含有氯铜矿，而且用海水浸出。

另一种除去夹带水相方法是采用负载有机相聚结器，它是在负载有机相进反萃之前使其通过亲水疏油的聚合介质减少水相的夹带。

影响铁的化学转移(共萃)因素包括料液中的Cu/Fe比值,有机相中铜的最大负载程度和料液酸度。除去负载有机相中共萃的杂质,可以在洗涤级中使用酸化含铜洗液,在洗涤级中,洗水的铜可以将负载有机相的铁置换下来,这种方式可以使负载有机相中被其共萃的铁等杂质减少50%~80%。值得注意的是,在串、并联组合中,萃取剂的选择性明显较差。尤其对铁的转移要增加,因此在采用串并联作业时,负载有机相最好增加洗涤或聚结处理。

(3)混合室中相连续的控制

越来越多的萃取工厂对混合室中相的连续控制更加重视。有机相和水相的混合可以有两种方式,一是水相连续相,二是有机相连续相。前者的混合模式是有机相以细小液滴分散在连续水相之中,俗称水包油;后者水相为分散相,细小水滴为有机相所包围,又称油包水。当混合室相比为1:1时,可以按照所希望的一相为连续相操作,但最好保持希望连续相在混合室中的容积超过分散相容积10%。

相的连续性对相的夹带有重要影响。所谓夹带就是一相残留在另一相中,通过澄清室时未能分离就被液流带走。有机相中残留水相称为有机相夹带水相,其结果会将料液杂质带进电解液,而水相中残留有机相称为水相夹带有机相,这样会导致有机相损失。表1-10-12为混合室连续相对夹带和界面絮凝物分布位置的影响。

表1-10-12 相连续性对夹带及絮凝物状态影响

混合室连续相	夹 带	絮凝物状态
有机相连续	水相夹带有机相最少 有机相夹带水相最多	絮凝物压缩在相界面
水相连续	有机相夹带水相最少 水相夹带有机相最多	絮凝物分散在有机相层

决定混合室采用哪一种连续相作业，必须考虑澄清室排出液流的夹带影响。E1 水相排入 E2 混合室，此时水相夹带的有机相会在混合室中再次与水相接触，不会引起任何麻烦。E1 的负载有机相排入负载有机相槽系统，被夹带的水相含有杂质如铁、氯、锰等。如不将夹带的水相除去，这些杂质就会带进电解液，所以，一般情况下 E1 需要维持水相连续，尽量使有机相夹带水相减少到最低程度。E2 有机相夹带水相，一般没有问题，因为有机相要进入 E1 混合室。但 E2 排出的水相即萃余液，为了尽量减少萃余液夹带的有机相所造成的损失，所以 E2 应控制有机相连续。同样 S1 也应控制有机相连续，以减少富铜液夹带的有机相进入电解槽。

(4)絮凝物

絮凝物是所有溶剂萃取工厂都会遇到的麻烦。它实际上是料液带进的固体、胶体物质或化学沉淀物与有机相和水相生成的不稳定乳状物。通常固体物少于 5%(重量)。在生产流程中，生成的絮凝物属于何种类型很难预测，与当地特定条件有很大关系。蒙古额尔德明萃取工厂絮凝物固体样品分析表明，大多数是属无定形物质，少量结晶物质是钠长石、石英和白云母。絮凝物引起的麻烦有：

1)积存有机相，减少可以利用的有机相有效数量。

2)在澄清室聚集，导致澄清能力下降。

3)絮凝物级间转移，使杂质进入反萃级。

4)导致过量有机相夹带损失。

萃取过程的絮凝物可以用以下方法进行控制。

1)当水相连续相时，产生的絮凝物分散到有机相，在澄清室絮凝物呈弥散状停留。而有机相为连续相，絮凝物就会在澄清室水相/有机相界面压缩，或者被水相冲走。

2)由料液悬浮物固体产生的絮凝物通常在萃取级积累。胶体物质或化学沉淀物产生的絮凝物都在反萃级积聚。当吸入空气或稀释剂煤油降解物质生成的絮凝物都会漂浮在澄清室表面，进而带进反萃级。

3)现在许多工厂都用压缩空气驱动的隔膜泵来抽取萃取箱中的絮凝物。有些工厂用离心机过滤,这种方法投资大,有机相回收很少超过80%。目前最好的处理方法是将工厂干净的有机相加到空气搅拌槽,在搅拌中徐徐加入絮凝物,即保证有机相连续。当停止搅拌后,相分离,有机相变清,很快分出水相与固体压缩层,分离并析出清有机相返回萃取系统。固体很容易分离,有时分离出的有机相要用活性粘土吸附处理后再返回系统,这种方法有机相回收率高达98%。

第四节　铜　电　积

一、典型工厂技术指标

表1-10-13列出国外几家典型工厂的电积车间生产指标。这些工厂共同点是采用Pb－Ca合金阳极,并在较高的电流密度下作业。

表1-10-13　部分工厂电积车间操作技术指标

工厂名称		(Gunpowder) 冈鲍德尔	(Codelco Chuguicamate) 科德尔科丘基卡马特	(Zaldivar) 扎尔戴维尔	(Salvador) 萨尔瓦多尔	(San Manuel) 圣马纽尔	(Pinto Valley) 本托瓦利	(Nchanga) 恩昌加	(Tyrone) 蒂龙
年产量/$t\cdot a^{-1}$		7500	15000	125000	12500	43000	6000	82000	20000
富电解液/$g\cdot L^{-1}$	Cu	45	50	5	45	50	45	50	45
	H_2SO_4	150	142	45	145	150	127	157	150
废电解液/$g\cdot L^{-1}$	Cu	32	35	5	35	33	30	35	35
	H_2SO_4	170	165	70	170	170	150	180	165
电解液温度/℃		45	42	5	45	45	45	45	45
电解槽系列		1	3		4	2	1		
每列槽数		52	150	2	92	94	50	688	84
每槽阳极数		34	61	4	64	61	31	61	61
每槽阴极数		33	60	3	63	60	30	60	60

续 1-10-13

工厂名称	(Gunpowder)冈鲍德尔	(Codelco Chuguicamate)科德尔科丘基卡马特	(Zaldivar)扎尔戴维尔	(Salvador)萨尔瓦多尔	(San Manuel)圣马纽尔	(Pinto Valley)本托瓦利	(Nchanga)恩昌加	(Tyrone)蒂龙
阳极材料	Pb-Ca-Sn	Pb-Ca-Sn-Al	Pb-Ca-Sn	Pb-Ca-Sn	Pb-Ca-Sn	Ca-Pb	Pb-Ca-Sn	Pb-Ca-Sn
阴极材料	永久不锈钢阴极	永久不锈钢阴极	永久不锈钢阴极	母板 11 槽始极片	永久不锈钢阴极	6 个种板槽	8 个种板槽	始极片
阴极尺寸/mm		910×1000			1000×1000	1070×860	950×950	950×950
极间距/mm	95	108	101.61		95	102	100	100
电流密度/$A\cdot m^{-2}$	250	195			312	224	180	210
电流效率/%	85	92			94	90	88	92
添加剂/10^{-6}		Co 130			Co100	Co 55	200	70

二、电积铜的新进展

电积过程是湿法冶金从矿石提取铜的最后阶段。此前的溶剂萃取是对浸出液进行净化和铜的富集的关键阶段。电积工厂的目的是从富铜溶液生产出高质量的阴极铜,并将含有一定浓度的铜与酸的废电解液返回到溶剂萃取工段。

10 年前萃取－电积法产出的阴极铜的确存在质量差的缺点。然而经过改进,现在许多萃取工厂生产的阴极铜质量已超过电解精炼生产的阴极铜质量。通常情况下,大多数萃取－电积工厂生产的阴极铜都已在 99.999% 以上。

在溶剂萃取－电积法中,影响阴极铜质量的因素主要是有机物的夹带、铅阳极的腐蚀导致铅对阴极铜的污染、阴极铜致密度的控制。现就这些改进分述如下。

1. 有机物控制

有机物控制是电积铜质量控制的关键因素,因为阴极铜中有机物含量多少直接影响后续铜杆加工技术指标。

1)延长富铜电解液澄清停留时间,增加细粒有机液滴的聚结机会。规模较小的工厂可以采用这种方法,如国内萃取－电积厂的缓冲池。然而大规模工厂采用这种方法投资就要增加，而且过分分散的有机液滴以及被有机物润湿的粒子用自然澄清也不十分有效 。

2)双介质过滤器是应用最广的方法。结构见图 1-10-13。

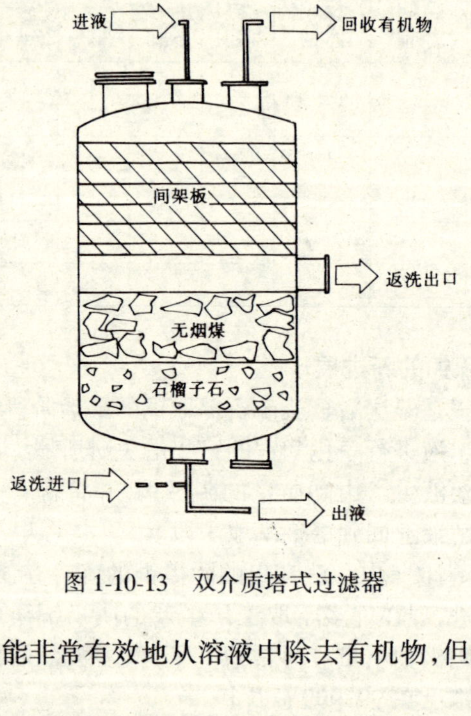

图 1-10-13 双介质塔式过滤器

这种方法能非常有效地从溶液中除去有机物，但是设备投资费用较高。

3)气浮塔结构简单、投资少，是最有效的除有机物设备。表 1-10-14 列出恩昌加尾矿浸出厂用气浮塔回收有机物的指标[10]。

表 1-10-14 恩昌加尾矿浸出厂用气浮塔回收水相夹带有机物的结果

第一个塔进口溶液含有机物/$mg \cdot L^{-1}$	200	150	100	50
第一个塔底流溶液含有机物/$mg \cdot L^{-1}$	16 ～26	21	15	10
第二个塔底流溶液含有机物/$mg \cdot L^{-1}$	7	7	5	5
总回收率/%	96	96	94	89

结果表明，富电解液水相只需通过两段气浮塔后，夹带的有机相含量即可以从 200 mg/L 降至 7 mg/L 符合铜电积要求。(通常要求有机物＜10 mg/L)如果后续再加一个双滤料过滤器处理，富电解液有机物含量降至 5 mg/L 以下。图 1-10-14 为圣·马纽尔工厂富铜溶液除有机物流程图。

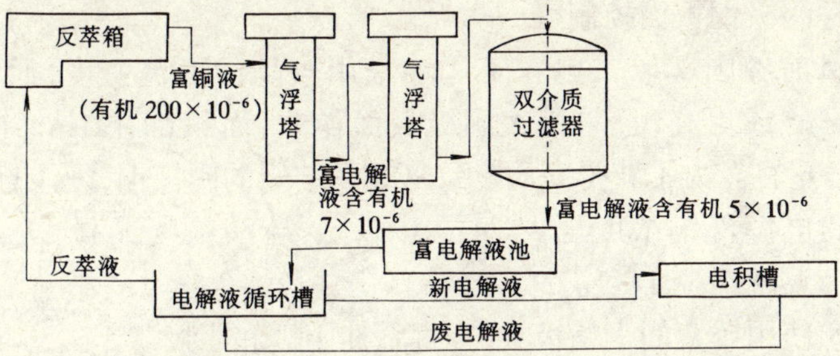

图 1-10-14 圣·马纽尔工厂除有机物流程图

近年开发的詹姆森(Jameson)槽是浮选塔的改进[12]。它是利用泵高速喷射溶液时，通过喷嘴吸入微小气泡将电解液夹带的有机物飘浮出来，这种设备生产能力高于气浮塔，现已在澳大利亚和智利广泛使用。

2. 阴极铜中铅的控制

电积阴极铜，铅是惟一难控制的杂质。因为采用的不溶阳极是铅合金。控制阴极铜中铅的含量措施如下：

1)普遍采用压延 Pb－Ca－Sn 合金阳极取代 Pb－Sb 和 Pb－Ag 合金阳极。这种阳极费用较低，有较好的机械强度且能保持较低的腐蚀速率。

2)为了降低阳极腐蚀，电积过程最好不断电，商品铜应分批出槽，以保持电解槽供电的连续性。只有当电积槽必须进行清洗(一般每两个月一次)和修复时才用专门设计的断电架将电流切断。

3)往电解液中添加硫酸钴($CoSO_4·7H_2O$)可以减少阳极板腐

蚀。在工业应用中电解液的钴浓度60～120 mg/L。加入钴也能降低阳极超电压,减少电积车间的电流消耗。电解液中的硫酸浓度应保持尽可能低,以减低腐蚀速率,但酸的浓度要满足溶剂萃取过程的反萃要求。

目前世界上一些大型溶剂萃取工厂生产阴极铜铅的含量均已降至0.2×10^{-6}以下。

3.阴极铜板面控制

目前各国萃取－电积工厂均采用较高的电流密度,通常为$235A/m^2$或更高,且采用大阴极板面作业,面积都在$1m^2$($1m\times1.1m$)左右。为了获得高质量致密和无结瘤的阴极铜,须注意:

1)电解液铜浓度至少34 g/L以上,硫酸浓度最高175g/L。电解液温度至少44℃。

2)使用矫直的铜始极片,垂直悬挂阳极和阴极。

为使阳极和阴极间的短路降到最少,现在生产工厂大都采用艾萨法,即采用不锈钢永久阴极。这种方法是澳大利亚铜精炼有限公司70年代末开发[16]。它的主要优点是

阴极很垂直,使电流短路现象更少;

不用始极片挂耳;

减少阴极生产周期,使电积槽内积压的铜减少

消除了由于三价铁离子的腐蚀导致阴极挂耳毁坏;

阴极铜质量不受始极片质量影响;

取消了劳动强度很大的始极片生产过程;

减少了槽面管理的检查量。

消除了劳动强度很大的始极片制造工序,就可以用更高的阴极电流密度进行电积,结果是提高了电积槽生产能力。

永久阴极尺寸$1.05m\times1.23m$,厚3.25mm,有效面积$1m\times1.1m$。材料316L不锈钢,双面抛光,绝缘条为可拆卸PVC。永久阴极结构见图1-10-15。

3)加入瓜尔胶保持阴极表面平整。

4.改善电积车间大气环境

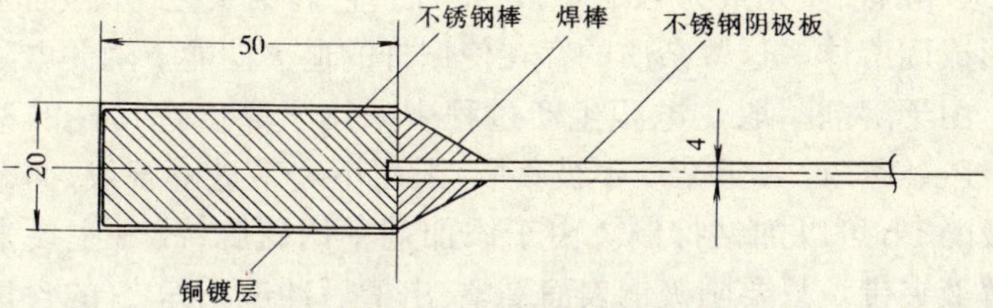

图 1-10-15 永久不锈钢阴极

电积槽阳极产生的氧气逸出夹带酸雾使电积车间大气遭受污染。通常在电解槽面覆盖聚丙烯(或高密度聚乙烯)小球,直径2mm左右。覆盖厚度10~30mm。有些工厂还加入FC表面活性剂。这些覆盖层可使排入大气酸雾得到很大的抑制。当高电流密度电积,尤其在海拔较高的地区,还必须有机械强制排风系统,以便使酸雾浓度保持在环境污染规定的标准以下。蒙古额尔德明矿工厂电积车间在电解槽通道自下向上强制通风,使通道与电解槽间形成一层空气幕,大大改善车间操作环境。

三、电积铜质量及可加工性

1. 质量及杂质成分

萃取法生产的阴极铜,产品质量已超过熔炼-精炼法生产的阴极铜,铜含量高杂质少。表1-10-15列出了几个萃取-电积工厂的阴极铜全分析结果,其中额尔德明矿的样品是英国伦敦ALEXSTEART检验公司分析的,结果完全符合伦敦金属交易所A级铜标准。我国云南省永胜铜业公司生产的阴极铜数据是国家有色金属质量监督检验中心质量抽查结果。同样,其结果也超出国家规定1号阴极铜标准。

2. 阴极铜的可加工性[23]

阴极铜的杂质直接影响阴极铜的浇铸和轧制以及最终铜杆的退火性能。如S、Fe、Se、Pb、Bi和H_2的杂质会引起晶粒界面的软弱,从而在浇铸和轧制期间产生热脆性。产生的任何裂纹将氧化,从而使轧制的铜杆产生缺陷。铜杆的退火性能受到所含杂质的影响，最坏的杂质元素为Se、Fe、As和Bi。它们难氧化，并趋向于与铜形成固溶体。这些杂质的存在使铜杆的退火性能下降并电阻升高。由于溶剂萃取－电积生产过程中采用了高度选择性的萃取剂。Fe、Se、Bi、As等杂质不被萃取，因而不会带进电解液，而来自阳极的Pb可以加钴抑制。由于添加剂不用硫脲，故S主要来自电解液夹带。只要阴极铜表面平整，出槽后冲洗干净，S的含量可以在规定含量以下。H是通过有机物带入，这是以前电积铜质量差的一个主要原因。近年来改进了电解液除有机物方法，H的危害来源已经减到最低限度。正因为采取了以上一系列措施，所以目前全世界大型萃取－电积工厂的阴极铜均达到并超过伦敦A级铜标准。

国内溶剂萃取－电积厂生产的阴极铜的加工性能曾一度受到怀疑。北京意特格冶金技术开发有限责任公司对此进行一系列试验，并用云南永胜宝坪铜业公司阴极铜进行生产性试验证明，北京铜厂连铸连轧生产的光亮杆和在玉溪铜材厂生产的无氧铜杆都获得很好指标(见表1-10-16和表1-10-17)。

表1-10-15　典型工厂阴极铜成分(%)

元素	额尔德明矿	冈鲍德尔	SMP	1号铜标准	宝坪铜业公司
Cu	99.9992	99.999	99.99	99.95	99.99
Fe	0.0004	0.0003	≤0.0004	0.004	0.0015
Pb	痕	0.0002	≤0.0002	0.003	0.0002
Zn	痕	痕	<0.0001	0.003	0.0001
As	痕	痕	<0.00022	0.002	0.0001
Bi	痕	痕	<0.00005	0.001	<0.0001
Cd	痕	痕	<0.0001		
Co	痕	痕	痕		
Cr	痕	痕	痕		
Mn	痕	痕	痕		
Ni	痕	痕	痕		

续表 1-10-15

元素	额尔德明矿	冈鲍德尔	SMP	1号铜标准	宝坪铜业公司
Sb	痕	痕	<0.0002	0.002	<0.00005
Se	痕	痕	<0.0004		
Si	痕	痕	痕		
Sn	痕	痕	痕	0.002	<0.0001
Te	痕	痕	<0.00024		
Ag	痕	痕	<0.0005		
S	0.0004	0.0005	≤0.0012	0.004	0.0002
P	痕	痕	痕	0.001	0.0001
O			0.005～0.015		

注：少于0.0001%为痕量。

表 1-10-16　宝坪铜业公司电解铜生产的光亮圆铜杆技术指标

项目	国标含量	实测结果	质量判定
表面质量		合格	+
尺寸偏差/mm	8±0.40	8.01～8.32	+
Cu+Ag/%	≥99.90	99.92	+
Bi/%	≤0.001	0.00056	+
Sb/%	≤0.002	0.00036	+
Sn/%	≤0.002	0.00097	+
As/%	≤0.002	<0.0005	+
Fe/%	≤0.002	0.0012	+
Ni/%	≤0.005	0.00066	+
Pb/%	≤0.005	0.0012	+
Zn/%	≤0.005	0.0011	+
S/%	≤0.005	0.0015	+
O/%	≤0.005	0.013	+
延伸率/%	≥35	51；50	+
电阻率/Ω·m	≤0.000000017241	0.000000016947	+
扭转		合格	+

注：该结果是北京产品质量监督检验站1997年10月15日在北京铜厂抽样，检验类别属市经委抽查。该样品是宝坪铜业公司阴极铜生产的，综合判定为合格。

表 1-10-17 宝坪电解铜生产无氧圆铜杆(线)技术指标

产品	尺寸测量/mm				外观	抗拉强度/$N\cdot mm^{-2}$	拉断伸长率/%	室温下电阻/m·Ω	20℃电阻率/$\Omega\cdot mm^2\cdot m^{-1}$	含氧量/%
	最大	最小	平均	F值						
标准 GB3952.2—89	8.04	7.60	8.00	≤0.80	光洁圆整尺寸均匀	≥335	≥2.2		≤0.01777	≤20
$\phi 8$ 无氧圆铜杆	8.01	7.99	8.0	0.02	合格	382	3.0	Rt=0.35627℃	0.17403	5
标准 GB3953—83	3.03	2.97	3.0	≤0.06	光洁圆整尺寸均匀	≥389	≥1.0		≤0.01777	≤20
$\phi 3$ 无氧圆铜线	2.985	2.96	2.973	0.025	合格	432	1.5		0.017485	5

注:取自玉溪铜材厂产品质量检验报告。

第五节 工厂生产实例

不同地理环境和不同浸出方式的几个典型工厂介绍如下。

一、海拔最高的细菌浸出工厂

—— 科布拉达 布兰卡(Quebrada Blanca)[18]

该厂是目前为止世界上最高海拔采用细菌浸出处理硫化铜矿的浸出萃取工厂。

科布拉达布兰卡位于智利北部伊基克(Iquigue)市东南240km,海拔4400m,最低气温零下20℃,年降雨量100mm,阴极铜生产能力75000t/a。

该矿床以斑铜矿为主的原生矿和以辉铜矿、蓝铜矿为主的次生富矿带组成。前者有2.5×10^8t,品位0.5%Cu的铜矿石。后者矿石8900万t,品位1.3%Cu。目前主要开采次生富矿带,露天开采,年采矿石630万t,剥离废石及氧化矿单独堆放,准备以后再堆浸。

矿石经三段破碎至－6mm80%,每吨矿石加入5kg硫酸,经ϕ3m×9m滚筒混合制团。用2000m传送带送至堆场筑堆,堆场面积170m×104m。第一次用50%面积，堆浸完毕，在原矿堆上再筑堆6m，继续浸出。如此反复堆积8层，每层6m。堆场底部6%坡度，铺高密度聚乙烯垫层，堆场周围砌筑防洪沟，用来排雨水。堆场上部根据设计要求铺设滴淋管。堆场分划为50m×100m小区布管，管间距0.8m，管中滴孔间距也是0.8m。冬季为防止浸出液管冻结，将滴淋管埋入矿堆内，夏季放在矿堆表面。经过210d浸出，回收率为85%，浸出液含铜3.5 g/L。

浸出液温度、滴淋速度、酸度、铜浓度由普达许尔(Pudahuel)公司设计的软件自动控制，以保持细菌繁殖的最佳条件。

萃取铜设计能力为216t/d，共有三个萃取系列。每列包括二级萃取一级反萃。浸出液流量2770m^3/h。平均回收率95%。

反萃液经除有机相塔和砂滤后送电积，采用不锈钢永久阴极，铅钙合金阳极。同名极距95mm。共有4个系列，每列66个电解槽。阴极铜尺寸为1m×1m，每片50kg。电积槽设计寿命14a，可生产100万t阴极铜。

二、高纬度寒冷地区浸出-萃取-电积厂
—— 吉布拉尔塔尔(Gibraltar)矿[17]

吉布拉尔塔尔矿属于加拿大大不列颠哥伦比亚省吉布拉尔塔尔矿业公司。位于北纬52°31′，西经122°17′的麦基斯(Mckese)湖附近。冬天最低气温零下34℃。每年10月第一周开始结冰，至次年5月解冻，无霜期5个月。共有5个矿堆，1号、3号、5号以硫化矿为主，(黄铜矿)平均品位0.1%～0.12%Cu，分别有矿石2500万t，3400万t，5800万t，堆高约60m。4号是氧化铜矿堆，共有100万t平均品位0.75%，堆高10m. 4号堆设计浸出率75%。通常只有夏天浸出。其它矿堆一年四季浸出，采取滴浸和灌浸，冬天为了维持浸出作业，在堆场上按一定网距布套管，深埋约1.5m. 然后浸出液从套管注入。堆场积雪有助保持堆内温度，不清扫，浸出液温度冬天5℃左右；夏天也只有16℃。由于大部分堆矿石属硫化矿，故以细菌浸出为主。设计十年的浸出率为32%，实际上自1987年投产以来，浸出率已达43%。

萃取工厂采用串并联作业(1E×2E×1S),每列料液流量为450m^3/h。两列总处理料液量为900 m^3/h,有机相流量为450m^3/h。料液含铜0.6~0.9 g/L,有机相浓度6%(V)PT-5038。铜平均回收率90%。

电积采用永久阴极,阴极尺寸1.016m×0.978m。Pb-Ca合金轧制板。每个电解槽有31片阳极,30片阴极。电流密度320A/m^2,电流效率85%。半自动剥板机剥阴极铜,生产周期6d,年产阴极铜6000t。

三、硫酸高铁熟化堆浸厂

—— 塞浦路斯公司迈阿密(Cyprus Miami)

塞浦路斯公司迈阿密矿原称茵斯皮雷申(Inspiration)矿,位于美国亚利桑那州菲尼克斯市以东128km处。矿床严重蚀变,次生矿物为主,硅孔雀石和辉铜矿为主要含铜矿物。从1927年就开始采用浸出方法处理。那时从浸出液回收铜的方法是直接电积或铁屑置换。70年代中,该公司共有5个铁屑置换工厂,每年生产15900t置换铜。该工艺每吨铜消耗铁屑4.5t,硫酸9t,而且排出废液含铁量很高(达10g/L)。所以1978年设计了能力为20t/d铜的从堆浸液回收铜的萃取工厂。设计料液流量600m^3/h,有机相960 m^3/h。混合停留时间2min,澄清室澄清速率3.6 m^3/(m^2·h)。使用萃取剂为捷利康公司的Acorga-P5300(现改用Acorga M5640)。平均回收率达95%。成为当时单级能力最高的萃取工厂。由于取消了铁屑置换,浸出液中含铁的浓度稳定在2.5~3.0 g/L,每吨铜消耗硫酸也从9t降至3.5t。为了进一步强化低品位铜矿浸出,该矿发展了一种称为"三价铁熟化浸出"法。用于熟化处理的矿石一般是含辉铜矿和氧化矿的混合矿石,品位在0.3% Cu以上。0.3%以下送去常规堆浸场处理。熟化堆场每年大约筑40~50个低品位矿堆和30个高品位矿堆。每个堆面积为宽76m,长140m。矿石堆高9m每堆矿石约12万t。筑好堆后用松土机挖松由载重汽车压实的矿层,一般掘松1.8m深。喷淋管配置后,开始喷熟化液,熟化液含硫酸200 g/L,Fe^{3+} 2~3 g/L。放置15d熟化处理。然后按常规浸出,用萃余液喷淋浸出。堆场流出液含铜浓度由未经熟化处理的浸出液含铜1.75 g/L提高到4.5 g/L。

四、世界上第一个薄层浸出厂

—— 普达霍尔矿业公司(SMP)罗阿吉雷矿[14]

普达霍尔矿业公司罗阿吉雷矿是世界上第一个采用薄层浸出技术的浸出-萃取-电积厂。该矿有铜矿石850万t,主要是氧化铜和辉铜矿的混合矿,平均品位1.9%Cu(其中1%酸溶铜;0.9%为不溶铜)。阴极铜生产能力为16500t/a。浸出冶金流程见图1-10-16。

矿石经三级破碎至-6mm。然后在滚筒内加入矿石,用水润湿并喷洒98%浓硫酸混合,此过程不仅使破碎的细粒矿物团聚,同时也加速硫化铜矿的分解。日处理矿石3000t,滚筒直径2m,长6m,内衬橡胶,并带有卸料刮板,转速5~6r/min。制团水分11%,浸出液池每个为20m×40m。用桥式吊车装卸。矿层厚2.4m。有两台桥式吊车为堆浸池服务,通过抓斗将浸出过的矿渣排出。有24个水泥池。用"海伯伦"硫化塑料涂层防渗,并设有排液收集系统。在堆浸池中,熟化后的物料用萃余液喷淋。萃余液含H_2SO_4 8 g/L,含Cu0.3~0.5 g/L。每堆矿喷淋浸出,18d为一循环,喷淋速率为48L/(h·m^2)。氧化矿和硫化矿浸出率分别为90%和45%。由于当地气候适中,冬天最低气温为零下3.5℃。所以浸出池没有结冰。从薄层浸出池排出的矿渣,用卡车运往1.5km以外的永久堆场。再循环浸出120天,二次浸出堆场的矿堆高6m,喷淋速率3 L/(m^2·h)。第二次堆浸可回收残留铜约50%,这些铜主要是铜蓝。1t铜耗酸2.2t。富浸出液流量为420m^3/h。投产时采用Lix984,用二级萃取,二级反萃。每天生产阴极铜40t。纯度为99.98%,阴极铜含Pb<0.0002%,S<0.0005%。电流效率92%。

五、圣·马纽尔(San Manuel)矿堆浸和就地浸出工厂[25]

圣·马纽尔矿原属玛格马(Magma)公司。去年玛格马公司与

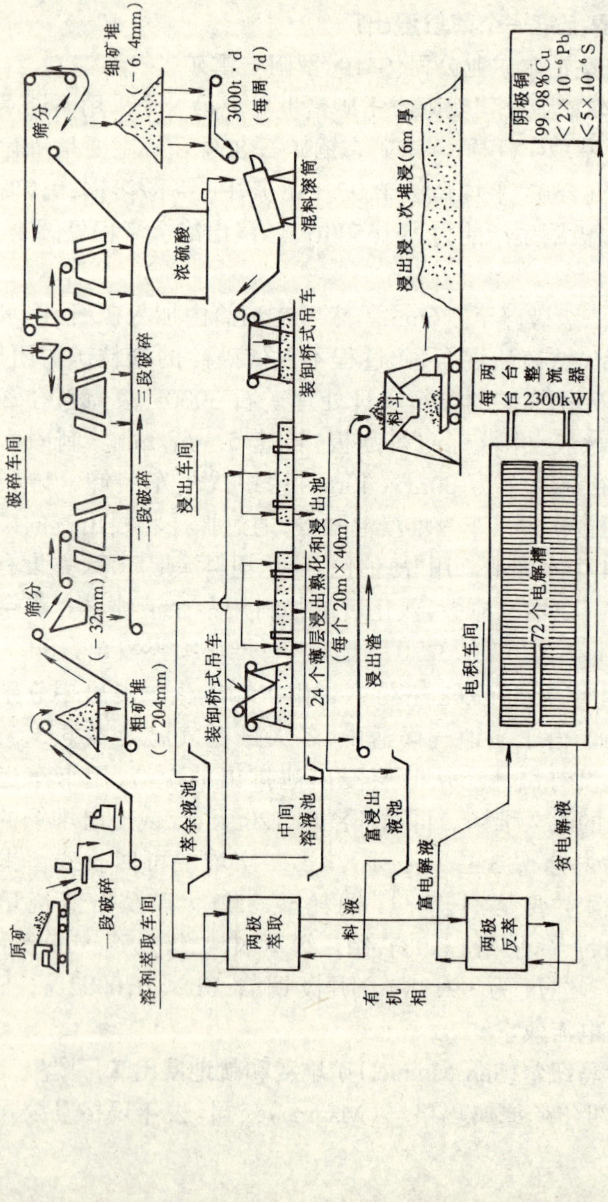

图 1-10-16　罗阿雷吉薄层浸出冶金流程

澳大利亚 BHP 公司合并，现属 BHP 公司。该矿以地下采矿为主，露天矿有大量氧化铜矿，主要是硅孔雀石。为了回收露天采场的氧化铜矿，每天有 28000t 品位 0.8%Cu 矿石和 68000t 品位 0.3% 废石送去筑堆浸出。堆场面积 615124m^2。堆底均用高密度聚乙烯铺垫防浸出液渗漏。单个典型堆场面积为 12000m^2 左右。堆矿约 11 万 t 氧化矿。经过一段时间浸出后，新矿石堆就建在老矿堆面上。如此反复，多层筑堆，最终堆高达 80m 左右。喷淋速率 19 L/(h·m^2)。浸出液通过集液池泵往 37500 m^3 料液池供萃取工厂用。

圣·马纽尔浸出－萃取－电积工厂的另一部分料液是来自就地浸出。由于有相当部分氧化矿石位于地下采矿采空区上方，而该矿又是采用矿块崩落法，致使这部分氧化矿下陷无法露天开采。这类矿石约有 2.7×10^8t。因此只能采用就地浸出方法回收其中的铜。首先在这个区域按设计要求钻一系列 300m 左右深的注液井。这些井插入 PVC 管，井上部用钢管加固，PVC 管下部开有分配孔，使溶液能顺利分布进入矿体。弱酸性浸出液根据矿体渗透性分布流入各个注液井。通过矿体渗透液将矿石中的铜矿物溶解，含铜浸出液在采场的运输巷道收集，汇流入地下集液池，再用溶液泵泵往地面料液池，在此与堆浸料液合并一起送往溶剂萃取工厂。生产工艺见图 1-10-17。

圣·马纽尔矿浸出－萃取－电积厂与该公司闪速熔炼厂（世界上最大的闪速炉）生产费用比较见表 1-10-18。

由此可见，就地浸出可省略矿石破碎，因而每磅铜生产费用为 44 美分。

1995 年地面氧化矿堆浸已经结束，目前全部 25808t/a 阴极铜均由就地浸出液生产。

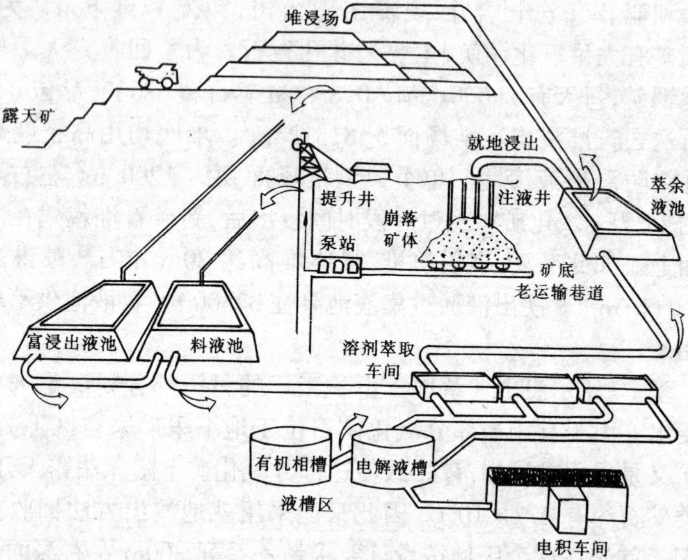

图 1-10-17　圣·马纽尔就地浸出和堆浸流程图

表 1-10-18　浸出－萃取－电积厂与闪速炉工厂生产费用比较(美分/磅)

分　项	浸出-萃取-电积厂	闪速炉
采矿	30	30
破碎	2	0
浸出	4	0
选矿	0	22(包括碎矿)
熔炼	0	15
溶剂萃取	3	0
精炼	0	3
电积	7	0
合计	46	70

六、世界上最大的尾矿浸出工厂
—— 恩昌加(Nchanga)浸出工厂[10]

赞比亚联合铜业有限公司的尾矿浸出是世界上最大的从浮选

尾矿浸出-萃取-电积生产电解铜的工厂，也是世界上最大的铜搅拌浸出工厂。经过三期扩建，电解铜生产能力为100000t。尾矿总铜1%左右，其中的酸溶铜0.6%～0.8%。有关尾矿浸出厂的数据列于表1-10-19。

表1-10-19　尾矿浸出厂生产数据

参　　数	三 期	二 期
1. 工厂原料/$t \cdot d^{-1}$		
总处理量	50000	26500
新鲜尾矿	25000	25000
尾矿库尾矿	25000	1500
2. 浸出		
第一段浸出停留时间/h	1.4	1.5
第二段浸出停留时间/h	2.5	2.0
浸出率/%	86	86
3. 溶剂萃取		
料液流量/$m^3 \cdot h^{-1}$	3200	3200
料液含铜/$g \cdot L^{-1}$	4.6	3.0
萃余液含铜/$g \cdot L^{-1}$	0.2	0.2
萃取率/%	95	95
反萃率/%	85	78
浸出渣洗涤效率/%	96	90
酸溶铜总回收率/%	83	77
4. 电积		
富电解液含铜/$g \cdot L^{-1}$	50	50
游离酸/$g \cdot L^{-1}$	142	142
废电解液含铜/$g \cdot L^{-1}$	35	35
游离酸/$g \cdot L^{-1}$	165	165
电解液流量/$m^3 \cdot h^{-1}$	600	600
电流密度(最大)/$A \cdot m^{-2}$	480	480
电流效率/%	90	90
原设计产铜量/$t \cdot a^{-1}$	120000	75000

该厂浸出槽为直径 10.6m,高 18m 空气搅拌巴秋克槽。矿浆排入浓密机进行逆流倾析洗涤。浸出渣用带式过滤机过滤。最初采用 Lix64N 萃取剂,后改用 SME529,最后由 Acorga　PT5050 取代。1991 年后萃取两个系列改为串并联作业,增加了有机物回收工序。尾矿浸出厂工艺设备配置图见图 1-10-18。

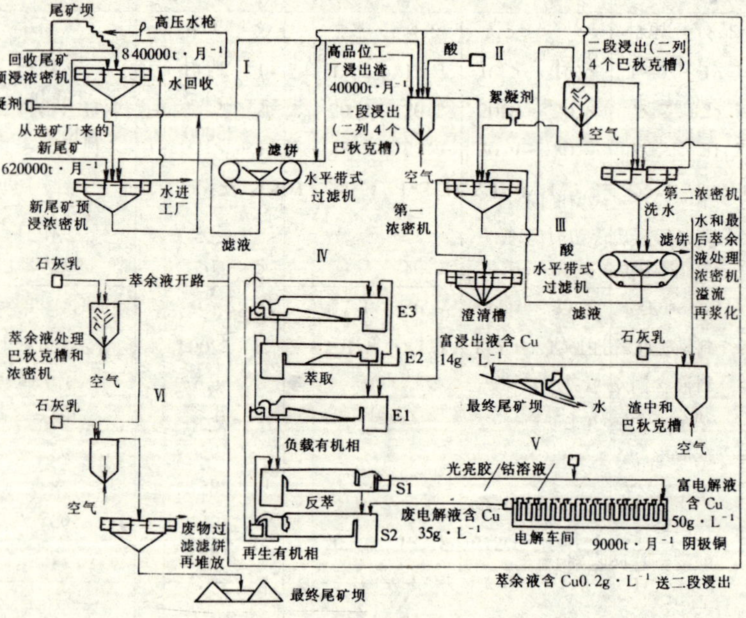

图 1-10-18　恩昌加尾矿浸出厂冶金流程

Ⅰ—原料准备；　Ⅱ——段浸出；　Ⅲ—二段浸出；

Ⅳ—溶剂萃取；　Ⅴ—电积；　Ⅵ—废水处理

七、世界最大薄层堆浸厂之一

—— 雷多米诺·托米克(Radomic Tomic)[22]

这是智利最近投产的大型浸出－萃取－电积工厂,设计能力年产阴极铜 15 万 t。1997 年 12 月试生产，当月生产阴极铜 1700t。1998 年 3 月正常生产，生产能力达到 417t/d。95%阴极铜达到伦敦 A 级铜标准，仅 5%为国家标准。生产成本小于 40 美分/磅阴极铜。

雷多米诺·托米克矿位于智利北部。储量 2.5×10^8t 矿石，其中难处理矿石 1.6×10^8t。氧化矿 0.9×10^8t，品位 0.59%。该矿采用露天开采，剥采比为 1.5∶1。矿石经 7000t/h 破碎机破碎至 −180mm后，由 890m 皮带输送机送往容量为 6 万 t 储矿仓。再经能力为 5500t/h 破碎机进行二段破碎，矿石粒度小于 50mm，由供料系统的皮带输送机运往熟化工段。熟化作业由两条皮带输送机完成。加硫酸量根据浸出需要控制。浸出采用薄层堆浸，它是目前世界上第二大薄层浸出厂（最大薄层浸出厂是 ElAbra，能力 22500t/a）。有两列供浸出的矿堆，每列有 13 个堆场。每个堆场 1300m 宽，300m 长。装卸矿石用一台卫星定位的履带式筑堆机。该机带有移动式皮带输送机和斗轮卸料机。矿堆布有滴淋管进行滴浸作业。浸出周期 45d。浸出渣用卸料机卸进皮带运输机送往永久堆浸场继续堆浸。总回收率 78.2%，1t 阴极铜消耗硫酸 1.5t。

投产时富浸出液含 Cu9g/L。流量 $640m^3/h$。流入集液池沉淀脱泥再进入萃取料液池。萃取工段共有三个系列，每列有四级 VSF 萃取箱（奥托昆普技术）。第一、二级萃取，第三级有机相洗涤，第四级反萃。萃取工厂池槽区域配有负载有机相贮槽，料液过滤槽。聚结器、电解液过滤器、气浮塔、絮凝物处理系统、有机相处理系统和泵送装置。聚结器共有 6 个，用来作为有机相脱水，电解液过滤器也是 6 个，用以回收电解液中的有机相。过滤后富铜电解液送进电解厂。电解槽为两排背靠式配置，电解车间面积为 305m×39m。吊车是全自动控制（世界仅有一台是西班牙提供）。程序化管理包括整流器、阴极起吊、洗涤、取样、阴极铜剥离。采用不锈钢永久阴极。

八、埃斯康迪特(ESCONDIDA)
——氨浸-萃取-电积厂[19]

埃斯康迪特法是澳大利亚 BHP 实验室开发的铜精矿氨浸新方法。它是根据铜矿物中一价铜的不稳定性,在常温常压下使铜精矿中的一价铜溶解出来,被浸出的铜用萃取-电积生产高质量电解铜。而铜精矿中不溶矿物如铜蓝、黄铁矿和脉石等,残留在浸出渣中。含铜品位低的浸出渣随后浮选生产出二次高品位铜精矿,贵金属均在二次铜精矿中回收。由表 1-10-20 铜矿物组成看出,只有含辉铜矿和斑铜矿为主的铜精矿才适合用这种方法,常规的浸出率 40%~50%,当浸出率在 25%以下时,该方法经济上就不合算,所以黄铜矿和铜蓝为主的铜精矿不宜用这种方法。

表 1-10-20 铜矿物组成

矿 物	分子式	一价铜含量/%	预计浸出率/%
辉铜矿	Cu_2S	100	50
斑铜矿	Cu_5FeS_4	80	40
黄铜矿	$CuFeS_2$	50	2
铜 蓝	CuS	0	0

埃斯康迪特氨浸-萃取-电积厂建在智利安托法加斯塔(Antofagasta)南面的科罗索(Coloso)港。铜精矿从埃斯康迪特矿山用管道输送到浸出厂,管道长 165km。浸出厂内经直径 52m 浓密机浓密后,底流经二台 $80m^2$ 带式过滤机过滤后,送浸出,共有 4 个密封浸出槽(2 个 $237m^3$ 和 $452m^3$)。常温常压下浸出 3h,浸出是放热反应,所以返回浸出萃余液通过热交换器用海水冷却。浸出液经浓密倾析除固体悬浮物后送萃取。料液含铜约 30g/L。萃取 2 级、洗涤 1 级、反萃 1 级。萃取剂为 Lix54。由于铜精矿氨浸,料液铜浓度高,杂质很少,所以萃取过程实际上是将铜氨络离子 $Cu(NH_3)^{2+}$ 从氨溶液转化为适合电积要求的硫酸铜溶液。为了防止氨及其它杂质被带进电解液,所以设有一级负载有机的洗涤。

富铜液经气浮塔和双滤料过滤器处理后送电积车间。电积生产能力8000t/a，采用不锈钢永久阴极。共有260个电解槽，每槽61块，60块阴极。电解液温度45℃，产出阴极铜为99.9995%。

浸出渣经浮选，产出二次铜精矿含铜40%。

埃斯康迪特工厂1995年1月11日建成投产，总投资2亿美元。该厂于1998年5月因萃取剂降解严重等原因停产。

该厂的工艺流程图如下：

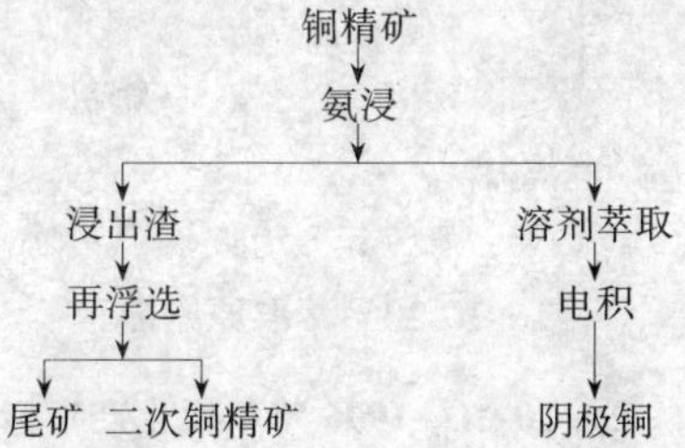

图1-10-19　埃斯康迪特法流程图

九、硫化铜精矿焙烧-浸出-萃取-电积工厂
——楚雄选冶厂[27]

楚雄选冶厂属于楚雄三江化学冶金公司，位于楚雄市东北约3km处。于1996年2月投产，年产电解铜2500t。

该厂主要处理高硅硫化铜精矿。精矿主要成分(%)Cu 25.2、Fe 4.8、S 7.1、SiO_2 43.2、CaO 3.1、MgO 0.9、Al_2O_3 3.8、Ag 150g/t。原则流程见图1-10-20。由于原料含硫较少，选用回转窑焙烧。焙烧温度650℃左右，废气用碱-石灰吸收。焙砂进行间断浸出及洗涤，有2个浆化槽，6个搅拌浸出槽(ϕ 3.5m×3.5m)。浸出矿浆澄清过滤，滤液与洗液合并作萃取料液送萃取工段。料液含铜12g/L左右。二级萃取，一级反萃，有机相16%M5640。该工艺主要改进在于浸出的高铜溶液萃取。生产实践表明，M5640在高铜溶液以及酸度较高的条件下，对铜的负载能力很强，萃取回收率均在85%以上。表1-10-21为萃取生产指标，其结果与捷利康公司开发的 Minchem 计算机模型作出的萃取流程图 1-10-21 指标相吻合。

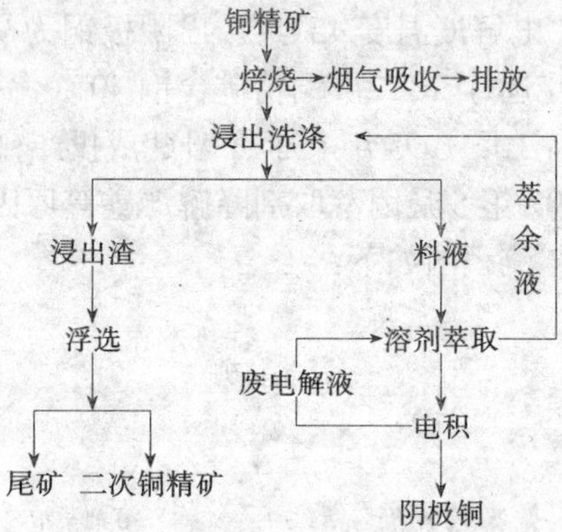

图 1-10-20　萃取原则流程

表 1-10-21　1996 年萃取生产指标

日期	料液/$g\cdot L^{-1}$		萃余液/$g\cdot L^{-1}$		萃取率
	Cu	H_2SO_4	Cu	H_2SO_4	/%
4.22	9.5	10.2	1.6	21.4	83.2
4.23	11.5	10.1	1.1	25.2	90.4
4.24	11.4	11.6	1.2	23.3	89.5
4.25	11.8	12.5	1.4	24.9	88.1
4.26	11.8	8.5	1.2	23.3	89.8
4.30	12.2	13.8	1.3	28.7	89.3
7.01	12.2	12.1	1.4	29.5	88.5
7.03	11.9	10.9	1.4	27.9	88.2
7.05	12.3	11.2	1.9	28.5	84.6
7.07	11.7	12.5	0.9	28.2	92.3
7.09	11.8	13.3	0.8	26.5	93.2
7.11	12.4	8.6	1.8	25.0	85.5

注：有机相浓度 16%，萃取相比 O/A = 3.0，负载有机相 6.76$g\cdot L^{-1}$，再生有机相 3.2$g\cdot L^{-1}$。

该厂加工成本列于表 1-10-22。

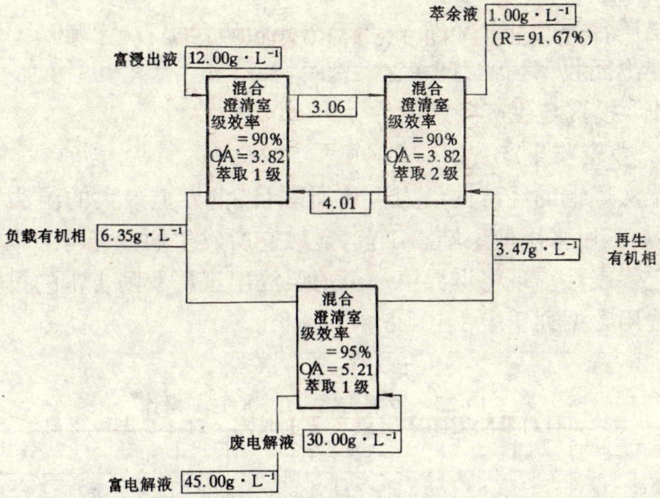

图 1-10-21 Minchem 计算模型图

表 1-10-22 辅助材料消耗及电解铜加工成本

项目	单耗	单价/元	1t电解铜加工成本/元
萃取剂	2.5kg	150元·kg^{-1}	375
煤油	50kg	2.5元·kg^{-1}	125
硫酸	0.5t	367元·t^{-1}	183.5
其它材料			180
电	2600kW·h	0.347元 kW·h^{-1}	902.2
燃料	0.5		175
工资	70人	700元人$^{-1}$·月$^{-1}$	196
合计			2136.7

主要工艺技术指标如下：

浸出渣率 53 %

浸出渣含铜 2.5% 铜回收率 90%

浸出渣含银 400 $g \cdot t^{-1}$ 二次铜精矿含铜 40%
尾矿含铜 0.55% 二次铜精矿含银 2940 $g \cdot t^{-1}$
浸出回收率 94.1%Cu 总回收率 98.8 %

十、投资与生产费用

1. 投资与生产费用

湿法炼铜的经济性已为世人所瞩目，世界上最大的湿法铜厂ELArba工厂采用薄层堆浸工艺，显然它所发生的投资与生产费用有一定代表性。现将世界第一个薄层浸出工厂罗阿吉雷的投资及生产费用数据列于表1-10-23。

表1-10-23 罗阿吉雷TL/SX/EW操作

项目	额定能力		投资		每段实际成本		劳动力	
	以年计	以天计	美元·a^{-1}·t^{-1}（阴极铜）	美元·a^{-1}·单位物料$^{-1}$	美分·磅铜$^{-1}$	美元·单位物料$^{-1}$	人数	占成本/%
矿石废石采剥/t	4×18	13000	596	2.53	7.38	0.659	64	19
破碎矿物加工(−6mm)/t	1×10^6	3000	399	6.78	2.26	0.807	23	17
浸出(一次浸出)/t 浸出渣搬运/t 准备二次浸出	1×10^6	2800	453	7.70	12.97	4.632	66	10
溶剂萃取处理浸出溶液/m^3	3.7×10^6	10000	41	2.03	3.43	0.343	18	11
电积回收阴极铜/t	17×10^3	47.5	568	568	4.16	91.73	22	10
其它 维修(管理机构) 冶金控制(实验室) 采购和仓储 管理和统计 经理和工程	17×10^3	47.5	361	361	4.01	88.42	92 76	
总计	1×10^6	47.5	2818	2818	34.21	754.33	361	25

由表 1-10-22 看出，生产 1t 阴极铜年投资 2818 美元，其中矿山为 596 美元。每磅阴极铜生产成本为 75.26 美分。关于生产费用构成及各工序成本分解相对比例见表 1-10-24 及表 1-10-25。

表 1-10-24　TL/SX/EW 生产费用构成

工艺要求	1kg 阴极铜费用/美分	占有率/%
人工	18.79	25.0
炸药、轮胎、燃料、润滑油	10.21	13.5
备件及其它材料	9.15	12.2
硫酸	15.60	20.7
萃取剂和稀释剂	4.69	6.2
电解电能耗	5.65	7.5
非电解电能耗	3.98	5.3
其它	7.19	9.6
总计	75.26	100.0

表 1-10-25　各主要工序生产费用的相对比例(%)

矿山		破碎		浸出	溶剂萃取		电积
燃料、炸药	46	备件、零件	27	硫酸 55	萃取剂、稀释剂	62	电能 63
轮胎、备件	33	电能	23	人工 10	电能	26	人工 10
人工	19	人工	17	备件 9	人工	11	硫酸钴 4
其它	2	其它	33	其它 26	其它	1	其它 13

2. 常规冶炼方法与 TL/SX/EW 能耗比较

常规的冶炼方法与 TL/SX/EW 的能耗比较见表 1-10-26。

表 1-10-26 常规流程与 TL/SX/EW 能耗比较

流程/从 2%铜矿石到电解铜	工 序	1kg 阴极铜能耗 kW·h		1t 阴极铜耗热能/GJ	
选矿:常规铜精矿选矿	破碎:-25.5mm	0.110		1.16	
	磨矿:浮选用	0.528		5.697	
	选矿:浮选法	0.242	0.88	2.647	9.496
火法:转炉+精炼	火法 + 精炼	2.97~3.32	3.83~4.20	32.7~36.9	42.2~46.4
火法:闪速+精炼	火法 + 精炼	1.80~2.00	2.68~2.88	20.0~22.15	29.5~31.6
火法:新方法+精炼	火法 + 精炼	1.89~2.75	2.77~7.99	21.1~30.6	30.6~40.1
湿法冶金:包括预处理	焙烧 +湿法冶炼	1.04~1.34	3.17~3.83	25.3~32.7	34.8~42.2
精矿直接湿法冶炼	精矿湿法冶金	1.73~3.24	4.69~8.01	42.2~79.13	51.7~88.6
TL/SX/EW:不需做任何预富集	闭路破碎:(6.35mm)	0.1		2.64	
	物料处理	0.77		8.55	
	TL/SX/EW	1.76	2.75	19.5	30.7

由此看出,浸出-萃取-电积湿法炼铜工艺的投资、生产费用比传统火法炼铜低。所以目前许多新建矿山,特别是智利,都在矿山就地兴建浸出-萃取-电积厂。

第一篇　主要参考文献

第一章

1 日本矿业协会矿山编集部．非铁金属概况最近10年の动き:铜．矿山，1998:51,(8):151～173

2 R.E.Kirk *et al*..Encyclopedia of Chemical Technology. Vol.6,New York: A Wiley-Interscience Publication,1979:821

3 Н.С.Грейвер и дру, Основы металлургии, tom Ⅱ, Москва: металлургиздат,1962

4 洛阳铜加工厂金相室．铜及铜合金金相图谱．北京:冶金工业出版社，1983

5 中国冶金百科全书:有色金属冶金卷,北京:冶金工业出版社,1999

6 同2. Vol.6,828

7 曹异生．世界铜工业进展及前景展望．世界有色金属,1997(4):17～21

8 周晋华主编．有色金属进展第二卷:有色金属矿业,长沙:中南工业大学出版社,1995

9 北京有色金属设计研究总院等．重有色金属冶炼设计手册:铜镍卷．北京:冶金工业出版社,1996

10 Joh C.Taylor 等．世界有色金属冶炼厂调查．余楚蓉等译．北京:冶金工业出版社,1991

11 H.Y.索恩等．硫化矿冶炼的进展(下册).包晓波等译．北京:冶金工业出版社,1991

12 Markku Kyto *et al*.. Outokumpu flash technology meeting the environmental and business challenges of the next century. Proceedings of the 8th International flash smelting congress 14～18 October 1996 in Tucson and Salt lake city, USA:415

第二章

1 日本金属学会．有色金属冶金．徐秀芝、单维林等译,北京:冶金工业出

版社,1988
2 彭容秋．重金属冶金学．长沙:中南工业大学出版社,1991
3 W.J. 陈等．铜的火法冶金-1995 年铜国际会议论文集．邓文基等译,北京:冶金工业出版社,1998
4 Н.И.Копылов и др..Система Cu_2S-FeS-Fe. Цветные Металлы, 1994 (6):22～23
5 Н.И.Копылов и др..Система Cu_2S-FeO-Fe. Цветные Металлы, 1995 (1):14～16
6 E.T. 特克道根．高温工艺物理化学．魏季和、傅杰译,北京:冶金工业出版社,1988
7 N.J.Themelis. Transport and Chemical Rate Phenomena. New York: Gordon and Breach Science Publishers SA, 1995
8 R.Sridhar *et al*., Thermodynamic Considerations in Copper pyrometallurgy. JOM, 1997(4): 48～52
9 R.Sridhar *et al*., Copper Losses and Thermodynamic Considerations in Copper Smelting. Metallurgical and Materials Transactions B, Vol.28B, 1997 (4):191～200
10 J.W.Matousek. Oxygen Potentials of Copper Smelting Slags. Canadian Metallurgical Quarterly, 1993:32, (2):97～101
11 朱祖泽,马克毅．铜冶金学．昆明:云南科技出版社,1995
12 М.Л.Сорокин и др.. Термодинамика Системы Cu-Fe-O. Цветные Металлы, 1997(8):28～32
13 М.Л.Сорокин и др.. Термодинамическая модель системы Cu-O. Цветные Металлы, 1997(3):14～18
14 М.Л.Сорокин и др.. Термодинамика Системы Cu-O-SiO_2. Цветные Металлы, 1997(6):16～19
15 刘纯鹏．铜冶金物理化学．上海:上海科学技术出版社,1990
16 张鉴．冶金熔体的计算热力学．北京:冶金工业出版社,1998
17 T.Shibata *et al*., Proc. of COPPER 91, Vol.4, Pyrometallurgy of Copper. 1991:125～139
18 F.Sehnalek and I.Imris. 国外连续炼铜文集．北京:冶金工业出版社, 1981
19 柳濑勉,森永健次．有色金属冶炼技术与节能(报告集). 北京:冶金工

业出版社,1992

20 C.Acuna and J.Zaniga, Converting of high grade matte by lime fluxing. Proc. of COPPER 95-COBRE 95 international conference Vol.Ⅳ,Pyrome tallurgy of Copper. Vol.Ⅳ. Edited by W.J.Chen *et al*..The Metallurgical Society of CIM. 1995:389~399

第三章

1 Risto Saarinen. Flash Smelting Data. In: M.MURTOARO. Proceedings of the Fifth International Flash Smelting Congress, Finland: Outokumpu OY, 1986: 373~387

2 J.D.McCain, David M.Jones. Startup and Operation of Magma's Outokumpu Flash Furnace. In: E.Nieminen. Proceedings of the Sixth International Flash Smelting Congress, Brazil, Chile. Finland: Outokumpu OY, 1990: 183~201

3 Pablo Gonzalez M., Ricardo Bonifaz S., Rodrigo Subiabre V.. Start-up Experience at Chagres Smelter. In: E.Nieminen. Proceedings of the Eighth International Flash Smelting Congress, U.S.A. Finland: Outokumpu OY, 1996: 27~44

4 David B.George, Ray J.Gottling, Chris J.Newman. Modernization of Kennecott Utah Copper Smelter. In: W.J.Chen, C.Diaz, A.Luraschi and P.J.Mackey. Proceedings of Copper 95-Cobre 95 International Conference, Vol.Ⅳ - Pyrometallurgy of Copper. --: The Metallurgical Society of CIM, 1995: 41~52

5 S.V.Venkatesh, A.K.Sharma, K.C.D.Khandelwal. Dahej Smelter Complex - An Overview. In: E.Nieminen. Proceedings of the Eighth International Flash Smelting Congress, U.S.A. Finland: Outokumpu OY, 1996: 45~56

6 The Ninth International Flash Smelting Congress, Australia, 1999.(会议资料,未出版)

7 Markku Kyto, Ilkka V.KOJO, Pekka Hanniala. Outokumpu Flash Technology Meeting the Environmental and Business Challenges of the Next Century. In: E.Nieminen. Proceedings of the Eighth International Flash Smelting Congress, U.S.A. Finland: Outokumpu OY, 1996: 417~433

8 重有色金属冶炼设计手册编委会.重有色金属冶炼设计手册:铜镍卷 . 北京:冶金工业出版社,1996 年 10 月:146～177

9 C.Queirolo, C.Caballero, F.Onel. Operational Practices at the Outokumpu Flash Furnace for Smelting High Arsenic Content Concentrates. In: E.Nieminen. Proceedings of the Eighth International Flash Smelting Congress, U.S.A. Finland: Outokumpu OY, 1996: 113～124

10 George Simov, Boris Stefanov. Development and Prospects of the MDK Copper Smelter and Refinery. In: E.Nieminen. Proceedings of the Eighth International Flash Smelting Congress, U.S.A. Finland: Outokumpu OY, 1996: 155～162

11 N.Abramov, A.Govorov, Y.Filippov. Operational Experience Concerning the Work of Flash Smelting Complexes at Nadezhda Smelter, Norilsk Mining and Metallurgical Combinate. In: E.Nieminen. Proceedings of the Seventh International Flash Smelting Congress, Republic of Korea. Finland: Outokumpu OY, 1993: 51～59

12 Rifat KONT, Ahmet OZDEN. Developments in the Samsun Copper Smelter of Karadeniz Bakir Isletmeleri A.S.. In: – – –. The Ninth International Flash Smelting Congress, Australia, 6～11, June 1999(会议资料,待出版)

13 W.J. 陈,A. 卢拉斯奇等编 . 铜的火法冶金 – – 1995 年铜国际会议论文集 . 邓文基等译 . 北京:冶金工业出版社,1998:59～73

14 Erik Andersin, Yrjo Anjala, Markku Lahtinen. Options in Copper Flash Smelter Expansion and Modernization. In: E.Nieminen. Proceedings of the Eighth International Flash Smelting Congress, U.S.A. Finland: Outokumpu OY, 1996: 373～391

15 Y.Anjala, J.Asteljoki and P.Hanniala. The Role of Oxygen in the Outokumpu Flash Smelting Process. In: George Kachaniwsky. Proceedings of the International Symposium on the Impact of Oxygen on the Productivity of Non – ferrous Metallurgical Process.—: —. —: 87～105

16 Kyto S.M.I., Makinen J.K., Saarhelo K.. On – line Analyzer System of the Mixture at the Outokumpu Harjavalta Copper Smelter. In: E.H.Partelpoeg and D.C.Himmesoete. Process Control and Automation in Extractive Metallurgy. – –: The Minerals, Metals and Materials Society,

1988: 19～40

17 T.Kimura, N.Kemori and K.Hondoh. New Development for the Flash Smelting Furnace at Sumitomo Toyo Smelter. In: E.Nieminen. Proceedings of the Seventh International Flash Smelting Congress, Republic of Korea. Finland: Outokumpu OY, 1993: 285～301

18 A.F.San Miguel Jr., S.C.Raborar. PASAR Modernization Program. In: E.Nieminen. Proceedings of the Seventh International Flash Smelting Congress, Republic of Korea. Finland: Outokumpu OY, 1993: 107～124

19 Stephan Gernerth, Peter Willbrandt. Present Changes at Norddeutsche Affinerie's Copper Smelter. In: E.Nieminen.Proceedings of the Eighth International Flash Smelting Congress, U.S.A. Finland: Outokumpu OY, 1996: 95～111

20 Chikashi Suenaga, *et al*.. Productivity Increase in Flash Smelting Furnace Operation at Saganoseki Smelter and Refinery. In: E.Nieminen. Proceedings of the Eighth International Flash Smelting Congress, U.S.A. Finland: Outokumpu OY, 1996: 125～133

21 Bengt Andersson. Panel Discussion on Drying of Concentrates. In: R.Seeste and T.Tuominen. Proceedings of the Third International Flash Smelting Congress Finland－Germany－Spain. Finland: Outokumpu OY, 1977: 233～286

22 L.Helle, I.KOJO, A.Grohn and P.Hanniala. Improvements in Outokumpu Flash Smelting Process and Equipment. In: E.Nieminen. Proceedings of the Seventh International Flash Smelting Congress, Republic of Korea. Finland: Outokumpu OY, 1993: 91～106

23 Patricio Barrios, etc.. Recent Operating Practices at HUELVA Flash Smelter. In: －－. The Ninth International Flash Smelting Congress, Australia, 6～11, June 1999(待出版)

24 C.W.Morris and C.J.A.La Nauze. Some Features of the Tennant Creek Flash Smelter Design and Their Behavior in Operation to date. In: Rauno Seeste. Proceedings of Second International Flash Smelting Congress, Japan. Finland: Outokumpu OY, 1974: 115～136

25 Masatoshi Tomita, *et al*.. 20 years of Operation of Flash Furnaces at Saganoseki Smelter and Refinery. In: E.Nieminen. Proceedings of the

Sixth International Flash Smelting Congress, Brazil, Chile. Finland: Outokumpu OY, 1990: 61~88

26 刘英刚．奥托昆普闪速熔炼的精矿喷嘴．铜陵有色金属;1994(12): 43~48

27 Y.Oda, T.Iwamoto, *et al*.. Developments in the Tamano FSFE in the Decade. In: E.Nieminen. Proceedings of the Eighth International Flash Smelting Congress, U.S.A. Finland: Outokumpu OY, 1996: 143~154

28 Joaquim Menezes, *et al*.. New Central Jet Burner－Caraiba Metais. In: －－. The Ninth International Flash Smelting Congress, Australia. 1999(待出版)

29 Michael Kopke. Expansion Project of the Smelter Plant of Norddeutsche Affinerie AG. In: －－. The Ninth International Flash Smelting Congress, Australia. 1999 (待出版)

30 P.Barrios, J.L.Bonano, *et al*.. The Modernization of the Atlantic Copper HUELVA Copper Smelter. In: E.Nieminen. Proceedings of the Eighth International Flash Smelting Congress, U.S.A. Finland: Outokumpu OY, 1996: 67~78

31 Patricio Barrios, *et al*.. Recent Operating Practices at HUELVA Flash Smelter. In: －－. The Ninth International Flash Smelting Congress, Australia. 1999 (待出版)

32 W.J. 陈等编．铜火法冶金——1995 年铜国际会议论文集．邓文基等译．北京:冶金工业出版社,1998: 59~73

33 H.Y. 索恩等编．硫化矿冶炼的进展(下册). 邓文基等译．北京:冶金工业出版社,1991: 455~474

34 Osamu Fujii and Masao Shima. Using of Oxygen to Flash Smelting. Metall. Review of MMIJ, 1984; 1(1): 160~172

35 Peter Willbrandt. Operational Results of norddeutsche Affinerie Copper Smelter. In: C.A.Landolt. The Paul E.Queneau International Symposium, Extractive Metallurgy of Copper, Nickel and Cobalt, Vol.Ⅱ. －－: The Minerals, Metals and Materials Society, 1993: 1361~1375

36 Y.C.Kang and S.S.Park. Making Improvements in Smelting Capacity at Onsan Copper Smelter. JOM, October 1997: 44~46

37 T.J.Kim. Onsan Copper Flash Smelter in KOREA. In: M.Murtoaro,

E.Ryynanen. Proceedings of the Fourth International Flash Smelting Congress, U.S.A. Mexico. Finland: Outokumpu OY, 1981: 219～234

38 D.M.Jones and T.W.Gonzales. Update on the First Campaign of the BHP San Manual Smelter. In: E.Nieminen. Proceedings of the Eighth International Flash Smelting Congress, U.S.A. Finland: Outokumpu OY, 1996: 183～198

39 C.Palacios. Huelva Flash Smelter. In: R.Seeste and T.Tuominen. Proceedings of the Third International Flash Smelting Congress, Finland－Germany－Spain. Finland: Outokumpu OY, 1977: 71～90

40 D.de la Villa. Use of High Oxygen Enrichment at the Huelva Smelter. In: M.MURTOARO. Proceedings of the Fifth International Flash Smelting Congress, Finland, Poland. Finland: Outokumpu OY, 1986: 181～200

41 Simon C.Raborar, Manuel G.Variacion. Improvement in PASAR's Flash Furnace Cooling System. In: E.Nieminen. Proceedings of the Eighth International Flash Smelting Congress, U.S.A. Finland: Outokumpu OY, 1996: 339～349

42 K.Kaasinen. V.Salmi, J.Poijarvi. Major Developments at the Harjavalta Smelters Since 1987. In: E.Nieminen. Proceedings of the Seventh International Flash Smelting Congress, Republic of Korea. Finland: Outokumpu OY, 1993: 21～34

43 J.Menezes, A.Coelho, C.Duarte. Productivity Increase in Caraiba Smelter. In: E.Nieminen. Proceedings of the Eighth International Flash Smelting Congress, U.S.A. Finland: Outokumpu OY, 1996: 135～142

44. 张法平等译．伊达哥冶炼厂．有色冶金设计与研究,1993;14(4):10～17

45 Jozef Czernecki, Zbigniew Smieszek. Development of the Single－Stage Copper Production Method From Chalcosine Concentrates in a Flash Furnace. In: E.Nieminen. Proceedings of the Eighth International Flash Smelting Congress, U.S.A. Finland: Outokumpu OY, 1996: 359～372

46 Arthur Hunt, Steven K Day. Start－up Operation of the 2# Direct－to－Blister Flash Furnace at Olympic Dam. In: －－. the Ninth International Flash Smelting Congress, Australia 6～11, June 1999(待出版)

47 Ari Jokilaakso, Ilkka V.KOJO. Water is the Best Refractory, Isn't it? .

In：－－．The Ninth International Flash Smelting Congress，Australia，6～11 June 1999（待出版）

48 W.J.Mitchell．Phelps Dodge Hidalgo Smelter 1993 Update．In：E.Nieminen．Proceedings of the Seventh International Flash Smelting Congress，Republic of Korea．Finland：Outokumpu OY，1993：253～261

49 D.P.George－Kennedy．Developments in Direct－to－Blister Flash Smelting of High Grade Concentrates at Olympic Dam．In：E.Nieminen．Proceedings of the Seventh International Flash Smelting Congress，Republic of Korea．Finland：Outokumpu OY，1993：179～188

50 日本有色冶炼技术及能源研究委员会编．有色金属冶炼技术与节能．金锡根等译．北京:冶金工业出版社,1992：247～253

51 Yoshihiko Maeda，Yasuhiko Temmaya and Shigeki Suzuki．Current Operation and Waste Treatment at Kosaka Smelter．In：E.Nieminen．Proceedings of the Sixth International Flash Smelting Congress，Brazil，Chile．Finland：Outokumpu OY，1990：31～43

52 MEXICANA DE COBRE S.A．DE C.V.．Development of the Second Campaign at EL TAJO Smelter．In：E.Nieminen．Proceedings of the Seventh International Flash Smelting Congress，Republic of Korea．Finland：Outokumpu OY，1993：75～89

53 Yushiro Hirai．Recent Operation of the Flash Smelting Furnace at Saganoseki Smelter.In：－－．The Ninth International Flash Smelting Congress，Australia，June 1999(待出版)

54 Y.Oda，T.Shibata．Development of TAMANO Type Flash Smelting Furnace (FSF)．In：－－．The Ninth International Flash Smelting Congress，Australia，June 1999(待出版)

55 Eduardo Fernandez N．Evaluation of the Second Campaign Results at La Caridad Smelter.In：－－．The Ninth International Flash Smelting Congress，Australia，June 1999(待出版)

56 C.J.Newman，T.I.Probert．Kennecott Utah Copper Smelter Modernization. In：E.Nieminen．Proceedings of the Eighth International Flash Smelting Congress，U.S.A．Finland：Outokumpu OY，1996：311～327

57 K.Morita，H.Kadoya．Optimum Operation of Flash Smelting Furnace with

P.S Converter Furnaces based on Copper Concentrate Quality. In: ——. The Ninth International Flash Smelting Congress, Australia, June 1999(待出版)

58 J.Ahumada, C.Caballero. Main Modifications and Improvements in the Flash Complex of Chuquicamata Smelter. In: ——. The Ninth International Flash Smelting Congress, Australia, June 1999(待出版)

59 C.Queircolo, C.Caballero. Operational Practices at the Outokumpu Flash Furnace for Smelting High Arsenic Content Concentrates. In: E.Nieminen. Proceedings of the Eighth International Flash Smelting Congress, U.S.A. Finland: Outokumpu OY, 1996: 113~124

60 Takaaki Shibata. Energy Recovery and Substitute Fuel Technology in the Flash Smelting Furnace with Electrodes(FSFE) at TAMANO Smelter. Metallurgical Review of MMIJ, 1990;7(2): 1~23

61 A.Granados. La Caridad Flash Smelter. In: M.MURTOARO, E.RYYNANEN. Proceedings of the Fourth International Flash Smelting Congress, U.S.A, Mexico. Finland: Outokumpu OY, 1981: 151~194

62 Waste heat boiler-operations and related problems. In: E.Nieminen. Proceedings of the Seventh International Flash Smelting Congress, Finland: Outokumpu OY, 1993: 327~344

63 M.Matsumoto, H.Inoue and K.Chiba. Improvements and Modifications of Kosaka Smelter in the Last Decade. In: E.Nieminen. Proceedings of the Seventh International Flash Smelting Congress, Republic of Korea. Finland: Outokumpu OY, 1993: 61~73

64 陈汉春.闪速熔炼的现状与发展.有色冶炼,1997年第2期:1~7

65 Pekka, Hanniala and Ilkka V.KOJO. Utilization of Outokumpu flash technology to meet environmental requirements. In: A.Casali, G.S.Dobby, M.Molina and W.J.Thoburn. Proceedings of COPPER 95-COBRE 95 International Conference, Vol.Ⅱ-Mineral Processing and Environment. ——: The Metallurgical Society of CIM, 1995: 305~318

66 J.Czernecki, S.Sobierajski, Z.Smieszek. Technological and technical problems of copper production from chalcosine concentrates in a flash furnace. In: ——. EMC-European metals conference: 1991: Present and Future. London and New York: ——, 1991:185~190

67 D.W.Rich. Slag Chemistry of the Direct to Blister Flash Smelter at Olympic Dam. In: E.Nieminen. Proceedings of the Sixth International Flash Smelting Congress, Brazil, Chile. Finland: Outokumpu OY, 1990: 45～59

68 Markku Kyto. Theoretical Aspects on Flash Converting and Direct Blister Copper Production. In: E.Nieminen. Proceedings of the Seventh International Flash Smelting Congress, Republic of Korea. Finland: Outokumpu OY, 1993: 189～252

69 S.Plucinski, J.Gargul. Direct Smelting of Copper Concentrates to Blister in the Flash Smelting Furnace of Glogow Copper Smelter. In: M.MURTOARO. Proceedings of the Fifth International Flash Smelting Congress, Finland, Poland. Finland: Outokumpu OY, 1986: 161～180

70 William G.Davenport. Direct Copper Smelting. In: －－. The Aus.I.M.M. North Queensland Branch, Smelting and Refining Operators Symposium. May 1985: 243～253

71 J.Czernecki, Z.Smieszek. Application of Oxygen in Pyrometallurgical Processes of Copper Production in Poland. In: George Kachaniwsky. Proceedings of the International Symposium on the Impact of Oxygen on the Productivity of Non－ferrous Metallurgical Process. －－: －－, －－: 135～150

72 Czernecki J., Smieszek Z.. The Choice and Control of Parameters of the Direct Smelting of Copper Concentrates in a Flash Furnace. In: E.H.Partelpoeg and D.C.Himmesoete. Process Control and Automation in Extractive Metallurgy, －－: The Minerals, Metals and Materials Society, 1988: 183～195

73 Jozef Czernecki. The Process Flash Slag Cleaning in Electric Furnace at the Glogow Ⅱ Copper Smelter. In: －－. The Ninth International Flash Smelting Congress, Australia, 1999(待出版)

74 W.G.Davenport, E.H.Partelpoeg. Flash Smelting Analysis, Control and Optimization. －－: Pergamon Press, 1987

75 T.N.Antonioni, C.M.Diaz. Control of the INCO Oxygen Flash Smelting process. In: D.B.George and John C.Taylor. Copper Smelting－An Update, U.S.: The Metallurgical Society of AIME, 1981: 17～31

76 刘英刚．因科闪速熔炼．铜陵有色金属,1996 年 6 月：32～38

77 Jussi A Asteljoki. Flash Converting. In: M.MURTOARO. Proceedings of the Fifth International Flash Smelting Congress, Finland, Poland. Finland: Outokumpu OY, 1986: 15～43

78 P.C.Chaubal, H.Y.Sohn. Mathematical Modeling of Minor - Elcement Behavior in Flash Smelting of Copper Concentrates and Flash Converting of Copper Mattes. Metall. Trans. B, 1989; 20B: 39～51

79 Dennis Connell, Allan F.Nuttall. Modernization of Kennecott Utah Copper Smelter and Refinery. In: E.Nieminen. Proceedings of the Seventh international Flash Smelting Congress, Republic of Korea. Finland: Outokumpu OY, 1993: 137～155

80 Pekka Hannilal, Ilkka V.KOJO. Kennecott - Outokumpu Flash Converting Process - Copper by Clean Technology. In: J.A.Asteljoki and R.L.Stephens. Sulfide Smelting '98: Current and Future Practices. - -: The Minerals, Metals and Materials Society, 1998: 239～247

81 C.J.Newman, T.I.Probert, A.J.Weddick. Kennecott Utah Copper Smelter Modernization. In: J.A.Aateljoki and R.L.Stephens. Sulfide Smelting '98, Current and Future Practices. - -: The Minerals, Metals and Materials Society, 1998: 205～214

82 C.J.Newman, D.N.Collins. Environmental Control in the Kennecott Utah Copper Smelter. In: - - . The Ninth International Flash Smelting Congress, Australia, 1999(待出版)

83 J.A.Sepulveda, K.Sutliff. Modernization of Southern Peru Copper's ILO Smelter. In: - - . The Ninth International Flash Smelting Congress, Australia, 1999(待出版)

84 Pekka Hanniala. Flash technology for converting. In: - - . EMC - European metals, Conference: 1991: Present and Future. London and New York: - -,1991: 191～203

第四章

1 Markku Kyto et al..Outokumpu flash technology meeting the environmental and business challenges of the next century. Proceedings of the 8th International flash smelting congress 14～18 October 1996 in Tucson and Salt lake

city, U.S.A
2 彭容秋．重金属冶金学．长沙:中南工业大学出版社,1991
3 朱祖泽,马克毅．铜冶金学．昆明:云南科技出版社,1995
4 祝明星．诺兰达铜冶炼厂．白银科技,1986(2):19～28
5 娄仲勋．白银熔池富氧炼铜．白银科技,1989(2):11～18
6 娄仲勋．论白银炼铜法的热能利用．白银科技,1988(1):17～22
7 陈仕武．瓦纽科夫炼铜法．有色矿冶,1990(4):23～38
8 蒋继穆．赴苏联巴尔哈什炼铜厂的考察．有色冶炼,1990(6):1～5
9 А.В.Тарасов, В.М.Парецкий. Автогенная пла вка сульфидного сырья. Цветные Металлы, 1996(4):12～14
10 A.B. 瓦纽科夫．巴尔哈什矿冶公司对熔池熔炼的掌握．北京有色冶金设计研究总院编译．自热熔炼法在重有色金属生产中的运用(文集). 1990.7
11 张挺、傅作健译．特尼恩特转炉——一项处于领先地位的火法冶金技术.有色冶炼,1993(4):31～36
12 张训鹏,彭容秋．熔池熔炼的发展．有色冶炼,1995(4):20～25
13 祝明星．直岛冶炼厂．白银科技,1986(2):32～43
14 朱定华．梯敏斯铜冶炼厂．白银科技,1986(2):6～18
15 T.Shibasaki 等．直岛冶炼厂新建三菱连续炼铜炉．有色冶炼,1992(2):1～5
16 张小并译．塞浦路斯迈阿密矿业公司冶炼厂改造工程的总结和现状．有色冶炼,1996(3):6～13
17 C.R.Fountain 等．在艾萨熔炼法炼铜过程中次要元素的分布．有色冶炼,1992(5):43～49

第五章

1 W.J. 陈等．铜的火法冶金——1995 年铜国际会议论文集．邓文基等译,北京:冶金工业出版社,1998
2 Markku Kyto *et al*.. Outokumpu flash technology meeting the environmental and business challenges of the next century. Proceedings of the 8th International flash smelting congress 14～18 October 1996 in Tucson and Salt lake city, U.S.A
3 彭容秋．重金属冶金学．长沙:中南工业大学出版社,1991

4 朱祖泽,马克毅．铜冶金学．昆明:云南科技出版社,1995

5 北京有色金属设计研究总院等．重有色金属冶炼设计手册:铜镍卷．北京:冶金工业出版社,1996

6 H.H.Kellogg. 有色金属火法冶金的动向,J.K.Tien *et al*.. 化学冶金进展评论．中国金属学会编译组,北京:冶金工业出版社,1985

第六章

1 《有色金属冶金》卷编辑委员会,中国冶金百科全书:有色金属冶金,北京:冶金工业出版社,1999

2 朱祖泽,马克毅．铜冶金学．昆明:云南科技出版社,1995

3 刘纯鹏．铜冶金物理化学．上海:上海科学技术出版社,1990

4 C.Acuna、J.Zaniga. 使用石灰熔剂吹炼高品位铜锍的试验研究．铜的火法冶金——1995年铜国际会议论文集. 北京:冶金工业出版社,1998,335～347

5 陈汉春．东予冶炼厂富氧冶炼技术．有色冶炼,1988(11):26

6 A.Bustos、M.Cardoen、B.Janssens,高浓度富氧在UM霍勃肯转炉中的使用,铜的火法冶金—1995年铜国际会议论文集. 北京:冶金工业出版社,1998,233～246

7 俞鹰．谈谈铜陵二冶新转炉的成功经验．重有色冶炼,1997(6):1

8 梅秉良．铜陵二冶转炉改造卓有成效．有色冶金设计与研究．1996:17,(1):43

9 周安梁．贵冶转炉吹炼工艺概况．重有色冶炼,1998(1):19

10 徐家庆、何海．金川公司冶炼厂转炉改造．有色冶炼,1990(5):2

11 王德生．大冶4号炼铜转炉评价．有色金属(冶炼部分),1996(6):42

12 世界铜镍转炉生产实践调查．有色冶炼,1997(5):1～42

13 俞诚诠译．东予冶炼厂的铜冶炼．有色冶炼,1997(1):3

14 刘黎民译．玉冶熔炼车间的改进．有色冶炼,1995(1):9

15 赖建林译．小名滨冶炼厂的铜冶炼．有色冶炼,1994(5):6

16 A.K.Biswas、W.G.Davenport. 铜提取冶金．北京:冶金工业出版社,1980

17 Alan.H.Binegar. 塞浦路斯艾萨熔炼法投产及操作经验．铜的火法冶金——1995年铜国际会议论文集,北京:冶金工业出版社,1998,115～132

18 E.N.Mounsey. 用奥斯熔炼法处理含铜物料的经济和技术评估．铜的

火法冶金—1995年铜国际会议论文集,北京:冶金工业出版社,1998,189～206
19 R.B.Brew. 关于艾萨熔炼法情况通报．沈冶科技,1995(1):34
20 霍青译．用Ausmelt炉吹炼冰铜．有色冶炼,1997(5):1
21 彭容秋,张训鹏．熔池熔炼在有色冶金中的发展．世界有色金属,1992(14):2
22 宋月琳译．国内外铜熔池熔炼工艺评述．世界有色金属,1993(6):6
23 王中奎译．顶吹熔炼和吹炼．世界有色金属,1992(6):8
24 张训鹏,彭容秋．熔池熔炼的发展．有色冶炼,1995(4):20
25 D.B.George、C.J.Newman. 肯尼科特公司犹他铜冶炼厂的技术改造．铜的火法冶金——1995年铜国际会议论文集,北京:冶金工业出版社,1998,45～58
26 刘英杰译．闪速吹炼工艺．沈冶科技,1994(4):31
27 Pekka Hanniala、Tuula Makinen 等．闪速吹炼技术．闪速炼铜,1993(2～3):43
28 吴希林译．新的犹他炼铜厂．有色冶炼,1993(3):14
29 Ruben Alvarado、Bruno Lértora 等．特尼恩特转炉的新进展．铜的火法冶金——1995年铜国际会议论文集,北京:冶金工业出版社,1998,87～103
30 张挺,傅作健译．特尼恩特转炉．有色冶炼,1993(4):31
31 Н.П.Абрамов、Л.Ш.Цемехмая. Переработка медных штейн-ов на черновую медь в печи Ванюкова. Цветные Металлы,1997(6):20
32 P.J.Mackey、C.Harris、C.Levac. 锍的诺兰达转炉连续吹炼．铜的火法冶金——1995年铜国际会议论文集.北京:冶金工业出版社,1998,283～312
33 江传瑜．加拿大霍恩冶炼厂现状．矿冶,1997(3):60.
34 陈文修、梅炽．有色金属提取冶金手册——现代化设备．北京:冶金工业出版社,1993.

第七章

1 北京有色金属设计研究总院等．重有色金属冶炼设计手册:铜镍卷．北京:冶金工业出版社,1996
2 J.C.Agarwal,P.R.Ammann,F.C.Brown. Process Analysis for Recovery of

Metal Values from Copper Smelter Slag. In: J.C.Yannopoulos and J.C.Agarwal. Extractive Metallurgy of Copper. —: The Metallurgical Society of AIME,1976:351～369

3 刘纯鹏．铜冶金物理化学．上海:上海科学技术出版社,1990

4 Seppo Harkki, Jussi Asteljoki. Panel Discussion: Slag Cleaning. In: R.Seeste, T.Tuominen. Proceedings of the Third International Flash Smelting Congress, Finland-Germany-Spain. Finland: Outokumpu OY, 1977:287～298

5 Zenjiro Asaki. Kinetic Studies of Copper Flash Smelting Furnace and Improvements of its Operation in the Smelters in Japan. Mineral Processing and Extractive Metallurgy Review. 1992,11,163～185

6 日本有色冶炼技术及能源研究委员会．有色金属冶炼技术与节能．金锡根等译．北京:冶金工业出版社,1992:157～164

7 Takaaki Shibata. Energy Recovery and Substitute Fuel Technology in the Flash Furnace with Electrodes(FSFE). Metallurgical Review of MMIJ, 1990,7(2):1～23

8 Risto Saarinen. Flash Smelting Data. In: M.MURTOARO. Proceedings of the Fifth International Flash Smelting Congress, Finland: Outokumpu OY, 1986:373～387

第八章

1 彭容秋．重金属冶金学．长沙:中南工业大学出版社,1990

2 北京有色冶金设计研究总院等编．重有色金属冶炼设计手册(铜镍卷).北京:冶金工业出版社,1996

3 陈新民．火法冶金过程物理化学．北京:冶金工业出版社,1994

4 乐颂光,鲁君乐．再生有色金属生产．长沙:中南工业大学出版社,1991

5 J.Laezza 等．Kidd Greek 铜精炼厂．陶敏译．有色金属文摘,1994(增刊)

第九章

1 日本金属学会编．有色金属冶金．徐秀芝、单维林等译．北京:冶金工业出版社,1988

2 钟竹前,梅光贵编著．湿法冶金过程．长沙:中南工业大学出版社,1988

3 钟点益．国外铜电解液净化除砷、锑、铋的方法．有色冶炼,1991(5):30

～34
4 张友余译．世界铜电解精炼生产实践调查．有色冶炼,1998(8):1～30
5 J.Thiriar.CCR 电解车间现代化．李清之译．有色金属文摘,1994(增刊):27～34
6 V.巴尔塔扎等．减少铜电解精炼时银入阴极的损失．李清之译．有色金属文摘,1994(增刊):77～79
7 Jen Shize 等,添加剂对 $CuSO_4$-H_2SO_4 电解液中铜阳极钝化的影响．郑昕译.有色金属文摘,1994(增刊):108～116

第十章

1 Alan Taylor. Is the writing Finallyon the wall: For copper smelting? . E&MJ, 1996; 197(2):39
2 Arthur J.Lynch, Alan Taylor, *et al*.. Solvent Extraction Boom in LATINAMERICA.E&MJ, 1994; 195(12):18
3 A.Stanger, B.Middlin.Development of the Gunpowder Leach-SX-EW Factory. in: W.C.Cooper, D.J.Kemp, G.E.Lagos and.G.Tan,COPPER'91-COBRE91 international Conference Volume Ⅲ-Hydrometallurgy and Electromellurgy .New York: Pergamon,1991:107～119
4 B.J.Ledeboer.Factorys in the design of copper electrownning tankhouses.in: W.C.Cooper,D.J.Kemp, G.E.Lagos and G.Tan.COPPER'91-COBRE91 international Conference Volume Ⅲ-Hydrometallurgy and Electromellurgy .New York: Pergamon, 1991: 563～574
5 B.Townson and K.J.Severs. The solvent Extraction of Copper - a Perspective. Mining Magazine, 1990; 162(1):26
6 E.M.Domic. Thin Layer Leaching Practice: Cost of operation and Process Requirements.Journal of Metals, 1984; 36(1):48
7 Fernando Pino. Division Salvador of Codelco Chile introduces the LX/SX/EW Process as a new line of Production. in: W.C.Cooper, D.B.Dreisinger, J.E.Dutrizac, H.Hein and G.Ugarte.COPPER95-COBRE95, international Conference Volume Ⅲ-Electrorefining and Hydrometallurgy of Copper.—: CIM,1995:713～725
8 Harri Natunen, *et al*.. Copper heap leaching - solvent extraction - Electrowinning Process at the Zaldivar Mine. in: W.C.Cooper, D.B.Dreisinger,

J.E.Dutrizac, H.Hein and G.Ugarte.COPPER95-COBRE95, international Conference Volume Ⅲ-Electrorefining and Hydrometallurgy of Copper.—: CIM,1995:757～772

9 Henkel Co.. Technical Bulletin, RED LINE

10 H.T.Lumbwe, *et al*.. Recent Process development changes at the tailings Leach Factory (TLP), Nchange Divison of Zambia consolidated copper Mines Limited, Zambia. in: W.C.Cooper, D.B.Dreisinger, J.E.Dutrizac, H.Hein and G.Ugarte.Copper95-Cober95, international Conference Volume Ⅲ-Electrorefining and Hydrometallurgy of Copper.-: CIM,1995:727～741

11 Igor Gonzales and Neston Torres. Southern Peru Copper Corporation -Toquepala / Cuajone leach Project. in: W.C.Cooper, D.B.Dreisinger, J.E.Dutrizac, H.Hein and G.Ugarte.Copper95-Cober95, international Conference Volume Ⅲ-Electrorefining and Hydrometallurgy of Copper .—: CIM,1995:802～820

12 Jameson Cells in large - Scale Operations.E&MJ, 1996; 197 (4) 40

13 J.B.Hiskey. In-situ leaching recovery of Copper: What's next? . in: Hydrometallurgy'94.UK: CHAPMAN & HALL,1994:43

14 John R Burger. Sociedad Minera PudaHuel Produces Low-cost Copper at Lo Aguirre. E&MJ,1985; 186(1):44

15 Keith R.Suttill. The ISA Process: A growing force in copper refining. E&MJ,1987;188(12):52

16 Keith R. Suttill.SX Copper burns bright.E&MJ, 1993; Vol.194(12) 24

17 Marilyn Scales.Solvent extraction of copper at Gibralta. Canadian Mining Journal,1988,109(2):16

18 Lantinomineria.QUEBRADA BLANCA the First SX/EW Project at over 4000m altitude.E&MJ,1995;196(2):26

19 Lantinomineria.ESCONDIDA'S New cathode factory, Ammonia leach for super-pure electrolytic copper Production. E&MJ,1995;196(5):24

20 P.Paschen, *et al*.. Productivity increase and energy conservation in copper electrowinning.in: W.C.Cooper, D.J.Kemp, G.E.Lagos and K.J.Tan. Copper91-Cober91, international Conference Volume Ⅲ-Hydrometallurgy and Electrorefining.Mew York:Pergamon,1991:575～591

21 Richard Beane, Dan Raniey. In-situ leaching at the San Manuel Porphyry copper, Arizona, USA. in: W.C.Cooper, D.B.Dreisinger, J.E.Dutrizac, H.Hein and G.Ugarte. COPPER95-COBRE95, international Conference Volume Ⅲ-Electrorefining and Hydrometallurgy of Copper.-: CIM, 1995: 363～375

22 Richard W.Phelps. RADOMIRO Tomic. A new factory grows in the Atacama desert. E&MJ, 1998; 199(3): 28

23 Ron Adams and uday Sinha. Improving the Quality of continuous copper rod. JOM, 1990; Vol.42(5): 31

24 Rusell A.Carter. Magma Puts the Pedal to Metal. E&MJ, 1996. 197 (1): 34

25 Steven A.Zaburunov. Magma independence: Old resource, new technology. E&MJ, 1990; 191(1): 30

26 Wayne R.Hopkins. SX/EW: A mature but expending technology. Mining Magazine, 1994; Vol.166(5): 256

27 Yang Jiaoyong. Practice in small-scale solvent extraction plants of copper. in: D.C.Shallcross, R.Paimin, L.M.Prvcic. Value Adding Through Solvent Extraction ISEC'96 Vol.1. Melbourne: University of Melboune, 1996: 807～812

28 ZENECA Speciallies. Acorga Mining Chemicals Product List

第二篇 镍 冶 金

第一章 镍冶金概论

第一节 镍的物理化学性质

镍为银白色金属，属面心立方体晶型。主要物理机械性质为:原子序数 28，原子量 58.71，熔点 1455℃，沸点 2900℃，居里点 357.6℃，固体热容系数为 0.45606J/(g·℃)，熔体为 0.69873 J/(g·℃)，熔化热 243.09J/g，线膨胀系数 1.28×10^{-5}(20℃)，热导率 59.413W/(m·K)(18℃)，导电率(Ag 为 100 计)12.9，比电阻(20℃)$6.9\times10^{-6}\Omega$/cm，弹性极限($E\times10^{-3}$)21～23，抗拉强度 392.26～441.3MPa。镍密度(g/cm³):铸镍 8.8，电镍 8.9，镍丸 8.4，1500℃熔体 7.76，化学纯致密镍 9.04±0.03；因镍每体积能吸收氢气 4.15 倍，吸 CO1.15 倍。镍退火后延伸率为 40%～50%，布氏硬度为 80～90；其铸造收缩率为 2.2%。

镍属铁族元素，在周期表上又与铜毗邻，其成键特性(表 2-1-1)对提取冶金和成矿作用巨大，最主要表现为矿物的紧密结合或伴生，造成冶金工艺的复杂化和困难。

有关镍化合物的重要性质见表 2-1-2 及表 2-1-3。

表 2-1-1 铁族元素及铜的成键特性

项 目		Fe	Co	Ni	Cu
外层电子		$3d^64s^2$	$3d^74s^2$	$3d^84s^2$	$3d^{10}4s^1$
原子半径/nm		0.117	0.116	0.115	0.117
氧化价	最高	+6	+5	+4	+2
	最低	−2	−1	0	+1
	常见	2.3	2	2	2.1

表 2-1-2 镍化合物生成热焓、熵

化合物	ΔH°_{298}/ kJ·mol^{-1}	S°_{298}/ J·K^{-1}·mol^{-1}	转变点/ ℃	熔点/ ℃	沸点/ ℃
⟨Ni⟩	O	29.874±0.2		1453	2910
(Ni)	+430.12±2.0	182.09			
⟨NiF_2⟩	−656.89±3.8	73.638±0.42		1450	1474
⟨NiCl⟩	−230.12±3.8	240.58±10.5			
⟨$NiCl_2$⟩	−305.43±2.0	97.28±0.84		1009	970
⟨$NiBr_2$⟩	−212.13±10	135.98±10		963	919
⟨NiI_2⟩	−78.24±8.37	153.97±10	750	797	
⟨NiO⟩	240.58±2.0	38.07±0.4	252	1955	
⟨Ni_3S_2⟩	−215.89±10	133.89±1.26	550	[790]	
⟨$NiS_{0.84}$⟩	48.953±4.2	391	[560]		
⟨NiS⟩	−94.14±3.6	52.93±0.8	389	996	
⟨$NiSO_4$⟩	−873.2±2.5	103.85±1.05			
⟨$NiSeO_3$⟩	567.35±6.7	103.34±8.37			
⟨Ni_2N⟩	+0.836±4.2				
⟨Ni_3P⟩	−200.12±10.5	106.27±13.39		[970]	
⟨Ni_5P_2⟩	−391.20±18.83	184.93±21.34	1025	1180	
⟨Ni_2P⟩	−164.54±16.75	77.46±11.72		1100	
⟨Ni_6P_5⟩	−556.43±58.62	276.33±31.40			
⟨NiP_2⟩	−129.37±14.65	73.27±14.65			
⟨NiP_3⟩	−157.84±16.75	98.39±16.75			
⟨NiAs⟩	−72.01±3.77	51.92±11.30		964	
⟨NiSb⟩	−83.74±5.02	78.29±12.56		1160	
⟨NiBi⟩	−7.75±1.67	88.34±4.19		[655]	
⟨$NiCO_3$⟩	−680.36±12.56	85.41±1.67			
⟨$Ni(CO)_4$⟩	−158.68±6.28	415.75±0.84			
⟨Ni_2Si⟩	−142.77±10.89		1214	1318	
⟨Ni_3Si_2⟩	−232.36±19.26		[845]		
⟨NiSi⟩	−89.60±7.54	44.38±3.35		992	
⟨$NiSi_2$⟩	−94.20±12.56	65.31±4.61		980	
⟨NiGe⟩	−110.11±5.86	90.85±10.47			
⟨Ni_3Ti⟩	−33.5±1.5	25.0±2.7		1378	

表 2-1-3　有关立方体构型的铁酸盐结构特征

名　称	离子分布	r/nm	a/nm	d/g·cm^{-3}
$NiFe_2O_4$	$Fe^{3+}[Ni^{2+}Fe^{3+}]$①	0.78	8.34	5.38
$CoFe_2O_4$	$Fe^{3+}[Co^{2+}Fe^{3+}]$	0.82	8.38	5.29
$CuFe_2O_4$	$Fe^{3+}[Cu^{2+}Fe^{3+}]$	0.83	8.37	5.35
$FeFe_2O_4$	$Fe^{3+}[Fe^{2+}Fe^{3+}]$	0.83	8.39	5.24
$ZnFe_2O_4$	$Zn^{2+}[Fe_2^{3+}]$	0.83	8.44	5.35
$MgFe_2O_4$	$M_{0.1}^{2+}Fe_{0.9}^{3+}[Mg_{0.9}^{2+}Fe_{1.1}^{3+}]$	0.78	8.38	4.52
$MnFe_2O_4$	$Mn_{0.8}^{2+}Fe_{0.2}^{3+}[Mn_{0.2}^{2+}Fe_{1.8}^{3+}]$	0.91	8.50	5.00

① 方括号前的离子为四面体结点上的离子，方括号内为八面体结点上的离子。

镍在水溶液介质中亦较稳定，如电解镍片在约 100℃ 的 3mol/L H_2SO_4 中溶解速度仅为 10.67g/(m^2·h)，镍粒在 100℃ 时不同粒度和 H_2SO_4 浓度下的溶速见表 2-1-4。

表 2-1-4　镍粒在硫酸液中溶解速度

条　件	100℃，3mol·L^{-1}H_2SO_4			100℃，0.8～2.5mm		
	3～8mm	0.8～2.5mm	<0.8mm	1 mol·L^{-1}	2 mol·L^{-1}	3 mol·L^{-1}
时间/h	8.0	3.0	3.0	47	8.0	3.0
溶解度/g·L^{-1}	81.34	121.76	149.45	46.1	85.27	128.4
溶解率/%	16.3	24.55	29.7	9.99	23.45	24.35
溶解速度/g·h^{-1}·kg^{-1}	21.2	81.2	99.0	21.3	38.4	81.2

Ni(Ⅱ) 离子很难与卤素离子(X^-)络合，因它具有较大的水合能(表 2-1-5)，但因之却能与 NH_3，特别与乙二胺等能形成稳定的络合物(表 2-1-6)。

表 2-1-5 水合物的配位场稳定能作用

离子	d 电子数	半径/nm	电离势/$kJ \cdot mol^{-1}$	水化热焓/$kJ \cdot mol^{-1}$ $\Delta H_{水化}$	$\Delta H_{静电}$	$\Delta H_{差}$	配位场稳定能
Ca^{2+}	0	9.9	1.732	2.468	2.468	0.0	0
Ti^{2+}	2	8.5	1.966	2.736	2.581	0.155	0.8
V^{2+}	3	7.4	2.063	2.782	2.611	0.171	1.2
Cr^{2+}	4	7.6	2.243	2.799	2.694	0.105	0.6
Mn^{2+}	5	8.0	2.226	2.740	2.740	0.0	0
Fe^{2+}	6	7.4	2.322	2.841	2.803	0.038	0.4
Co^{2+}	7	7.2	2.402	2.912	2.828	0.084	0.8
Ni^{2+}	8	6.9	2.498	2.996	2.874	0.122	1.2
Cu^{2+}	9	7.2	2.703	2.996	2.908	0.088	0.6
Zn^{2+}	10	7.4	2.640	2.929	2.929	0.0	0

表 2-1-6 氨络合物和乙二胺间的取代平衡

中心离子	$M(NH_3)_2 + en = M(en) + 2NH_3$				$M(NH_3)_4 + 2en = M(en)_2 + 4NH_3$			
	$\Delta \lg k$	$-\Delta G$ / $kJ \cdot mol^{-1}$	$-\Delta H$ / $kJ \cdot mol^{-1}$	ΔS / $J \cdot K^{-1} \cdot mol^{-1}$	$\Delta \lg k$	$-\Delta G$ / $kJ \cdot mol^{-1}$	$-\Delta H$ / $kJ \cdot mol^{-1}$	ΔS / $J \cdot K^{-1} \cdot mol^{-1}$
Ni^{2+}	2.52	14.4	8.42	20.1	5.99	34.21	17.54	55.7
Cu^{2+}	3.09	17.63	12.56	17.2	7.40	42.2	22.61	65.7
Zn^{2+}	1.14	6.49	−0.49	23.0	1.69	9.71	−6.70	56.1
Cd^{2+}	0.89	5.07	−0.38	18.3	3.18	18.17	3.35	49.4

第二节 镍的产量及用途[4~6,10]

西方国家的镍产销量见表 2-1-7。预计镍不会上扬，因产镍设备能力长期过剩。

表 2-1-7　西方国家镍的供求(kt)

项目	1993 年	1994 年	1995 年	1996 年
产不锈钢	1160	1320	1500	1480
共消耗镍	69.1	78.6	90.4	89.1
共产出镍	56.7	58.6	64.9	68.5
美战备售出	3	6	9	8
进口	17.9	19.6	17.9	18.8

近年来各国镍产量见表 2-1-8。

表 2-1-8　世界矿山产镍、冶炼和精炼产量(kt)

洲别或其他	1992 年		1993 年		1994 年		1995 年	
欧洲								
芬兰	9.2[①]	14.8[②]	8.3	14.8	6.8	15.9	3.5	14.8
希腊	15.4	15.4	12.6	10.9	16.2	16.2	17.0	16.7
马其顿			3.0	4.5	4.6	4.1	1.5	2.0
挪威	3.4	54.9	3.6	56.8	3.3	68.4	3.6	53.2
南斯拉夫	3.0	2.7		25.8		6.9		
法国		6.8		9.0		10.0		10.4
英国		28.0		28.0		28.4		35.1
小计	31.0	122.6	27.5	149.8	30.9	149.9	25.6	132.2
非洲								
博茨瓦纳	18.9		19.7		19.0		19.1	
南非	28.4	27.6	28.9	29.9	30.1	30.1	29.8	29.8
津巴布韦	11.4	17.2	12.8	18.2	13.8	19.6	10.9	15.4
小计	58.7	44.8	61.4	48.1	62.9	49.7	58.8	45.2
亚洲								
印尼	78.1	5.5	65.8	5.3	81.2	5.8	86.6	10.7
菲律宾	14.0		7.7		14.6		17.2	
韩国								

续表 2-1-8

洲别或其他	1992 年		1993 年		1994 年		1995 年	
中国台湾								
日本		109.4		105.4		112.6		135.0
小计	92.2	114.9	73.5	110.7	95.8	118.4	103.8	145.7
美洲								
加拿大	186.4	132.9	188.1	123.1	149.9	105.1	181.0	121.5
美国	6.7	9.0	2.5	4.9	2.5		2.5	8.5
巴西	14.7	14.7	15.2	15.2	16.5	16.5	15.7	15.7
哥伦比亚	20.2	20.2	20.2	20.2	20.8	20.8	25.7	25.7
多米尼加	27.5	27.5	23.9	23.9	30.9	30.9	31.2	31.2
小计	255.5	204.3	249.9	187.3	220.6	173.3	256.1	202.4
大洋洲								
澳大利亚	57.0	50.6	64.7	50.4	79.0	66.6	101.3	75.0
新喀里多尼亚	99.6	31.9	97.1	36.9	96.0	39.5	133.0	42.2
小计	156.6	82.5	161.8	87.3	175.0	106.1	234.3	117.2
其他国家								
阿尔巴尼亚	0.2	0.1						
前捷克斯洛伐克		1.5						
哈萨克斯坦	1.0		1.0		1.0		1.2	
俄罗斯	275.0	247.4	209.0	187.8	212.0	190.7	224.0	200.3
乌克兰	1.0	1.0	1.0	1.0	1.0	1.0	1.2	1.2
古巴	32.2	16.9	28.8	16.6	31.0	14.1	31.0	21.7
中国	32.8	30.7	30.5	36.9	31.3	31.0	38.1	
其他								
小计	324.2	297.7	270.5	235.9	281.9	237.1	288.4	261.3
总计	936.2	866.8	844.6	919.1	967.1	834.5	967.4	904.0

① 矿山产量为矿石及精矿含镍量。1995 年世界镍矿业生产分布(%)为：俄罗斯 21、加拿大 19、澳大利亚 11、新喀里多尼亚 12、印尼 9、其他 28。② 冶炼和精炼产量为电解镍，镍粒，镍块，镍粉的产量以及镍盐，化学品级氧化镍，镍铁，烧结氧化镍及多种用途镍的含镍量。

镍主要用于不锈钢等特种合金的制造，以美国 1995 年为例[9]，44%的矿镍用于不锈钢及合金钢，35%用于有色及特种合金，14%用于电镀，其它用途占 7%，而世界 1995 年相应比例为 71%，11%，8%和 10%。如按镍最终用途分，则见表 2-1-9。

表 2-1-9　镍最终使用分配(%)[6,9]

部门	1993 年	1995 年	部门	1993 年	1995 年	部门	1993 年	1995 年
运输	30	29	建筑	9	9	机器制造	7	7
化工	15	14	加工金属产品	7	8	石油	7	8
电气设备	10	10	家具	7	6	其他	7	9

各国镍的消费见表 2-1-10。

表 2-1-10　世界各国镍消费(kt)

洲　别	1991 年	1992 年	1993 年	1994 年	1995 年
欧洲					
奥地利	6.0	4.6	4.0	3.5	3.6
比利时	19.6	21.4	22.8	23.0	22.8
丹麦	0.7	0.5	0.5	0.4	0.5
芬兰	18.0	23.5	26.8	30.4	35.1
法国	36.8	35.0	36.5	44.4	49.4
德国	77.0	74.0	76.0	88.9	109.0
希腊	0.2	0.2	0.2	0.2	0.2
爱尔兰	0.1	0.1	0.1	0.1	0.1
意大利	31.5	29.6	38.5	44.0	51.7
马其顿			1.0	0.6	1.0
荷兰	1.8	1.1	1.1	1.1	1.1
挪威	0.2	0.3	0.3	0.4	0.3
葡萄牙	0.2	0.2	0.2	0.2	0.2
西班牙	17.8	13.3	16.8	25.7	30.2
瑞典	16.3	16.3	22.8	24.8	25.2
瑞士	1.1	1.1	0.7	0.3	1.1
英国	29.5	28.5	29.8	38.0	41.9
南斯拉夫	1.8	1.0			

续表 2-1-10

洲 别	1991 年	1992 年	1993 年	1994 年	1995 年
小计	258.6	250.7	277.1	324.9	327.2
非洲	9.9	9.9	14.9	13.6	
亚洲					
印尼	15.0	13.2	13.2	17.7	13.2
日本	180.1	148.1	157.2	181.1	196.0
韩国	23.2	26.0	33.0	41.1	46.1
中国台湾	19.0	19.0	19.0	26.0	26.0
其他国家	14.1	6.9		9.1	9.1
小计	251.4	213.2	222.6	275.0	290.4
美洲					
阿根廷	0.2	0.6	0.3	0.5	0.2
巴西	11.4	11.1	12.2	14.2	15.6
加拿大	10.3	12.5	13.9	17.6	24.2
墨西哥	1.8	1.8	1.4	3.5	1.4
美国	125.2	119.1	122.1	131.0	148.9
其他国家	1.0	1.2	1.2	1.2	10.2
小计	149.9	146.3	151.1	168.0	191.5
大洋洲					
澳大利亚	1.4	1.5	1.5	1.4	1.5
新西兰	0.4	0.3	0.3	0.3	0.3
小计	1.8	1.8	1.8	1.7	1.7
其他国家					
保加利亚	0.5	0.2	0.2	0.3	0.6
前捷克斯洛伐克	5.2	2.8	1.0	1.1	1.2
匈牙利	3.0	2.0	0.5	0.8	0.8
波兰	0.5	0.1	0.2	1.0	0.8
罗马尼亚	0.5	0.3	0.5	0.6	1.0
前苏联	85.0				
俄罗斯		128.7	95.1	66.7	62.0
乌克兰		3.0	3.0	3.0	2.8
其他		1.0	1.0	1.0	1.2
中国	32.0	35.0	39.0	42.0	37.1
亚洲其他国家	0.8	4.0	0.6	0.6	0.6
小计	127.5	177.1	141.1	117.1	108.1
总计	798.5	799.0	803.6	901.6	977.6

镍主要作为一种功能材料而广泛应用[1,7]，如：

1）耐热合金：Ni 与 Fe、Co、Cr、Mn 等能形成固溶体合金，具有高熔点，耐海水浸蚀及高温氧化，断裂强度大，易机械加工等优点，如可用于制作燃气涡轮机。

2）磁性材料：Ni 具有最大的磁导率（$>600\mu m$），是最佳软磁材料，如坡莫 Ni-Fe 及 Fe-Ni-Si 合金是典型高导磁性材料，而 Al-Ni-Fe-Co 合金，还可作永磁（硬）性材料。又如 Co-Ni-P 合金是高密度磁性记录材料的薄膜基体，其机械强度大、韧性高及易加工等。Co-Ni 合金膜记录磁带亦日益广泛用于信息工程。Fe-Ni-Co 系是一种非晶态磁材料，应用于磁头及变压器。

3）电子及电气材料：Ni 可制作各种传感器。锰康铜（58Cu41NiMn）或康铜（60Cu40Ni）可制作应变器的电阻，NiO 或 Ni 可作还原气氛中的传感器或光盘存储器，$Ni(OH)_x$ 作光电显示材料；Ni 则易于发射电流，广泛用作电子管等之阴极。此外 Ni 还广泛用于可充电的高能电池，如 Ni-Cd、Zn-Ni、Fe-Ni 及 $Ni-H_2$ 电池等。

4）触媒：应用于有机物的氢化、氢解、异构化、HC 类的重整及脱硫等过程，还应用于气相氧化剂（为 AN、丙烯醛等）的催化。由于 Ni 较铂族金属便宜且不易毒化，故常代替作为触媒剂。在重整过程中，铂族金属却无法替代镍。

5）储氢金属：$LaNi_5$、$LaCo_5$ 及 $CeCo_5$ 等均是良好的储氢材料，特点是低温可吸附大量的氢，稍升温降压又可释出，其结构与 $CaCu_5$ 相似，其中以 $LaNi_5$ 较便宜。在 $LaNi_5$ 的六方晶体胞中含有 1 个 $LaNi_5$，晶胞体积为 $9.0\times10^{-23}cm^3$。晶胞体中有 3 个八面体空隙，6 个四面体积空隙，被吸附的氢以原子状存在于这些空隙中，若空隙全被氢原子占据，则组成为 $LaNi_5H_9$，若只一半被占，则为 $LaNi_5H_{45}$，此时合金之密度为：

$$\frac{4.5\times1}{6.023\times10^{23}\times9.0\times10^{-23}}=8.3\times10^{-2}g\cdot cm^{-3}$$

比标准状态下氢的密度（$8.9\times10^{-5}g\cdot cm^{-3}$）约大千倍，可见在低压(大于 4×10^5kPa)下储运氢气安全又经济。

下列反应可产生价廉而活泼性更好、容量更大的衍生物：

$$LaNi_{4.5}Mn_{0.5}+3.3H_2 \underset{>30℃,0.304mPa}{\overset{25℃,5.07mPa}{\rightleftharpoons}} LaNi_{4.5}Mn_{0.5}H_{6.6}$$

6) 形态记忆合金：如 Ni-Ti 系合金，在加热及冷却循环中，具有双向性反复记忆原形特性，加之耐热蚀性强，故广泛用于喷气机的油压控制，以及各种油管连接器及海底油田的油管接头、电缆连接器等。此外，在家电方面也获广泛应用，如微波炉的加热器中的循环振动机构，电流过热感测器，烘衣机、电烤箱及医疗器械等中的热风装置开关等。

7) 颜料及染料：由 TiO_2、NiO 及 Sb_2O_3 的混合料在 800℃ 煅烧而成的黄橙色颜料，是由于 Ni 可任意地在阳离子节点上取代钛，形成缺陷晶体结构而引起发色作用，其中锑酸镍的形成，可使颜色由黄向橙黄转变。该种颜料覆盖力强，着色力差，故不易被其他物料污染；又由于具有金红石或尖晶石结构，故化学性能很稳定，能抗酸碱，耐光照，耐热达 400℃ 以上。

Ni、Co 铝酸盐固熔体组成的蓝色颜料，亦具尖晶石结构；其组成为 $NiAl_2O_4$ 15%～20%，余为 $CoAlO_4$。由 NiO 逐渐取代 ZnO-SnO_2 组成的蓝色颜料中之 ZnO，可使色彩逐渐由蓝向绿转变，最终可得到光泽很好的绿色颜料。由 $Ni_2(PO_4)_3$ 及 NiP_2O_7 组成的磷酸镍颜料具有鲜黄色彩，如其中 Ni 含量增加，则色彩渐变为暗黄绿色。镍的联胺甲醛络合物则呈鲜艳的黄绿色，特别是适于呢毛织品的染料。

第三节　提镍原料[1,6,7]

已知镍在地球中含量约为 3%，次于 Fe、O_2、Si、Mg，而居第五位；但在地壳中仅 0.008%，居已知元素的 24 位。

镍的原生矿物为橄榄石和硫化镍矿，前者经风化富集成硅酸镁镍矿、镍蛇纹石红土矿，统称为氧化镍矿；此外，自然界还有极少量的砷化镍矿。国外镍矿储量分布见表 2-1-11 及 2-1-12。

表 2-1-11　已证实的镍矿储量分布(未包括我国在内)

<table>
<tr><th>矿床</th><th>洲　别</th><th>地区国家</th></tr>
<tr><td rowspan="5">红土矿
(60.6%)</td><td rowspan="2">美洲
(11.3%)</td><td>北美洲
中美洲</td></tr>
<tr><td>南美洲</td></tr>
<tr><td rowspan="2">大洋洲及亚洲
(43.6%)</td><td>新喀里多尼亚</td></tr>
<tr><td>菲律宾及印尼</td></tr>
<tr><td>欧洲(5.7%)</td><td>前苏联及其他</td></tr>
</table>

表 2-1-12　国外主要产镍国家的镍储量(kt)

地区及国家	可靠储量	估计储量	地区及国家	可靠储量	估计储量
北美洲	3200	11300	前苏联	8000	8100
美国	多为伴生	2700	其它	1800	2000
加拿大	3200	3000	非洲	1500	1800
拉丁美洲	5500	7350	博茨瓦纳	400	500
古巴	3200	3400	南非	500	1000
多米尼加	1000	1200	津巴布韦	200	300
危地马拉		600	亚洲	7800	8200
巴西	700	800	印尼	2300	2500
哥伦比亚	500	700	菲律宾	5500	
委内瑞拉		650	大洋洲	19200	20600
欧洲	11940	12550	澳大利亚	5200	5600
希腊	2100	2400	新喀里多尼亚	14000	15000
芬兰	40	50	总　计	54000	62000

氧化镍矿尚不能用物理选矿富集，硅酸镍矿组成见表 2-1-13。

表 2-1-13 硅酸镍矿的矿物组成(%)

矿物名称	Ni + Co	Fe	Mg	SiO_2
硅酸镁镍矿 $(Mg, Fe, Ni, Co)_6Si_4O_{10}(OH)_8$	一般约 3,最高达 47	12～15	22～24	约 40
镍蛇纹石 $(Mg,Fe,Ni,Co)_3Si_{12}O_9$	约 1.5	12	约 35	约 30

国外主要处理氧化镍矿的冶炼厂的矿石组成见表 2-1-14。

表 2-1-14 氧化镍矿组成(%)

厂(矿)名	Ni	Co	$Fe(Fe_2O_3)$	MgO	$Cr(Cr_2O_3)$	SiO_2	H_2O	备注
多尼安博		2.5～3.0	(2)	20～28	(2～3)		20～30	灼烧 12%
利得(美)	1.5		8～15	25～38	0.8～1.2	45～55		原矿
利得(美)	1.6～1.7		10～15	24～32	0.8～1.2	45～58		筛选后
博纳阿(爱)	1.6～1.89	0.04～0.06	15.6～18.3	20～24		33～37	26.7	筛选后
拉瑞姆纳	1.49	0.1	35.68		(2.63)	27.05	20.6	筛选后
依萨巴尔(危)	2.1		18.6	20.8		32.5		
尼加罗(古)	1.4	0.06	38	10.3		14	28～36	
毛阿湾(古)	1.35	0.146	47.5	1.7	(2.9)	3.7	12.5	Mn0.8, Cu0.02, Zn0.04
苏里高(菲)	1.22	0.1	38.5					

目前仍有 50%～60%的金属镍来自硫化镍矿，一般均经过选矿分离富集后才送往冶炼厂。国内外主要选厂指标见表 2-1-15。

表 2-1-15 镍硫化矿选矿指标

工厂	品名	产率/%	品位/%		回收率/%	
			Ni	Cu	Ni	Cu
铜崖(加)	原矿		1.4	1.3		
	镍精矿	9.8	11.0	2.0	77	16
	铜精矿	3.4	1.2	30	3	77
	硫精矿	5.6	1.0	0.1	4	0.5
金川(1)(中国)	原矿		1.5	0.8		
	精矿	21.5	6.3	3.1	89	86
金川(2)(中国)	原矿		1.6	0.7		
	精矿	22.5	6.5	2.8	88.5	75
汤姆逊(加)	原矿		1.8	0.12		
	镍精矿	21	8.0	0.25	92.5	43.5
	铜精矿	0.13	2.0	27	0.15	30
弗鲁特-斯托比(加)	原矿		0.91	0.9		
	精矿	22.4	3.6	3.4	89	94
坎姆巴尔达(澳)	原矿		2.69	0.2		
	精矿	19.7	12.2	0.98	89	93
科达拉蒂(芬)	原矿		0.8	0.31		
	镍精矿	10.5	6.8	0.81	92.5	27.9
	铜精矿	0.7	0.8	28.6	0.7	62.1
盘石(中国)	原矿		1.9	0.48		
	镍精矿	27.4	6.0	0.6	96.5	33.8
	铜精矿	10.0	1.0	27	0.6	57.8
克拉贝尔(加)	原矿		1.5	1.2		
	镍精矿	10	10.2	10.6	71	86
	硫精矿	24	1.3	0.5	22	9
斯特拉斯康纳(加)	原矿		1.1	0.6		
	镍精矿	10.3	8.2	5.5	77	
	硫精矿		0.75	0.05		

国内外主要镍冶炼厂精矿成分见表 2-1-16。

表 2-1-16　镍精矿成分

工厂	成分 /%							
	Ni	Cu	Co	Fe	S	SiO_2	MgO	CaO
金川(中国)	(1)5~6	2.5~3	0.12	31~33	约25	约12	约8	约1.5
	(2)3.5~4	1.5~2	0.1	约19	约10	约21	约21	约1.5
红旗岭(中国)	4~5	1.8		约24		约24.5	约12	2.5
北镍(俄)	5~6	3.3	0.15	30	约19	约20	约11	约1.0
汤普逊(加)	7.5	0.5	约0.15	40	28	12	2	
奥托昆普(芬)	6.0	0.8		44.0	31.0	9.0		
	5.2	2.2		31.2	19.0	19.5		
	3.7	1.3		32.0	22.0	13.0		
卡里古利(澳)	(1)14.50	0.45	0.34	33.4	32.3	7.6	5.0	0.81
	(2)10.36	0.8	0.31	33.3	21.34	13.94	3.86	0.66
	(3)11.48	0.86	0.26	32.24	25.28	21.05	3.42	0.66
	(4)11.74	1.01	0.31	33.30	20.51	18.48	4.44	0.30
舍里特高尔顿(加)(林湖矿区)	10.0	2.0	0.50	38.0	31.0		~14	

第四节　炼镍工艺

由于炼镍原料复杂，故处理工艺比其他轻、重金属均较多样。现行工业方法如下：

- 硫化精矿
  - 火法-造锍熔炼-吹炼-镍铜分离精炼
  - 湿法
    - 高压氨浸-氢还原-镍粉
    - 常压氨浸(预氧化焙烧-选择还原-氨浸)
    - 硫酸化焙烧-浸出
    - 氧压酸浸-置换-浮选
    - （以上湿法工艺适用于：镍磁硫铁矿）

- 氧化镍矿
  - 火法
    - 还原造锍熔炼-吹炼-高镍锍精炼
    - 还原镍铁熔炼-吹炼-
      - 镍铁
      - 精炼-电镍
  - 湿法
    - 常压氨浸选择性还原焙烧-氨浸
    - 高压酸浸

不同原料工艺的主要指标见表 2-1-17。

表 2-1-17　不同方法能耗及综合回收比较

原料类型	原(精)矿含镍/%	冶炼方法	1kg 镍能耗/kW·h	综合回收金属
硫化镍矿	5～12	造锍熔炼	22	Cu、Co、Pt、Pd 等
		高压氨浸	22	Cu、Co
硅酸镁镍矿	约 2.5	还原造锍-金属	57～60	Co
		Ni25%镍铁熔炼	35～42	Fe
混合镍矿	约 1.4	还原氨浸	62～84	Co
		加压酸浸	44～57	Co
		改良加压酸浸	31～35	Co

尽管氧化镍矿冶炼的能耗要高得多，但由于资源储量多而分布广，故 70 年代以后新建了不少处理氧化镍矿的冶炼厂（表 2-1-18）。

表 2-1-18　70 年代后新建氧化镍冶炼工厂

公司(工厂)	工　艺	产　品	投产时间/年	能力/$kt \cdot a^{-1}$
毛阿湾(古)	还原－氨浸	氧化镍	1980～1983	60.0
格洛戈瓦茨(南)	还原－电炉	镍铁	1981～1982	28.0
苏金达(印度)	还原-氢浸	镍粉	1980	4.8
梭罗阿科(印尼)	电炉熔炼-吹炼	高镍锍	1987	48.0
雅布鲁(澳)	还原-氢浸	烧结、氧化镍	1974	22.7
博纲阿(多)	还原-电炉	镍铁	1971	28.5
苏里高(菲)	还原-氢浸	镍粉、镍铁	1971	34.0

第五节 高镍(铜)锍的分离和精炼

由于硫化镍矿及其精矿均含有一些铜，故而吹炼或(闪速)熔炼后所得之高镍锍(即高镍铜锍)均含有铜，其 Ni/Cu = 32～1.3。由氧化镍矿所得之高镍锍，一般不含铜。而含铜的高镍(铜)锍则要首先使 Cu、Ni 分离后，才能精炼提镍。传统的以分离为主的工艺见表 2-1-19。

表 2-1-19 高镍(铜)锍的分离法

工艺名称	主要特征	主要采用厂家	备注
分层熔炼	加 Na_2S,使 Cu_2S 入顶层	(英)布林斯当	
优先浸出	氧化焙烧，硫酸优先浸铜	(挪)克里斯蒂安松	1997 年停用
磨浮分离	缓冷、细磨、浮选分离	(加)铜崖 (苏)(中)全部镍厂	

70 年代以来，发展了一系列的新分离方法，特点是与镍的提纯结合在一起，并且基本上是湿法冶金过程，主要新的分离精炼方法见表 2-1-20。

表 2-1-20 新的分离提纯方法

工艺名称	主要工艺特征	采用工厂
硫酸浸出-电积	常压 + 热压,电积提镍及铜	(芬)哈贾伐尔塔
	热压,电积提镍及铜	(南非)吕斯腾堡
硫酸浸出-氢还原	常压 + 热压,氢压还原	(美)阿玛克斯
氨氧压浸-氢还原	氧压氨浸，氢还原	(澳)克威那拉 (加)舍里特·高尔顿
盐酸浸出萃取	常温常压酸浸，氢还原氧化镍	(挪)克里斯蒂安松
氯气浸出-电积	常压通氯气，电积	(挪)克里斯蒂安松
羰基法	中压或高压，高纯镍粉	(加)国际镍公司

除表 2-1-20 中的工艺外，还有常压羟基法、粗镍电解精炼及硫化镍阳极电解提取等方法均可作为精镍制取方法。

第二章　火法炼镍的物理化学

第一节　硫化镍及镍精矿的氧化焙烧

一、焙烧过程热力学

有关热力学主要数据见表 2-2-1 至表 2-2-3 和图 2-2-1。

表 2-2-1　Ni-S-O 系主要自由焓数据

反　　应	ΔG°_{T}/J·mol^{-1}
$H_2(g)+0.5S_2(g)=H_2S(g)$	$-34121+15.18T\lg T-2.52T$
$O_2(g)+0.5S_2(g)=SO_2(g)$	$-362427+72.42T$
$1.5O_2(g)+0.5S_2(g)=SO_3(g)$	$-466988-23.26T\lg T+241.88T$
$Ni(s)+0.5O_2(g)=NiO(s)$	$-234623+35.61T$
$Ni(s)+0.5S_2(g)+2O_2(g)=NiSO_4(s)$	$-936967-35.40T\lg T+552.02T$
$3Ni(s)+S_2(g)=Ni_3S_2(s)$	$-319205-30.33T\lg T+59.37T$
$7Ni(s)+3S_2(g)=Ni_7S_6(s)$	$-332352+91.00T\lg T+130.17T$
$Ni(s)+0.5S_2(g)=NiS(s)$	$-143034+15.17T\lg T+24.35T$
$Ni(s)+0.5S_2(g)=Ni_{1-x}S(s)$	$-140305+15.17T\lg T+19.54T$
$3Ni(s)+S_2(g)=Ni_3S_{2-x}(s)$	$-263243+30.33T\lg T-32.09T$
$3Ni(s)+S_2(g)=Ni_3S_{2-x}(s)$	$-266988+30.33T\lg T-7.57T$
$3Ni(s)+2S_2(g)=Ni_3S_4(s)$	$-545335+50.67T\lg T+145.88T$
$Ni(s)+S_2(g)=NiS_2(s)$	$-238343+30.33T\lg T+65.77T$

表 2-2-2 Ni-S-O 系平衡常数(二变系)

反 应	$\lg k_p$		
	483K	783K	883K
$2Ni + O_2 = 2NiO$	−41.309	−22.364	−18.818
$3Ni + 2SO_2 = Ni_3S_2 + 2SO_2$	−43.662	−27.184	
$7Ni_3S_2 + 4SO_2 = 3Ni_7S_6 + 4O_2$	−104.232	−61.920	
$2Ni_3S_2 + 7O_2 = 6NiO + 4SO_2$	212.750	121.458	104.857
$2Ni_7S_6 + 19O_2 = 14NiO + 12SO_2$	565.903	324.681	
$Ni_7S_6 + SO_2 = 7NiS + O_2$	−27.369		
$3NiS + SO_2 = Ni_3S_4 + O_2$	−28.766		
$2NiS + SO_2 = 2NiO + 2SO_2$	88.662		
$NiS + 2O_2 = NiSO_4$	65.476		
$2NiO + 2SO_2 + O_2 = 2NiSO_4$	112.290	14.894	9.950
$Ni_3S_4 + 7O_2 = 3NiSO_4 + SO_2$	−59.426		
$Ni_3S_4 + 3SO_2 = NiSO_4 + SO_2$	224.961		
$NiS_2 + 3O_2 = NiSO_4 + SO_2$	94.573	51.324	43.486
$Ni_{1-x}S + SO_2 = NiS_2 + O_2$		4.578	4.089
$Ni_{1-x}S + 2O_2 = NiSO_4$		37.979	27.098
$Ni_7S_6 + SO_2 = 7Ni_{1-x}S + O_2$		−16.621	
$3Ni + 2SO_2 = Ni_3S_{2-x} + O_2$			−22.438
$Ni_3S_{2+x} + SO_2 = 3Ni_{1-x}S + O_2$			−14.446

表 2-2-3 Ni-S-O 系单变平衡常数

反 应	$\lg k_p$		
	483K	783K	883K
$Ni_3S_2 + 4NiO = 7Ni + 2SO_2$	−39.912	−17.542	
$Ni_3S_{2-x} + 4NiO = 7Ni + 2SO_2$			−15.196
$3Ni_3S_2 + O_2 = Ni_7S_6 + 2NiO$	36.173	19.347	
$2Ni_7S_6 + O_2 = 2NiO + 12NiS$	34.919		

续表 2-2-3

反 应	$\lg k_p$		
	483K	783K	883K
$2Ni_7S_6 + O_2 = 2NiO + 12Ni_{1-x}S$		17.889	14.965
$3Ni_3S_{2+x} + SO_2 = 7Ni_{1-x}S + 2NiO$			0.973
$4NiO + 4SO_2 = 3NiSO_4 + NiS$	19.187		
$4NiO + 4SO_2 = 3NiSO_4 + Ni_{1-x}S$		−3.225	−7.230
$2Ni_3S_4 + NiSO_4 = 7NiS + 2SO_2$	−7.825		
$Ni_3S_4 + 4O_2 = 2NiSO_4 + NiS_2$	129.719		
$2Ni_{1-x}S + 2SO_2 = 2NiS_2 + NiSO_4$		−3.609	−5.581

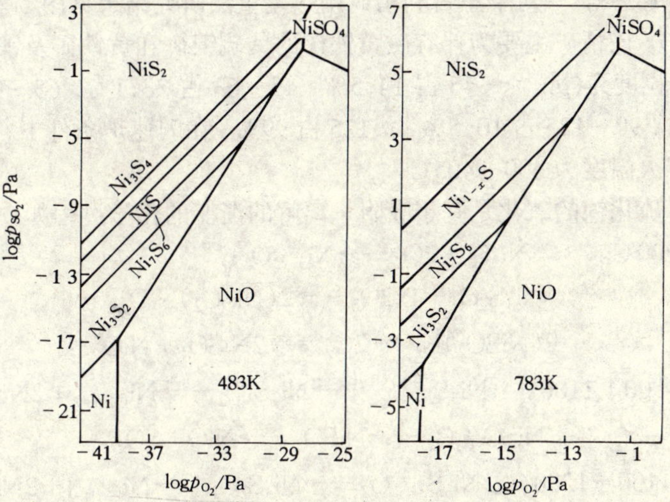

图 2-2-1 Ni-S-O 系优势区图

文献中 Ni_3S_2 的生成自由焓报道各异。梅罗特那在 973～1173K 间用电动势法测得如下：

$$\Delta G^\circ_{Ni_{2.666}S_2}(固) = -287315.28 + 114.03T(J/mol),$$

$\Delta G^{\circ}_{Ni_{2.666}S_2}$(液) = $-230266.14 + 61.647T$(J/mol)

$\Delta G^{\circ}_{Ni_3S_2}$(固) = $-312712.16 + 129.704T$(J/mol),

$\Delta G^{\circ}_{Ni_3S_2}$(液) = $-252797 + 74.705T$(J/mol)

二、氧化焙烧过程动力学

胡加可夫测得粒径 0.15～0.25mm 的 Ni_3S_2 颗粒自由堆积在空气下着火温度为 760℃, 0.105～0.25mm 的为 740℃, 0.075～0.105mm 的为 680℃, <0.075mm 的为 665℃。并对比了其他硫化物的着火温度(共同条件为粒度 0.075～0.1mm, 空气中自由堆积成层)Fe_7S_8 444℃, Cu_2S 445℃, NiS 573℃, CoS 574℃, ZnS 683℃, Ni_3S_2 680℃。

凡恩等[11]对卡里古利精矿用热差重法研究结果见图 2-2-2 及 2-2-3。该精矿主要为伴有磁黄铁矿的紫硫镍矿和黄铁矿及镍黄铁矿; 粒度为(μm): −45 占 14.5%, 45～63 占 33.1%, 63～90 占 32%, 90～125 占 10.5%, <125 占 99%; 在闪速炉条件下, 相应的着火温度为 400～405℃。

硫化镍的氧化是基于吸附－离解的渐变的化学过程如:

$t<700℃$:　$Ni_3S_2 + 2O_2 \longrightarrow Ni_3S_2O_4$;

$$Ni_3S_2O_4 + 1/2O_2 \longrightarrow 2(NiSO_2)NiO;$$

$$2(NiSO_2)NiO + 2O_2 = 2NiSO_4 + NiO$$

$t = 900～1100℃$: $Ni_3S_2 + O_2 \longrightarrow Ni_3S_2O_2 \longrightarrow Ni_{(溶解)} + 2NiSO$;

$$NiSO + O_2 \longrightarrow NiSO_3 \longrightarrow NiO + SO_2$$

$t > 1100～1200℃$: $Ni_3S_2 + O_2 \longrightarrow Ni_3S_2O_2 \longrightarrow Ni_{(溶解)} + 2NiSO$;

$$NiSO \longrightarrow Ni + SO;\ SO + 1/2O_2 = SO_2$$

在 700℃以下时, 还同时有:

$$Ni_3S_2 + 1/2O_2 \longrightarrow Ni_3S_2O \longrightarrow 2(NiS)NiO = 2NiS + NiO;$$

$$NiS + 2O_2 = NiSO_4$$

NiS 常先离解为 Ni_3S_2 及 S°, 再循上述机理进行。

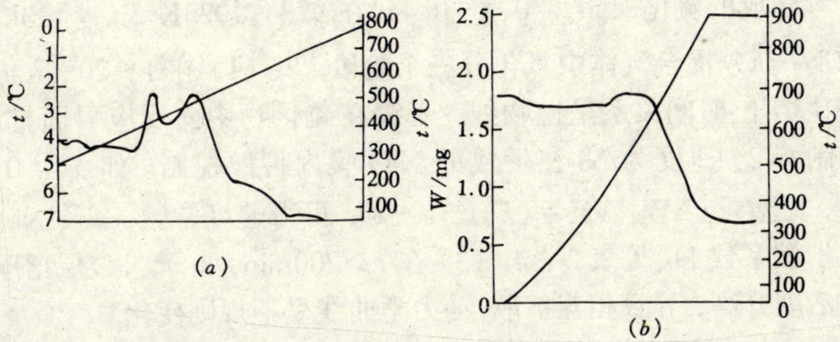

图 2-2-2　镍精矿差热(*a*) 和热重(*b*)(5mg, 10℃/min, 空气 25mL/min)

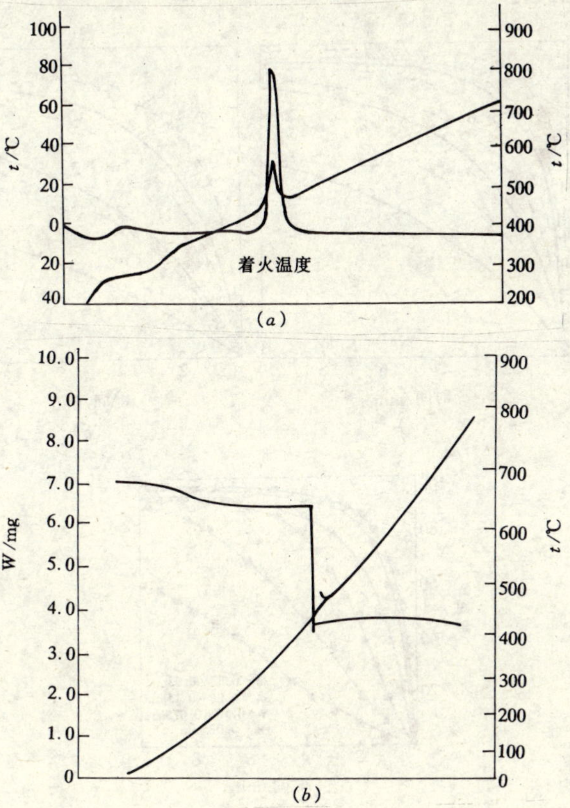

图 2-2-3　镍精矿差热(*a*)及热重(*b*)(15mg, 20℃/min, O_2 25mL/min)

合成的硫化镍($x_s=0.4\sim0.44$)在 923～1023K，$p_{O_2}=20kPa$ 的 N_2-O_2 混合气体中氧化分三个阶段[16]：(1) 在 1～20min 内，料比增重-时间关系呈抛物线，受镍在硫化物中向反应界面扩散控制。(2) 速度为 Ni 在生成的 NiO 膜内扩散控制。如 $x_s=0.4$ 时，比增重$(\Delta W/A)^2=(k_p)^2\cdot t+C$，可得速度常数 k_p 及 Ni 的自扩散系数 D_{Ni}见表 2-2-4。(3) 在 $t>200min$，由于 NiO 层增厚，硫活度升高，导致相互扩散，动力学曲线呈不规则变化。

Ni_3S_2 在流化床中焙烧脱硫率(D)与焙烧时间(t)之关系如图 2-2-4 及图 2-2-5。

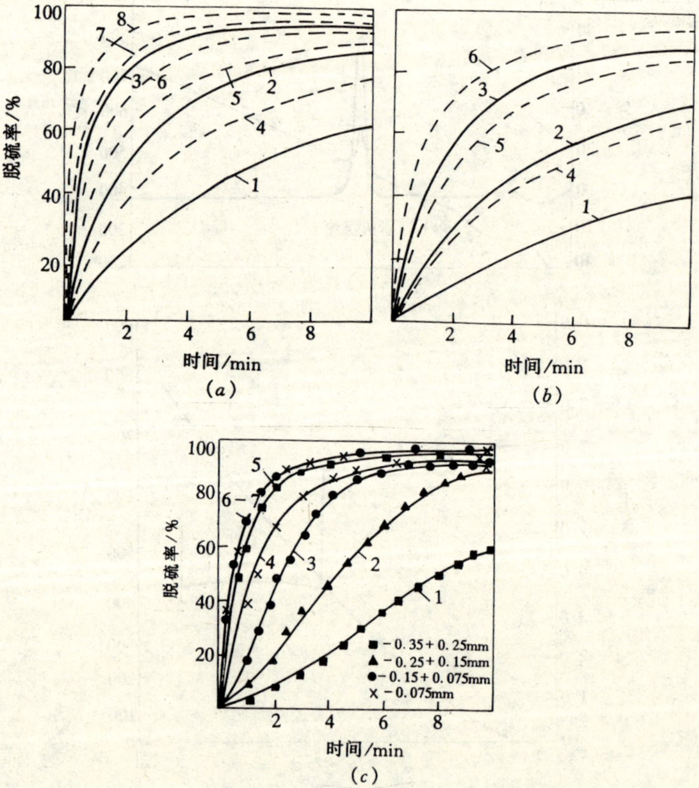

图 2-2-4　粒度及氧浓度对脱硫率(D)的影响

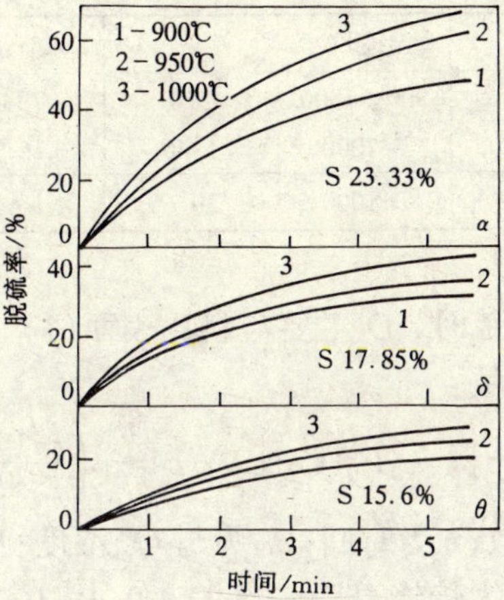

图 2-2-5　料含硫量对脱硫率(D)的影响

表 2-2-4　合成硫化镍($x_s=0.4$)氧化时的 k_p 及 D_{Ni}

T/K	$(k_p)^2/(mg\cdot cm^{-2}\cdot min^{-1})^2$	$D_{Ni}/cm^2\cdot s^{-1}$
923	7.48×10^{-4}	1.7×10^{-13}
973	33.7×10^{-4}	8.7×10^{-13}
973	39.6×10^{-4}	10.0×10^{-13}
1023	69.2×10^{-4}	20.0×10^{-13}

图 2-2-4 中曲线 1～4，代表 O_2(%)分别为 4，20.8，95 及 4；图(a)中曲线 5～8 分别为氧浓度为(%)12.0，20.8，50 及 95，(b)中曲线 5,6 分别为 20.8%及 95%。(c)中 1～4 为 900℃，5～7 为 1100℃。

二次镍精矿焙烧脱硫率(D)与鼓风中 O_2%及精矿中 S%有以下关系式：

$$(1-D)^{-0.7}-1=\left\{k\left(\exp\frac{-E}{RT}\right)(O_2\%)^{0.75}(S)^n\right\}t$$

上式各参数见表 2-2-5。

表 2-2-5　动力学参数

项目	温度/℃	k	$E/\mathrm{kJ\cdot mol^{-1}}$	n
未制粒	900～1000	570	79.4	−1.3
	>1000	1.46	16.7	−1.3
粒径 1.5mm	>1000	30.6	13.0	−1.0

焙烧高镍(铜)锍时，D 主要与料比表面(F_0，$\mathrm{cm^2\cdot g^{-1}}$)及氧体积浓度($O_2$%)有关：

$$D = 1 - \exp\left\{-k_0 F_0 (O_2\%)^{0.9} t^m \exp\left(\frac{-14200}{T}\right)\right\}$$

式中 k_0 为速度常数；t 为时间；m 为与 O_2 浓度；D、F_0 有关的指数(见表 2-2-6)；T 为焙烧温度。当 $D<0.4\sim0.75$ 时，$k_0=135\pm20$；$D>0.4\sim0.75$ 时，$k_0=203\pm10$。

表 2-2-6　动力学参数

O_2 / D / F_0 \ m	21%		25%		30%	
	<0.4～0.75	>0.4～0.75	<0.4～0.75	>0.4～0.75	<0.4～0.75	>0.4～0.75
150	2.0	1.0	2.2	1.0	2.5	1.0
800	0.9	0.6	1.0	0.6	1.0	0.6

在闪速炉层流模拟条件下，N_2+O_2(分别为 21% + 79%，50% + 50%，75% + 25%)的混合气体预热到 500～1100℃，合成的单颗粒的低镍锍(成分见表 2-2-7)部分氧化结果见图 2-2-6。

宏观可结论为：(1) 反应活性随 Ni/Fe 比升高而下降，当 Ni/Fe 比最低时，其活性类似于镍精矿中之镍黄铁矿。(2) 料粒热裂、粒度及气体预热温度均加速反应，影响着火温度。

在温度为 923～1023K，N_2-O_2 混合气体中氧分压为 2.02×10^4Pa 时，研究 Ni_3S_2 + 3%FeS 混合物致密球团氧化的结果[15]表明：产物主要为混合的 Ni,Fe 氧化物，该样重增加，并增加的速

度大于纯 Ni_3S_2 的增重。在最初氧化阶段(数百秒内)，有少量 SO_2 析出，然后直至 72000s 内，无 SO_2 析出，且在最初 100s 内，样增重很快；曾在样表面生成约 1.2μm 的 Fe_3O_4 层。此时氧化速度被 Fe 通过混合的 Ni、Fe 硫化物的扩散所控制，其活化能为 190kJ/mol，接着在样表层由外到内形成铁氧化物及 $Ni_xFe_{3-x}O_4$ 的双层氧化物，直至内部硫化物核中 Fe 浓度很低时，双层速度的增长均按抛物线公式。最终外层产物依次为 Fe_2O_3 及 Fe_3O_4，其增长活化能为 127kJ/mol；其次为 $Ni_xFe_{3-x}O_4$，x 最终趋至 1；最后为 NiO，但此 NiO 层仅在 1023K 时才出现；内核为残存的硫化物。Ni 在 $Ni_xFe_{3-x}O_4$ 中扩散系数为 $10^{-16} \sim 10^{-17} m^2/s$，其活化能为 121kJ/mol。

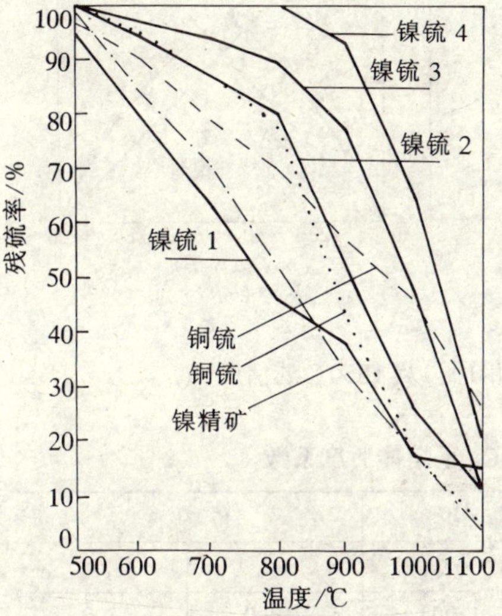

图 2-2-6　镍、铜锍及镍精矿的脱硫率
(O_2 21%，d<37μm)

表 2-2-7　合成镍锍组成(%)

编号	S	Fe	Ni	Cu	Ni/Cu	Ni/Fe
1	25.1	43.8	13.9	14.6	~1	~0.3
2	26.4	43.3	25.3	3.1	~8	~0.6
3	25.8	31.3	21.5	20.7	~1	~0.7
4	24.5	30.0	40.1	4.3	~9	~1.3

第二节　镍锍合金热力学性质

组成各种镍锍合金系中最重要的有 Ni-Cu，Ni-S，Ni-Cu-S，Ni-Fe，Ni-Fe-S 及 Ni-Fe-Cu-S 等体系，还有 Cu-Fe，Cu-S，Fe-S 及 Cu-Fe-S 等系，可参阅铜冶金部分。

一、Ni-Cu 系

Ni-Cu 系相图与 1550℃时的活度见图 2-2-7。有关活度系数见表 2-2-8。

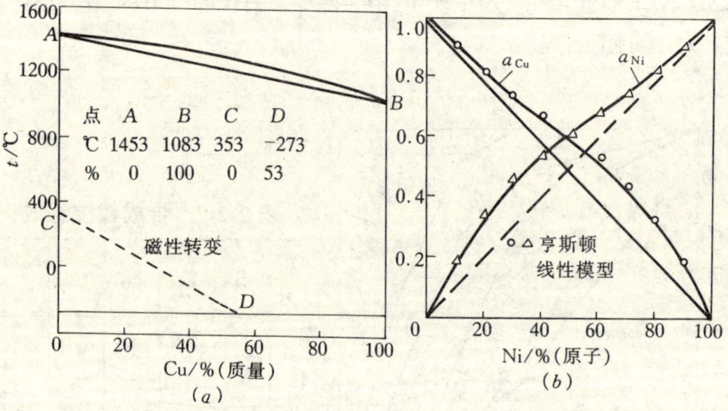

图 2-2-7　Ni-Cu 系相图(*a*)及 1550℃的活度(*b*)

表 2-2-8　Ni-Cu 系熔体活度系数

x_{Cu}	1823K[2]		1793K[3]	
	γ_{Cu}	γ_{Ni}	γ_{Cu}	γ_{Ni}
0.05	2.100	1.003	2.490	1.006
0.15	1.865	1.025	1.900	1.036
0.25	1.522	1.058	1.600	1.090
0.30	1.446	1.081	1.430	1.130
0.35	1.429	1.096	1.310	1.130
0.50	1.224	1.225	1.085	1.340

二、Ni-Fe 系

Ni-Fe 系相图见图 2-2-8，1300℃的活度见图 2-2-9。

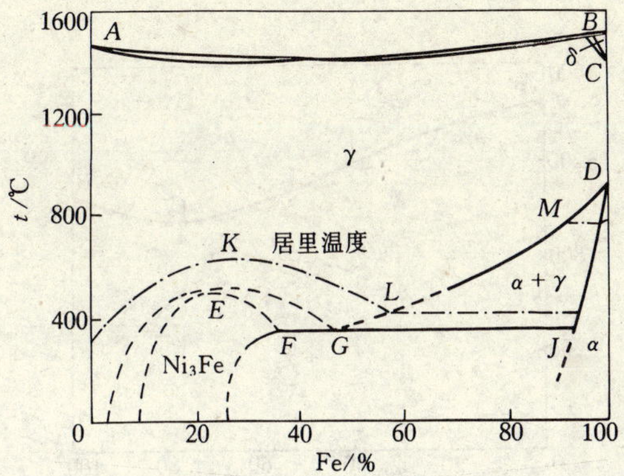

点	A	B	C	D	E	F	G	J	K	L	M
温度/℃	1435	1535	1390	910	503	345	345	345	612	403	765
Fe/%	0	100	100	100	24	36	47	93.2	约 30		

图 2-2-8 Ni-Fe 系相图

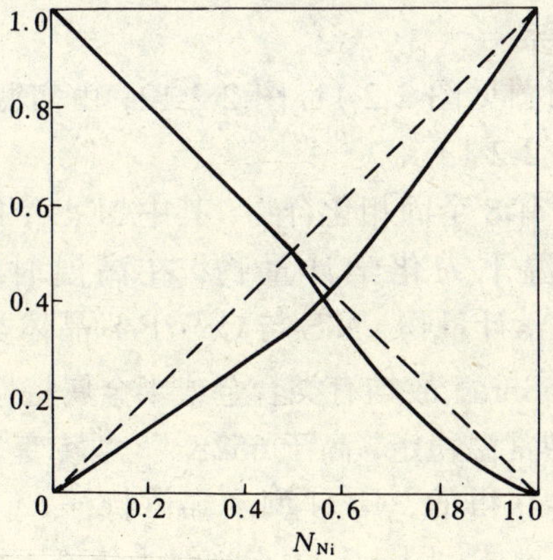

图 2-2-9 1573K 时固态 Ni-Fe 系活度

图 2-2-9 中：

N_{Ni}为 0.84 0.81 0.90 0.91 0.89 0.95

$a_{Ni(固)}$ 0.76 0.72 0.85 0.86 0.83 0.98

Ni-Au 系相图见图 2-2-10。

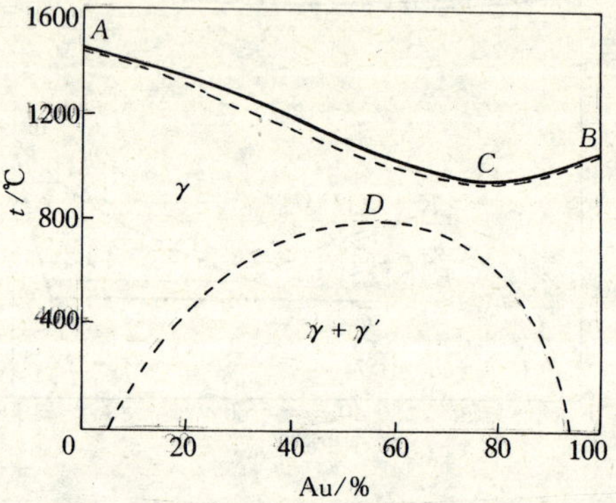

点	A	B	C	D
温度/℃	1453	1063	950	812
Au/%	0	100	82.5	约 58

图 2-2-10 Ni-Au 系平衡相图

三、Ni-S 系

Ni-S 系相图见图 2-2-11、图 2-2-12，由实测与模型计算的部分液相线见图 2-2-13。

该体系中有 8 个固相化合物，其中 Ni_3S_2，Ni_7S_6，NiS，Ni_3S_4 及 NiS_2 在常温下为化学计量物；在高温时，存在 $NiS_{2\pm x}$ 及 $Ni_{1-x}S$等非化学计量物。NiS 与 CoS、FeS 晶体类似，金属原子间为 0.26～0.268nm，故均有类合金或半金属特性。NiS 还有 α，β，γ 三形态，β 型常温稳定，高于 652K，β 型转变为 α 型。常温下的 α－NiS 是淬冷获得的，具 N-型半导体特征。但低于 266K 时，α 转变为 P 型半导体。图 2-2-11 点划线为硫等压线。

Ni-S 系中硫化物特性见表 2-2-9。

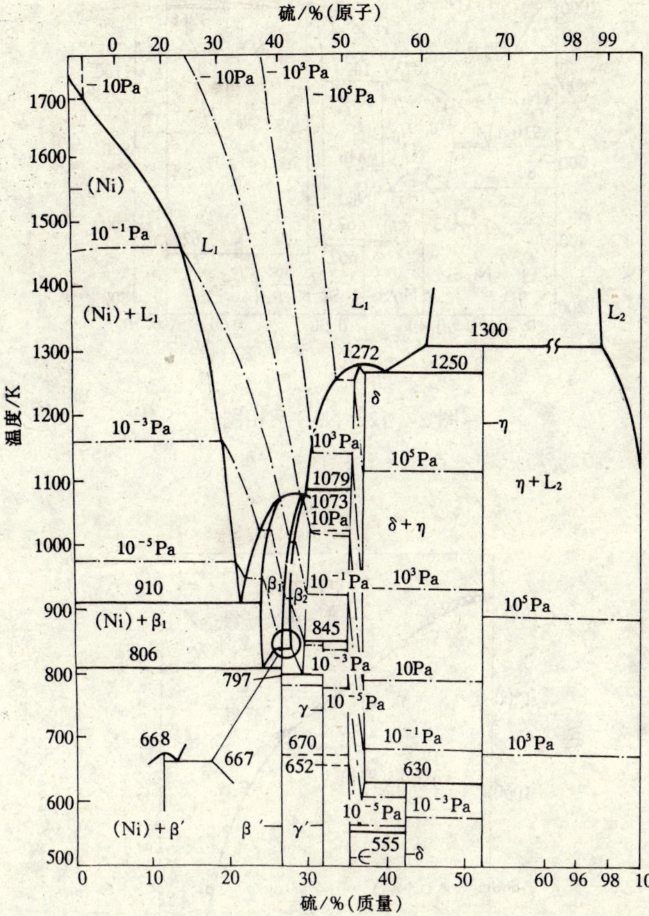

图 2-2-11　Ni-S 系相图

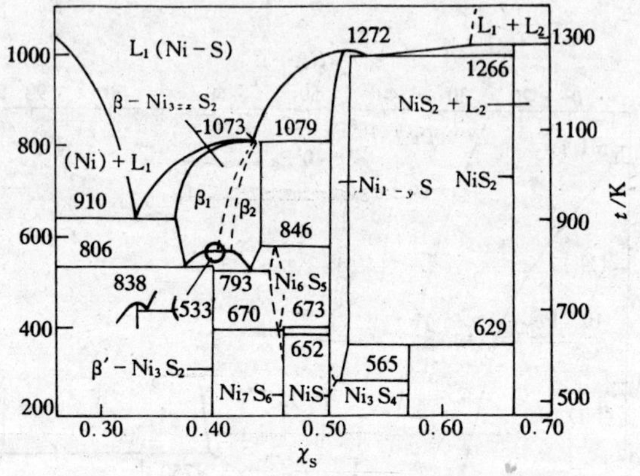

图 2-2-12　Ni-S 系相图

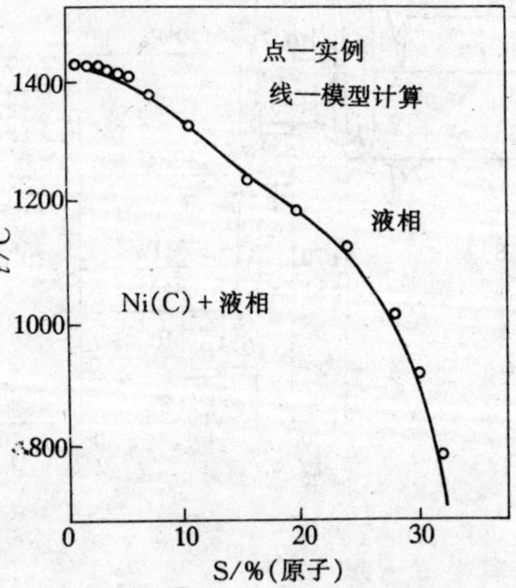

图 2-2-13　Ni-S 系液相线

表 2-2-9　Ni-S 系中的矿物及固体相

名　称	组成	稳定温度/K		晶体结构	密度/$g\cdot cm^{-3}$	ΔG°_{298}/$kJ\cdot mol^{-1}$	外观
		最大	最小				
黄镍铁矿	Ni_3S_2	829		六方	5.82	−85.30	淡黄色
	$Ni_3S_{2\pm x}$	1079	797	正方			
斜方硫镍硫	αNi_7S_6	673		斜方			
	Ni_7S_6	346	673			−97.00	黑色
针硫镍矿	NiS	652		六方	5.36	−76.92	黑色
	$\alpha Ni_{1-x}S$	1272	555		5.60		黑色
辉镍矿	Ni_3S_4	630		正方	4.70		暗灰色
方硫镍矿	NiS_2	1300		正方	4.45	−154.1	深灰色

低硫的 Ni-S 系对由锍生成镍意义重大。在 1500～1575℃时，S≤0.7%，反应

$$1/2S_2(气) \rightleftharpoons [S]_{Ni} \quad \Delta G^\circ = 118582.93 + 15.146T\ J/mol$$

即基本上遵循亨利定律，但温度愈低，偏差较大。不同温度下，$\lg f_S$(活度系数)与 S 浓度关系见图 2-2-14。

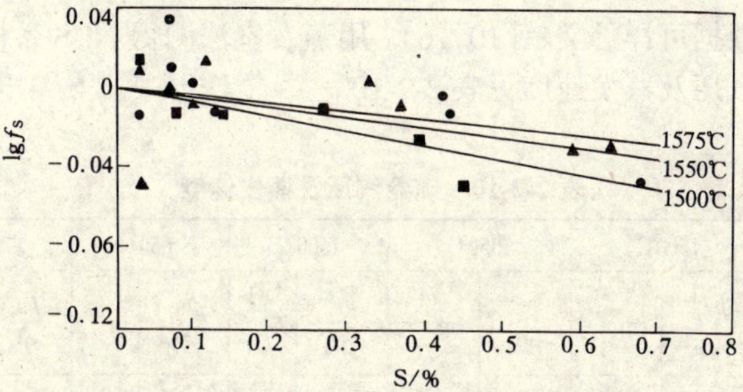

图 2-2-14　硫活系数(f_S)与 S(质量%)关系

舒曼用缔合溶液理论数模总结了有关实验数据(见图 2-2-15)。

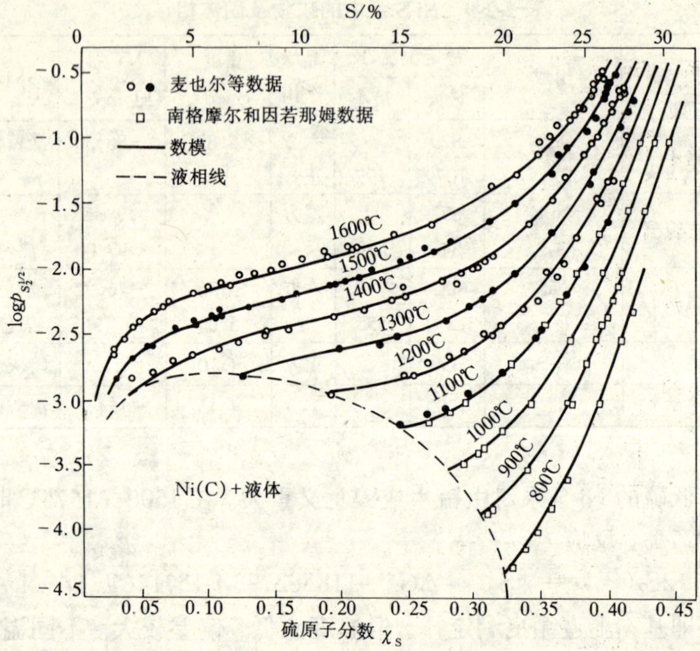

图 2-2-15　Ni-S 系中硫的分压(p_{S_2})活度

该数据可详见文献[10,16]。用蒸发室法测得 Ni-S 系熔体上的硫蒸气压及蒸发速度见表 2-2-10。

表 2-2-10　硫蒸汽压及蒸发速度

$S_{原子}$/%	1500℃		1550℃		1600℃		1650℃		1700℃	
	p_{S_2}/Pa	V/t·cm^{-2}·s^{-1}	p_{S_2}/Pa	V/t·cm^{-2}·s^{-1}	p_{S_2}/Pa	V/t·cm^{-2}·s^{-1}	p_{S_2}/Pa	V/t·cm^{-2}·s^{-1}	p_{S_2}/Pa	V/t·cm^{-2}·s^{-1}
0.75	0.066928	1.0			0.18798	1.9	0.27864	3.4	0.53061	3.7
1.74	0.15732	1.3	0.29330	8.2	0.40261	9.7	0.86279	10.6		
3.17	0.23998	6.3	0.50796	9.6	0.91593	11.3	1.20391	17.1		
5.15	0.56129	18.5	0.76461	22.4	1.2732	25.2	2.65845	30.8		

四、Ni-Cu-S 系

把 Cu_2S-Ni_3S_2 作为假二元系，并为理想混合，再用吉布斯-杜亥姆式算出 Ni-Cu-S 系中 Cu_2S(a)及 Ni_3S_2(b)的活度见图 2-2-16。但这种假定是存在问题的，但一般仍沿用。

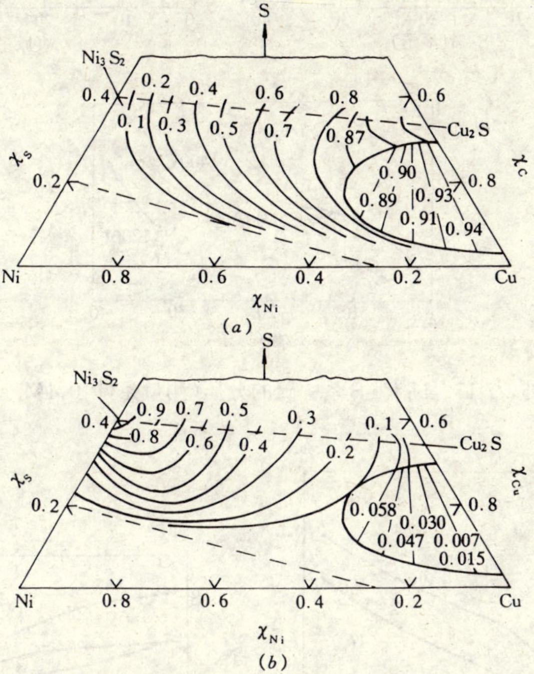

图 2-2-16　1200℃ Cu-Ni-S 系中 Cu_2S(a)及 Ni_3S_2(b)的等活度

实测硫分压见图 2-2-17，综合该模型算出各组分的活度见图 2-2-20。

周雍茂用该模型计算了 Ni/Cu 比(R)为 2 及其他条件下各组分的活度见图 2-2-18 及图 2-2-19。

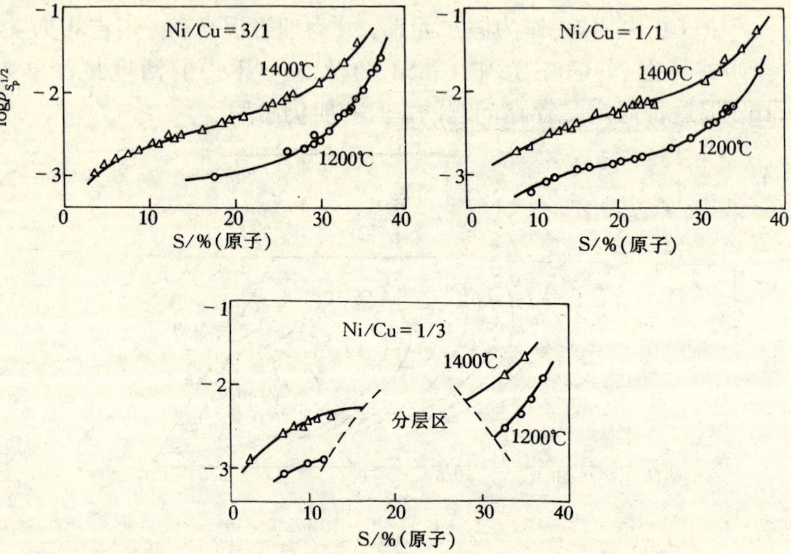

图 2-2-17　Ni-Cu-S 系中硫的分压(测量条件:0.1MPa)

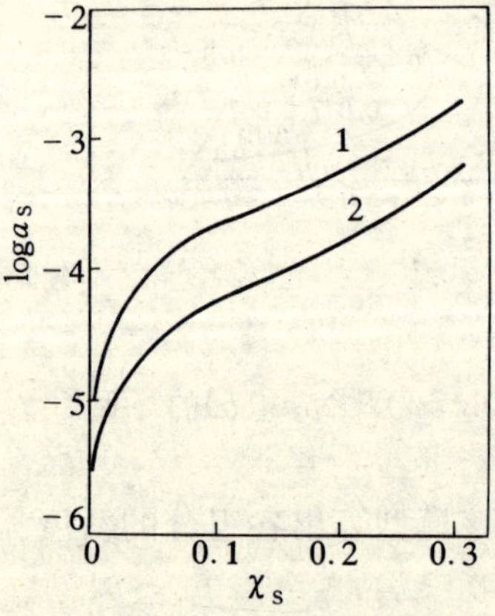

图 2-2-18　硫活度与其百分组成(χ_S)的关系

(Ni/Cu＝2，1—1873K；2—1573K)

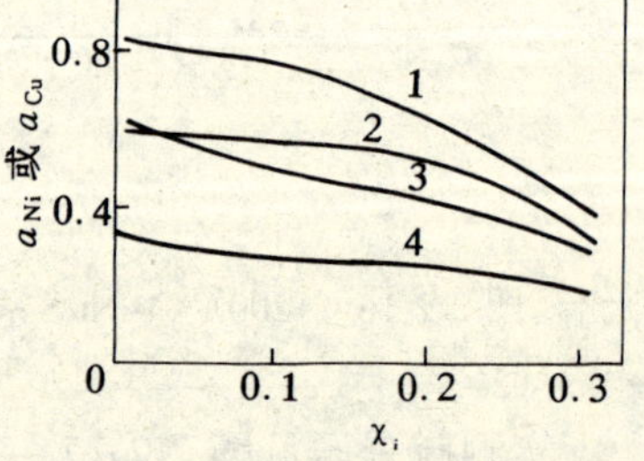

图 2-2-19　镍和铜的活度与其组成(χ_i)的关系

1—a_{Ni}，$R=4$；2—a_{Cu}，$R=1$；

3—a_{Ni}，$R=1$；4—a_{Cu}，$R=4$

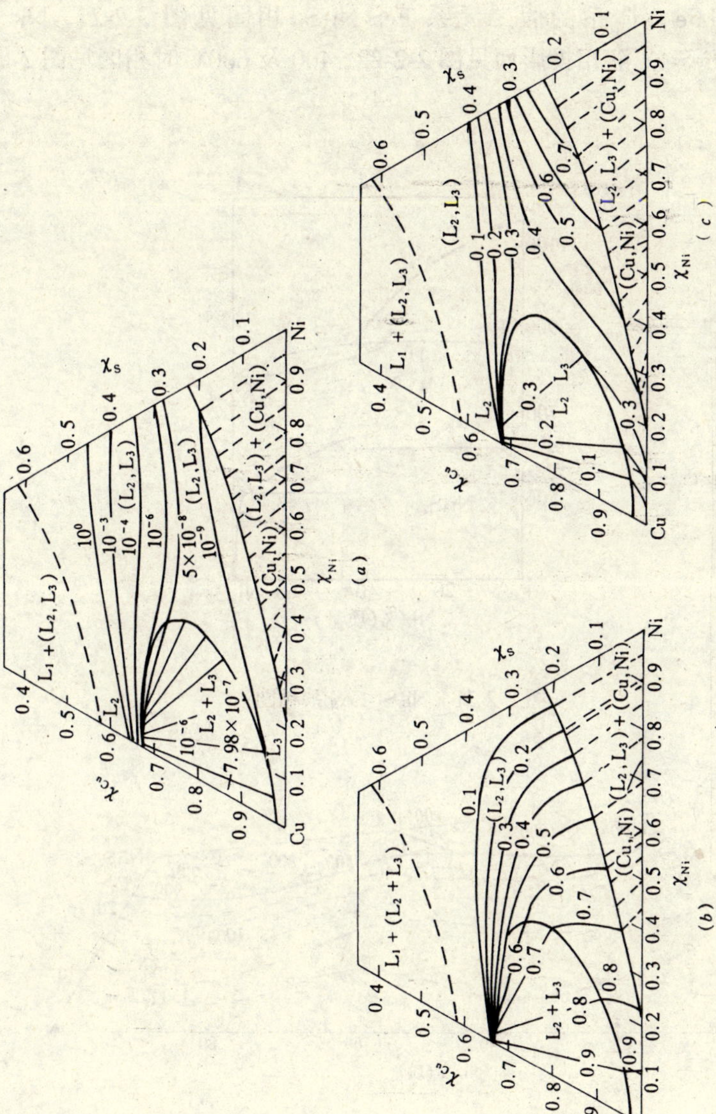

图 2-2-20　Ni-Cu-S 系状态图及等活度(1473K)

$(a)\,p_{S_2}$; $(b)\,a_{Cu}$; $(c)\,a_{Ni}$

五、Ni-Fe-S 系

Ni-Fe-S 体系的假二元系 FeS-Ni_3S_2 相图见图 2-2-21，Ni-Ni_3S_2-FeS-Fe 液相投影面见图 2-2-22，400 及 600℃时相区见图 2-2-23。

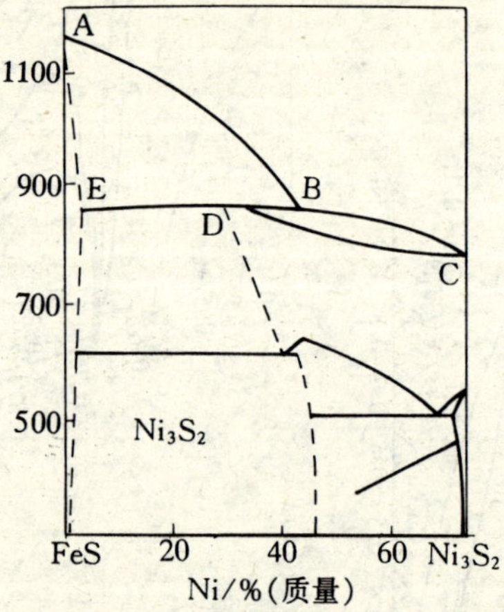

图 2-2-21　Ni_3S_2-FeS 系相图

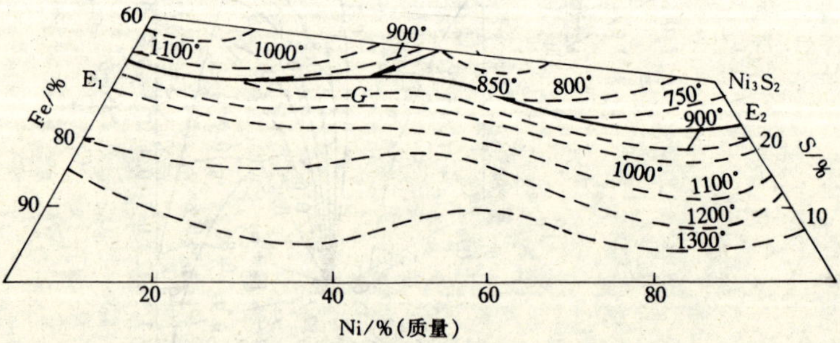

图 2-2-22　Ni-Ni_3S_2-FeS-Fe 系液相图投影

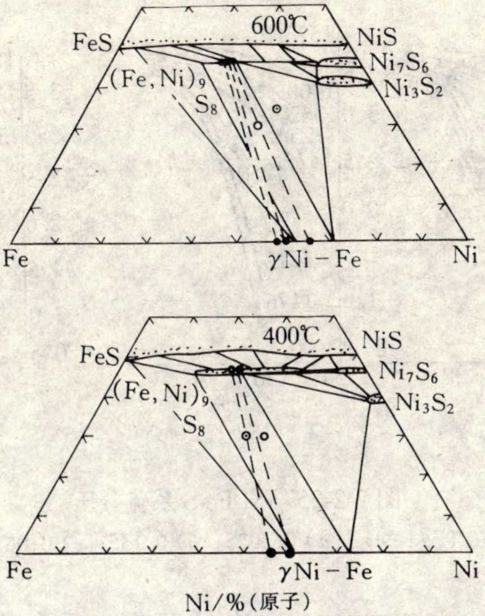

图 2-2-23　$Ni-Ni_3S_2-FeS-Fe$ 系相变图

●实线—试验数据；○虚线—闪速炉锍组成

费茨尼用瓦格尼模型研究低硫含量时的硫活度，得能量参数 $h = -120J/g$，并与阿科克等数据相似，由图 2-2-24 可见，Ni-Fe 中脱硫较 Ni-Cu 系中为易。

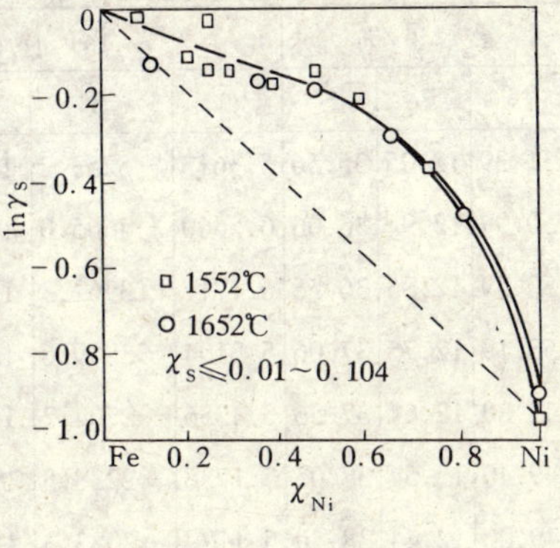

图 2-2-24　Ni-Fe 系低硫的活度系数

威尔费吕达在 1575℃，$\chi_S \leqslant 0.02$，$Fe \leqslant 0.35$ 时，实测得

$$\log\gamma_S = -3.95[\chi_S] + 1.012[\chi_{Fe}]$$

赫斯达诺夫在含 S(质量) 34%～40%时，测得 Ni-Fe-S 于 1176～1523K 下硫的分压见图 2-2-25。

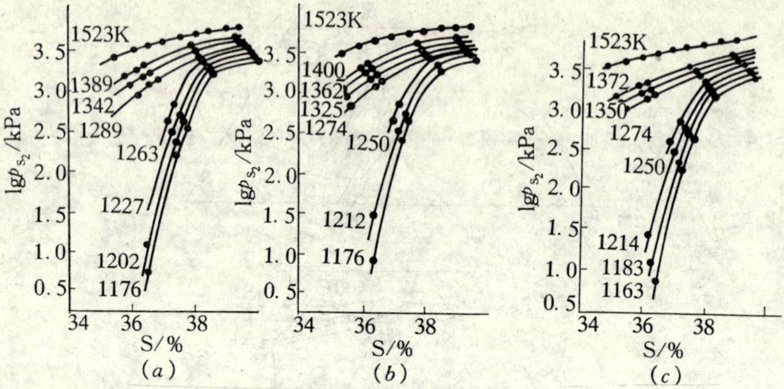

图 2-2-25　Ni-Fe-S 系硫分压

Fe/(Fe+Ni)：(*a*) 0.2025；(*b*) 0.135；(*c*) 0.0675

当用 $\log p_{S_2} = A + B \cdot T^{-1}$ 来处理该体系中硫分压时，有关 *A*，*B* 值见表 2-2-11。

表 2-2-11　当 Fe/(Fe+Ni)=0.2025 时，式中的 *A*，*B* 值

含量/%			溶体			固体		
Ni	Fe	S	*A*	*B*	温度/℃	*A*	*B*	温度/℃
51.39	13.05	35.56	5.3613	−5253.2	1523−1277			
50.99	12.95	36.06	6.5660	−4665.0	1523−1280			
50.59	12.85	36.56	6.1717	−3962.3	1523−1283	14.6141	−16293.1	1214−1073
50.19	12.75	37.06	5.3194	−3349.6	1523−1234	11.6159	−11706.9	1254−1072
49.80	12.64	37.56	5.4356	−2704.2	1523−1284	9.9528	−3362.1	1273−1073
49.40	12.54	38.05	5.1738	−2238.5	1523−1234	3.1849	−6155.2	1278−1073
49.00	12.44	38.50	5.1179	−2083.3	1523−1234	5.9149	−3103.4	1279−1073
48.60	12.34	39.08	5.0674	−1960.3	1523−1284	5.3958	−2362.1	1279−1073
48.20	12.24	39.50	4.9400	−1743.3	1523−1284	5.2856	−2172.4	1279−1073

六、Ni-Cu-Fe-S 系

Ni-Cu-Fe-S 系的三个切面熔度图和金属铁含量见图 2-2-26 至图 2-2-28。

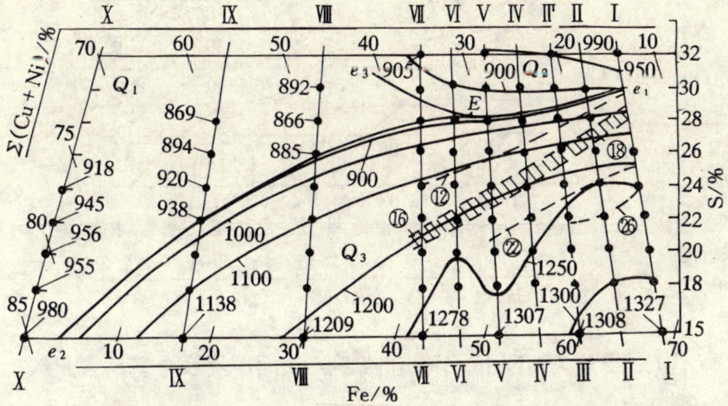

图 2-2-26　Cu-Ni-Fe-S 系中 *P*-Fe-S 切面熔度图

图 2-2-26 中的 *P*-Fe-S 切面，是以 Cu-Ni 连线上 *P* 点（Ni/Cu =1）及 Fe、S 为三顶点所构成的切面，其中含 S 为 15%～32%，例如当 S 为 24%时，则 Ni + Cu + Fe = 2Ni（或 2Cu）+ Fe = 76%，从而可见当总铁量变化时对体系性质的影响。图中 *E* 点为斑铜矿-黄铜矿、磁黄铁矿及 γFe-Ni-Cu 固溶体共晶：e_1E、e_2E 及 e_3E 为二元共晶线、将状态图分为三初晶区，即 *Q* 为斑铜矿-黄铜矿初晶区，Q_2 及 Q_3 分别为磁黄铁矿及 γ-Fe-Ni-Cu 固溶体的初晶区。*E* 点熔点为 835 ± 3℃，含 Cu，Ni 各 15%，Fe 42%，S 28%。图中其他实线为熔度线，所标数字即温度值，均由差热分析测定；虚线为金属铁等含量线。圆圈内之数字即其含量值均由试样骤冷化学分析测定。划有剖面线区域为电炉熔炼时较佳的锍成分区，图中其他各点所标数字为该点之熔化温度。该二元共晶线 e_2E，铁由 4%（e_2 点）上升到含 Fe 36%时，硫则从 15%上升

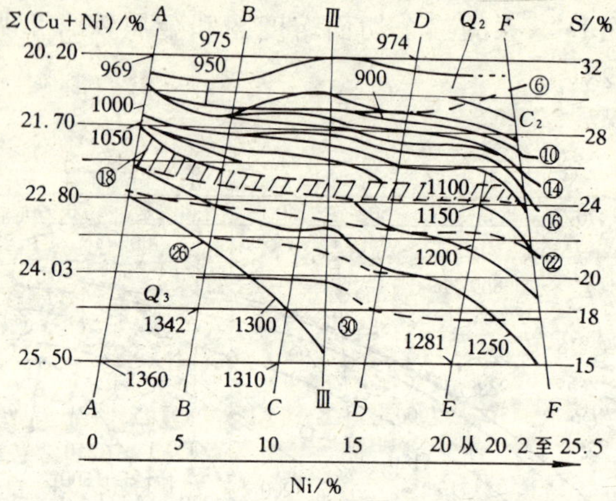

图 2-2-27　Cu-Ni-Fe-S 系中 *A-S-E* 切面熔度及金属铁含量线

到 28.1%，其熔点随之下降。如在Ⅸ-Ⅸ，Ⅷ-Ⅷ，Ⅶ-Ⅶ及Ⅵ-Ⅵ割线上二元共晶温度开始于 938℃、883℃、875℃及 845℃。相当于 e_1E 线的合金中，铜镍含量的增加只使硫含量及始晶温度稍稍降低，其始晶温度大约在 880～830℃之间。Q_3 区内始晶温度则随硫含量降低和铁含量升高而显著上升，最高始晶温度达 1327℃，其组成(%)为 S 15，Fe 67.9，Ni+Cu=17.1。

A-S-E 切面是以 S(硫)为顶点，*AE* 为底的等腰三角形，*AE* 在 Cu-Ni-Fe 平面内并平行 Cu-Fe 连线，*AE* 线上 Fe 含量均为 70%，在该 *A-S-E* 切面内，Fe:(Cu+Ni)均为 2.333。可以看出，图中平行于三角形的 *AE* 基线上所有合金中，硫铁含量各自相同。从而 Cu+Ni 的总含量在线上亦相同，仅二者相对变化而已。图中 e_1e_2 为二元共晶线，其中硫含量随 Cu/Ni 的增加而增加，如由 *E-E* 线上的 27.33%增高到 *A-E* 上的 29.85%，其始晶温度在 914～866℃之间。

M-L-N 切面上均含硫 15%，剖线部分为分层区，存在二个初晶区：b-e_1-a-e_2-P_1-M-b 区初晶为黄铜矿(Q_1)，b-e_1-a-e_2-L-N-

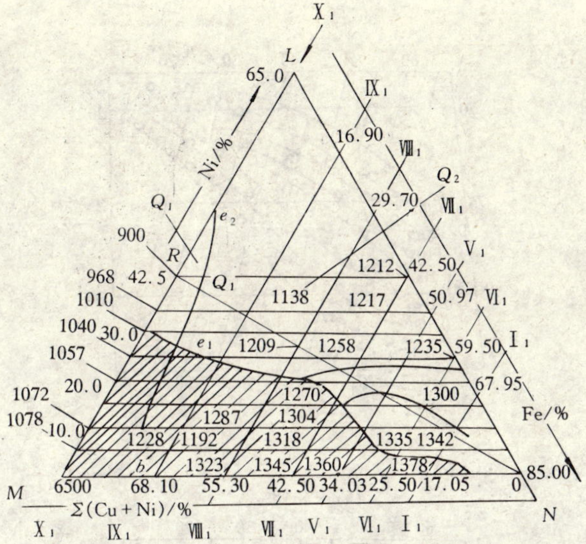

图 2-2-28　Cu-Ni-Fe-S系中 *M-L-N* 切面及其分层区

b 区初晶为 γ-Fe-Ni-Cu 固溶体(Q_2)。图中还表明了上述固溶体二元共晶线 e_1e_2 及反映了四相单变体系 be_1 线。即该体系为下反应所决定：

$$L_x \rightleftharpoons L_y + \gamma\text{-(Fe-Ni-Cu)} + \text{黄铜矿固溶体}$$

该体系 1200℃时硫的活度见图 2-2-29。

Ni-Cu-Fe-S系熔体热焓，试验回归得：

$$\Delta H = (0.199x_{FeS} + 0.195x_{Ni_3S_2} + 0.132x_{Cu_2S} + 0.174x_{Fe} - 0.145x_{FeS}\times x_{Ni_3S_2} - 0.021x_{FeS}\times x_{Cu_2S} - 0.076x_{FeS}\times x_{Fe} - 0.207x_{Ni_3S_2}\times x_{Cu_2S} + 0.191x_{Ni_3S_2}\times x_{Fe} + 0.357x_{Cu_2S}\times x_{Fe})\times t + 61x_{FeS} + 42x_{Ni_3S_2} + 21x_{Cu_2S} + 44x_{Fe} + 250x_{FeS}\times x_{Ni_3S_2} + 41x_{FeS}\times x_{Cu_2S} + 164x_{FeS}\times x_{Fe} + 364x_{Ni_3S}\times x_{Cu_2S} - 198x_{Ni_3S_2}\times x_{Fe} - 244x_{Cu_2S}\times x_{Fe}$$

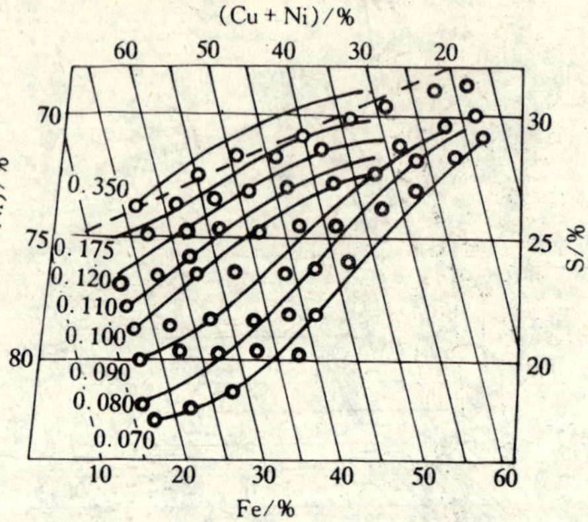

(a)

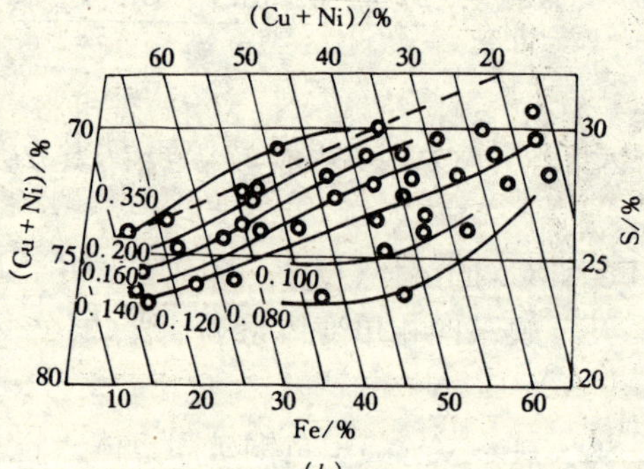

(b)

图 2-2-29 1200℃ Ni-Cu-Fe-S 系硫活度

(a) P-Fe-S 切面，Ni/Cu = 1；(b) Q-Fe-S 切面，Ni/Cu = 3

式中 ΔH——熔体热焓，kJ/kg；

x_i——各硫化物及余铁的质量百分数，%；

t——温度，1000～1400℃。

在 1300℃实测熔体焓值见表 2-2-12。

表 2-2-12　FeS-Ni_3S_2-Cu_2S-Fe 熔体中焓值

熔体组成/%				$\Delta H^t_{25}=at+b$		S_0/J·g^{-1}	$\Delta H_{25}^{1300℃}$/J·g^{-1}
FeS	Ni_3S_2	Cu_2S	Fe	a/J·g^{-1}	b/J·g^{-1}		
0	0	1	0	0.619	4.18	12.5	807
0	1	0	0	0.798	167.2	4.2	1204
0.972	0	0	0.028	0.648	514.1	4.2	1359
0.916	0	0	0.084	0.932	142.1	8.4	1354
0.754	0.236	0	0.010	0.681	476.5	8.4	1363
0.717	0	0	0.283	0.656	480.7	12.5	1333
0.714	0	0.255	0.031	0.619	384.6	8.4	1187
0.633	0	0	0.367	0.627	543.4	8.4	1359
0.523	0.477	0	0	0.665	468.2	12.5	1333
0.467	0	0.501	0.032	0.899	−87.8	8.4	1083
0.298	0.464	0	0.238	0.853	183.9	8.4	1292
0.264	0.736	0	0	0.502	656.3	12.5	1308
0.099	0.236	0	0.665	0.748	238.3	4.2	1212
0.077	0.225	0.496	0.202	0.698	221.5	12.5	1129
0.061	0.466	0.261	0.212	0.777	183.9	4.2	1195
0	0.676	0	0.324	0.999	−62.7	4.2	1237
0	0.494	0	0.506	0.928	16.7	4.2	1225
0	0.762	0.238	0	0.539	459.8	8.4	1162
0	0.523	0.477	0	0.443	530.9	8.4	1108
0.751	0	0.249	0	1.045	−175.6	25.1	1183
0	0.253	0.747	0	0.518	305.1	25.1	978
0.260	0	0.740	0	0.485	321.9	8.4	953
0.499	0	0.501	0	0.434	518.3	12.5	1083
0.510	0.246	0.244	0	0.665	397.1	8.4	1262
0.264	0.246	0.490	0	0.372	673.0	16.7	1158
0.251	0.500	0.249	0	0.681	367.8	16.7	1250
0.331	0.352	0.317	1	0.736	179.7	12.5	1137
0	0	0	1	0.736	179.7	12.5	1137
0.302	0	0	0.698	0.819	183.9	20.5	1250
0.504	0.483	0	0.013	0.702	418.4	4.2	1329
0.487	0.236	0	0.277	0.895	150.5	8.4	1313
0.298	0.239	0	0.463	0.665	426.4	12.5	1292
0	1	0	0	0.849	117.0	16.7	1221

在1300℃实测结果见图2-2-30。

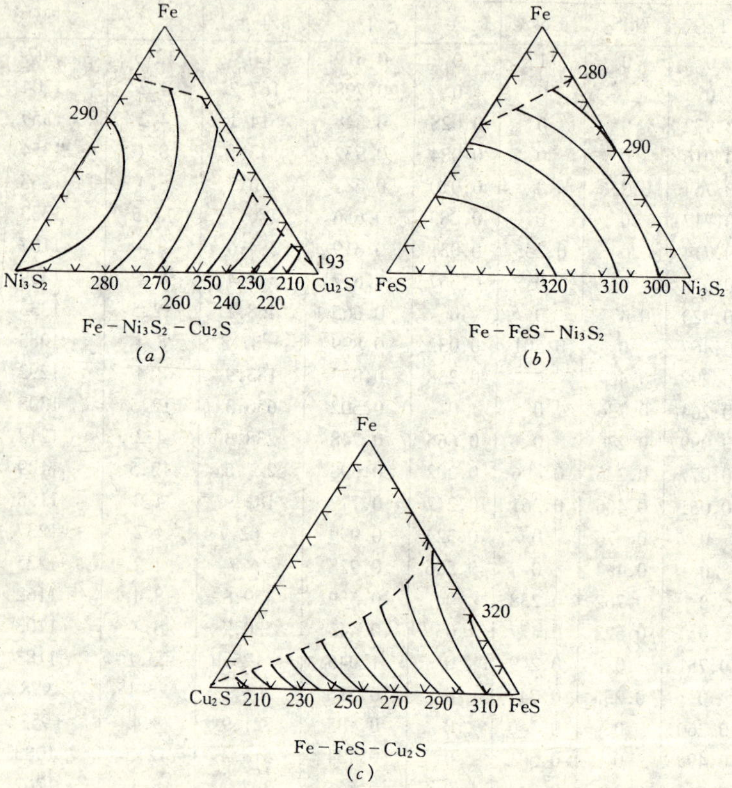

图2-2-30 1300℃镍锍熔体等焓线图

工业中镍铜锍组成较复杂，如卡尔古利闪速炉锍含(%)：$(FeNi)S_8$ 50～60，Fe-Ni合金10～28，$Ni_3S_2$2～25，Fe_3O_4 2～5，Cu_3FeS_4 1～5，还有微量$2FeO·SiO_2$。因此上述体系只是工业镍锍之基本组成。

第三节 炼镍炉渣

国内外主要镍冶炼厂炉渣组成见表 2-2-13。

表 2-2-13 镍冶炼炉渣组成(%)

工厂	过程	Ni	Co	Cu	$Fe_{总}$	SiO_2	MgO	CaO	Al_2O_3
国内某厂	电炉造锍	0.15~0.24	0.07~0.08	0.095~0.12	22~27	41~45	18~22	2.45	
贝加辰厂(俄)	电炉造锍	0.08~0.01	0.03~0.04	0.05~0.1	28~32	41~43	12	15	3~5
汤普逊厂(加)	电炉造锍	0.17	0.06	0.01	47~50	35~36	5	4	6
魏特瓦厂(加)	电炉造锍	0.1		0.06	15.4	41	15	15	6
鹰桥新熔炼厂(加)	电炉(还原)造锍	0.12	0.11	0.18	36.8	38.8			
卡尔古利(澳)	闪速熔炼(贫化渣)	0.28	0.09	0.09	41.4	35	~5	1.1	
北镍(俄)	鼓风炉造锍	0.13	0.034	0.08	21	42	19	2.3	7.0
鹰桥镍冶炼厂(加)	鼓风炉造锍	0.13		0.13	38.7	3.1	2.4	3.3	7.7
日本(Mommoda)	密闭鼓风炉造锍	0.17			28.4	41.4	6.8	11.9	2.0
国际镍公司(加)	纯氧闪速熔炼	0.38	0.137	0.18	36.6	38	11.01		
南乌拉尔镍厂(俄)	鼓风炉还原造锍				12~16	38~45	5~11	14~18	6~8
国内某厂	转炉吹炼渣	0.8~1.2	0.3	0.4~0.6	~50	~28			
日立厂(日)	电炉炼镍铁		0.09	0	5.4	56.5	35	0.38	
大江山厂(日)	回转窑炼镍铁			0	2.3~4.6	50~55	26~53	4~6	3~6

除少数工厂的炉渣含 MgO 或 Al_2O_3 较高外，基本上类似炼铜炉渣，也可看作 $FeO(Fe_2O_3)$-SiO_2-CaO 系。从液相等温线图(图 2-2-31)上可见各类炉渣之相互关系。

其中 *A*、*B* 区分别为酸性和碱性炼钢炉渣，*C*、*D* 区为 Cu、Ni、Pb 等熔炼及吹炼炉渣。*E* 区为铁酸钙炉渣，其特点是当 CaO

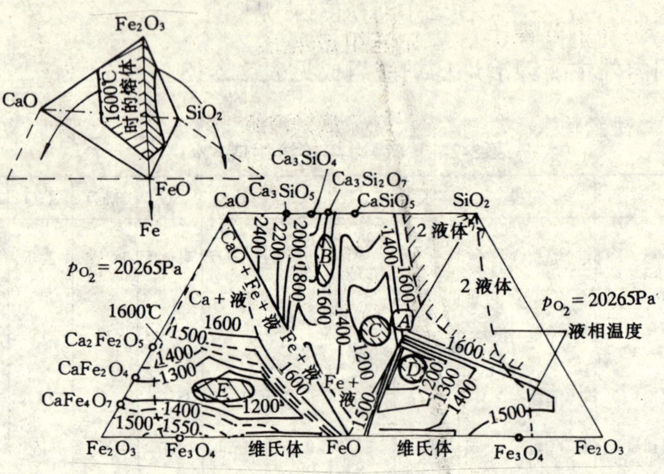

图 2-2-31　$Fe\text{-}Fe_2O_3\text{-}SiO_2\text{-}CaO$ 系液相等温线图

约 20%时，熔渣温度低于 1200℃，但其氧位却较高；但当渣中钙低而铁硅高时，则会析出 Fe_3O_4。故于镍熔炼时，应尽可能控制低 SiO_2，以免高熔点的 Ca_2SiO_4 析出，故实行之匪易也。

镍炉渣常含高 MgO，MgO 代 CaO 之影响见图 2-2-32 及图 2-2-33。两图均表明：当以 MgO 代 CaO 时，液相区增加。如当 $SiO_2$20%，渣不含 MgO 时，如 CaO 增达 35%时，即有 Ca_2SiO_4 析出；如渣含 MgO 8%时，CaO 溶解度可达 40%。图中点线表示硅酸钙镁和镁铁维氏体[Mg(Fe)O]同时饱和析出。图 2-2-33 表明 MgO 在渣中溶解度随碱度（CaO% /SiO_2%）及“FeO”含量增加而上升。两图均以液态铁为参考态，在炼镍炉渣中，其氧位稍高，故可推知溶度线将向较高的 CaO 浓度区迁移，即在图 2-2-32 中液相区将增大，在 2-2-33 中，MgO 溶解度将增加。

$Fe\text{-}Fe_2O_3\text{-}SiO_2$ 系的熔度、氧位及组成活度见表 2-2-14 及图 2-2-34 及图 2-2-36。

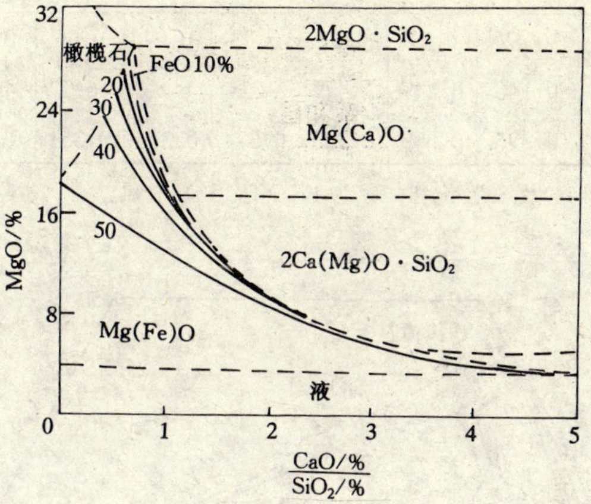

图 2-2-32 Ca_2SiO_4 在 $CaO+MgO+$"FeO"$+SiO_2$ 系的液相线（1600℃）

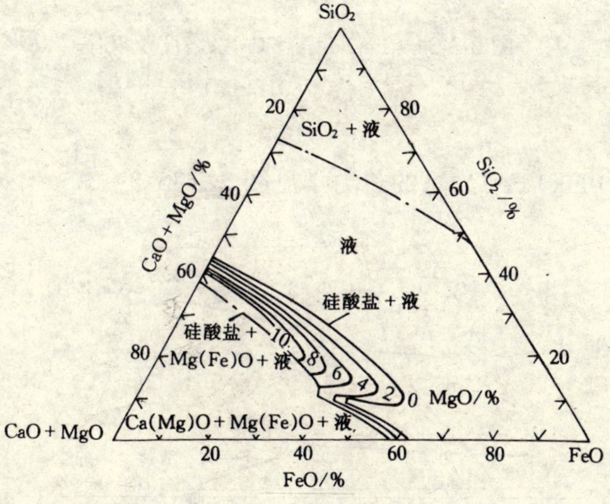

图 2-2-33 以维氏体存在的 $MgO+CaO$-MgO-SiO_2-"FeO" 系中的溶解度（1600℃）

表 2-2-14　$FeO-SiO_2$ 系和氧的平衡(1350℃)

x_O/x_{FeO}	0.0057①	0.01	0.02	0.03	0.04	0.06	0.10	0.148②
p_{CO_2}/p_{CO}	0.116	0.447	1.479	3.55	6.53	16.22	44.7	124
a_{FeO}	0.393	0.390	0.383	0.374	0.366	0.351	0.324	0.258

① 熔渣为 γ-Fe 及 SiO_2 饱和；② 为 Fe_3O_4 及 SiO_2 饱和。

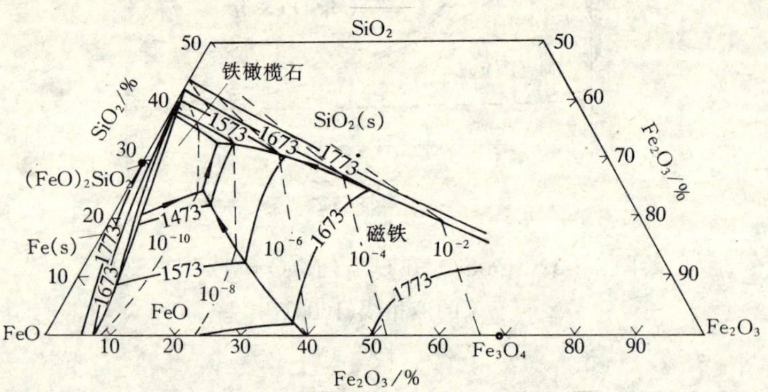

图 2-2-34　$Fe-Fe_2O_3-SiO_2$ 系熔度及氧位

($p_{O_2}=1.013kPa$)

$CaO-FeO-Fe_2O_3$ 系的热力学见图 2-2-35。

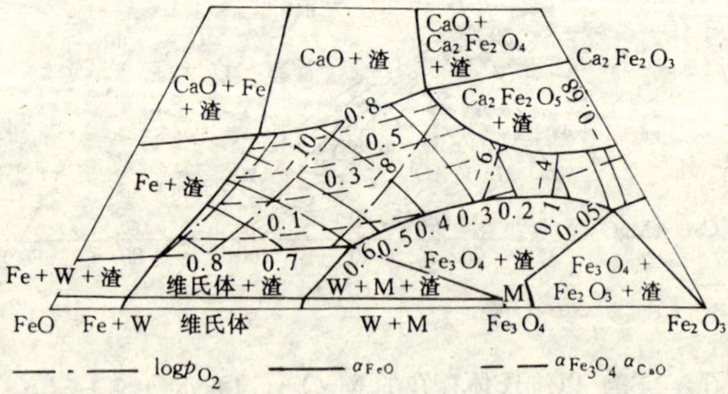

图 2-2-35　$Ca-FeO-Fe_2O_3$ 系的活度及氧位(1300℃)

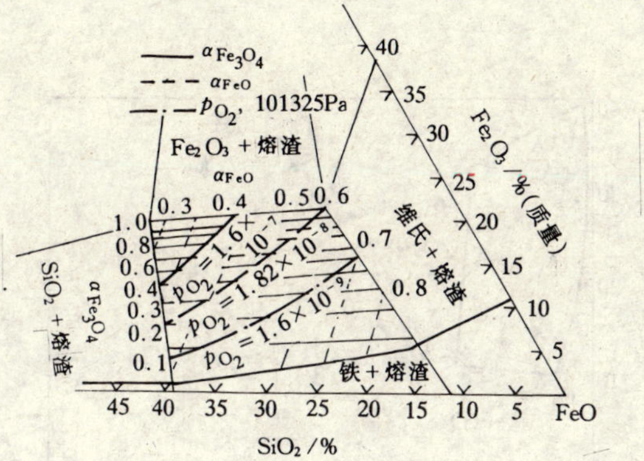

(*a*)

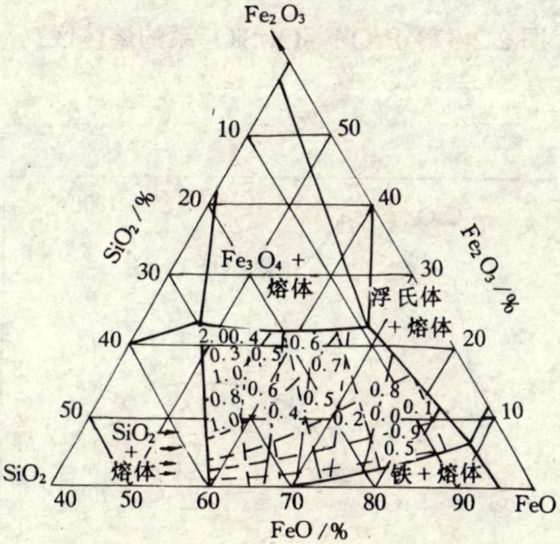

(*b*)

图 2-2-36　FeO-Fe_2O_3-SiO_2 等活度

(*a*) 1300℃；(*b*) 1350℃

与图 2-2-35 相比，可见在 $\log p_{O_2} = -7$ 时，在铁硅酸渣中，

Fe_3O_4 饱和到析出前时，a_{FeO}仍难降至小于 0.3；而在铁钙渣中则可，即后者的熔化区域有较低的氧位。见图 2-2-37 及图 2-2-38[18]。

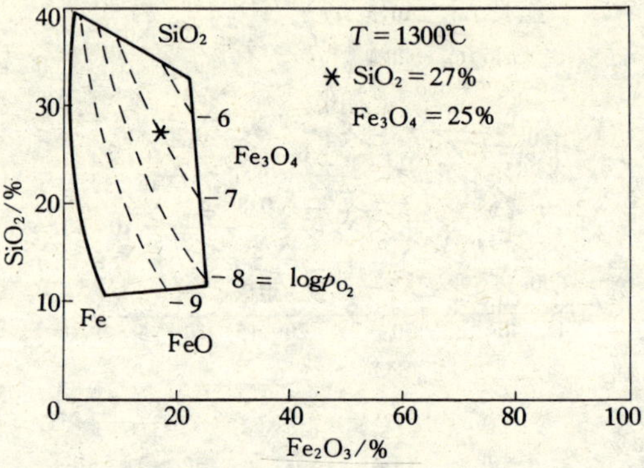

图 2-2-37 FeO-Fe_2O_3-SiO_2 系的熔体区

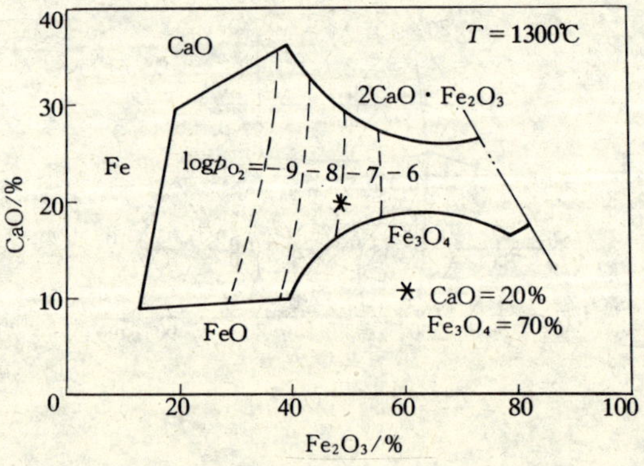

图 2-2-38 FeO-Fe_2O_3-CaO 系的熔体区

CaO-"FeO"-SiO_2 系中的活度见图 2-2-39。

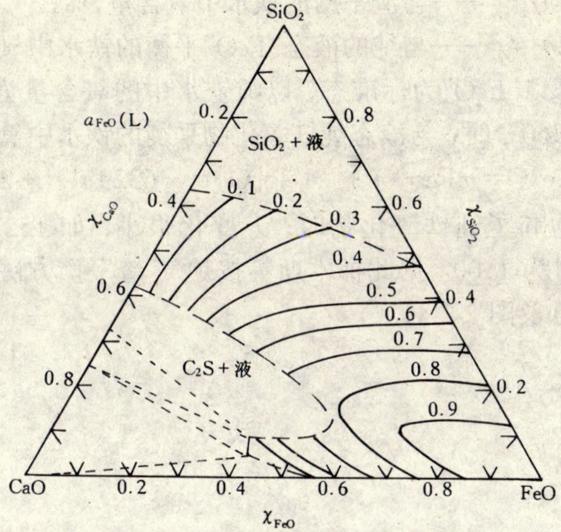

(*a*)

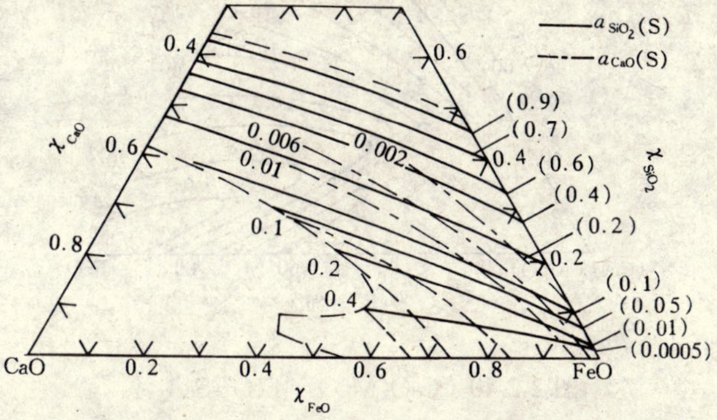

(*b*)

图 2-2-39 CaO-“FeO”-SiO_2 系等活度图(1550℃)

图 2-2-39 是按测定液态铁中的氧含量，此液态铁与渣系平衡,再按下式求“FeO”活度：

$$a_{“FeO”}=\frac{(O)_{铁水}}{[O]_{铁水}}$$

式中　$(O)_{铁水}$——与渣平衡的铁水中氧含量，%；

$[O]_{铁水}$——与纯的液态“FeO”平衡的铁水中氧含量，%。

故即以“FeO”为标准态，以纯铁水中的氧含量为参比态。在1530～1960℃时，与液态纯铁氧化物平衡的铁水中氧浓度：

$$Fe_xO = xFe + O \qquad \lg[O] = -6329T^{-1} + 2.734$$

当铁水饱和了纯铁氧化物时，x 变化很小，如1527℃为0.98，2000℃时为1.00。据此梯木斯等按炉气-渣平衡方法补充结果见图2-2-40及图2-2-41。

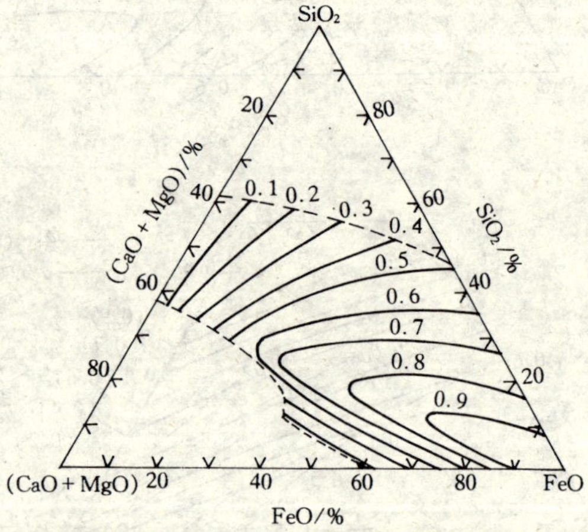

图2-2-40　CaO(MgO)-“FeO”-SiO_2 系
熔渣与熔体铁平衡时“FeO”活度(1600℃)

考虑到MgO、Fe_2O_3 在炼镍中的作用，另按气相氧平衡测定有关渣系中的活度(见图2-2-42及图2-2-43)。

由图2-2-39至图2-2-43比较可见：以MgO代CaO时，渣中$\gamma_{“FeO”}$略可降低；以 Fe_2O_3 代 SiO_2 时，CaO并不会使 γ_{FeO}明显上升，当部分 SiO_2 被替代时，γ_{FeO}随 SiO_2 增加而显著下降，随CaO

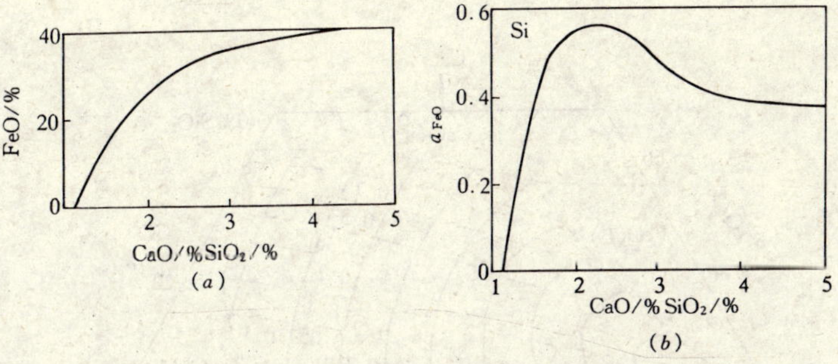

图 2-2-41　1600℃被 MgO 和 $2Ca(Mg)O\cdot SiO_2$ 饱和的并和熔体铁呈平衡的 CaO-MgO-"FeO"-SiO_2 系熔体

(a)"FeO"浓度；(b)"FeO"活度

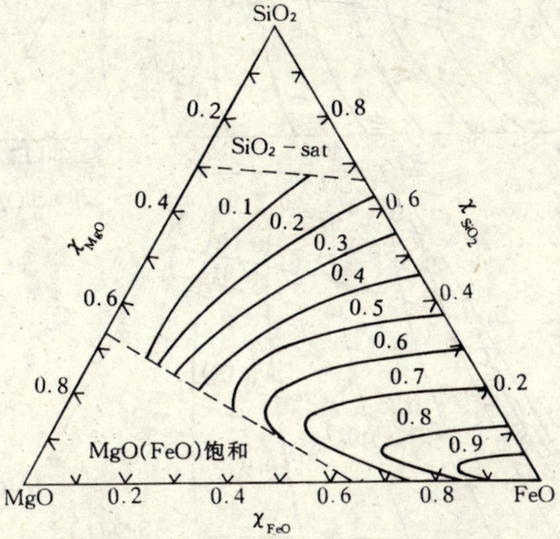

图 2-2-42　"FeO"-MgO-SiO_2 系"FeO"活度(1900℃)

的含量增加而明显上升。当以 MgO 代 CaO 时，亦有类似倾向(图 2-2-44)。其它复杂体系渣中 FeO_x 活度见图 2-2-45 至图 2-2-47，其中均为渣与液态铁平衡。

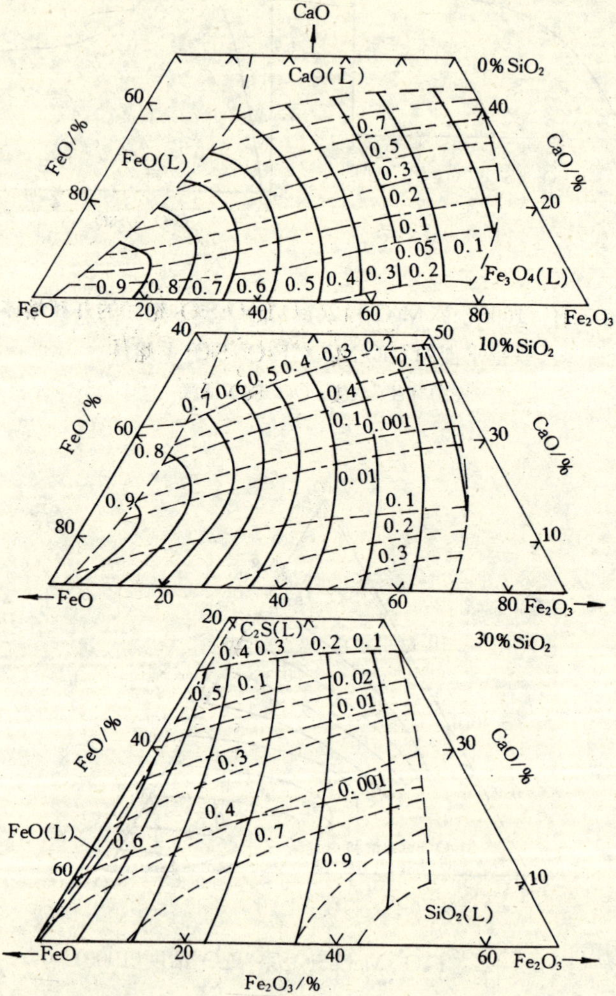

图 2-2-43　Ca-FeO-Fe_2O_3-SiO_2活度(1550℃)

——$a_{FeO(液)}$；—·—$a_{CaO(固)}$；－－－$a_{SiO_2(固)}$

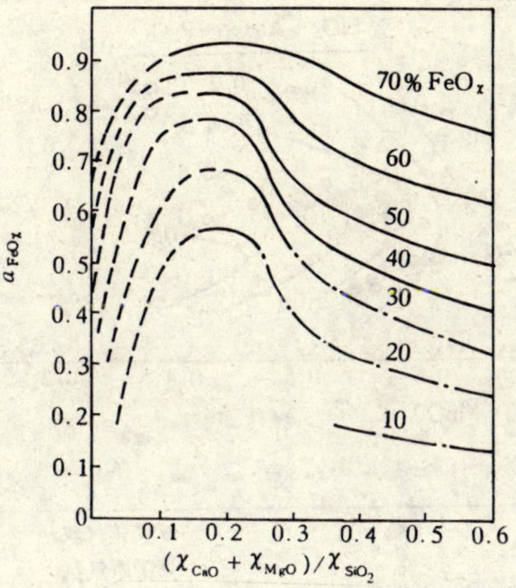

图 2-2-44 FeO_x 活度与碱度关系（1600℃）

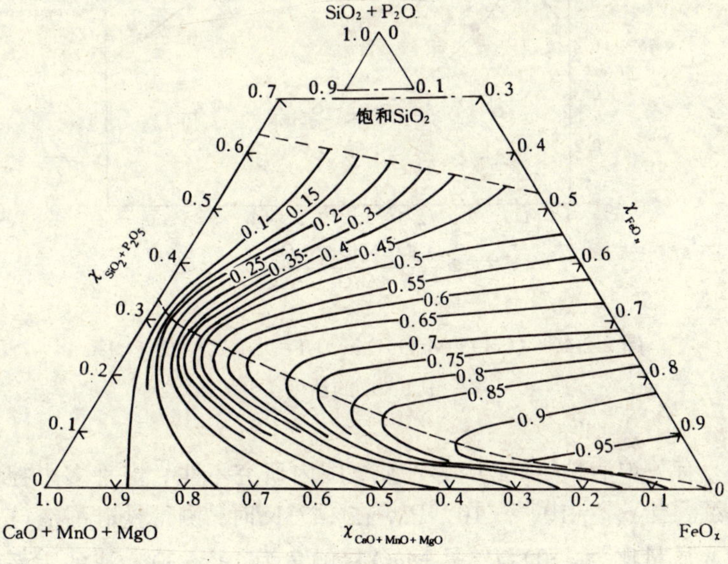

图 2-2-45 $(CaO+MgO+MnO)$-FeO_x-$(SiO_2+P_2O_5)$
系中 FeO_x 活度（1550～1650℃）

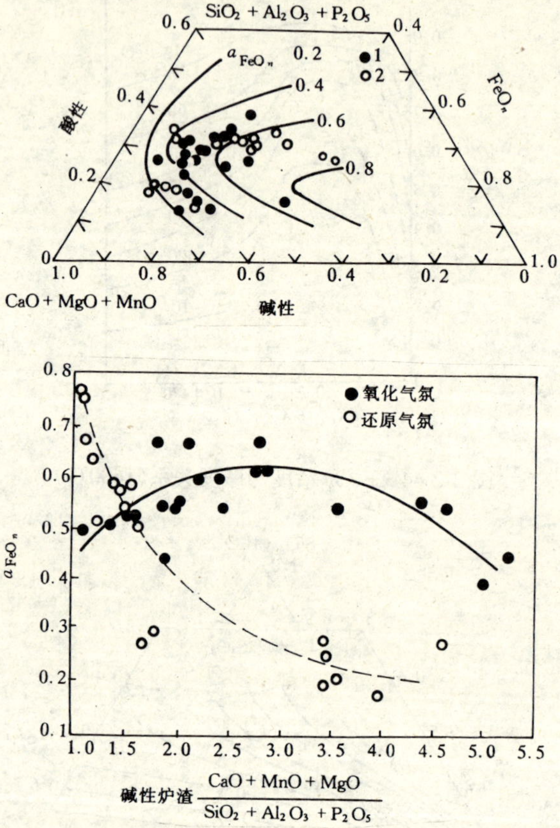

图 2-2-46　$(CaO+MgO+MnO)$-FeO_x-$(SiO_2+P_2O_5)$系中 FeO_x 的活度

有关炉渣粘度、密度等性质，国内研究不少，惜乎多未控制气氛。当 $p_{O_2}=10^{-4}\sim10^{-6}$Pa，在 1473K 时，测得铁硅酸渣（Fe/$SiO_2$ 质量比为 2.0）与单晶 MgO 接触角为 10°～30°；渣的表面张力为 $0.4N\cdot m^{-1}$。当 Fe/SiO_2 为 1.4 时，渣与致密 MgO 砖接触 16h 后，其界面反应平衡见图 2-2-48 及图 2-2-49。

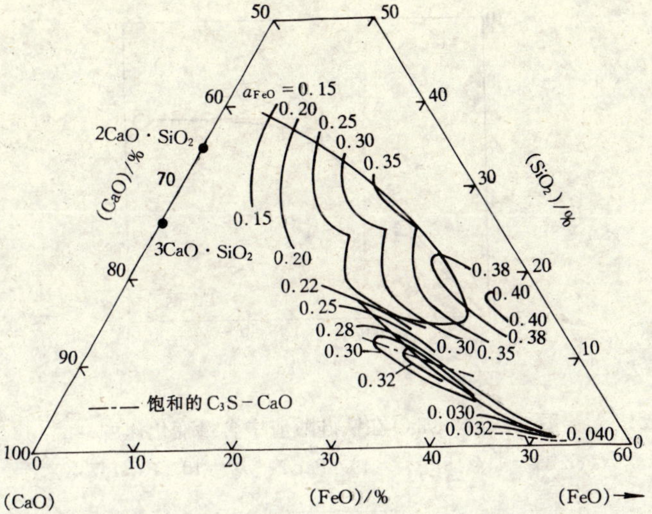

图 2-2-47　渣系($CaO+FeO+SiO_2=80\%$，$MnO=10\%$，$P_2O_5=3.8\%$，$MgO=3\%$，$Al_2O_3=2\%$，$Cr_2O_3=1\%$)中 FeO 活度(1620℃)

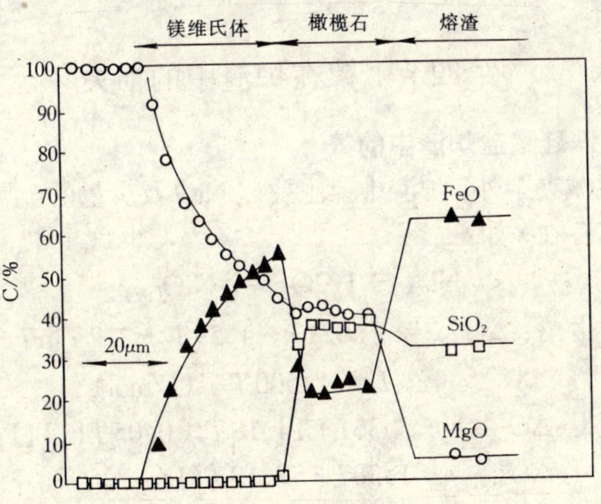

图 2-2-48　氧化镁-铁硅酸渣界面变化

($Fe/SiO_2=2$，$p_{O_2}=10^{-4}$Pa，1473K，电子探针分析)

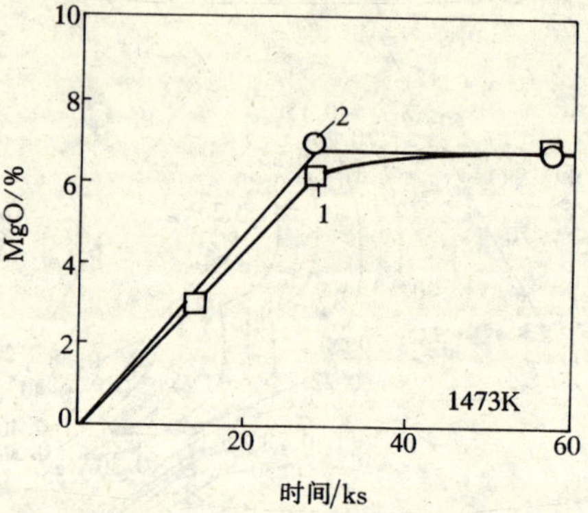

图 2-2-49　MgO 在铁硅酸渣中含量变化速度

（$Fe/SiO_2 = 1.4$，1—$p_{O_2} = 10^{-4}$Pa；2—$p_{O_2} = 10^{-5}$Pa，1473K）

界面反应表明，橄榄石$(Mg·Fe)_2SiO_4$及镁维氏体(Mg，Fe)O均按抛物线增加，MgO在该渣中最终溶解度约为7%，受p_{O_2}影响甚微。

第四节　镍在炉渣中的损失

一、铁硅酸盐炉渣中的镍

除机械夹杂外，炉渣中镍主要以NiO及少量的金属镍原子或离子形态存在，如：

$$Ni_{(液)} + 1/2O_2 \rightleftharpoons NiO_{(液)}$$

其自由焓：$\Delta G°_{Ni} = -50213 + 4.59T + 2.2T\ln T - 5\times10^{-4}T^2 + 11500T^{-1}$(J/mol)

同理得：$\Delta G°_{Co} = -50361 + 14.18T + 0.05T\ln T$(J/mol)

$\Delta G°_{Cu} = -15307 + 57.18T$(J/mol)

在1250～1350℃，$p_{O_2} = 5$Pa，按亨利定律研究该类渣（FeO 47.99%，Fe_2O_3 8.62%，$SiO_{2(饱和)}$ 43.39%）中Co、Ni、Cu与锍中相应含量关系见图2-2-50，与氧位关系见图2-2-51。

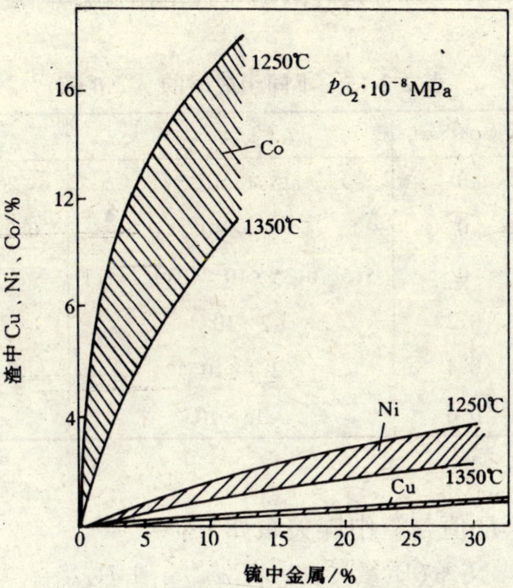

图 2-2-50 Co、Ni、Cu 在 SiO_2 饱和的铁硅酸渣中的溶解度

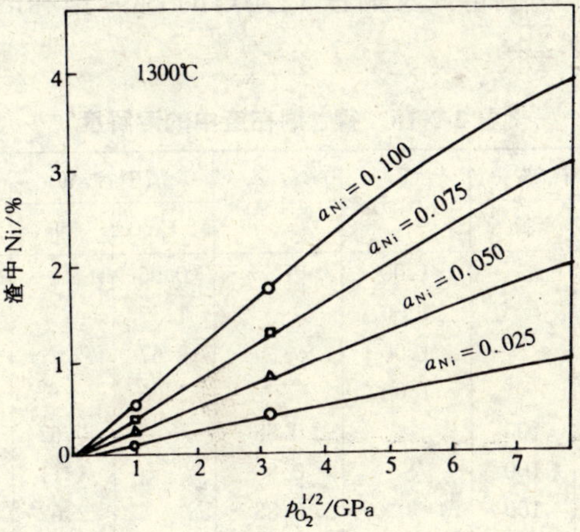

图 2-2-51 硅酸铁渣含镍与氧位关系

在1300℃，CaO对铁硅酸渣中镍的溶解影响见表2-2-15。

表2-2-15　不同组成时的 *A*、*B* 值

SiO_2/%	N_{CaO}/N_{SiO_2}	*A*	*B*
27～30	0	3.4×10^{-4}	0.19
20～27	0	3.4×10^{-4}	0.027(SiO_2 20%)
14～20	0	$5.5\sim0.35\times10^{-4}$(SiO_2 14%)	0
25～40	0.2	2×10^{-4}	0.11
25～40	0.4	2.4×10^{-4}	0.11
25～40	0.6	2.15×10^{-4}	0.11

注：*N* 为摩尔分数。

表中 *A*、*B* 值与渣中镍关系如下：

$$\text{Ni\%(质量)} = Ap_{O_2}^{0.5}a_{\text{Ni(固)}} + Ba_{\text{Ni(固)}}$$

式中 p_{O_2} 为氧位(kPa)，$a_{\text{Ni(固)}}$ 为以固体纯镍为标准时的渣中镍的活度。

用静态平衡测得镍及铜在1250℃的 SiO_2 饱和的铁硅酸渣中的溶解见表2-2-16。

表2-2-16　镍、铜在渣中的溶解度

No	合金中/%		$a_{\text{Cu(液)}}$	$a_{\text{Ni(液)}}$	渣中含/%		$-\lg p_{O_2}$/Pa
	Cu	Ni			Cu	Ni	
1	100		1.00		0.96		4.25
2	100		1.00		1.37		3.82
3	100		1.00		2.67		3.22
4	100		1.00		2.66		3.21
5		100		0.88		0.62	4.28
6		100		0.88		1.11	3.78
7		100		0.88		2.62	3.43
8	90	10	0.89	0.235	2.00	0.44	3.64
9	90	10	0.89	0.235	3.25	1.44	2.77
10	90	10	0.89	0.235	0.36	0.15	4.32

续表 2-2-16

No	合金中/%		$a_{Cu(液)}$	$a_{Ni(液)}$	渣中含/%		$-\lg p_{O_2}$/Pa
	Cu	Ni			Cu	Ni	
11	80	20	0.82	0.39	1.20	0.50	3.90
12	80	20	0.82	0.39	2.44	1.92	3.41
13	65	35	0.72	0.56	1.40	0.76	3.90
14	65	35	0.72	0.56	1.95	1.27	3.24

已研究得知炉渣中镍、铜呈原子形态数量不多，由图 2-2-52 结果可知，铜在渣中含量并不影响镍的含量。

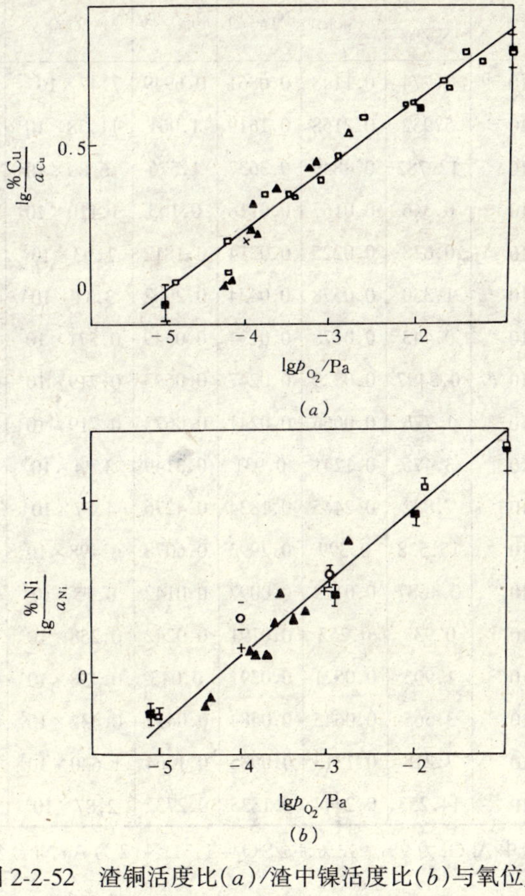

图 2-2-52　渣铜活度比(a)/渣中镍活度比(b)与氧位关系

当用过冷的熔体镍与氧化镍为各自的标准态，按

$$Ni_{(液)} + 1/2O_{2(气)} \xlongequal{} NiO_{(液)}$$

$$\Delta G^{\circ} = -208.66 + 0.763T(kJ/(g \cdot mol))$$

用 Cu-Ni 或 Au-Ni 合金与 FeO-NiO-$FeO_{1.5}$-$AlO_{1.5}$-SiO_2 系炉渣在一定的 CO/CO_2 气氛下，测得结果见表 2-2-17 及图 2-2-53 及图 2-2-54。

表 2-2-17 FeO-$FeO_{1.5}$-$AlO_{1.5}$-SiO_2 渣中的镍(1300℃)

No	p_{O_2}/Pa	合金中 Ni/%	$a_{Ni(液)}$	$Ni_{渣}$/%	$Ni^{2+}_{渣}$/%	χ_{NiO}	a_{NiO}
1	4.09×10^{-3}	2.774	0.1148	0.0861	0.6949	7.47×10^{-3}	9.86×10^{3}
2	4.09×10^{-3}	5.932	0.2158	0.1619	1.061	11.38×10^{3}	18.50×10^{3}
3	4.09×10^{-3}	12.782	0.4849	0.3637	1.576	16.80×10^{3}	41.60×10^{3}
4	4.09×10^{-3}	0.346	0.0157	0.0118	0.103	1.110×10^{3}	1.35×10^{3}
5	4.09×10^{-3}	0.628	0.0225	0.0214	0.1812	1.93×10^{3}	2.45×10^{3}
6	4.09×10^{-3}	1.330	0.0578	0.0434	0.2902	3.11×10^{3}	4.96×10^{3}
7	4.04×10^{-4}	0.443	0.0178	0.0134	0.0549	0.571×10^{3}	0.491×10^{3}
8	4.04×10^{-4}	0.8497	0.0329	0.0247	0.0673	0.719×10^{3}	0.907×10^{3}
9	4.04×10^{-4}	1.776	0.0666	0.0247	0.0673	0.719×10^{3}	1.84×10^{3}
10	4.04×10^{-4}	3.475	0.1241	0.931	0.3149	3.34×10^{3}	3.42×10^{3}
11	4.04×10^{-4}	7.882	0.2445	0.1834	0.4276	4.57×10^{3}	6.74×10^{3}
12	4.04×10^{-4}	15.538	0.399	0.2993	0.6078	6.498×10^{3}	11.0×10^{3}
13	4.16×10^{-5}	0.4687	0.0129	0.0097	0.0142	0.15×10^{3}	0.112×10^{3}
14	4.16×10^{-5}	0.939	0.255	0.0191	0.0242	0.258×10^{3}	0.222×10^{3}
15	4.16×10^{-5}	1.905	0.0521	0.0391	0.043	0.438×10^{3}	0.454×10^{3}
16	4.16×10^{-5}	3.565	0.0645	0.0484	0.0412	0.432×10^{3}	0.562×10^{3}
17	4.16×10^{-5}	7.218	0.1313	0.0985	0.1564	1.640×10^{3}	1.140×10^{3}
18	4.16×10^{-5}	14.253	0.2444	0.1833	0.2732	2.87×10^{3}	2.13×10^{3}

注：No 1 渣中 Al_2O_3 为 9%～13%，$Fe/SiO_2=1.31$；No 2 为 Au-Ni 合金。

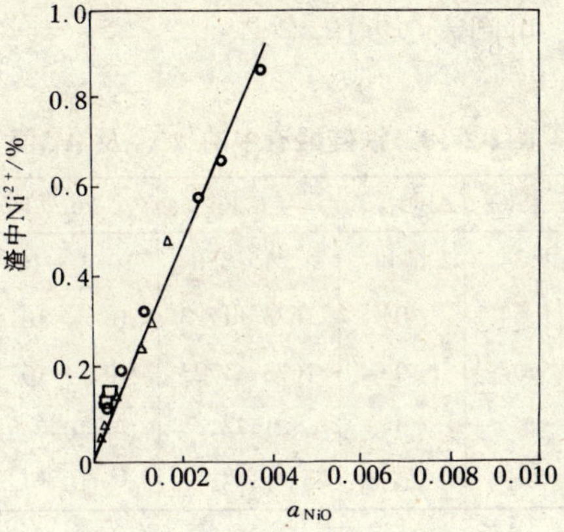

图 2-2-53　渣中 Ni^{2+} 含量与氧化镍活度(已校正)(1573K)

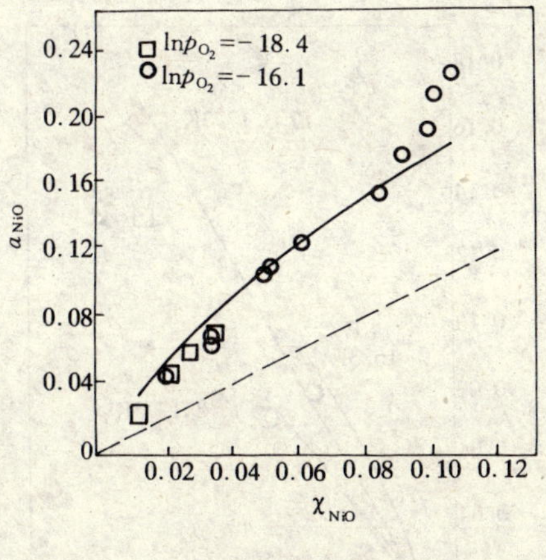

图 2-2-54　SiO_2 饱和渣中的 χ_{NiO}与 a_{NiO}关系
(实线—计算;虚线—理想线,1573K)

由上表及图整理得:$(\mathrm{Ni}\%)_{渣}=2.403^{-4}p_{O_2}^{1/2}\cdot a_{\mathrm{Ni(液)}}+0.76g\cdot a_{\mathrm{Ni(液)}}$

关于 $Ni^{2+}_{渣}\% / a_{NiO(液)} = A_{Ni}$（即渣中镍离子与渣中 NiO 活度比）和 γ°_{NiO}值，可阅表 2-2-18。

表 2-2-18 铁硅酸渣中的 γ°_{NiO}及 A_{Ni}值

渣体系	Fe/SiO_2	Al_2O_3/%	T/K	p_{O_2}/Pa	γ°_{NiO}	A_{Ni}
Al_2O_3 饱和渣	1.34	饱和	1573	$10^{-10}\sim10^{-6}$	0.375	233.3
SiO_2 未饱和渣	1.54	0	1673～1723	$10^{-5}\sim10^{-8}$	1.166	65.3
	5.07	0	1673～1723	$10^{-5}\sim10^{-8}$	1.083	72.0
SiO_2 饱和渣		0	1573	10^{-6}		37.6
		0	1573	10^{-8}		64.3

当用 Cu20%Ni 合金与未饱和的硅酸铁渣平衡时，测得渣中 NiO 含量（χ_{NiO}）与其活度（$a_{NiO(液)}$）的关系见图 2-2-55。

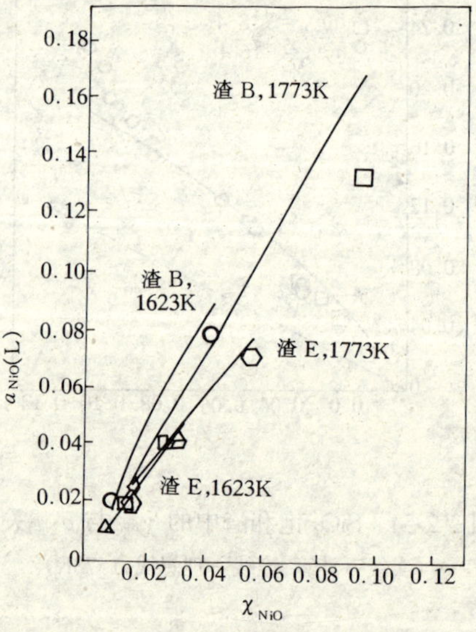

图 2-2-55 未被氧化硅饱和的铁硅渣中的氧化镍及其活度
（渣 B 中 $Fe/SiO_2 = 1.73 \pm 0.2$，渣 E 中 $Fe/SiO_2 = 5.5 \pm 1.0$）

以上图表表明：硅酸铁渣愈未被硅饱和时，渣中镍的溶解量愈大。

二、钙铁渣中的镍

研究结果见表 2-2-19 及图 2-2-56，图中并对比了钙铁渣对铜溶解的影响。可以看出：钙铁渣对炼铜优于铁硅渣，而对炼镍则优点并不明显。

表 2-2-19　在氧压平衡下的炉渣组成和 NiO 及 $CuO_{0.5}$ 的活度系数

$\lg p_{O_2}$/Pa	Ni/%	Cu/%	FeO/%	Fe_2O_3/%	CaO/%	Al_2O_3/%	T_{NiO}	$T_{CuO_{0.5}}$
−3.67	1.01		24.19	31.97	18.19	15.17	3.9	
−3.49	1.35		21.04	36.86	18.53	13.50	3.2	
−2.99	3.06		20.48	48.43	11.29	8.96	2.3	
−3.4	0.88		25.62	41.50	12.54	10.91	5.4	
−3.51	1.19		23.56	40.67	16.69	10.38	3.6	
−3.06	2.63		22.86	37.38	17.39	10.49	2.7	
−3.47	0.89		22.25	32.57	20.38	16.57	5.2	
−2.81	2.97		19.33	54.11	13.59	9.66	3.1	
−3.4	0.8		23.25	35.26	15.58	13.37	5.4	
−3.03		1.73	26.13	32.29	16.77	18.29		4.6
−2.6		2.74	25.35	35.53	13.91	13.15		3.5
−1.67		3.3	23.63	64.64	9.1	12.28		4.9
−0.5		7.43	16.11	42.01	15.76	15.15		4.6
−2.84		1.99	27.53	40.27	10.14	11.98		4.1
−2.76		2.09	28.26	3.66	13.83	10.58		4.01

三、工业炉渣中的镍

工业炉渣中之镍主要还是机械夹杂，故炉渣粘度、密度等性质实很重要，表 2-2-20 列出我国某厂电炉炉渣组成及粘度。

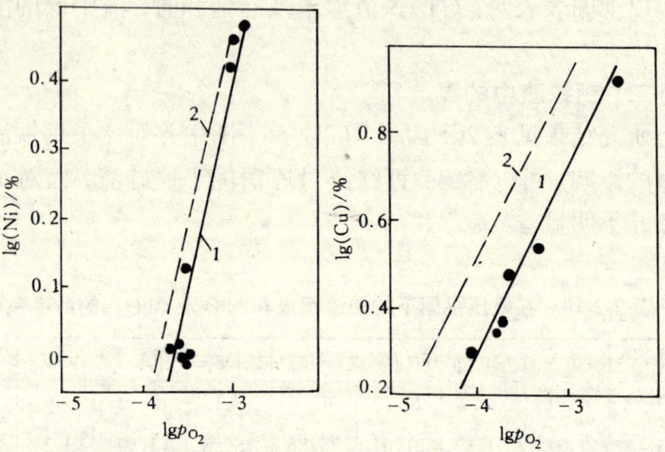

图 2-2-56　氧位及渣型对渣中含 Ni(*a*)及 Cu(*b*)的影响(1523K)

1—钙铁渣;2—硅铁渣

表 2-2-20　电炉造锍熔炼渣化学组成及粘度

No	化学分析/%								炉渣碱度	dPa·s(粘度)/℃(温度)
	Ni	Cu	Fe	CuO	MgO	SiO_2	S	Co	(FeO+MgO+CaO):SiO_2	
1	0.23		31.13	1.79	14.15	39.60	0.37		1.413	8.2/1310
2	0.096		20.79	1.90	14.07	46.20	0.28		0.924	32.82/1310
3	0.15		26.60	1.68	13.91	42.00	0.28		1.185	7.09/1305
4	0.14		26.64	1.79	17.77	42.00	0.34		1.290	8.27/1305
5	0.14		27.00	1.57	11.66	42.00	0.37		1.141	7.64/1310
8	0.20	0.32	23.16	2.29	16.22	43.20	0.45	0.10	1.117	17.2/1310
9	0.168	0.18	25.89	2.51	16.14	42.20	0.41	0.10	1.231	21.75/1250, 8.43/1320
10	0.198	0.18	31.13	1.96	15.67	36.00	0.64	0.139	1.600	4.49/1320
11	0.082	0.23	28.49	2.72	16.22	40.20	0.61	0.082	1.382	8.27/1310
12	0.071	0.14	24.92	2.40	17.95	41.80	0.48	0.073	1.252	11.2/1310

续表 2-2-20

化学分析/%									炉渣碱度	dPa·s（粘度）/℃（温度）
No	Ni	Cu	Fe	CuO	MgO	SiO_2	S	Co	（FeO + MgO + CaO）：SiO_2	
13	0.194	0.27	24.88	2.44	15.92	43.40	0.48	0.10	1.162	13.95/1320
14	0.135	0.18	22.66	6.98	17.87	38.40	0.45	0.066	1.406	15.21/1300
15	0.10	0.14	15.19	6.50	21.35	45.20	0.29	0.031	1.048	<1625/1320
16	0.17	0.18	22.32	2.55	15.67	45.60	0.29	0.036	1.051	12.85/1300
17	0.11	0.16	16.57	3.27	19.61	46.00	0.29	0.036	0.960	20.8/1310

注：表中粘度未控制氧位，可作参考。

汤普逊镍厂电炉熔炼得低镍锍含（%）Ni + Cu-17，Fe-47，S-26；炉渣含（%）：Fe-36，Si-36，Ni + Cu-0.3。采用不同措施降低炉渣中镍，其结果见图 2-2-57 及图 2-2-58。

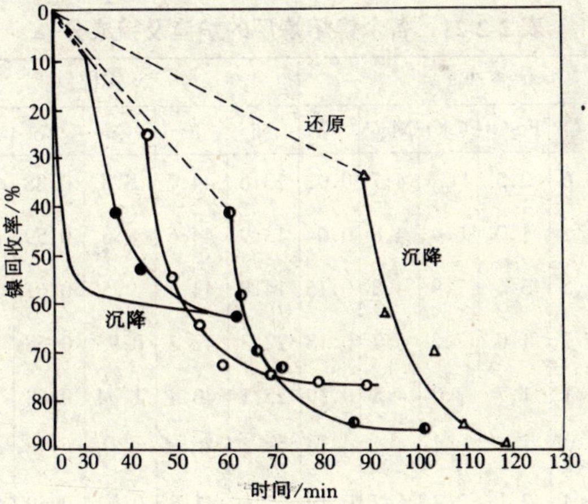

图 2-2-57　采用各措施以降炉渣中镍

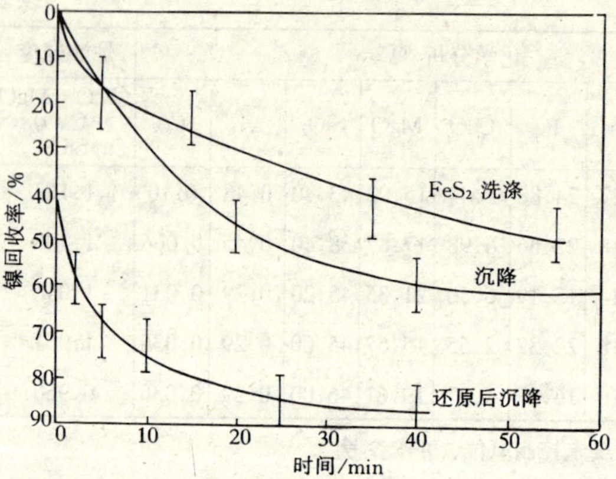

图 2-2-58　各种措施比较

根据相律，在生产中参数可确定整个体系。故将各厂锍渣组成(表 2-2-21)，根据锍中 Ni/Fe 及氧量，可确定渣中 NiO 量。

表 2-2-21　各个镍熔炼厂的炉渣及锍成分

No	炉渣/%						镍锍/%					
	SiO_2	FeO	Fe_2O_3	CaO	MgO	Ni	Ni	Fe	Cu	Co	S	O
1	30.7	40.6	2.3	11.3	4.7	0.02	13.6	44.7	8.8	0.88	24.0	4.92
2	32.5	44.1	1.7	6.4	4.8	0.04	13.9	44.6	8.6	0.59	25.4	5.37
3	30.7	44.5	3.6	7.9	4.8	0.15	14.8	44.4	9.5	0.61	25.4	4.87
4	37.0	43.7	1.0	2.2	6.7	0.18	22.3	42.3	0.93	0.58	27.2	4.35
5	39.2	41.1	1.7	2.0	4.5	0.19	25.1	40.4	1.04	0.68	27.5	3.75
6	38.7	40.3	1.3	2.1	4.3	0.19	25.4	38.5	1.10	0.70	27.4	3.65
7	38.6	41.4	2.1	2.2	6.7	0.19	27.6	41.8	0.92	0.59	27.2	3.99
8	34.1	41.3	5.3	5.2	7.7	1.17	42.8	23.2	3.5		27.6	3.43
9	33.7	41.5	3.9	7.2	5.2	0.55	43.1	27.1	3.7	0.42	22.9	2.69

续表 2-2-21

No	炉渣/%						镍锍/%					
	SiO_2	FeO	Fe_2O_3	CaO	MgO	Ni	Ni	Fe	Cu	Co	S	O
10	33.3	40.2	4.3	7.2	5.2	0.58	44.1	25.5	3.9	0.42	24.1	2.70
11	38.6	38.2	3.0	6.5	5.7	0.65	44.3	23.8	3.7		26.6	2.06
12	36.9	38.6	1.4		7.4	0.41	43.8	23.8	4.6	0.54	28.4	1.83
13	35.2	43.7	1.4	4.9	7.9	0.48	44.8	22.6	3.7		26.6	1.87
14	39.3	38.4	2.7	5.4	6.4	0.64	45.0	21.4	3.8		24.9	2.23
15	36.8	41.5	3.7	4.8	7.2	0.68	46.9	21.1	3.8		25.9	1.96
16	37.8	36.6	4.0	6.4	6.3	0.85	47.6	20.5	4.0	0.55	26.1	1.41
17	39.8	39.2	5.0	5.1	5.7	1.28	47.9	19.7	4.0		26.7	1.33
18	35.8	38.2	8.1	5.8	5.8	1.94	49.6	18.7	4.5	0.53	26.2	1.60
19	35.1	36.6	6.7	7.0	5.9	2.29	54.1	14.2	4.6		25.5	1.37
20	34.5	47.3	1.1	7.6	5.1	0.26	42.0	31.1	3.2	1.3	18.4	1.87
21	35.0	43.2	1.9	7.6	5.2	0.20	42.0	31.4	3.4	1.3	19.4	1.70
22	36.0	45.9	0.9	5.0	6.5	0.13	43.0	35.3	3.0	1.3	14.3	1.65
23	33.9	44.9	1.3	7.7	5.1	0.21	43.3	32.0	3.1	1.3	17.3	1.67
24	35.5	42.5	0.7	6.6	5.5	0.07	43.5	38.1	3.0	2.2	11.6	1.98
25	38.7	42.5	0.7	5.5	5.8	0.26	44.5	35.6	3.1	2.2	11.9	2.35
26	35.6	40.5	0.3		7.3	0.05	45.0	33.4	3.5	1.8	13.4	1.53
27	37.7	41.2	1.0		7.4	0.38	45.5	29.0	4.1	1.8	15.4	1.94
28	34.4	46.2	1.7	5.2	7.7	0.27	49.9	31.9	2.9	2.0	11.9	1.61
29	34.7	46.2	0.9	5.0	5.6	0.30	50.4	29.1	2.0	2.0	14.4	1.42
30	37.6	43.4	1.1	5.9	5.5	0.26	50.9	27.1	3.2	2.1	14.0	1.53

注:1～3 号样为鹰桥鼓风炉,4～7 号为汤普逊电炉,8～19 号为卡利古里闪速炉,20～30 号为卡利古里电炉贫化渣。

应用图 2-2-59 便于生产中控制，卡里古利厂则利用表 2-2-22，即由分配系数(L)确定渣中镍、铜及钴的损失，则更为方便。

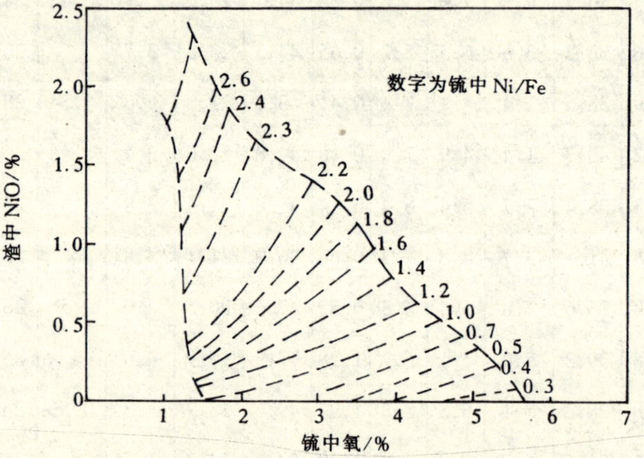

图 2-2-59　炉渣中 NiO 含量与锍含氧关系

表 2-2-22　分配系数 $L=[M]/[Fe]$ 与渣中(Fe_3O_4)关系

元　素	L		平均回收率/%
	$Fe_3O_4=2\%$	$Fe_3O_4=5\%$	
Ni	150	70	95～98
Cu	45	35	90～94
Co	10	5	55～65

注：[M]—锍中 Ni，Cu 或 Co。

金川电炉渣经过离心分离，发现上层渣中之镍由硅酸镍及微粒硫化镍组成，可认为是非夹杂的渣含镍。其数据见表 2-2-23、表 2-2-24 和图 2-2-60。

表 2-2-23　炉渣中镍的夹杂比例与渣性质参数

比例与性质	渣号								
	1	2	3	4	5	6	7	8	9
渣含(总)镍/%	0.305	0.257	0.227	0.215	0.150	0.137	0.133	0.113	0.053
离心后上层渣含镍/%	0.10	0.103	0.10	0.096	0.073	0.10	0.085	0.089	0.043
夹杂比例/%	67.2	59.9	55.9	55.3	51.3	27	36.1	21.2	18.9
粘度值/Pa·s(1400℃)	<3	3.5	4.5	5.5	3.3	4	6.5	6	7
密度/$g\cdot cm^{-3}$ (1300～1400℃)	3.1	2.95	2.95	2.91	3.02	2.92	2.81	2.85	2.81
$FeO+MgO/SiO_2$	1.23	1.21	1.09	1.03	1.34	1.13	1.06	0.94	0.96
渣的矿物类型①	橄	橄	过	辉	橄	过	辉	辉	辉

① 橄—指橄榄石型，过—过渡型，辉—辉石型。

表 2-2-24　硅酸盐中的镍与硫化物中的镍及其占损失之比

项　　目	渣号								
	1	2	3	4	5	6	7	8	9
硅酸镍含镍/%	0.109	0.099	0.096	0.092	0.091	0.036	0.035	0.028	
占总镍损失比/%	36.3	33.1	37.1	35.8	35.5	58.4	50	46.7	41.3
硫化物含镍/%	0.0058	0.021	0.018	0.023	0.034	0.015	0.01	0.024	0.027
占总镍损失比/%①	1.9	7.0	7.0	8.94	13.2	14.6	13.9	32	39.7

① 物相分析结果与元素分析结果有 20%左右的误差，此处按非夹杂比例与非夹杂部分中硅酸镍比例计算。

总结氧化镍矿造锍及吹炼数据，得到渣硫对镍、钴影响见图 2-2-61。并可表示硫化物的分配系数为：

$L_{MS}=(M^{2+})_{渣}(S^{2-})_{渣}/[MS]_{锍}$　其中：$L_{FeS}=2.5$，$L_{CoS}=0.15$，$L_{NiS}=0.015$

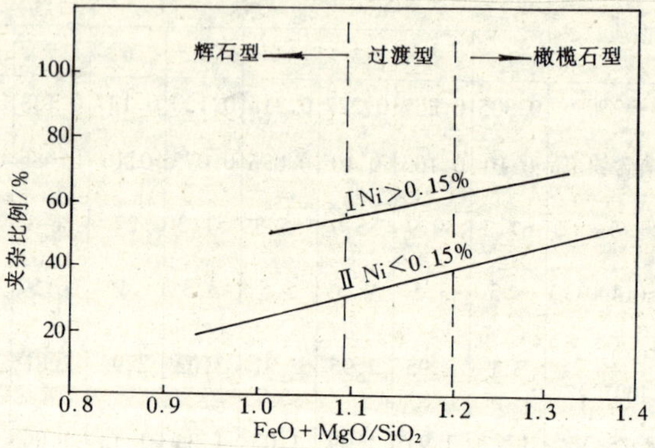

图 2-2-60　夹杂比例与渣中$(FeO+MgO)/SiO_2$关系

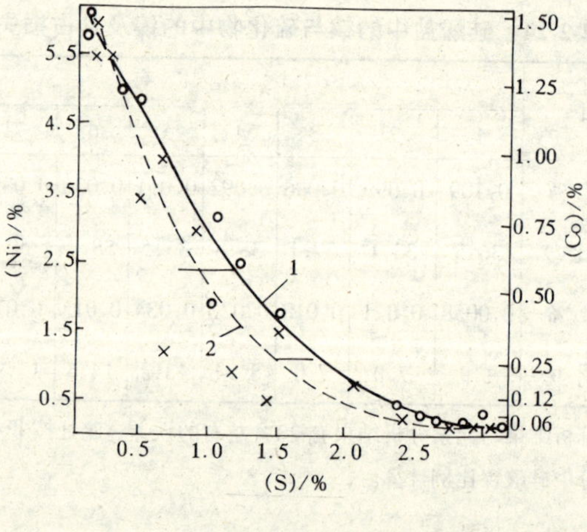

图 2-2-61　渣含硫对渣含镍(1)及钴(2)的影响

四、镍回收率与镍分配系数和渣量及镍锍量的关系[24]

在综述镍火法冶金生产时，也得出熔炼硫化精矿过程镍分配系数(L_{Ni}=镍锍含镍/炉渣含镍)随炉渣的 Fe^{+2}/Fe^{-3}的增大而增大(见图 2-2-62),这种关系符合熔炼炉、转炉和炉渣贫化炉。

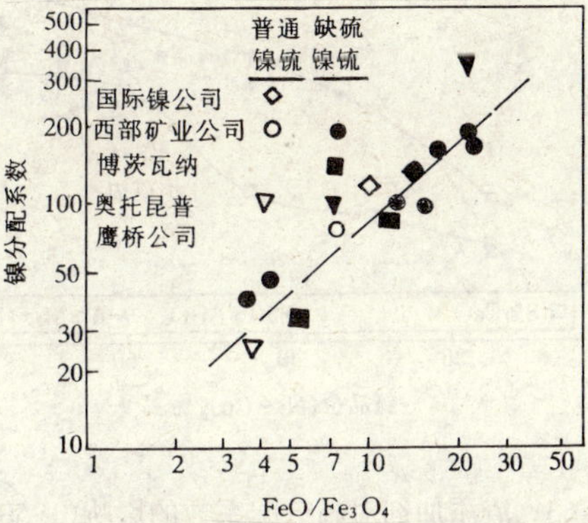

图 2-2-62 镍分配系数渣中 FeO/Fe_3O_4 的关系

熔炼过程中镍的回收率可用镍分配系数(L_{Ni})和炉渣重量(S)及镍锍重量(M)比的函数表示:

$$镍回收率=100L_{Ni}/(L_{Ni}+S/M)$$

第五节 少量元素在熔炼时的行为

在 1050~1300℃时硒与碲在镍铜锍与被 SiO_2 饱和的铁硅酸盐渣之间的分配系 L_{Se}和 L_{Te}是随锍的品位、温度、渣中的 CaO 或 MgO 含量以及氧位的上升而增大。但 L_{Se}随锍中铜含量增加而下降,L_{Te}则反而上升。又 L_{Te}随渣中 Al_2O_3 含量增加而上升,L_{Se}则在锍品位高时随渣中 Al_2O_3 增加而下降。其部分结果见图 2-2-65、图 2-2-66。

关于微量元素在镍锍与硅饱和的铁硅酸渣间的分配系数见图 2-2-67 及图 2-2-68。

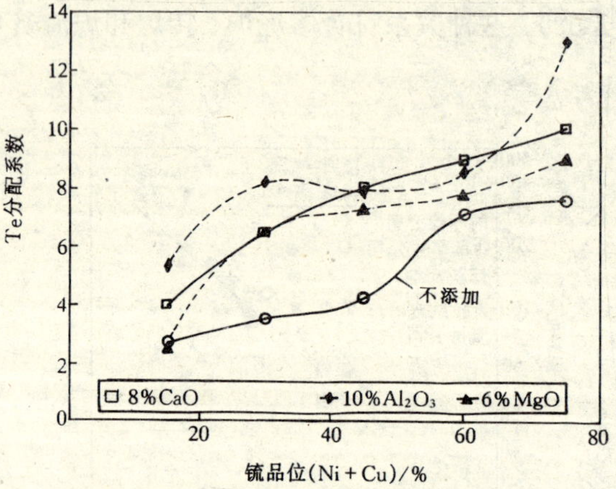

图 2-2-63　渣添加剂对碲分配系数的影响(1250℃)

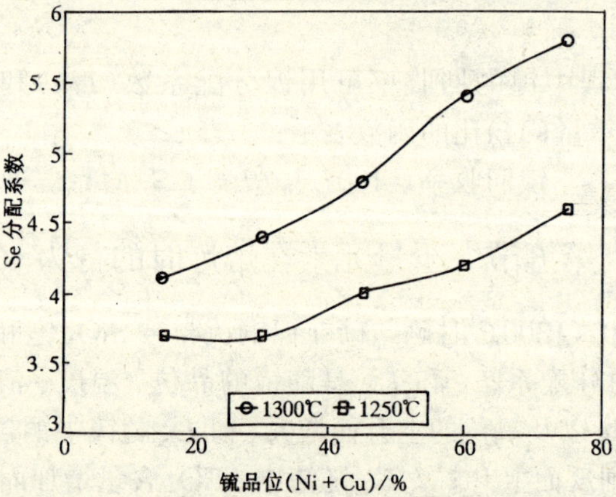

图 2-2-64　温度对硒分配系数的影响(渣中 8%CaO)

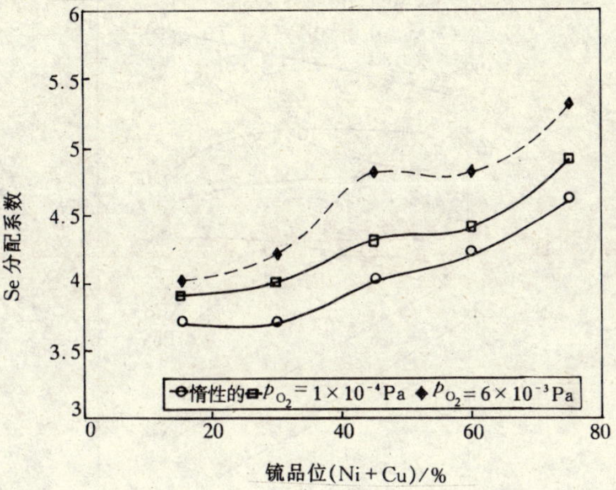

图 2-2-65 氧位对硒分配系数的影响(1250℃，渣中 8%CaO)

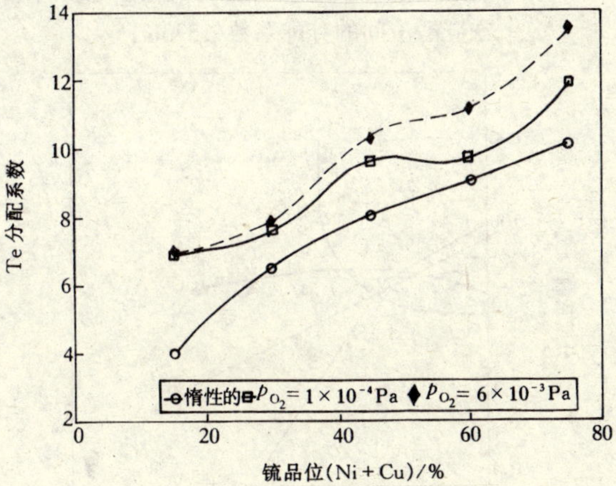

图 2-2-66 氧位对碲分配系数的影响(1250℃，渣中 8%CaO)

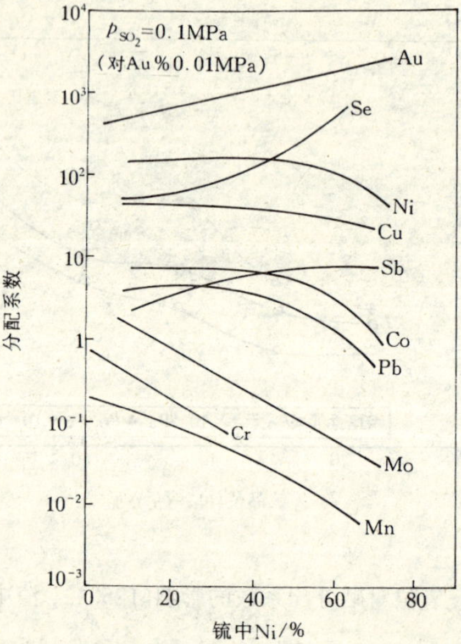

图 2-2-67　微量元素及镍在镍锍与氧化硅饱和的铁硅酸渣间的分配系数(1523K)

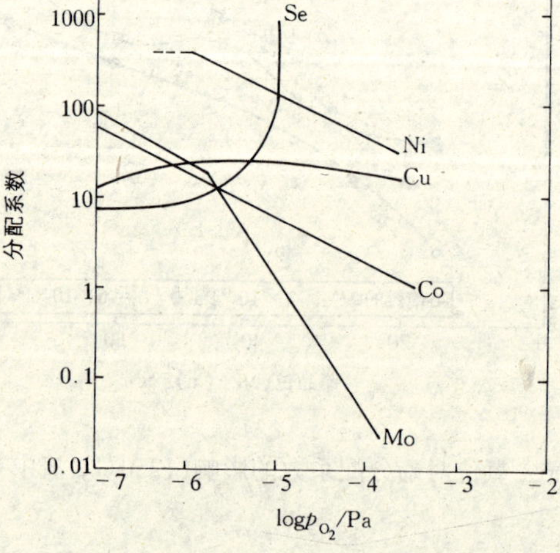

图 2-2-68　氧位对分配系数的影响

第三章　硫化镍矿造锍熔炼及吹炼

和铜造锍熔炼一样，根据原料为硫化矿精矿或氧化镍矿石，采用氧化造锍熔炼或还原造锍熔炼，其工艺流程和设备，也基本上类似如铜熔炼。不同之点是一般吹炼不能得粗镍金属而只能得镍高锍或含铜较高的镍铜高锍。

第一节　鼓风炉熔炼

加拿大国际镍公司的康尼斯顿厂原处理低硅富镍矿的工艺流程与我国会理镍矿（图 2-3-1）基本相似。加拿大鹰桥镍冶炼厂的工艺流程图示于图 2-3-2。

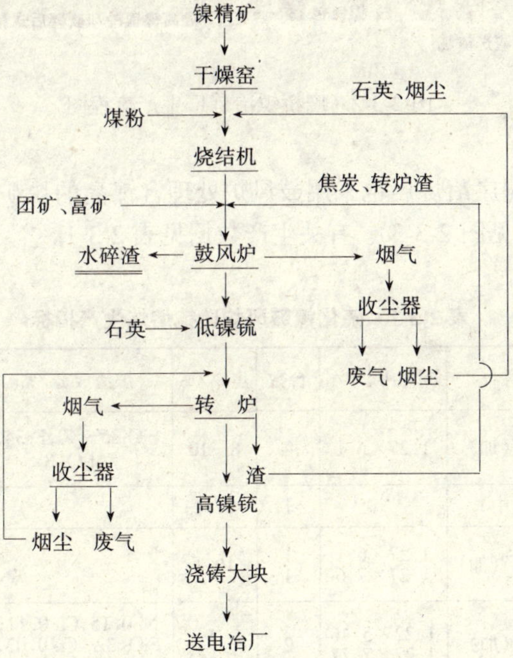

图 2-3-1　会理镍矿生产工艺流程图

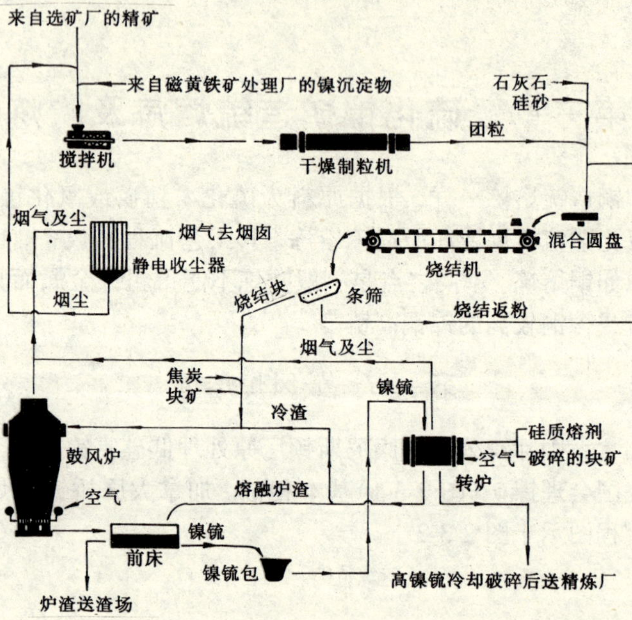

图 2-3-2　鹰桥镍冶炼厂生产流程图

此外铜崖冶炼厂也采用鼓风炉处理含镍高的块矿，与反射炉配合使用(见图 2-3-3)。有关生产数据见表 2-3-1。

表 2-3-1　硫化镍鼓风炉造锍熔炼生产指标

工厂名称	鼓风炉尺寸/m	台数	焦率/%	炉渣成分/%	床能率/$t\cdot m^{-2}\cdot d^{-1}$
康尼斯顿厂(加)	1.27×6.1	4	8～10	SiO_2 35～40, Fe34, Al_2O_3 8	
会理镍矿(中)		1	<7.13		
鹰桥镍冶炼厂(加)	1.27×6.1 1.27×7.6	1 1	10.1		117
铜崖冶炼厂(加)	1.22×5.46 1.22×7.77	2		Ni 0.15, Cu 0.11, SiO_2 32, Co 0.07, Fe 38, CaO 7	

第二节　反射炉熔炼

反射炉工艺仅在铜崖冶炼厂采用，流程图见图 2-3-3。

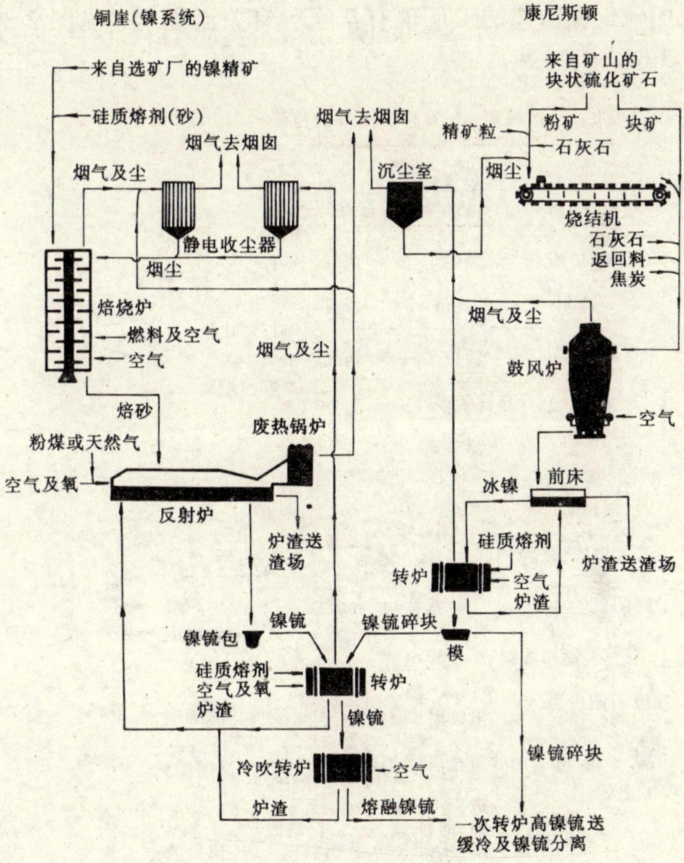

图 2-3-3　铜崖及康尼斯顿冶炼厂流程图

该系统有 7 台 9.14m×33.55m 的标准反射炉，每座每天处理 1500t 固料及 700t 转炉渣，产出镍锍含 Cu + Ni = 15%，反射炉渣含(%) Ni 0.2, Co 0.1, Cu 0.08, SiO_2 36, Fe 38, Al_2O_3 7; 每炉天产炉渣 715t。采用粉煤和含 25%O_2 的富氧空气加热。

第三节　电炉熔炼

采用硫化镍造锍的工厂现有 7 家。有关流程例举见图 2-3-4 至图 2-3-6。

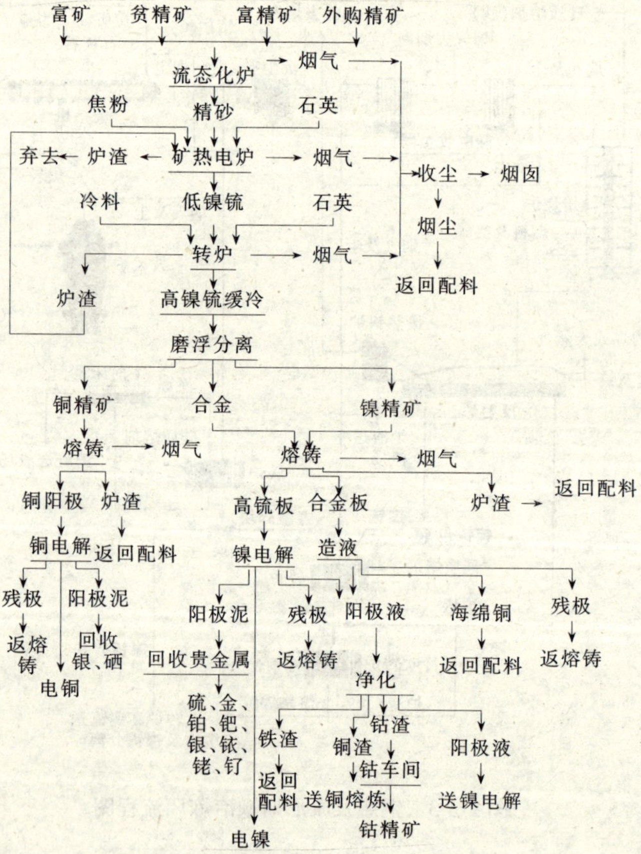

图 2-3-4　金川电炉熔炼流程

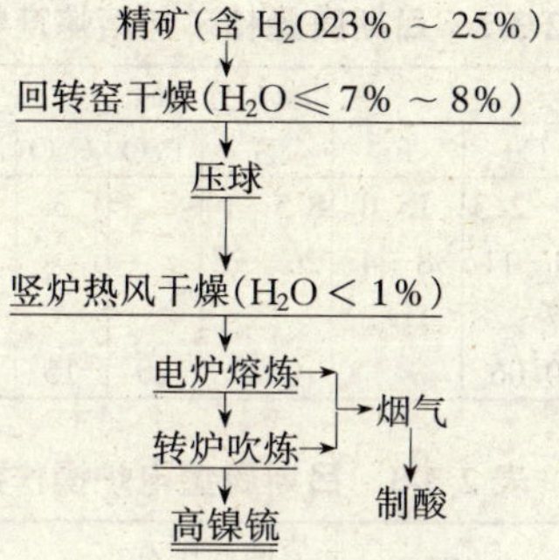

图 2-3-5 磐石电炉熔炼流程

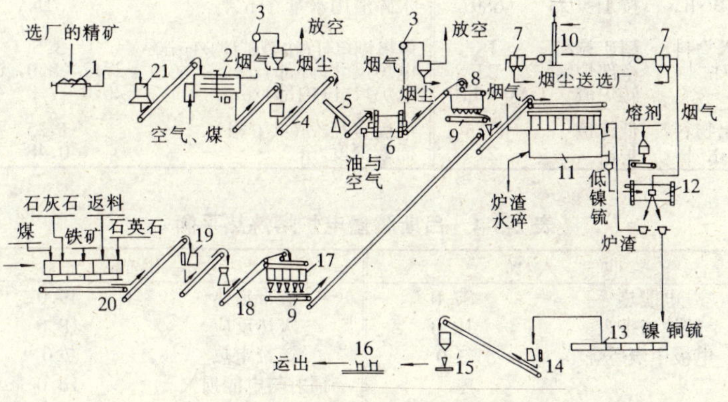

图 2-3-6 吕斯腾堡厂电炉熔炼流程

1—精矿仓；2—干燥炉；3—洗涤塔；4—破碎机；5—圆盘制粒机；6—回转干燥窑；7—收尘器；8—粒矿仓；9—皮带秤；10—烟囱；11—电炉；12—转炉；13—浇铸； 14—颚式破碎机；15—磅秤；16—包装；17—熔剂仓；18—圆锥破碎机； 19—颚式破碎机；20—熔剂贮存仓；21—给料机

吕斯腾堡的电炉尺寸是：外部 27.2m×8.0m×6.0m；电炉砌体内部 26m× 7m，从炉底到拱高 4.5m。其物料成分见表 2-3-2，生产指标见表 2-3-3，电炉熔炼热平衡见表 2-3-4。

表 2-3-2　吕斯腾堡精矿与熔炼产物的成分

物　料	成　分/%									铂族金属/$g \cdot t^{-1}$
	Ni	Cu	Fe	S	FeO	CaO	MgO	SiO_2	Al_2O_3	
精矿粒料	3.5～4	2～2.3	15.0	8.5～10		3	15	39	6	111～150
电炉低镍锍	16～18	9～11	38～42	26～28						500～600
转炉高镍锍	47～48	27～28	1～2							1800～2000
电炉渣	0.10	0.06		0.27	20	15	15	41	6	0.54

表 2-3-3　吕斯腾堡电炉操作数据

电炉功率/kW		18500	渣面高度/m 渣层厚度/m	2.1～2.3 1.32～1.52
$\cos\phi$		0.98	锍温/℃	1180
单位能耗/$kW \cdot h$	按 1t 精矿	897	渣温/℃	1350
	按 1t 炉料	689	水碎渣用水量/$t \cdot h^{-1}$	315
加入物料/$t \cdot h^{-1}$	精矿粒料	18	电极糊单耗(按精矿计)/$kg \cdot t^{-1}$	3.5
	全部炉料	23	电炉尺寸(外部)/m	27.2×8.0×6.0
	转炉渣	90～110	电炉尺寸(内部)/m	26.0×7.0×4.5
产出物料/$t \cdot h^{-1}$	低镍锍	4～5	电极直径/m(共 6 根)	1.25
	炉渣	21	插入深度/m	0.48

表 2-3-4　吕斯腾堡电炉熔炼热平衡

收　入/%		支　出/%	
电能热	87.0	渣带走热	49.0
转炉渣带入	10.0	吸热反应	18.0
电极中炭燃烧	3.0	锍带走热	7.0
		辐射与电能损失	16.0
共　计	100.0	共　计	100.0

汤普逊有 3 台 18000kV·A 的电炉，其结构见图 2-3-7 及图 2-3-8；单台生产指标如下：

焙烧矿电能消耗 397～430kW·h/t，平均负荷 12000～15000kV，电压 260～280V，1t 焙烧矿电极糊单耗 1.75～1.9kg，炉料含硫 17%～20%，炉内负压 1.36～2.706Pa，炉顶温度内部：320～430℃，外部 70～120℃。转炉渣加入量 15～20t/h，其中含 Ni+Cu=1.0%～1.5%、SiO_2 22%～26%，电炉镍锍产量 15～20t/h，温度 1120℃，其中含 Cu+Ni=16%～17%、Fe45%～50%、S 25%～27%。

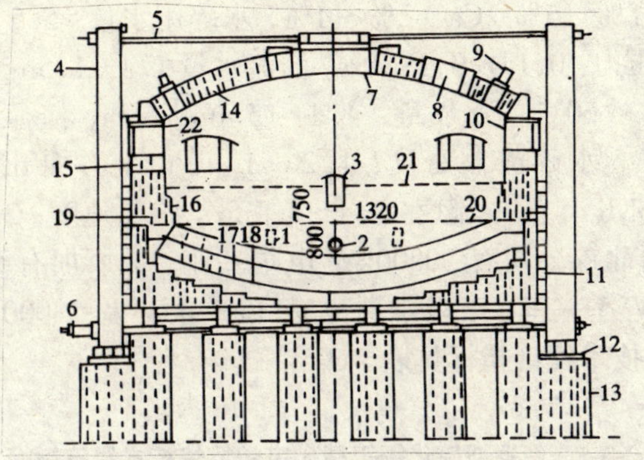

图 2-3-7 电炉横切面图

1—镍锍放出孔；2—清炉放出孔；3—放渣口；4—炉子框架；5—拉杆(ϕ51mm)；6—压紧弹簧(长 387mm)；7—电极孔；8—排气孔；9—加料管；10—窥视孔；11—铸铁支持板；12—滑动接点；13—炉子支柱(高 287mm)；14—耐火砖炉顶(拱跨 7240mm，拱高 1020mm)；15—炉墙耐火砖；16—炉墙镁砖；17—炉底镁砖反拱(深 740mm)；18—镁砂捣固层；19—热电偶；20—平均镍锍线；21—平均渣线；22—炉顶膨胀接点

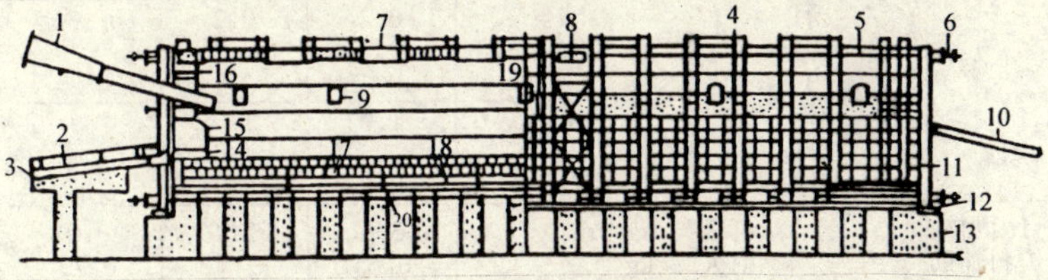

图 2-3-8 电炉纵剖面图

1—转炉渣溜槽；2—镍锍溜槽；3—清炉放出溜槽；4—炉子框架(200mm 工字钢，高 6400mm)；5—拉杆(ϕ51mm)；6—拉杆弹簧(长 390mm)；7—电极孔；8—排气孔；9—窥视孔；10—渣溜槽；11—铸铁支持板；12—滑动接点；13—炉子支柱；14—放出口炉；15—镁砖；16—耐火砖；17—炉底镁砖反线；18—镁砂捣固层；19—炉顶耐火砖；20—热电偶

产量 30～45t/h，渣温 1280℃，含 Ni 0.25%、Cu 0.03%、FeO 47%～50%、S 1%～2%、SiO_2 35%～36%、Al_2O_3 4%～

7%、MgO 1%~5%、CaO 2%~4%，水碎用水量：5.5~6.8m^3/min，喷水压力：0.14~0.18MPa，溢流水量1.4~1.5m^3/min，溢流水温：38~60℃，渣浆量：4.1~5.6m^3/min，渣浆中固体：10%~20%，水碎渣假密度：1.2~1.4t/m^3，砂泵出口压力：0.39~0.46MPa，管中流速：3.4~4.0m/s，临界速度：2.6m/s。

俄罗斯北镍公司有30000kW电炉一座，贝辰加有25200kW及33000kW各一座，诺里尔斯克有45000kW及33000kW各一座，其电炉技术经济指标见表2-3-5。

表2-3-5　俄罗斯硫化铜镍精矿电炉熔炼技术经济指标

指标			贝辰加	诺里尔斯克	北镍
生产率/$t\cdot d^{-1}$			760	1000	790
1t固体炉料电耗/kW·h			710~730	600~625	810~850
金属回收率/%	镍锍中	Ni	96.2	96.4	
		Cu	95.4	94.4	
		Co	79.5	78.8	
	炉渣中	Ni	2.1	2.4	
		Cu	2.9	4.3	
		Co	9.58	20.8	
	烟尘中	Ni	0.2	0.2	
		Cu	0.2	0.3	
		Co	0.12	0.1	
	不可回收损失	Ni	1.0	1.0	
		Cu	1.5	1.0	
		Co	0.8	0.3	
1t固体炉料辅助材料单耗	电极糊/kg		3.6	2.4	3.0
	耐火砖/kg		0.65		0.79
	碎渣用水/t		16		
炉子利用功率/%			92.5		89.5
镍锍成本/%	原料费		72.85	87.3	79.57
	辅助材料费		1.87	0.67	1.94
	电费		13.9	7.88	10.30
	水费		1.10	0.17	—
	工资及附加费		4.16	0.78	2.56
	主要设备折旧		0.72	0.68	1.04
	车间经费		5.40	2.52	10.84

国内外硫化矿电炉的主要参数见表2-3-6。

表 2-3-6 国内外铜镍硫化矿电炉的主要参数表

电炉特点	国 内	贝辰加①	北镍②	诺里尔斯克	汤普森
炉膛内部尺寸/m 长×宽×高	21.5×5.5×40	22.74×5.54×5.1	11.2×5.2×4.0	23.2×6.0×5.1	27.4×6.71×3.96
炉床面积/m^2	118.25	126	58	139	184
电极直径/m	1.0	1.1	1.2	1.2	1.22
电极中心间距/m	3.0	3.2	3.0	3.2	3.76
电极数/个	6	6	3	6	6
电炉变压器数台	3	3	1	3	3
变压器容量(总容量)/kV·A	5.500 (16.500)	16.667 (50.000)	30.000 (30.000)	15.000 (45.000)	6.000 (18.000)
变压器低压侧线电压/V	304～490	800～475	550～390	743～551	300～160
功率强度 /kV·A·m^{-2}		396	517	324	98
炉底	镁砖	粘土砖 铬镁砖	水泥,镁砖	水泥 粘土砖 铬镁砖	镁质填料
炉墙：渣线	镁砖	铬镁砖	镁砖	铬镁砖	镁砖
渣线以上	粘土砖	粘土砖	粘土砖	粘土砖	粘土砖
炉衬厚度 /mm	807				
炉底(中心)	1250	1310	920	1310	1065
出渣端墙厚	1040	1150	920	1040	1260
出锍端	1040	1150	1215	1150	1180
侧墙	807	1150	690	1040	
炉顶		300	300	300	950
放锍口数/个	3	4	3	4	3
渣口数/个	3	4	2	4	1
渣口距炉底高度/mm	1.3	1750	1500	1450	1525
渣面/mm	1390～1500	2700	2500	2700	
镍锍面/mm	500～800	600～800	600～800	600～900	600～750
电炉操作功率/kW		40.000	27.000	40.000	12.000～15.000
每根电极平均下降 /mm·d^{-1}	250	450～500	400～500		
1t 固体料电能单耗/kW·h^{-1}	600	740	780～815	525～625	400～430
1t 固体料电极单耗/kg	5.7～7.8	4.1	2.9	2.8～3.4	1.75～1.9

①工作电压 341V，电极深度 700～1000mm，②工作电压 500～550V，电极深度 500～700mm。

第四节　闪速炉熔炼

目前,国内外有 5 台奥托昆普型炼镍闪速炉在运转(表 2-3-9),典型国际镍公司的纯氧闪速熔炼仅作过试生产。

金川的工艺流程见图 2-3-9。金川及卡尔古利的闪速炉和精矿喷嘴及开炉升温曲线图分别示于图 2-3-10 至图 2-3-13。

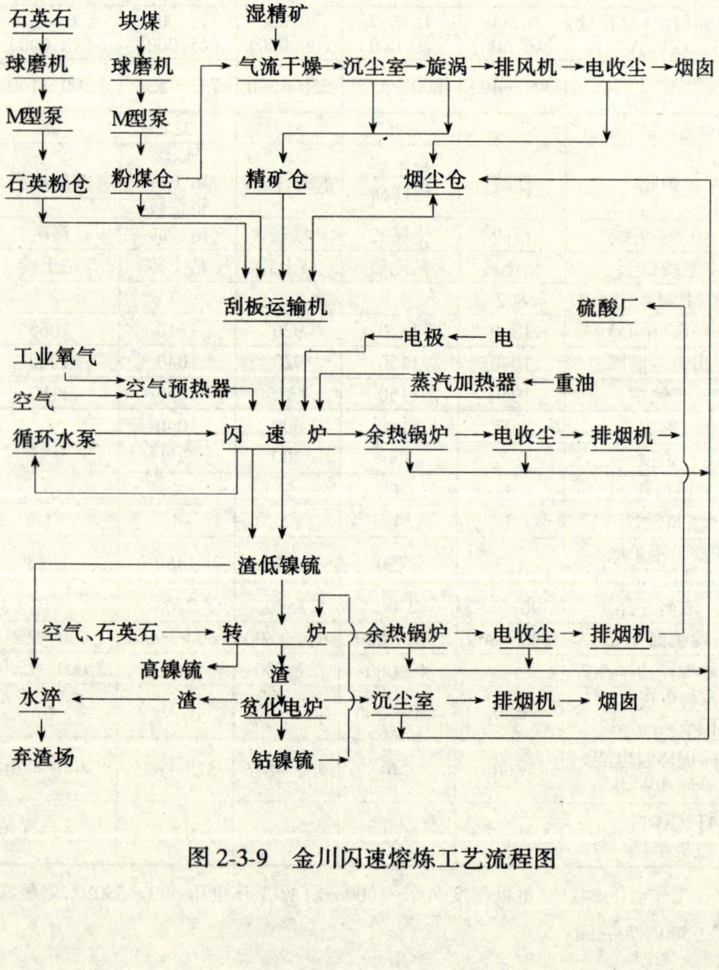

图 2-3-9　金川闪速熔炼工艺流程图

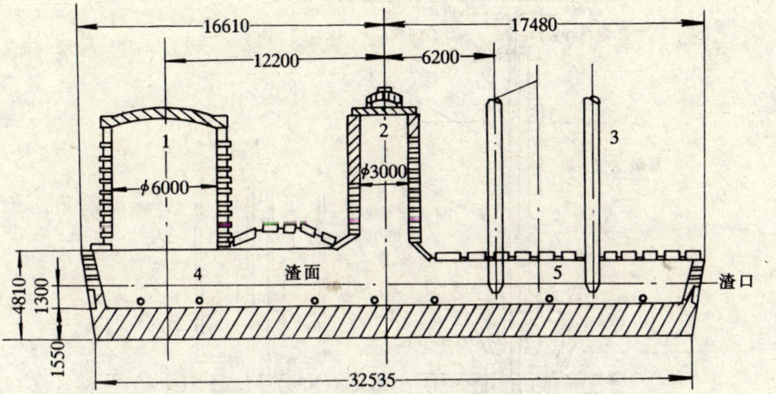

图 2-3-10　金川闪速炉纵剖面图

1—反应塔；2—上升烟道；3—电极；4—沉淀池；5—贫化区

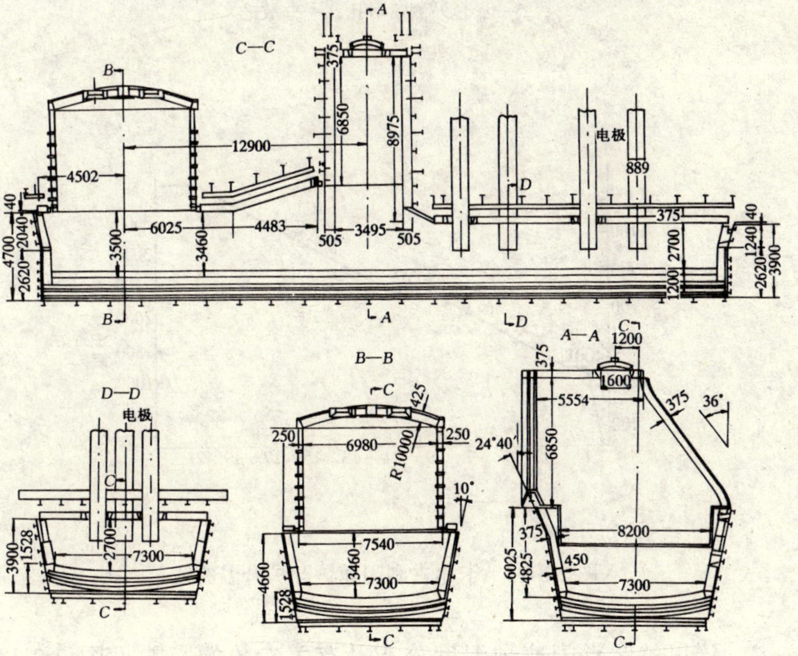

图 2-3-11　卡尔古利插电极的新闪速炉

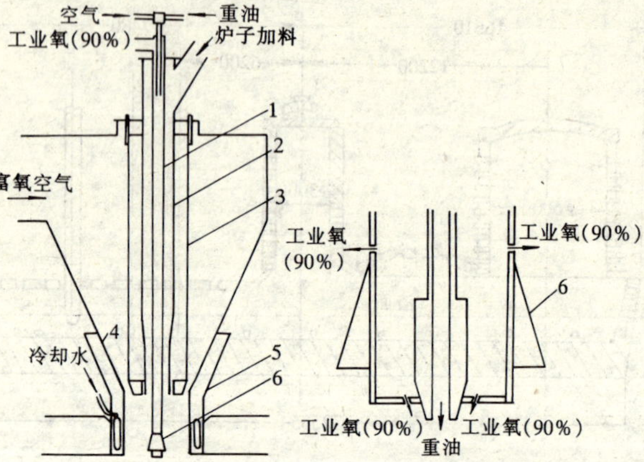

图 2-3-12　精矿喷嘴结构示意图

1—氧油喷嘴；2—精矿溜槽；3—速度调节器；4—内侧喷射孔；
5—水套外侧喷射孔；6—分散锥

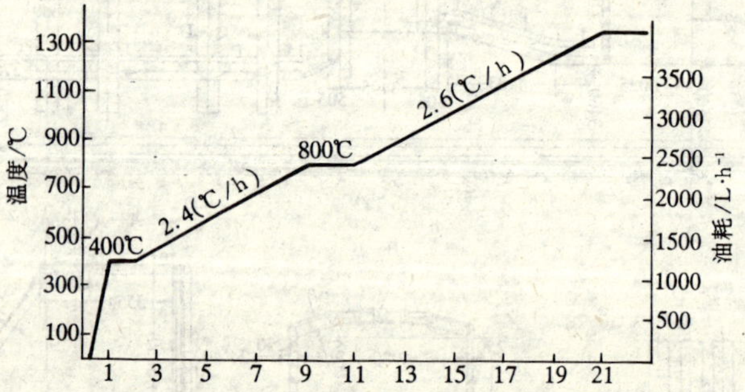

图 2-3-13　卡尔古利闪速炉开炉升温曲线

诺里尔斯克闪速炉温度分布及有关参数的影响见图 2-3-14 及表 2-3-7。

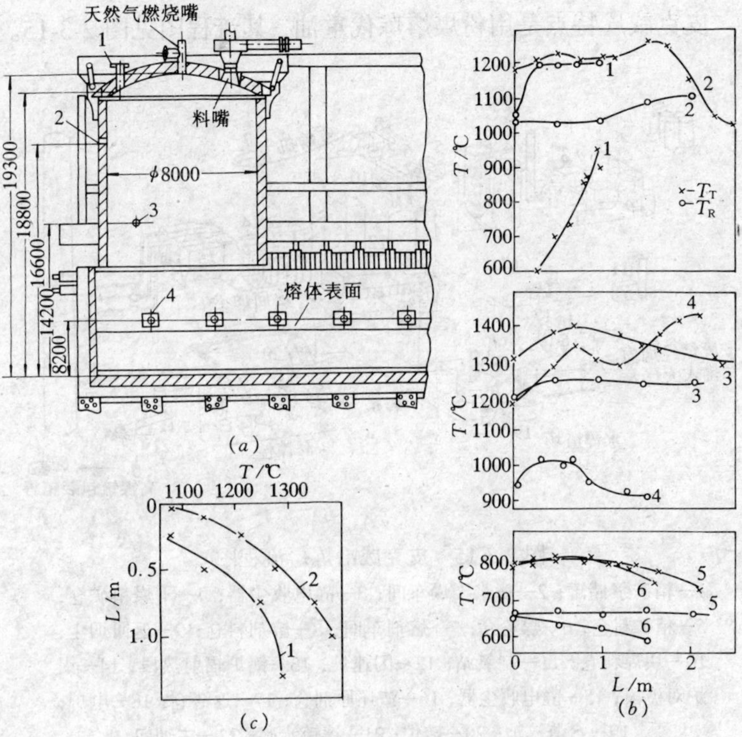

图 2-3-14 闪速炉反应塔测温点(*a*)横断面温度
(*b*)及沉降池温度分布(*c*)

T_T—热电偶测出；T_R—辐射计测出

表 2-3-7 闪速炉主要参数对渣含镍的影响

参 数	加料量/t·h^{-1}			
	125.2	110.1	126.0	134.6
鼓风量/km^3·h^{-1}	64.1	43.0	50.0	56.7
氧浓度/%	42	48	48	48
料含 Fe/%	46.8	49.2	48.3	45.7
S/%	36.0	32.7	33.7	35.7
Ni/%	7.28	7.32	7.37	7.32
锍含 Ni/%	22.2	30.3	29.3	28.5
渣含 Ni/%	0.40	0.37	0.63	0.64

皮克威厂特点是用粉煤熔炼代重油，其流程图见图 2-3-15。

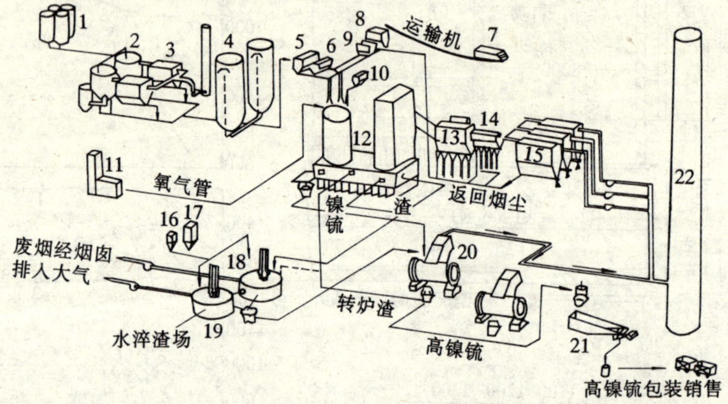

图 2-3-15　皮克威冶炼厂流程图

1—精矿浆储罐；2—喷浆干燥车间；3—静电收尘器；4—干燥精矿仓；5—精矿料仓；6—煤粉仓；7—熔剂车间；8—熔剂料仓；9—返回烟尘；10—块煤料仓；11—制氧站；12—闪速炉；13—锅炉辐射热段；14—锅炉对流段；15—静电收尘器；16—渣还原剂仓；17—返渣仓；18—电炉；19—水渣淬池；20—转炉；21—镍锍水碎；22—主烟囱

各国镍厂闪速炉主要特征见表 2-3-8。

表 2-3-8　部分国家炼镍工厂闪速炉主要特征

项　目	芬兰 哈贾伐尔塔厂	澳大利亚 卡尔古利厂	博茨瓦纳 皮克威厂	俄罗斯 诺里尔斯克厂	中国 金川公司
投产时间/a	1959	1973	1973	1981	1992
处理能力	$180t \cdot d^{-1}$	$115t \cdot h^{-1}$	$120t \cdot h^{-1}$	$1200t \cdot d^{-1}$	
镍年产量/t	16000	48000	19500		20000
反应塔尺寸/m	$\phi_{内}3.7$ $H7.4$	$\phi_{内}6.98$ $H5.43$	$\phi8$ $H9.5$		$\phi_{内}6$ $H6.4$

续表 2-3-8

项　目	芬兰	澳大利亚	博茨瓦纳	俄罗斯	中国
	哈贾伐尔塔厂	卡尔古利厂	皮克威厂	诺里尔斯克厂	金川公司
沉淀池尺寸/m	*L*16.86, *B*4.5, *D*1.8	*L*18.14, *B*7.3, *H*2.7	*L*15, *H*4.2		*L*12.2, *B*7.04, *D*1.3
炉渣贫化区尺寸/m	分开电炉贫化 ϕ8.2, *H*4.1	*L*16.99, *B*7.3, *H*2.7	分开,2台电炉贫化		*L*17.48, *B*7.04, *D*1.3
变压器功率/kW	8000	6000+4500	2台,9000		2台,4000
制氧机能力/$m^3 \cdot h^{-1}$		2台,2700	6550 (98%O_2)		2台,6500 (90%~92%O_2)
反应塔风量/$m^3 \cdot h^{-1}$		72900		55000	27520
氧浓度/%	35	23.8	24	42~48	42,32(>25)
风温/℃	200	459	290		200
燃料率/%:					
反应塔		0.71(重油) +3.34(煤)			1.32(油或煤)
沉淀池	1.62(重油)	0.04(重油)			1.87(油)
精矿干燥方法	回转窑	喷雾	喷雾		载流
湿精矿含水/%	8	12	30	30	
干精矿含水/%	0.3	0.2	0.2	0.3	
1t水的油耗/kg	137	70	70	90	
1t矿的电耗/$kW \cdot h^{-1}$	10	20	20	14	
1t矿的总能耗/GJ	664	1325	1325		551

国内某镍厂闪速炉设备清单及试生产技术经济指标和卡里古利厂闪速热平衡分别见表 2-3-9 至表 2-3-11。

表 2-3-9 主要设备清单

名称	数量	型号规格	主要尺寸/m	名称	数量	型号规格	主要尺寸/m
精矿干燥窑	1	短窑式	41.85×11.0	碎矿机	1	鼠笼式	ϕ1.73×0.63
排烟机	1	$16.7m^3\cdot h^{-1}$ 0.981kPa		电收尘	1	低温	$40m^2$
球磨机	1	烘干式	ϕ2.9×4.7	磨煤机	1	筒式钢球	ϕ2.5×3.9
闪速炉	1	沉淀贫化结合	塔 ϕ6×6.4	制氧机	2	$6500m^3/h$	含 $O_2$90%~92%
送风机	1	离心式	$38688m^3\cdot h^{-1}$	送风机	1	离心式	$21000m^3\cdot h^{-1}$
预热空气器	1	翅片管式用 4.41MPa 2580℃饱和蒸汽	$900m^2$, 32.6~$40km^3\cdot h^{-1}$	余热锅炉	1	芬兰阿斯特姆型 $P_{操}$=4.6MPa $Q_{汽}=56t\cdot h^{-1}$	强制循环量 $960m^3\cdot h^{-1}$ $S=5240m^2$ 1450℃→380℃
转炉	2	侧吹	ϕ3.6×7.7	鼓风机	2	$400m^3\cdot min^{-1}$	221.3kPa
转炉渣贫化电炉	1	电极 3×ϕ0.82	ϕ6.5×2.85	变压器	1	4kVA, 15 级	58.9~200V

表 2-3-10 闪速炉工艺参数及指标(试生产)

指 标	参 数	指 标	参 数
作业率/%	83.3	闪速炉脱硫率/%	80.72
精矿处理量/t/d	800900	镍火法回收率/%	92
产冰镍产率/t/d	100	电收尘后气含尘/$g\cdot m^{-3}$	1.96
出炉烟气 SO_2/%	8~11.44	贫化炉处理量/$t\cdot d^{-1}$	135
吨矿的石英熔剂率/kg	212	转炉处理量/$t\cdot d^{-1}$	180
镍锍产率/%	20~22	转炉烟气电收尘后尘/$g\cdot m^{-3}$	180
闪速炉渣产率/%	80.0~85.0	闪速炉镍锍含 Ni/%	22.23~29.72
闪速炉尘率/%	16.3	Cu/%	11~13.01
		Fe/%	37.24~29.88
吨矿的反应塔燃料量/kg	47.5(重油)	Co/%	0.48~0.56
		S/%	
吨矿的沉淀池重油量/kg		闪速炉渣含 Ni/%	0.24~0.71
贫化区吨矿电耗/kW·h	187~210	Cu/%	0.18~0.31
		Co/%	0.08~0.12
出炉烟气温/℃	1175	Fe/%	39.36~42.66
		S/%	0.75~0.54
低镍锍放出温度/℃	1150~1200	SiO_2/%	35.29~33.40
		MgO/%	8.88~7.83
炉渣放出温度/℃	1340~1360	CaO/%	1.44~1.26
吨矿的工业氧消耗/m^3	225	贫化电炉渣:Ni/%	0.31~0.35
		Co/%	0.16~0.21

表 2-3-11　卡尔古利闪速炉热平衡

部分	热收入			热支出		
	项　目	$MJ\cdot h^{-1}$	%	项　目	$MJ\cdot h^{-1}$	%
反应塔	炉料显热（$67.5t\cdot h^{-1}$40℃）	2148	0.76	锍显热（$13.7t\cdot h^{-1}$,1590℃）	20970	7.38
	鼓风显热（$70624m^3\cdot h^{-1}$,459℃）	41700	14.65	渣显热（$38.1t\cdot h^{-1}$,1590℃）	64150	22.54
	反应热	240710	84.59	尘显热（$6.5t\cdot h^{-1}$,1590℃）	13640	4.79
				烟气显热（$68725m^3\cdot h^{-1}$,1590℃）	175300	61.60
				热损失＋冷却水	9930+568	3.69
	合　计	284558	100.00	合计	284558	100.00
沉淀池	前产物带入热	268740		锍显热（$13.4t\cdot h^{-1}$,1165℃）	16557	
	反应热	8		渣显热（$42.5t\cdot h^{-1}$,1295℃）	68527	
	电外供热	11396		烟尘显热（$6.5t\cdot g^{-1}$,1458℃）	12110	
				烟气显热（$68737t\cdot h^{-1}$,1458℃）	159340	
				热损失	23610	
	合　计	280144	100.00	合计	280144	100.00

国际镍公司在 1976 年 3 月利用原有的纯氧闪速炼铜炉短期进行过纯氧闪速炼镍生产[11]。供氧浓度大于 96%，供氧率按干精矿计为 21%，烟气中含 $SO_2$75%～80%，烟尘率约 3%，总能耗较低,1t 干料约 128MJ，镍在锍渣间分配比较低，约 69%。但一直未被工业应用。

近来奥托昆普型闪速炉有了很大改进，如新型精矿喷嘴，将氧喷射沉降池，将氮注射到废热锅炉辐射器，废气在废热锅炉出口处返回入口，在上升烟道、烟喉口处安装氧-燃料喷嘴以加速熔化，水量冷却上升烟道，改进及重新设计上升烟道及收尘设施以及在烟喉口处喷入焦粒以加速熔化及其渣沉，此外，D. M. 琼斯(Jones)等还对闪速炉烟尘的产生进行了工业统计分析，提出尽量降低烧渣表面至炉顶的距离和优化喷嘴结构及燃烧参数，使烟尘率可控制在 4%～6%以下。

第五节　低镍锍的吹炼

低镍锍基本上由 Fe-Ni-Cu-S 四元系或 Fe-Ni-S 三元系组成，由于镍及 NiO 的熔点高，但较铜易氧化，故一般不能吹炼得粗金属镍，吹炼只是为了脱铁，只有一个周期。在吹炼中，Fe、Ni、Co 等的变化可分别见图 2-3-16 至图 2-3-18。

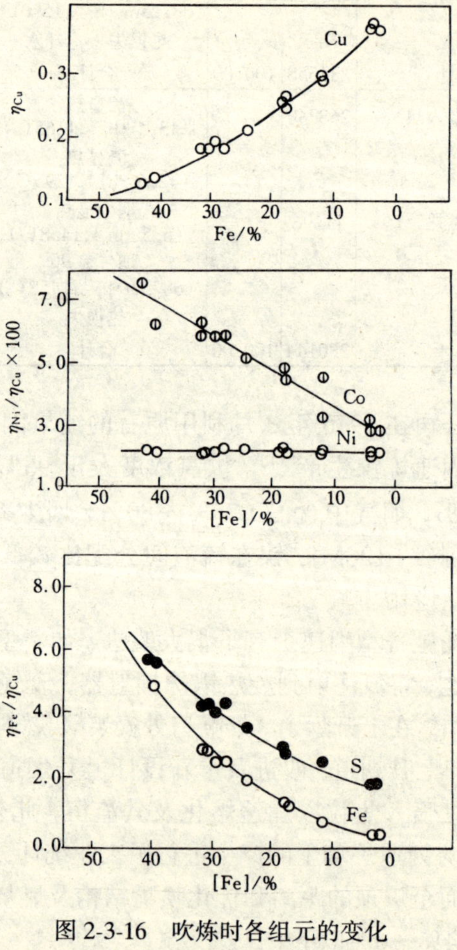

图 2-3-16　吹炼时各组元的变化
（$n_i = i$ mol·kg^{-1}）

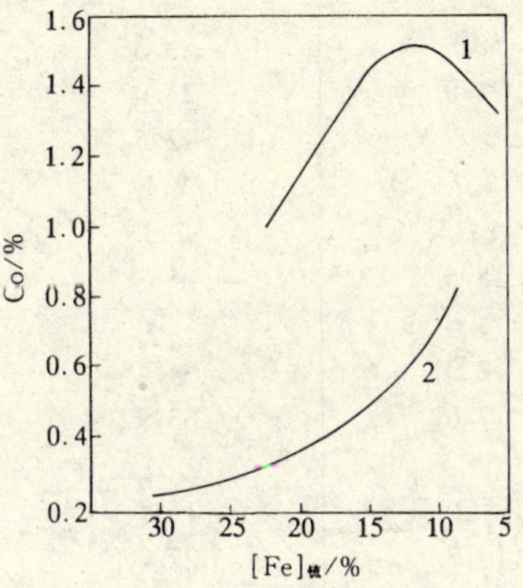

图 2-3-17　锍中含 Fe
(1)与转渣中含钴(2)的变化关系

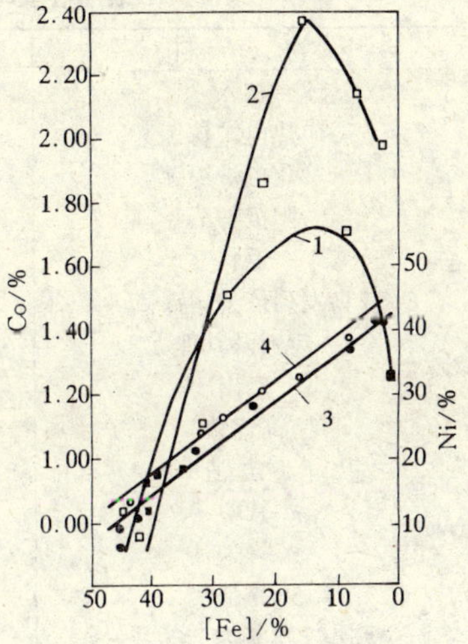

图 2-3-18　镍锍中含铁与含镍
(3,4)及钴(1,2)关系
1,3—第一炉次;2,4—第二炉次

为回收转渣中之钴，俄罗斯和我国采用电炉贫化中、末期高钴转渣，得富钴渣后，经控制吹炼后，得富钴-铜锍，有关组成见表 2-3-12。

表 2-3-12　控制吹炼物料组成(%)

物　名	Ni	Cu	Fe	Co	S	CaO	MgO	SiO_2
高钴转渣	1.15		49.25	0.33	2.51			26.98
钴-铜锍	15.15	7.48	49.25	1.03	25.59			
富钴渣	1.49	0.79	49.71	0.62	1.69	0.73	1.64	26.48
富钴-铜锍	37.49	18.19	14.87	2.01	25.41			

北镍及乌发利尔镍公司有关组成变化及分配见表 2-3-13 及表 2-3-14。

表 2-3-13　镍和钴的分析

物　　料	镍/%	钴/%
加入		
矿热电炉镍锍	50.9	25.3
贫化电炉镍锍	21.0	27.0
阳极炉渣	6.8	12.5
返料	3.7	2.1
乌发列依公司镍锍	2.1	7.3
废料及其他	15.5	25.3
产出		
高镍锍	72.3	34.4
吹炉渣	17.6	63.9
其中		
1～4 遍渣	4.2	15.4
5～7 遍渣	10.7	22.7
8 遍渣	2.7	24.9
吹炉内残留误差	10.1	1.7

表 2-3-14　第二炉次吹炼时吹炼产物成分、数量及操作温度

产物	镍锍,富镍锍含量/%								η/%	时间/min	包数
	Ni	Cu	Co	Fe	S	Σ	Fe°	Fe_3O_4			
镍锍	7.12	6.01	0.37	61.0	27.8	102.3	5.8	5.9	9.5		
镍锍	8.41	6.11	1.00	60.3	23.1	98.9	5.9	8.4	9.8		
1 次渣	10.3	9.5	0.79	44.7	24.1	89.4	5.3	14.3	11.9	52	3
2 次渣	13.4	9.6	0.76	42.7	21.3	87.8	4.9	10.0	11.5	67	3
3 次渣	16.4	10.3	0.81	41.3	20.7	89.5	5.0	11.5	12.1	49	2
4 次渣	23.9	15.2	1.11	32.0	26.5	98.7	5.6	8.3	17.5	99	4
5 次渣	26.2	17.1	1.52	28.0	24.7	97.5	6.8	6.1	24.3	59	2
6 次渣	30.0	19.6	1.87	22.4	25.7	99.0	8.7	5.6	38.8	64	3
7 次渣	32.5	23.6	2.37	16.5	25.0	99.9	6.0	3.8	36.4	29	1
8 次渣	38.0	26.8	2.13	7.9	23.6	98.4	3.2	1.5	40.5	45	3
高锍	40.2	30.3	1.97	3.6	23.6						

续表 2-3-14

产物	温度/℃	吹炉渣含量%					平衡常数 K			
		Ni	Co	SiO_2	Fe	Fe_3O_4	Ni/Fe	Ni/Fe	Co/Fe	Co/Fe
镍锍										
镍锍										
1次渣	1220	0.38	0.19	26.4	46.5	6.7	0.032	0.004	0.21	0.02
2次渣	1160	0.92	0.20	24.4	40.1	6.3	0.057	0.007	0.22	0.03
3次渣	1180	0.47	0.23	23.4	50.5	11.5	0.027	0.003	0.23	0.03
4次渣	1180	0.41	0.25	24.3	49.8	11.0	0.011	0.002	0.14	0.02
5次渣	1160	3.18	0.48	16.4	51.0	22.3	0.067	0.016	0.17	0.04
6次渣	1200	2.21	0.53	22.1	46.2	12.5	0.032	0.012	0.12	0.05
7次渣	1290	2.06	0.83	23.5	45.2	15.8	0.023	0.008	0.11	0.04
8次渣	1250	1.51	1.29	28.6	44.1	15.2	0.007	0.003	0.09	0.04
高锍										

常用的卧式侧吹转炉结构见图 2-3-19 及图 2-3-20。

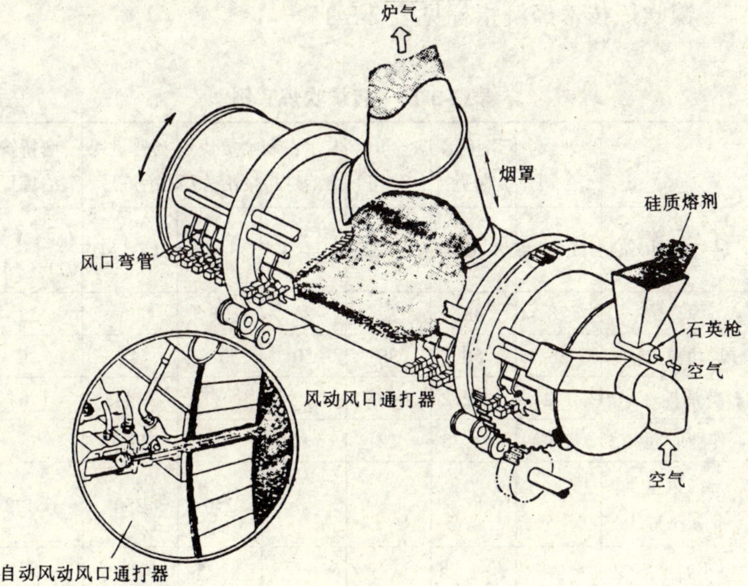

图 2-3-19 卧式侧吹转炉剖视图

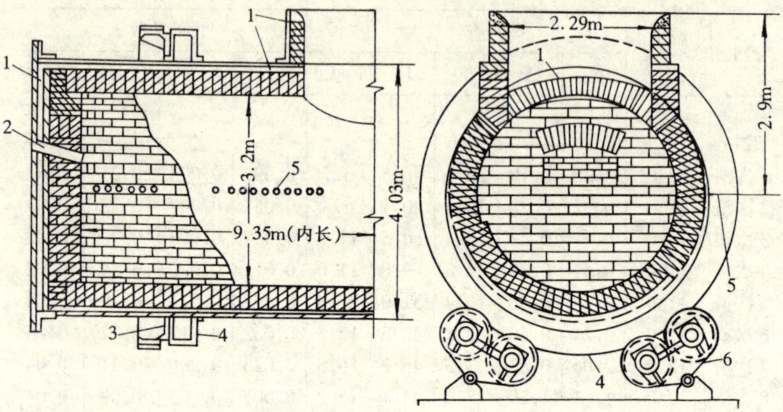

图 2-3-20　汤普逊厂转炉炉体砌砖图

1—热膨胀缝；2—重油喷嘴管；3—齿转；4—支承轮；5—风口；6—托轮

镍吹炼技术经济指标见表 2-3-15。

表 2-3-15　转炉吹炼实例

项　目	北镍公司	诺里尔斯克	金川公司	卡尔古利镍冶炼厂	哈贾伐尔塔冶炼厂	汤普逊镍冶炼厂	鹰桥镍冶炼厂
转炉尺寸/m	6.1×3.6	8.5×4	6.1×3.6	6.1×3.7	5.8×3.2	10.7×ϕ4.1	7.3×ϕ4.0 9.1×ϕ4.0
风口数	28	48	32	24	28	36	52
风口直径/mm	38	50	38	50	50.8	41	
石英消耗/$t \cdot t^{-1}$	1.2	2～2.2	0.85			1.443	1.04
作业时间/h	34	25～28	12	8	16	25.7	
鼓风量/$m^3 \cdot min^{-1}$					250	250	651.3
每小时产高镍锍/t	1.2～1.5	1.3～1.5	3.5			6.35	2.2

续表 2-3-15

项 目	北镍公司	诺里尔斯克	金川公司	卡尔古利镍冶炼厂	哈贾伐尔塔冶炼厂	汤普逊镍冶炼厂	鹰桥镍冶炼厂
低镍锍成分/%	Cu9, Ni13	Cu9, Ni13, S26	Cu13, Ni16, S24	Cu3.84, Ni48.4, S25.4	Cu19.6, Ni29.2, S25.4	Ni 15～17, Cu1, Fe48～50, S25	Ni8.5, Cu5.0, Fe53.7, S24.7, $Fe_3O_4$17.6
高镍锍成分/%	Ni42, Co0.6, Cu33, Fe2～4, S22	Ni49, Co0.5, Cu26～28, Fe2～3, S18	Ni46, Co0.6, Cu23, Fe2, S22	Ni72, Co0.77, Cu5.52, Fe1.1, S19	Ni54, Co0.8, Cu35.9, S6.3	Ni75～79, Cu3, Fe0.5～1, Co0.6, S19	Ni48.6, Cu27.96, Fe0.92, S24.5
转炉渣成分/%	Ni1.5, Cu1.3, Co0.26～0.5, Fe_3O_4+FeO66, $SiO_2$26	Ni1.05, Cu0.85, Co0.17, Fe_3O_4+FeO66, $SiO_2$20	Ni0.9, Cu0.8, Fe_3O_4+FeO64, $SiO_2$28	Ni3.4, Cu0.33, Co0.88, Fe54.4, $SiO_2$19	Ni4.64, Cu2.4, Co2.3, Fe42, SiO28.3	Ni+Cu 2～3, $SiO_2$23～24, FeO50 ·	Ni1.0, Cu0.7, $SiO_2$24.4, Fe48.9, Fe48.9, S2.1, $Fe_3O_4$16.7

第六节 高镍(铜)锍的顶吹

高镍(铜)锍吹炼成金属镍最大的困难是不可避免地要生成熔点高达 1900℃的 NiO，而且随着熔体中硫的活度下降，生成 NiO 的速度大于 NiO 被硫还原的速度，积累的 NiO 就愈多，故一般只能在氧气顶吹旋转炉中方能实现高镍(铜)锍的吹炼。铜崖镍精炼厂顶吹转炉见图 2-3-21。

由高镍锍吹成粗镍难于高镍铜锍吹成镍铜合金，过程各参数相互影响见图 2-3-22 至图 2-3-25。

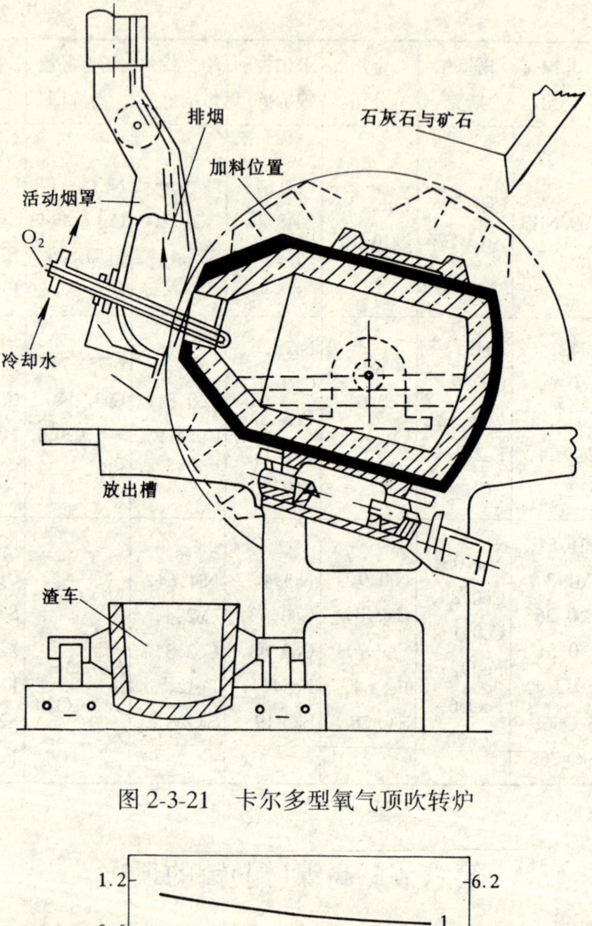

图 2-3-21　卡尔多型氧气顶吹转炉

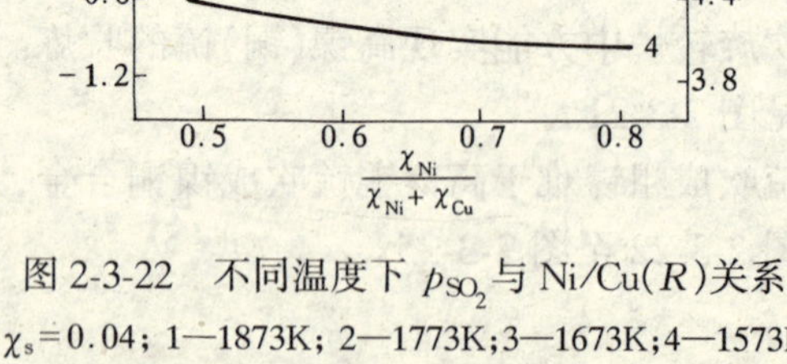

图 2-3-22　不同温度下 p_{SO_2} 与 Ni/Cu(R)关系

（χ_s＝0.04；1—1873K；2—1773K；3—1673K；4—1573K）

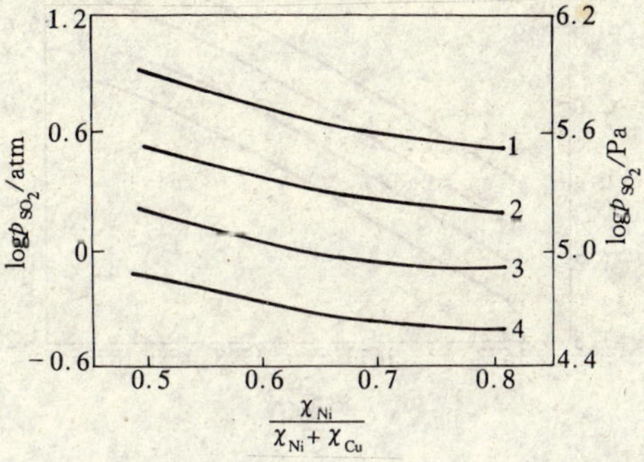

图 2-3-23 不同 χ_s 下 p_{SO_2}与 Ni/Cu(R)关系

（$T=1773$K；1—$\chi_s=0.08$；2— $\chi_s=0.04$；3—$\chi_2=0.02$；4—$\chi_s=0.01$）

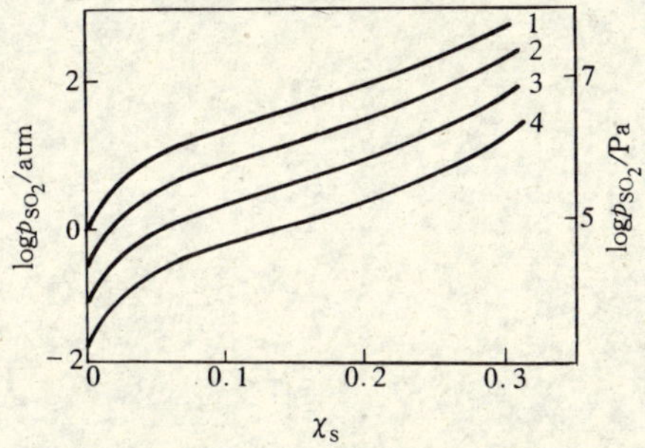

图 2-3-24 不同温度下 p_{SO_2}与硫含量(x_i)关系

（$R=2$；1—1873K；2—1773K；3—1673K；4—1573K）

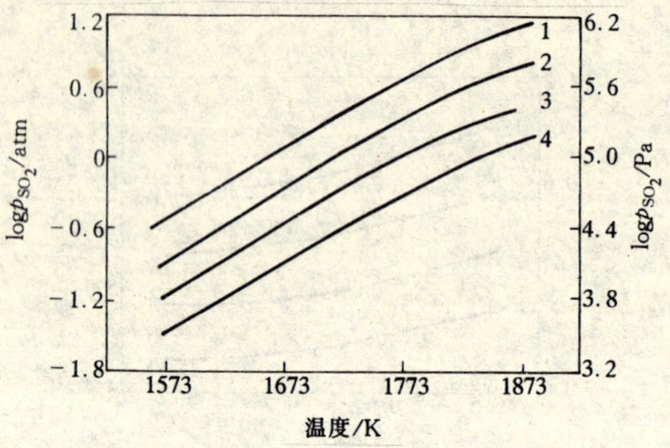

图 2-3-25　不同 χ_s 下 p_{SO_2} 与温度关系

（$R=2$；1—$\chi_s=0.08$；2—$\chi_2=0.04$；3—$\chi_2=0.02$；4—$\chi_s=0.01$）

第四章　镍(铜)锍的分离和提取精炼

高镍(铜)锍中的 Ni-Cu 分离，是进一步从吹炼获得的高镍铜锍中提镍的必经工序，最初分离过程是单独的，现代分离与提取则均发展成各种工艺流程。

第一节　分层熔炼法

分层熔炼法实质是利用 Cu_2S 与 Na_2S 在熔体时互溶而形成质轻的顶层，而 Ni_3S_2 与小量的 Na_2S 形成质重的底层，从而达到分离的目的。从 Cu_2S-Ni_3S_2-Na_2S 假三元系图（图 2-4-1）可明显看出 Cu_2S-Na_2S 系中，二者在 700℃ 以上完全互溶；而 Ni_3S_2-Na_2S 系中，在 740℃ 左右有广泛的分层区。

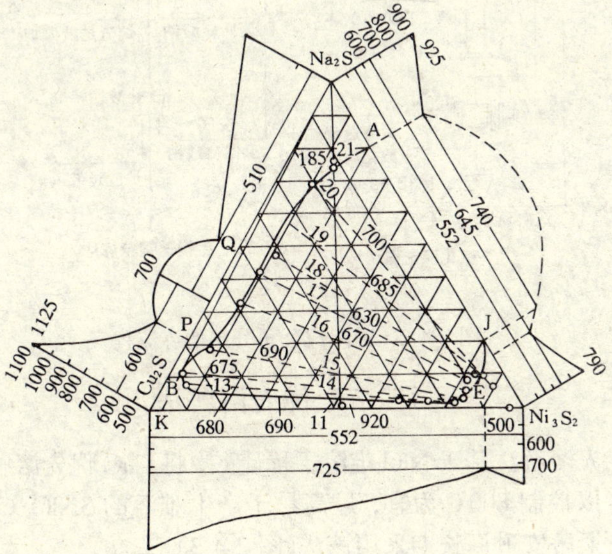

图 2-4-1　Cu_2S-Ni_3S_2-Na_2S 三元状态图

英国布林斯当(Brimsdown)厂原料来自南非，含 Ni48%，Cu25%，Pt608.7～850.8g/t，Pd 340～510g/t，其他铂族金属 142～170g/t。如果原料中镍低铜高，也可采用多级逆流分层熔炼，分层熔炼分离的效果主要决定于温度及高锍中足够的硫和较低的铁。

国际镍公司改进的流程见图 2-4-2。我国重庆冶炼厂于 1985 年前也采用二段逆流分层熔炼工艺。

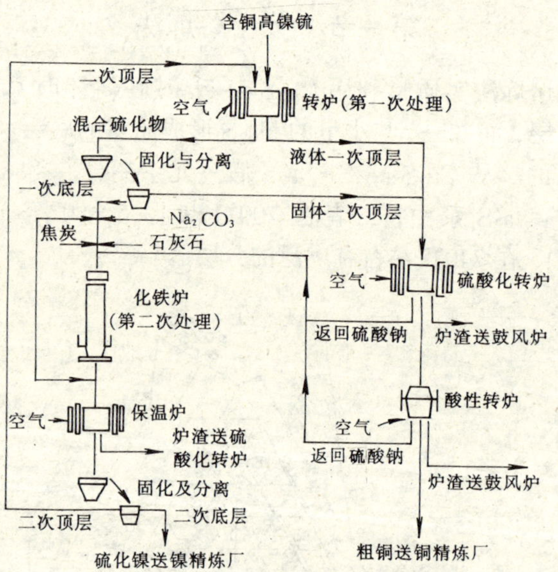

图 2-4-2　国际镍公司分层熔炼流程

第二节　优先溶解法

优先溶解法基于 NiO 难溶于稀硫酸，将 CuO 优先溶解。焙烧时温度以控制 800℃ 为宜，过高易于产生难溶的 3NiO·CuO。挪威克里斯蒂安逊厂长期采用该法(图 2-4-3)。

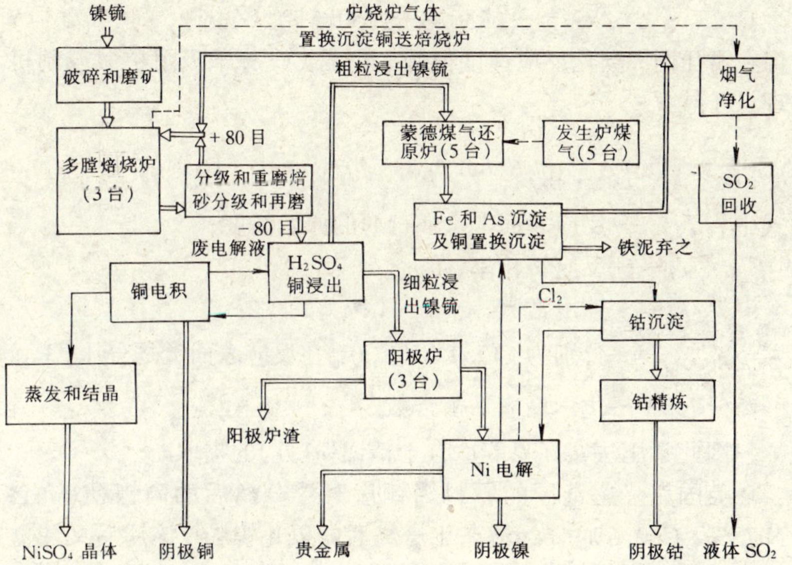

图 2-4-3　鹰桥镍公司克里斯蒂安逊厂的优先溶解法流程

该厂原料来自鹰桥冶炼厂，原料成分(%)：Ni48，Cu27，S22，Co0.8，Fe0.9，As0.13，Pb0.06，Se0.04。自70年代末起，先后开发出盐酸浸出法及氯气浸出法，到完全取代了老的工艺。

第三节　羰　化　法

羰化法是基于以CO作为配位体给出孤电子对与金属原子共用，如Ni的$4s^2$上2个电子激发进入到$3d$轨道，4个CO分子中的C原子各给出其一孤电子对进行到$4s$及$4p$层，形成sp^3键的$Ni(CO)_4$羰化物。1889年首先由L.蒙德等发现在常压下，新生的镍与CO间之反应为：

$$\mathrm{Ni_{(固)}} + 4\mathrm{CO_{(气)}} \xrightleftharpoons[150\sim316℃]{38\sim935℃} \mathrm{Ni(CO)_{4(气)}}$$

$$\Delta G^{\circ} = -673028 + 1750.5T(\mathrm{J/mol})$$

但在常压时，羰化反应速度很慢。根据CO分子吸附扩散控制机理，可得：

$$\ln\frac{a^{\circ}_{s}}{a^{\circ}_{s}\cdot m} = k_0(p_{CO} - p_{M(CO)_n})^{1/2}(K_P)^{-1/2}$$

式中　a°_{s}——反应表面上金属(M)的原始活度；

m——反应转化率，%；

k_0——速度常数，$g/cm^2\cdot h$；

p_{CO}，$p_{M(CO)_n}$——分别为CO及$M(CO)_n$在反应表面上之分压，Pa；

K_P——化学反应平衡常数。

因此常压法实际只能适合于精镍粉(丸)的提取。

英国克莱达奇厂的原料为铜崖磨浮分离后的高镍精矿(含Ni73%，Cu0.6%)，经流态化焙烧后的氧化镍粒。该厂后又建立一个加(中)压羰基法厂(图2-4-4)。近又改建常压法，即用串联的3台回转窑取代原有的还原塔，硫化塔可使原料适当硫化，以利于镍活化挥发。

1973年加拿大铜崖镍精炼厂采用高压羰基法直接全面综合处理高镍铜锍，年设计能力为镍丸45300t，Ni粉9072t，Ni-Fe粉2265t，总投资为1.4亿美元，其流程见图2-4-5。

其中包括三个主要部分：1) 将高镍铜锍用L.D转炉直接吹并水碎，得粗镍粒成分(%)为Ni65～70，Cu15，Fe1，S 4～5；2)加压羰化挥发分解为镍粒及镍粉及Fe-Ni粉；3)用加压浸出法处理残渣，再从浸出液中回收电铜及碳酸钴，从浸出渣中回收硫及贵金属，因而同时完成Ni/Cu分离、精炼及综合回收之目的。三种羰化比较见表2-4-1。有关热力学数据见表2-4-2及表2-4-3。

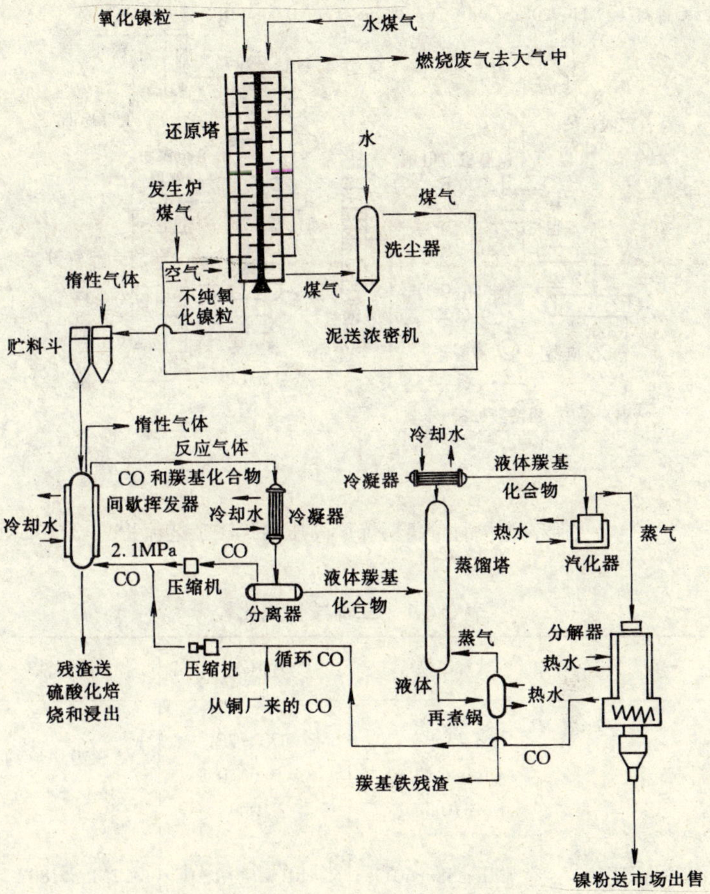

图2-4-4 克莱达奇羰基法工艺流程

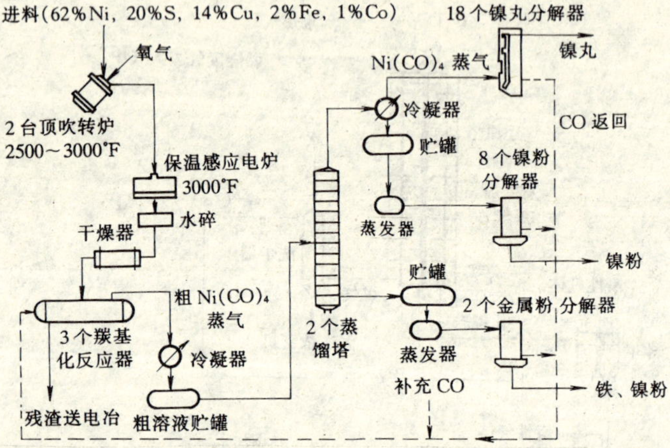

图 2-4-5 铜崖镍精炼厂高压羰化法工艺流程

表 2-4-1 三种羰化法比较

项 目	常压法	中压法	高压法
原料/%	Ni 73～75, Cu 0.6～0.9 S 10.05	Ni73～75, Cu 0.6～0.9 S 10.05	Ni 65～70, Cu 约 15, Fe1, S4～5
操作压力及温度	常压, 38～60℃	2.1MPa, 约 120℃	7MPa,180℃
工序数目	7	3	3
由原料到产品时间	6 周	3～4 日	42h
镍直收率/%	76	91～92	95
镍产品形态	镍丸	镍丸	镍丸,粉(<10μm)

表 2-4-2 有关羰化过程热力学数据

羰化物	熔点/℃	沸点/℃	$-\Delta H^\circ_{298}$/kJ·mol^{-1}	S°_{298}/J·℃$^{-1}$·mol^{-1}	备 注
$Ni(CO)_4$	−25	43	158.7±0.8	415.7±0.8	常压下 $Co_2(CO)_8$ 在 51℃分解，$Co_4(CO)_{12}$ 在 60℃分解
$Fe(CO)_5$	−20	103	724.3±8.4	445.5±33.5	
反应			ΔG°/J·mol^{-1}		
$Ni_{(s)}+4CO_{(g)}=Ni(CO)_{4(g)}$			$-133860+368.1T$		
$Fe_{(s)}+4CO_{(g)}=Fe(CO)_{5(l)}$			$-1157650.2+3370T$		$T<376K$，
$Fe_{(s)}+5CO_{(g)}=Fe(CO)_{5(g)}$			$-942448.7+2798T$		$T>376K$
$Ni(CO)_{4(l)}=Ni(CO)_{4(g)}$			$\lg p=-204T^{-1}+1.03$(kPa)		

表 2-4-3 $Ni_{(s)}+4CO=Ni(CO)_4$ 实测平衡数据(ΔG°/kJ·mol^{-1})

温度/℃	压力/MPa	1号		2号		温度/℃	压力/MPa	1号		2号	
		$\lg k$	$-\Delta G^\circ$	$\lg k$	$-\Delta G^\circ$			$\lg k$	$-\Delta G^\circ$	$\lg k$	$-\Delta G^\circ$
25	0.1			9.98	56934	150	25	2.63	21769		
50	0.1			8.10	50487	200	0.1	−1.14	−10340		
100	0.1			2.73	19508	200	5.0	−0.86	−7745		
150	0.1	0.74	5860	−1.29	−10675	200	10	−0.57	−5191		
150	5.0	1.12	9042			200	15	−0.29	−2.59		
150	10.0	1.52	12308			200	20	−0.005	0	−0.05①	−0.46①
150	15.0	1.91	15489			200	25	0.27	2.17		
150	20.0	2.31	18713								

①工厂生产数据。

第四节 磨 浮 法

磨浮法是基于高镍铜锍在缓冷却时，Cu_2S、Ni_3S_2 等因相互溶解度降低，相应离析出而长成粗的晶粒，从而达到选矿分离之目的，其理论基础见图 2-4-6 及表 2-4-4。国际镍公司铜崖厂的选矿分离流程见图 2-4-7。

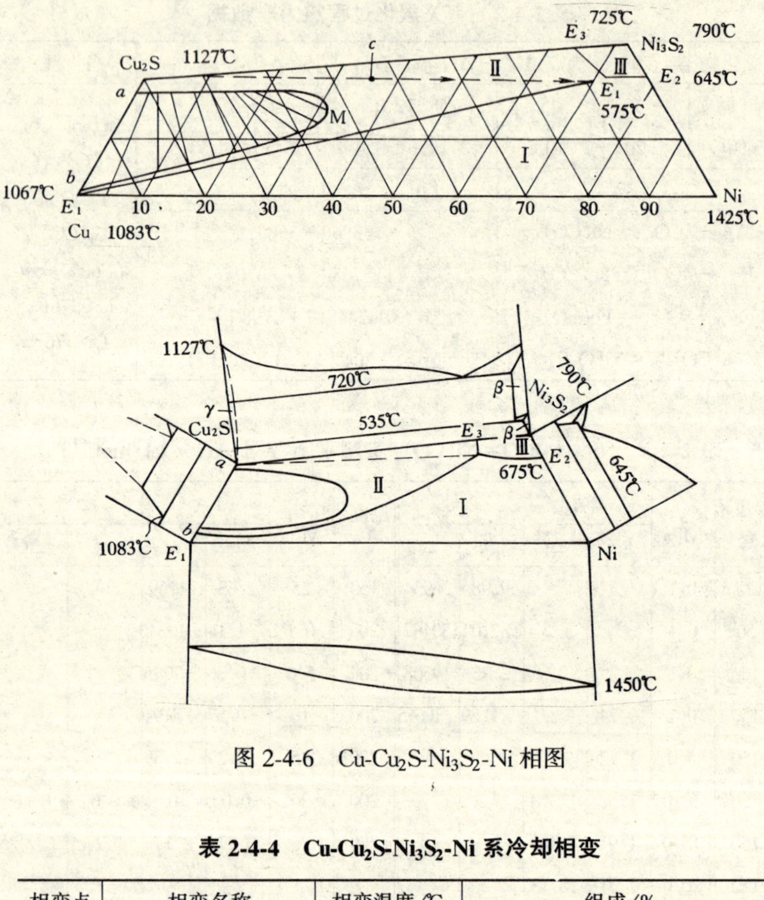

图 2-4-6　Cu-Cu_2S-Ni_3S_2-Ni 相图

表 2-4-4　Cu-Cu_2S-Ni_3S_2-Ni 系冷却相变

相变点	相变名称	相变温度/℃	组成/%
E_1	Cu-Cu_2S 共晶	1067	0.8 S
E_2	Ni-Ni_3S_2 共晶	637(645)	21.6 S
E_3	Cu_2S-βNi_3S_2 共晶	720	β 相中溶有 6～7 Cu_2S
E_T	Cu_2S-CuNi-Ni_3S_2 共晶	575	Ni72.6,Cu6.0,S21.4 或 $Ni_3S_2$75.1 Cu_2S7.1,Cu-Ni 17.9
再冷	$\beta\rightarrow\beta'$ Ni_3S_2	575～520	Ni71.0,Cu2.5,S26.5
再冷	$\beta'\rightarrow\beta''$ Ni_3S_2	520～371	Ni72.9,Cu0.5,S26.6

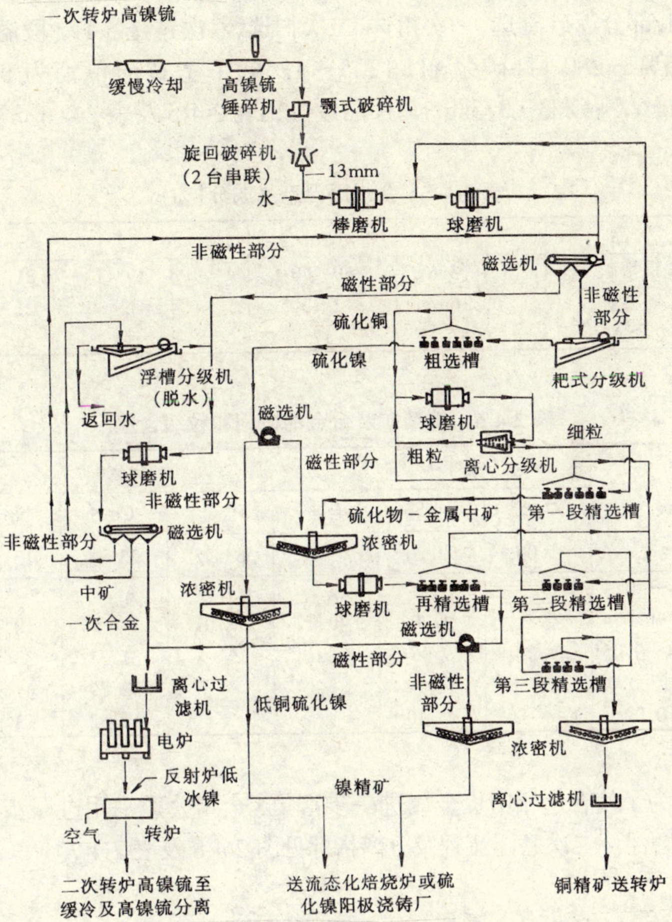

图 2-4-7　铜崖冶炼厂磨浮分离流程

该法对含 Cu>5.6%的高镍锍特别有效，关键是缓冷，要求在 Cu_2S 首先析出到 575℃间，冷却速度低于 0.06℃/min；其次要求原料中 Fe 低 S 高，尽可能形成少量的合金相，以使贵金属得到最大富集，并便于硫化物晶体长大分离。

金川公司二冶磨浮生产流程亦为四段开路碎矿，二段一闭路磨细,部分返砂磁选,一次粗选,二次扫选,六次精选。1,2 段溢流分级95% －280 目,矿浆 pH 12.5～12.6,丁基黄药单消为 0.8～0.9kg/t,NaOH3～3.5kg/t。产品成分见表 2-4-5 及表 2-4-6。

表 2-4-5　金川磨浮产品成分(%)

产品	Ni	Cu	Fe	S
铜精矿	3.4～3.6	69～70	3	21
镍精矿	63～64	3.2～3.5	4	21
合金	68	17	8	5

表 2-4-6　镍精矿及合金的矿相和粒级含量

粒级/mm	镍精矿/%			合金/%		
	Cu_2S	Ni_3S_2	合金	合金	Cu_2S	Ni_3S_2
	1.08	94.25	4.53	63.25	23.24	13.51
>0.1				27.99		
0.1～0.074	少量	4.70	少量	72.01	4.75	10.48
0.074～0.051	未测出	9.06	未测出		31.31	33.70
0.051～0.02		41.14			52.39	41.98
<0.02		45.10			11.52	13.84

为了使合金相中贵金属进一步富集，金川公司采用进一步硫化冷却磨浮。二次磨浮流程及分离指标见图 2-4-8 及表 2-4-7。

表 2-4-7　工业生产分离指标

矿　样	原矿/%				合金/%				铜精/%		镍精/%	
	Ni	Cu	Fe	S	Ni	Cu	Fe	S	Ni	Cu	Ni	Cu
1号	46.05	23.38	3.37	23.45	56.98	21.78	8.31	10.75	4.15	67.83	62.01	4.83
2号	49.15	21.65	2.88	24.24	63.64	17.61	8.81	6.84	2.46	69.52	64.8	3.90

矿　样	$r_{合金}$	r_{Cu}	r_{Ni}	$\varepsilon_{Cu直}$	$\varepsilon_{Ni直}$	E_{Cu}	E_{Ni}	E
1号	10.15	26.71	63.14	77.49	85.02	60.98	49.78	55.38
2号	10.22	24.91	64.87	80.0	85.53	65.79	55.40	60.50

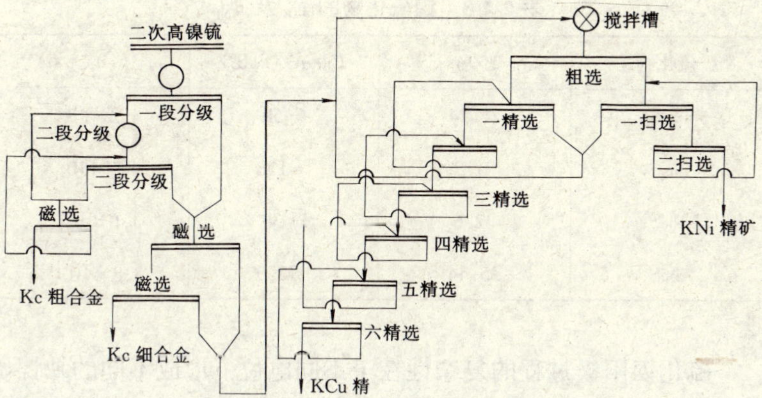

图 2-4-8　二次高锍生产工艺流程

第五节　硫化镍阳极电解

由磨浮法分离出所得高镍精矿须进一步处理，目的是为了得到纯镍（电镍）及其他商品镍（如氧化镍、镍粉等）。主要方法为硫化镍阳极电解提取和粗镍电解精炼。后者特点在于主金属在阴阳极上的电化学反应和基本为零。硫化镍电解时，阳极上主反应为：

$$Ni_3S_2 \longrightarrow 3Ni^{2+} + 2S^0 + 6e \qquad (2\text{-}4\text{-}1)$$

由于阳极液中 pH 下降，推想可能有：

$$Ni_3S_2 + 8H_2O \longrightarrow 3Ni^{2+} + 2SO^{2-} + 16H^+ + 18e \qquad (2\text{-}4\text{-}2)$$

而阴极上反应为：

$$Ni^{2+} + 2e \longrightarrow Ni \qquad (2\text{-}4\text{-}3)$$

一、阳极过程[34～38]

汤普逊镍精炼厂新装槽的阳极电位达 1.2V，超电压为 1.1V。随着阳极泥的增厚，阳极电位增到 1.8～2.0V，槽电压达 3.5～3.8V，室温下稳定的镍硫化物的计算标准电位（E_0）及表面层镍的活度（a_{Ni}）见表 2-4-8。

表 2-4-8　镍硫化物的 E_0 及 a_{Ni}

硫化物	S/%	E_0/mV(SHE)	a_{Ni}
Ni_3S_2	27.14	−50	4.2×10^{-4}
Ni_6S_5	31.2	−118	4.1×10^{-2}
Ni_9S_3	32.6	+30	1.8×10^{-6}
NiS	35.44	+230	3.8×10^{-12}

硫化镍阳极过程的复杂性在于不同电位下形成不同的缺镍硫化物，其中包括生成 NiS 等稳定硫化物，并依次生成 S^0(膜)及硫氧阴离子，其中包括 SO_4^{2-}。在稳态极化条件下，金属相、Ni_3S_2 及其反应产物(NiS 等缺镍硫化物)的平行反应得到较好发展，溶液酸度及介质组成、温度及气氛等参数对上述反应及化学溶解反应有不同的影响，工业上实际是一种多段而平行溶解的机理。图 2-4-9 至图 2-4-13 表明在 0.5～0.8V 区间内，为固相内扩散传质和电荷传递的混合控制。

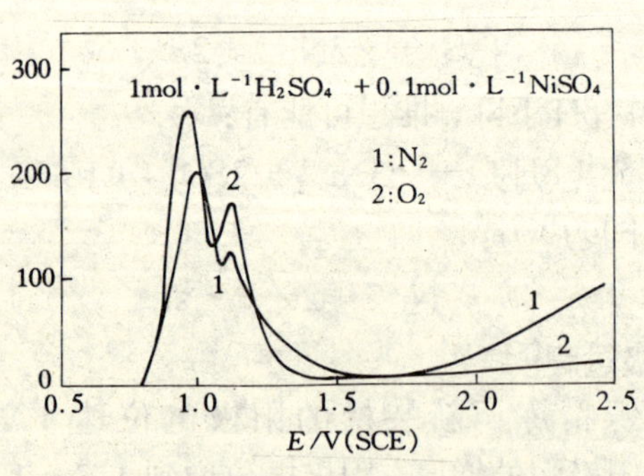

图 2-4-9　Ni_3S_2 阳极极化曲线(40℃)

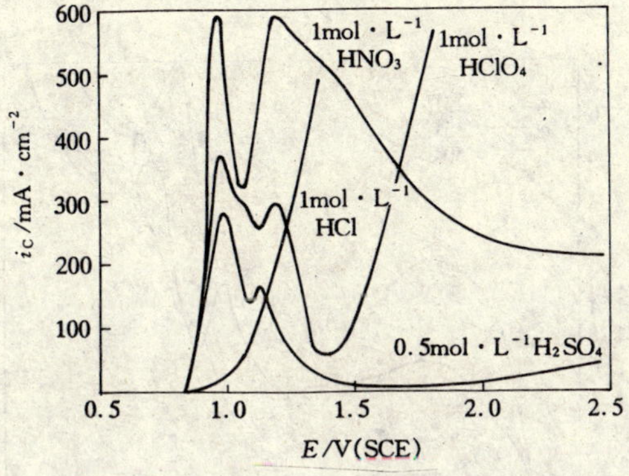

图 2-4-10 酸类对 Ni_3S_2 阳极极化的影响

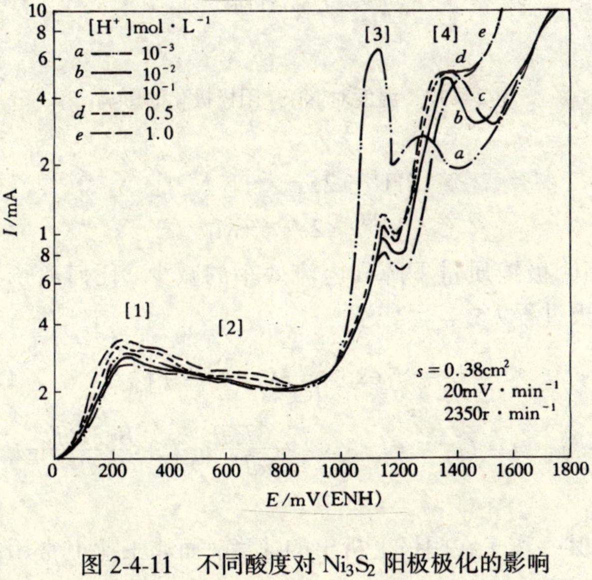

图 2-4-11 不同酸度对 Ni_3S_2 阳极极化的影响

二、阴极过程

阴极过程除主要电化学反应(4-5-4)外，还总有些 H_2 和杂质金属(M_i)析出：

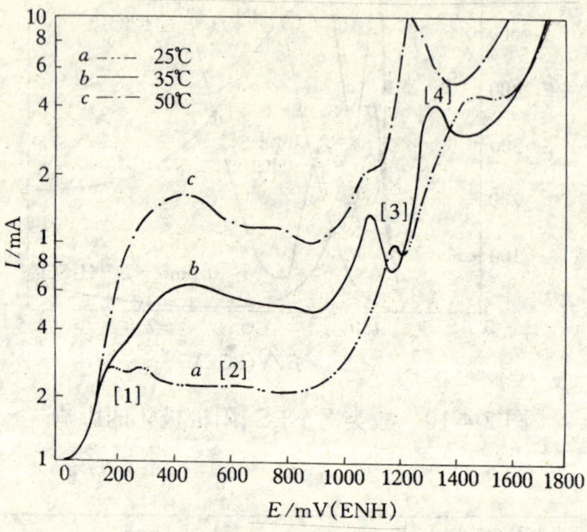

图 2-4-12　温度对 Ni_3S_2 阳极极化的影响

$$2H^+ + 2e \longrightarrow H_2 \uparrow \tag{2-4-4}$$

$$M_i^{2+} + 2e \longrightarrow M_i \tag{2-4-5}$$

导致产品阴极镍质量下降和电流效率的减少。任何离子在阴极(C)的电极过程为:

$$i_c = i_0 \exp\left[\frac{\alpha_n F}{RT}(\varepsilon_r - \varepsilon_-)\right] \tag{2-4-6}$$

或　$$\eta_{阴} = -(\varepsilon_r - \varepsilon_-) = -\frac{2.3RT}{n\alpha F}\lg i_0 + \frac{8.3RT}{n\alpha F}\lg i_c \tag{2-4-7}$$

式中i_c是某一离子在阴极上析出的速度，而非工业上常用的阴极的总电流密度。

式(2-4-7)中交换电流 i_0 与金属本性、溶液组成强度等因素有关(表 2-4-9 及表 2-4-10)。

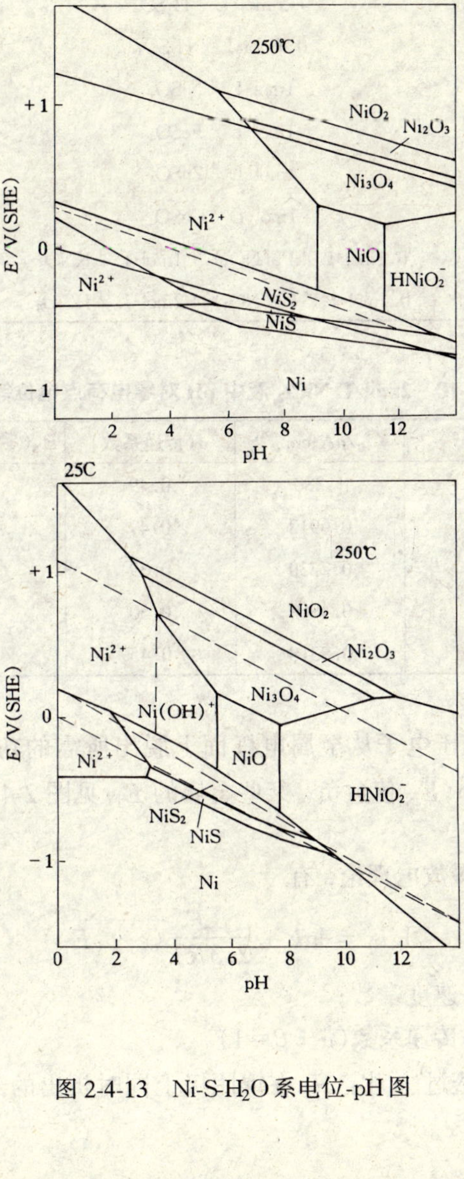

图 2-4-13　Ni-S-H₂O 系电位-pH 图

表 2-4-9　一些电极的交换电流

电　极	溶　液	i/A·cm^{-2}
H^+/H_2, $Hg_{(-)}$	0.5 mol·L^{-1} H_2SO_4	5×10^{-13}
H^+/H_2, $Pt_{(-)}$	0.1mol·L^{-1} H_2SO_4	1×10^{-3}
Ni^{2+}/Ni	1mol·L^{-1} $NiSO_4$	2×10^{-9}
Fe^{2+}/Fe	1mol·L^{-1} $FeSO_4$	1×10^{-8}
Zn^{2+}/Zn	1mol·L^{-1} $ZnSO_4$	2×10^{-5}
Cu^{2+}/Cu	1mol·L^{-1} $CuSO_4$	2×10^{-5}
Pb^{2+}/Pb, $Hg_{(-)}$	0.1mol·L^{-1} $Pb(NO_3)_2$ + 1mol·L^{-1} KNO_3	0.1
Hg^{2+}/Hg	0.1mol·L^{-1} $Hg(NO_3)_2$ + 2mol·L^{-1} $HClO_4$	0.5

表 2-4-10　2mol/L $NiCl_2$ 液中 pH 对零电荷点电位等的影响

pH	i_0/μA·cm^{-2}	α(传递系数)	E_N(零电荷点电位)/V
1.15	1.380	0.49	−0.236
2.32	0.0912	0.47	−0.304
3.17	0.2230	0.39	−0.335
3.75	0.4808	0.50	−0.344
5.23	0.8318	0.45	−0.362

E_N 决定于电子从金属电极面上脱出所需的功 $W_{脱出}$，室温下 $W_{脱出}$ 愈小，E_N 值愈负。某些金属的 E_N 见图 2-4-14。

根据缓慢放电理论，有

$$\lg i_0 = \lg k + \frac{\beta_n F}{2.3RT}(\varepsilon_r - E_N) \qquad (2\text{-}4\text{-}8)$$

式中　k——速度常数；

β_n——传递系数($\alpha+\beta=1$)。

用钯膜透过法测定 H_2 在镍阴极上同时析出的部分极化曲线见图 2-4-15[25]。

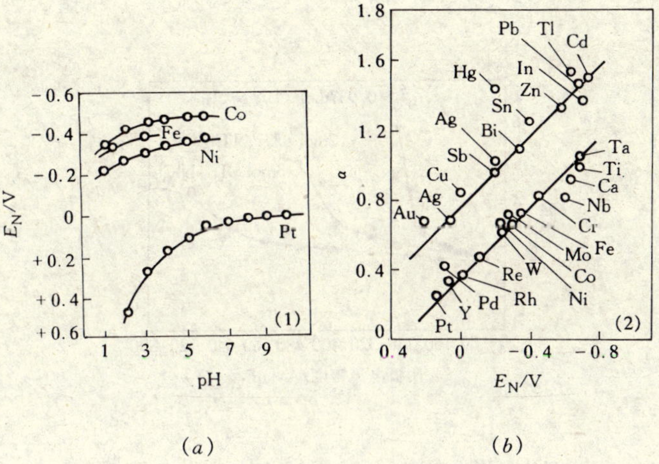

图 2-4-14 E_N 与溶液 pH(*a*)及塔菲尔常数 *α*(*b*)之关系

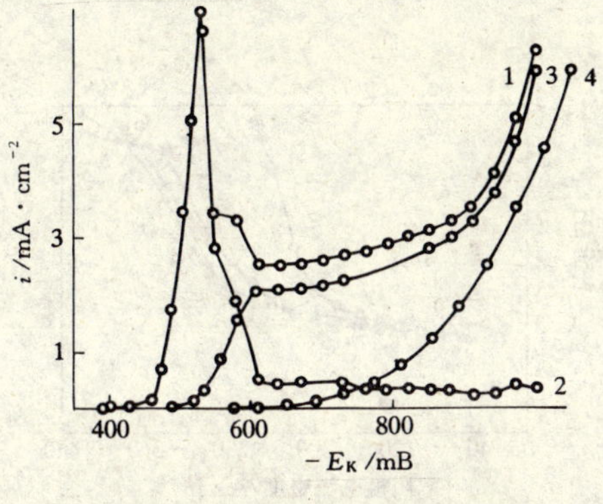

图 2-4-15 镍阴极全极化电流

氯盐电解质有利于镍优先于 H^+ 的电沉积，条件是当 $NiCl_2$ 浓度及酸度和电流密度高时。高的 Ni^{2+} 浓度不仅增加了 Ni^+ 的活度，而且增加了 H^+ 的活度系数，实测电极表面上之 pH 值及电流效率部分结果见图 2-4-16 至图 2-4-18 及表 2-4-11。图上每点大多为 150s。

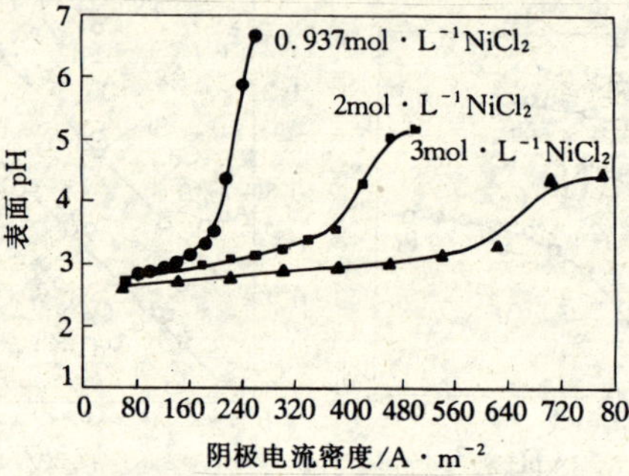

图 2-4-16　不同 $NiCl_2$ 浓度对表面 pH 值及电流密度的影响(原液 pH2.5,25℃)

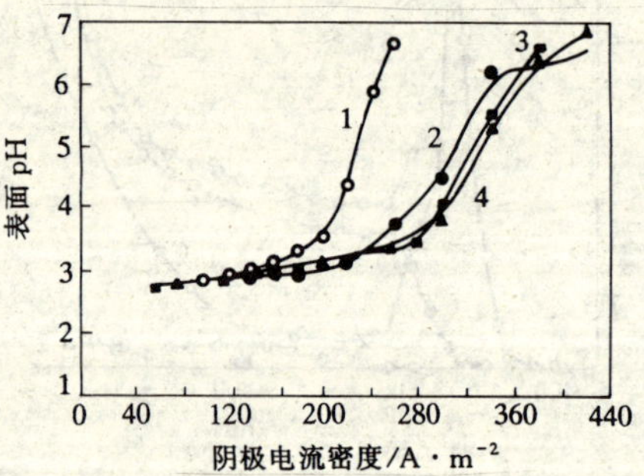

图 2-4-17　不同硫酸根浓度下阴极表面 pH 与电流密度的关系(原液 pH2.5,25℃)

(溶液成分/$mol\cdot L^{-1}$:1—0.937$NiCl_2$;2—0.937$NiCl_2$+0.365Na_2SO_4;3—0.572$NiCl_2$+0.365Na_2SO_4;4—0.572$NiCl_2$+0.365Na_2SO_4+0.365$NiSO_4$)

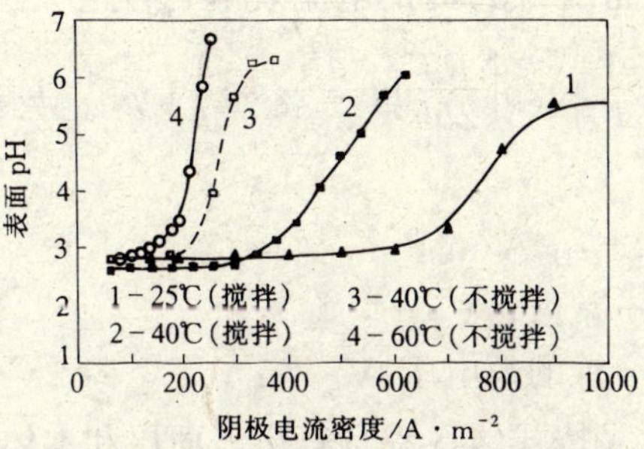

图 2-4-18　不同温度下阴极表面 pH 与电流密度之关系（原液 0.937mol·L^{-1} $NiCl_2$，pH2.5）

表 2-4-11　60℃时不同溶液中的电流效率(%)

电流密度/A·m^{-2}	pH=1.5				pH=2.5					备　注
	200	500	750	1000	200	500	750	1000	2000	
0.937mol·L^{-1} $NiCl_2$	97.0	96.4	96.3	96.0	99.0	98.8	97.7	97.3		
2.0mol·L^{-1} $NiCl_2$	99.2	99.5	99.4	99.4	98.6	99.0	98.7	98.9	98.8	1000A·m^{-2} pH=1.1
0.937mol·L^{-1} $NiCl_2$ + 0.485mol·L^{-1} H_3BO_3	96.9	97.1	96.8	96.8	99.6			99.3	99.5	
0.937mol·L^{-1} $NiCl_2$ +1.31mol·L^{-1} NH_4Cl	97.0	97.2	97.3	97.4	99.5	99.5	99.3	99.4	99.5	
0.937mol·L^{-1} $NiCl_2$ +0.365mol·L^{-1} Na_2SO_4	95.4	95.2	94.8	94.7	98.4	98.2	98.0	98.2		pH=2
0.572mol·L^{-1} $NiCl_2$ +0.365mol·L^{-1} $NiSO_4$	93.6	93.3	92.8	92.2	98.8	98.6	98.7	98.2		
0.572mol·L^{-1} $NiCl_2$ +0.365mol·L^{-1} $NiSO_4$ +0.365mol·L^{-1} Na_2SO_4	91.3	91.0	90.1	89.5	96.7	96.2	95.8	95.6		pH=2

一般因其他杂质析出的部分电流很小。当 $i_c = i_{Ni} + i_H$，则 Ni

在阴极总电流密度为 i_c 时的电流效率 e_{Ni} 为：

$$e_{Ni} = 1 - \frac{1}{i_C}\left\{\exp\left[\frac{RT}{2bF}\ln\frac{a_{H^+}^2}{a_{Ni^{1+}}} + \frac{1}{b}(\eta_{Ni} - E^{\circ}_{Ni/Ni^{2+}} - a\right]\right\} \tag{2-4-8}$$

式中　$i_C = i_{Ni} + i_H$，A/m²；

a，b——常数；

η_{Ni}——镍的超电压，V。

图 2-4-19 是按式(4-5-8)计算出表面层和本体浓度比的分布，图 2-4-20 为镍阴极动电位扫描结果。

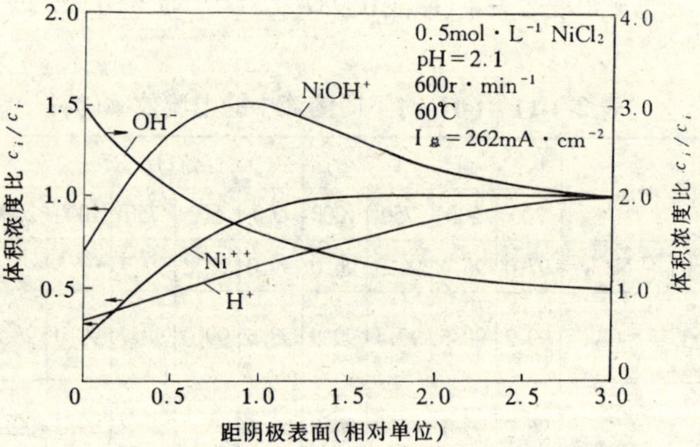

图 2-4-19　阴极液表面上各离子浓度分布比

三、杂质与镍的共同析出

在生产上，绝大多数杂质离子在镍阴极上析出受液体中扩散动力学规律控制：

$$i_{d(j)} = \frac{(c^{\circ}_j - c_j)}{q_j}Q \tag{2-4-9}$$

式中　$i_{d(j)}$——杂质 j 析出速度；

c°_j——j 在循环液中浓度，g/L；

c_j——阴极表面上 j 的浓度，g/L；

q_j——j 的电化当量；

Q——循环量，$L/(h\cdot m^2)$。

j 在阴极镍中含量 m_j 为：

$$m_j = \frac{(c^{\circ}_j - c_j)Q}{q_{Ni}i_{Ni} + \sum_{j=1}^{n} q_j i_{d(j)}}, \% \qquad (2\text{-}4\text{-}10)$$

图 2-4-21 及图 2-4-22，证明和具体化了式(2-4-10)。

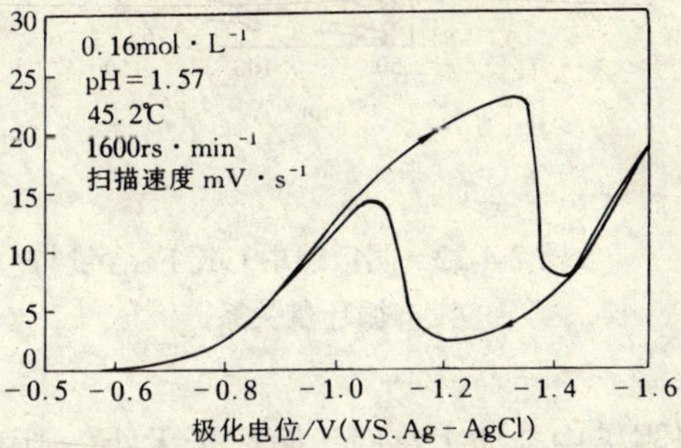

图 2-4-20　镍阴极($0.1cm^2$)的极化曲线

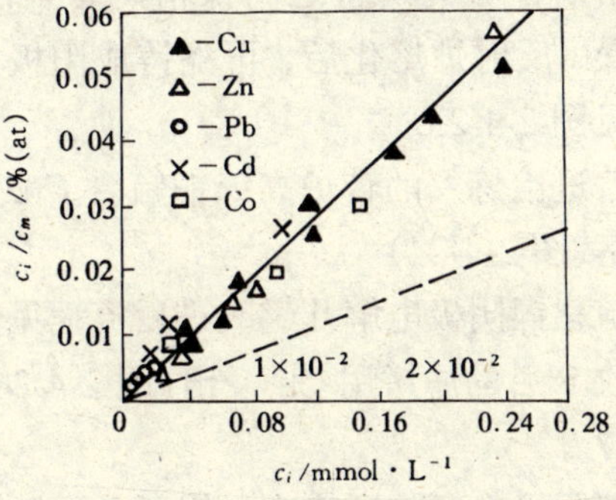

图 2-4-21　循环液中杂质浓度与阴极中杂质含量关系

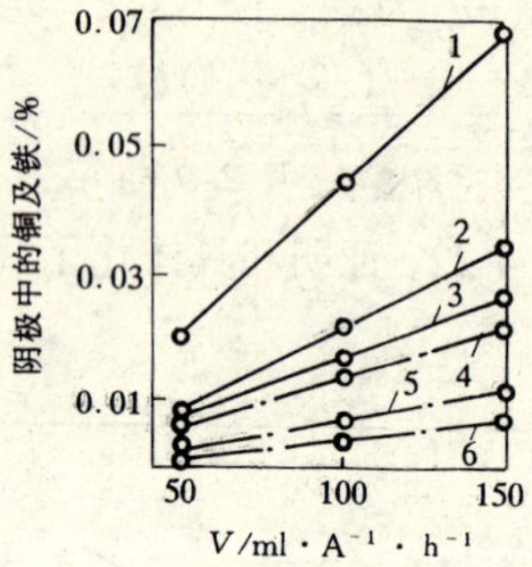

图 2-4-22　阴极镍中 Cu, Fe 含量与循环量关系

但当镍阴极中杂质太高时，循环量大小，则不能阻止阳极液中杂质的逆渗透。

四、硫化镍阳极电解实践

我国目前由磨浮分离所得之高镍精矿均采用硫化镍阳极电解，即先经干燥、反射炉熔化后，再浇铸成阳极，金川有色金属公司工艺流程见图 2-4-23。

加拿大汤普逊冶炼厂的转炉高镍铜锍含 Cu2.6%，故可直接浇铸成阳极电解(图 2-4-24)。

日本住友硫化镍阴极电解几经改进后流程见图 2-4-25。

阳极泥回收 S°后的滤饼用 Cl_2 浸出(图 2-4-26)及其塔形磨机结构见图 2-4-27。

采用硫化镍阳极电解的还有志村镍厂，原料是由新喀里多尼亚进口的已制备好的有挂耳的阳极，含 Ni78%，Co0.5%，Fe1%，S20%，Cu<0.01%。仅用加拿大科恩尔博尼(Colborne)厂由磨浮分离而得的镍精矿作为阳极。为了防止阳极的破碎，各厂在浇

铸成阳极后，必须在550℃以下进行保温缓冷(图2-4-28)，其电解槽见图2-4-29，金川采用钢制隔膜架(图2-4-30)，替代木制架，并采用高pH及高电流密度电解(表2-4-12)。硫化镍电解工厂指标见表2-4-13及表2-4-14。

钢架寿命比木制架延长1年7个月，每槽每年架成本由3240元降到3197.25元[27]。

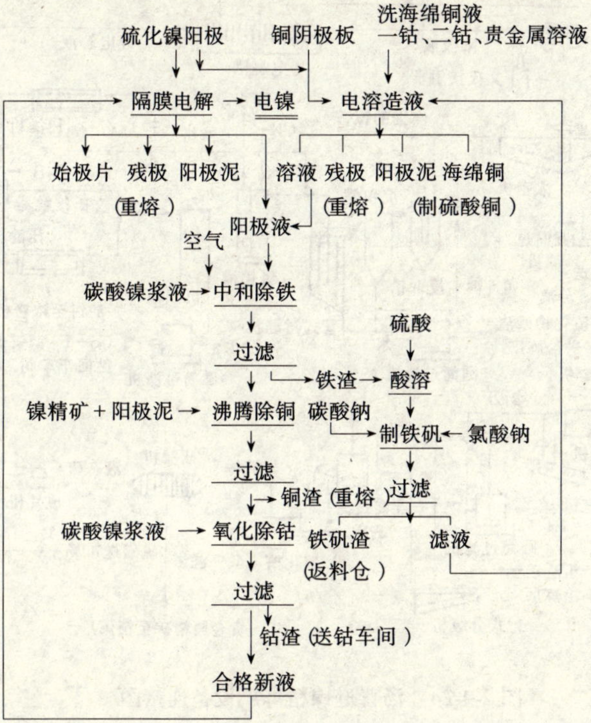

图2-4-23 金川镍电解车间工艺流程

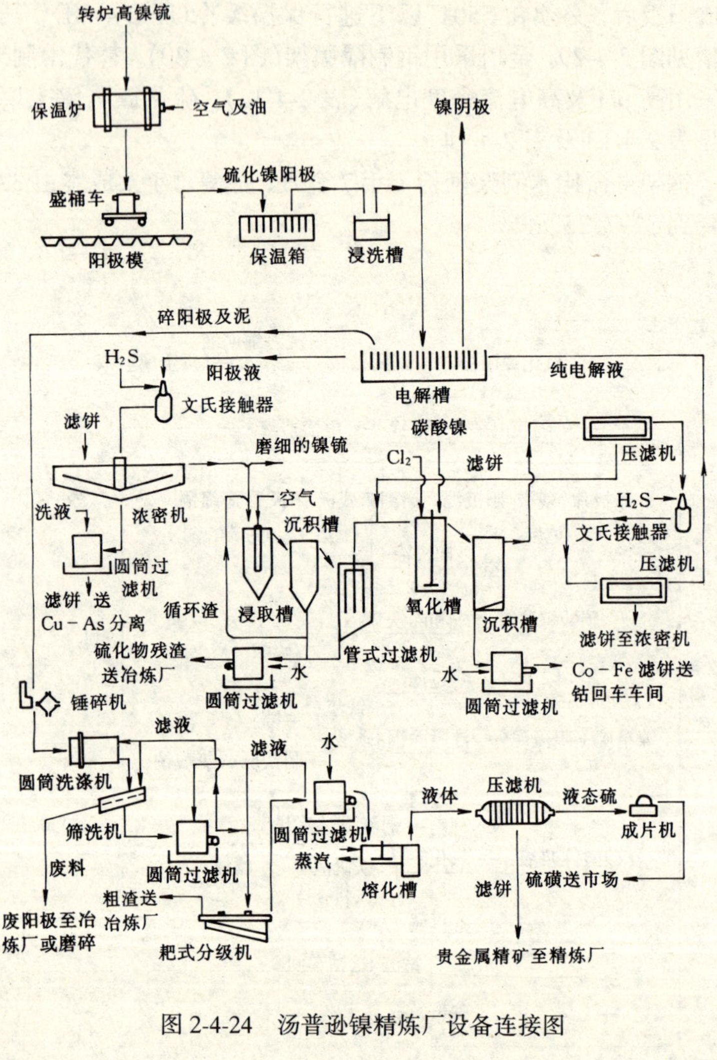

图 2-4-24 汤普逊镍精炼厂设备连接图

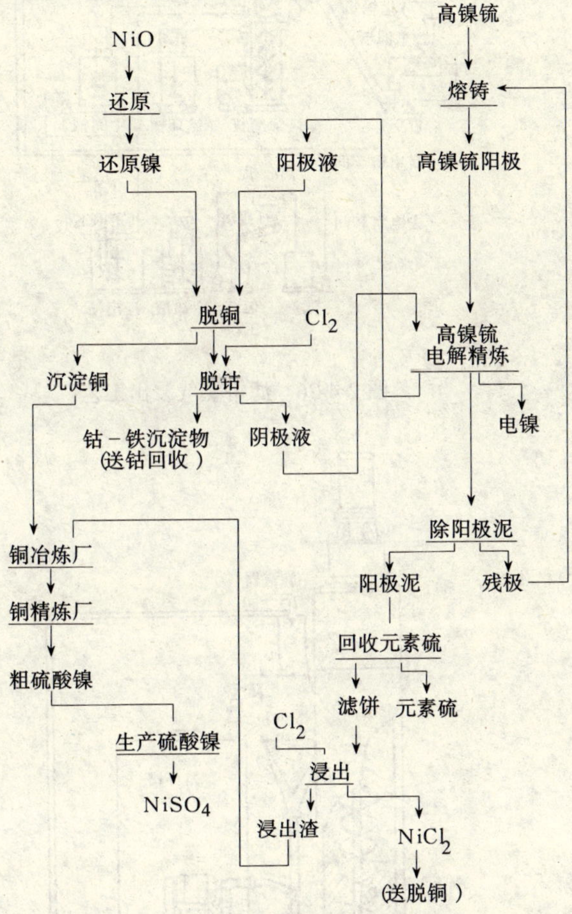

图 2-4-25　住友新居滨镍精炼厂改进流程

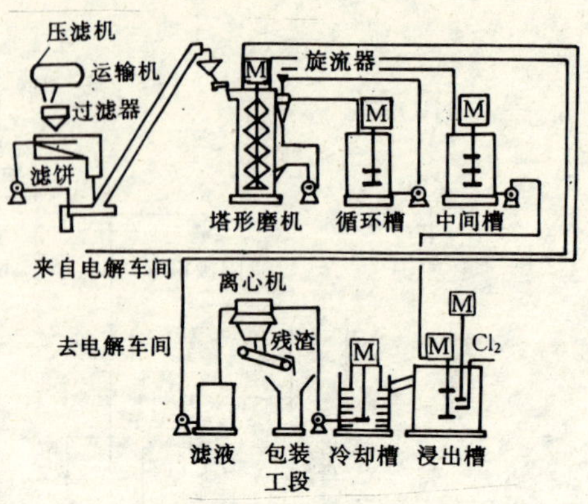

图 2-4-26　滤饼氯气浸出工艺

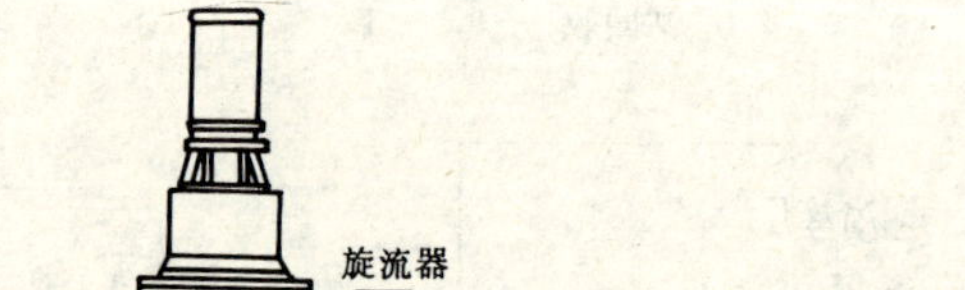

图 2-4-27　塔形磨机结构

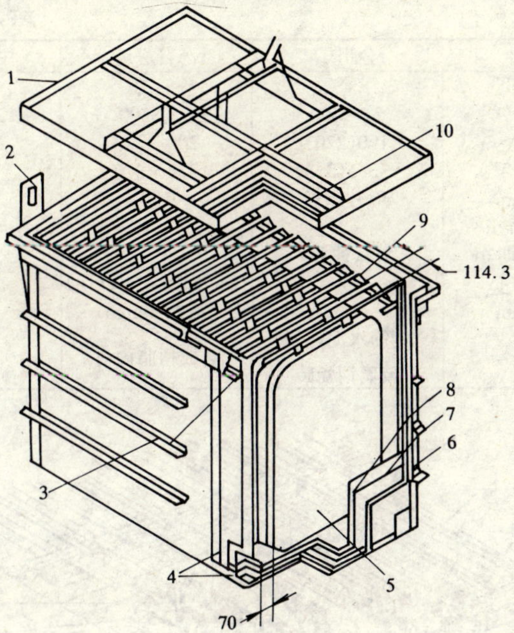

图 2-4-28　阳极保温箱

1—盖子；2—提升环；3—石棉水泥板绝热层(25mm)；4—固定绝热(25mm)；5—阳极板；6—固定绝热(38mm)；7—石棉水泥塑体(6.3mm)；8—空气间隙(6.3mm)；9—阳极架；10—固定绝热

有关硫化镍阳极电解厂对比见表 2-4-12 及表 2-4-13。

表 2-4-12　硫化镍阳极电解工厂特征

项　目	金川厂	汤普逊厂	住友别子厂
原料	磨浮精矿	低铜吹炼高镍锍	进口硫化镍精矿
阳极尺寸/mm	800×370×50	1100×725×45	980×780×50
块重/kg		250	220
成分/%	Ni68，Co1，Cu6，Fe1.8，S23	Ni76，Co0.5，Cu2.6，F30.5，S20	Ni72.3～77.6，Co 0.7～1.3 Cu0.1～4.9，Fe0.5～0.54，S19.4～21
每槽块数	37(40)	29	39

续表 2-4-12

项　目	金川厂	汤普逊厂	住友别子厂
寿命/d		~22	~20
总电流/A	2×9500	6×8500	12000+900
电流密度/A·m^{-2}	190(220)	200~220	200(150)
槽电压/V	~3.5(3.3)	2.6~3.0	
极距/mm	36 片阳极	197	150
阴极寿命/d			9~11
始极片周期/d	4(钛种板)		2
电解槽/个	6	684(76 个产 $Ni(OH)_2$)	
尺寸/mm		(液差 30mm)	
结构	钢筋水泥环氧玻璃钢瓷砖	合成树脂内衬	

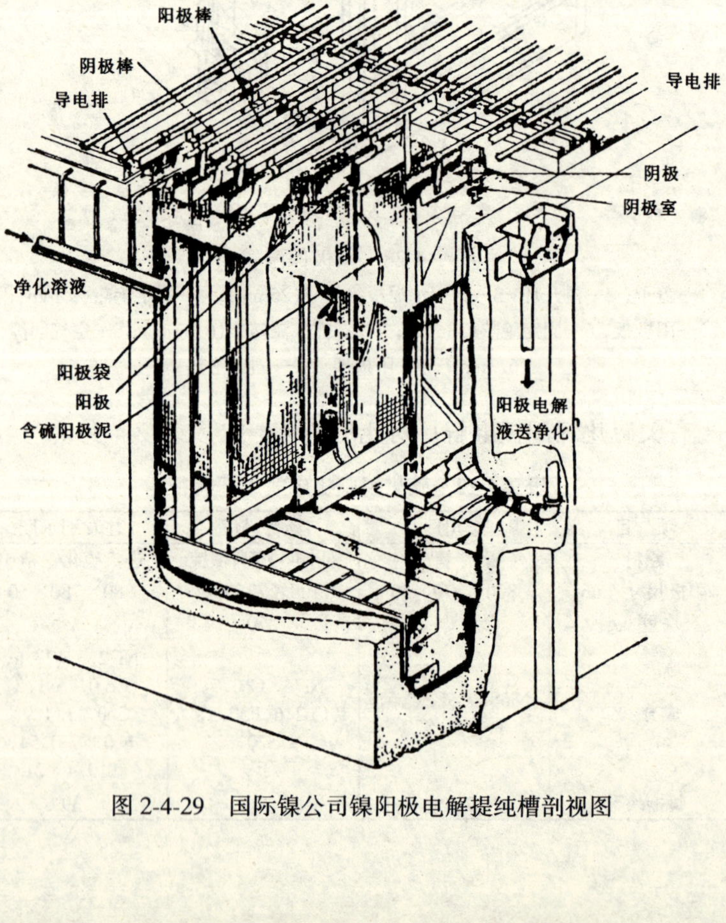

图 2-4-29　国际镍公司镍阳极电解提纯槽剖视图

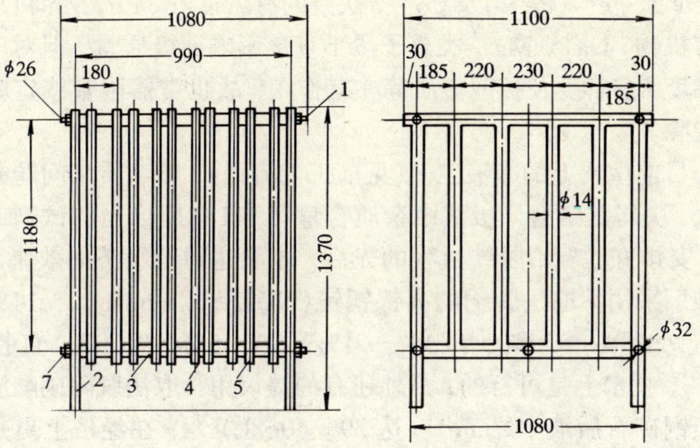

图 2-4-30　组装式隔膜架

1—拉杆；2—隔撑；3—长套管；4—短套管；5—中间隔膜；

6—垫圈(未示出)；7—螺母

表 2-4-13　国内各硫化镍阳极电解厂主要指标及单耗

厂名	质量	回收率	主要原材料消耗/kg·t⁻¹				直流电
	%	%	硫酸①	盐酸	纯碱	液氯	kW·h·t⁻¹
成都	98.27	86.99	240～274	70～104①	740～876	111～137	4174
成都	特号 100	85.1	260	87	874	137	4336
重庆	特号 95.35	89.18	437～466	1216～1557	1407	106～159	3878
上海②		93.68		5807	2157	312.5	
义乌②	0 号 100	89.51		2920	1174	280	
信阳②	0 号 80	74		9950	1510	1556	3520
金川	81.23	81.23	289.51	476.7	655.83	112.43	5205

① 按 100%纯度计；② 粗镍阳极。

五、阳极液的净化

由于一般 1t 阳极镍净化液量达 75～90m^3，脱除的主要杂质

是 Cu^{2+}、Fe^{2+}(Fe^{3+})及 Co^{2+}，次要的有 As、Zn、Pb、Mn 和 S、C 等有机物，Na^{+}，Mg^{2+}类离子虽不直接影响阴极质量，但对电解液粘度、溶解度及扩散传质等亦有作用，故也常需附带或定时开路脱除。

目前生产上的净液工艺(见前工艺流程)，影响质量问题并不太大，关键是结合阳极液中杂质含量和 pH 选用恰当的试剂或原料，安排好脱铜、脱铁过程的先后，才能达到最经济的效果。国内某厂采用萃取法脱铜的高镍铜锍(Ni57.5%～63%，Cu14%～19%，S20%～23%，Fe3%～4%，Co0.5%～0.9%)直接电解[29]，技术上是可行的；另外还有的提议用萃取法脱除硝酸浸出高镍铜矿石后液中之 Fe^{3+}(达 39～40g/L)[28]，在经济上更是不可思议的。

净液系统中有关成分见表 2-4-14 及表 2-4-15。

表 2-4-14　汤普逊厂净液前后成分

名　称	Ni	Cu	Co	Fe	As	Pb	S	SO_4^{2-}	Cl^-	Na^+	BO_3^-	pH
阳极液/$g\cdot L^{-1}$		0.3	0.1	0.05	0.05	微						1.9
新液/$g\cdot L^{-1}$	60							90	60	35	16	3.2～3.5
阴极镍/%	>99.95	0.001	0.01	0.002	0.0005	0.0001	0.001	(热水洗涤，硫酸漂洗)				

表 2-4-15　我国金川公司阳阴极液成分($g\cdot L^{-1}$)

溶液名称	Ni	Cu	Fe	Co	Zn	Pb	Na^+	Cl^-	H_3BO_3
阳极液	65	0.6	0.35	0.15	0.001	0.0005			
1号镍阴极液	70	<0.003	<0.004	<0.01	<0.00035	<0.0003	<45	>50	6
0号镍阴极液	70	<0.0003	<0.0003	<0.001	<0.0001	<0.00007	<45	>50	6

金川公司净液流程见图 2-4-31。

中和氧化脱铁

镍冶金各种除铁方法比较见表 2-4-16。

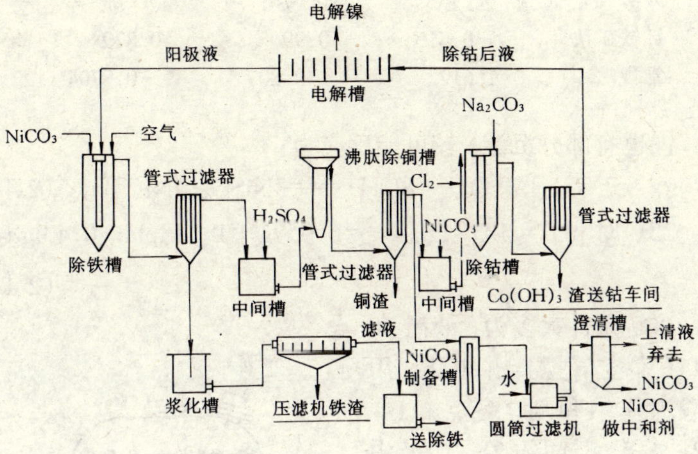

图 2-4-31 金川三段连续净化流程图

表 2-4-16 氧化水解除铁方法比较

方法	适用范围	沉淀物主要矿相	过程条件				中和 1mol 铁需酸/mol
			温度/℃	压力	始价	酸度	
赤铁矿	含酸、铁均高	$Fe_2O_3 \cdot 2SO_2 \cdot H_2O$ Fe_2O_3	150～160	高压	Fe^{2+}	H_2SO_4 40～50g·L^{-1}	1
针铁矿	Fe^{3+}低，pH低	FeOOH	≤80	高压	Fe^{2+}	pH3.5～4.5	1
铁矾法	Fe(Fe^{3+})酸较高	$MFe_3(SO_4)_2(OH)_6$	≥93～95	常压	Fe^{3+}	pH1.2～1.9	0.83
常规法	Fe(Fe^{3+})酸均低	$Fe(OH)_3$	60～80	常压	Fe^{3+}	pH3.5～4.5	1.5

实践中均采用常压空气搅拌，针铁矿法及常规法最终脱铁程度受下式控制：

$$\lg\alpha_{Fe^{2+}} = \frac{F}{2.3RT}(E^{\circ} - E) + 3(pH^{\circ} - pH) \quad (2\text{-}4\text{-}11)$$

式中 α ——活度；

F ——法拉第常数；

E ——体系给定的电位，V；

E°——体系的标准电位，V。

方法	$pH^{\circ}_{25℃}$	$pH^{\circ}_{75℃}$	$pH^{\circ}_{80℃}$
针铁矿法	−0.315	0.99	0.879
常规法	1.617	−0.807	−0.8704

镍也有部分沉淀，较可能反应为：

$$7Ni^{2+}+3SO_4^{2-}+8OH^- \rightleftharpoons 3NiSO_4\cdot 4Ni(OH)_2 \quad (2\text{-}4\text{-}12)$$

25℃时 $pH^{\circ}=5.3$，$\lg a_{Ni^{2+}}=6.0571-1.143pH-0.43\lg a_{SO_4^{2-}}$

(2-4-13)

水解条件大多为：液温 70～75℃，空气搅拌并氧化，用碳酸镍作中和剂，终点 pH＝4.2～4.5，时间约 2h，溶液中铁不高于 0.01g/L；铁渣中含 Ni8%～20%，Fe23%～10%，为了提高镍回收率，可采用铁矾法处理铁渣，可返回 95%的 Ni，而 Fe 只溶出 5%，As 和 Zn 各约 20%。

另外国际镍公司提出在 60℃、pH＝4，用 CaS 或 BaS 硫化铁渣中之 Ni 及 Co、Cu 等，再浮选回收。

北镍采用塞管式[29]过滤器过滤铁渣(图 2-4-32)。

工作压力 60Pa，80℃，每台 78 个陶瓷过滤筒，内部也可充满 5～20mm 焦粒，筒外可套过滤呢布，过滤面积 $80m^2$，工作容积 $11.4m^3$。

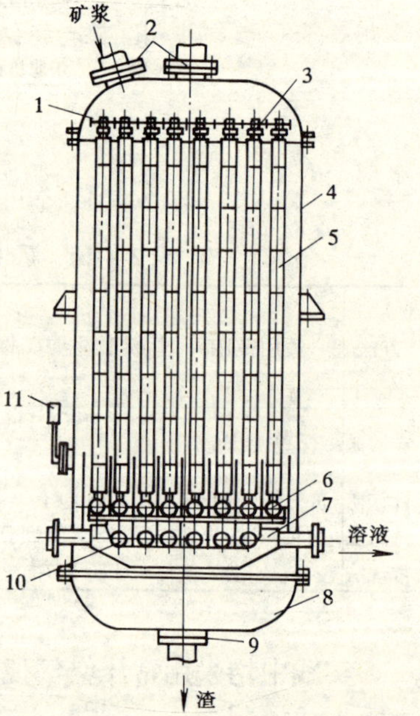

图 2-4-32　塞管式过滤器

1—顶盖；2—管接头；3—固定栅；4—外壳；5—塞叠板；6—集液管；7—滤液汇浆槽；8—底盖；9—卸料管；10—滤液质量控制管；11—压力表

净液脱铜

1. H_2S 法

用 H_2S 脱铜是一种经济有效的方法，并且还可以脱除其它一些杂质(表 2-4-17)。

表 2-4-17　形成硫化物的 $pH^{\circ}_{25℃}$ 及 K_{SP}

硫化物	Cu_2S	HgS	Ag_2S	CuS	SnS	Bi_2S_3	PbS	CdS	ZnS	CoS	NiS	FeS	MnS	H_2S
$\lg K_{SP}$	−47.7	−51.89	−49.1	−31.2			−27.6		−21.5	−19.67	−19.0	−17.31	−12.55	−17.66
pH°_{25}	−12.35	−15.00	−14.6	−6.35	−3.00	−0.5	−2.85	−2.50	−0.53	0.85	1.24	2.3	3.9	

注：$K = a^2_{H^+} \cdot m_{S^{2-}} / m_{H_2S}$。

脱砷是一个中和反应：

$$4H^+ + 2AsO_2^- + 3S^{2-} = As_2S_3 \downarrow + 4H_2O \qquad (2\text{-}4\text{-}14)$$

当溶液中含 H_2S10mg/L，pH=4 时，按计算液中残砷 1.72×10^{-9} g/L；pH=1.5 时，残砷 1.76×10^{-12}g/L。H_2S 在水和溶液中溶解度(m_{H_2S})见图 2-4-33。

2. 置换法

常用置换剂在低温(～500℃)氢或水煤气还原的活性镍粉：

$$Ni + Cu^{2+} = Cu + Ni^{2+} \qquad \Delta E^{\circ}_{25℃} = 0.578V \qquad (2\text{-}4\text{-}15)$$

理论上可得 $a_{Cu^{2+}} = 3.92\times10^{-19} a_{Ni^{2+}}$，因此可以将铜除得很彻底；但关键是要求镍粒表面不被氧化，粒度尽可能细。随着置换过程进行，铜会逐渐包裸在镍粉表面上，从而形成产物层，控制扩散。

海绵镍(如科尔博恩)、海绵 Ni-Cu 合金(鹰桥公司)也可作除铜的置换剂，Ni-Cu 合金比镍粉更有好的化学活性。科尔博恩小部分还采用一般镍粉加硫作为除铜试剂：

$$Ni + Cu^{2+} + S = CuS + Ni^{2+} \qquad (2\text{-}4\text{-}16)$$

上式在热力学上比(4-5-13)式更易进行。金川公司采用硫化镍精矿添加少量阳极泥除铜，可能的反应依次有：

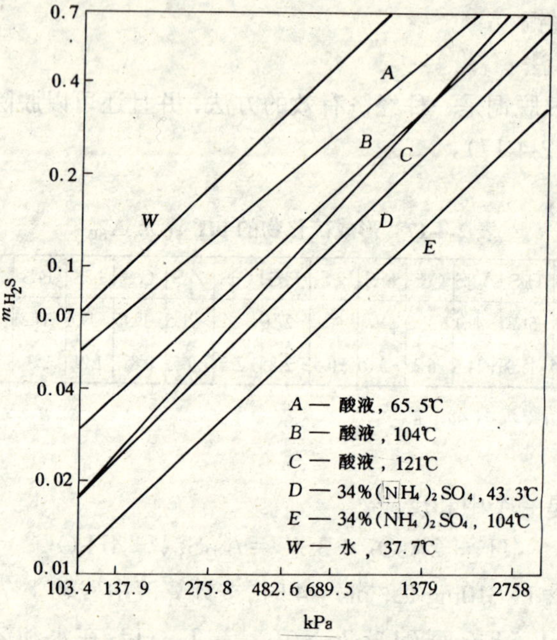

图 2-4-33　H_2S 在水溶液中的溶解度

（酸液含 0.35mol·L^{-1}硫酸盐和 10～15g·L^{-1}硫酸）

$$Ni_3S_2 + 2Cu^{2+} = Cu_2S + NiS + 2Ni^{2+} \qquad (2\text{-}4\text{-}17)$$

$$Ni_3S_2 + Cu^{2+} = Cu^0 + 2NiS + Ni^{2+} \qquad (2\text{-}4\text{-}18)$$

$$Ni_3S_2 + Cu^{2+} + S = CuS + 2NiS + Ni^{2+} \qquad (2\text{-}4\text{-}19)$$

$$Ni_3S_2 + 2Cu^{2+} + S = 2CuS + NiS + 2Ni^{2+} \qquad (2\text{-}4\text{-}20)$$

从上述镍硫化阳极过程研究结果看，还可有：

$$NiS + Cu^{2+} = CuS + Ni^{2+} \qquad (2\text{-}4\text{-}21)$$

俄国北镍及我国金川公司采用流态化置换器。除铜一般在 $t \geqslant 55$℃，pH$\geqslant$2.5 条件下进行，可实际将溶液中 Cu^{2+} 除到 1.2～4mg/L。但铜渣含镍较高，如金川公司铜渣含量(%)如下：

Zn	Ni	Cu	S	Fe	Co	Pb
0.003～0.006	38～42	18～28	26～29	0.8～1.2	1.50	0.002～0.004

因此采用通氯气选择氧化浸出，设备连接见图 2-4-34。

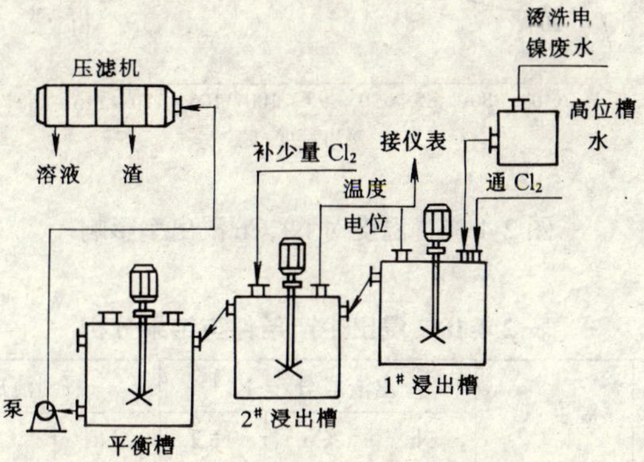

图 2-4-34　浸出设备连接示意图

浸出条件：控制电位 430～450mV、102～110℃、反应时间为 2.5～5h、液：固 2～2.5、单位槽容积生产率为 0.12t(渣)/(m^3·h)。过程条件影响见图 2-4-35 及图 2-4-36，条件与分析结果见表 2-4-18。

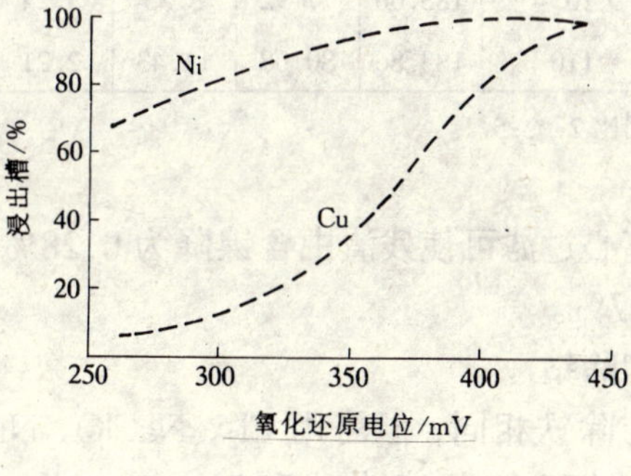

图 2-4-35　电位对 Cu、Ni 浸出率的影响

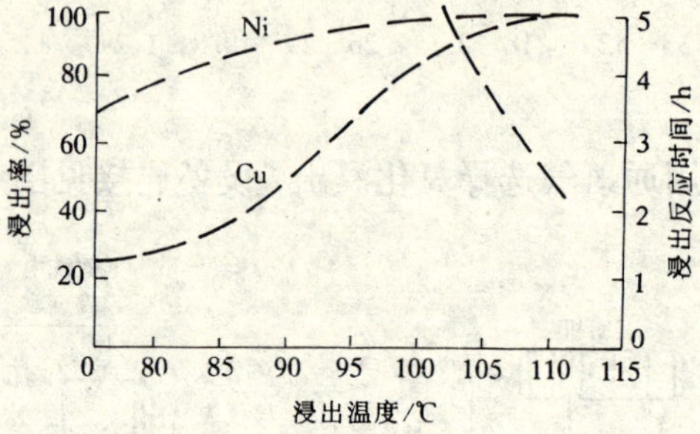

图 2-4-36　温度对 Ni、Cu 浸出率影响

表 2-4-18　浸出生产条件与结果分析

氧化电位/mV	温度/℃	浸出液成分/g·L⁻¹			浸出渣成分/%		
		Ni	Cu	HCl	Ni	Cu	S
431	104	192.13	101.86	8.50	2.45	1.09	85.20
437	105	150.03	59.86	8.22	1.39	0.51	87.34
439	102	140.77	62.30	16.71	2.56	1.03	85.34
440	109	210.60	75.96	15.36	1.33	0.96	87.65
435	108	152.51	68.59	7.92	1.56	0.77	87.42
430	110	223.36	86.58	10.68	1.69	0.20	86.72
426	103	183.60	77.92	8.33	3.24	2.26	84.40
452	110	183.86	80.08	11.43	2.21	1.34	85.86

注：浸出液固比 2～2.5:1。

用高速离心过滤可使残渣中含镍降为 0.28%～0.56%，镍回收率提高到 97%。

氧化中和除钴

此原理与除铁相同，但需用 Cl_2、NaClO、NiOOH 等作氧化剂，用 $NiCO_3$ 或碱式碳酸镍作中和剂。如：

$$2Co^{2+} + 3NiCO_3 + 3H_2O + Cl_2 = 2Co(OH)_3 + 3Ni^{2+} + 2CO_2\uparrow \tag{2-4-22}$$

对常温下溶液中残存的 Co^{2+}，$\lg a_{Co^{2+}} = 29.593 - 3pH - 16.95E$

当保持 $E = 1 \sim 1.05V$，pH＝5，温度 65℃，液中残 $Co^{2+} < 5mg/L$，但由于沉淀粒度很小，过滤不易，渣含 Ni5%～12%，Co≤5%～6%，需进一步处理。用 NaClO 沉淀的颗粒较粗，但带入 Na^+。黑镍除 Co 主要用于硫酸盐电解液，混合电解液工厂亦有采用，如某厂在 75～80℃，pH4～5，液中 Co 可由 580mg/L 降到 5mg/L 以下，而钴渣中 Ni/Co≈1。黑镍制备成本是关键，不同制备方法成本对比见表 2-4-19。

表 2-4-19　生产黑镍的成本对比

方　法	中和剂		氧化剂		总成本/%
	类型	成本/%	类型	成本/%	
氯气氧化	Na_2CO_3	290	Cl_2	200	490
臭氧氧化	Na_2CO_3	290	O_3	200	490
电　解	NaOH	280	电	100	380
SO_2-O_2 氧化	$Ca(OH)_2$	90	SO_2-O_2	50～100	140～190

汤普逊厂为补充电解液中的镍离子而制备 $Ni(OH)_2$，流程见图 2-4-37。

该厂除铁、钴及铜的详细流程图分别见图 2-4-38 至图 2-4-40；熔硫槽见图 2-4-41。

阳极泥含 45% 的元素硫，洗涤过滤后，在搅拌中加热到 140℃，用以蒸汽加热的压滤机分离出熔硫，该厂热过滤后渣含 Ni＋Co＝18%，Cu 约 2.6%，其中贵金属含量比阳极中高约 50 倍。

粗镍电解成本较高(表 2-4-20)。

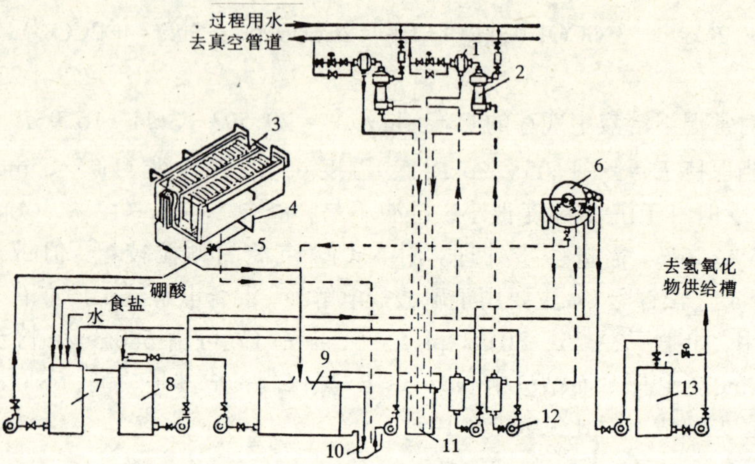

图 2-4-37　氢氧化亚镍制备流程图

1—分离器；2—空气洗涤器；3—$Ni(OH)_2$ 制备槽(76 个)；4—进液管；5—排液管；6—$Ni(OH)_2$ 过滤机；7—$Ni(OH)_2$ 盐水槽；8—$Ni(OH)_2$ 沉淀槽；9—$Ni(OH)_2$ 贮槽；10—聚液槽；11—密封槽；12—真空受液器；13—$Ni(OH)_2$ 贮槽

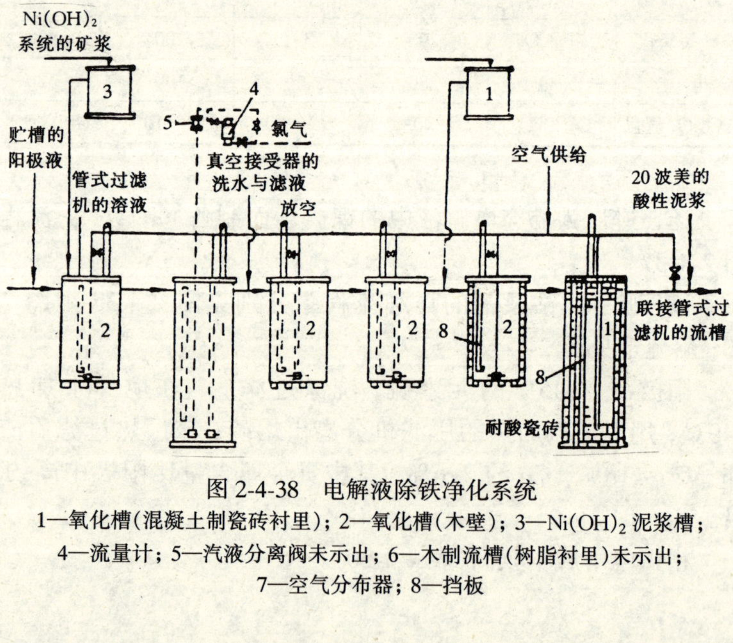

图 2-4-38　电解液除铁净化系统

1—氧化槽(混凝土制瓷砖衬里)；2—氧化槽(木壁)；3—$Ni(OH)_2$ 泥浆槽；4—流量计；5—汽液分离阀未示出；6—木制流槽(树脂衬里)未示出；7—空气分布器；8—挡板

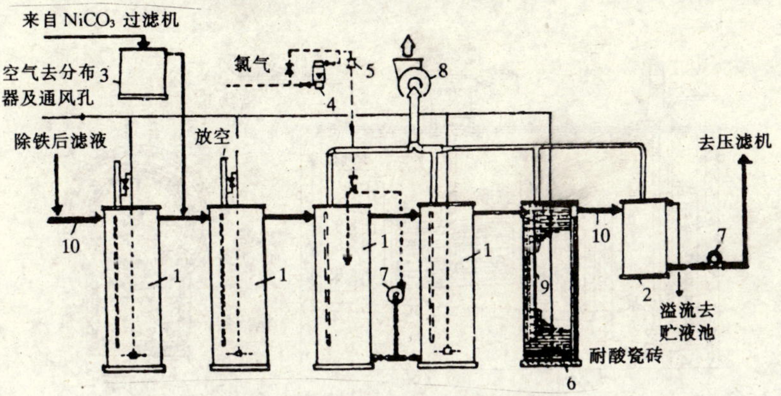

图 2-4-39 电解液除钴净化系统

1—钴的氧化槽(混凝土槽内衬以瓷砖)；2—压滤机泵槽；3—$NiCO_3$ 供给槽；4—流量计；5—气液分离阀；6—空气分布器；7—泵；8—排风机；9—混凝土挡板；10—树脂衬里木槽

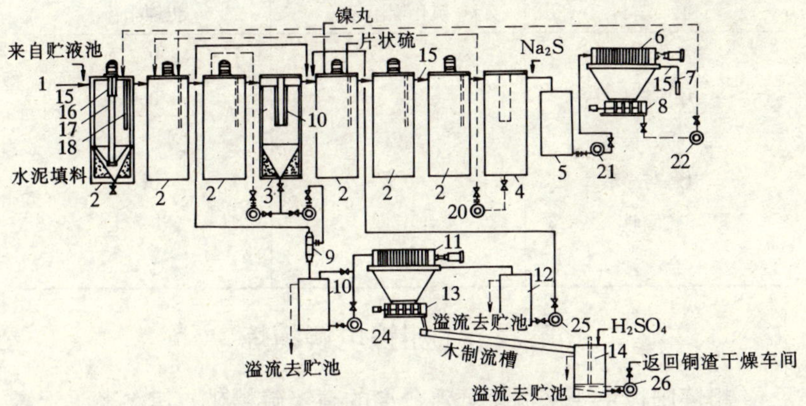

图 2-4-40 电解液除铜净化系统

1—除钴后滤液；2—空气搅拌槽(木壁)；3—第一澄清槽；4—第二澄清槽；5—供液槽；6—压滤机；7—提纯后液泵到高位槽；8—螺旋输料器；9—水力旋流器；10—供液槽；11—压滤机；12—滤液存放槽；13—螺旋输料器；14—含铜滤饼的处理；15—流槽(木制内衬树脂)；16—空气搅拌泵；17—空气搅拌泵的橡皮吸液管；18—挡板；19—沉清器入口(未示出)；20—底流泵；21—压滤机及液泵；22—返回泵；23—供旋流器使用泵(未示出)；24—供压滤机用泵；25—铜滤液泵；26—运输铜渣泵

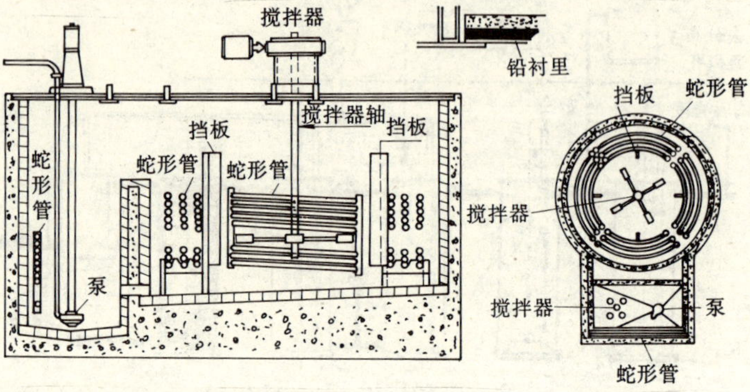

图 2-4-41　熔硫槽

表 2-4-20　两种电解成本对比(以硫化镍电解成本为 1)

项　目	硫化镍阳极	粗镍阳极
氧化焙烧		0.2
还原熔炼		0.6
熔　铸	0.1	
电解与净液	0.8	0.6
硫回收	0.1	
合　计	1.0	1.4

第六节　粗镍电解精炼

粗镍阳极主要来源于磨浮分离的高镍硫精矿，其次来源于氧化镍矿还原造锍－吹炼后的高镍锍等，成分波动较大，工艺自然有所不同，但原则工艺相同。

一、粗镍阳极的制备

过程包括先将高镍硫化精炼经焙烧得 NiO(图 2-4-42)和 NiO 还原熔炼铸成粗镍阳极。

有关粗镍阳极生产实践数据见表 2-4-21。

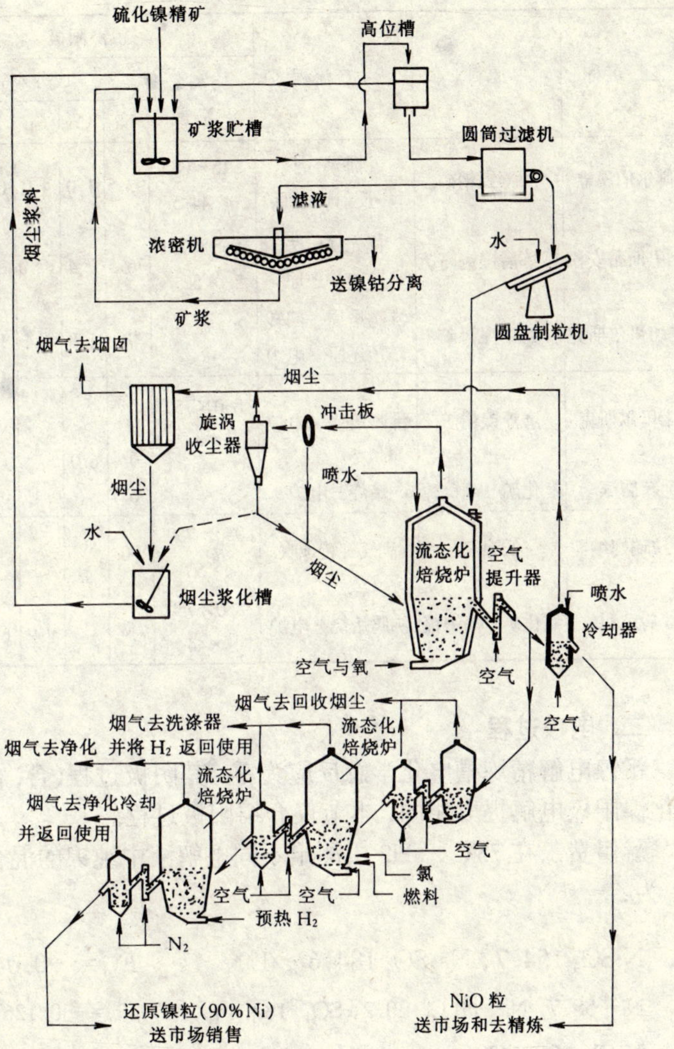

图 2-4-42　铜崖冶炼厂氧化镍生产流程图

表 2-4-21　粗镍阳极生产实践

工厂名称	原料	生产流程	粗镍阳极					
			长×宽×高/mm	成分/%				
				Ni	Co	Cu	Fe	S
科尔伯恩港	磨浮镍精矿	沸腾焙烧—反射炉还原	915×685×44.5	93.5	1.0	4.0	0.8	0.6
克里斯蒂安松	吹炼后镍铜高锍	优先浸出法—电炉还原	965×610×56	76.5	7.4	17.0	2.0	1.4
芒切哥尔斯克	磨浮镍精矿	沸腾焙烧—回转窑预还原—电炉		91	1.8	4.4	1.8	
诺里尔斯克	磨浮镍精矿	沸腾焙烧—电炉	850×750×44	92～94	0.5～6.0			0.5～0.7
新居滨	氧化矿－高镍锍	焙烧－电炉		96.7			0.9	0.4
拉瑞姆纳	低镍铁	氧气旋转顶吹	980×730×50	90			10	
乌发烈	氧化矿－高镍锍	沸腾焙烧－电炉	850×750×44	98	1	0.6	0.06	0.03

二、电极过程

粗镍电解精炼槽电化学总反应为零，其阴极过程(含净液)与硫化镍阳极电解提取相同，本节仅介绍阳极过程。

赫伊费茨在75℃，pH2.1测定不同电解液中纯镍的混合电位 E_m 为：

$NiSO_4$ 154.7，Na_2SO_4 184.6 g/L　　$E_m=-0.049V$

Ni^{2+} 58.7，Na^+ 60 Cl^- 30.2，SO_4^{-2}182.4 g/L　　$E_m=-0.126V$

$NiCl_2$ 180 g/L　　$E_m=-0.109V$

在电解液为(g/L)：$NiSO_4\cdot7H_2O$200，Na_2SO_4 40，H_2BO_3 20，NaCl5，$H_2SO_4$0.21，温度为18℃，E_m 随时间变化为：

时间/h	0	0.25	1.0	3.0	71.7	120	200
E_m/V	0.176	0.152	0.142	0.132	−0.05	−0.098	−0.099

上述数值表明，镍可化学溶解，E_m 随 Cl^- 及时间增加而变负，逐渐趋向于热力学平衡电位。

图 2-4-43 及图 2-4-44 为动电位(7.4mV/s)扫描法研究纯镍阳极($0.8779cm^2$)的结果[32]。

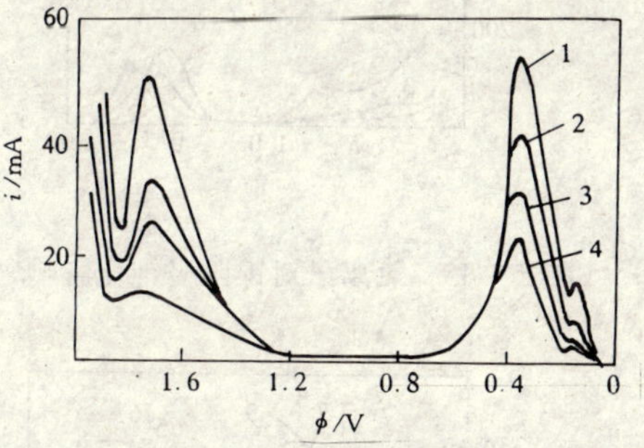

图 2-4-43　硫酸浓度对镍阳极钝化影响

1—2mol·L^{-1} H_2SO_4；2—1.5mol·L^{-1} H_2SO_4；3—1.0mol·L^{-1} H_2SO_4；4—0.5mol·L^{-1} NH_2SO_4

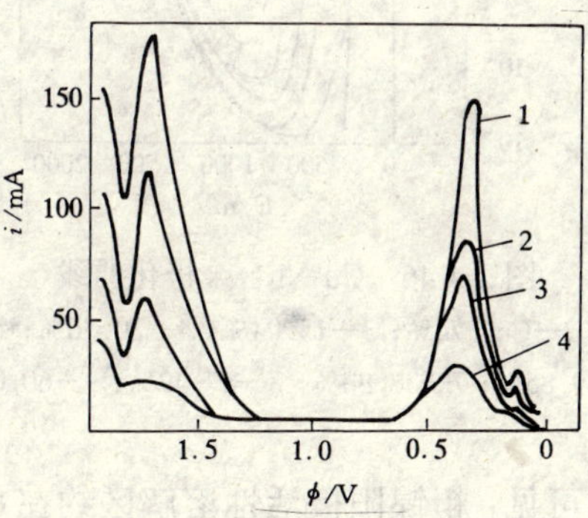

图 2-4-44　温度对镍阳极钝化影响

1—58℃；2—48℃；3—38℃；4—28℃

图 2-4-45 为氯离子对极化的影响，图 2-4-46 为 Ni-Cu 合金在 0.5mol/L H_2SO_4 液中的极化曲线。

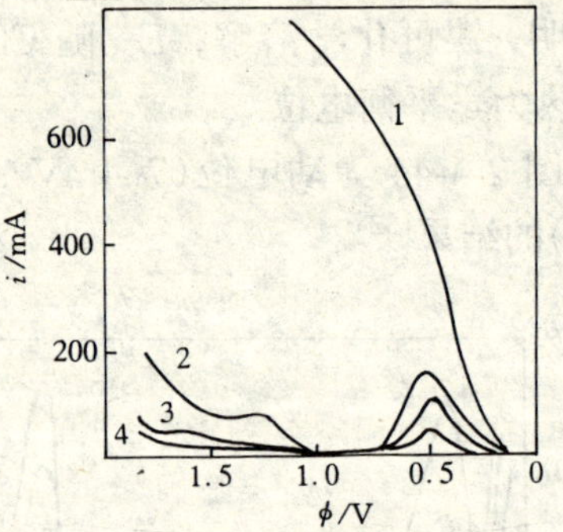

图 2-4-45　氯离子对镍阳极钝化影响

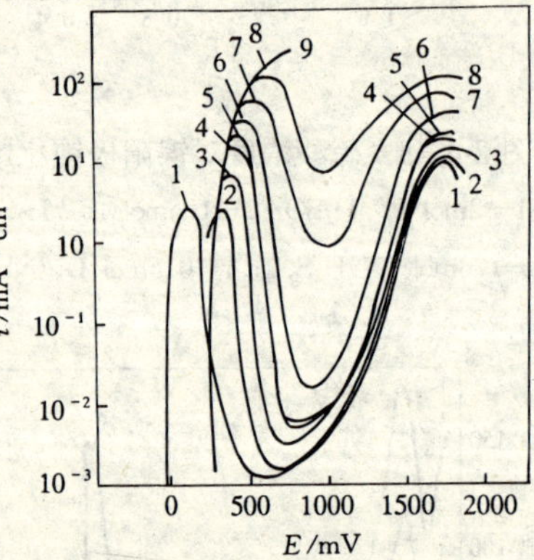

图 2-4-46　Cu-Ni 合金极化曲线

1—不含 Cu；2—Cu9.74%；3—15.04%；4—20.76%；5—24.60%；6—29.85%；7—38.88%；8—47.42%；9—60.02%

由上述四图可见：粗镍阳极活性溶解区约在 0.17～0.36V 之间，钝化区约在 0.61～1.41V 左右。随着酸度增大，温度增加，Cl^- 浓度增高及阳极中铜含量的增加，均有利于活性溶解。

铂族金属进入到阳极液中的程度与阳极极化成正比，例如采用一般混合电解液时，不同电流密度下的结果如下：

电流密度/$A\cdot m^{-2}$	$Pt_{溶}$/%	$Pd_{溶}$/%	$Rh_{溶}$/%	$Ru_{溶}$/%	$Ir_{溶}$/%
175	3.9	4.3	8.3	9.6	3
300	7.0	7.6	11.5	12.7	6

上述数值比最终工业值偏高，这是因为生产中还存在镍的置换反应。

Cl^-有利于某些贵金属富集到阳极泥中。如用硫酸盐电解液时，不同 Cl^- 浓度与 Ir 及 Rh 进入到电解液中的百分比如下：

$[Cl^-]$/$g\cdot L^{-1}$	5	11.5	35.5
Ir	2.24	0.21	
Ru		3.2	0.5

工厂实测粗镍阳极电位在新装槽后约 20d，阳极电位升到 0.35～0.45V，30d 以后，由于阳极泥益增，升高到 1.2～1.4V。

三、粗镍阳极电解精炼实践

加拿大的科尔博恩港镍精炼厂的工艺流程示于图 2-4-47。

该厂共 1600 个电解槽，用于粗镍电解精炼的为 1332 个。正常生产时，$D_i = 170A/m^2$，$V_{槽} = 1.6V$，其中电极至导电棒电压降 0.2V，隔膜及电压降 0.9V，阳极超电压 0.3V，阴极超电压 0.2V。采用混合电解质，控制在阴极室成分(g/L)：Ni^{2+} 60，Na^+ 35，Cl^- 55，H_3BO_3 16。电解液温度为 60℃。净液量为 $1135m^3/h$。有关杂质控制标准为：

组分	Co	Cu	Fe	As	Pb	pH
阳极液/$g \cdot L^{-1}$	0.12	0.5	0.15	0.007	0.001	4
净化后液/$g \cdot L^{-1}$	0.01	0.001	0.001	0.0002	0.0002	3.5

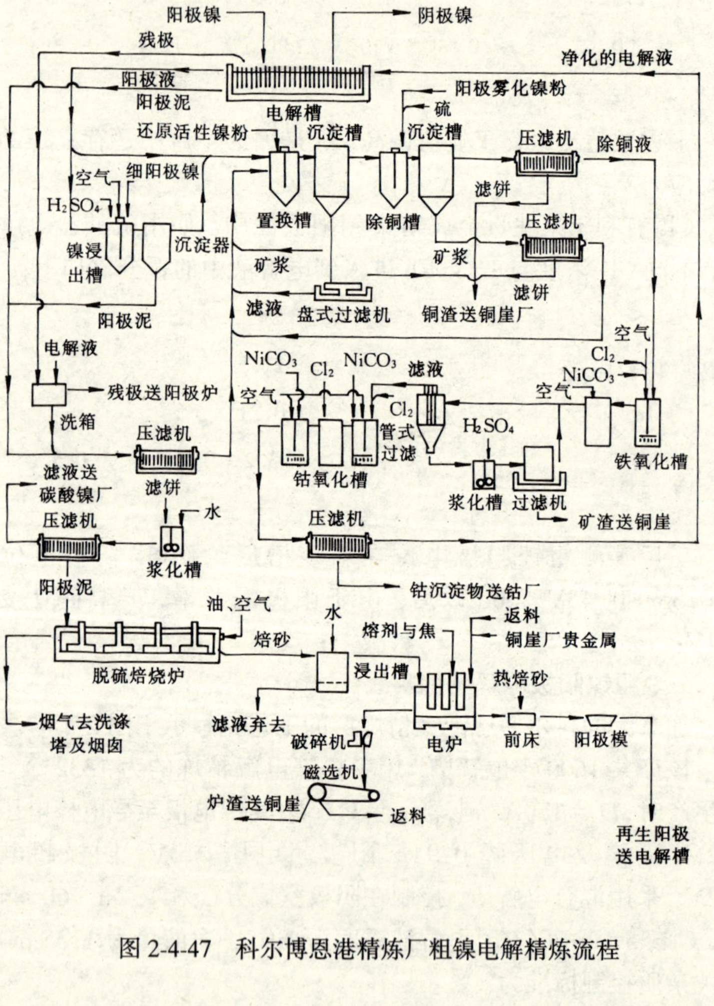

图 2-4-47　科尔博恩港精炼厂粗镍电解精炼流程

每个阴极袋循环量 Q 为：

$$Q=\frac{2S_c\cdot D_c\cdot e\cdot q_{Ni}}{C^{\circ}_0-C_c}(\mathrm{L/h})$$

式中　S_c ——阴极面积，m^2；

e ——电流效率；

D_c ——电流密度，A/m^2；

q_{Ni} ——Ni^{2+} 的电化当量；

C_0 ——净化后液 Ni^{2+} 浓度，g/L；

C_c ——阴极室液中 Ni^{2+} 浓度。

希腊拉瑞姆纳厂采用 Ni-Fe（合金生产的阳极），在 $D_c=300A/m^2$ 下进行电解精炼，其原则流程见图 2-4-48。

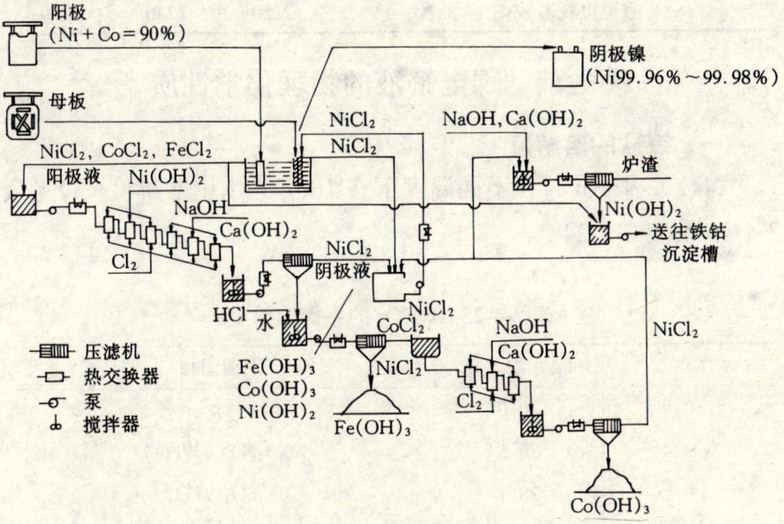

图 2-4-48　拉瑞姆纳厂镍电解原则流程图

俄罗斯粗镍电解精炼厂有关指标见表 2-4-22。

表 2-4-22 俄罗斯粗镍电解精炼厂指标

项 目	厂1	厂2	厂3
电解液组成 Ni^{2+}/g·L^{-1}	58.7	58.7	88.5
SO_4^{2+}/g·L^{-1}	144	96.0	
Na^+/g·L^{-1}	50.8	50.8	50.8
Cl^-/g·L^{-1}	27	53	103.5
阴极电流密度/A·m^{-2}	150	53	400
电流效率/%	98	98.7	99
单槽产镍/t·d^{-1}	1.735	2.338	4.68
阳极电位/V	0.33	0.28	0.2
阴极电位/V	0.52	0.5	0.45
隔膜电阻降/V	1.45	1.65	1.50
直流电耗/kW·h·t^{-1}	2150	2240	2000

第七节 镍电解液的物理化学性质

一、镍盐的溶解度

$NiSO_4$ 及 $NiCl_2$ 在不同温度下在 100g 的水中溶解度(S)见表 2-4-23 及表 2-4-24。

表 2-4-23 $NiSO_4$ 的平衡溶解度

T/℃	100g 水溶解数/g	平衡固相
−0.9	10.0	冰
−3.4	26.6	冰 + $NiSO_4 \cdot 7H_2O$
0	28.1	$NiSO_4 \cdot 7H_2O$
10	33.0	$NiSO_4 \cdot 7H_2O$
20	38.4	$NiSO_4 \cdot 7H_2O$
25	41.2	$NiSO_4 \cdot 7H_2O$
30	44.1	$NiSO_4 \cdot 7H_2O$
30.7	44.3	$NiSO_4 \cdot 7H_2O + \alpha NiSO_4 + 6H_2O$

续表 2-4-23

T/℃	100g 水溶解数/g	平衡固相
40	48.2	$\alpha NiSO_4 \cdot 6H_2O$
50	52.8	$\alpha NiSO_4 \cdot 6H_2O$
53.8	54.6	$\alpha NiSO_4 \cdot 6H_2O + \beta NiSO_4 \cdot 6H_2O$
60	56.9	$\beta NiSO_4 \cdot 6H_2O$
70	61.0	$\beta NiSO_4 \cdot 6H_2O$
80	66.7	$\beta NiSO_4 \cdot 6H_2O$
84.8	69.3	$\beta NiSO_4 \cdot 6H_2O + NiSO_4 \cdot 6H_2O$
104	69.3	$\beta NiSO_4 \cdot 6H_2O + NiSO_4 \cdot 6H_2O$
150	123.2	$NiSO_4 \cdot H_2O$
170	100.0	$NiSO_4 \cdot H_2O$
195	79.2	$NiSO_4 \cdot H_2O$

表 2-4-24　不同温度下 $NiCl_2$ 的溶解度

T/℃	100g 水溶解数/g	平衡固相
−0.5	2.21	冰
−11.3	18.5	冰
−26.3	31.9	冰
−45.3	42.7	冰 + $NiCl_2 \cdot 7H_2O$
−33.3	51.1	冰 + $NiCl_2 \cdot 7H_2O + NiCl_2 \cdot 6H_2O$
−9.8	51.7	$NiCl_2 \cdot 6H_2O$
0	53.4	$NiCl_2 \cdot 6H_2O$
25	65.6	$NiCl_2 \cdot 6H_2O$
28.8	71.2	$NiCl_2 \cdot 6H_2O + NiCl_2 \cdot 4H_2O$
50	76.0	$NiCl_2 \cdot 4H_2O$
64.3	85.5	$NiCl_2 \cdot 4H_2O + NiCl_2 \cdot 2H_2O$
75	86.2	$NiCl_2 \cdot 2H_2O$
110	87.6	$NiCl_2 \cdot 2H_2O$
117.9(沸点)	88.3	$NiCl_2 \cdot 2H_2O$

$NiSO_4$ 与 $NiCl_2$ 的等溶解度和溶液密度的关系见图 2-4-49。

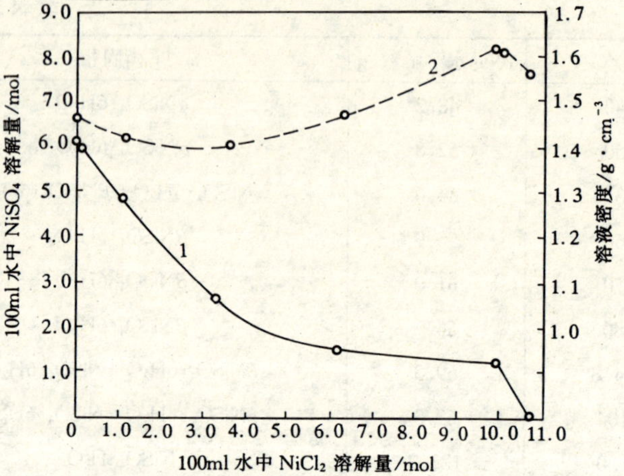

图 2-4-49 50℃时 $NiSO_4$ 与 $NiCl_2$ 的等溶解度(1)和溶液密度(2)的关系

$NiCl_2$-NaCl-H_2O 系及 $NiSO_4$-Na_2SO_4-H_2O 系等溶解度见图 2-4-50 及图 2-4-51 和表 2-4-25 及表 2-4-26。

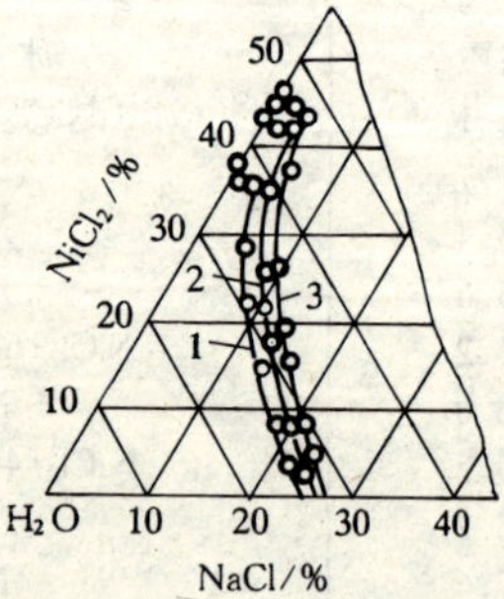

图 2-4-50 $NiCl_2$-NaCl-H_2O 系等溶角度图

1—20℃;2—50℃;3—80℃

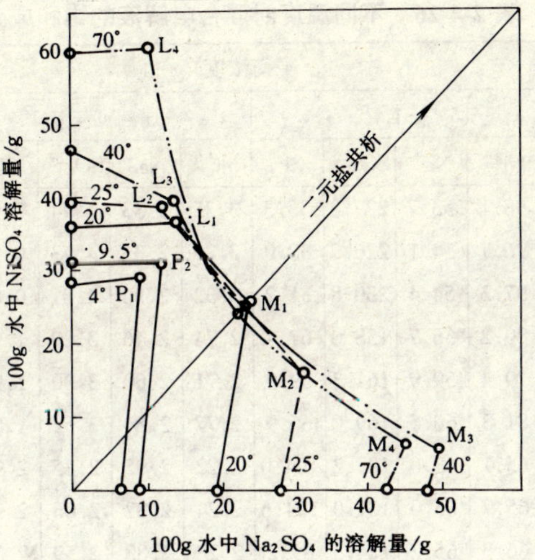

图 2-4-51　$NiSO_4$-Na_2SO_4-H_2O 系等溶解度图

表 2-4-25　图 2-4-51 中各共晶点的溶液组成

点	温度/℃	溶解度/%		100g 水溶解数/g		固　相
		$NiSO_4$	Na_2SO_4	$NiSO_4$	Na_2SO_4	
P_1	4.0	21.4	6.5	29.9	9.0	$NiSO_4 \cdot 7H_2O + Na_2SO_4 \cdot 10H_2O$
P_2	9.5	21.8	8.6	31.4	12.4	$NiSO_4 \cdot 7H_2O + Na_2SO_4 \cdot 10H_2O$
M_1	20	17.5	15.5	26.1	23.1	$NiSO_4 \cdot Na_2SO_4 \cdot 4H_2O + Na_2SO_4 \cdot 10H_2O$
M_2	25	11.0	21.0	16.2	30.9	$NiSO_4 \cdot Na_2SO_4 \cdot 4H_2O + Na_2SO_4 \cdot 10H_2O$
−	30	5.1	29.5	7.8	45.1	$NiSO_4 \cdot Na_2SO_4 \cdot 4H_2O + Na_2SO_4 \cdot 10H_2O$
M_3	40	4.0	31.6	6.2	49.2	$NiSO_4 \cdot Na_2SO_4 \cdot 4H_2O + Na_2SO_4$
M_4	70	4.6	29.4	7.0	44.5	$NiSO_4 \cdot Na_2SO_4 \cdot 4H_2O + Na_2SO_4$
L_1	20	24.4	9.7	37.1	14.7	$NiSO_4 \cdot Na_2SO_4 \cdot 4H_2O + NiSO_4 \cdot 7H_2O$
L_2	25	25.9	8.3	38.8	12.4	$NiSO_4 \cdot Na_2SO_4 \cdot 4H_2O + NiSO_4 \cdot 7H_2O$
−	30	26.9	7.8	41.2	11.9	$NiSO_4 \cdot Na_2SO_4 \cdot 4H_2O + NiSO_4 \cdot 7H_2O$
L_3	40	29.5	7.0	46.5	11.0	$NiSO_4 \cdot Na_2SO_4 \cdot 4H_2O + NiSO_4 \cdot 6H_2O$
L_4	70	36.0	4.5	60.5	7.6	$NiSO_4 \cdot Na_2SO_4 \cdot 4H_2O + NiSO_4 \cdot 6H_2O$

表 2-4-26 不同温度时混合电解液的饱和成分

温度/℃	平衡浓度								总浓度/$mol \cdot L^{-1}$
	$g \cdot L^{-1}$				$mol \cdot L^{-1}$				
	Ni^{2+}	Na^{+}	SO_4^{2-}	Cl^{-}	Ni^{2+}	Na^{+}	SO_4^{2-}	Cl^{-}	
30	98.1	53.7	227.2	33.3	3.35	2.33	4.74	0.94	5.68
50	96.7	54.1	226.7	32.0	3.28	2.35	4.73	0.90	5.63
70	97.3	54.4	230.8	31.2	3.32	2.36	4.81	0.88	5.69
30	80.2	56.7	158.0	67.4	2.74	2.46	3.29	1.90	5.20
50	79.4	59.9	161.3	69.0	2.71	2.60	3.36	1.94	5.31
70	81.3	60.5	169.0	66.9	2.77	2.64	3.52	1.88	5.41
30	65.1	68.0	107.2	104.0	2.22	2.95	2.25	2.93	5.17
50	65.7	65.0	101.0	104.6	2.24	2.82	2.06	2.94	5.06
70	66.8	65.2	124.5	89.2	2.28	2.83	2.59	2.51	5.11
30	104.7	50.5	233.1	32.0	3.50	2.19	4.85	0.90	5.75
50	103.5	48.6	227.8	32.0	3.53	2.11	4.74	0.90	5.64
70	104.0	51.4	234.0	32.3	3.55	2.23	4.87	0.91	5.78
30	86.8	54.8	162.8	68.7	2.96	2.38	3.39	1.94	5.33
50	87.2	57.8	167.0	71.0	2.98	2.51	3.48	2.00	5.48
70	87.5	56.9	168.0	69.4	2.99	2.47	3.50	1.95	5.45
30	75.6	70.0	128.9	104.4	2.58	3.04	2.68	2.94	5.62
50	74.7	65.9	118.7	104.4	2.55	2.86	2.47	2.94	5.41
70	73.9	65.9	116.9	104.9	2.52	2.86	2.43	2.95	5.38
30	108.9	48.5	234.1	33.5	3.71	2.11	4.88	0.94	5.82
50	109.8	46.1	231.8	32.7	3.74	2.00	4.82	0.92	5.74
70	111.0	50.7	244.1	32.3	3.79	2.20	5.08	0.91	5.99
30	90.8	52.3	165.4	68.2	3.10	2.27	3.45	1.92	5.37
50	90.5	52.3	166.2	67.0	3.09	2.27	3.48	1.88	5.36
70	92.8	54.5	175.2	66.7	3.17	2.37	3.66	1.88	5.54
30	82.5	68.0	132.9	106.7	2.82	2.95	2.77	3.00	5.77
50	80.0	66.4	120.0	116.0	2.73	2.88	2.51	3.10	5.61
70	77.2	64.0	115.1	107.2	2.64	2.78	2.41	3.02	5.43

二、密度及粘度

工业上电解液密度和动力粘度及运动粘度波动于 1.15～1.20g/cm³和 0.95mPa·s 及 0.75×10⁻²cm²/s。$NiCl_2$-$NiSO_4$-H_2O 及 $NiCl_2$-H_2O 系的密度见表 2-4-27，动力粘度见表 2-4-28 及图 2-4-52、图 2-4-53。

表 2-4-27 镍电解液的密度(18℃)($g\cdot cm^{-3}$)

盐浓度/%	$NiCl_2$	$NiSO_4$	盐浓度/%	$NiCl_2$	$NiSO_4$
1	1.008	1.009	20	1.216	
2	1.018	1.020	22	1.243	
4	1.038	1.042	24	1.251	
6	1.058	1.042	26	1.300	
8	1.079	1.085	28	1.328	
10	1.100	1.109	30	1.363	
12	1.122	1.133	32	1.390	
14	1.144	1.158	34	1.418	
16	1.167	1.183	36	1.447	
18	1.192	1.209	38	1.477	

表 2-4-28 水溶液动力粘度(25℃)(mPa·s)

浓度/$mol\cdot L^{-1}$	$NiCl_2$	$NiSO_4$
0.125	1.0210	1.0323
0.25	1.0443	1.0751
0.5	1.0968	1.1615
1.0	1.2055	1.3615

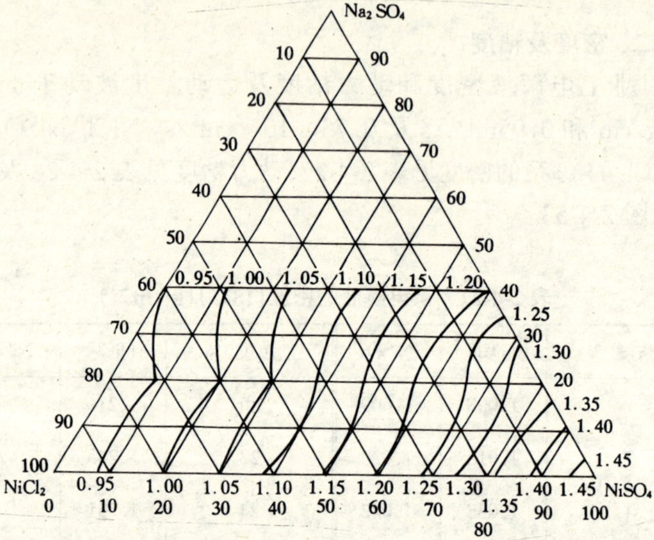

图 2-4-52　$NiCl_2$-$NiSO_4$-Na_2SO_4 系(65℃)

(盐总浓度为 2mol·L^{-1})

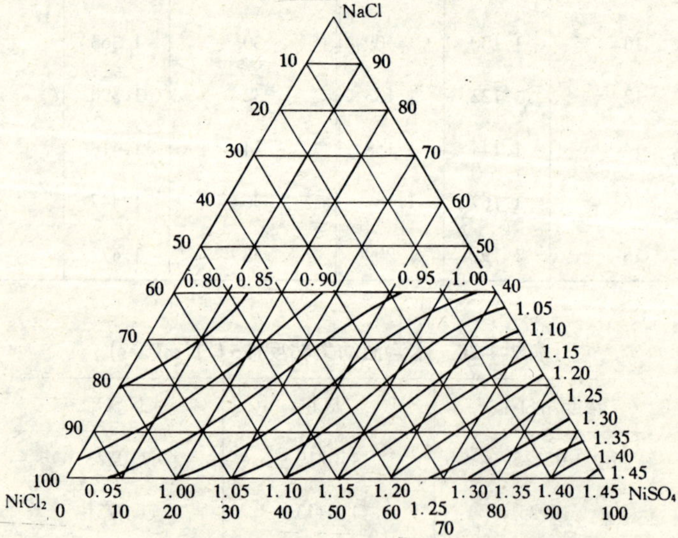

图 2-4-53　$NiCl_2$-$NiSO_4$-NaCl 系(65℃)

(盐总浓度为 2mol·L^{-1})

有关温度对 1.7mol/L 的 $NiSO_4$ 及 1.65mol/L 的 $NiCl_2$ 溶液的密度和粘度影响见表 2-4-29 及表 2-4-30。

表 2-4-29 温度对 1.7mol/L$NiSO_4$ 液(pH2.2)的密度、粘度的影响

温度/℃	密度/$g \cdot cm^{-3}$	动力粘度/$mPa \cdot s$	运动粘度/$cm^2 \cdot s^{-1}$
21	1.250	3.34	0.0267
26	1.249	2.46	0.0197
32	1.248	2.32	0.0186
35	1.247	2.14	0.0171
40	1.245	1.91	0.0153
45	1.244	1.72	0.0138
50	1.242	1.56	0.0125
55	1.238	1.40	0.0113
59	1.236	1.27	0.0103
65	1.234	1.14	0.0093
70	1.232	1.05	0.0085

表 2-4-30 温度对 1.65mol/L $NiCl_2$ 液(pH1.9)的密度、粘度的影响

温度/℃	密度/$g \cdot cm^{-3}$	动力粘度/$mPa \cdot s$	运动粘度/$cm^2 \cdot s^{-1}$
21	1.195	2.01	0.0168
30	1.190	1.63	0.0137
35	1.189	1.42	0.0120
40	1.188	1.31	0.0110
45	1.186	1.21	0.0102
50	1.184	1.10	0.0093
55.5	1.182	1.02	0.0086
60	1.180	0.97	0.0083
65	1.178	0.91	0.0077
70	1.175	0.79	0.0067

有关 $NiCl_2$-$CuCl_2$-H_2O 的密度 d，可用下式算出：

$$d = 1.000 + 1.995 \times 10^{-3} c_{Ni} + 1.762 \times 10^{-3} c_{Cu} (g/cm^3)$$

式中 c 为 Ni^{2+} 浓度(g/L)。

三、热容、扩散系数及活度系数

镍电解液各组分的比热容扩散系数及活度系数见表 2-4-31 至表 2-4-33，25℃算出 Ni^{2+} 的扩散系数为 $0.69 \times 10^{-5} cm^2/s$。

表 2-4-31　镍电解液各组分的比热容

物质	温度/℃	比热容/J·(g·c)$^{-1}$		
		$n=25$	$n=50$	$n=100$
$NiCl_2$	24～55	3.07	3.47	3.77
$NiSO_4$	25～56		3.50	3.80
NaCl	18	3.68	3.89	4.02
Na_2SO_4	21～52	3.42	3.67	4.01

注：n—1mol 物质溶在 n mol 水中。

表 2-4-32　镍盐水溶液中的扩散系数(20℃)

浓度 mol·L^{-1}	D/cm^2·s^{-1}		浓度 mol·L^{-1}	D/cm^2·s^{-1}	
	$NiSO_4$	$NiCl_2$		$NiSO_4$	$NiCl_2$
0.1	0.555×10^{-5}	0.920×10^{-5}	2.0	0.410×10^{-5}	0.888×10^{-5}
0.25	0.516×10^{-5}	0.911×10^{-5}	3.0	0.370×10^{-5}	
0.5	0.503×10^{-5}	0.891×10^{-5}	4.0		0.894×10^{-5}
1.0	0.460×10^{-5}	0.887×10^{-5}			

表 2-4-33 25℃镍盐水溶液的平均活度系数 $\gamma_\pm$

浓度 $mol \cdot kg^{-1}$	溶液中的 $\gamma_\pm$		浓度 $mol \cdot kg^{-1}$	溶液中的 $\gamma_\pm$	
	$NiSO_4$	$NiCl_2$		$NiSO_4$	$NiCl_2$
0.1	(0.150)	0.522	2.5	0.0357	1.236
0.3	0.0841	0 463	3.0		1.692
0.5	0.0628	0.464	3.5		2.26
0.7	0.0516	0.482	4.0		2.96
1.0	0.0426	0.536	4.5		3.76
1.5	0.0360	0.684	5.0		4.69
2.0	0.0342	0.906	5.8		6.43

四、导电率

一般镍电解厂中，电解液及隔膜电阻电压降占槽电压的 50%～60%。俄国三个工厂电解液组成及电导率见表 2-4-34。

表 2-4-34 65℃的电解液组成及电导率

工厂	电解液浓度 $/g \cdot L^{-1}$					电导率 $S \cdot cm^{-1}$
	Ni^{2+}	Na^+	Cl^-	SO_4^{2-}	H_2BO_3	
北镍	68	28	31	126	3.6	0.154
诺里尔斯克	82	35	41	151	3.2	0.165
南镍	89	32	76	115	3.1	0.202

温度对导电率影响见图 2-4-54、图 2-4-55 及表 2-4-35。

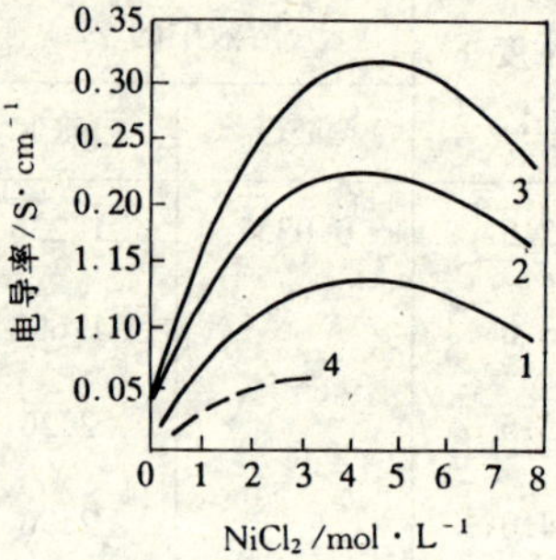

图 2-4-54　$NiCl_2$(1,2,3)及$NiSO_4$(4)溶液电导率

1—20℃；2—50℃；3—80℃；4—25℃

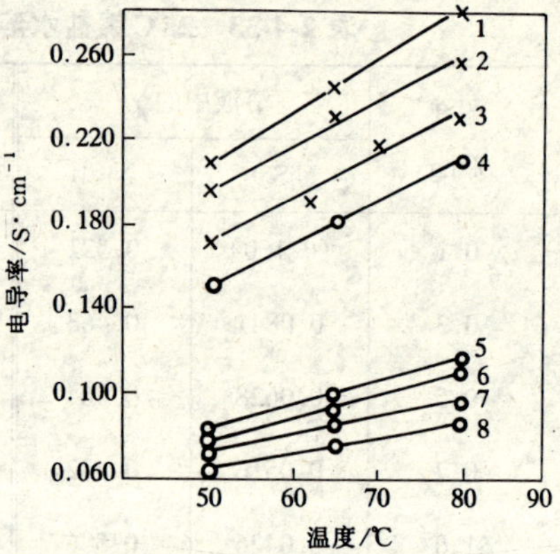

图 2-4-55　温度对电导率的影响

$NiCl_2$(mol·L^{-1})：1—1.53；2—1.28；3—1.02；4—工业电解液；$NiSO_4$(mol·L^{-1})：5—1.53；6—1.28；7—1.02；8—0.85

表 2-4-35　在 20～80℃之间电导率之温度系数(a)

mol·L^{-1}		$\chi/\Omega^{-1}\cdot cm^{-1}$ (20℃)	a/S·cm^{-1}·℃$^{-1}$
$NiCl_2$	NaCl		
0.5	1.84	0.142	0.00310
1.36	1.84	0.158	0.00350
1.70	1.0	0.134	0.00307
1.70	1.84	0.162	0.00358
1.70	2.50	0.175	0.00406
1.70	3.60	0.192	0.00450
3.0	1.84	0.166	0.00370

表 2-4-35 中之 a，代入 $\chi_t = \chi_{20℃} + a(t-20)$，即可求得 20～80℃任何温度下之电导率。

混合电解液体系的电导率见图 2-4-56 及图 2-4-57。

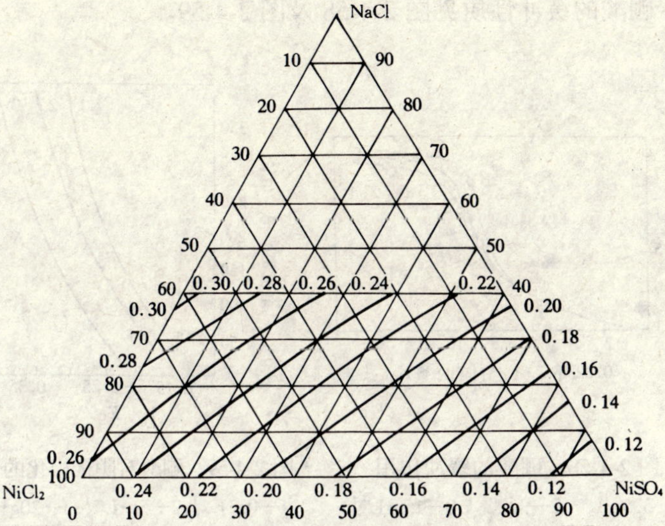

图 2-4-56　$NiCl_2$-$NiSO_4$-NaCl 系电导率(65℃，总浓度 $2mol \cdot L^{-1}$)

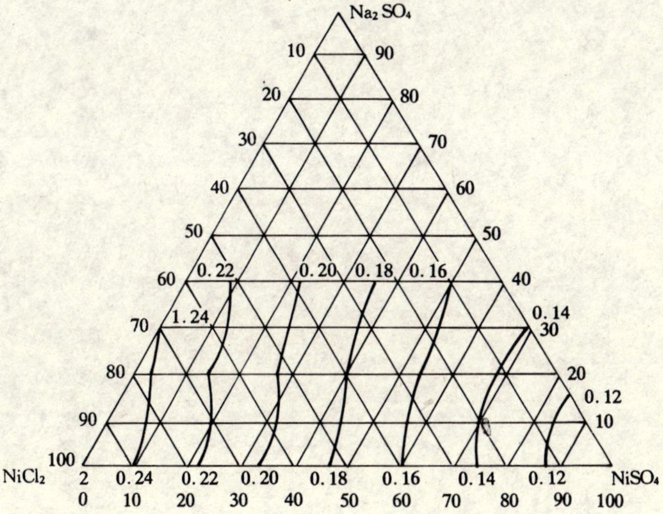

图 2-4-57　$NiCl_2$-$NiSO_4$-Na_2SO_4 系电导率

(65℃，总浓度 $2mol \cdot L^{-1}$)

硼酸的缓冲性质见图 2-4-58 及图 2-4-59。

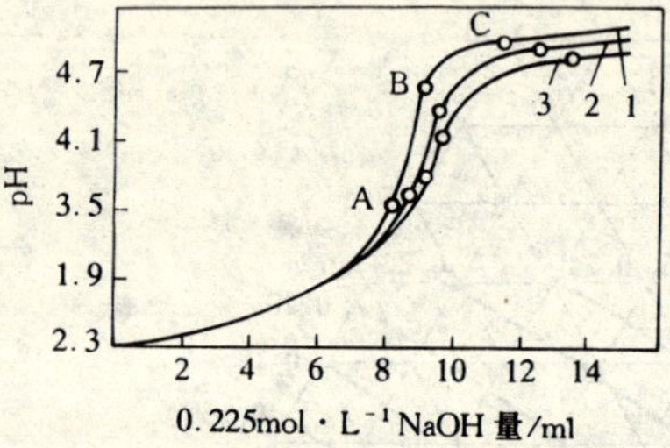

图 2-4-58　硼酸的缓冲作用

1—3.6g·L^{-1};2—9g·L^{-1};3—15g·L^{-1}

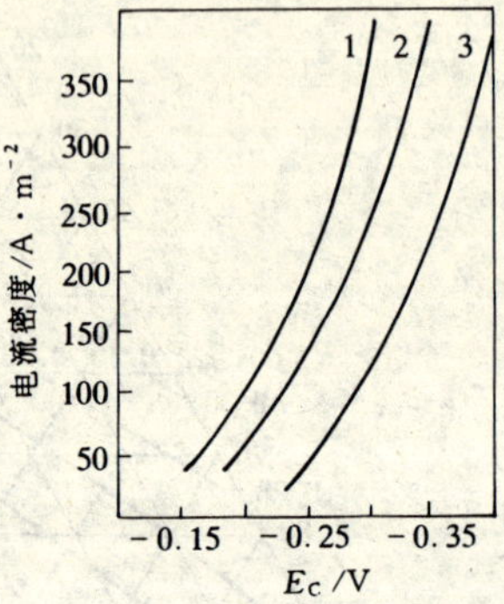

图 2-4-59　硼酸对阴极极化的作用

1—0g·L^{-1};2—5g·L^{-1};3—20g·L^{-1}

第五章　高镍锍的湿法提取

高镍(铜)锍经磨浮分离后进行硫化镍阳极或粗镍阳极电解，流程均很繁琐；故自60年代初，国内外同步致力于高镍锍的湿法提取。我国郭立人在赵天从教授指导下曾进行过镍铜锍直接选择浸出试验，已取得显著的突破，但未获工业应用。

目前国外工业化的三类方法为：奥托昆普的硫酸选择浸出电解提取(或 H_2 还原)法，舍里特·高尔顿氨浸-氢还原法及鹰桥公司的氯气(盐酸)浸出电解(氢还原)提取法。

第一节　硫酸选择浸出

奥托昆普公司的哈贾伐尔塔镍精炼厂是最先采用硫酸选择性浸出法的工厂，目前已在南非吕腾斯堡、津巴布韦的宾都拉厂和埃姆普雷斯厂及巴西的对诺泽等厂采用此工艺[29]。原来的高镍锍，粒度为0.5～3.0mm，含(%)Ni60～65，Cu22～25，S6～7，Fe约0.5，Co0.7～1.0，其中金属相占66%，Ni_3S_2 占18%，Cu_2S 占15%，杂质约1%。浸出参数对浸出过程的作用见图2-5-1。

浸出工序由三段常压及一段加压逆流浸出，使Ni、Co浸出率分别达98%及97%。有关数据见表2-5-1。

表 2-5-1　浸出工艺数据

浸出段	压力/MPa	温度/℃	浸出槽		浸出前/浸出后	溶液成分/g·L^{-1}						
			个数	尺寸	溶液	Ni^{2+}	Cu^{2+}	H_2SO_4 (pH)	Co^{2+}	Fe	Pb^{2+}	Zn^{2+}
1	常	90	4	90m^3	铜电解废液	80	5～6	5～10		1	0.01	0.005
					浸出后液	100～105	<0.01	(5.5～6.3)	0.7	<0.01	0.0005	0.01

续表 2-5-1

浸出段	压力/MPa	温度/℃	浸出槽		浸出前/浸出后	溶液成分/$g \cdot L^{-1}$						
			个数	尺寸	溶液	Ni^{2+}	Cu^{2+}	H_2SO_4 (pH)	Co^{2+}	Fe	Pb^{2+}	Zn^{2+}
2	常	90	2	90m³	3段+4段溢流							
					浸出后液	75	15		0.3	0.5～10	0.005～0.01	
3	常	90	2	90m³	镍电解阳极液	70		40～50				
					浸出后溢流	70	15～20	10～15	0.05	2～3	0.005～0.01	
4	2	200	1	2.9m×11.5m	镍阳极液	70		40～50				
					浸出和溢流	90	2	10				

注：浸出 1 的溶液含 Na_2SO_4 100～150$g \cdot L^{-1}$。

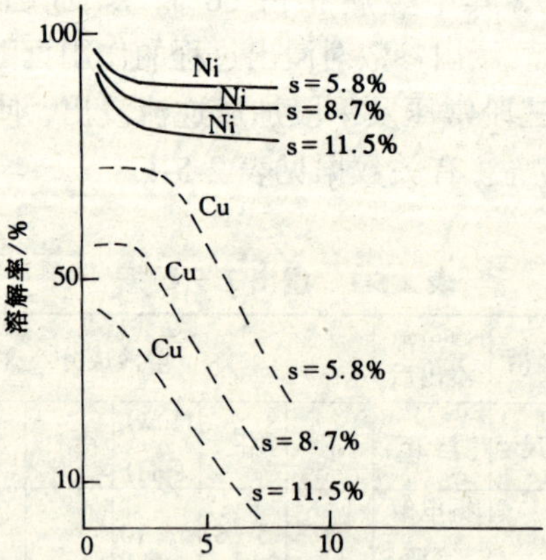

图 2-5-1　Ni/Cu 及硫含量对浸出率的影响

该厂净液主要是脱铅及除钴，脱铅是加氢氧化钡以生成硫酸钡及硫酸铅共晶沉淀。除钴是用自制备的黑镍(NiOH)在两个120m^3 的空气搅拌槽中逆流进行。电解氧化 $Ni(OH)_2$ 制黑镍是以镍片为阳极，镍铬丝或铜板网为阴极的电解槽中进行的，其技术条件如下：

电解液成分：Ni^{2+} 30g/L，NaOH0.1～0.15mol/L 阳极电解液密度 20Am^{-2}

电解液温度 50℃ 电流效率 约50%

槽电压 2.3V 1kg黑镍直流电耗1.6kW·h

槽中产出的黑镍含高价镍为65%～75%。

所得净化后液送电解提取(沉积)镍，镍电积回收率达98%，生产吨镍耗硫酸100～200kg，NaOH100～200kg。

奥托昆普公司鉴于硫酸选择浸出法的优点及原料中镍铜比的显著提高，于1995年8月正式开始了新的工艺流程，其特点为常压加压浸出结合，镍电积及氢还原并举，并采取萃钴及氢还原得钴粉。新工艺流程见图2-5-2，新工艺除保持原产电镍(1993年为18.4kt)外，计划年产镍团块15kt，钴粉500t，硫铵4.3t。预计1996年总镍产34kt。该厂新工艺精矿、闪速炉产出的及炉渣贫化产出的镍锍成分(%)分别为Ni为15、71及53；Cu约为～1、6及3；Co为0.5及1.2；Fe为31、3及34。

一、从硫酸镍溶液中电解提取阴极镍

硫酸镍电解提取(沉积)属于不溶阳极电解，其槽总电化学反应不为零。该工艺为哈贾伐尔塔精炼厂、日本矿业公司日立精炼厂和津巴布韦的宾都拉冶炼厂采用。前者共有126个电解槽(图2-5-3)，其内部尺寸为6.6m×1.22m×1.2m。

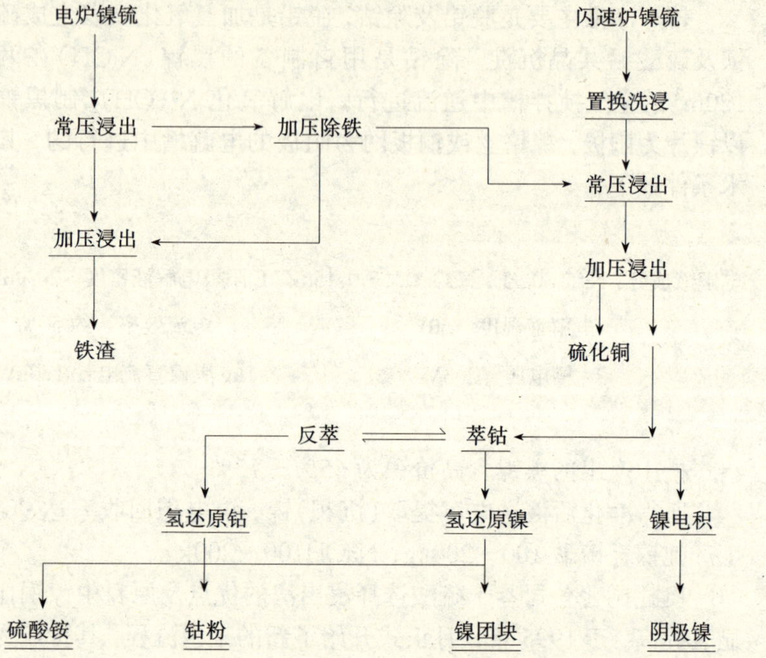

图 2-5-2　哈贾伐尔塔镍精炼新流程

纯铅阳极放在聚酯布袋内，产生的氧气通过布袋直接排向车间。阳极尺寸为 1.0m×0.75m×0.008m，平均使用寿命为 5～6a，每槽共 49 片；阴极每槽 48 片，尺寸为 0.97m×0.89m×0.0012m，由不锈钢种板电积 36h 后剥得，寿命为 7d，每片重约 80kg，同极距为 30mm。要求阴极液成分(g/L)为：Ni 95～100，Cu＜0.001，Fe＜0.0005，Co 0.01，Pb＜0.0002，Zn 0.002。每隔膜袋循环量为 15L/h，袋内外液面差 20mm。阴极电流密度 220～230A·m^{-2}，槽电压为 3.6V，阴极电流效率 96%～97%，整流器为 20kA×400V。

宾都拉厂工艺与哈贾伐尔塔厂相近，惟同极距为 160mm，液面差 25mm，净化后液含 Ni^{2+} 96g/L，阴极室内 Ni^{2+} 68g/L，其他杂质为(10^{-6})：Cu 1，Co1～2，Pb1，Fe1，Zn1，pH3.5。温度

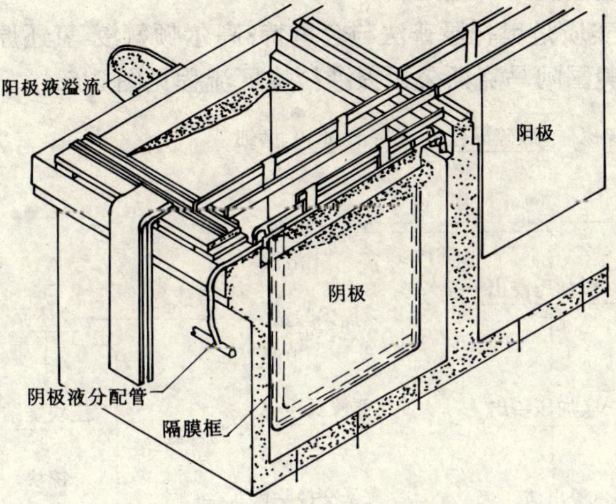

图 2-5-3　镍电解沉积槽

65℃，阴极电流密度 225A/m²，电流效率 95%。其槽电压分配如下：

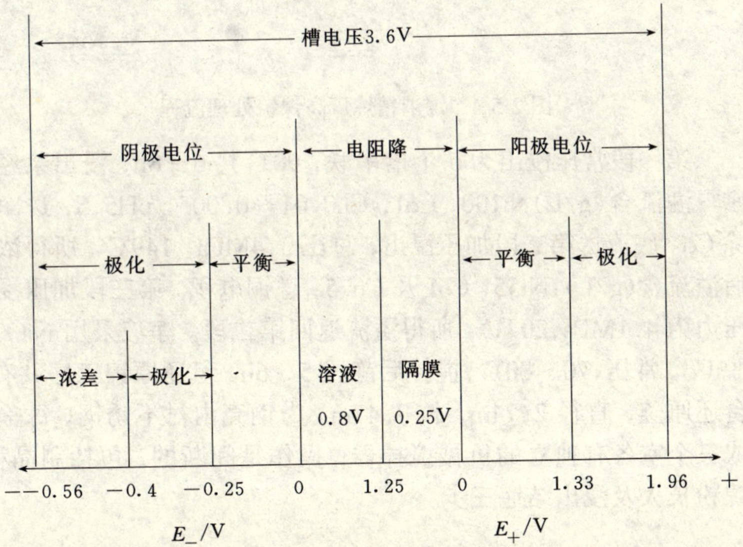

二、硫酸浸出－氢还原

该法实质是奥托昆普法与舍里特·高尔顿氨浸-氢还原法的结合。其中美国阿马克斯公司镍港精炼厂流程见图 2-5-4。

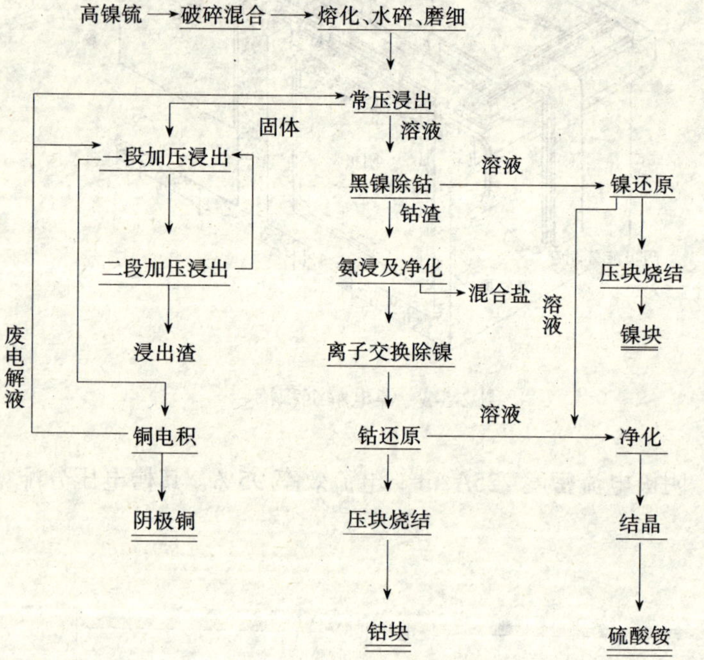

图 2-5-4　镍港精炼厂高镍锍处理流程

第一段常压浸出为 5 个槽串联，90℃共 6～8h，浸出浆经浓密得溢流含(g/L)Ni100，Co1，Cu0.01～0.005，pH5.5，送净液除 Co。底流送第二段加压浸出，总压 3.4MPa，149℃。所得浓密后溢流含(g/L)：Ni55，Co1 及 Cu75，送铜电积。第三段加压浸出压力为 4.1MPa，204℃，所得溢流返回第二段。净液采用 NiOOH 脱 Co，常压，70～80℃，搅拌后静置 5～6h。氢还原镍工序共有 6 台还原釜，直径 2.74m，长 7.47m。为钢壳内衬不锈钢，每釜分成三个室各有独立的机械搅拌器，操作是间断的，包括制晶种、镍粉长大及浸出结疤三步。

氢气在硫铵液中溶解速率见图 2-5-5，不同气体的溶解度见图 2-5-6。

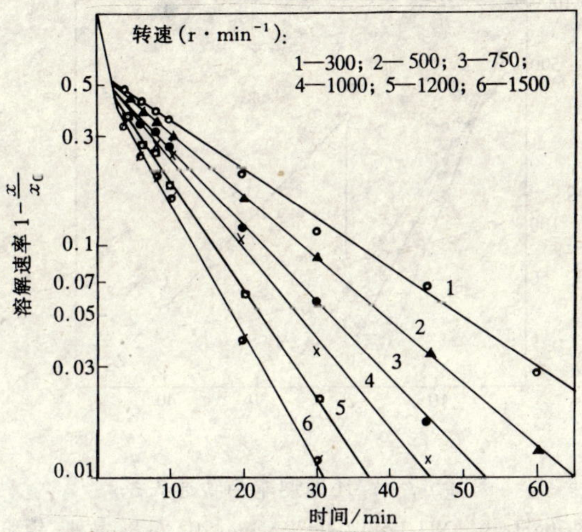

图 2-5-5 搅拌转速对 H_2(202.6kPa)

在$(NH_4)_2SO_4$(100g/L)溶解速率的影响(150℃)

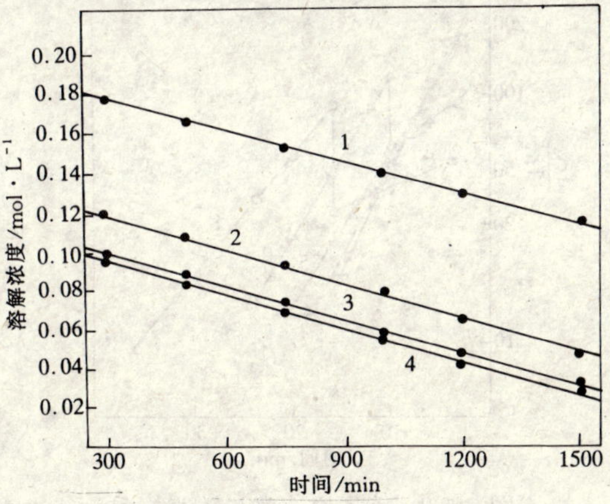

图 2-5-6 搅拌转速对 CO_2(1)，H_2(2)，O_2(3)，N_2(4)

在$(NH_4)_2SO_4$(100g/L)的溶解度的影响(150℃)

(四种气体分压均为 202.64kPa)

镍在$(NH_4)_2SO_4$(100g/L)中被 H_2(202.6kPa)还原的速率见

图 2-5-7 及图 2-5-8。

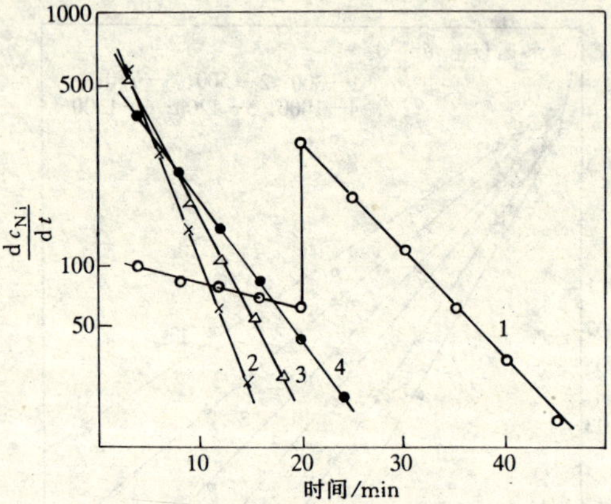

图 2-5-7　镍还原速率与转速关系

160℃，Ni30g·L^{-1}，$(NH_4)_2SO_4$100g·L^{-1}，p_{H_2}202.6kPa 晶种：镍粉 50g，

转速（r·min^{-1}）：1—750；2—1000；3—1200；4—1500

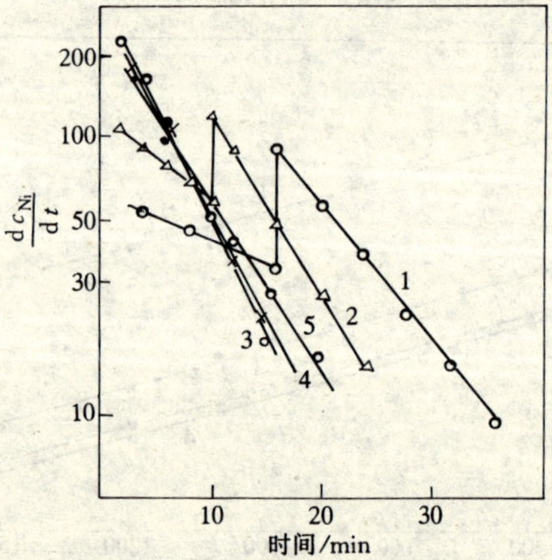

图 2-5-8　镍还原速率与转速关系

$(NH_4)_2SO_4$100g·L^{-1}，p_{H_2}202.6kPa，150℃，Ni10g·L^{-1}，

晶种：镍粉 50g（比表面 0.24m^2·g^{-1}）

转速（r·min^{-1}）：1—500；2—750；3—1000，4—1200；5—1500

南非英帕拉铂公司的高镍锍含 Ni44.7%～48%，Co1.2%，Cu24.8%～26.5%，Fe1%，S22.4%及 $Pt_{总}$ 1.2416～1.552kg/t。其流程见图 2-5-9。

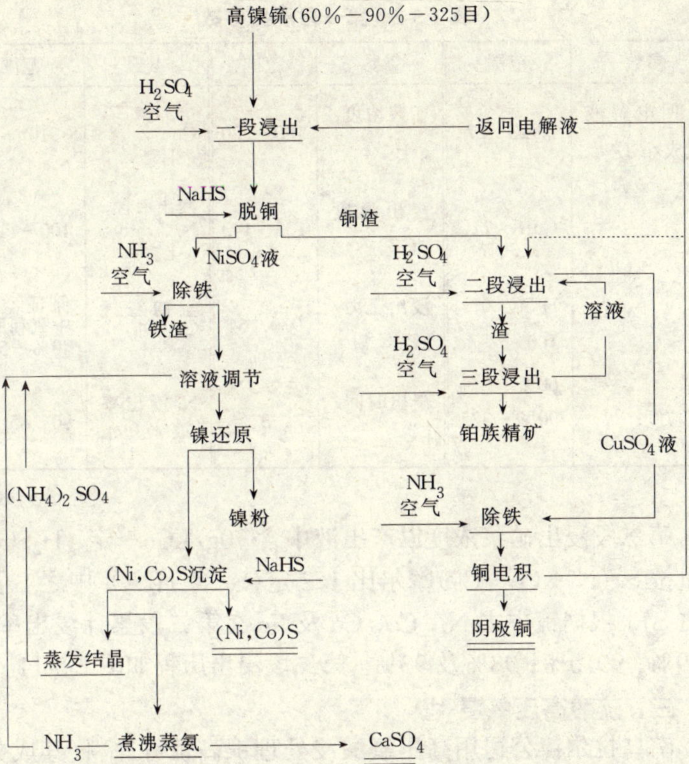

图 2-5-9 英帕拉铂精炼厂工艺流程

第一段浸出又分三步进行(图 2-5-10)：第一步为无氧加热下进行铜置换：

$$CuSO_4 + Ni_3S_2 \longrightarrow NiSO_4 + 2NiS + Cu^{\circ}$$

第二步为硫酸氧浸出：

$$Ni_3S_2 + H_2SO_4 + 1/2O_2 \longrightarrow NiSO_4 + 2NiS + H_2O$$

第三步为在无氧参加下替代反应：

$$CuSO_4 + NiS \longrightarrow NiSO_4 + CuS$$

表 2-5-2　第一段浸出参数

参数	范围	参数	范围	参数	范围
返回电解液组成/$g \cdot L^{-1}$	Ni 23～27	矿浆浓度/$g \cdot L^{-1}$	180～220	浸后液含 Cu^{2+}/$g \cdot L^{-1}$	<10
	Cu18～22	浸出温度/℃	133～143	浸出液含 Ni^{2+}/$g \cdot L^{-1}$	100～110
	$H_2SO_4$80～100	浸出压力/kPa	930.164	釜内空气流速	保证空气中氧利用40%～50%
锍粒度	60%～90% －325目	浸出时间/h	3	Ni 浸出率/%	80～85

第二段浸出矿浆浓度以产出液中含 70g/LCu^{+2}定，H_2SO_4 加入量按 S/(Ni + Co + Cu)摩尔比 1.2 定(S_T 含 H_2SO_4 中之 S 及料中之 S)。根据锍中之 Ni, Co, Cu 及 Fe 在第二段累计浸出率为：99.9%，99.0%，98%及 93%。第二段浸出历程如图 2-5-11。

三、硫酸高压氧浸[44]

南乌拉尔镍公司用高压氧酸浸处理镍高锍等原料(其成分见表 2-5-3)，所用设备见图 2-5-12，浸出过程参数如下：

固料粒度	－200 目	供入混合空气含 O_2	60%～80%	操作温度	145±5℃
固:液	1:4	工作压力	15.5MPa	搅拌转速	330～485r/min
H_2SO_4 浓度	2～8g/L	溶液中含 Fe^{2+}	0.5～1g/L	氧利用率%	>85%～90%

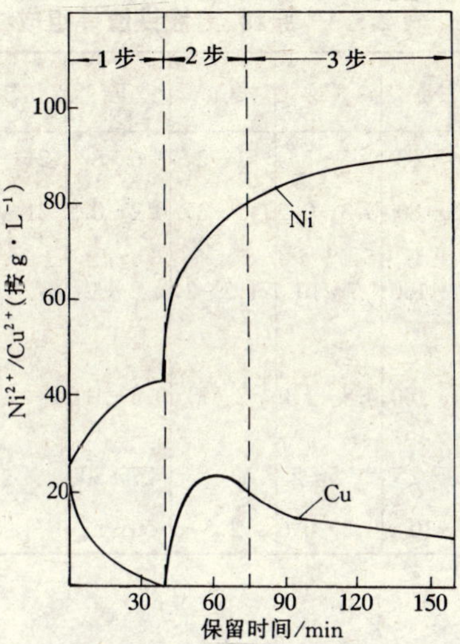

图 2-5-10　第一段浸出历程

(132℃,原液 Cu^{2+} 20g·L^{-1}, Ni^{2+} 25g·L^{-1},Ni 浸出率 75%)

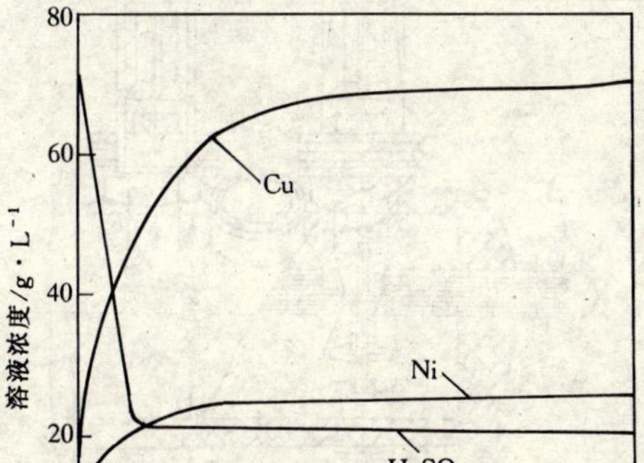

图 2-5-11　第二段浸出溶液浓度变化

(135℃, p_{O_2} = 137kPa, S/(Ni + Co + Cu)(mol.) = 1.2)

表 2-5-3　原料、溶液铁渣等组成

物料名称	Ni	Co	Cu	Fe	S	H_2SO_4	备注
混合料/%	61～63	5～7	1～2	6～8	21～23		
高镍锍/%	75～80	0.3～0.5	1.5～2.5	0.2～0.5	21～22		
混合料浸出液/$g \cdot L^{-1}$	80～100	7～10	1.5～2	2～3		3～8	
高镍锍浸出液/$g \cdot L^{-1}$	80～100	0.8～1.0	2～3	0.5～1.0		3～8	
粗铁渣/%	20～25	1.5～2		27～30			渣率约 20
终铁渣/%	～10	0.5～0.6	2.5	50～52			渣率约 10

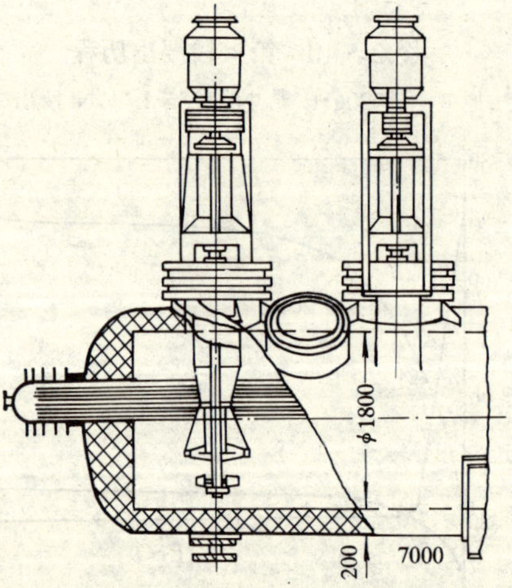

浸出高压釜（$V_{总}$ $16m^3$，$V_{有效}$ $10m^3$，工作压力 1.55×10^7 Pa）

图 2-5-12　浸出高压釜图

（总容积 $16m^3$，有效容积 $10m^3$，操作压力 15.5MPa）

第二节　高镍锍的氧压氨浸

澳大利亚克威那拉镍精炼厂采用该法处理卡尔古利熔炼厂的高镍锍(%)：Ni 72，Cu5，Co0.6，Fe0.7，S20，其中几乎不含贵金属。原采用舍里特-高尔顿法处理镍精矿，于1970年已投产，至1972年才改为精炼厂，但仍同时处理约30%的镍精矿及10%的低镍锍和硫酸镍，高镍锍只占原料60%。其工艺见图2-5-13。该厂浸出有两个系列，每列为二段逆流浸出，第一段用一台釜，二段为2台釜，釜内分4个隔室(图2-5-14)。

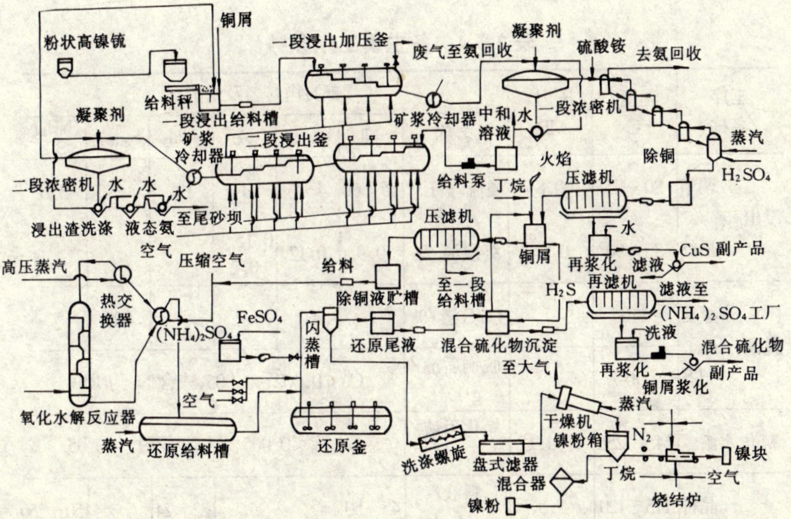

图2-5-13　克威那拉镍精炼厂流程

该厂各工序主要技术参数见表2-5-4。主要设备尺寸见表2-5-5。

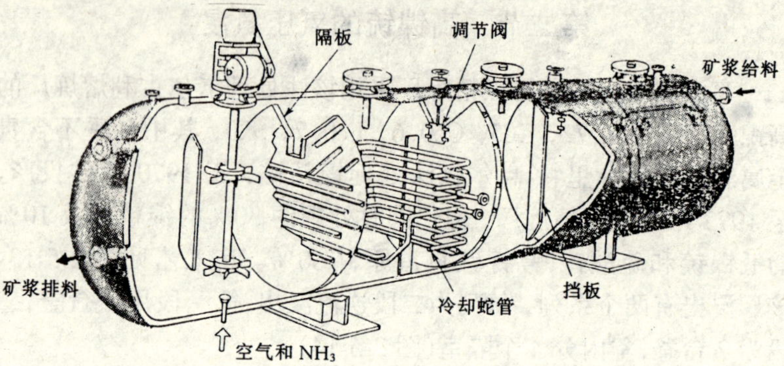

图 2-5-14 高压氧氨浸釜剖视图

表 2-5-4 各主要工序参数

工序名称		温度/℃	压力/MPa	有关物料名及组成						
				名称	Ni	Cu	Co	NH_3	$S_{不饱和}$	$(NH_4)_2SO_4$
浸出①④:	调节	80~85	0.8	溢流/$g\cdot L^{-1}$	55~60	4~6	1	120	4~6	350
	最终	85~90	0.85	终浸渣/%	0.9	0.12	0.15~0.2			
脱铜:②	蒸氨	110		CuS渣/%	1	60			S20	
	H_2S	90		脱铜后液/$g\cdot L^{-1}$	Cu<0.002~0.005,渣含 Ni 约 10%					
氧化水解④		245~250	4~4.12	净化后液/$g\cdot L^{-1}$	$S_{不饱和}$<0.005, 氨基磺酸盐<0.05					
氢还原:	晶种	115~120	2.5	料液/$g\cdot L^{-1}$	45~50			23~24		150~250
	长大③④	200~205	3.1~3.4	料液/$g\cdot L^{-1}$	50~60	0.001	1	30~35	0.005~0.05	350
	反浸	120		浸出原液/$g\cdot L^{-1}$	<1			5		200

①镍浸出率:调节为 85%~90%,最终为 7%~10%;②除铜率大于 90%;③加氨基磺酸苯;④浸出 7~9h,氧化水解 0.5h,晶种长大 3~4d。

表 2-5-5 主要设备尺寸

名称	数量	主要尺寸/m	材料	备 注
浸出釜	6台	$\phi4.1\times17.7$	内衬5mm不锈钢	4室配冷却管
蒸氨锅	4台	$\phi2.75\times3.36$	钢板	串联，后2台配机械搅拌
氧化水解塔	1座	$\phi1.68\times18.3$	钢板	
氢还原釜	5台	$\phi2.3\times9.6$	内衬5mm不锈钢	并联，间歇，4×74kW 搅拌浆，$22m^3\cdot台^{-1}$， 充满系数60%
闪蒸槽	2个	$\phi6\times9$	内衬5mm不锈钢	
螺旋洗涤槽	1个	$\phi0.33\times2.4$	钢板	

第三节 氯化浸出

一、盐酸浸出

图2-5-15为鹰桥公司克里斯蒂安松精炼厂盐酸浸出法流程。

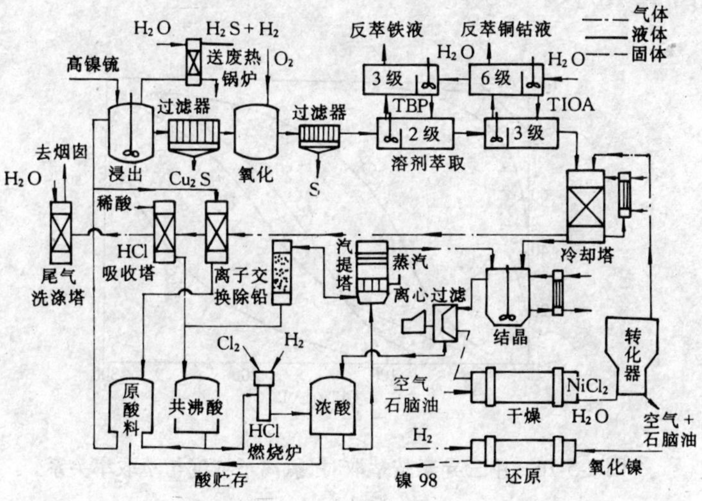

图2-5-15 克里斯蒂安松精炼厂盐酸浸出高锍工艺流程图

该浸出过程的典型数据见表 2-5-6。

表 2-5-6　盐酸浸出细粒高镍铜锍的典型数据

物料	成分					分配率		
	HCl/ $g\cdot L^{-1}$	Cu/%	Ni/%	Fe/%	S/%	Cu/%	Ni/%	S/%
高锍		26.5	48.1	1.25	21.0	100.0	100.0	100.0
进酸	275	无	26.1	无	无			
富镍浸出液	165	0.8	115.0	2.2	无	2.0	98.7	
浸出气体								68.0
浸出渣		76.5	1.8	0.5	19.6	98.0	1.3	32.0

注：高锍 －325 目占 95%，3 段浸出，温度 65℃，浸出时间共 12h，机械搅拌。

萃 Fe^{3+} 为 4%磷酸三丁酯(TBP)有机相，相比为 1，用水反萃；萃 Cu^{2+} 及 Co^{2+} 定用盐酸处理后的三异辛胺(11%)。其性能见图 2-5-16 及表 2-5-7。

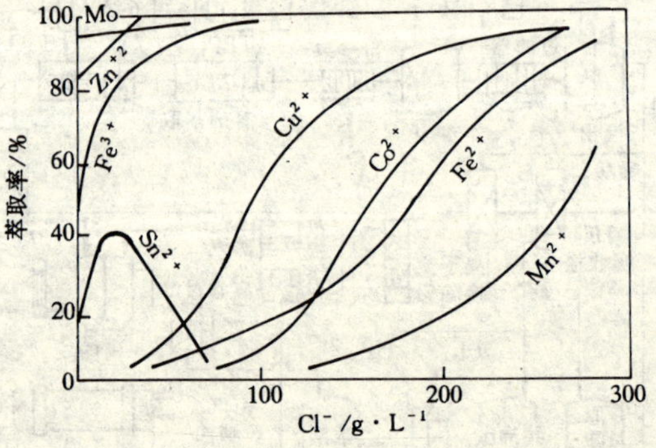

图 2-5-16　用三异辛胺萃取时，氯离子浓度与萃取率关系

表 2-5-7　溶剂萃取溶液典型成分($g \cdot L^{-1}$)

物料	Ni	Co	Cu	Fe	HCl	备注
浸出镍锍液	118.0	2.0	2.2	1.6	165	混合室容积 $1m^3$
铁反萃液	0.05	0.003	0.016	40	25.4	萃取澄清室面积 $4.8m^2$
铜反萃液		2	25		2	反萃澄清室面积 $2.0m^2$
钴反萃液		50	5	0.003	35	澄清室高度 1.4m
萃余液	118.0	0.001	0.005	0.005	100	

AMAX 的盐酸浸出法(图 2-5-17)中考虑到原料不同的特点，采用了三种预处理方法：如对含有 NiS_2 的原料，则采用氢气部分还原法，使之易于浸出；对可以制硫酸的原料，则采用死焙烧脱硫；对还原造锍熔炼得的镍高锍及含镍合金废料，也可混熔处理(图 2-5-18)。

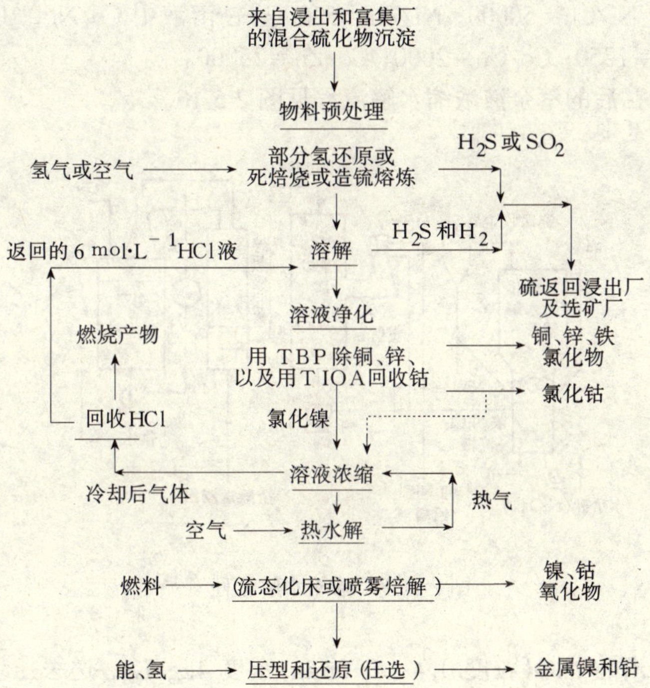

图 2-5-17　AMAX 盐酸浸出回收镍钴流程[39]

上述氢部分还原法是在回转窑逆流连续进行，温度450℃，料停留0.5h。氢气流速为1m/s。排气中含H_2S25%～35%，产品在盐酸中浸出率98%～100%。

由氧化镍矿得的高镍锍含(%)Ni～76，Co～1.7，S～18.4，磨细至-50目(0.3mm)，矿浆浓度为70%固体。一次浸出(1,2,3槽)为85℃，二次浸出(4,5,6槽)为100℃，总停留时间4h，镍浸出率大于98%[39]。

采用三段萃取脱杂，第一段用TBP(磷酸三丁酯)萃脱Cu，Zn。为防止Fe^{3+}的存在，料液电位不高于300mV(SCE)，萃余液用氯气氧化，使电位保持在不低于500mV。最后用三异辛胺用15%(体积比)(TIOA)萃钴，相比1.5，反萃剂为0.4mol/L的HCl液，反萃相比为40，所得镍溶液中Ni/Co=100；Ni/Fe=10000；Ni/Cu=50000；Ni/Zn=50000。钴溶液中Co/Ni=1000；Co/Fe=1250；Co/Cu=2000；Co/Zn=25000。

萃钴后的萃余液浓缩水解流程见图2-5-18。

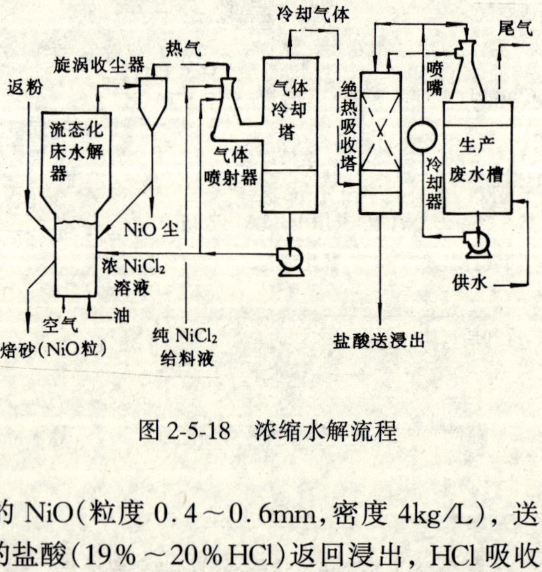

图2-5-18 浓缩水解流程

产出的NiO(粒度0.4～0.6mm，密度4kg/L)，送去压块还原；产出的盐酸(19%～20%HCl)返回浸出，HCl吸收回收率为

95%。沸腾水解器操作情况如下：

流化床温度 800～900℃	溶液加入 100～240/kg·h^{-1}	流化床直径 0.75m
		空间直径 1.0m
空间负压 −50～−100Pa	溶液 $NiCl_2$ 38%～46%	
不动床高 0.6～1.2m		
风量 280～460/kg·h^{-1}	转化率 80%～90%	流化床高 1.0～1.5m
给油量 15～29/kg·h^{-1}	产品粒度 0.4～0.6mm	风嘴 6～10 个

二、氯气浸出

挪威克里斯蒂安松精炼厂年生产能力为 43200t 镍，其中用氯气浸出的镍占 84.2%。工艺流程见图 2-5-19[40]。原料来自加拿大鹰桥公司。

为保证 Ni-Cu 高的分离效率，在改进的上述流程中增添了高压低 HCl 的氯气浸出，去掉了金属化工序。在浸出及沉铜时，要求控制电位见图 2-5-21 及图 2-5-22。

有关物料的组成见表 2-5-8，

表 2-5-8 鹰桥氯气浸出法的典型分析

项 目	Ni	Co	Cu	Fe	S	Pb	As	Cl	SiO_2
高镍锍/%	45	1	28	2	22	0.02	0.2		0.1
料液/g·L^{-1}	60		25	1				90	
硫化物浸出渣/%	7	0.5	56	2	33			0.3	
富液/g·L^{-1}	230	5	0.5	6		0.15	0.2	270	
铁沉淀(2)/%	1			39			0.5		
铁沉淀(1)/%	1			33			6		
镍电解液/g·L^{-1}	60							60	
钴电解液/g·L^{-1}	0.01	50						60	
焙烧炉焙砂/%	9	0.5	63	2	0.5				
铜浸出渣/%	50	1	18	5					1.4
铜电解液/g·L^{-1}	60	6	60	2.5			0.5		
铂族金属一次精矿/%	20	1	25	5	15			5	8

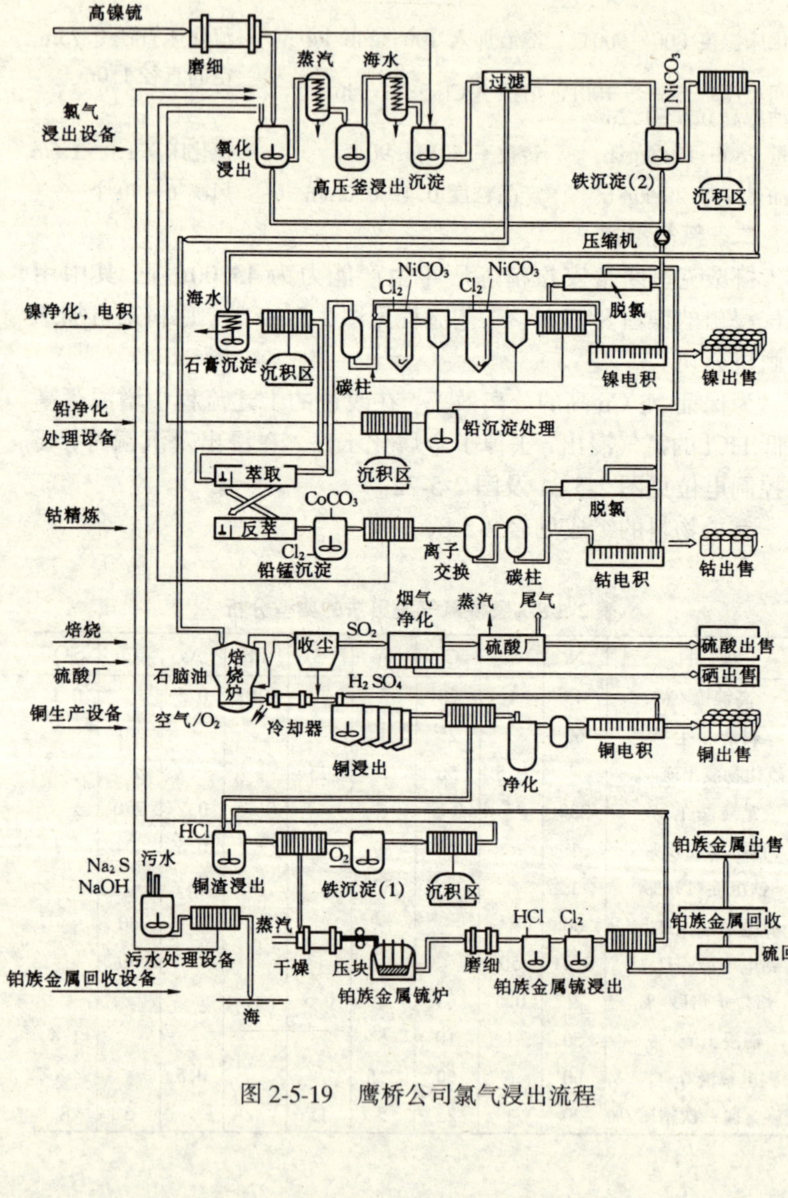

图 2-5-19　鹰桥公司氯气浸出流程

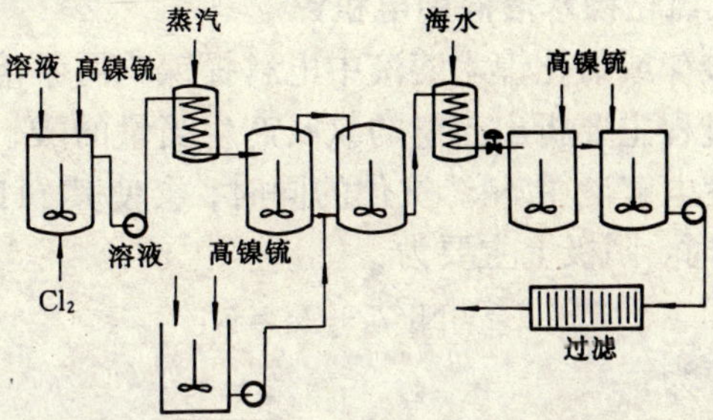

图 2-5-20 高压釜氯气浸出系统

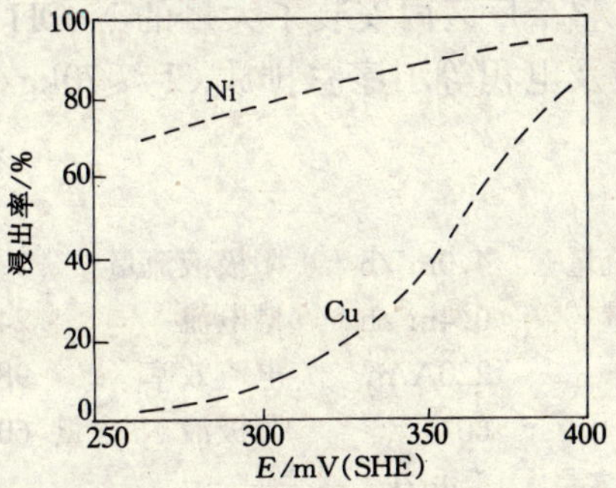

图 2-5-21 Ni,Cu 浸出率与电位关系

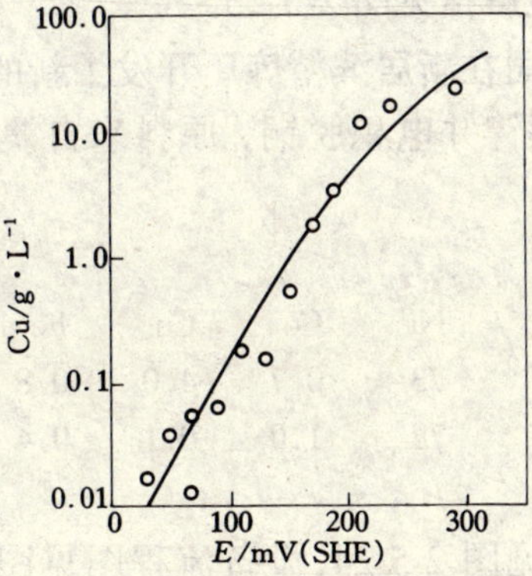

图 2-5-22 沉铜时 Cu 浓度与电位关系

三、从氯化镍水溶液中电积镍

从硫酸镍或氯化镍水溶液中电解提镍均属不溶阳极电解；但前者阴极过程主要析出当量的氧及产生当量的酸，因而在阴极上析出镍而使电解液中 Ni^{2+} 贫化的同时，会使其 pH 下降；而从纯 $NiCl_2$ 电解时，阴极上主要为：

$$Ni^{2+}+2e=Ni$$

阳极上主要为：

$$2Cl^{-}-2e=Cl_2\uparrow$$

理论上溶液 pH 不变，这是 $NiCl_2$ 电解液突出优点之一。氯气污染是较为严重，整个厂区内安装了大量的 NaOH 液吸收洗涤设备，使浸出、净液及电积等工序总排放 $Cl_2 \leqslant 70kg/d$。该厂镍电积参数如下：

每槽进口流量	$4.0m^3/h$	阳极液流量	$3.6m^3/h$
阴极液流量	$0.4m^3/h$	槽电流	24000A
电流密度	220A/m	电流效率	98%～99%
温度	60℃	阴极液 Ni 含量	60g/L
阳极液 Ni 含量	5.4g/L		

$NiCl_2$ 溶液电解槽见图 2-5-23。

日本住友公司在新居滨精炼厂开发了新的 MCIE 法，特别是氯气浸出、电积提镍并电积脱铜，原料来自澳大利亚(Ⅰ)及印尼(Ⅱ)其成分如下：

元素/%	Ni	Co	Cu	Fe	S
Ⅰ	73	0.7	4.0	0.8	20.0
Ⅱ	78	1.0	0.1	0.4	20.0

其工艺流程见图 2-5-24，设备流程图见图 2-5-25。脱铜电解槽见图 2-5-26。

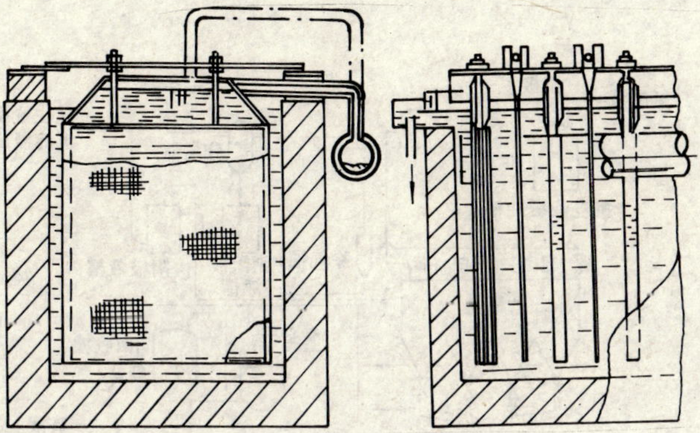

图 2-5-23 氯化镍电解槽

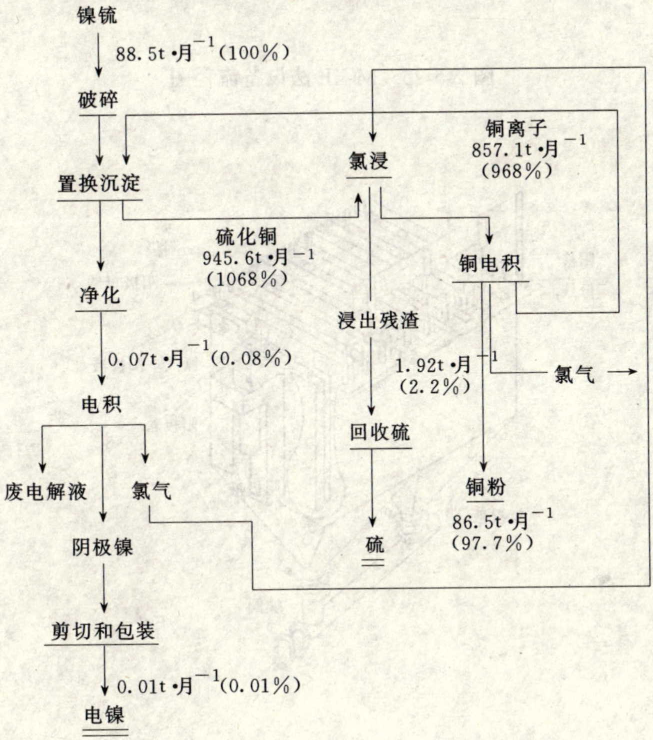

图 2-5-24 MCIE 法流程图
(图中的数字表示 1 月份的铜平衡;( )内为原料的%值)

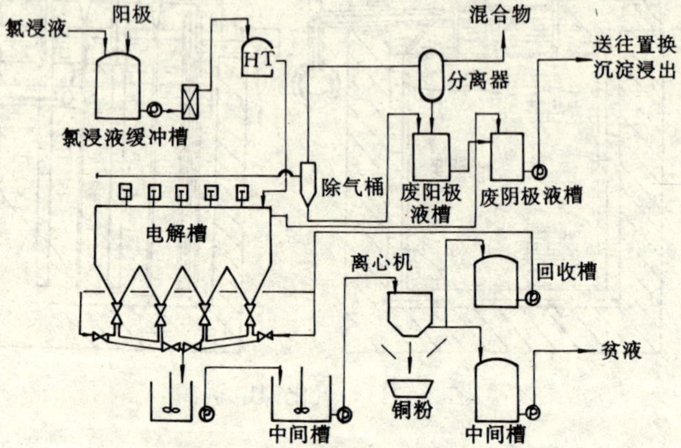

图 2-5-25 MCIE 法设备流程图

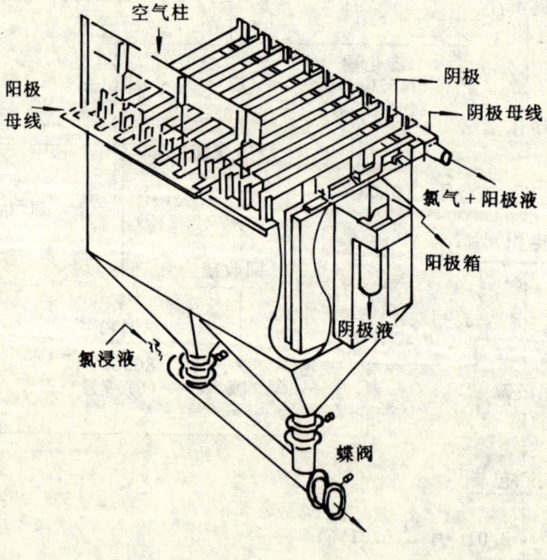

图 2-5-26 脱铜电解槽

在 $NiCl_2$ 溶液电积镍中阴极过程中，$Ni(OH)^+$ 一电子放电为被吸附活性物质，是整个过程的速率控制步骤。氯化镍电积阴极极化曲线见图 2-5-27。

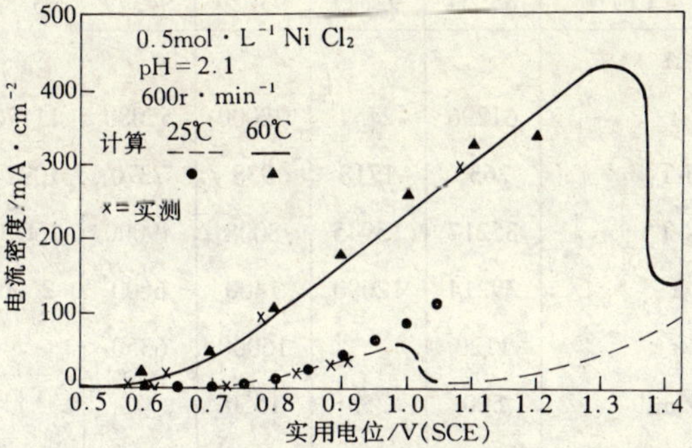

图 2-5-27　氯化镍电积阴极极化曲线

第四节　镍(铜)锍湿法提取方法的比较[45]

上述镍锍处理方法，优劣虽有其识，但由于条件各异，具体很难准确比较，现将 C. V. 沃尔科夫等[45]的研究结果作为参考。研究对象为俄国的诺里尔斯克厂及北镍公司。两厂的高锍成分(%)分别为：Ni—42.1 及 45.9；Cu—27.9 及 25.7，Co—1.0 及 1.35；Fe—3.0 及 2.5；S—23 及 24。采用(1)磨浮分离－粗镍电解精炼，(2) 奥托昆普法及(3)氯气浸出法的技术指标见表 2-5-9。

表 2-5-9 不同处理方案的技术经济指标

项目	北镍公司			诺里尔斯克厂		
	1	2	3	1	2	3
回收率/%：Ni	96.06	98.66	98.52	97.17	98.64	98.53
Cu	95.06	95.56	95.61	97.25	97.89	97.83
Co	88.54	92.27	93.29	94.79	95.34	96.51
年消耗：						
苏打/t	61296	2457	22000	57080	11170	22680
NaOH/t	2633	1718	938	7370	10920	2400
H_2SO_4/t	35217	15945	8008	49000	15870	8410
盐酸/t	39214	12000	1400	6600	2600	
氯气/t	1120		15000	6350		12000
天然气/km^3	500	253	1550			
工业蒸汽/GJ	3249314	2402160	1604600	2375200	1494070	1140490
工业电能/kW·h	95534	794443	692518	580102	526877	544111
职工人数/人	5588	3952	3511	2902	2081	1960
商品增值/美元		24.8	34.1		19.3	21.2
基建投资/百万美元	402	454.7	325.3	490.2	430.1	362.1

第六章　硫化镍矿的湿法冶金

镍铜高锍、镍高锍或高镍硫化物精矿的湿法冶金虽日益在工业上广泛采用，但到目前为止硫化镍矿及其浮选精矿的湿法冶金却发展有限，这显然是经济上的原因，而非技术上的困难。本章介绍目前工业上能与火法竞争的三种工艺。

第一节　镍精矿的加压氧氨浸法

舍里特-高尔顿公司的萨斯喀切温堡镍精炼厂流程见图 2-6-1。

其原料为镍铜硫化精矿，其中含硫镍铁矿 36%～49%，黄铜矿 3%～6%，黄铁矿 1%～4%，磁硫铁矿 24%～40%。为了沸腾除铜的需要，浸出分两段逆流进行，一般进行到图 2-6-2 中的 C 线(虚线)为止。

各主要过程物料组成见表 2-6-1。

表 2-6-1　主要过程物料组成

名　称	Ni	Co	Cu	$(NH_4)_2SO_4$	游离 NH_3	NH_3(总)	$S_xO_g^{-2}$
镍精矿/%	10	0.5	2				
一段溢流/$g\cdot L^{-1}$	40～50	0.7～1.0	5～10	120～180	85～100		5～10①
除铜后液/$g\cdot L^{-1}$	46	0.9	0.002	350	28	115	40
氢还原进液/$g\cdot L^{-1}$	44	0.95	0.002			0.05	0.005①
氢还原终液/$g\cdot L^{-1}$	1.0	0.9	0.001			143	
镍块/%②	99.9	0.07	0.005	Fe 0.015	S 0.003	C 0.004	

①以硫计；②As＜0.0005，Pb＜0.0005。

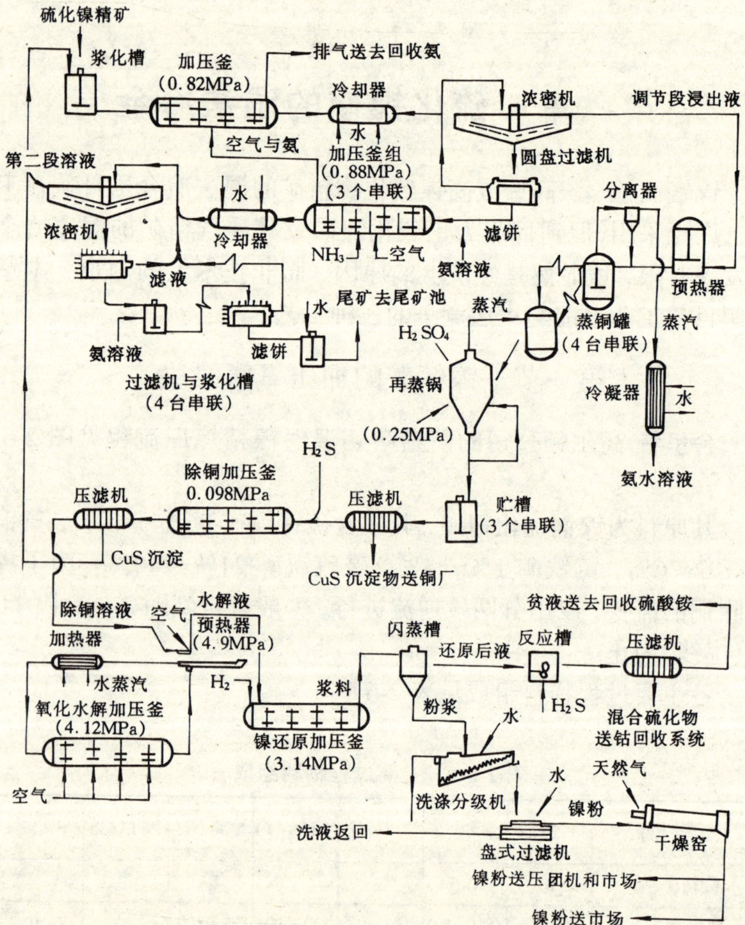

图 2-6-1　萨斯喀切温堡镍精工厂工艺流程

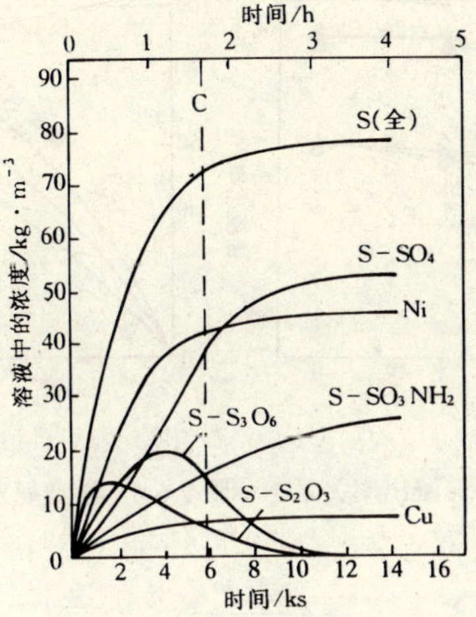

图 2-6-2　浸出时间与溶液中硫氧离子的变化

浸出过程参数及其影响见表 2-6-2、图 2-6-3 和图 2-6-4。

表 2-6-2　浸出过程主要参数

过程	浸出(一)	浸出(二)	蒸氨沉铜	通 H_2S 脱铜	高温水解	氢还原		烧结
						成核	长大	
温度/℃	85	75	120	120	230	120		960
压力/MPa	0.82	0.88	0.25	0.098	4.1	2.4	2.5	H_2 保护
时间/h	6～7	13～14	2		～0.5		1.0±/次	1
备注	L/s＝4 $NH_3$100 g·L^{-1} 渣含 Ni 3.5%～4%	L/s＝4 NH_3 100g·L^{-1} 渣含 Ni 0.77%	NH_3 <70g g·L^{-1}	Cu<0.005 g·L^{-1}	p_{O_2} 0.68MPa		总计 2～2.5d	精矿中 Ni >10%时 Ni 总浸出率 94%

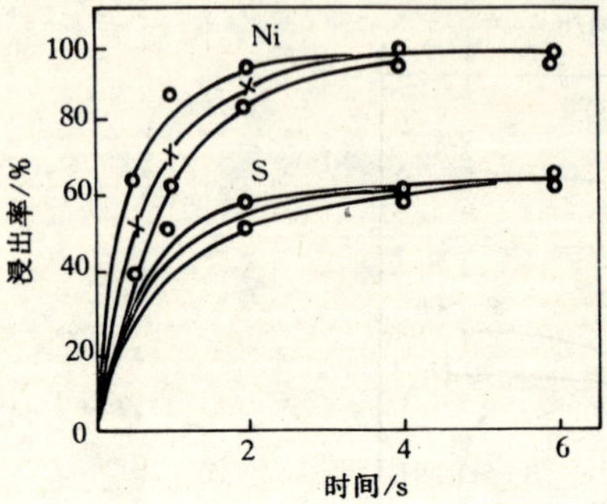

图 2-6-3 氧压与 Ni,S 浸出率关系

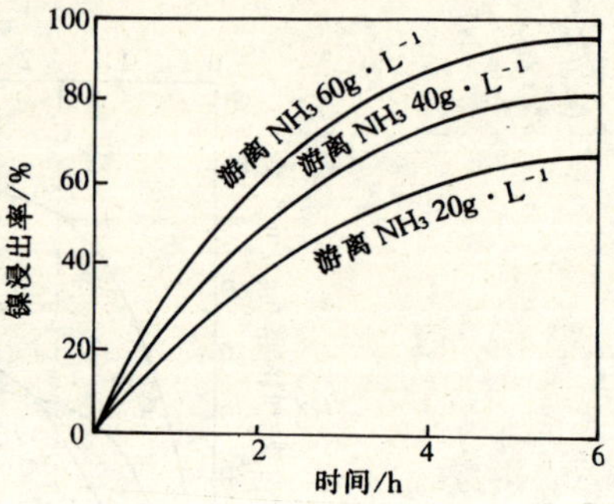

图 2-6-4 游离氨对镍浸出率的影响

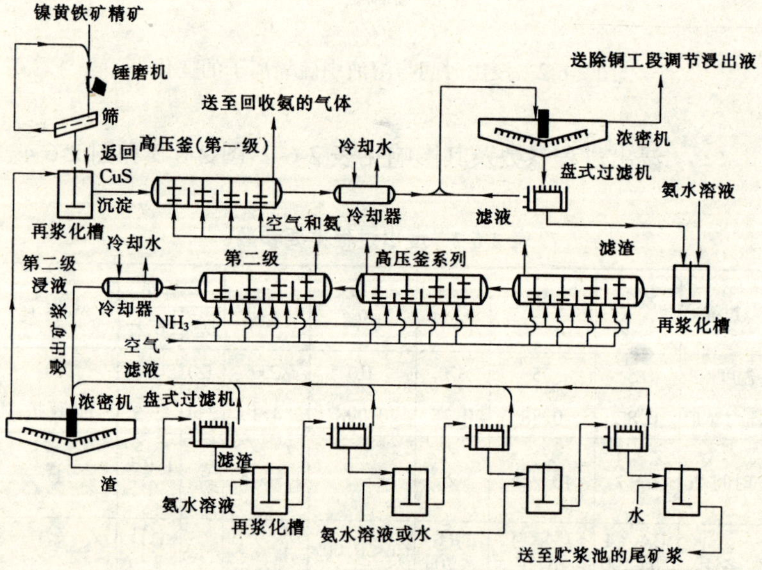

图 2-6-5 氨浸洗涤流程图

第二节　含镍磁黄铁矿的湿法冶金

含镍磁黄铁矿特点是含镍、钴、铜低，含铁、硫高，几乎不含贵金属；但镍选厂中这种矿的处理量很大。虽然富氧熔炼能有效处理这类原料，但目前主要还是以湿法处理为主。

一、硫酸化焙烧－浸出法

该工艺的理论基础见图 2-6-6 及图 2-6-7。

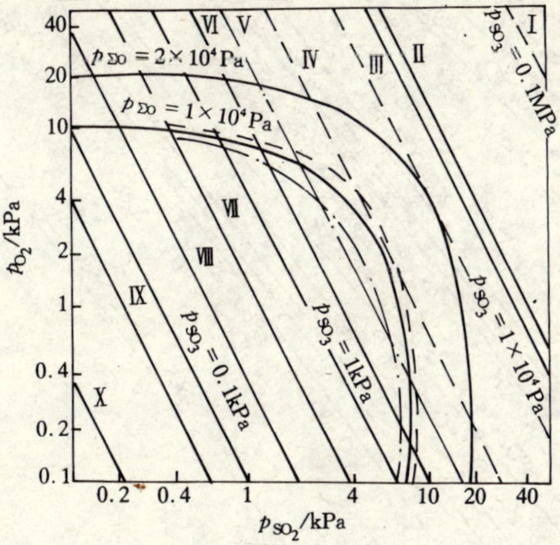

图 2-6-6　硫酸化焙烧等温平衡图

（实线为 680℃，虚线为 730℃，点划线为 630℃）

Ⅰ—$Fe_2(SO_4)_3$-Fe_2O_3；Ⅱ—$Fe_2(SO_4)_3$-Fe_2O_3

Ⅲ—$CuSO_4$-$CuO\cdot CuSO_4$；Ⅳ—$ZnSO_4$-$ZnO\cdot 2ZnSO_4$

Ⅴ—$Fe_2(SO_4)_3$-Fe_2O_3；Ⅵ—$CuSO_4$-$CuO\cdot CuSO_4$

Ⅶ—$ZnSO_4$-$ZnO\cdot 2ZnSO_4$；Ⅷ—$CuO\cdot CuSO_4$-CuO

Ⅸ—$NiSO_4$-NiO；Ⅹ—$ZnO\cdot 2ZnSO_4$-ZnO

经过焙烧-浸出后的溶液中，镍对铁的富集比可达百倍。鹰桥镍矿业公司采用该工艺的流程图为图 2-6-8。主要物料组成见表

2-6-3。

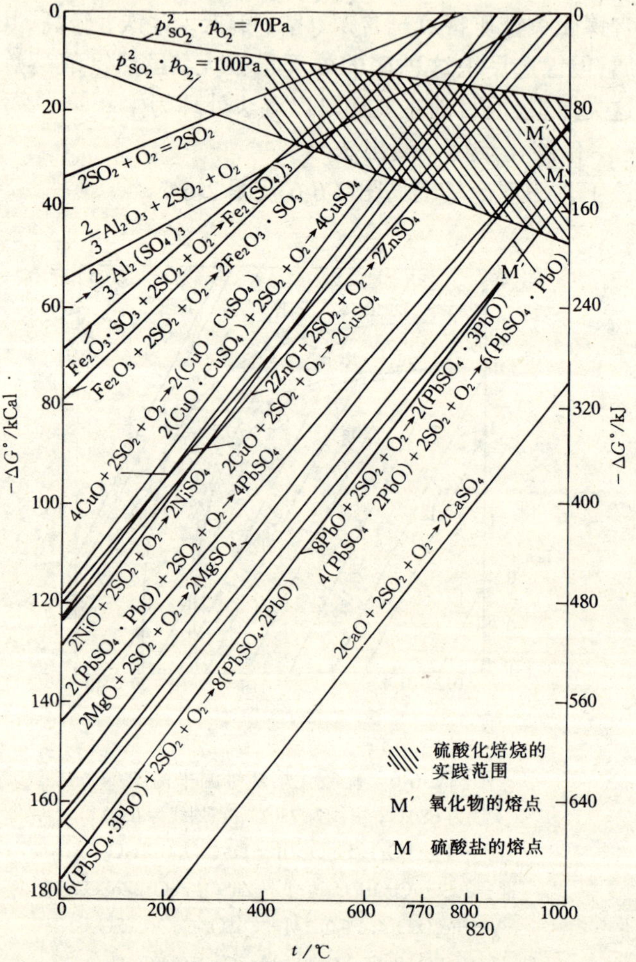

图 2-6-7　氧化物硫酸化反应标准自由焓图

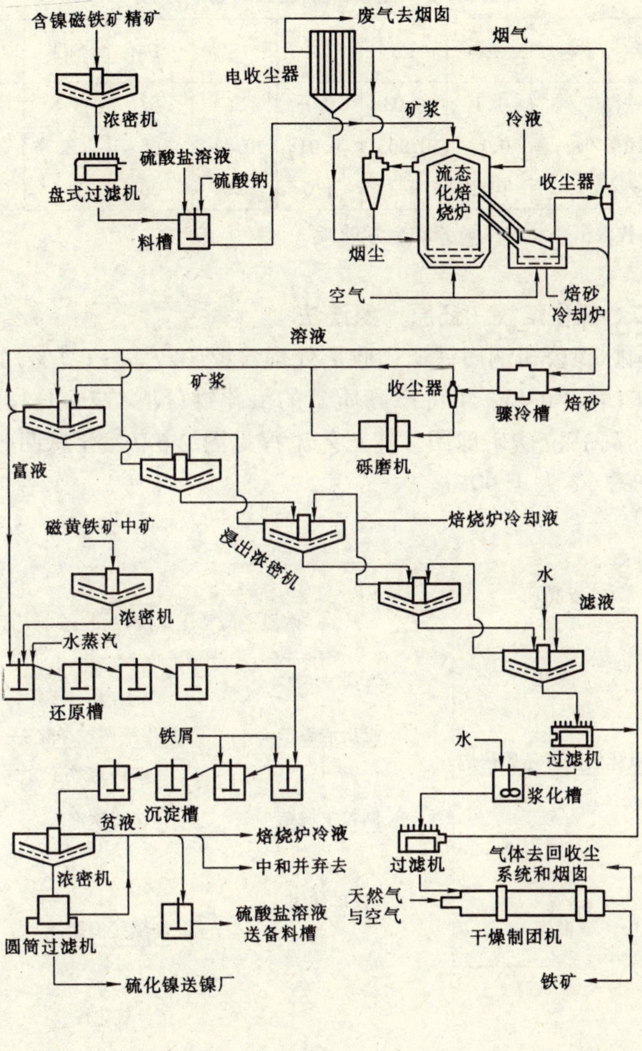

图 2-6-8　鹰桥镍公司处理含镍磁黄矿精矿工艺流程图

表 2-6-3　鹰桥镍矿业公司物料组成

名　称	Ni	Co	Cu	S	Fe	SiO_2	H_2O
磁黄铁精矿/%	1.1	0.03	0.1	36	57	1.8	
干球团矿/%	0.13	0.003	0.01	0.47	66	22	11
镍精矿/%	10.9	0.3	1.6	26	30	2.1	

注：镍浸出率为 87.5%，沉淀率为 98%。

二、氧化焙烧－还原－氨浸法

国际镍公司铜崖铁矿回收厂处理含镍(0.7%～1.1%)的磁黄铁精矿(表 2-6-4)，年可产高质量的氧化镍(Ni＞77%)11350t 和相应的高品位铁矿球团。其工艺流程见图 2-6-9，Ni 总回收率大于 75%，Fe 大于 90%。

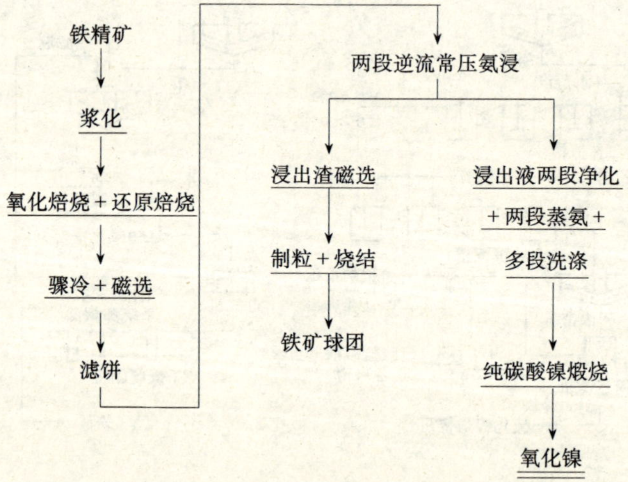

图 2-6-9　铜崖铁矿厂生产工艺原则流程

表 2-6-4 铜崖铁矿回收过程物料组成

名称	Ni	Co	Cu	Fe	S	SiO_2	H_2O
磁黄铁精矿/%	0.75		0.05	58	35	2	约25
焙砂/%	0.85~1.0		0.05	65~68	0.5~0.6	1.5~2.0	
浸出前磁选滤饼/%	0.85~1.0			68~69	0.5~0.6	1.4~2.0	15
浸出渣滤饼/%	0.15			69~70	0.08	1.2~1.5	15~18
煅烧后氧化镍/%	77	0.15	<0.0035	<0.0035	<0.15		
烧结球团/%	0.15	0.01	<0.1	68	0.005	1.5	$P\leqslant0.003$

注:焙砂中镍总浸出率80%~85%,烧结热耗2093.5MJ/t。

1. 氧化焙烧

焙烧工序要求铁约80%生成Fe_2O_3,使尽可能不生成$NiFe_2O_4$和出口炉气中几乎没有过剩的氧,以与6台还原窑配套。流态化炉为向上扩展的圆柱体炉型。主要尺寸为:

分布板内径	6.7mm	板上5.5m处内径	8.0m
分布板上内高	13.0m	圆帽中心距	0.23m
圆帽个数(棒头式)	800	孔率	0.5%
加料孔(共4个)高	6.0m	燃烧点(共6个)高	1.0m

焙烧主要操作条件为:

焙烧温度	760℃	旋涡收尘温度	−425℃	电收尘温度	315℃
炉气线速度	1.1m/s	压降	6.89kPa	加精矿量	700t/d
鼓风量	71t/h	锅炉旋涡收尘率	85%	电收尘率	99%
炉气组成	$SO_2$12% $O_2$15%	1t精矿产硫酸	0.8t	1t精矿产蒸气	1.2t
焙砂产率	25%	焙砂中Fe_3O_4	20%	焙砂中总铁	65%~68%

2. 还原焙烧还原

焙烧是使铁镍变为金属镍,采用两段选择性还原,铜崖铁矿厂采用的回转窑内有扬板,炉内还原过程见图2-6-10。

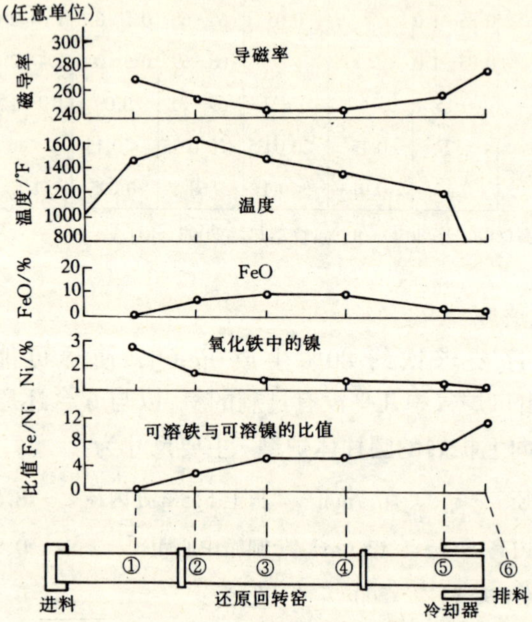

图 2-6-10　沿窑身长的还原过程图

回转窑主要操作技术条件为：

高温还原段温度	870℃	冷却器前温度	710℃
中温还原段温度	760℃	出冷却器温度	260℃
氧化焙砂入炉温度	540℃	燃烧空气预热温度	370℃
还原时间	5h	1t 铁球团热耗	3140.7kJ
镍还原率	90%	炉子转速	0.6r·min^{-1}
窑头炉气(%)为 CO_2 9	CO7.5	$H_2$7.0	
窑尾炉气(%)为 $CO_2$11，	CO5.5	$H_2$9.5	H_2O7.54

3. 常压氨浸

还原后焙砂中之镍主要以 Ni－Fe 合金存在，常压氨浸出主要反应为：

$$NiFe + O_2 + 8NH_3 + 3CO_2 + H_2O$$
$$= Ni(NH_3)_6^{2+} + Fe^{2+} + 2NH_4 + 3CO_3^{2-}$$
$$4Fe^{2+} + O_2 + 2H_2O + 80H^- = 4Fe(OH)_3$$
$$4Fe(OH)_4 = 2Fe_2O_3 \cdot H_2O + 4H_2O$$

浸出分五段逆流浸出，浸出－洗涤流程见图 2-6-11，过程主要技术参数见表 2-6-5。

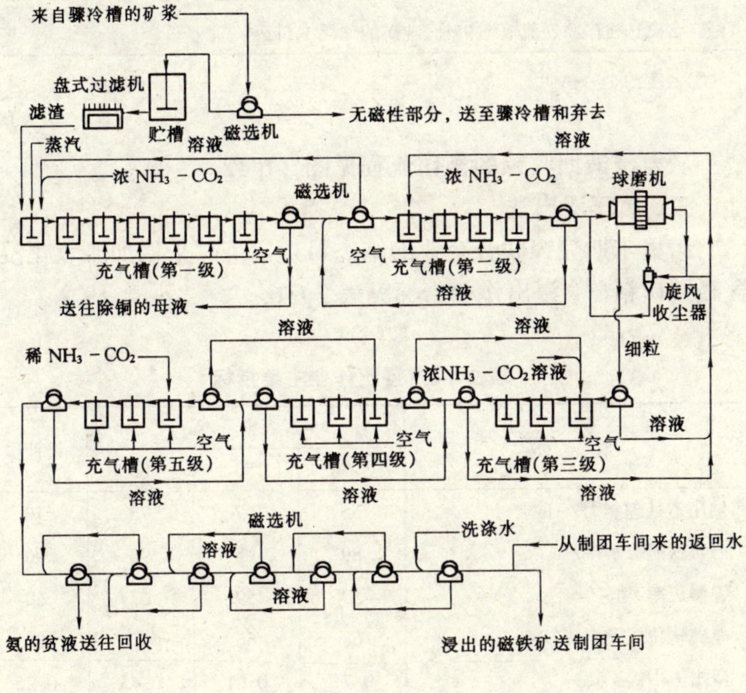

图 2-6-11　浸出－洗涤流程图

表 2-6-5　常压氨浸技术参数

项　目	浸出液浓度/%			t/℃	段数	空气量/$m^3 \cdot m^{-1}$	电位/mV	-350 目所占比例/%
	NH_3	CO_2	Ni					
1～4 段第一槽	19	12			1～2	5.6～6.1	-500	60
1 段浸出后富液[①]	7.0	4	1	65	3～5	2.83～3.95	-150	85～90
3～4 段浸出后液	6.0	3.5		60	浸出总时长			12h
5 段浸出后液	6.0	2.5	0.02	40	各段液固比			1.5
磁 选 机：　H=95520 $A \cdot m^{-1}$，进浆浓度 20%～30%，出料浓度 66%～67%								
总浸出率：　80%～85%，1～2 段为 85%，3～5 段为 15%								
经 7 台磁选机串联逆流效率 97%，吨矿的球耗 1.5kg								

①密度约 $1g \cdot cm^{-3}$。

从氨浸液回收镍的操作流程见图 2-6-12。

三、氧压浸出法

诺里尔斯克镍联合企业的纳杰目达冶炼厂采用加压氧化浸出含磁铁矿精矿，浸出作业指标见表 2-6-6。

表 2-6-6　浸出作业主要指标

指　标	富氧含量/%			设计值
	<50	50	80	
加压釜处理能力/$t \cdot h^{-1}$	55	67	75	70
磁黄铁矿分解率/%	89	95	96	90
镍浸出率/%	57	59	67	60
总硫转化成元素硫/%	68	66	64.4	66
浸出渣中镍/%	0.77	0.61	0.43	0.25
S^0	2.66	3.4	3.4	1.0

由于精矿中含镍较低，故浸出率较低。但工艺简单，用硫代

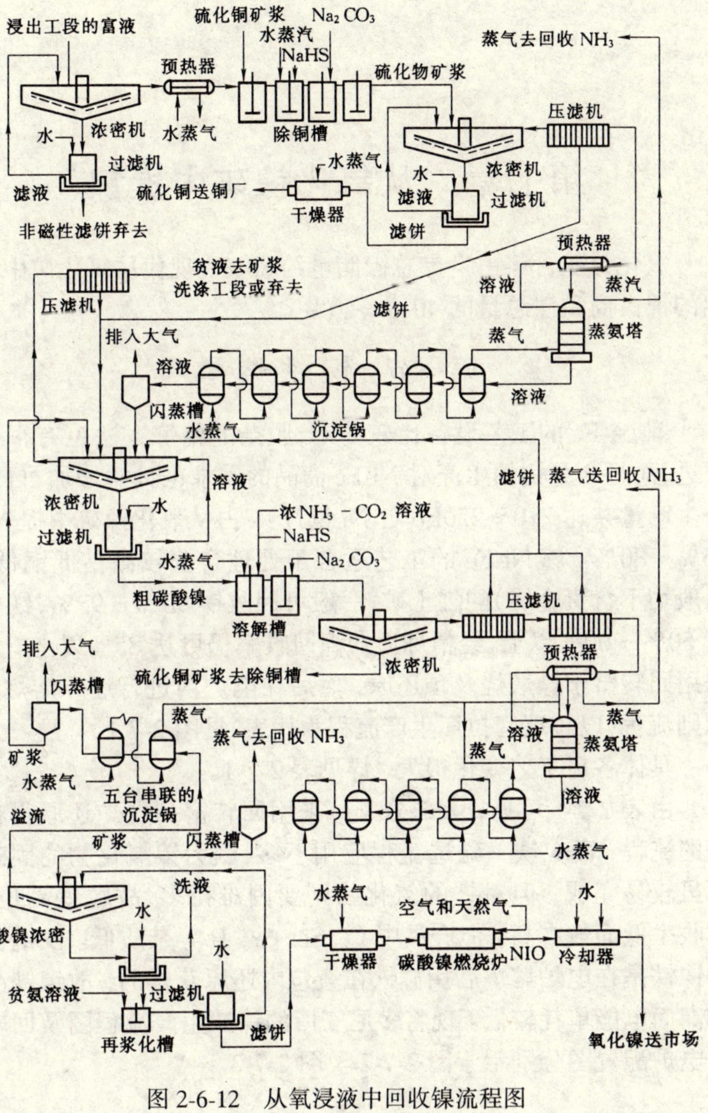

图 2-6-12　从氧浸液中回收镍流程图

替硫酸钙或漆加 Fe 粉及 S^0 粉可从浸出液中以硫化镍精矿回收 Ni,Cu,Co 等。

第七章　从氧化镍矿中提镍

氧化镍矿含镍占世界总镍储量约80%，现代从氧化矿中生产出的镍占商品镍总量的40%～50%。

第一节　镍铁熔炼

炼Ni-Fe的工艺设备比较简单，脱杂的精炼方法也有很大的改进，而且合金钢的生产对Ni-Fe商品的需求也日益增加，目前国外生产量共达210～250kt(含Ni量计)，占从氧化镍矿中提Ni的75%～80%。炼Ni-Fe的工艺适合于处理含镍较高钴低铜低(且一般均不含贵金属)的红土矿，一般可回收镍90%～95%，铁回收率50%～60%以上，经精炼后的镍回收率仍可达85%以上。大多采用回转窑干燥煅烧及预还原，然后在电炉内进行还原熔炼，其原则流程(以拉瑞姆拉厂生产流程为代表)见图2-7-1。

具体各厂工艺变化很大，详见表2-7-1。

由表2-7-1可见，大部分工厂采用回转窑—电炉还原得粗镍铁的流程，而粒铁－磁选流程应用不多，因为镍氧化物的固态还原虽较易完成，但对铁的氧化物则要困难得多，故粒铁品位低，回收率低而成本高。但产品中C，Si，Cr，P等杂质低。汉纳公司的镍铁是在电炉熔炼后用硅铁在渣包内还原获得的，故镍铁品位较高而电能单耗较低。现将多尼安博的镍铁生产流程图及回转窑与电炉配置图分别示于图2-7-2及图2-7-3。

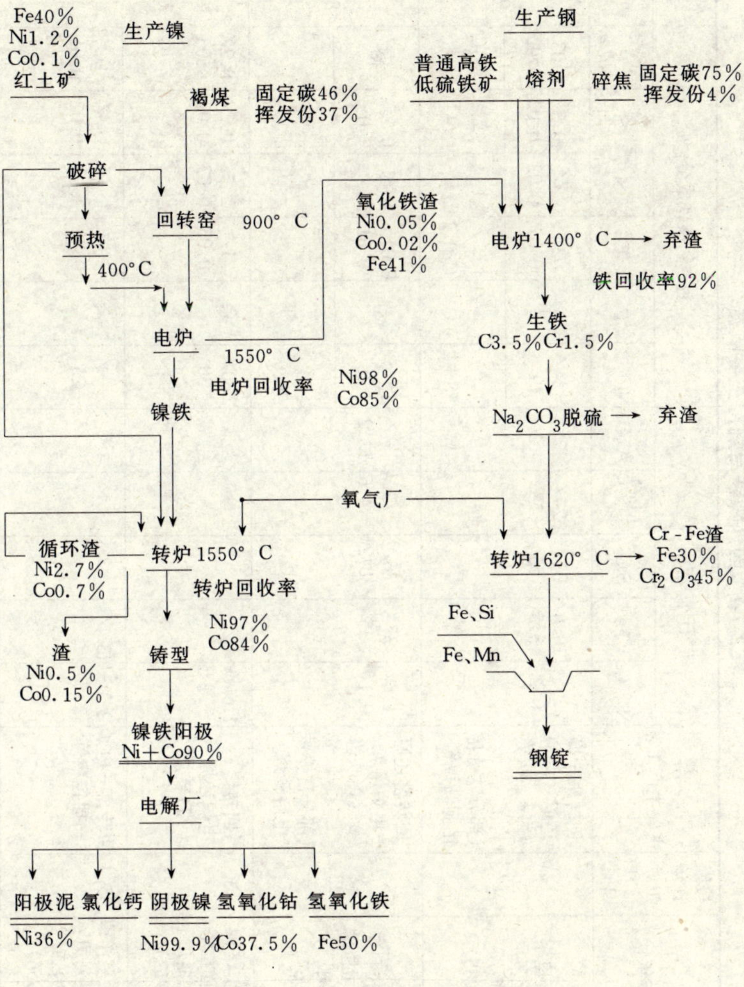

图 2-7-1　拉瑞姆纳厂电炉生产镍铁流程图

表 2-7-1 国外镍铁冶炼厂主要数据

公司工厂（投产年代）	按镍计年生产能力/kt	主要生产工艺	矿石/炉渣中含量/%					粗/精 镍铁成分/%						镍回收率/%
			Ni+Co	Fe	SiO_2	MgO+CaO	Al_2O_3	Ni+Co	Fe	C	Si	S	P	粗/精炼
新喀里多尼亚多尼安博厂（1985）	75	回转窑干燥还原－电炉熔炼－吹炼	2.95/0.2	10.6/5.5	37/53	24/38	2/2	24/29.5	余	2/0.02	3/0.02	0.3/0.02	0.03/0.02	93/－
		（部分吹炼硫化制高镍锍）						－/78+2	－/3	－/Cu0.2		－/9		
希腊拉科矿冶公司拉瑞姆纳厂（1967）	28	回转窑还原－电炉熔炼－氧气顶吹炼	1.6/0.11	37/35	26/30.2	－/3.4+4.6	－/12.2	15.5/28	余	0.015/0.01	微	0.25/0	微	86/－
		（部分富镍铁电解精炼）						90/99.95						
巴西莫洛镍公司普拉塔浦利斯厂（1962）	3	回转窑－电炉还原－LD转炉	1.66/－	6/－				30/30	余	1/0.03	2.5/0.03	0.2/0.03	0.2/0.03	92/95
日本太平洋镍有限公司八户冶炼厂（1956）	35.4	回转窑－电炉－摇包精炼	2.3/－	13.4/－				－/25	余	－/0.02	－/	－/0.02	－/0.01	

续表 2-7-1

公司工厂（投产年代）	按镍计年生产能力/kt	主要生产工艺	矿石/炉渣中含量/%					粗/精 镍铁成分/%						镍回收率/%
			Ni+Co	Fe	SiO_2	MgO+CaO	Al_2O_3	Ni+Co	Fe	C	Si	S	P	粗/精炼
日本矿业公司佐贺关冶炼厂	15.6	回转窑干燥制团电炉（鼓风炉）－吹氧	2.5/ –	10.15/ –				20/ 23～60	余	3/ –	1.2/ –	0.05/ –	0.03/ –	
日本住友金属有限公司新居滨厂（1956）	26.4	详见图 2－7－6		12.5/ –				23.0/ 23.34	余	0.02～3/ –				
日本志村化学公司尾崎厂（1965）	5	烧结－电炉熔炼－LD吹炼	2/ –	10/ –				20/ 26	余	3.5/ 0.02	5.5/ 0.02	0.09/ 0.02	–/ 0.01	88.5/ 86.8
多米尼加鹰桥博纳阿厂（1992）	32.7	回转窑－制团－竖炉深度还原－电炉熔炼－真空精炼	1.72/ –	45/ –	约35/ –	约22/ –		32～47/ –	余 Co0.8	8.02/ 0.06	0.26/ 0.03	0.15/ 0.08	0.02/ 0.01	

续表 2-7-1

公司工厂（投产年代）	按镍计年生产能力/kt	主要生产工艺	矿石/炉渣中含量/%					粗/精 镍铁成分/%						镍回收率/%
			Ni+Co	Fe	SiO_2	MgO+CaO	Al_2O_3	Ni+Co	Fe	C	Si	S	P	粗/精炼
俄波布日斯克镍厂		烧结－电炉	0.79/–					75～9/–	余					88/–
南斯拉夫镍铁公司(1991)（关闭后重新投产）	14.2	磁选尾矿造球－烧结－（回转窑焙烧）－电炉－包内碱精炼－氧气转炉吹炼	1.3/–	<22/–				–1/45						
日本冶金矿业有限公司大江山（1966）	12.6	干燥－破碎制粒－回转窑还原－磁选	2.5～3.1/–	～15/2.3～4.6	–/～42	>23/～35	～1.5/～4.5	20/26	余	0.5/0.15	0.1/0.01	0.35/0.03	0.08/0.03	
美国汉纳公司利得冶炼厂（1954）	5.5	回转窑干燥－煅烧－电炉熔炼－倒包－硅铁还原－电炉精炼	1.41/–	8～15/–				32～40/49	余	8/–				

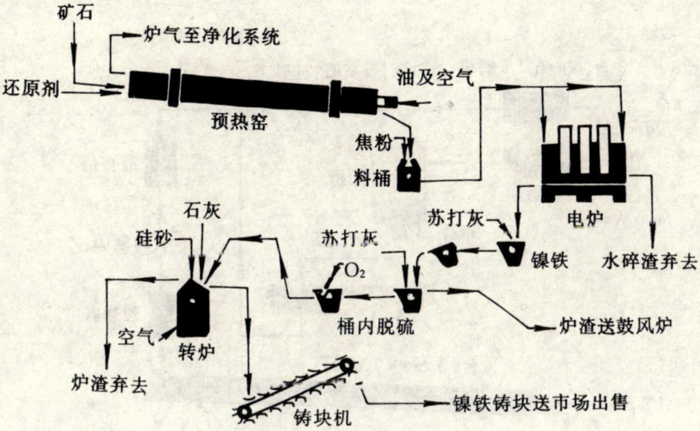

图 2-7-2 多尼安博镍铁生产流程

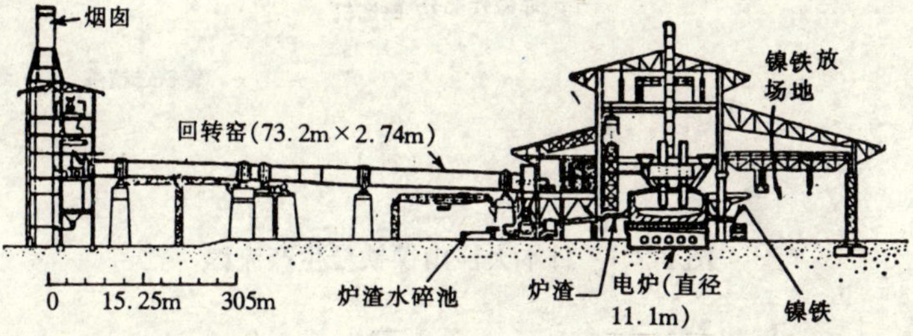

图 2-7-3 多尼安博回转窑与电炉配置图

典型的制粒镍铁流程见图 2-7-4。改良的尤金法见图 2-7-5 及图 2-7-6。

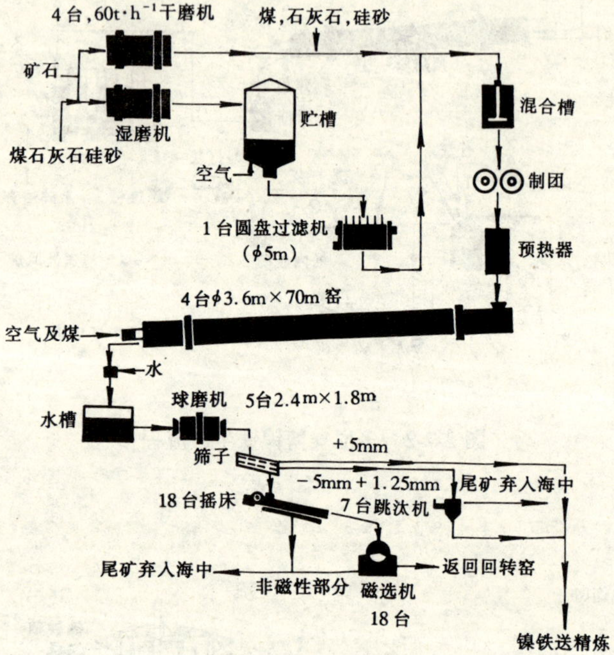

图 2-7-4 日本大江山镍铁粒生产流程

住友公司氧化矿来自新喀里多尼亚、印尼及菲律宾，其镍矿典型组成(%)见表2-7-2,工艺流程见图2-7-6，其镍铁产品以粒状或铸锭出售。

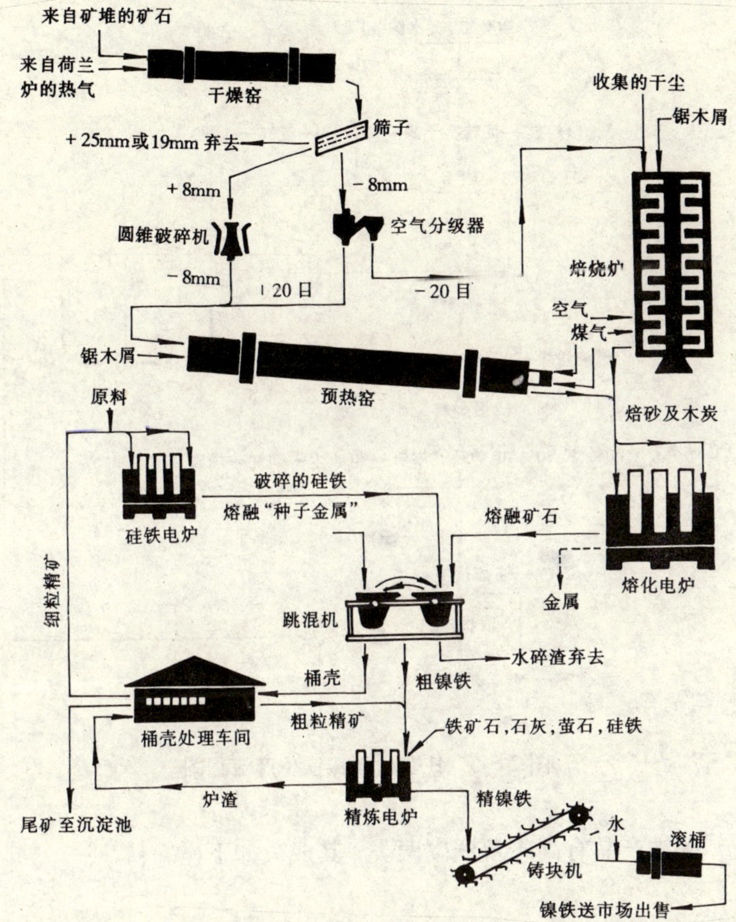

图 2-7-5 汉纳公司利得镍铁厂生产流程

表 2-7-2 镍矿典型成分(%)

矿山	Ni	Co	Fe	MgO	SiO_2	烧损	H_2O
A	2.51	0.08	10.8	27.6	40.6	12.5	25.1
B	2.46	0.08	16.1	23.3	36.2	12.2	31.0
C	2.27	0.03	13.9	22.6	41.7	10.9	30.2

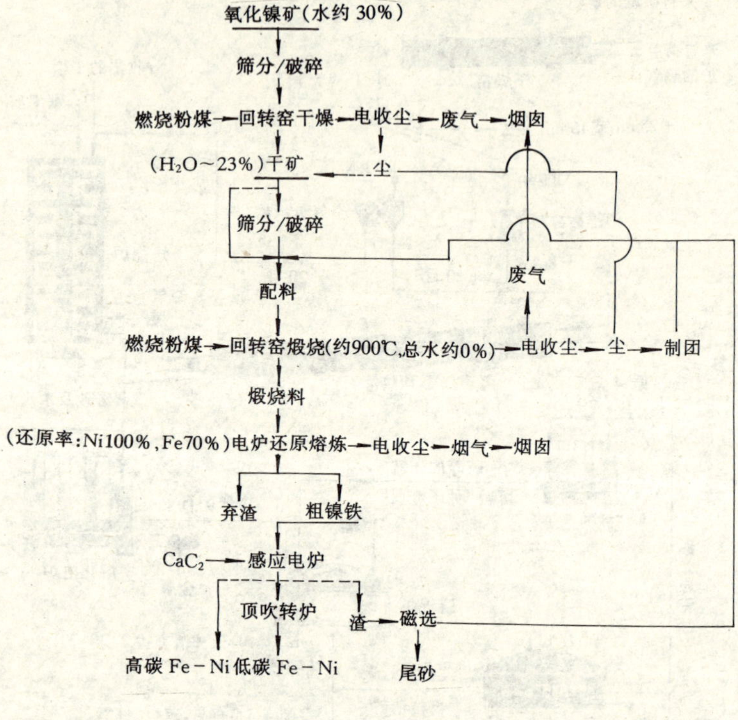

图 2-7-6 住友公司镍铁生产流程图

镍铁产品有高碳及低碳两类，其成分如下(%)：

	Ni	Co	C	Si	P
高碳 Fe-Ni	19.0	0.6	1.9	0.8	0.01
低碳 Fe-Ni	21.0	0.6	0.01	0.03	0.002

住友公司新居滨是一个镍锍电解和炼镍铁的综合厂，其空气环保标准为：$SO_2<0.04\times10^{-6}$，$CO<10\times10^{-6}$，$NO_x<0.06\times10^{-6}$。固体悬浮物低于$0.10mg/m^3$。废水排放标准为(mg/L)：Pb<1，Cd<0.1，Cu<3，Zn<5，Ni<2~5，pH5.0~9.0。

镍铁熔炼时，用碳作还原剂是最恰当的，这点可由图 2-7-

7[49]看出，有关金属氧化物的热力学稳定性见图 2-7-8。

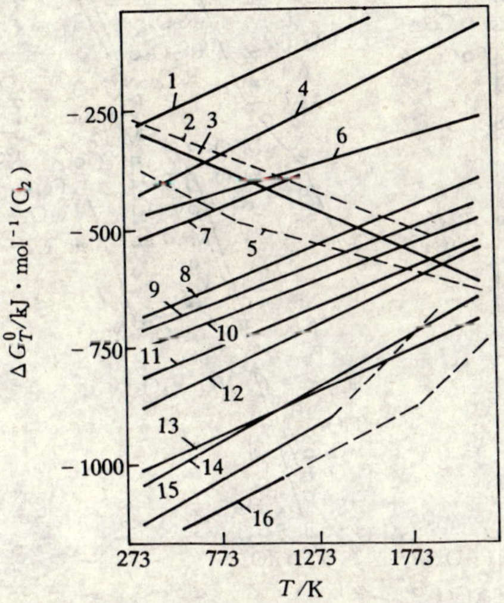

图 2-7-7　氧化物生成自由焓图

1—$2Cu + O_2 = 2CuO$；2—$2Si + O_2 = 2SiO_{气}$；

3—$2C + O_2 = 2CO_2$；4—$2Ni + O_2 = 2NiO$；

5—$4Al + O_2 = 2Al_2O_{气}$；6—$2Fe + O_2 = 2FeO$；

7—$\frac{2}{5}P_2 + O_2 = \frac{2}{5}P_2O_5$；8—$\frac{4}{3}Cr + O_2 = \frac{2}{3}Cr_2O_3$；

9—$2Mn + O_2 = 2MnO$；10—$\frac{4}{3}V + O_2 = \frac{2}{3}V_2O_3$；

11—$Si + O_2 = SiO_2$；12—$Ti + O_2 = TiO_2$；

13—$Zr + O_2 = ZrO_2$；14—$\frac{4}{3}Al + O_2 = \frac{2}{3}Al_2O_3$；

15—$2Mg + O_2 = 2MgO$；16—$2Ca + O_2 = 2CaO$

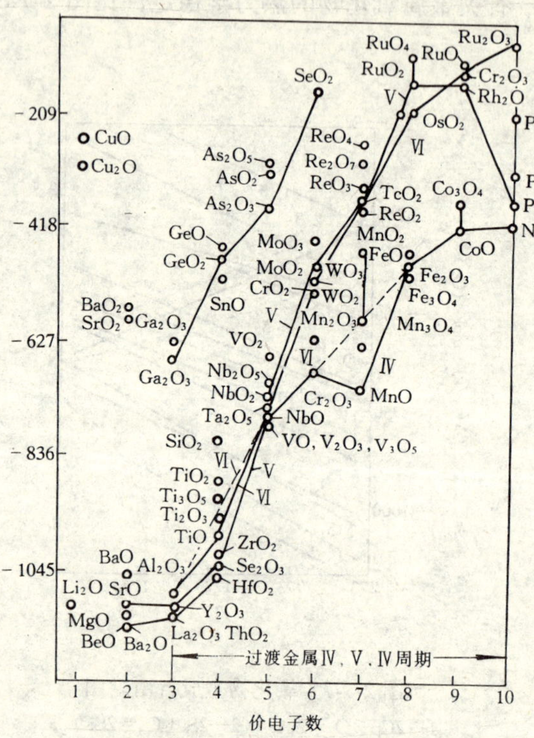

图 2-7-8　氧化物稳定性及价电子数关系

第二节　还原硫化造锍熔炼

含钴较高的原料，采用不含铜的石膏或黄铁矿，以元素硫等为硫化剂，在还原气氛下，使镍钴氧化物先还原为金属，铁氧化物部分还原为铁，石膏还原为CaS，然后进行交互硫化反应，完成造锍熔炼，获得低镍锍。其中含Ni + Co10%～27%，Fe50%～67%，S18%～22%，为保证Ni，Co的回收率(一般为70%～85%)，锍中含有大量的金属铁(见图2-7-23)。通常采用鼓风炉或电炉进行造锍熔炼，所得低镍锍在侧吹转炉吹炼成高镍锍，由于其中含 Cu 很低，故无需 Ni，Cu 分离。国外氧化镍矿造锍熔炼工厂见表 2-7-3。

表 2-7-3　国外氧化镍矿造锍熔炼工厂[50]

厂名（投产年代）	年产镍/kt	主要工艺流程	硫化剂	焦率/%	低镍锍成分/%				产品中 Ni/%
					Ni	Co	Fe	S	
印尼梭罗阿科 (1976)Ⅰ (1978)Ⅱ	 16 36	回转窑硫化－电炉熔炼－吹炼	元素硫						高镍锍 (80～75)
俄乌发列依（1934）		团块－鼓风炉－吹炼－多层炉－回转窑－电炉－电解精炼	石膏 11.6	25	17	0.7	56	18	电镍
俄列日厂（1936）		团块－鼓风炉－吹炼	石膏 ～12	30	10	0.4	65	20	高镍锍
南乌拉尔公司（1939）		烧结下同乌发列依厂	石膏 11.6%＋FeS_2 6%	20	17	0.7	56	18	电镍
日本新居滨厂	5	制团－鼓风炉－吹炼－焙烧－电炉还原－电解精炼	硫化镍精矿 ～43%		27				电镍(99)
新喀里多尼亚多尼安傅厂（1962）		烧结－鼓风炉－吹炼	石膏 7.9%	22.7	27		63	10	高镍锍

梭罗阿科镍矿平均含 Ni1.9%，含水 20%，是成本最低镍矿之一。其冶炼流程见图 2-7-9。产品含(%)：Ni77～80，Co1～1.5，S18～22，Fe 约 0.7，年产镍 43～47kt，其设备见表 2-7-4。

表 2-7-4　主要设备表

名　称	型　号	规　格	数　量
回转干燥窑	F.L.史密特斯	115m× ϕ6.6m	1
回转干燥窑	F.L.史密特斯	100m× ϕ5.5m	3
回转干燥窑	半圆型	50m× ϕ5m	1
电　炉	ELEM	ϕ18m	3
变压器		6.5万kW	2
变压器		6.0万kW	1
转　炉	侧吹式		

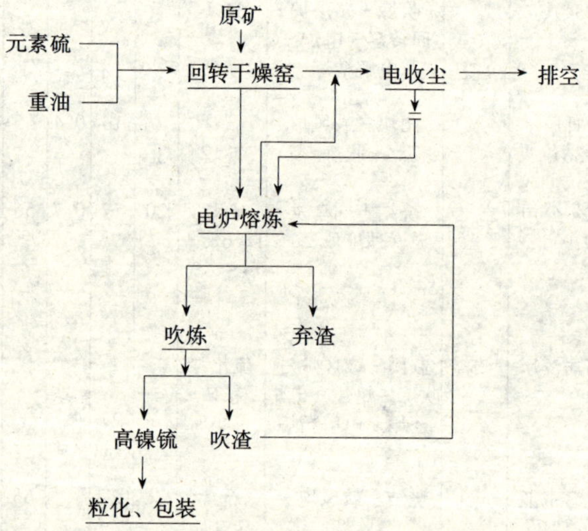

图 2-7-9　梭罗阿科镍厂工艺流程

多尼安博厂所用鼓风炉(图 2-7-10)(共 3 台)比一般鼓风炉的炉身短，工作容积小，每台炉子每天可处理干矿约 800t，并配用两台标准热风炉，以利用鼓风炉本身所产生的含 CO20%、温度 315℃的部分废气，将空气预热到 870℃鼓入鼓风炉中，另部分废气作发电用。该厂鼓风炉能量平衡见图 2-7-11。

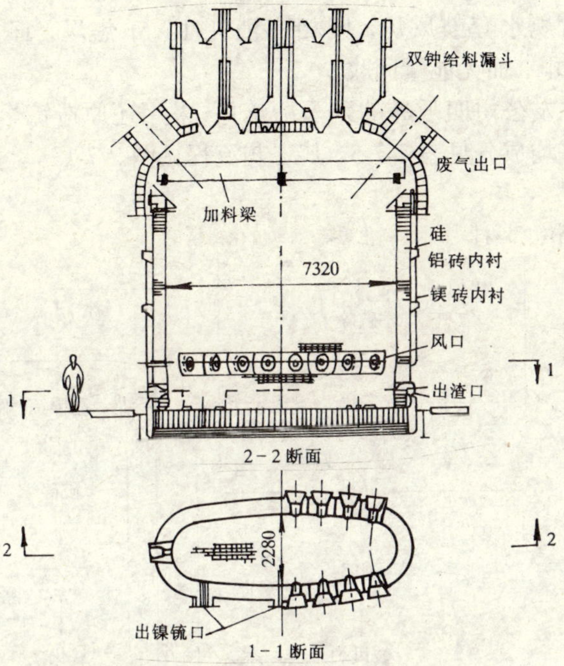

图 2-7-10　多尼安博厂的矮膛鼓风炉

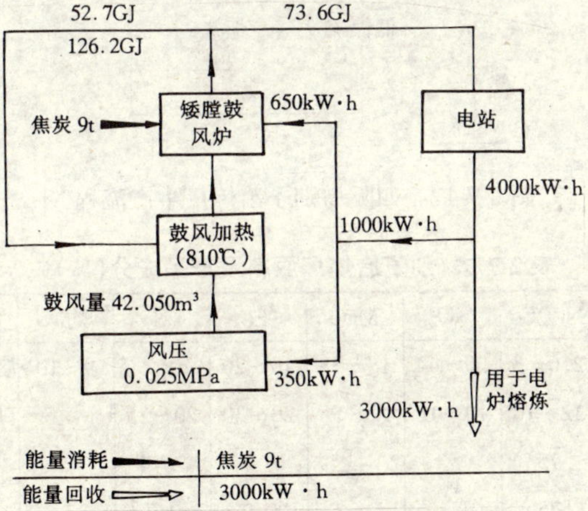

图 2-7-11　矮膛鼓风炉能量平衡

（以回收到镍锍中 1t 镍为基础）

若用常规水套鼓风炉，则相应消耗 13.5t 焦炭，1t 重油和 1100kW·h 电，而无能量回收。

日本住友公司四阪岛的别子冶炼厂，采用还原造锍熔炼，原料及产品平均成分见表 2-7-5，其工艺流程见图 2-7-12。

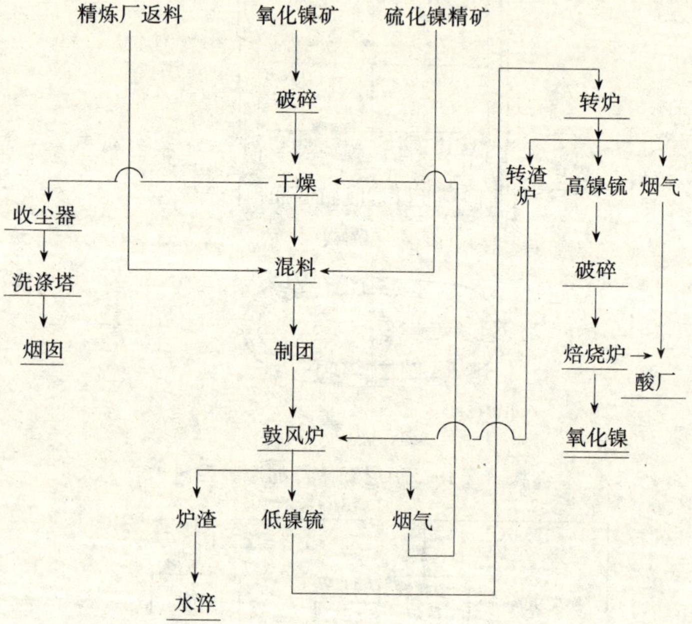

图 2-7-12　四阪岛别子冶炼厂生产流程

表 2-7-5　别子冶炼厂原料及产品成分(%)

原料	Ni+Co	SiO_2	MgO	Fe	S	灼减	备　注
硅镁氧化矿	2.6～3	30～44	18～28	10～20		9～10	澳和印尼进口
硫化镍精矿	12～16	10～18	2～5	20～30	20～25		加及澳进口
高镍锍	75			0.7	20.4		
氧化镍	75			0.7	0.3		

还原硫化所生产的高镍锍一般含 Cu、Co、贵金属很少，故进一

步处理工艺较简。例如多尼安博厂所得的高镍锍送勒阿弗尔厂处理，流程见图 2-7-13。

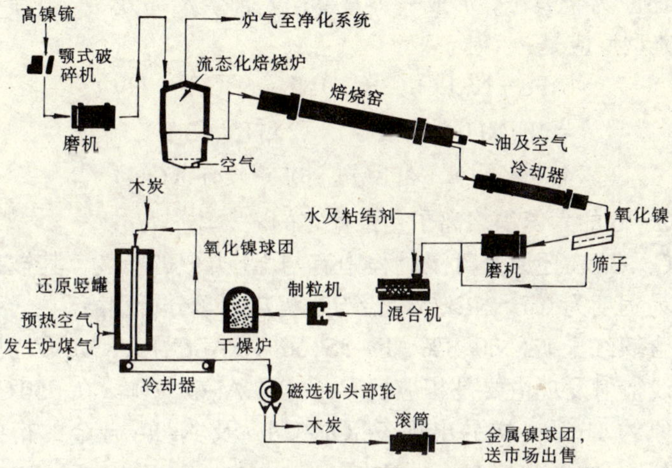

图 2-7-13　勒阿弗尔厂金属镍球团生产流程图

第三节　氧化镍矿的湿法冶金

世界上共有 8 个氧化镍矿的湿法冶金厂，其中除古巴毛阿镍厂采用热压酸浸外，其余均采用还原－氨(铵)浸出，前者 Ni、Co 浸出率可达 90%～95%以上，比后者约高出 10%～20%，但只适用于含 MgO、CaO 低的红土矿。

一、还原氨(铵)浸法

该法实质是将矿石先进行还原焙烧，然后进行常压氨浸。1943 年首先在古巴尼加罗厂投产。还原焙烧要求控制适当的温度和气氛，使结合的氧化镍(如 $2NiO \cdot SiO_2$，$NiO \cdot Fe_2O_3$)还原为活泼的游离的金属镍，以便在后续的氨浸过程中，以 $Ni(NH_3)_n^{2+}$ 转入到溶液中。所有的氧化铁还原成 Fe_3O_4，但由于蛇纹石变成橄榄石$(Fe,Mg)_2SiO_2$ 时，部分氧化镁为氧化镍替代，加之 Ni、Fe

氧化及金属主要呈连续固溶体状态存在，使动力学变得相当复杂。所以工业上尽可能在 760℃ 以前缓慢加热，以便所有结合镍在橄榄石和铁尖晶石生成之前被还原成金属态，同时尽可能使氧化铁还原为金属态，形成一种富 Ni-Fe 合金及部分 α-Fe。在氨浸时，典型反应是：

$$Fe-Ni+O_2(2+n)NH_3+3CO_2+H_2O$$
$$=Ni(NH_3)_n^{2+}+Fe^{2+}+2NH_4^++3CO_3^{2-}$$
$$4Fe^{2+}+O_2+2H_2O+8OH^-=4Fe(OH)_3$$

$n=6$ 的六氨镍络离子是最稳定的。

Co、Cu 在还原及氨浸过程中有与 Ni 类似的行为，其被提取的容易程度为 Cu＞Ni＞Co，恰与过程热力学分析相当。

含镍红土矿（Ni0.8%，Fe_T55.66%，$Al_2O_3$10.8%）煅烧后经 X 射线衍射发现主要是相应的 Fe_2O_3 及 Al_2O_3 波峰，在 850℃ H_2 气还原约 1h 后，样品出现 Fe_3O_4，α-Fe 及 Ni-Fe 合金的衍射波峰。在 100℃，300r/min^{-1} 及 $p_{O_2}=3.1$MPa，浸出液含 NH_3 及 $(NH_4)_2SO_4$1mol/L 条件下，可分别看出搅拌速度、NH_3 浓度及温度对 Ni 浸出的影响（见图 2-7-14 至图 2-7-16）。

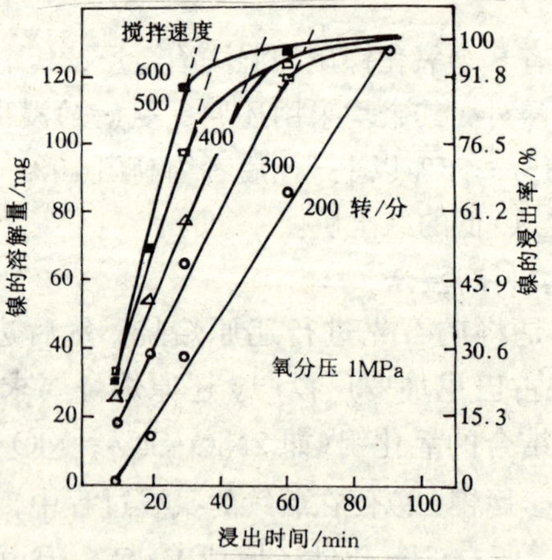

图 2-7-14 镍红土矿加压氨浸

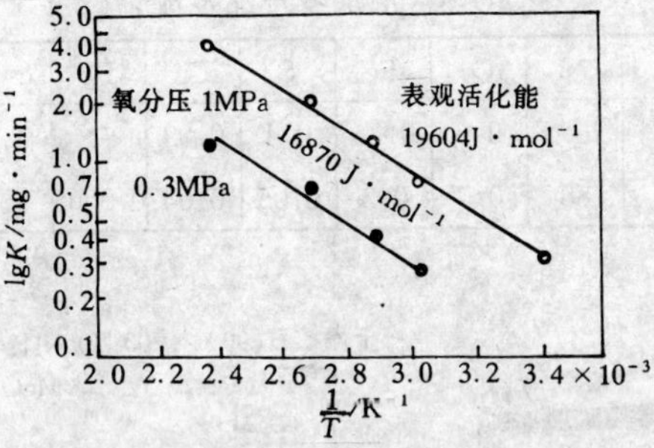

图 2-7-15 氨浸温度的影响

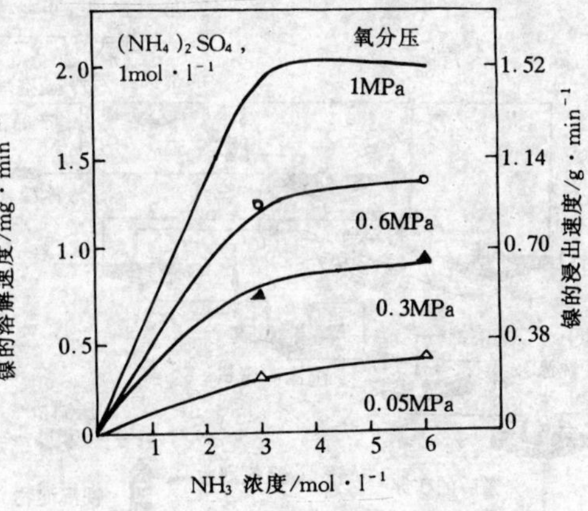

图 2-7-16 氨浓度对浸出的影响

尼加罗厂全流程和部分详细流程示于图 2-7-17 至图 2-7-20。

该厂两种产品成分见表 2-7-6，物料单耗见表 2-7-7，中间产品成分见表 2-7-8 及表 2-7-9。

表 2-7-6　尼加罗产品及成分(%)

项　目	Ni	Co	Fe	S	Cu	Pb	SiO_2	O_2	MgO 等
煅烧氧化镍	76.5	0.6	0.25	0.4	0.03		1.2		1.032
烧结镍	88	0.7	0.3	0.05	0.04	0.0005	1.7	7.5	

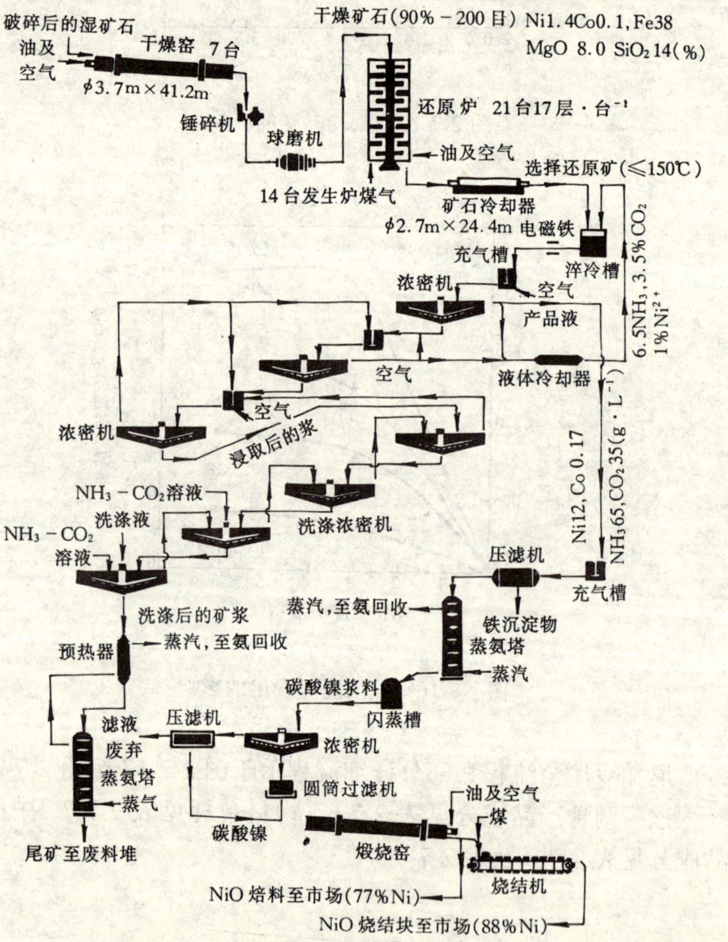

图 2-7-17　尼加罗厂全流程图

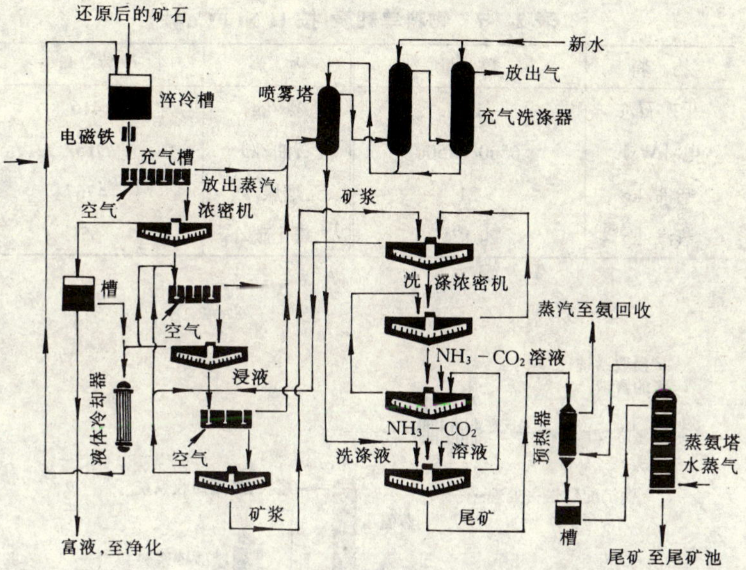

图 2-7-18　尼加罗厂浸出、洗涤流程图

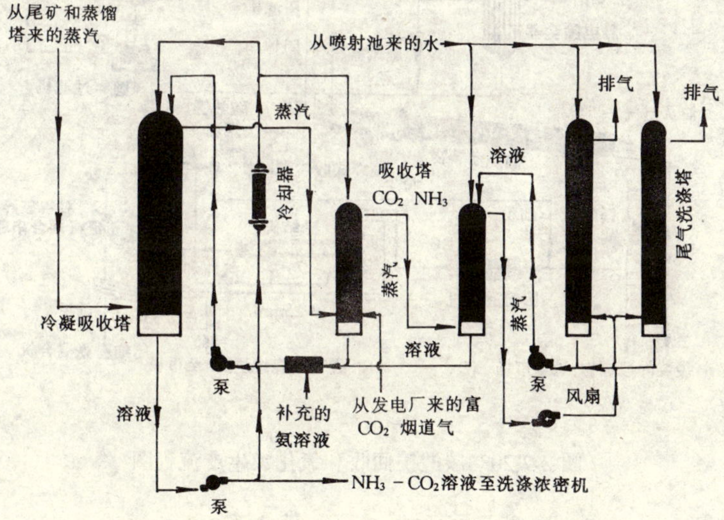

图 2-7-19　尼加罗厂氨和二氧化碳回收系统流程图

表 2-7-7　物料单耗表(按 1t Ni + Co 计)

物　料	数　量	物　料	数　量
干矿石/t	104	氨/kg	416
电/kW·h	6500～7500	石油/kg	9152
柴油/kg	21	无烟煤/kg	4767
蒸汽/kg	46176	二氧化碳/kg	551

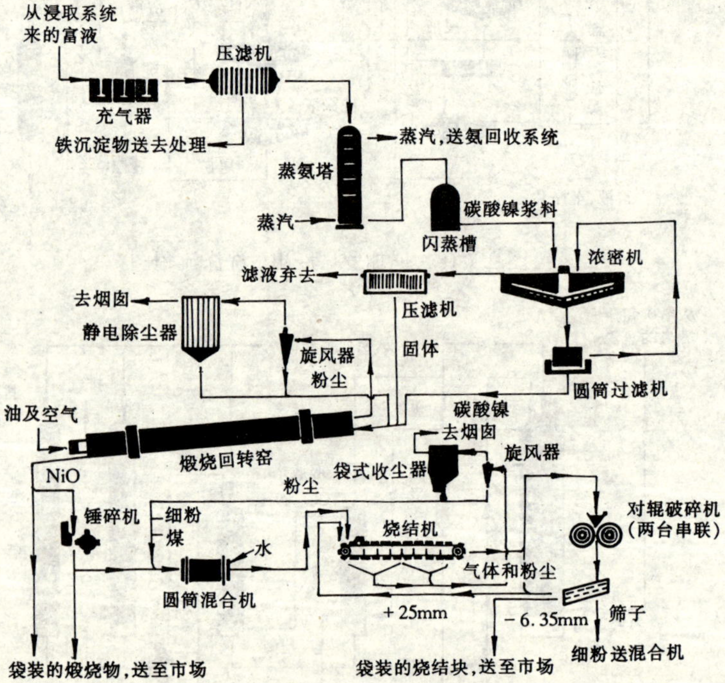

图 2-7-20　碳酸镍回收和氧化镍生产流程图

表 2-7-8 原矿及浸出渣和中间产物成分(%)

物 料	Ni	Co	$Fe_{金}$	SiO_2	Al_2O_3	MgO	Cr_2O_3	H_2O	CO_2
褐铁矿	1.22	0.07	49.0	5.9	1.96	1.20			12
蛇纹石(干)	1.60	0.03	12.0	35.3	1.39	29.0	2.8	14.31	
浸出渣	0.3	0.007	44.3	17.52	3.51		1.8	灼损	12.7
碱式碳酸镍	53	0.35	0.075	0.128	0.09	0.25		70	4.2

注:渣中(%):FeO18.2, $P_2O_5$0.06,MnO1.77CaO0.16,S0.08,$V_2O_5$0.02,$TiO_2$0.04。

表 2-7-9 浸出产品液及蒸氨塔(共 15 层)中各层溶液近似成分

物料		成分/$g \cdot L^{-1}$							pH
		Ni	Co	Fe	SiO_2	NH_3	CO_2	Mg	
第一段浸出液		11	0.12	0.04	0.06	60	30	0.12	
蒸氨塔层数(实例之一)	1	0.006	0.002	0.00		0.7	0.1	0.08	8.6
	2	0.05	0.003	0.00		0.9	0.2	0.06	8.8
	3	0.08	0.007	0.00		1.4	0.2	0.04	9.1
	4	0.1	0.015	0.00		1.8	0.3	0.03	9.3
	5	0.3	0.025	0.00		3.0	0.8	0.02	9.5
	6	2.1	0.058	0.00		6.9	4.3	0.02	9.8
	7	5.3	0.083	0.03		10.7	6.4	0.02	9.9
	8	9.1	0.114	0.02		15.8	9.9	0.15	9.9
	9	10.2	0.137	0.03		22.2	14.2	0.17	9.9
	10	10.7	0.149	0.03		29.8	19.4	0.19	9.9
	11	10.7	0.148	0.03		40.1	25.6	0.18	10.0
	12	10.7	0.147	0.03		49.7	30.9	0.15	10.0
	13	10.7	0.149	0.04		59.5	34.3	0.12	10.1
	14	10.7	0.146	0.08		70.4	35.9	0.12	10.2
	15	10.8	0.151	0.07		72.5	35.5	0.12	10.3

图 2-7-21 为尼加罗厂浸出槽结构示意图。

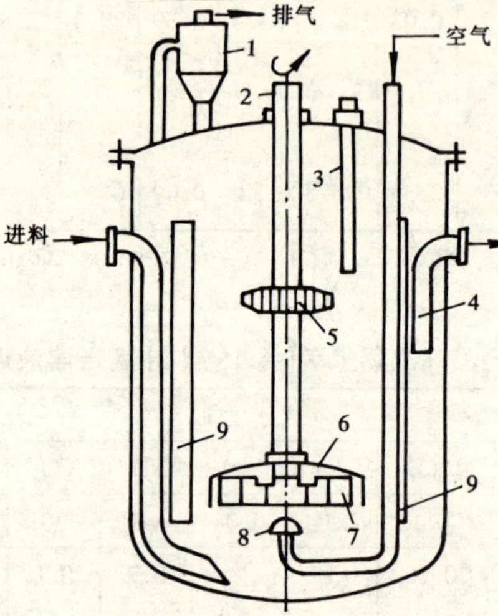

图 2-7-21 充气搅拌槽

1—气液分离；2—搅拌轴；3—测温管；4—排料浆管

5—上搅拌轮；6—下搅拌轮；7—叶轮；8—空气分布帽

9—液面调节阀

菲律宾诺诺克镍冶金联合企业苏里高镍厂[51]于 1975 年投产，工艺流程中的还原－氨浸与尼加罗厂相同，从浸出液回收镍钴则应用了舍利特-高尔顿工艺，如硫化脱钴和高压氢还原。但该厂曾于 1986 年 3 月因亏损而暂停产。该厂主要处理高铁钴的红土矿，但亦搭配少量含镍高的蛇纹石矿，经浸出后终渣成分并列于表 2-7-10，技术条件、主要设备及物料单耗见表 2-7-11 至表 2-7-13。

表 2-7-10　苏里高镍厂有关物料成分(%)

物料	Fe	Ni	Co	Cr	Mn	Al_2O_3	CaO+MgO	SiO_2	S	P	结合水
红土矿	45	1.35	0.2	2.6	1.52	6.2	1.12	4.76	0.06	<0.01	10.4
蛇纹石矿	14.9	1.70	0.043	0.84	0.31	2.43	23.2	37.5	0.03	<0.01	10.2
浸出渣	46.3	0.403	0.089	2.67	0.684	6.73	5.95	11.6	0.1		

表 2-7-11　主要过程技术条件

项　目	溶液组成/$g\cdot L^{-1}$				L/s	温度/℃	时间/min	串联级数	组列
	Ni	Co	NH_3	CO_2					
一段氨浸(溢流)	10～12	0.162			4	45	60	4	2
二段氨浸(溢流)	5～6	0.244			4	40	7.5	5	2
一段除钴后液	约 11	0.01	80	60					

表 2-7-12　苏里高镍厂主要设备

设备名称	数量	设备规格/m	备　注	设备名称	数量	设备规格/m
矿石干燥窑	4 台	ϕ5.9 L48.8	干燥后水<7.5%	干矿球磨机	2 台	
还原多膛炉	14 台	ϕ8.2 17 层	出炉烟 300～370℃	一段浸出槽	8 个	ϕ4H9
浓密机	13 台	ϕ21.3		二段浸出槽	10 个	ϕ6.6H9.2
硫化镍干燥窑	1 台	ϕ2.95 L29.5	矿浆直接进入	蒸氨台	10 台	ϕ3.6,16 泡盘/台
真空过滤机	2 台	ϕ2.95 L5.25	过滤碳酸镍	氢还原釜	4 台	ϕ2.4H9.8
压块机	2 台		压还原镍粉	烧结炉	2 台	

表 2-7-13　主要原材料单耗(按吨镍计)

名　称	数　量	名　称	数　量
干矿量/t	110.688	氨/t	1.56～1.94
干燥用油/t	6.8746	硫酸/t	0.55
焙烧用油/t	5.544	硫磺/t	0.136
其他用油/t	11.421	镍回收率/%	78
合计用油/t	23.839	钴回收率/%	39
石脑油/m^3	5.07	达到设计产能/%	64

其他类似氨浸氧化镍矿工厂见表 2-7-14。

表 2-7-14　氧化镍矿氨浸工厂简况

国外公司工厂(投产年代)	矿石含量/%		主要工艺特征	镍产能:/万 $t \cdot a^{-1}$(产品品位)
	Ni	Fe		
澳大利亚昆士兰公司雅布鲁厂	1.57 (Co0.12)		还原焙烧－碳酸铵浸出－H_2S 沉钴－沉碳酸镍－煅烧－还原	烧结氧化镍 2.266 (Ni90%)硫化精矿 0.65 (Ni39% Co13%)
巴西多西河谷公司圣诺泽厂(1981)	1.0		碳酸铵浸出制碳酸镍－溶解净液－电积	电解镍 0.9
古巴新镍厂(1985)	1.3	30.2	同尼加罗厂	氧化镍(Ni76.5%)烧结氧化镍(Ni 88.9%)共 3.0
捷克斯洛伐克镍厂(1963)	1.3	51.4	还原焙烧－氨浸净化－脱钴－蒸发沉淀碳酸镍－硫酸溶解－电积	电解镍、镍粉、电镀用阳极 0.2，电解钴 0.01

二、热压酸浸法

在上述氨浸各工厂中镍回收率一般只 75%～80%，钴只 40%～60%。酸浸的镍特别是钴的回收率一般可高达 15%～30%。但目前只有古巴的毛阿湾镍厂采用热压硫酸浸出法处理钴较高而镁(钙)氧化物低的红土矿型氧化镍矿(图 2-7-22)。其原理是在高温和适当的氧位和酸度下，镍、钴、铜、锌等氧化物与

H_2SO_4 作用形成易溶的二价硫酸盐，而铁则以难溶的三价氧化物和 Al_2O_3 等留在渣中。

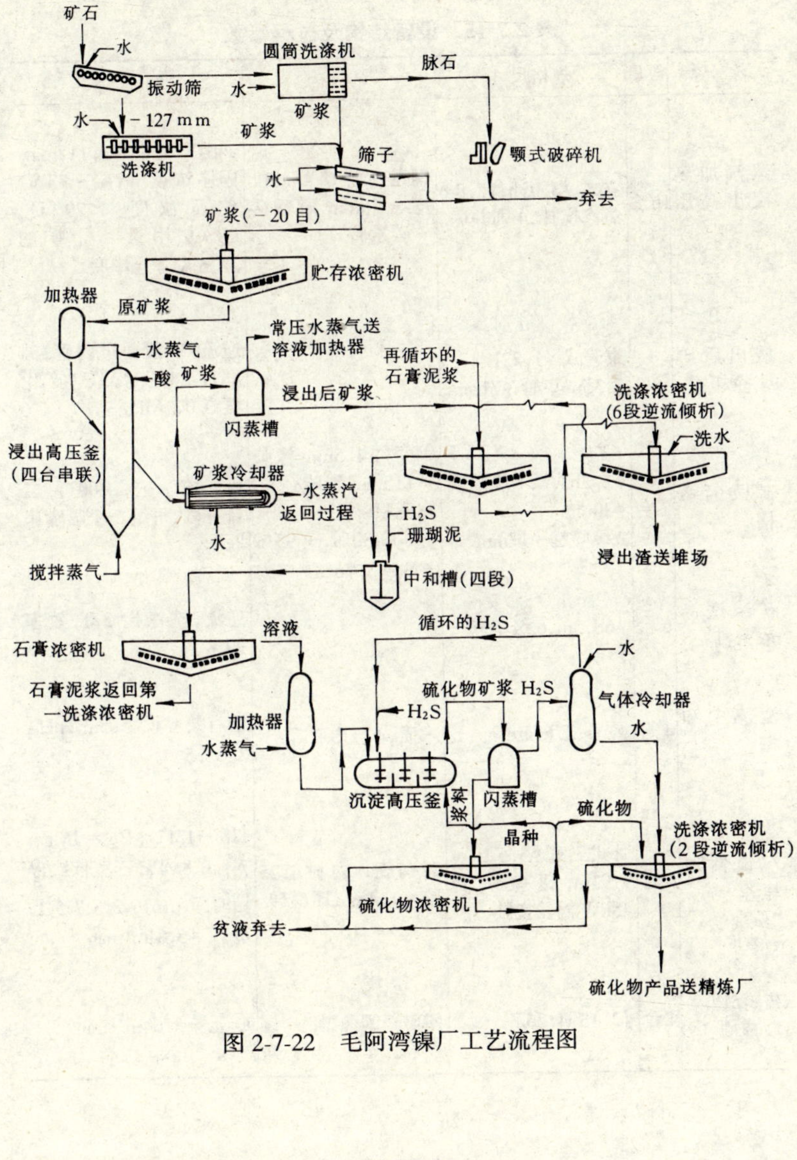

图 2-7-22　毛阿湾镍厂工艺流程图

其设备结构及过程工艺参数和有关物料组成及指标分别见表2-7-15及表2-7-16。

表 2-7-15 设备结构及过程参数

名 称	数量	规格尺寸	结 构	工艺参数
蒸汽加热浸出高压釜	16台	立式 ϕ3.05h,15.8m 蒸汽搅拌,4列并联	钢壳内衬6.4mmPb皮+76mm耐酸砖+碳素砖	246℃,3.6MPa,112min,固体浓度45%~33%,矿石粒度<20目,H_2SO_4用量=干矿的22.5%,4台串联
浸出后矿浆冷却器	4台	束管式 ϕ1.22L 5.35m 束管 ϕ71mm		逆流,矿浆通过内管,温度自246→135℃,产生蒸汽0.1MPa
矿浆闪蒸槽	2台	ϕ2.2h3.1,1级喷嘴 ϕ20mm 2级喷嘴 ϕ17mm	钢壳衬4.5mm橡胶+115mm碳砖 陶瓷喷嘴 ($Al_2O_3$80%~95%+$SiO_2$3.76%)	由135℃→≤100℃,二台并联,每组2个喷嘴串联
矿浆洗涤浓密机	6台	ϕ68.5m,6级串联		逆流,洗涤比2/1,效率99%
溢流中和槽	4台	$\phi_{内}$ 4.27h,4m	木质,4台串联	槽有效容积45.5m^3,$pH_{终}$ 2~2.5
沉镍钴加压釜	4台	卧式三室 ϕ3.5 L 9.91m,每室一台45kW涡轮搅拌	碳钢壳,内衬4.75胶+114mm耐酸砖	118~121℃,$P_{总}$=1MPa,p_{H_2S}0.8MPa,三室依次停留时间(min)6.2,5.7,5.1,$Q_{溶液}=3.64m^3\cdot min^{-1}$
硫化物浆闪蒸槽	4台	ϕ2.13h4.26m	同矿浆闪蒸槽	$Q_{溶液}=3.64m^3\cdot min^{-1}$

表 2-7-16　物料组成及过程指标

组成	矿石/%	浸出		浸出率/%	中和后溶液/$g \cdot L^{-1}$	H_2S沉淀		
		液/$g \cdot L^{-1}$	渣/%			精矿/%	洗后液/$g \cdot L^{-1}$	回收率/%
Ni	1.35	5.95	0.06	96	4.15	55.1	0.037	99
Co	0.146	0.64	0.008	95	0.45	5.9	0.007	98.1
Cu	0.02	0.1		~100	0.08	1.0		~100
Zn	0.04	0.2		~100	0.1	1.7		~100
Fe	47.5	0.8	51	0.4	0.6	0.3	0.5	4
Mn	0.8	2.0	0.4	57	1.4	+	1.2	0
Cr(Cr_2O_3)	(2.9)	0.3	(3.0)	3.0	0.2	0.4	0.15	13.1
SiO_2	3.7	2	3.5	12			+ +	
Mg(MgO)	(1.7)	2	(0.7)	60	1.9		1.7	0
Al(Al_2O_3)	(8.5)		(8.1)	11	1.6	0.02	1.4	0.1
SO_4^{2-}		67	8.1		27	S① SO_4 + 0.06	24	Ca0
$H_2O_{结合}$	12.5		3.2					Pb100
H_2SO_4(pH)		28			(2.4)		7	

① 硫化物含硫 35.6%；

+ ——Pb 0.003%；

+ + ——Ca 0.1g/L。

第二篇　主要参考文献

第一章

1　黄其兴．王立川．朱鼎元．镍冶金学．北京:中国科学技术出版社，1990

2　李应荣．金川科技,1995(2):29～30

3　M. Marguerite. E/MJ,1993(3):46～50

4　刘有锡．世界有色金属，1994(1)：40

5　孟新铭．世界有色金属，1994(4)：15

6　Mark C. Munson. JOM,1994(4):30

7　何海岸．重有色冶炼,1993(2):32

8　Л. А. 杰列特节拉亚．Цвет. Мет.，1992(2)

9　T. M. Beagley. JOM. 1996(4)：45～49

第二章

10　N. Jacinfo *et al*.. Tnst. *of Mining and Metallurgy*,1983;92(12):225

11　J. G. Dunn，*Bull*. *Proc*. *Austr IMM*,1995;290(4):75～82

12　Z. Asaki *et al*.. *Met*. *Trans*.,1984;15B(1):127～133

13　G. M. Mehrotra，V. B. Tare. *J*. *Electrochem*. *Soc*.,1985,(1):247.

14　Satu Jyrkönen *et al*.. In:G. W. Warren (ed). *EPD Congress* 1996. Warrendale PA:TMS，1995:53～61

15　Teruo Tanabe. *Trans of the Jap*. *Inst*. *of Metals*,1987;28(6):487～497

16　A. Yazawa. *Can*. *Metall Quarterly*,1980;19(3):297

17　A. Vartiainen. *Acta Polytechnica Scandinavica*;1985(167):1～88

18　Gregk Roset *et al*.，*JOM*,1992(4)：39～42

19　万谷志郎．铁と钢,1987(3):476～482

20　Y. Takeda *et al*.，*Canad*. *Met*. *Quarterly* 19(1980),297.1980;19(3):297～305

21　S. W. Ip and J. M. Toguri. *Metall Trans*. *B*，1993;24B(4):657～668

22　Y. Rotenberg，L. Boruvka and A. W. Neumann. *J*. *Colloid Inter*.，*Sci*.

1983;93(1):169～183
23 M. Kidd and D. R. Gaskell. *Metall. Trans. B*, 1986;17B(4):771～776
24 C. M. Diaz 等. 有色冶炼, 1992(5):1～16

第 三 章

25 P. A. Рагаускае и. др., *Электрохпмия*, 1987;23B(3): 321～328
26 冯春华译, 有色冶炼, 1991(5):15～20

第 四 章

27 艾守诚. 重有色冶炼, 1982(10):9～10
28 董德融. 重有色冶炼, 1983(2): 6～8,27
29 邓文清等. 重有色冶炼, 1992(6):1～3
30 吴文健等. 有色金属(冶炼), 1995(1): 11～14
31 金川二冶电解车间. 重有色冶炼, 1993(2): 9～13
32 沈报恩等. 杭州大学学报, 1985;12(1): 86～90
33 杨郁华. 有色冶炼, 1981(2): 11～16
34 E. Ghali *et al.*, *J. Appl. Electrochem.*, 1981;11(2):153～163
35 G. P. Power. *Electrochem Acta*, 1982;27(3):359～364
36 D. C. Price & W. G. Davenport. *J. Appl. Electrochem.*, 1982;12():281～290
37 花田直纪等. 电气化学, 1981;49(6 及 11): 348～353, 712～716
38 杨显万等. 有色金属, 1992;46(1):41～50

第 五 章

39 Mahesh C. Jha *et al.*, 有色冶炼, 1984, (3): 21～26
40 E. O. Stersholt *et al.*, 有色冶炼, 1991(5):8～14
41 E. O. Stensholt, J. H. Lund *et al.*, Extractive metallurgy'85, London: The Institution of mining & metallurgy, 1985:377～397
42 Heimo Saarinen. *Matti Seilo in Raffinationsverfahren in der metallurgie*, Hamburg: 1983.10:268～283
43 施惠娟, 孙茂芬. 有色金属(冶炼), 1981(5):18～22
44 B. Д. Толсторузов B. M. Худяков, *Цвет. Мет.*, 1981(5):17～21

第六章

45 Л. В. Ворков *и*. др, *Цвет. Мет.*, 1996(5): 55～58
46 C. Kaper. *CIM Bulletin*, 1996(11): 21～22
47 王永慧 . 有色冶炼, 1996(2):1～7
48 王永慧 . 有色冶炼, 1996(5):1～2
49 M. И. 加西克等 . 铁合金生产的理论和工艺, 张烽等译 . 北京:冶金工业出版社, 1994:21～22

第七章

50 M. Л. Вейзалар. *Цвет. Мет.*.1992(6):15～21
51 张友余, 刘家骏 . 有色冶炼,1991(5):41～47